Daniela Leitner

Als das Licht laufen lernte

Daniela Leitner

Als das Licht laufen lernte

Eine kleine Geschichte des Universums

Mit einem Vorwort von Harald Lesch

C.Bertelsmann

MIX
Papier aus verantwortungsvollen Quellen
FSC® C004229

Verlagsgruppe Random House FSC®-N001967
Das für dieses Buch verwendete FSC®-zertifizierte Papier
Maxioffset von UPM liefert Igepa

1. Auflage

Lektorat: Christina Riemann
Umschlaggestaltung: buxdesign, München/Daniela Leitner, Helmbrechts
Layout, Satz, Fotos und Grafiken: Daniela Leitner, Helmbrechts
Druck und Bindung: Druckerei Uhl GmbH & Co KG, Radolfzell

Printed in Germany
ISBN 978-3-570-10184-1

www.cbertelsmann.de

Inhalt

Vorwort

Vorwort für ein großartiges Unterfangen

von Harald Lesch

Wer wagt sich schon aus freien Stücken an dieses Thema der größten Geschichte aller Zeiten? Zugegeben, es gibt ein großes Interesse an astronomischen und sogar kosmologischen Fragen, aber so ganz genau wollen es nur die wenigsten wissen. Sobald nämlich klar wird, dass es sich um Physik des Allergrößten handelt, immer wieder vermischt mit der Physik des Allerkleinsten, bleibt zwar die Faszination, aber die Mühe, sich mit allen Einzelheiten zu beschäftigen, ist dann doch zu groß, und man versteckt sich gerne hinter dem Gedanken, dass man es so genau gar nicht wissen kann. Und dann das hier!

Da macht sich jemand auf und erkundet auf eigene Faust die Kosmologie und die Quantenmechanik und die Relativitätstheorie und die Kernphysik und entwirft das Bild des Kosmos in allen Facetten und Nuancen. Diese unermüdliche Entdeckerin benutzt eine so bildhafte Sprache und so geniale, aus ihrer unmittelbaren Lebensumwelt gegriffene, anschauliche Beispiele, dass man als Profi einfach nur staunen kann. Und das Tollste ist, es ist alles richtig! Daniela Leitner legt hier ein Werk vor, das tatsächlich die gute alte, akademisch so traditionsreiche Bezeichnung des »Magnum Opus« verdient hat. »Als das Licht laufen lernte« ist eine höchst erquickliche, weil sehr vergnügliche und zugleich bemerkenswert geistreiche Reise durch das Land des expandierenden Kosmos, der sich verzehrenden Sterne, des Urknalls, der Auseinandersetzung von Licht und Materie und der Versuch, die Welt da draußen zu verstehen. Das alles in den Worten des »Normalverbrauchers«. Bei jeder Zeile hat man das Gefühl, direkt dabei zu sein. Das Universum wird hier zum Spielplatz, Sterne zu Spielbällen und selbst vor schwierigstem Gelände in der Quantenmechanik und Teilchenphysik wird nicht haltgemacht, sondern mit Bild und Wort ein Panoramagemälde gezeichnet, das vor Fabulierlust und Darstellungsliebe nur so strotzt. Der Autorin ist hier etwas ganz Großartiges gelungen, zu dem ich ihr nur voller Respekt gratulieren kann. Ich habe es schon gelesen und beneide alle, die es noch vor sich haben.

Wie die Physik zu mir kam

von Daniela Leitner

Was ist eigentlich Licht? Diese Frage sollte der Ausgangspunkt eines Projekts werden, das mich sehr lange in Atem hielt… Doch eines gleich vorweg: Ich bin weder Physikerin noch hatte ich bis zu dem Zeitpunkt, als ich mir die obige Frage, mehr aus einer Laune heraus, zu stellen begann, irgendetwas mit Physik zu tun noch die Ambitionen, mich jemals mit diesem Fach ernsthaft zu beschäftigen. In der Tat durchfuhr mich bereits in der Schulzeit das blanke Grausen, wenn ich einen Physiksaal auch nur betreten musste. Mehr schlecht als recht habe ich deshalb meine Physikkarriere mit Abwählen des verhassten Fachs am Ende der elften Jahrgangsstufe an den Nagel gehängt.

Doch dann, fast zehn Jahre später, sollte sich das Blatt wenden und meine Einstellung zur Physik eine mehr als dramatische Wendung erfahren. Schuld an dieser wirklich unwahrscheinlich unwahrscheinlichen Kehrtwende ist der Physiker Prof. Dr. Harald Lesch, der mir zum ersten Mal über den Weg lief, als ich, der Frage »Was ist Licht?« nachgehend, auf seine Fernsehsendung »alpha-Centauri« stieß. In dieser Sendung wird kurz und knackig innerhalb einer Viertelstunde ein Begriff aus der Astronomie derart unterhaltsam und anschaulich erklärt, dass selbst komplett ahnungslose Laien folgen können.

Und in der Tat schien das Konzept der Sendung auch bei mir zu fruchten: Irgendetwas Seltsames muss in den folgenden 15 Minuten mit meinem Gehirn passiert sein. Was es war, weiß ich selbst nicht, jedenfalls begann ich bereits während der ersten Minute der Sendung mit der Physik Freundschaft zu schließen – mehr noch: Ich hatte sogar das Gefühl, die Dinge, die Herr Lesch mir da durch den Bildschirm erklärte, wirklich zu verstehen!

Es folgte eine erste lange Phase des Recherchierens. Ich schrieb sämtliche »alpha-Centauri«-Sendungen, die mir für mein inzwischen zur Chefsache gewordenes Thema »Licht« relevant erschienen, per Hand mit. Am Ende sollten es fast 70 Sendungen werden, die ich mir angesehen und minutiös mitgeschrieben habe – und das vollkommen freiwillig und ohne, dass ich zunächst wusste, warum ich das überhaupt tat.

Es folgte die harte Recherchephase Nummer 2. Nun mussten Fachbücher gewälzt werden. Auch diese wurden fein säuberlich von mir von vorne bis hinten durchgeackert und exzerpiert. Irgendwann stand schließlich der Entschluss fest: Ich wollte ein eigenes Buch über die Physik des Lichts schreiben! Doch nicht nur schreiben – da ich Studentin im Fach Kommunikationsdesign war, sollte dieses Projekt meine Diplomarbeit werden. Die Gestaltung durfte deshalb alles andere als für ein populärwissenschaftliches Fachbuch üblich ausfallen.

Kommen wir also zum Konzept, das dieses etwas andere Physikbuch zu einer eher exotischen Spezies macht: Dieses Buch richtet sich nicht nur an bereits vorgebildete Fachleute, die es ohnehin schon gewohnt sind, sich erschreckend schwere Fachbücher einzuverleiben – obwohl auch diese Zielgruppe an der ungewohnt andersartigen Herangehensweise an die ansonsten meist eher trocken dargebotene Welt der Physik ihre helle Freude haben wird, denn auch an Tiefgang wird es hier definitiv nicht mangeln! Auch dem bis zu diesem Zeitpunkt völlig ahnungslosen Laien soll es ähnlich ergehen wie mir damals – Physik kann nämlich tatsächlich richtigen Spaß machen! Das klingt vielleicht komisch, aber so ist es! Und genau dieses Erweckungserlebnis möchte ich aus dem Leser herauskitzeln. Dieses Buch ist deshalb der mir sehr am Herzen liegende Versuch, andere mit demselben seltsamen Virus ganz hinterlistig zu infizieren, der mich bei meinem ersten Zusammentreffen mit Harald Lesch selbst überfiel.

Was also erwartet den Leser auf den kommenden rund 800 Seiten, auf denen ich die Physik auf eine etwas andere Art präsentieren werde? Erst einmal zur Beruhigung – gerade für die Lesergruppe, die wie ich bisher nur sehr schlechte Erfahrungen mit dem Schulfach Physik gemacht hat: Das Verhältnis von Text zu Bild ist mehr als ausgewogen. Es wird hier außerdem niemals ellenlange Abhandlungen geben, sondern es werden stets sehr mundgerechte Texthäppchen serviert, die mit zahlreichen zusammenfassenden, zum Schmunzeln anregenden oder einfach nur unglaublich interessanten Einschüben gesalzen sind. Denn die Geschichte dieser Naturwissenschaft ist mehr als fesselnd – sie birgt sogar einiges an humoriger Skurrilität in sich …

Die zahlreichen Fotografien und Grafiken haben mit der für Fachbücher üblichen Bildsprache rein gar nichts zu tun. Stattdessen habe ich sämtliche Sachverhalte in diesem Buch anhand eines Tagesablaufs in meiner Wohnung, rückwärts vom Schlafengehen bis zum Aufstehen, inszeniert. Worum sich alles drehen wird, ist natürlich das Licht. Wir werden dieses wundersame physikalische

[Dokumentationsfoto] ***Recherche***

Phänomen von heute bis zum Anbeginn der Zeit zurückverfolgen und dabei von Zimmer zu Zimmer wandern und jedes Thema mit den dort vorhandenen Gegenständen auf eine etwas unkonventionelle Art und Weise kennenlernen. Entsprechend wird auch die Zeit in der Wohnung verkehrt herum fließen. Auf unserer Reise in die Vergangenheit wird uns außerdem so einiges über die gesamte Welt der Physik über den Weg laufen, das über einige Umwege ebenfalls mit dem Phänomen Licht verwoben ist. In sieben Kapiteln werden wir dabei auf folgende Etappen stoßen:

Wir starten unsere Reise im Schlafzimmer und Bad, in denen wir das Licht grundsätzlich betrachten. Was ist Licht überhaupt? Ist es ein Teilchen? Eine Welle? Wie verhält es sich? Welche Freunde hat es? Und wie schafft es das Licht eigentlich, dass wir etwas sehen können?

Danach werden wir uns der Geschwindigkeit widmen, mit der sich das Licht umherbewegt. Wie schnell ist das Licht? Warum ist es überhaupt so schnell? Und was bedeutet das für unser Verständnis von Raum und Zeit? Als Versuchslabor wird uns dabei das Wohnzimmer dienen.

Vom Wohnzimmer wandern wir schließlich weiter in Küche und Esszimmer. Hier werden wir unsere Sonne genauestens unter die Lupe nehmen. Wie groß ist sie? Woraus besteht sie? Wie weit ist die Sonne von uns entfernt, und was bedeutet das für uns? Und wie kommt überhaupt das viele Licht zu uns, das unser Stern jeden Tag aussendet?

Nachdem wir all diese Fragen geklärt haben, drehen wir die Zeit weiter zurück und begutachten unser Sonnensystem als Ganzes. Wie ist es aufgebaut? Und vor allem: Wie ist es überhaupt entstanden? Dies und vieles mehr werden wir im Arbeitszimmer rekonstruieren.

Ebenfalls im Arbeitszimmer widmen wir uns schließlich den allerersten Sternen, die unser Universum jemals mit Licht versorgt haben. Wie lebten diese Sterne? Wie sahen sie aus? Wie sind sie entstanden? Und was hatte ihre Existenz für unser heutiges Universum zur Folge?

Im sechsten Kapitel werden wir schließlich an eine fiese Grenze stoßen: Am Frühstückstisch werden wir klären, seit wann das Licht überhaupt frei laufen kann, und warum wir nicht weiter als bis zu jener besagten Grenze blicken können. Was ist dieser »Lichtvorhang« überhaupt? Was passierte danach? Und warum gibt es seitdem eigentlich Sterne?

Zu guter Letzt landen wir schließlich wieder im Schlafzimmer und Bad. Hier wird uns der Anfang von allem, der Urknall, über den Weg laufen – der Moment, in dem alles Licht entstand, aus dem sich im Laufe von Milliarden von Jahren schließlich Leben entwickeln sollte. Was ist hier passiert? Warum sind die Vorgänge damals so prägend für unser gesamtes heutiges Universum gewesen? Und welche Rolle spielte das Licht dabei?

Wir haben also einiges vor! Legen wir deshalb gleich los und beginnen unsere Reise in die Vergangenheit, auf den Spuren des Lichts, und stürzen uns direkt ins Vergnügen …

Woraus besteht eigentlich das Licht? In diesem Kapitel werden wir ganz nah in das Reich des winzig Kleinen blicken, um dabei einem gewissen Photon auf die Schliche zu kommen. Wie und wo lebt jenes Lichtteilchen? Und wie gelingt es ihm, unserem Leben Farbe einzuhauchen und damit die Welt, in der wir leben, überhaupt für unsere Augen sichtbar zu machen?

1

Wellenreiter

Das Licht und sein Doppelleben

»Fünfzig Jahre intensiven Nachdenkens haben mich der Antwort auf die Frage ›Was sind Lichtquanten?‹ nicht näher gebracht.

Natürlich bildet sich heute jeder Wicht ein, er wisse die Antwort. Doch da täuscht er sich.«

Albert Einstein

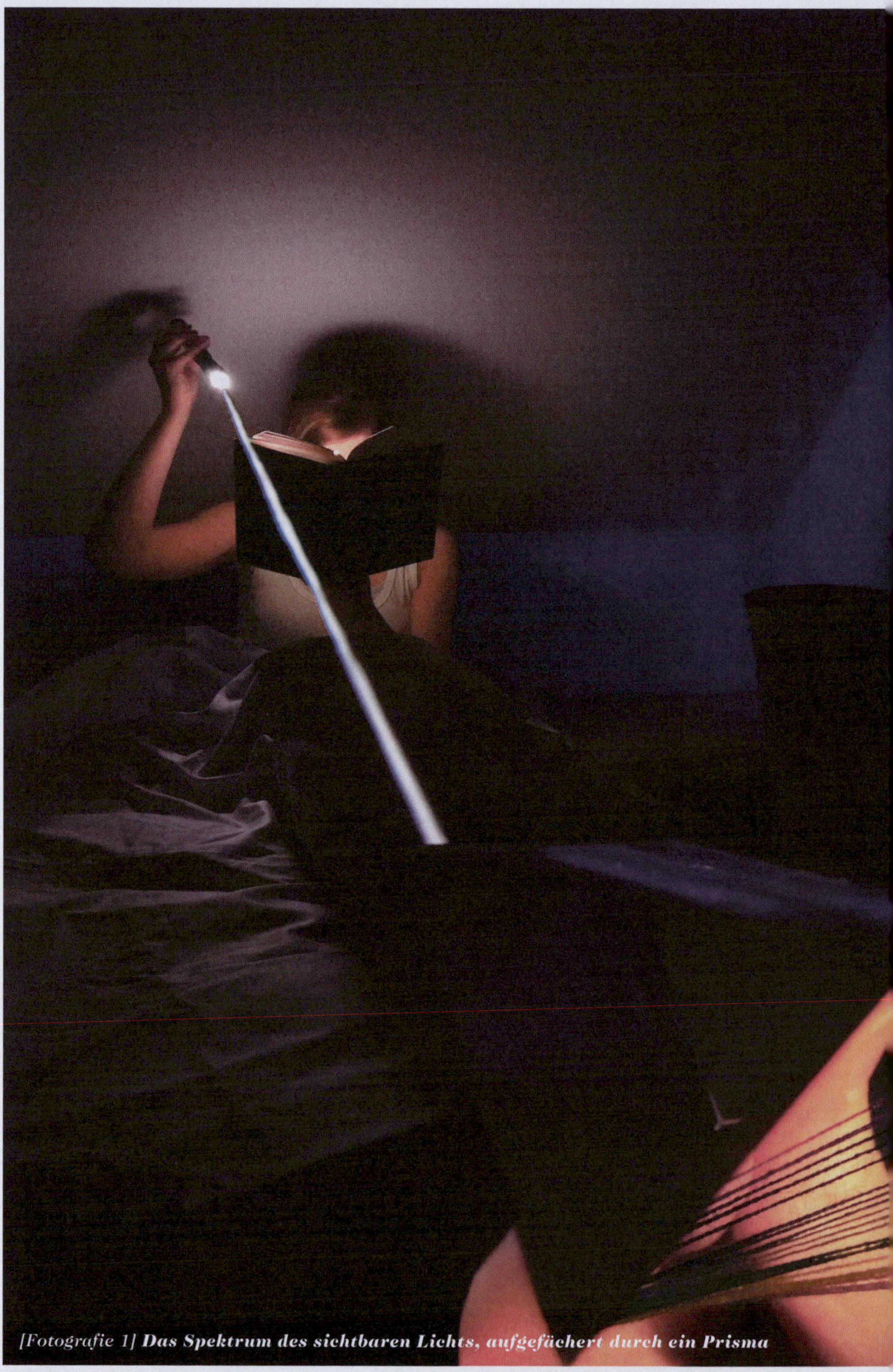

[Fotografie 1] **Das Spektrum des sichtbaren Lichts, aufgefächert durch ein Prisma**

1.1 Welle oder Teilchen?

Warum sich das Licht nicht in Schubladen stecken lässt

Anfang des 18. Jahrhunderts entzündete sich an der Frage »Was ist Licht?« die wichtigste Debatte in der Geschichte der Wissenschaft: Verhält sich das Licht wie eine Welle oder wie ein Teilchen? Dieser Konflikt sollte erst ein ganzes Jahrhundert später ein äußerst überraschendes Ende finden …

Wie Newton das Licht auseinandernahm

Was ist Licht? Eine scheinbar einfache Frage – doch eine ebenfalls einfache Antwort darauf zu geben, fällt gar nicht so leicht. Versuchen wir deshalb, uns langsam an das Thema heranzutasten, und beginnen mit einer Eigenschaft des Lichts, die wir direkt wahrnehmen können: der Farbe.

Das Spektrum des sichtbaren Lichts, also der Farben, die wir mit unseren Augen sehen können, reicht von Rot, Orange, Gelb bis Grün, Blau und Violett. Der Eindruck von Weiß entsteht, wenn alle Farben des Regenbogens zu gleichen Teilen enthalten sind. Schwarz ist streng genommen keine Farbe – denn hier ist kein Farbanteil des Spektrums enthalten. Rot, Grün und Blau zählen zu den sogenannten Primärfarben, für die unsere Sehzellen empfindlich sind. Kombinationen aus diesen dreien lassen dabei die gesamte Bandbreite des sichtbaren Lichts entstehen.

Die Tatsache, dass weißes Licht, also beispielsweise das der Sonne oder das einer Glühbirne, alle Farben des Spektrums zu gleichen Teilen enthält, kann man ganz einfach selbst überprüfen, indem man es durch ein Prisma scheinen lässt. Das weiße Licht wird dabei in seine Bestandteile aufgefächert (siehe Fotografie 1).

Der erste Wissenschaftler, der sich mit dem Lichtspektrum beschäftigte, war der britische Physiker Sir Isaac Newton (1643–1727).

Er teilte in den 1660er-Jahren Licht mittels eines Prismas in seine einzelnen Farbbestandteile auf und setzte ein zweites Prisma hinter eine der Farben. Dieses zweite Prisma zeigte wiederum kein Spektrum, sondern gab lediglich die eintretende Farbe wieder. Newton bewies damit, dass Farben nicht durch Prismen erzeugt werden, sondern eine Eigenschaft des Lichts sind.

Der Streit beginnt

Das Experiment mit den beiden Prismen zeigte zwar, dass Licht und Farbe direkt zusammenhängen, es lieferte jedoch keine Antwort auf die Frage, was Licht denn nun tatsächlich ist.

Newton hatte aber bereits eine Vermutung. Für ihn bestand das Licht aus vielen kleinen Teilchen, sogenannten Korpuskeln. Doch diese Meinung teilten nicht alle Wissenschaftler. Sein hartnäckigster Gegner war der niederländische Physiker, Astronom und Mathematiker Christiaan Huygens (1629–1695). Er war der Ansicht, Licht sei eine Art Welle, die sich durch den Raum ausbreite.

Anfang des 18. Jahrhunderts spaltete sich die Wissenschaft in zwei Lager, mit den Anhängern der Wellentheorie auf der einen und den Befürwortern der Teilchentheorie auf der anderen Seite. Es war der Beginn der wichtigsten Debatte in der Geschichte der Wissenschaft: Verhält sich das Licht wie eine Welle oder wie ein Teilchen?

Die Eigenschaften von Wellen und Teilchen

Um den Konflikt besser zu verstehen, muss man zunächst die genaue Definition von »Teilchen« beziehungsweise »Welle« kennen. Ein Teilchen ist einfach zu beschreiben. Eine Orange ist beispielsweise ein recht großes Teilchen, während eine Murmel schon etwas kleiner ist. Ein noch kleineres Teilchen wäre zum Beispiel ein Atom. Es handelt sich also um feste, greifbare Dinge. (Wobei sich die Greifbarkeit einzelner Atome als recht schwierig gestaltet, aber das soll an dieser Stelle ignoriert werden.) Teilchen können entweder ruhen oder sich von einem Ort zum anderen bewegen.

Doch wie sieht es mit Wellen aus? Eine Art von Wellen, die uns im täglichen Leben immer wieder begegnen, sind Wasserwellen. Lässt man zum Beispiel Wasser in die Badewanne laufen, breiten sich die Wellen vom Zentrum des Wasserstrahls kreisförmig nach außen aus.

Bringt man Teilchen und Welle nun zusammen, zum Beispiel indem man ein Quietscheentchen in die Badewanne legt, beginnt das Teilchen auf der Welle zu tanzen. Es bewegt sich auf und ab, jedoch *nicht* mit der Welle nach vorne. Während die Welle sich also ausbreitet, verharrt das Teilchen, in diesem Fall also unser Entchen, auf seiner Position. (Ebenso verhält es sich übrigens mit Wassermolekülen, die ja auch Teilchen sind. Sie bewegen sich auf und ab, jedoch nicht mit der Welle fort.)

Wellen sind daher ein Medium, das sich ausbreitet. Sie transportieren dabei jedoch keine Materie, sondern Energie. Lassen wir unser Entchen in die Badewanne fallen, wird es vom Wasser abgebremst und gibt dabei einen Teil seiner Bewegungsenergie an das Wasser weiter. Das Wasser transportiert diese Energie nun mit den Wellenbewegungen nach außen davon (siehe Grafik 1). Während Teilchen also fest und dinghaft sind und somit zur Materie zählen, sind Wellen eine Art Muster, das erst durch die Wechselwirkung mit Materie erkennbar wird.

Das Muster einer Welle lässt sich in einzelne Welleneigenschaften unterteilen (siehe Grafik 2). Wellen haben immer einen höchsten Punkt, den sogenannten Wellenberg, und einen tiefsten Punkt, das

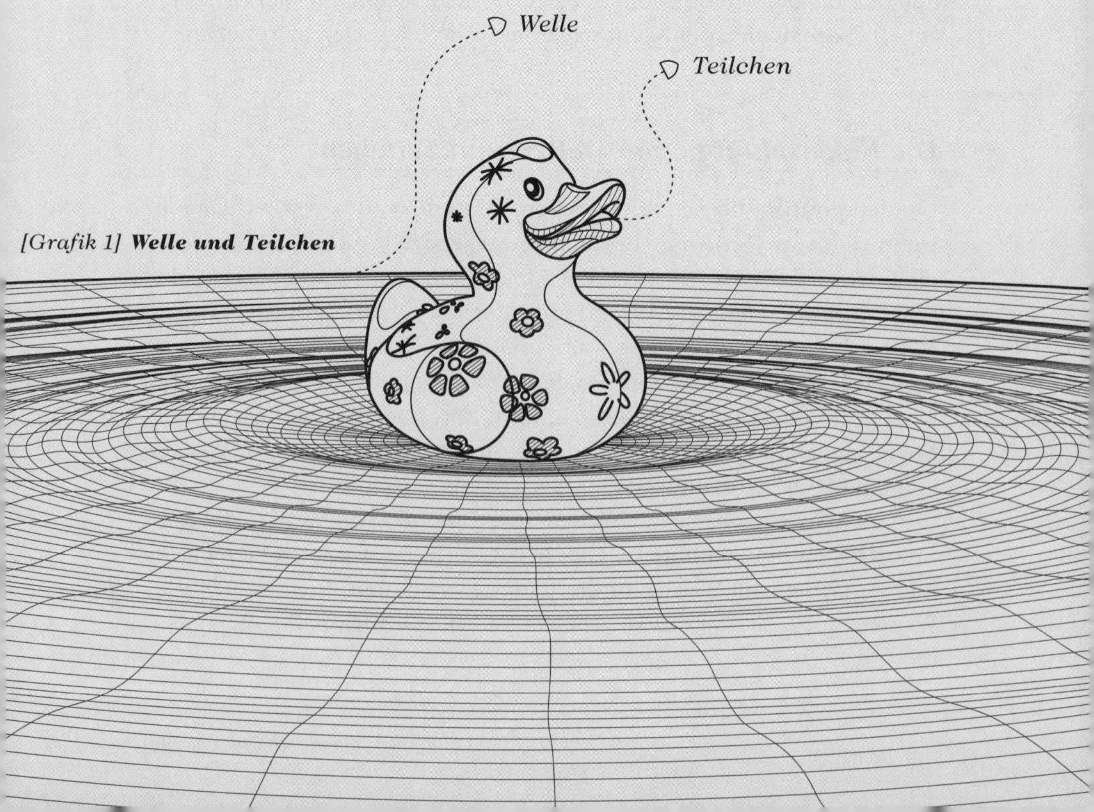

[Grafik 1] ***Welle und Teilchen***

Wellental. Der Abstand zwischen Wellenberg und Wellental wird als Amplitude bezeichnet. Die durchschnittliche Höhe liegt dabei genau dazwischen. Die Wellenlänge ist durch die Distanz von einem Wellenberg (oder Wellental) zum nächsten definiert. Die Frequenz ergibt sich aus der Anzahl der Wellenberge, die einen Punkt in einer Sekunde durchqueren. Sie wird in Schwingungen pro Sekunde in der Einheit Hertz *(Hz)* angegeben. Die Ausbreitungsgeschwindigkeit sagt aus, wie schnell die Welle Energie von einem Punkt zum nächsten transportiert. Sie ergibt sich, indem man die Wellenlänge mit der Frequenz multipliziert.

Die Korpuskeltheorie

Kehren wir nun zum Streit zwischen Newton und Huygens zurück und nehmen ihre Theorien genauer unter die Lupe. Wie bereits erwähnt gilt Isaac Newton als Begründer der Korpuskeltheorie (auch Korpuskulartheorie, Emissionstheorie, Emanationstheorie oder ballistische Lichttheorie genannt), nach welcher das Licht aus vielen kleinen Körperchen, sogenannten Korpuskeln, also Teilchen, besteht. Diese kleinen Lichtteilchen, so die Theorie, werden von leuchtenden Lichtquellen geradlinig ausgesendet, wobei die Lichtgeschwindigkeit stets abhängig von der Geschwindigkeit der Lichtquelle ist.

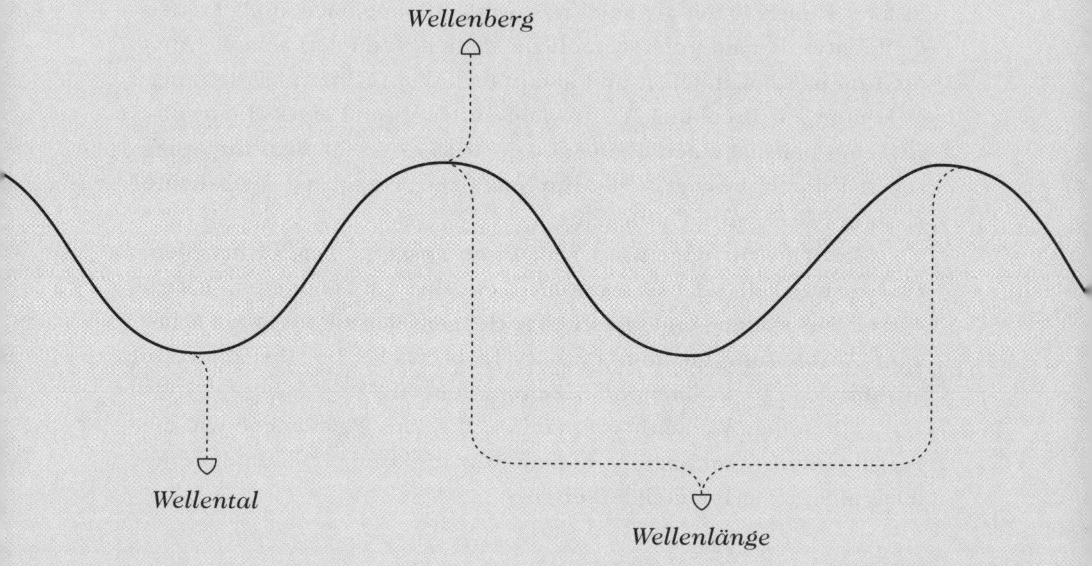

[Grafik 2] **Welleneigenschaften**

Anhand dieser Theorie ließen sich Farben durch die unterschiedliche Größe der Lichtteilchen beschreiben. Auch die geradlinige Ausbreitung und die Reflexion des Lichts, die entsteht, wenn Licht auf einer Fläche, zum Beispiel einem Spiegel, zurückgeworfen wird, konnte die Theorie erklären. Effekte wie Beugung, Brechung oder die partielle Reflexion bereiteten allerdings Schwierigkeiten und ließen sich nicht ohne Weiteres durch die Korpuskeltheorie beschreiben.

Trotz dieser ungelösten Fragen hatte Newtons Teilchentheorie des Lichts viele Anhänger, zu denen beispielsweise der französische Mathematiker und Astronom Pierre-Simon Laplace (1749–1827), der ebenfalls aus Frankreich stammende Physiker und Astronom Jean-Baptiste Biot (1774–1862) oder der schottische Physiker Sir David Brewster (1781–1868) zählten.

Das Huygens'sche Prinzip

Dem gegenüber stand der Begründer der Wellenoptik, Christiaan Huygens, mit dem nach ihm benannten Huygens'schen Prinzip (auch Huygens-Fresnel'sches Prinzip genannt). Es besagt, dass jeder Punkt einer Wellenfront als Ausgangspunkt für eine neue Welle dient, wobei die Wellen in drei Dimensionen als halbkugelförmig beziehungsweise in zwei Dimensionen als halbkreisförmig anzunehmen sind. Treffen die Lichtwellen auf unterschiedliche Medien, verändert sich die Ausbreitungsgeschwindigkeit und damit auch die Ausbreitungsrichtung, es kommt zur Brechung. Trifft Licht auf den Rand eines Hindernisses, zum Beispiel einen kleinen Spalt, wird es gemäß dem Huygens'schen Prinzip gebeugt. (Das Huygens'sche Prinzip hat auch heute noch in dieser Form Gültigkeit.)

Da man zur damaligen Zeit davon ausging, dass Lichtwellen, analog zu Schall- oder Wasserwellen, ein Medium benötigten, in dem sie sich ausbreiten konnten, erklärte Huygens den sogenannten Äther zum Ausbreitungsmedium für das Licht (siehe *Das berühmteste misslungene Experiment aller Zeiten,* Seite 157).

Mit seiner Wellentheorie konnte Huygens Phänomene wie die Beugung und Brechung des Lichts zwar erklären, er konnte sie jedoch nicht experimentell beweisen.

Wer hatte recht?

Wie wurde der Streit »Welle gegen Teilchen« schließlich entschieden? Zunächst einmal gar nicht. Beide Theorien standen einander ungeklärt gegenüber, und die Frage, was Licht denn nun genau sei, geriet allmählich in Vergessenheit, wobei Newtons Theorie favorisiert wurde. Das Licht, so der mehrheitliche Konsens der Wissenschaft damals, bestehe aus kleinen, schnell fliegenden Teilchen, und damit wurde das Thema für ein ganzes Jahrhundert vorerst ad acta gelegt.

Erst im 19. Jahrhundert startete die Wissenschaft einen neuen Versuch, um die Lichtfrage zu klären. Der englische Physiker und Augenarzt Thomas Young (1773–1829) war der Erste, der sich des Themas erneut annahm. Im Jahr 1802 ließ er in seinem sogenannten Doppelspaltexperiment Licht auf eine Blende mit zwei kleinen Öffnungen fallen, um so dessen Wellencharakter zu beweisen. Und nun schien sich das Blatt zu wenden. Das Licht zeigte tatsächlich Welleneigenschaften. Da dieses Experiment für den weiteren Verlauf der Geschichte von fundamentaler Bedeutung ist, werden wir es an dieser Stelle genauer unter die Lupe nehmen:

Das Doppelspaltexperiment

Beim Versuchsaufbau des Doppelspaltexperiments wird eine Lichtquelle, die ausschließlich Licht einer einheitlichen Wellenlänge und Frequenz aussendet, auf eine Blende gerichtet, in der sich zwei schmale parallele Schlitze befinden. (Die Wellen des Lichts müssen sich dabei in der gleichen Phase befinden, das heißt, Wellental und Wellenberg müssen im Gleichklang laufen. Ein solches sogenanntes kohärentes, monochromatisches Licht liefert beispielsweise ein Laserstrahl – siehe *Wie das Licht schwingt,* Seite 127.) Hinter der Blende befindet sich eine Wand, die das Licht, das durch die Öffnungen gelangt, auffängt.

Bestünde das Licht aus Teilchen, würde nun Folgendes passieren: Die Lichtteilchen würden auf die Blende mit den beiden Öffnungen zuschießen. Dabei würden jene Teilchen zurückprallen, die nicht durch einen der Schlitze gelangen konnten, während die Teilchen, die eine Blendenöffnung passiert hätten, auf die dahinterliegende Wand träfen. Als Muster wären zwei Linien auf der Wand zu erkennen, die sich exakt parallel zu den beiden Blendenöffnungen befänden. Neben diesen beiden Hauptlinien würden außerdem vereinzelt noch einige Lichtteilchen ihre Spuren hinterlassen, die nicht

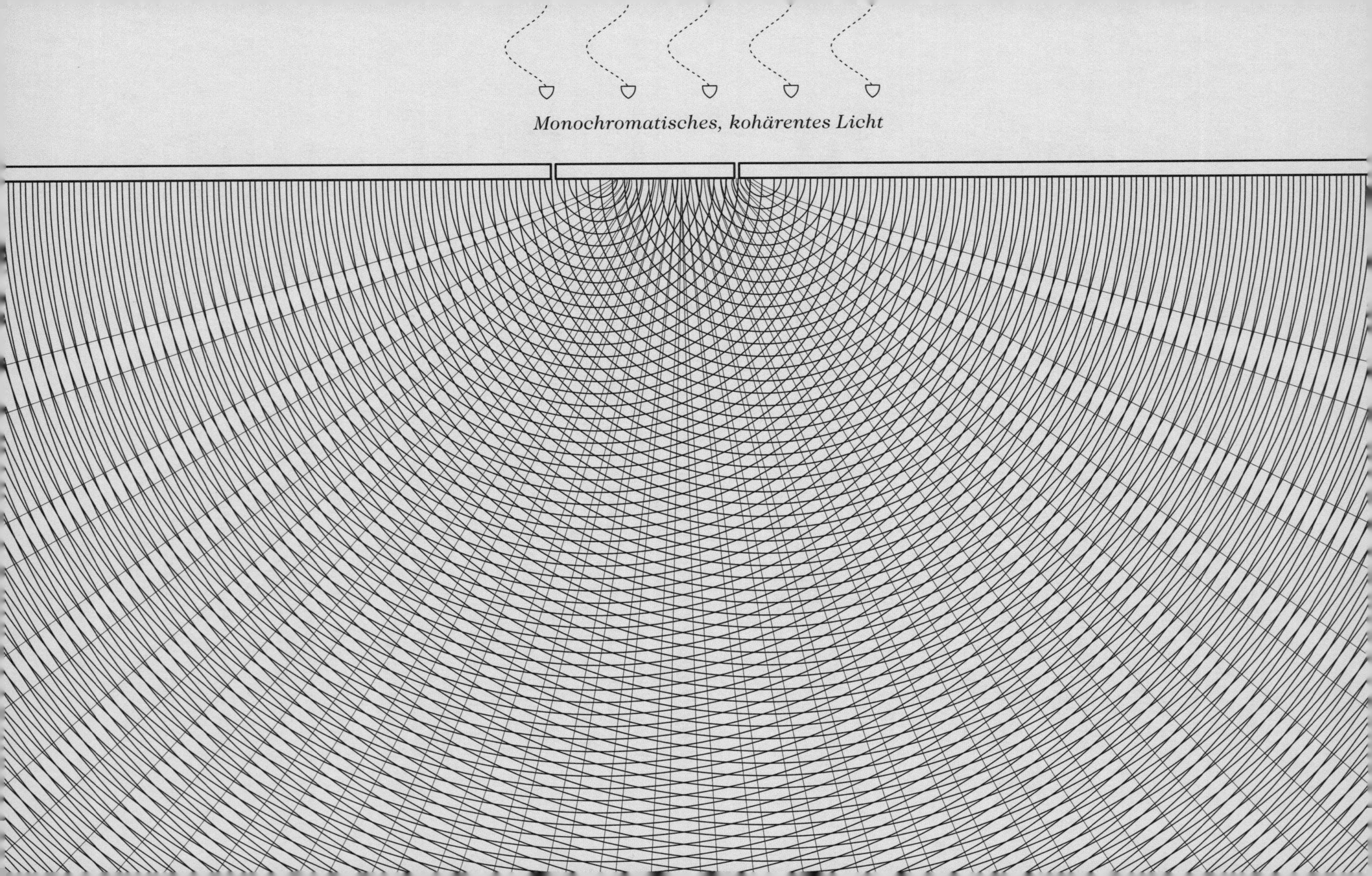
Monochromatisches, kohärentes Licht

[Grafik 3] ***Interferenzmuster***

exakt durch eine der beiden Öffnungen geflogen, sondern auf die Kanten geprallt und dadurch von ihrem geraden Flug abgelenkt worden wären.

Soweit die Annahme. Doch dies ist nicht das Bild, das man sieht. Was man tatsächlich beobachtet, ist ein sogenanntes Interferenzmuster aus regelmäßigen, sich abwechselnden hellen und dunklen Streifen, die von der Mitte der Wand nach außen hin immer schwächer werden. Die hellste Stelle liegt dabei sonderbarerweise exakt mittig zwischen den beiden parallelen Blendenschlitzen.

Licht zeigt im Doppelspaltexperiment ein Interferenzmuster aus abwechselnd hellen und dunklen Streifen.

Dieses Ergebnis lässt sich nur erklären, wenn man das Licht als Welle betrachtet (siehe Grafik 3/Fotografie 2). Die Lichtwellen treffen auf die Blende, wo sie gemäß dem Huygens'schen Prinzip gebeugt werden und sich halbkreisrund hinter den beiden Schlitzen ausbreiten. Auf ihrem Weg Richtung Wand treffen die Wellen schließlich ab einem gewissen Punkt aufeinander und beginnen sich zu überlagern – ein Effekt, den man auch bei Wasserwellen beobachten kann.

Es gibt nun zum einen Bereiche, an denen sich Wellenberge oder Wellentäler gegenseitig verstärken (was an den hellen Stellen von Grafik 2 zu erkennen ist), zum anderen gibt es auch Bereiche, an denen Wellental und Wellenberg einander auslöschen (dies belegen die dunklen Stellen in Grafik 2). Dieses fröhliche Überlagerungsspiel nennt man Interferenz.

Die Wellentheorie des Lichts wurde damit durch das Doppelspaltexperiment eindeutig bestätigt. Was Thomas Young damals allerdings nicht wusste: Sein Experiment sollte viele Jahrzehnte später das Verständnis von der Welt, in der wir leben, grundlegend verändern. Doch dazu kommen wir gleich (siehe *Doppelspaltexperiment 2.0*, Seite 51)…

Der Welle-Teilchen-Dualismus

Weitere Wissenschaftler, unter ihnen der französische Physiker und Ingenieur Augustin Jean Fresnel (1788–1827) sowie der deutsche Physiker und Optiker Joseph von Fraunhofer (1787–1826), bauten später auf Youngs Wellentheorie auf und erweiterten sie. Als der schottische Physiker James Clerk Maxwell (1831–1879) zwischen 1861 und 1864 die nach ihm benannten vier Maxwell-Gleichungen formulierte, welche heute als Grundlage der Elektrodynamik und theoretischen Elektrotechnik gelten, wurde die Wellennatur des Lichts schließlich einhellig anerkannt. Bei Licht, so stellte Maxwell fest, handelt es sich um Strahlung, die auf magnetischen und elektrischen Feldern schwingt (siehe *Licht wird geboren,* Seite 123). Newtons Modell der Lichtteilchen wurde damit endgültig unter der Kategorie »Schnee von gestern« abgelegt.

Der Streit, ob man sich das Licht nun als Welle oder als Teilchen vorzustellen habe, schien damit nach langem Hin und Her endlich beendet. Die Wellen hatten gewonnen. So weit, so gut. Doch nun trat Albert Einstein (1879–1955) auf den Plan. Der Physiker erklärte 1905 einen Effekt, der ihm zum einen den Nobelpreis einbringen und zum anderen unser Vorstellungsvermögen ordentlich durcheinanderwirbeln sollte. Die Rede ist nicht von der Relativitätstheorie (siehe *Einstein und das Licht,* Seite 163)! Womit sich Einstein beschäftigte, war der sogenannte photoelektrische Effekt. Und der bewies eindeutig: Licht verhält sich wie ein Teilchen!

Was denn nun? Erst Teilchen, dann Welle, dann wieder Teilchen? Was ist Licht denn tatsächlich? Bevor wir diese Frage klären, eine kurze Erklärung zu Einsteins Feststellung:

Beim photoelektrischen Effekt (auch lichtelektrischer Effekt oder Photoeffekt) wird ein Lichtteilchen, das sogenannte Photon, von einem Elektron absorbiert, das beispielsweise in einem Atom gebunden ist. Das Elektron wird durch das Zusammentreffen mit dem Photon aus seiner Bindung gelöst und saust davon (siehe *Die Anarchie der geladenen Teilchen,* Seite 237). Damit dies passieren kann, muss die Energie des Lichtteilchens mindestens so groß sein wie die Energie, die das Elektron an das Atom bindet.

Man unterscheidet zwischen dem inneren und dem äußeren photoelektrischen Effekt, wobei an dieser Stelle nur kurz auf Letzteren eingegangen werden soll: Beim äußeren photoelektrischen Effekt (auch Photoemission oder Hallwachs-Effekt genannt) werden Elektronen durch die Bestrahlung mit Licht aus Metalloberflächen gelöst. Je mehr Licht auf die Oberfläche trifft, desto mehr Elektronen

[Fotografie 2] **Das Doppelspaltexperiment – das Licht zeigt Welleneigenschaften**

werden dabei von den Lichtteilchen herausgeschossen. Ein typisches Beispiel für diesen äußeren photoelektrischen Effekt sind die Solarzellen aus Silizium auf unseren Häuserdächern, die Sonnenlicht in elektrischen Strom umwandeln.

Jenen photoelektrischen Effekt konnte Einstein nur erklären, indem er das Licht in diesem Fall als Teilchen betrachtete – sogenannte »Lichtquanten«, wie er sie nannte. Einstein deutete damit die Aufnahme von Licht als erster Wissenschaftler quantenphysikalisch, also in Form von Energiepaketen. (Der deutsche Physiker Max Planck – er lebte von 1858 bis 1947 – war übrigens der Erste, der die *Abgabe* von Energie in »gequantelter« Paketform beschrieb.)

Aber konnte der Doppelspaltversuch nicht ebenso eindeutig beweisen, dass sich Licht wie eine Welle verhält und nicht wie ein Teilchen (siehe *Das Doppelspaltexperiment,* Seite 43)? Womit wir schon wieder bei der Frage gelandet wären, was Licht denn nun tatsächlich ist: Welle oder Teilchen?

Die Lösung des Problems ist ein Musterbeispiel der Diplomatie: Licht verhält sich *sowohl* wie eine Welle *als auch* wie ein Teilchen, je nach Betrachtungsweise. Es ist beides zugleich und trotzdem weder das eine noch das andere. Dies nennt man Welle-Teilchen-Dualismus. Und so einfach die Lösung auf den ersten Blick auch klingt, so kompliziert wird es doch, wenn man versucht, sich eine bildliche Vorstellung davon zu machen.

Das Licht verhält sich wie eine Welle UND wie ein Teilchen. Es ist beides zugleich und dennoch weder das eine noch das andere.

Dass es diesen Welle-Teilchen-Dualismus aber tatsächlich gibt und es sich nicht um ein bloßes Hirngespinst verzweifelter Wissenschaftler handelt, die nicht länger vor der Entscheidung zwischen Welle oder Teilchen stehen wollten, lässt sich experimentell beweisen. Und dafür musste sich die Wissenschaft nicht einmal ein neues Experiment einfallen lassen. Wir kehren nun zu unserem alten Bekannten, dem Doppelspaltexperiment, zurück und starten einen etwas abgeänderten Versuch:

Doppelspaltexperiment 2.0

Während Thomas Young das Doppelspaltexperiment damals mit Licht durchführte, um dessen Wellencharakter zu demonstrieren, kann man natürlich auch andere Dinge durch die beiden Blendenschlitze jagen, beispielsweise Teilchen. Genau dafür entschied sich der deutsche Physiker Claus Jönsson (*1930) im Jahr 1959. Er beschoss den Doppelspalt mit Elektronen.

Der gesunde Menschenverstand lässt nun folgendes Ergebnis vermuten: Wie bereits erwähnt würden Teilchen, also auch Elektronen, entweder durch eine der Öffnungen gelangen und dabei senkrecht auf die Wand zurasen (mit Ausnahme einiger weniger gestreuter Gesellen, die ungünstig an die Kanten der Schlitze gerieten und dadurch vom geraden Weg nach vorn abgelenkt würden) oder von der Blende zurückprallen. Die Elektronen würden der Wand ein Muster von zwei parallelen Linien bescheren, entsprechend ihrem Weg geradeaus durch die beiden Blendenschlitze. Soweit die Vermutung.

Doch zur großen Überraschung passierte genau dies nicht. Die Elektronen hinterließen auf der Wand exakt dasselbe Muster wie jenes, das damals in Youngs Versuch durch das Licht erzeugt wurde (siehe Fotografie 3a). Was man sah, war ein Interferenzmuster aus abwechselnd hellen und dunklen Steifen mit der hellsten und intensivsten Linie genau in der Mitte zwischen den beiden Blendenöffnungen – ein Muster, das sich eigentlich nur durch wellenartige Überlagerung erklären ließ. Wie konnte das sein? Bei Elektronen sollte es sich doch um Teilchen handeln. Und Teilchen konnten entweder durch die eine oder die andere Öffnung gelangen, sich aber keinesfalls überlagern. Was war da passiert?

Um das herauszufinden, beschloss man, beide Öffnungen genauestens zu beobachten, um so feststellen zu können, wohin welches Elektron wann flog. Also wurde ein neuer Versuch gestartet. Nun konnte man genau verfolgen, durch welche Öffnung wie viele Teilchen sausten. Doch ein Blick auf die Wand führte zu großer Ratlosigkeit. Das Interferenzmuster, das die Elektronen im Versuch davor zeigten, war verschwunden! Stattdessen sah man das ursprünglich vorhergesagte Bild von zwei parallelen Linien genau gegenüber der beiden Blendenschlitze (siehe Fotografie 3b). War im Versuch davor etwas schiefgelaufen?

Um eine Ablenkung der Teilchen, beispielsweise durch Zusammenstoß, auszuschließen, wiederholte man das Experiment erneut und schoss diesmal nur ein einziges Elektron in Richtung Doppelspalt, zunächst ohne es zu beobachten. Ein einsames Teilchen – so

[Fotografie 3a] **Das Doppelspaltexperiment – Teilchen zeigen Welleneigenschaften**

[Fotografie 3b] **Das Doppelspaltexperiment – die Rolle des Beobachters**

die Annahme – würde entweder nur durch das eine oder das andere Loch fliegen oder eben zurückprallen. Folglich würde auch nur maximal ein Elektron auf der Wand seine Spur hinterlassen.

Gesagt, getan. Das einsame Elektron wurde in Richtung der beiden Schlitze geschossen. Das Ergebnis dieser Aktion sorgte allerdings für noch mehr Verwirrung. Was man sah, war das altbekannte Interferenzmuster! Wurden aus Versehen mehrere Elektronen herausgeschossen statt eines einzigen? Hatte sich das Elektron gar auf seinem Weg zur Wand auf wundersame Weise vermehrt?

Man kontrollierte nun auch das einzelne Elektron auf das Schärfste, um seinen Weg nachvollziehen zu können. Doch wie bereits befürchtet blieb das Interferenzmuster in dieser strengen Beobachtungssituation erneut aus. Stattdessen war lediglich eine einzige Einschlagstelle zu bestaunen, und diese befand sich exakt gegenüber der Öffnung, durch die das Elektron geflogen war.

Man wiederholte das Experiment wieder und wieder, auch andere Materieteilchen, zum Beispiel Neutronen oder Protonen, verwendete man. Doch stets ergab sich dasselbe Bild: Solange man die Teilchen in Ruhe ließ, verhielten sie sich wie eine Welle und bauten Überlagerungen von sich selbst auf, beobachtete man sie jedoch, änderten sie vollkommen ihr Verhalten und zeigten plötzlich Teilcheneigenschaften.

Auch Materieteilchen zeigen wie das Licht Welleneigenschaften. Die Natur unterliegt in ihrer kleinsten Struktur dem Welle-Teilchen-Dualismus.

Das Doppelspaltexperiment beweist damit eindeutig, dass auch klassische Teilchen unter bestimmten Bedingungen Welleneigenschaften zeigen können. Es ist das Experiment schlechthin, um den Welle-Teilchen-Dualismus zu demonstrieren, dem sowohl das Licht als auch die Materie unterliegen und der nur im Rahmen der Quantenmechanik erklärt werden kann (siehe *Die große Revolution des ganz Kleinen,* Seite 56). Und so wurde es schließlich im Jahr 2002 zum schönsten physikalischen Experiment aller Zeiten gewählt, das bis heute mit den unterschiedlichsten Teilchen wiederholt wird.

Man kann die Wirklichkeit nicht sehen, wie sie wirklich ist. Sobald man die Welt in ihren kleinsten Strukturen beobachtet, verändert sie sich.

1.2 *Was die Welt im Innersten zusammenhält*

Ein Einblick in das Reich der Quantenmechanik

Die Entdeckung der quantenmechanischen Struktur unserer Welt hat unsere Anschauung von ihr völlig verändert. Um zu verstehen, was Licht genau ist, liefert die Quantenmechanik wichtige Erkenntnisse. Letztendlich ist sie aber nicht nur für das Verständnis von Licht, sondern für sämtliche Vorgänge im Universum von enormer Bedeutung. Ohne die Quantenmechanik gäbe es uns nicht. Begeben wir uns deshalb in einen Bereich der Physik, für den das menschliche Vorstellungsvermögen eigentlich viel zu begrenzt ist. Aber versuchen kann man es ja trotzdem …

Die große Revolution des ganz Kleinen

Quantenmechanik – was ist das überhaupt? Wir werden an dieser Stelle einen kleinen Einblick in dieses sehr komplexe Fachgebiet der Physik wagen, um die grundlegenden Vorgänge besser zu verstehen, denen Licht und Materie unterliegen. Denn letztendlich bestimmt der winzig kleine Bereich der Quanten, also der nach dem heutigen Wissensstand kleinsten Bestandteile unserer Welt, das Verhalten der ganz großen Objekte im Universum, beispielsweise unserer Sonne (siehe *Eigentlich zu kalt und klein, um ein echter Stern zu sein,* Seite 286). Wir sind also unmittelbar von der Quantenmechanik betroffen. Mehr noch – gäbe es sie nicht, würden wir gar nicht existieren. Doch warum das so ist, klären wir später (siehe *Ominöses Durchtunneln,* Seite 287) …

Betrachten wir zunächst einmal, welche Entdeckungen in der Wissenschaft dazu geführt haben, dass die sogenannte »Quantenrevolution« überhaupt ins Rollen kam, aus der schließlich die moderne Quantenmechanik hervorging:

Wie bereits erwähnt war Albert Einstein der erste Wissenschaftler, der das Licht quantenphysikalisch deutete. Mit der Beschreibung des photoelektrischen Effekts im Jahr 1905 zeigte er, dass sich Licht nicht nur wie eine Welle, sondern auch wie ein Teilchen verhält (siehe *Der Welle-Teilchen-Dualismus,* Seite 47). Im selben Jahr veröffentlichte er die Spezielle Relativitätstheorie, in der die Lichtgeschwindigkeit eine wichtige Rolle spielt. Ihr ist deshalb ein komplettes Kapitel gewidmet (siehe *Dem Licht auf der Spur,* Seite 156). Wenige Jahre später, im Jahr 1911, experimentierte der in England lebende neuseeländische Atomphysiker Ernest Rutherford (1871–1937) mit Atomen und stellte fest, dass diese vor allem aus leerem Raum bestehen (siehe *Das Photon,* Seite 94). Diese Entdeckung warf die große Frage auf, warum sich Materie überhaupt fest anfühlt. 1913 stellte der dänische Physiker Niels Bohr (1885–1962) fest, dass die Energie von Elektronen in Atomen gequantelt ist, sie also nur bestimmte feste Energieniveaus annehmen können, aber keine Werte dazwischen (siehe *Der etwas andere Jo-Jo-Effekt,* Seite 133).

Einstein, Rutherford und Bohr legten durch die Erforschung von Energie und Materie den Grundpfeiler für eine Entwicklung, die Mitte der 1920er-Jahre zur Quantenrevolution führte. Sie sorgte dafür, dass wir die Vorstellung von der Struktur unserer Welt völlig überdenken mussten. Doch welche Erkenntnisse lieferte die Quantenrevolution, vor allem in Hinblick auf das Verständnis vom Licht? Genau dieser Frage wollen wir nun nachgehen – zunächst durch einen groben Überblick und später im Detail.

Die Erkenntnisse der Quantenrevolution

Da es der Wissenschaft im Zuge der Quantenrevolution gelang, immer tiefer in die Struktur der Materie zu blicken, begann das bisherige Atommodell zu bröckeln: Nicht mehr Protonen und Neutronen gelten nach dem heutigen Wissensstand neben den Elektronen als die kleinsten Bausteine der Materie, sondern die sogenannten Quarks und Leptonen. Während das Elektron weiterhin als elementar angenommen wird und zu den Leptonen zählt, bestehen Protonen und

Neutronen aus Quarks. Leptonen und Quarks gehören der Gruppe der Fermionen an und sind somit die elementaren Teilchen, die die Materie aufbauen (siehe *Fermionen sind verfeindet,* Seite 82).

Doch was ist mit dem Licht? Da es sich bei ihm nicht um Materie, sondern um Energie handelt, gehört das Photon zu einer anderen Gruppe: den Bosonen (siehe *Bosonen lieben sich,* Seite 85). Sie stellen ein Gegenmodell zu den Fermionen dar. Bosonen dienen als Vermittler zwischen den Materieteilchen und zählen damit zu den Kräften. Sie tragen die Energie von einem Fermion zum nächsten. Ohne Bosonen wäre die Materie also ziemlich aufgeschmissen, denn es wäre niemand da, der eine Interaktion zwischen ihr herstellen würde. Eine Welt ohne Bosonen wäre demnach völlig starr und langweilig. Es würde nämlich überhaupt nichts passieren – nicht einmal Zeit würde vergehen. Denn wenn alles gleich bliebe, gäbe es auch keinen Unterschied mehr zwischen Vergangenheit, Gegenwart und Zukunft. Die Welt stünde still. Die Materieteilchen wären zwar da, hätten aber keinerlei Möglichkeit, mit ihren Kollegen zu kommunizieren. Vor allem das Elektron würde die Abwesenheit des Lichts schmerzlich vermissen. Elektron und Photon stellen nämlich sozusagen das Traumpaar im Universum dar. Es gibt kaum zwei Teilchen, die so gerne miteinander in Verbindung treten wie diese beiden (siehe *Vom Verschlucken und Wiederausspucken,* Seite 138). Folglich wäre es ohne Bosonen nicht nur völlig trostlos im Universum, sondern außerdem noch stockdunkel. Leben hätte so natürlich auch nie entstehen können.

Doch das Licht ist nicht die einzige Kraft in diesem Universum: Ebenso wie es verschiedene Materieteilchen in Form von Quarks und Leptonen gibt, existieren auch unterschiedliche Bosonen. Zum Photon, das die elektromagnetische Kraft in Form von Strahlung vermittelt, zu der unter anderem auch das für uns sichtbare Licht zählt, gesellen sich noch drei weitere Kraftteilchen (siehe *Das Kräftemessen der Bosonen,* Seite 90): Das Gluon (vom Englischen *to glue,* »kleben«) vermittelt die sogenannte starke Kraft, jene Kraft, die dafür sorgt, dass die Atomkerne zusammenhalten, obwohl im Inneren positiv geladene Protonen stecken und sich Ladungen gleichen Vorzeichens ja eigentlich abstoßen. Wie der Name schon sagt, müssen diese Kraftteilchen sehr stark sein, damit sie überhaupt gegen die Abstoßung der Protonen im Kern eine Chance haben. Die starke Kraft ist deshalb auch die stärkste der vier Grundkräfte. Wie wir später noch sehen werden, ist sie die Grundlage dafür, dass unsere Sonne und neben ihr alle anderen Sterne überhaupt Licht aussenden können (siehe *Proton trifft Proton,* Seite 301). Neben der starken Kraft gibt es auch noch die schwache Kraft. Sie ist für den radioaktiven Zerfall von Atomkernen zuständig und wird von den W- und Z-Bosonen vermittelt. Die schwächste aller Kräfte ist schließlich die Gravitation, für die das Graviton zuständig sein soll. Dieses Teilchen konnte bisher nicht experimentell nachgewiesen werden, da es wohl viel zu schwach ist, um von den heutigen Messgeräten in irgendeiner Form geortet werden zu können. Dass das Graviton aber wirklich existiert, davon ist die Wissenschaft überzeugt. Mit den immer präziser werdenden Messmethoden ist es höchstwahrscheinlich nur eine Frage der Zeit, bis es eines Tages tatsächlich aufgespürt werden kann.

Die Bosonen gehören zusammen mit den Fermionen zu den Elementarteilchen, jenen Teilchen, die als Grundbausteine des Universums gelten (siehe *Die Suche nach den Zutaten des Universums,* Seite 77). Jedoch zeigte die Quantenrevolution außerdem, dass es nicht nur Teilchen, sondern auch Antiteilchen gibt, die sich inzwischen im Labor leicht herstellen lassen. Sie stellen das Gegenstück zu den herkömmlichen Materieteilchen dar. Teilchen und Antiteilchen vernichten sich, sobald sie zusammentreffen, gegenseitig und werden zu Energie, also zu Licht. Doch dieser Vorgang funktioniert auch umgekehrt: Wie aus dem Nichts können spontan Teilchen-Antiteilchen-Paare entstehen und wieder vergehen, sogenannte virtuelle Teilchen (siehe *Der erste Symmetriebruch,* Seite 765). Diese Erkenntnis ist vor allem wichtig, um zu verstehen, warum überhaupt etwas ist und nicht nichts. Dies werden wir im letzten Kapitel noch genauer unter die Lupe nehmen.

Doch nun kehren wir zunächst wieder zurück zu unseren Elementarteilchen: Wie Einstein bei seiner Untersuchung von Materie und Energie feststellte, zeigt das Licht sowohl Wellen- als auch Teilcheneigenschaften und unterliegt demnach dem Welle-Teilchen-Dualismus. Claus Jönssons Version des Doppelspaltexperiments mit Elektronen zeigte außerdem, dass auch klassische Teilchen beide Erscheinungsformen annehmen können. Die Quantenrevolution lieferte schließlich die Erkenntnis, dass dieser Welle-Teilchen-Dualismus ausnahmslos für sämtliche Elementarteilchen gilt – für Materie und Kräfte gleichermaßen. Die Welt schwingt quasi in ihren innersten Teilen und entzieht sich dadurch völlig unserem Vorstellungsvermögen. Wir können uns kein Bild machen, wie Elementarteilchen eigentlich aussehen – falls sie überhaupt so etwas wie ein Aussehen besitzen. Was sie aber definitiv besitzen, sind verschiedene Eigenschaften – und diese lassen sich mithilfe der Gesetze der Quantenmechanik sehr genau vorhersagen (siehe *Die Eigenschaften der Elementarteilchen,* Seite 78).

Die Quantenmechanik zählt neben der Relativitätstheorie zu den am besten überprüften Theorien der Physik und hat bisher sämtlichen Experimenten standgehalten. Unsere gesamte moderne Elektronik basiert auf Quanteneffekten, was ebenfalls beweist, dass wir ihre Gesetze durchschaut haben dürften, wenn wir sie uns auch nicht bildlich vorstellen können. Man kann also davon ausgehen, dass die Welt in ihren kleinsten Teilen, und somit auch das Licht, tatsächlich aus einer skurrilen Mischung von Wellen-Teilchen besteht, die sich nicht wirklich in die Karten schauen lassen.

Zu den wohl bedeutendsten Erkenntnissen der Quantenrevolution zählt außerdem die Tatsache, dass es möglich ist, vom ganz Kleinen Rückschlüsse auf das ganz Große zu ziehen, denn die elementare Welt der Quanten hat unmittelbare Auswirkungen auf die gesamte Astronomie. So können wir mithilfe der Quantenmechanik Schlussfolgerungen auf viele Vorgänge im Universum ziehen, angefangen vom Leben und Sterben der Sterne bis hin zu den Geschehnissen kurz nach dem Urknall. In jedem Fall spielt dabei das Licht eine große Rolle, weshalb wir diese Vorgänge später noch genauer untersuchen werden. Eines der fundamentalsten Gesetze der Quantenmechanik wird uns dabei immer wieder begegnen: Die Rede ist von der Heisenberg'schen Unschärferelation. Werfen wir deshalb einen tiefergehenden Blick auf sie:

Die Heisenberg'sche Unschärferelation

Die Heisenberg'sche Unschärferelation wurde 1927 von dem deutschen Physiker Werner Heisenberg (1901–1976) formuliert. Wie der Name schon verrät, geht es dabei um eine Art Unschärfe. Da wir uns im Quantenbereich befinden, muss es sich um eine Unschärfe auf elementarer Ebene handeln. Und genau dies stellte Heisenberg bei seinen Untersuchungen fest: Sobald man ein Teilchen immer genauer und näher betrachtet, beginnt es irgendwann zu verschwimmen und unscharf zu werden. Denn ab einem gewissen Punkt macht uns die Quantenmechanik einfach einen Strich durch die Rechnung. Sie hindert uns daran, immer tiefer in die Struktur der Materie zu blicken, indem sie die Teilchen, sobald wir ihnen zu nahe kommen, regelrecht tanzen lässt. Sie flippen völlig aus und schwirren so schnell umher, dass wir sie nicht mehr scharf sehen können. Und je näher wir den Teilchen dabei kommen, desto schlimmer wird es. Eigentlich ganz schön unverschämt!

Heisenberg erkannte den Grund für dieses Problem und stellte fest, dass es zwei Arten der Unschärfe gibt: eine Unbestimmtheit in Ort und Impuls sowie eine Unbestimmtheit in Energiemenge und Zeitraum. Es ist nicht möglich, gleichzeitig beides zu bestimmen. Die beiden Gleichungen der Unschärferelation lauten:

Ortsunschärfe × Impulsunschärfe ≈ Planck'sches Wirkungsquantum
Energieunschärfe × Zeitunschärfe ≈ Planck'sches Wirkungsquantum

(Das Planck'sche Wirkungsquantum entspricht einer extrem kleinen Zahl: $6{,}626 \times 10^{-34}$ Joulesekunden.)

Mit anderen Worten bedeutet dies: Je genauer man den Aufenthaltsort eines Teilchens kennt, desto unbestimmter wird, in welche Richtung und mit welcher Geschwindigkeit es sich bewegt. Kennt man umgekehrt dessen Impuls sehr genau, lässt sich die Position des Teilchens nicht mehr eindeutig definieren. Wird also eine Art der Unschärfe geringer, wird die andere automatisch größer. Für die Energiemenge und den Zeitraum bedeutet die Unschärferelation wiederum, dass man nie genau weiß, *wann* ein Teilchen *wie viel* Energie besitzt. Da das Planck'sche Wirkungsquantum eine sehr kleine Zahl ist, bemerkt man die Unschärfe jedoch erst, wenn man sich im Reich des ganz Kleinen befindet. Doch warum gibt es diese Unbestimmtheiten überhaupt?

Je genauer man den Ort eines Teilchens kennt, desto unbestimmter ist dessen Impuls.

Je genauer man den Impuls eines Teilchens kennt, desto unbestimmter ist dessen Ort.

Warum sehen wir überhaupt etwas?

Um zu verstehen, was die Unschärferelation in puncto Ort und Impuls bewirkt, muss man zunächst wissen, welcher Vorgang dahintersteckt, bis für uns der Eindruck des Sehens entsteht: Damit wir Materie überhaupt wahrnehmen können, muss sie uns signalisieren, dass sie da ist. Sie muss uns also die Informationen über sich irgendwie vermitteln. Und nun landen wir wieder bei den Kraftteilchen, ohne die die Materie keine Chance hätte, ihre Informationen beziehungsweise ihre Energie weiterzuleiten – den Bosonen (siehe *Die Erkenntnisse der Quantenrevolution,* Seite 57). Da es darum geht, etwas erkennbar für unsere Augen zu machen, also Informationen in Form von sichtbarem Licht zu transportieren, ist unser Vermittler in diesem Fall das Photon.

Wir sehen etwas, sobald Licht auf Materie trifft und dabei teilweise wieder zurückgeworfen wird. (Was dabei genau zwischen Licht und Materie passiert, folgt später im Laufe dieses Kapitels – siehe *Wenn das Photon mit dem Elektron…,* Seite 143.) Unsere Augen nehmen die von der Materie zurückgestreuten Photonen wahr und leiten die Informationen des Lichts an das Gehirn weiter, wo schließlich der Seheindruck entsteht. Erst nach dieser Kettenreaktion können wir etwas optisch wahrnehmen. Dieser Vorgang geschieht jedoch so blitzschnell, dass wir davon nichts mitbekommen.

Sockenversuch Nummer 1

Zurück zur Unschärferelation: Wir suchen uns nun ein Objekt, um in einem kleinen Versuch dessen Ort und Impuls zu beobachten. Dazu soll uns ein Paar Socken dienen. Wir bündeln es zusammen und werfen es in hohem Bogen quer durch den Raum. Damit wir etwas sehen können, beleuchten wir die Szene mit grünem Licht. (Warum es ausgerechnet grün sein soll, klärt sich gleich im nächsten Absatz.) Gleichzeitig fotografieren wir das Bündel während dieser Aktion mehrmals pro Sekunde, um so später seine Bewegung rekonstruieren zu können. Nach dem Sockenflug betrachten wir die Fotoserie und stellen fest: Man erkennt stets einwandfrei, *wann* die Socken *wo* im Raum waren und *wohin* sie sich bewegten. Es lassen sich also für jeden Zeitpunkt Ort und Flugrichtung genau bestimmen (siehe Fotografie 4).

Wir bemerkten es zwar nicht, aber bereits hier wirkte die Unschärferelation. Da sie sich aber erst auf sehr kleinen Skalen bemerkbar macht, lassen wir unsere Socken nun ordentlich schrumpfen. Sie sind jetzt so klein, dass sie sich nicht mehr in Kleidergrößen angeben lassen, sondern nur noch in Pikometern *(pm)*. Damit befinden sie sich etwa in der Größenordnung eines Elektrons – wobei man gar nicht genau weiß, wie groß ein Elektron tatsächlich ist, da uns auch hier die Unschärferelation einen Strich durch die Rechnung macht. Die Materie lässt sich ab einer gewissen Grenze einfach nicht mehr genau beobachten, und beim Elektron ist diese Grenze definitiv erreicht, weshalb wir seine Größe nur grob angeben können. Aber nehmen wir einfach einmal an, unsere Socken sind jetzt etwa zehn Pikometer »groß«.

Die Unschärferelation wirkt immer – auch bei großen Objekten. Sie macht sich jedoch erst im Bereich des ganz Kleinen bemerkbar.

Ein Pikometer entspricht 10^{-12} Metern – das ist ein Billionstel von einem Millimeter, enorm klein also. Das für uns sichtbare Licht befindet sich bereits eine Größenebene höher im Nanometerbereich *(nm)*. Dort deckt es ein nur recht schmales Spektrum von circa 380 bis 780 Nanometern ab. (Das gesamte elektromagnetische Spektrum wird später in diesem Kapitel noch detailliert beschrieben – siehe *Beinahe blind,* Seite 108/*Unterwegs auf kurzen Wellen,* Seite 109/ *Unterwegs auf langen Wellen,* Seite 117). Ein Nanometer entspricht 10^{-9} Metern, also einem Milliardstel von einem Meter. Das Sockenbündel ist damit viel kleiner als die Wellenlänge des sichtbaren Lichts, das gleich in unserem zweiten Versuch die optischen Informationen der Socken zu unseren Augen transportieren soll.

Wir entscheiden uns für die goldene Mitte und wählen eine Wellenlänge von 500 Nanometern. Nun erklärt sich auch die Wahl der Lichtfarbe aus unserem ersten Versuch, denn 500 Nanometer entsprechen der Farbe Grün. (Es sollen ja schließlich bei beiden Versuchen die gleichen Lichtverhältnisse herrschen.) Wir beschießen das Bündel also mit Photonen, bei denen von einem Wellenberg zum nächsten 500 Nanometer liegen.

[Fotografie 4] ***Bei normalen Objekten sind Ort und Impuls genau bestimmbar***

[Grafik 4] ***Die Wellenlänge von grünem Licht im Vergleich zu normalen und »Pikometer-Socken«*** *(die Illustrationen sind nicht maßstabsgetreu!)*

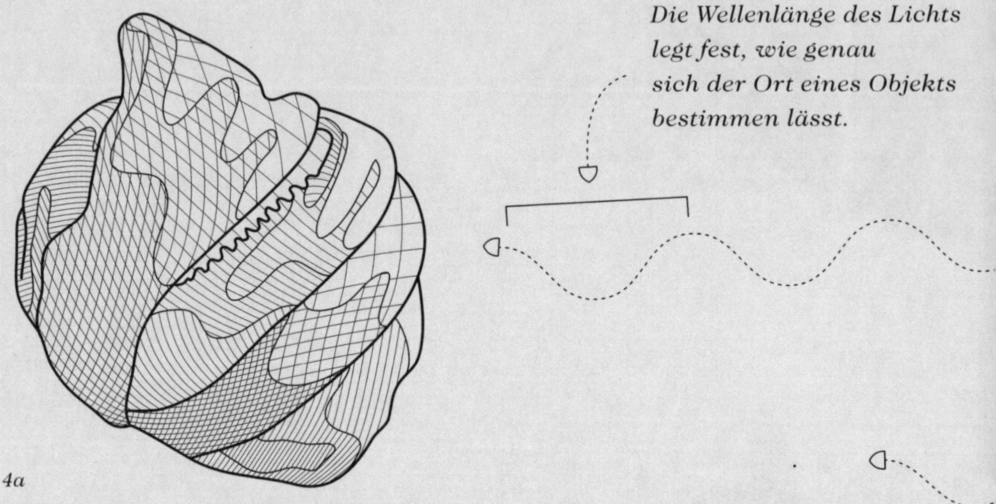

4a

Normales Sockenbündel
Länge/Breite: 7 Zentimeter
(70 000 000 000 Pikometer)
Größenverhältnis
Licht – Socken: ***1 zu 140 000***

4b

»Pikometer-Socken«
Länge/Breite: 10 Pikometer
Größenverhältnis
Licht – Socken: ***1 zu 0,0002***

Das mag winzig erscheinen, doch wie scharf wir etwas sehen können, hängt stets von der Wellenlänge des Lichts und von der Größe der Materie ab. Je größer ein Objekt im Vergleich zur Wellenlänge des Lichts ist, desto genauer lässt es sich lokalisieren (siehe Grafik 4). Bei unserem ersten Wurfversuch war der Unterschied zwischen der Wellenlänge des grünen Lichts (siehe Grafik 4c) und der Sockengröße enorm. Deshalb konnten wir den Ort der Socken auf jedem einzelnen Foto problemlos scharf sehen (siehe Grafik 4a). Anders sieht die Sache allerdings aus, wenn wir die »Pikometer-Socken« im gleichen Licht betrachten: Sie sind nun sogar wesentlich kleiner als die Wellenlänge der Photonen, die wir zu ihnen schicken wollen (siehe Grafik 4b).

Sockenversuch Nummer 2

Mit diesen Voraussetzungen im Hinterkopf starten wir nun Versuch Nummer 2: Wir werfen das winzige Sockenbündel in die Luft, während wir grünes Licht darauf richten und den Flug mit dem Fotoappa-

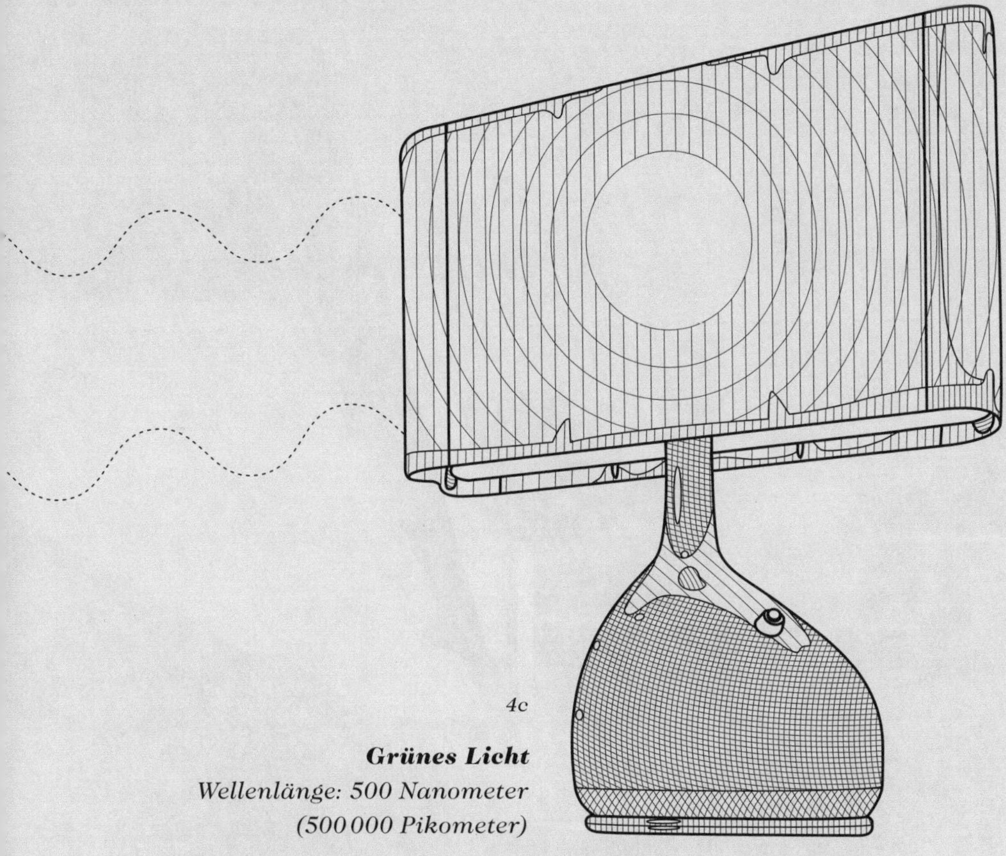

4c

Grünes Licht
Wellenlänge: 500 Nanometer
(500 000 Pikometer)

rat dokumentieren. Welches Bild liefern uns die Fotos jetzt? Bis auf ein diffuses Rauschen ist von den Socken nicht mehr viel zu erkennen. Vielmehr sieht man nur noch einen Schweif, der ihre Flugbahn beschreibt. Die Heisenberg'sche Unschärferelation hat hier gnadenlos zugeschlagen: Man erkennt zwar eindeutig den Impuls der Socken, aber die einzelnen Aufenthaltsorte erscheinen ausgesprochen unscharf und unbestimmt (siehe Fotografie 5a).

Wie lässt sich dieses Ergebnis erklären? Bei 500 Nanometern ist der Ort der Socken ebenfalls nur auf 500 Nanometer genau bestimmbar. Während dies im Vergleich zur Größe von normalen Socken nicht weiter ins Gewicht fällt und wir sie deshalb auch scharf sehen können, ist das Zehn-Pikometer-Bündel geschlagene zwanzigtausendmal kleiner als die Wellenlänge des grünen Lichts! Damit ist klar, warum es hier nicht möglich ist, auch nur annähernd scharfe Konturen zu erkennen.

[Fotografie 5a] **Ortsunschärfe**

[Fotografie 5b] **Impulsunschärfe**

Das Verhältnis zwischen der Wellenlänge des Lichts und der Größe des Objekts entscheidet, wie scharf wir etwas sehen können.

Sockenversuch Nummer 3

Starten wir die Gegenprobe und versuchen diesmal den Ort unseres Piko-Bündels genau zu bestimmen. Dazu müssen die Socken größer oder zumindest genauso groß wie die Wellenlänge des Lichts sein, mit dem wir sie betrachten. Da wir unsere Socken nicht wieder vergrößern wollen, können wir nur die Wellenlänge verändern. Wir werden hierfür den Bereich des Sichtbaren verlassen und nun zu kurzwelligerem Licht greifen (siehe *Unterwegs auf kurzen Wellen,* Seite 109). Unser Fotoapparat wandelt es anschließend für uns um, sodass wir das Ergebnis auch sehen können.

Um alles scharf ablichten zu können, müssen wir mindestens eine Wellenlänge wählen, die der Größe des Sockenbündels, also zehn Pikometern, entspricht. Doch da Photonen stets umso mehr Energie mit sich tragen, je kürzer ihre Wellenlänge und je höher somit ihre Frequenz ist, befänden wir uns mit zehn Pikometern bereits an der Schwelle zur extrem hochenergetischen Gammastrahlung (siehe *Der elektromagnetische Dreiklang,* Seite 104). Dies scheint uns unter gesundheitlichen Aspekten jedoch recht riskant, weshalb wir unser Licht etwas schwächer einstellen und damit im Röntgenbereich landen. Da auch mit Röntgenstrahlung nicht zu spaßen ist, begeben wir uns während dieses Versuchs rechtzeitig in Sicherheit. Wir werfen unsere Socken also ein weiteres Mal durch die Luft und beschießen sie diesmal regelrecht mit Strahlung, während der Fotoapparat wieder jede Bewegung dokumentiert.

Was ist jetzt das Ergebnis? Unsere Socken sind nun tatsächlich relativ scharf zu sehen, allerdings sind sie nur noch auf einem einzigen Foto zu finden, alle anderen Bilder sind leer (siehe Fotografie 5b). Auf eine Flugbahn und somit auf einen Impuls lässt sich unter solchen Umständen natürlich nicht mehr schließen, dafür wären mindestens zwei Bilder nötig, die man miteinander vergleichen könnte.

Hochenergetische Strahlung schießt Teilchen aus der Bahn und verändert damit ihren Impuls.

Um zu verstehen, warum uns in diesem Versuch der Impuls abhandenkam, kann man den obigen Satz »Wir beschießen die Socken mit Strahlung« durchaus wörtlich nehmen. Denn je mehr Energie die Photonen besitzen, desto stärker verändern sie den Impuls eines Objekts, auf das sie treffen (siehe Grafik 5). Je kleiner dabei die Materie ist, desto heftiger fällt die Reaktion logischerweise aus. Beim Zusammentreffen mit unserem mikroskopischen Sockenbündel (siehe Grafik 5b) übertrug jedes hochenergetische Lichtteilchen (siehe Grafik 5a) einen Teil seiner Energie auf die Socken und schubste sie dadurch völlig aus der Bahn. Deshalb kennen wir jetzt zwar ihren Aufenthaltsort zu einem bestimmten Zeitpunkt, beim Impuls tappen wir jedoch völlig im Dunkeln. Ihn kann man wiederum nur mit langwelligem Licht messen, das weniger Energie besitzt und somit weniger Kraft ausübt – so wie wir es im ersten und zweiten Versuch getan haben. Dann jedoch, so haben wir gesehen, lässt sich der Ort eines sehr kleinen Teilchens nicht mehr präzise bestimmen. Wird die eine Unschärfe also geringer, wird automatisch die andere größer und umgekehrt. Egal, wie man es auch dreht und wendet, man wird nie beide Werte gleichzeitig bestimmen können. Und genau dieses ausweglose Unterfangen steckt in der Unschärferelation.

Zurück beim Welle-Teilchen-Dualismus

Wenn wir zurückblicken, fällt auf, dass uns dieses Dilemma bereits begegnet ist – und zwar beim Doppelspaltexperiment mit Teilchen. Es ist die Unschärferelation, die uns daran hindert, genau zu untersuchen, welchen Weg ein sehr kleines Teilchen, beispielsweise ein Elektron, auf seinem Weg durch den Doppelspalt nimmt. Allein dadurch, dass wir es beobachten, verändern wir automatisch seinen Impuls, den wir ja eigentlich messen wollten. Würden wir anstatt eines Elektrons unsere geschrumpften Socken durch den Spalt auf die Reise schicken, würde exakt dasselbe passieren. Auch unsere Socken würden sich, solange wir ihnen nicht dabei zusähen, wie eine Welle verhalten und ein Interferenzmuster hinterlassen, dies jedoch sofort unterbinden, sollten wir versuchen, einen genauen Blick auf

[Grafik 5] ***Hochenergetische Strahlung verändert den Impuls eines Teilchens***

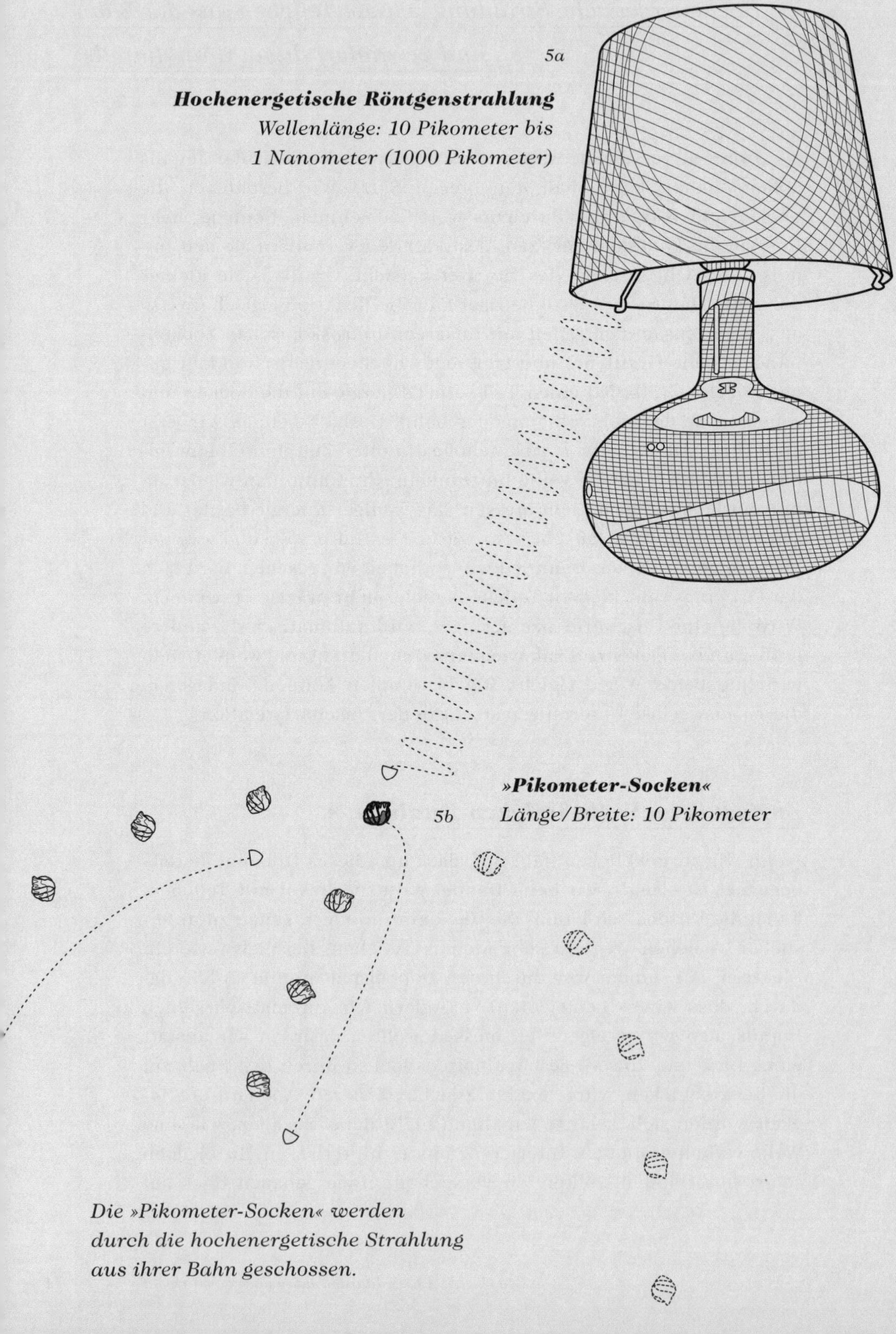

Die »Pikometer-Socken« werden durch die hochenergetische Strahlung aus ihrer Bahn geschossen.

ihr Verhalten zu werfen. Denn der Welle-Teilchen-Dualismus gilt für die gesamte Quantenwelt – für das Licht und die anderen Kräfte, für Materieteilchen und ebenso für Socken, die nur wenige Pikometer klein sind.

Es scheint, als weigere sich die Natur vehement, sich ab einer gewissen Größenordnung in die Karten schauen zu lassen. Jeder Versuch, diese List zu umgehen, ist dabei von vornherein zum Scheitern verurteilt, da der Vorgang des Beobachtens die Wirklichkeit automatisch verzerrt. Es liegt jedoch nicht daran, dass die Messmethoden fehlerhaft oder unausgereift sind. Das Dilemma ist ein ganz anderes und zeigt sich schon an der Wahl des Begriffs »Elementar*teilchen*«. Wir begegnen den innersten Bausteinen quasi schon völlig voreingenommen, indem wir sie darauf festnageln, gefälligst Teilchen zu sein, also etwas Dinghaftes, das wir uns auch vorstellen können (siehe *Die Eigenschaften von Wellen und Teilchen,* Seite 39). Doch genau dies sind sie eben *nicht,* wie das Doppelspaltexperiment gezeigt hat. Die seltsamen Wesen aus der Quantenwelt zeigen zwar Teilchen- und Welleneigenschaften, lassen sich aber weder auf das eine noch auf das andere reduzieren (siehe *Der Welle-Teilchen-Dualismus,* Seite 47).

Die Natur ist in ihrem Innersten eine äußerst schwankende Angelegenheit. Weder Ort, Impuls, Energie noch Zeit sind hier genau bestimmbar.

Bilderverbot

Die eigentliche Aussage, die in der Unschärferelation steckt, ist daher nicht, dass wir die Welt nicht genau beobachten können, weil wir sie durch unsere Messungen stören. Tatsächlich ist es so, dass die Welt in ihrem Innersten schlichtweg unbestimmt und unscharf *ist*! Lässt sie sich bis zu einem gewissen Vergrößerungsgrad zwar noch genau beobachten, schlägt ab einem bestimmten Punkt ihre Wellennatur allmählich durch, und die Teilchen beginnen vor unseren Augen zu schwingen und rastlos hin und her zu wabern. Feste Größen, wie ein bestimmter Ort oder eine bestimmte Energie zu einem bestimmten Zeitpunkt, existieren hier nicht. Die Natur ist demnach in ihrem tiefsten Inneren eine äußerst schwankende Angelegenheit und gehorcht damit ganz anderen Gesetzen als denen, die uns im Alltag begegnen – Gesetzen der Quantenmechanik eben. Wir sollten gar nicht erst versuchen, uns dies bildlich vorzustellen – wir werden in jedem Fall kläglich daran scheitern. Denn da in dieser skurrilen Quantenwelt nichts hundertprozentig bestimmt ist, sondern stets eine Ungewissheit bestehen bleibt, herrscht hier striktes Bilderverbot.

Die einzige Möglichkeit, sich der elementaren Ebene zu nähern, besteht darin, sie durch Wahrscheinlichkeiten zu beschreiben. Aufenthaltsorte oder Energiemengen zu bestimmten Zeitpunkten können nur noch in Skalen von sehr wahrscheinlich bis sehr unwahrscheinlich eingeteilt werden. Als ultimatives Hilfsmittel dient hierbei die sogenannte Schrödinger-Gleichung, die 1926 von dem österreichischen Physiker und Wissenschaftstheoretiker Erwin Schrödinger (1887–1961) entwickelt wurde. Mit ihr lassen sich die wahrscheinlichen Aufenthaltsorte eines Elementarteilchens zu unterschiedlichen Zeitpunkten in Form von Wellenfunktionen berechnen.

Eine definitive Gewissheit, dass etwas hundertprozentig sicher der Fall ist, gibt es in der Quantenwelt also nicht. Die Grundstruktur unserer Welt unterliegt quasi dem Zufallsprinzip. Man kann nie vorhersagen, was als Nächstes passieren wird, weil selbst die Zeit in den Urgründen unserer Welt schwankt. Vergangenheit, Gegenwart und Zukunft existieren hier gar nicht. Das Prinzip der Logik, also der Tatsache, dass jeder Wirkung stets eine Ursache zugrunde liegt, versagt hier völlig, denn dieses Kausalitätsprinzip gilt in der Quantenwelt nicht mehr (siehe *Die Sturheit des Lichts,* Seite 177).

Das Kausalitätsprinzip von Ursache und Wirkung gilt in der Welt der Elementarteilchen nicht.

Jetzt wird auch klar, warum wir in der Welt des ganz Kleinen nahezu den Verstand zu verlieren drohen: Unser Gehirn ist auf Ursache-Wirkung-Zusammenhänge angewiesen, um zu verstehen, *warum* etwas so ist, wie es ist. Aber genau diese Frage existiert in den Sphären der Elementarteilchen nicht. Es können Dinge passieren, ohne dass dazu ein Grund notwendig ist – einfach so. Wie wir ganz am

Ende dieses Buches noch sehen werden, ist wohl genau dieses »Einfach so« die Ursache dafür, dass wir uns überhaupt den Kopf darüber zerbrechen können, warum es kein »Warum« braucht, um die innersten Vorgänge in unserer Welt zu erklären (siehe *Und was war davor?*, Seite 779).

Unwahrscheinlich unwahrscheinlich

Die Unschärferelation führt uns also vor Augen, dass im tiefsten Inneren unserer Welt im Grunde alles möglich ist. Nichts ist sicher bestimmt, folglich gibt es auch für jede erdenkliche Möglichkeit eine gewisse, wenn vielleicht auch extrem winzige Wahrscheinlichkeit. Dass etwas derart Unwahrscheinliches aber tatsächlich regelmäßig eintritt, werden wir sehen, wenn wir unsere Sonne ins Visier nehmen. Sie beweist uns täglich aufs Neue, dass unsere Vorstellungen von der quantenmechanischen Struktur unserer Welt tatsächlich stimmen müssen, wenn sie auch dem gesunden Menschenverstand zu widersprechen scheinen. Denn in ihrem Inneren geschieht permanent ein äußerst bizarr anmutendes Phänomen, das durch die Energieunschärfe ermöglicht wird. Ohne diesen Effekt könnte die Sonne niemals Licht zu uns senden (siehe *Ominöses Durchtunneln*, Seite 287). Doch das Geheimnis, das dahintersteckt, lüften wir erst später …

*»Wer behauptet, die Quanten-
mechanik verstanden
zu haben, hat sie nicht ver-
standen.«*

Richard Feynman

1.3 Ein Photon kommt selten allein

Das Licht in seiner Rolle als Elementarteilchen

Nachdem wir einen Einblick in die Erkenntnisse erhascht haben, die uns die Quantenrevolution lieferte, und dabei unser Augenmerk besonders auf die Heisenberg'sche Unschärferelation gerichtet haben, die grundlegend für unser Verständnis von den Elementarteilchen ist, schauen wir nun das Licht in seiner Rolle als Boson genauer an. Womit haben wir es eigentlich zu tun, wenn wir vom Photon sprechen? Und in welcher Gesellschaft befindet es sich?

Die Suche nach den Zutaten des Universums

Was ist es, das die Welt im Innersten zusammenhält? Diese fundamentale Frage beschäftigte nicht nur Goethes Faust – über die kleinsten Bausteine unserer Materie machten sich die Menschen seit jeher Gedanken. Mit dem Aufblühen der Philosophie im antiken Griechenland vor zweieinhalbtausend Jahren begann die Menschheit damit, sich derart elementaren Fragen erstmals wissenschaftlich zu nähern, indem sie die Natur ohne übernatürliche Phänomene zu erklären versuchte. (Unabhängig davon wurde bereits 600 v. Chr. in Indien philosophisch über die Bausteine der Materie nachgedacht.)

Das erste Atommodell, aus dem sich später unser heutiges Verständnis von den Elementarteilchen entwickelte, lieferte der griechische Naturphilosoph Demokrit (circa 460–371 v. Chr.). Er war der Ansicht, alle Materie bestehe aus unsichtbaren, unteilbaren Teilchen, die er Atome nannte (vom griechischen Wort *átomos*, »das Unteilbare«). Während er mit seiner Vermutung, die Welt sei aus Atomen aufgebaut, genau ins Schwarze traf, wurde deren Unteilbarkeit zwei Jahrtausende später widerlegt.

Im Jahr 1930 stellte sich nämlich heraus, dass Atome sehr wohl teilbar sind und aus drei Arten von Teilchen bestehen: Protonen, Neutronen und Elektronen. Nun glaubte die Wissenschaft, wirklich die kleinsten Bausteine unserer Welt gefunden zu haben.

Doch wie wir bereits angesprochen haben, kam es kurze Zeit später zur Quantenrevolution und mit ihr zu der Erkenntnis, dass auch Protonen und Neutronen nicht unteilbar sind (siehe *Die Erkenntnisse der Quantenrevolution,* Seite 57). In Teilchenbeschleunigern zeigte sich, dass die Natur aus noch viel kleineren Bausteinen besteht.

Doch was passiert überhaupt in solch einem Beschleuniger? Wie der Name schon verrät, werden hier Teilchen beschleunigt – und zwar so schnell, dass sie beinahe Lichtgeschwindigkeit erreichen. Die rasenden Teilchen, beispielsweise Protonen, werden in entgegengesetzter Richtung aufeinander zu beschleunigt, um anschließend gewaltig miteinander zu kollidieren. Dadurch brechen sie auseinander, und übrig bleiben – davon geht man zumindest nach dem heutigen Stand der Dinge aus – die wirklichen Elementarteilchen.

Aus den Erkenntnissen dieser Teilchenkollisionen entwickelte schließlich der amerikanische Physiker Murray Gell-Mann (* 1929) das sogenannte Standardmodell der Struktur der Materie, in das er die elementaren Bausteine unserer Welt entsprechend ihren Eigenschaften einordnete. An diesem Modell, für das der Physiker 1969 den Nobelpreis erhielt, wird auch heute noch festgehalten.

Die Eigenschaften der Elementarteilchen

Grundsätzlich besitzen alle Elementarteilchen drei verschiedene Eigenschaften, die ihr Verhalten und damit ihre Position in Gell-Manns Standardmodell bestimmen – Masse, Ladung und Spin.

Die Masse sagt aus, wie viel Energie ein Teilchen besitzt. Sie wird in der Einheit Elektronvolt *(eV)* angegeben. Doch warum Energie? Müsste es sich bei der Masse nicht vielmehr um eine Gewichtsangabe handeln, wie wir es aus unserem Alltag gewohnt sind? Die Antwort lautet: nein. Denn in der Physik bedeutet der Begriff »Masse« mehr als einfach nur »schwer«. Gemäß der Allgemeinen Relativitätstheorie wissen wir, dass Masse und Energie äquivalent sind, das heißt, die Masse entspricht einer Energie und umgekehrt (siehe

Kistenkonstellation, die vierte, und das Zunehmen der Masse, Seite 195). Je mehr Masse ein Objekt besitzt, desto mehr Energie steckt folglich in ihm.

Ein Teilchen kann außerdem positiv oder negativ geladen sein beziehungsweise gar keine Ladung besitzen. Als Ausgangspunkt für die Ladung dient dabei das negativ geladene Elektron. Es hat demnach die Ladung –1. Die Elementarladung wird in der Einheit Coulomb *(C)* angegeben.

Während uns die Vorstellung von Masse und Ladung keine Probleme bereitet, wird es mit dem Spin etwas komplizierter, denn hierbei haben wir es mit einer Eigenschaft zu tun, die ausschließlich bei den Elementarteilchen vorkommt. Versuchen wir uns dennoch an dieses wichtige Merkmal heranzutasten:

Beim Spin handelt es sich um einen Drehimpuls. Tischtennisbälle können beispielsweise Spin erhalten, wenn sie mit dem Schläger nicht direkt getroffen, sondern nur angeschnitten werden. Sie drehen sich dann um ihre eigene Achse und machen es dadurch dem Gegner schwer, sie ordentlich zu treffen. Unsere Elementarteilchen besitzen ebenfalls einen Eigendrehimpuls. Wie wir aber bereits wissen, handelt es sich bei ihnen *nicht* um Miniaturversionen von Tischtennisbällen, denn sie sind ja eben *keine* klassischen Teilchen. Deshalb dürfen wir sie uns auch nicht als winzige rotierende Bälle vorstellen, schließlich besitzen sie keinerlei Fläche, haben deshalb auch keine Form und drehen sich somit auch nicht um sich selbst, da sie gar keine eigene Achse besitzen. Es handelt sich eben um schwankende unscharfe Wesen aus der Quantenwelt. Deshalb ist es mit dem Spin ähnlich wie mit den Aufenthaltswahrscheinlichkeiten von Elementarteilchen: Beide lassen sich nur mathematisch beschreiben, nicht aber bildlich darstellen (siehe *Bilderverbot,* Seite 73).

Der Drehimpuls wird dabei stets in ganzen (zum Beispiel 0, 1, 2) oder halben Zahlen (zum Beispiel ½, 3/2, 5/2) in Einheiten des Planck'schen Wirkungsquantums *(h)* angegeben, das uns bereits bei der Unschärferelation begegnet ist.

Für das Verständnis unserer Elementarteilchen ist es außerdem noch wichtig zu wissen, dass es zwei Arten des Spins gibt: up und down. Sie entsprechen der Orientierung des Teilchens. Sie ist entweder mit dem Uhrzeigersinn (up) oder gegen den Uhrzeigersinn ausgerichtet (down). Jedes Elementarteilchen kann entweder die eine oder andere Art des Spins besitzen. Was das zur Folge hat, wird sich gleich noch zeigen (siehe *Halb oder ganz? Die Sache mit dem Spin,* Seite 85)…

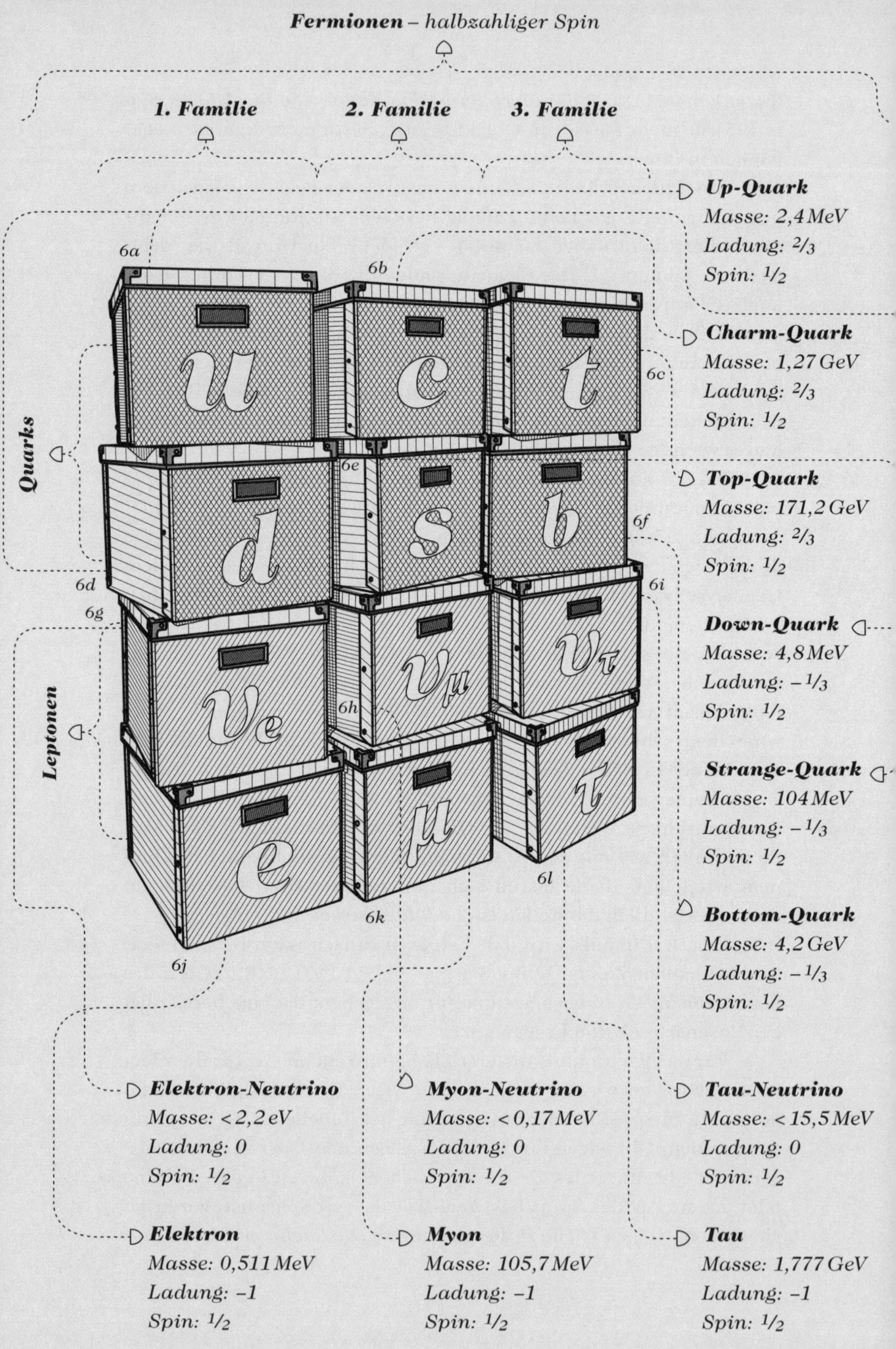

[Grafik 6] **Die Gruppen der Elementarteilchen**

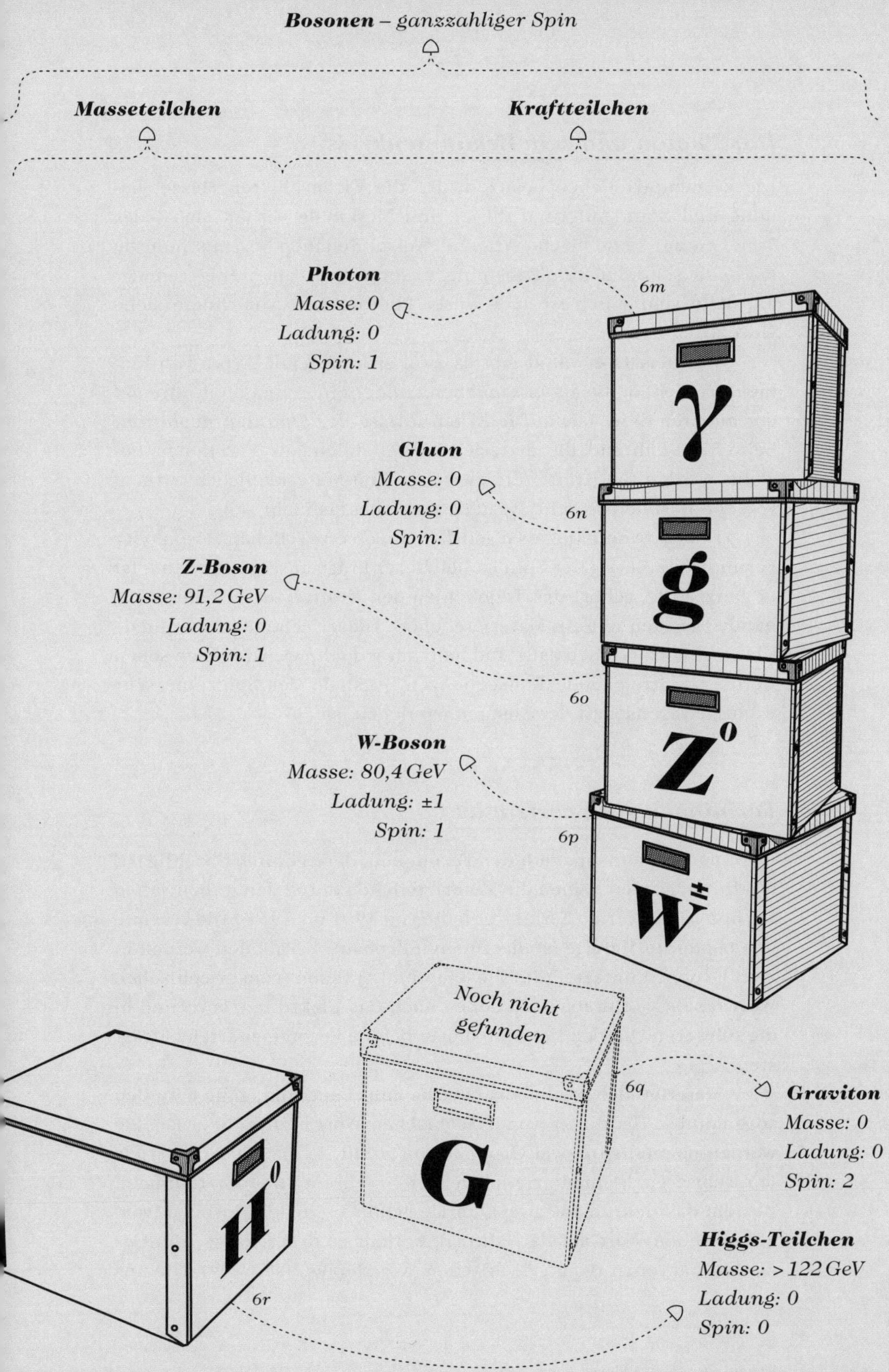

Bosonen – ganzzahliger Spin
Masseteilchen
Kraftteilchen
Photon
Masse: 0
Ladung: 0
Spin: 1
6m
γ
Gluon
Masse: 0
Ladung: 0
Spin: 1
6n
g
Z-Boson
Masse: 91,2 GeV
Ladung: 0
Spin: 1
6o
Z0
W-Boson
Masse: 80,4 GeV
Ladung: ±1
Spin: 1
6p
W±
Noch nicht gefunden
G
6q
Graviton
Masse: 0
Ladung: 0
Spin: 2
H0
6r
Higgs-Teilchen
Masse: >122 GeV
Ladung: 0
Spin: 0

Das Photon und sein Bekanntenkreis

Die Elementarteilchen besitzen also die Eigenschaften Masse, Ladung und Spin. Aufgrund dieser drei Merkmale verhält sich jedes Teilchen auf seine eigene Art und Weise. Schauen wir uns nun die Riege dieser kleinsten Bausteine unserer Welt ein wenig genauer an, denn schließlich ist auch unser Photon eines von ihnen (siehe Grafik 6):

Wie bereits erwähnt gibt es zwei grundlegende Arten von Elementarteilchen: die Materieteilchen auf der einen und die Kräfte auf der anderen Seite (siehe *Die Erkenntnisse der Quantenrevolution,* Seite 57). Während die Materie ausschließlich aus Fermionen besteht, werden die Kräfte, die zwischen den Materieteilchen wirken, von den Bosonen vermittelt, zu denen auch das Licht zählt.

Doch wovon hängt es eigentlich ab, ob ein Teilchen Boson oder Fermion ist? Einzig der Spin ist bei dieser Frage ausschlaggebend. Ist er ganzzahlig, gehört das Teilchen zu den Kräften, ist er halbzahlig, handelt es sich um ein Materieteilchen. Dieser scheinbar marginale Unterschied zwischen ganz und halb hat jedoch, wie wir gleich sehen werden, weitreichende Konsequenzen, weshalb der Spin eine sehr wichtige Eigenschaft der Elementarteilchen ist.

Fermionen sind verfeindet

Beginnen wir zunächst mit den Fermionen, deren Spin halbzahlig ist. (Zu ihrem Namen kamen die Materieteilchen durch den italienischen Kernphysiker Enrico Fermi – er lebte von 1901 bis 1954.) Die gesamte uns bekannte Materie ist aus ihnen aufgebaut. Fermionen werden in zwei Gruppen unterteilt: in die leichten Leptonen (vom griechischen Wort *leptos,* »schwach«), zu denen auch das Elektron gehört, und in die schweren Quarks. Der Spin dieser beiden Fermionenarten beträgt stets $1/2$.

Materieteilchen, die aus Quarks aufgebaut sind, zählen zu den sogenannten Hadronen (vom griechischen Wort *hadros,* »stark«). Sie werden ebenfalls in zwei Gruppen unterteilt, je nachdem, wie viele der schweren Elementarteilchen sich in ihrem Inneren tummeln: Besteht das Hadron aus zwei Quarks, gehört es zu den Mesonen (vom griechischen Wort *mésos,* »Mitte«), enthält es drei Quarks, zählt es zu den Baryonen (vom griechischen Wort *barýs,* »schwer«). Die uns bekannte normale Materie bilden ausschließlich Hadronen, die drei Quarks enthalten – nämlich das Proton und das Neutron. Sie wird deshalb auch als baryonische, schwere Materie bezeichnet.

Während Protonen aus zwei Up-Quarks (siehe Grafik 6a) und einem Down-Quark (siehe Grafik 6d) bestehen, sind Neutronen aus zwei Down-Quarks und einem Up-Quark zusammengesetzt. Das Up-Quark besitzt die elektrische Ladung $+2/3$, das Down-Quark die Ladung $-1/3$. Dies erklärt, warum ein Proton positiv geladen ist (denn: $+2/3 + 2/3 - 1/3 = +1$), während das Neutron keinerlei Ladung vorzuweisen hat und sich damit elektrisch neutral präsentiert (denn: $+2/3 - 1/3 - 1/3 = 0$). Die Masse des Up-Quarks beträgt 2,4 Megaelektronvolt, das Down-Quark ist mit 4,8 Megaelektronvolt doppelt so schwer.

Neben diesen beiden gibt es aber noch vier weitere Quarksorten, sogenannte Flavours, die allerdings nicht zum Aufbau der herkömmlichen Materie benötigt werden. (Wozu sie überhaupt gebraucht werden, weiß man nicht genau.) Es handelt sich um das Strange-, Charm-, Bottom- und Top-Quark (siehe Grafik 6b, 6c, 6e, 6f). Ihre Namen verdanken diese vier Sonderlinge dem Zufall. Sie haben keinerlei Bedeutung, sondern klingen nur nett. Jedes Quark kann zudem in den drei Farbladungen rot, grün oder blau vorliegen. Diese haben jedoch überhaupt nichts mit Farbe zu tun, sondern stehen stellvertretend für eine besondere Eigenschaft der Quarks, die wir uns nicht vorstellen können.

Analog zu den sechs Quarks gibt es auch sechs verschiedene Leptonenarten: Zum Elektron (siehe Grafik 6j) gesellen sich noch Myon und Tau (siehe Grafik 6k, 6l) sowie drei Neutrinosorten: Elektron-Neutrino, Myon-Neutrino und Tau-Neutrino (siehe Grafik 6g, 6h, 6i). Die Ladung von Elektron, Myon und Tau beträgt –1, während die Neutrinos, wie ihr Name schon sagt, elektrisch neutral daherkommen. Neutrinos sind extrem winzig und besitzen deshalb auch eine sehr geringe Masse – noch weitaus weniger als das ohnehin schon sehr kleine Elektron, dessen Ruhemasse 0,511 Megaelektronvolt beträgt. Die Masse der Neutrinos konnte deshalb bisher nicht genau bestimmt werden, sie muss aber wohl weniger als 2 Elektronvolt betragen. Obwohl sie derartig klein sind, ist die Wirkung der Neutrinos nicht zu unterschätzen. Immerhin, so wird vermutet, gibt es von ihnen circa eine Milliarde Mal mehr als Elektronen, Protonen und Neutronen zusammen. Doch warum sie so wichtig sind, gerade im

Hinblick auf das Leben und Sterben der Sterne, dazu kommen wir noch (siehe *Proton trifft Proton,* Seite 301/*Andenken im All,* Seite 475).

Außerdem – auch dies ist eine Konsequenz aus der Quantenrevolution – gibt es zu jedem Materieteilchen ein passendes Antiteilchen. Es handelt sich dabei um das exakte Gegenstück des herkömmlichen Fermions. Das Antiteilchen des Elektrons beispielsweise ist das Positron. Es entspricht haargenau dem Elektron, nur dass es positiv statt negativ geladen ist. Sobald Materie und Antimaterie aufeinandertreffen, vernichten sie sich gegenseitig und werden gemäß der Relativitätstheorie zu Energie (siehe *Die Hadronen-Ära,* Seite 708). Bei dieser Zusammenkunft werden zwei Photonen geboren, deren Energie exakt der Masse des Teilchen-Antiteilchen-Paars entspricht. In unserem heutigen Universum gibt es jedoch so gut wie keine Antimaterie mehr, denn ihre Überlebenschancen sind bei der eindeutigen Überzahl an normaler Materie äußerst gering.

Doch genau dieses Ungleichgewicht zwischen Materie und Antimaterie ist von außerordentlicher Bedeutung. Letztendlich verdanken wir dieser Asymmetrie zugunsten der normalen Materie unser Leben. Wie es überhaupt zu dieser Schieflage kommen konnte und welche Folgen sie hatte, werden wir im letzten Kapitel noch sehen (siehe *Der erste Symmetriebruch,* Seite 765).

Trotz dieser Vielfalt an Teilchen und Antiteilchen bestehen wir und die Welt um uns herum aus lediglich drei Arten von Fermionen: dem Up- und dem Down-Quark sowie dem Elektron als einzigem Lepton. Doch was macht ein Fermion zu einem Fermion? Wir wissen jetzt zwar, dass sein Spin durch eine halbe Zahl gekennzeichnet ist, was aber bedeutet dies für das Verhalten der Materieteilchen?

Grundsätzlich gilt: Fermionen sind verfeindet. Sie mögen ihre Kollegen nicht sonderlich und halten sie sich deshalb lieber auf Abstand. Sollten sich zwei Fermionen dennoch zu sehr auf die Pelle rücken, entsteht ein enormer Druck, der ein weiteres Näherkommen verhindert – der sogenannte Fermi-Druck. (Warum dieser Druck entsteht, klären wir gleich – siehe *Halb oder ganz? Die Sache mit dem Spin,* Seite 85.) Fermionen sind also eher Einzelgänger.

Bosonen lieben sich

Ganz anders sieht die Sache bei den Bosonen aus, deren Spin einer ganzen Zahl entspricht. Bosonen lieben sich! Sie können gar nicht nah genug beieinander sein. Egal, wie viele Bosonen man in eine Kiste stecken würde, es könnten sich immer noch ein paar mehr dazugesellen (siehe Fotografie 6). Der Fermi-Druck gilt bei den Bosonen, die nach dem indischen Physiker Satyendra Nath Bose (1894–1974) benannt sind, also offensichtlich nicht.

Im Grunde kann man sich die geselligen Kraftteilchen als winzige fleißige Hände vorstellen, die Energie von einem Fermion zum nächsten weiterreichen und damit eine Wechselwirkung zwischen der Materie ermöglichen. Ohne sie, das haben wir bereits kurz angerissen, würde *nichts* passieren. Sie vermitteln zwischen den mürrischen Fermionen, die sich gegenseitig nicht sonderlich leiden können und deshalb lieber die Distanz zu ihren Artgenossen wahren.

Bosonen sind damit der Stoff, der die Welt zusammenhält. Durch sie findet ein Austausch zwischen den Fermionen statt, der es ermöglicht, dass sich Materie überhaupt zusammenfinden und große Objekte bilden kann, beispielsweise unsere Sonne oder uns selbst. Wir existieren im Grunde nur deshalb, weil es Austauschteilchen gibt, die zwischen unseren einzelnen Bestandteilen vermitteln. Die Bosonen sind gewissermaßen permanent diplomatisch tätig, damit nicht alles in seine Einzelteile auseinanderbricht.

Und alles nur wegen zwei nüchternen Zahlen! Der eklatante Unterschied zwischen der gegenseitigen Abneigung der Fermionen auf der einen und der Sympathie der Bosonen füreinander auf der anderen Seite entzündet sich einzig und allein an der Frage »Halber oder ganzer Spin?«. Doch warum ist das so?

Bei den Elementarteilchen entscheidet der Spin über Sympathie und Abneigung.

Halb oder ganz? Die Sache mit dem Spin

Die Tatsache, dass Fermionen und Bosonen so grundlegend verschieden sind, liegt in ihrem unterschiedlichen Symmetrieverhalten begründet. Bosonen sind sehr symmetrisch. Dreht man sie einmal um ihre eigene Achse – wir wissen, Elementarteilchen haben keine

[Fotografie 6] ***Bosonen lieben sich – sie passen in jedes noch so kleine Raumvolumen***

Achse, weil sie keine richtigen Teilchen sind, aber nehmen wir es einfach einmal zur besseren Veranschaulichung an –, sehen sie nach der Drehung wieder genauso aus wie vor der Drehung. Sie sind also wieder im gleichen Zustand.

Anders sieht die Sache bei den Fermionen aus: Aufgrund ihres halbzahligen Spins sind sie nach einer vollständigen Umdrehung *nicht* im gleichen Zustand wie vorher! Damit ein Materieteilchen wieder an seinen Ausgangspunkt kommt, muss es sich *zweimal* um die eigene Achse drehen.

Das klingt sehr bizarr, da wir uns aber bereits damit abgefunden haben, dass es im Reich der Quantenmechanik alles andere als normal zugeht, kommt es auf eine verrückte Begebenheit mehr oder weniger auch nicht mehr an – wie wir noch sehen werden, gibt es noch einige weitere skurrile Vorgänge, die die Welt des ganz Kleinen zu bieten hat (siehe *Ominöses Durchtunneln,* Seite 287/*Andenken im All,* Seite 475/*Vorsicht, bissig: Relativitätstheorie trifft Quantenmechanik,* Seite 565) …

Doch nun zurück zum Spin: Ist er also ganzzahlig, ist das Teilchen ein wunderbar symmetrisches Boson und sieht nach einer Umdrehung wieder aus wie vorher. Entspricht der Eigendrehimpuls nur einer halben Zahl, handelt es sich um ein Fermion, das eine etwas kompliziertere Symmetrie vorzuweisen hat und erst bei zweimaliger Umdrehung wieder seinen Ausgangspunkt einnimmt. Soweit das Prinzip, das Fermionen und Bosonen zugrunde liegt. Wie erklärt dies nun, warum sich Fermionen untereinander nicht mögen, Bosonen hingegen schon?

Um das zu verstehen, kann man die Symmetrie eines Elementarteilchens mit dem Charakter von uns Menschen vergleichen: Ist er kompliziert, wird das Miteinander schwieriger, ist er hingegen harmonisch und ausgeglichen, fällt das Zusammensein leicht. Die Bosonen sind also aufgrund ihrer Symmetrie die eher umgänglichen Zeitgenossen, während die Fermionen die komplizierteren Eigenbrötler darstellen. Das hat zur Folge, dass Bosonen sehr gesellig sind, während die Fermionen die Einsamkeit vorziehen.

Greifen wir nun die beiden Spinzustände up und down wieder auf. Jedes Elementarteilchen, sprich Boson und Fermion gleichermaßen, kann entweder den einen oder den anderen Zustand besitzen. Da die Kraftteilchen die Gesellschaft ihrer Kollegen mögen, ist es ihnen auch egal, welchen Spinzustand diese haben. Ob up oder down, das spielt bei den Bosonen keine Rolle – sie mögen sich immer.

Dieses »Gleich und gleich gesellt sich gern« trifft jedoch auf die Fermionen in keinster Weise zu. Während sie sich ohnehin schon lieber aus dem Weg gehen, wird die Sache noch schlimmer, wenn zwei von ihnen auch noch im gleichen Spinzustand vorliegen. Hier greift das sogenannte Pauli-Prinzip, das von dem Physiker Wolfgang Pauli (1900–1958) im Laufe der Quantenrevolution entdeckt wurde. Und genau dieses Prinzip ist auch die Ursache für den bereits erwähnten Fermi-Druck, denn es besagt, dass sich zwei Materieteilchen niemals im gleichen Spinzustand befinden dürfen. Sobald sich zwei Fermionen begegnen, deren Spin die gleiche Orientierung aufweist, ergreift mindestens eines von ihnen schlagartig die Flucht. Obwohl sie zwar nicht aus ihrer Haut können und grundsätzlich lieber auf Abstand bleiben, ist es den Fermionen durch das Pauli-Prinzip aber immerhin möglich, sich wenigstens zu zweit im selben Raumvolumen aufzuhalten, solange eines von ihnen den Spin up und das andere den Spin down aufweist.

Jedes Elementarteilchen seiner Art gleicht haargenau dem anderen.

Kommunismus pur

Der Spin eines Elementarteilchens entscheidet also darüber, ob es Gesellschaft lieber meidet oder schätzt. Eine freie Meinung gibt es in der Welt der Elementarteilchen demnach nicht. Überhaupt ist hier jede Form der Individualität strengstens untersagt. Alle Teilchen ihrer Art sind gleich. Sie besitzen stets exakt dieselbe Masse, dieselbe Ladung und denselben Spin. In der Quantenwelt herrscht damit quasi der Kommunismus in seiner reinsten Form. Das ist jedoch sehr wichtig! Die Unveränderlichkeit der Elementarteilchen ist sogar eine der fundamentalsten Naturkonstanten in unserer Welt – neben der Lichtgeschwindigkeit, die wir uns im zweiten Kapitel noch genau vorknöpfen werden.

Das Kräftemessen der Bosonen

Schauen wir uns nun an, mit welchen Bosonenarten wir es zu tun haben. Es gibt insgesamt – auch das haben wir bereits kurz angesprochen – fünf Wechselwirkungsteilchen im Universum: das Graviton, das W- und Z-Boson, das Gluon sowie unser Photon (siehe *Die Erkenntnisse der Quantenrevolution,* Seite 57). Dies sind die sogenannten Eichbosonen, die unter normalen Bedingungen im Universum anzutreffen sind. (Bei sehr energiegeladenen Zuständen scheinen sich die Kräfte teilweise zu vereinigen, doch darauf werden wir erst im letzten Kapitel einen Blick werfen – siehe *Die elektroschwache Ära,* Seite 722.)

Wir greifen an dieser Stelle wieder auf, dass man sich Bosonen wie Hände vorstellen kann, die Energie von einem Fermion zum nächsten reichen. Doch was die Last angeht, die sie dabei stemmen können, darin unterscheiden sich die fünf Kraftteilchen gewaltig (siehe Grafik 7).

Beginnen wir mit dem schwächsten Kandidaten – dem Graviton (siehe Grafik 6q und 7d). Es soll für die Schwerkraft zuständig sein. Genauer gesagt soll es dafür sorgen, dass jede Form der Materie andere Materie anzieht. Man vermutet, dass sich das Graviton durch Gravitationswellen ausbreitet und dadurch die Informationen über die Masse von Objekten mit sich trägt. Anders als bei den anderen vier Bosonen, deren Spin 1 beträgt, wird der Drehimpuls des Gravitons auf 2 geschätzt. Seine Ladung ist wohl neutral, eine Ruhemasse besitzt es wahrscheinlich nicht. Außerdem lässt seine Kraft mit zunehmendem Abstand immer mehr nach. Wegen seiner sehr geringen Stärke – es ist ganze 10^{43}-mal schwächer (das ist eine 1 mit 43 Nullen!) als das Photon – konnte die Existenz des Gravitons jedoch bisher nicht direkt nachgewiesen werden. Es teilt sich uns aber dennoch mit – und zwar indirekt. Während es zwischen kleinen Distanzen kaum eine Wirkung entfaltet, sieht die Sache ganz anders aus, wenn wir unseren Fokus erweitern und das Universum aus der Vogelperspektive betrachten: Hier im makroskopischen Bereich der Planeten und Sterne, der Sternsysteme und Galaxien, zeigt die Gravitation langsam ihr Gesicht (siehe *Die Population-III-Sterne lassen noch auf sich warten,* Seite 618). Da ihre Reichweite unendlich ist und sie umso stärker wird, je mehr Masse zur Verfügung steht, stellt die Gravitation die einzige der vier Kräfte dar, die zwischen sehr großen Objekten noch wirkt. Anders als der Elektromagnetismus, der, wie wir gleich sehen werden, ebenfalls unendlich weit reicht, wirkt die Gravitation, die sich im Übrigen als einzige Kraft in keinster Weise abschirmen lässt, ausschließlich anziehend. Sie geht damit letztendlich als wahrer Sieger im Kräftemessen zwischen den Bosonen hervor – und das, obwohl sie eigentlich am schwächsten ist. Was dabei genau passiert, wenn die Gravitation zuschlägt und sich allmählich Sterne zu bilden beginnen, werden wir später noch sehen, wenn wir die Entwicklung unseres Sonnensystems betrachten (siehe *Lichte Dichte,* Seite 419).

Neben dem Graviton wird noch die Existenz eines weiteren Bosons vermutet, das sich im Sommer 2012 erstmals im Teilchenbeschleuniger des CERN, der europäischen Organisation für Kernforschung, gezeigt haben könnte: das sogenannte Higgs-Teilchen (siehe Grafik 6r). Es soll allen anderen Elementarteilchen ihre Masse verleihen. Allerdings weiß man von ihm bisher kaum etwas. Wir werden deshalb an dieser Stelle nicht weiter auf dieses rätselhafte Higgs-Boson eingehen, sondern kümmern uns lieber wieder um die anderen verbleibenden Kraftteilchen, von denen wir ganz sicher wissen, dass es sie auch tatsächlich gibt.

Das Gluon ist solch ein sicherer Kandidat (siehe Grafik 6m und 7a). Im Gegensatz zum Graviton stellt es das kräftigste aller Bosonen dar. Im Vergleich zu unserem Photon ist es geschlagene einhundertmal stärker. Es kommt daher nicht von ungefähr, dass das Gluon die *starke* Kraft zwischen den Quarks vermittelt. Ihm haben wir es zu verdanken, dass sich Materieteilchen überhaupt zu Atomkernen zusammenfinden können. Denn im Inneren der Atome befinden sich, wie wir bereits kurz erwähnt haben, neben den elektrisch neutralen Neutronen auch positiv geladene Protonen und diese stoßen sich generell gegenseitig ab. Das Gluon ist jedoch wesentlich stärker als der Elektromagnetismus, der diese Abstoßung verursacht, und bringt die Protonen somit dennoch zusammen. Die Reichweite der starken Kraft ist allerdings außerordentlich gering – sie wirkt nur innerhalb von Atomkernen, was etwa einem Billionstel von einem Millimeter entspricht. Damit die Kraft ihre Fähigkeiten überhaupt entfalten kann, müssen sich die Protonen deshalb sehr nahe kommen – was sie unter normalen Bedingungen allerdings nicht zu tun gedenken, da sie sich ja grundsätzlich abstoßend finden. Dass die starke Kraft aber dennoch zum Zuge kommt, wird sich noch zeigen, wenn wir unsere Sonne genauer untersuchen. Denn sie bezieht ihre gesamte Leuchtkraft aus der Energie, die in den Gluonen steckt. Wie das genau funktioniert, erklären wir später im dritten Kapitel (siehe *Proton trifft*

[Grafik 7] **Die Bosonen im Kräftevergleich**

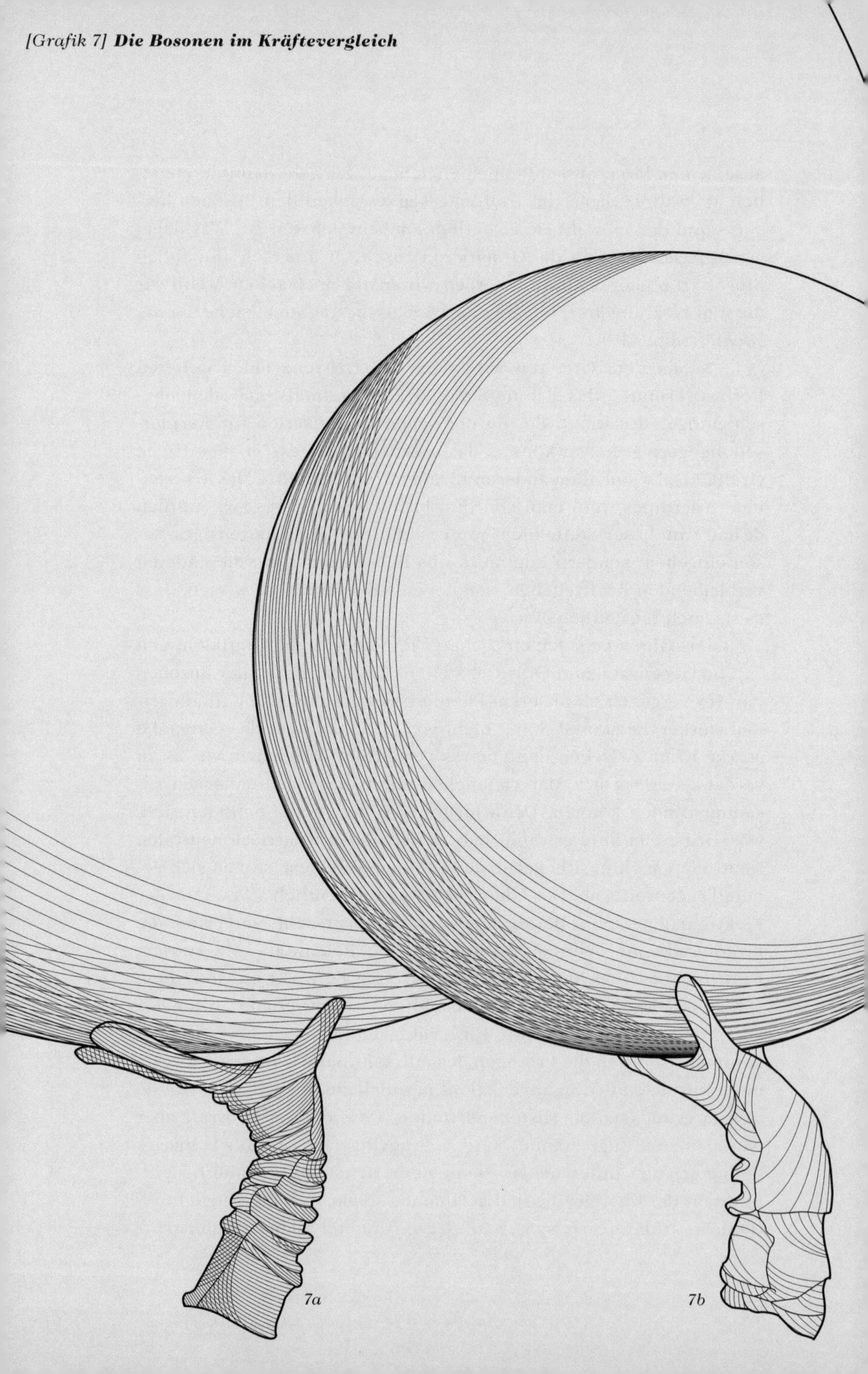

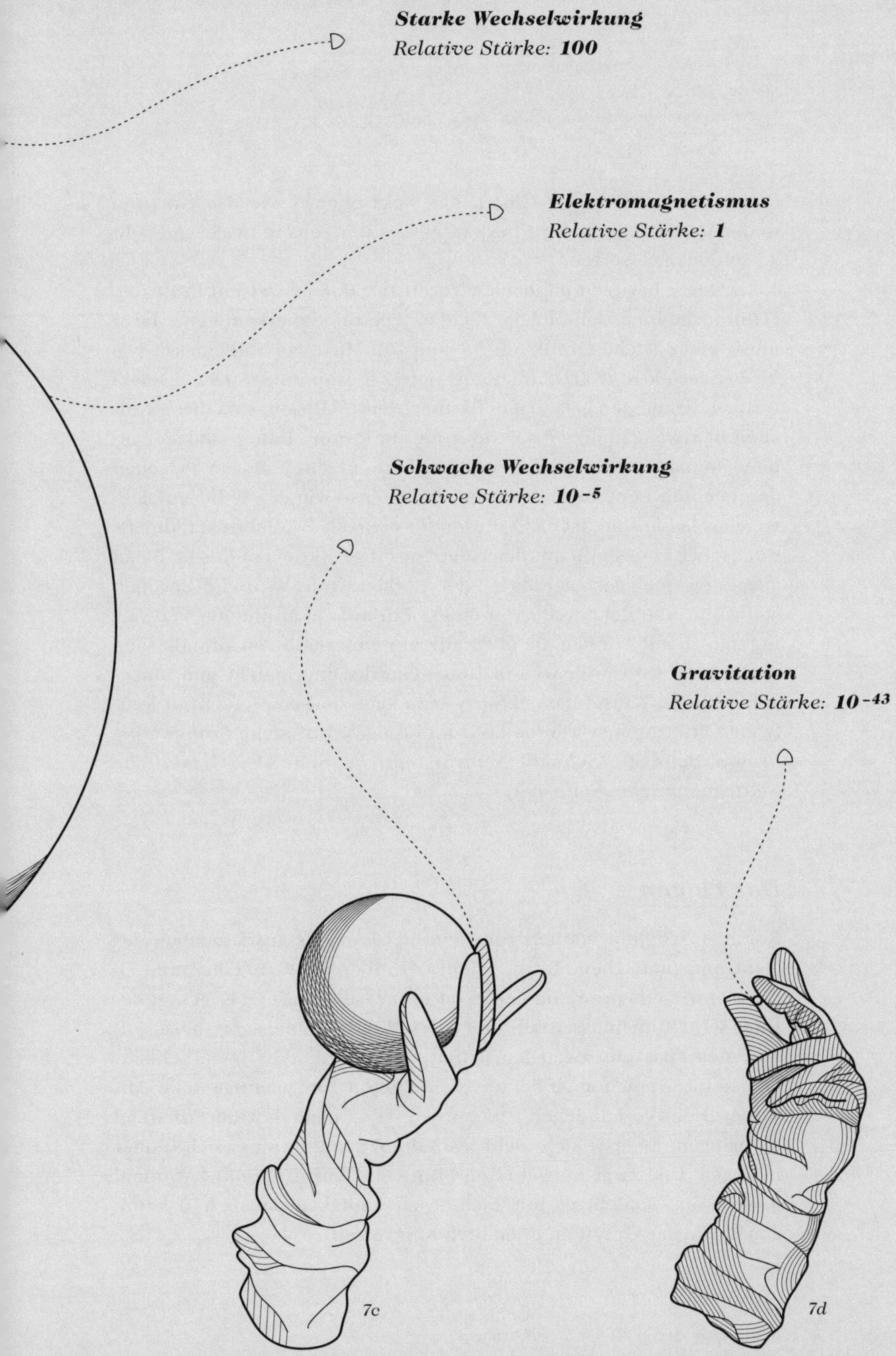
Starke Wechselwirkung
Relative Stärke: 100
Elektromagnetismus
Relative Stärke: 1
Schwache Wechselwirkung
Relative Stärke: 10^{-5}
Gravitation
Relative Stärke: 10^{-43}

7c

7d

Proton, Seite 301). Das Gluon, das wohl ebenso wie das Graviton weder Masse noch Ladung besitzt, gibt es übrigens in insgesamt acht verschiedenen Sorten.

Masse besitzen die beiden Vermittler der schwachen Kraft, die zehntausendmal schwächer als das Photon daherkommen, dafür umso mehr (siehe Grafik 6n, 6o und 7c): Mit einer Ruhemasse von 91,2 Gigaelektronvolt beim neutralen Z-Boson und 80,4 Gigaelektronvolt bei dessen geladenem Partner, dem W-Boson, sind diese Teilchen in etwa achtzigmal schwerer als ein Proton. Damit sind sie beinahe so massiv wie ein Silberatom. Während das W-Boson zwischen den leichten Leptonen vermittelt, die ebenso wie das W-Boson elektrisch geladen sind, ist das Z-Boson für neutrale Ströme zuständig. Es wechselwirkt deshalb mit den Neutrinos. Der Aktionsradius ist dabei allerdings noch geringer als bei der starken Kraft: W- und Z-Bosonen steht nur eine Reichweite von einem Billiardstel Millimeter zur Verfügung. Damit können sie ebenfalls nur innerhalb von Atomkernen wirken, wo sie Up-Quarks in Down-Quarks umwandeln und umgekehrt. Dieser Tauschhandel führt dazu, dass die schwache Kraft Neutronen zu Protonen werden lässt und umgekehrt (siehe *Proton trifft Proton,* Seite 301/*Schnelle Neutronenküche,* Seite 488/*Gemütliche Neutronenküche,* Seite 494).

Das Photon

Kommen wir nun endlich zum Photon, dem Austauschteilchen der elektromagnetischen Kraft (siehe Grafik 6p und 7b/Fotografie 7). Ebenso wie Graviton und Gluon ist es masselos – genauer gesagt beträgt seine Ruhemasse null. Und jedes Mal, wenn diese ominöse Null auftaucht, ist ein zweites Attribut nicht fern: die Unendlichkeit. Genau diese spielt auch bei unserem Photon eine wichtige Rolle. Mit seiner nicht vorhandenen Ruhemasse ist es niemals zum Stillstand zu bringen. Es lässt sich nicht festhalten, sondern muss sich immer bewegen. Und zwar im wahrsten Sinne des Wortes – *immer.* Einmal losgelassen, schießt es mit Lichtgeschwindigkeit davon und kann, genau wie das Graviton, unendlich weit reisen.

Photonen sind nicht zum Stillstand zu bringen. Sie besitzen keine Ruhemasse und können deshalb unendlich weit reisen.

Ebenso wie bei der Schwerkraft nimmt die Stärke der elektromagnetischen Kraft mit der Entfernung immer mehr ab. Doch im Gegensatz zu den schwächlichen Vermittlerteilchen der Gravitation können Photonen bei ihrem Rundflug durch die Weiten des Alls aufgegabelt werden: Sobald sie auf ein passendes Teilchen treffen, das mit ihnen wechselwirken möchte, ist die Reise des Lichts entweder zu Ende oder sie erfährt zumindest eine mehr oder weniger starke Veränderung. Photonen sind nämlich ganz besondere Bosonen: Ihre Hauptaufgabe besteht darin, Energie in Form von Licht von einem elektrisch geladenen Teilchen zum nächsten zu transportieren – und das, obwohl sie selbst keinerlei Ladung besitzen. Ihr absoluter Lieblingspartner ist dabei das Elektron. Zwischen Photon und Elektron herrscht nämlich eine ungemein innige Beziehung, die wir am Ende dieses Kapitels noch genauer ins Visier nehmen. Im Grunde wird unsere Welt nur wegen dieser beiden Elementarteilchen sichtbar (siehe *Vom Verschlucken und Wiederausspucken,* Seite 138/*Wenn das Photon mit dem Elektron …,* Seite 143) …

Der Elektromagnetismus macht jedoch nicht nur Dinge sichtbar – er sorgt außerdem dafür, dass überhaupt etwas da ist, das sichtbar gemacht werden kann. Denn anders als die starke oder die schwache Kraft, die ausschließlich im Bereich der Atomkerne wirkt, vermitteln die Photonen auch *zwischen* den Atomen. Nur dadurch werden die negativ geladenen Elektronen erst von den positiv geladenen Protonen im Kern angezogen und können um sie herumschwirren.

Um sich besser vorzustellen, was hier genau vonstattengeht, greifen wir wieder zu unseren Sockenbündeln, die uns schon bei der Demonstration der Unschärferelation behilflich waren. Wir nehmen diesmal an, dass es sich bei jedem Bündel um Protonen und Neutronen handelt, die zusammengenäht einen Atomkern bilden. Als Elektronen dienen uns zwei Garnrollen, die mit langen Fäden an den Protonen im Kern befestigt sind. Die elektromagnetische Kraft sorgt nun dafür, dass die Garnrollen-Elektronen um die Sockenbündel-Atomkerne herumflitzen (siehe Fotografie 8).

[Fotografie 7] ***Photonen vermitteln die elektromagnetische Kraft in Form von Licht***

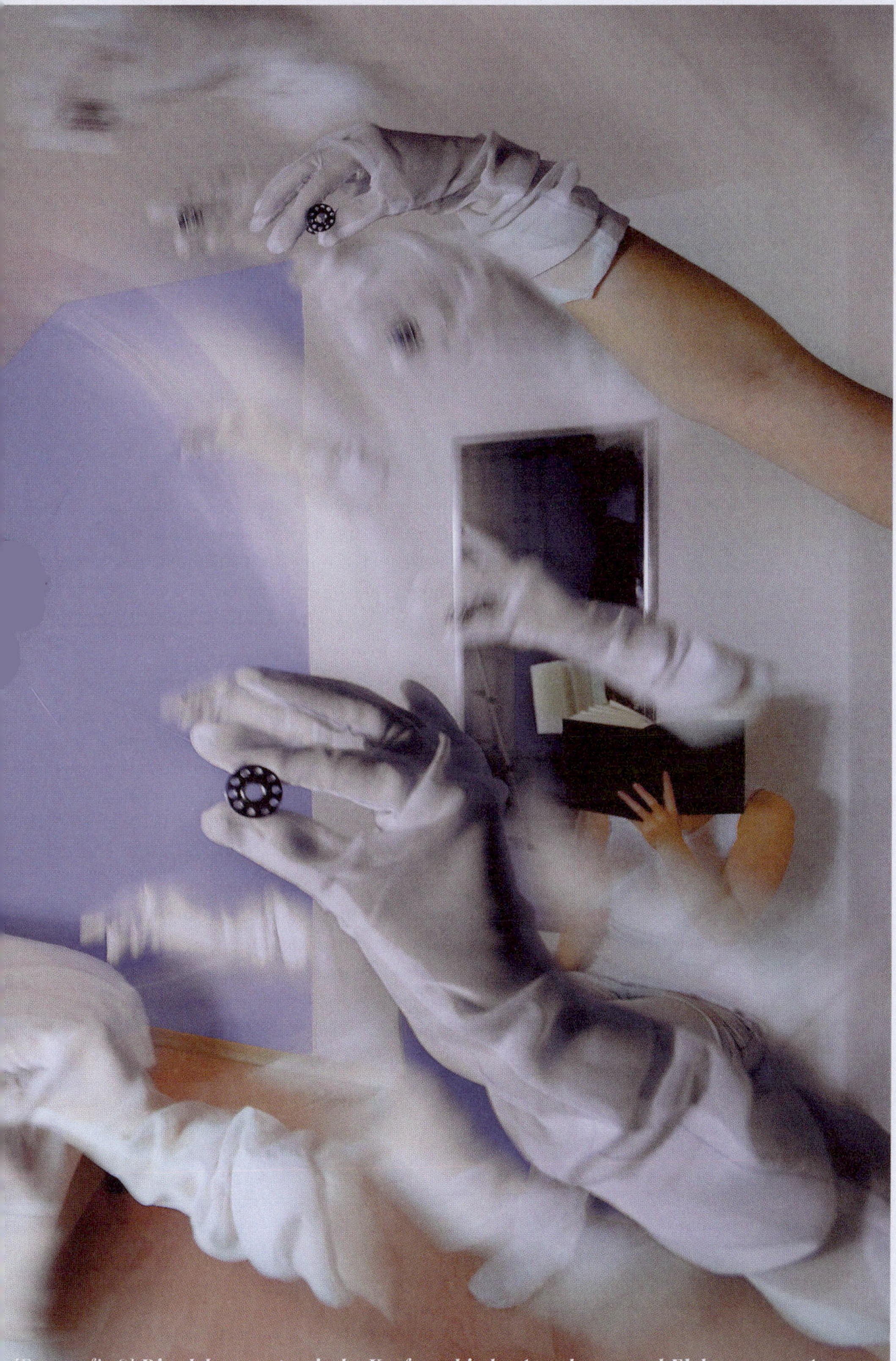

[Fotografie 8] Die elektromagnetische Kraft verbindet Atomkerne und Elektronen zu Atomen

Richtige Elektronen umkreisen die Atomkerne jedoch nicht wirklich. Da wir bereits wissen, dass es sich bei Elektronen um Quantenwesen handelt, unterliegen sie dem Welle-Teilchen-Dualismus und sind deshalb nur mit Aufenthaltswahrscheinlichkeiten zu beschreiben (siehe *Bilderverbot,* Seite 73). Es zeigt sich also: Wo Sockenbündel sind, ist auch die Unschärferelation nicht weit.

Doch warum werden die Elektronen eigentlich nicht vollständig von den Protonen verschluckt, sondern kreisen in einer bestimmten Entfernung um sie herum? Die Antwort liefert uns zum einen ein Phänomen, das uns bereits begegnet ist, als wir die Abneigung der Fermionen untereinander erklärt haben – das Pauli-Prinzip (siehe *Halb oder ganz? Die Sache mit dem Spin,* Seite 85). Es verhindert, dass die Elektronen den Protonen zu nahe kommen können, da immer nur maximal zwei von ihnen denselben Platz um das Atom einnehmen dürfen. Wegen des Fermi-Drucks, der dabei entsteht, fliegen sie in sicherer Entfernung um die Atomkerne herum, ohne sich dabei in die Quere zu kommen. Zum anderen ändern Elektronen, sobald sie sich in einem Atom befinden, ohnehin komplett ihr Verhalten und beginnen von nun an damit, sich rasant um den Kern herumzubewegen – so wie wir es im Atom-Socken-Szenario begutachten konnten. Durch dieses rastlose Umherschwirren können die kleinen negativ geladenen Teilchen grundsätzlich nur bis zu einer gewissen Grenze von den Protonen angezogen werden.

Atome bestehen vor allem aus leerem Raum.
Dank des Elektromagnetismus
fühlt sich Materie dennoch fest an.

Die Elektronen bewegen sich also in sicherer Entfernung zum Atomkern und bilden dabei die Atomhülle (siehe Grafik 8). Und diese Entfernung ist beachtlich: Wäre der Atomkern 1,5 Zentimeter groß (siehe Grafik 8a), müsste man geschlagene 75 Meter weit bis zum Rand des Atoms laufen (siehe Grafik 8b). Atome bestehen daher überwiegend aus leerem Raum! Dem Elektromagnetismus und dem Ausschlussprinzip ist es zu verdanken, dass sich unsere Materie dennoch fest anfühlt.

Die elektromagnetische Kraft schafft somit die Voraussetzungen für die Größe und Struktur unserer Materie. Sie ist die Grundlage dafür, dass sich Atome überhaupt bilden können, dass aus Atomen Moleküle werden, die sich wiederum zu komplexen Makromolekülen zusammenschließen. Irgendwann am Ende dieser Kette stehen schließlich wir selbst. Der Elektromagnetismus mit dem Photon als Vermittlungsteilchen regelt sämtliche Vorgänge in der Chemie und Biologie. Für alles, was zwischen Atomen passiert, ist im Grunde das Licht verantwortlich. Auch hier gilt einmal mehr: Ohne Licht kein Leben (siehe *Danke, Licht!*, Seite 792).

Protonen und Neutronen
bilden den ***Atomkern.***

Durchmesser des Atomkerns:
circa 10 Femtometer (fm)
(0,01 Pikometer)

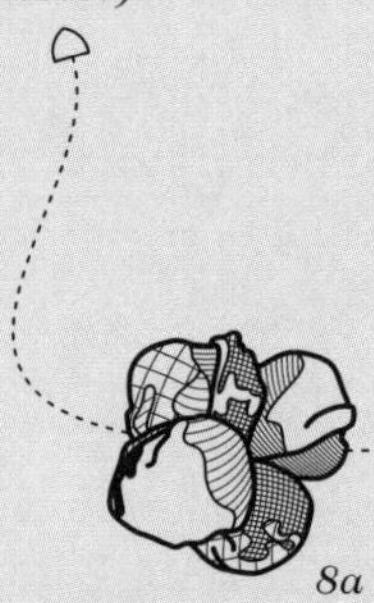

8a

Entfernung von hier bis zur Atomhülle
(wenn der Durchmesser des Atomkerns
1,5 Zentimeter *groß wäre):*

Elektronen
(Größe nicht maßstabsgetreu)
*bilden die **Atomhülle.***

Durchmesser der Atomhülle:
circa 100 Pikometer

1.4 *Das Licht zeigt sein Gesicht*

Über eine Kraft namens Elektromagnetismus

Wir haben jetzt gelernt, was das Licht in seiner Rolle als Elementarteilchen bewirkt und welche verschiedenen anderen Teilchen sein Umfeld bilden. Nun wollen wir uns die elektromagnetische Kraft, die durch unser Lichtteilchen transportiert wird, im Speziellen vorknöpfen. Wie hat man sich diesen Elektromagnetismus eigentlich genau vorzustellen? Schauen wir uns an, welche unterschiedlichen Erscheinungsformen und Phänomene das Licht aufgrund seines Wellencharakters zu bieten hat.

Der elektromagnetische Dreiklang

Wir wissen, bei unserem Photon handelt es sich um ein Elementarteilchen. Doch das Licht hat mehr zu bieten als die reinen Teilcheneigenschaften Masse, Ladung und Spin. Ebenso wie eine herkömmliche Welle, beispielsweise eine Wasserwelle, besitzt auch das Licht typische Welleneigenschaften: Jedes Photon hat eine bestimmte Wellenlänge, mit der eine Frequenz verbunden ist, die wiederum einer Energiemenge entspricht. Diese Energie trägt jedes Photon in Form von Strahlung, also Licht, mit sich. Dass Wellenlänge, Frequenz und Energie beim Licht direkt zusammenhängen, haben wir bei den drei Sockenversuchen zur Demonstration der Unschärferelation bereits gesehen.

Um zu verstehen, warum diese drei Eigenschaften so eng miteinander verknüpft sind, greifen wir Grafik 2 wieder auf, in der die einzelnen Welleneigenschaften erklärt werden, und erweitern sie ein wenig:

Wir wissen bereits, dass sich die Wellenlänge aus der Entfernung von einem Wellenberg (oder Wellental) zum nächsten ergibt. Die Frequenz erhält man, indem man misst, wie viele Wellenberge (oder -täler) einen Punkt in einer Sekunde durchqueren. Die Frequenz einer Welle hängt somit von ihrer Geschwindigkeit ab. Bewegen sich zwei Wellen mit derselben Wellenlänge unterschiedlich schnell von einem Punkt zum nächsten, besitzen sie also unterschiedliche Ausbreitungsgeschwindigkeiten, hat die schnellere Welle eine höhere Frequenz als die langsamere.

Kommen wir zurück zum Photon: Früher gingen die Wissenschaftler davon aus, dass sich auch das Licht unterschiedlich schnell fortbewegt (siehe *Das berühmteste misslungene Experiment aller Zeiten,* Seite 157). Wie wir noch sehen werden, ist dies jedoch völlig falsch! Tatsächlich bewegt sich das Licht stets mit derselben Geschwindigkeit – nämlich mit Lichtgeschwindigkeit. Sie ist immer exakt gleich, egal, woher das Licht kommt oder wohin es sich bewegt. Jedes Photon durchschreitet den luftleeren Raum stets mit exakt 299 792,458 Kilometern pro Sekunde – niemals schneller, niemals langsamer, nicht einmal um einen winzigen, minimalen Bruchteil. Die Lichtgeschwindigkeit beträgt im Vakuum zu jeder Zeit 299 792,458 Kilometer pro Sekunde, egal, was auch passiert. Was dies für unser Verständnis von Raum und Zeit bedeutet, werden wir noch sehr ausführlich im zweiten Kapitel unter die Lupe nehmen.

Übrigens weiß niemand, warum das Licht ausgerechnet mit genau jenem Tempo von dannen zieht und nicht einen Tick schneller oder langsamer unterwegs ist. Uns bleibt deshalb nichts anderes übrig, als die Tatsache, dass sich Photonen immer mit dem gleichen Wert von 299 792,458 Kilometern pro Sekunde fortbewegen, einfach so hinzunehmen.

Das Licht bewegt sich stets mit 299 792,458 Kilometern pro Sekunde durch den luftleeren Raum – niemals schneller und niemals langsamer.

Kommen wir jetzt wieder zum Verhältnis zwischen Wellenlänge, Frequenz und Energie zurück. Bei normalen Wellen gilt: Die Ausbreitungsgeschwindigkeit ergibt sich aus der Wellenlänge multipliziert mit der Frequenz. Doch wir wissen jetzt: Diese Geschwindigkeit

[Grafik 9] ***Beim Licht hängen Wellenlänge, Frequenz und Energie direkt zusammen***

Die Ausbreitungsgeschwindigkeit des Lichts ist stets Lichtgeschwindigkeit: 299 792,458 Kilometer pro Sekunde.

Eine kurze Wellenlänge bedeutet eine hohe Frequenz und Energie.

Die Ausbreitungsgeschwindigkeit einer normalen Welle errechnet sich aus der Wellenlänge multipliziert mit der Frequenz.

Wellenlänge, Frequenz und Energie hängen bei elektromagnetischen Wellen deshalb direkt zusammen.

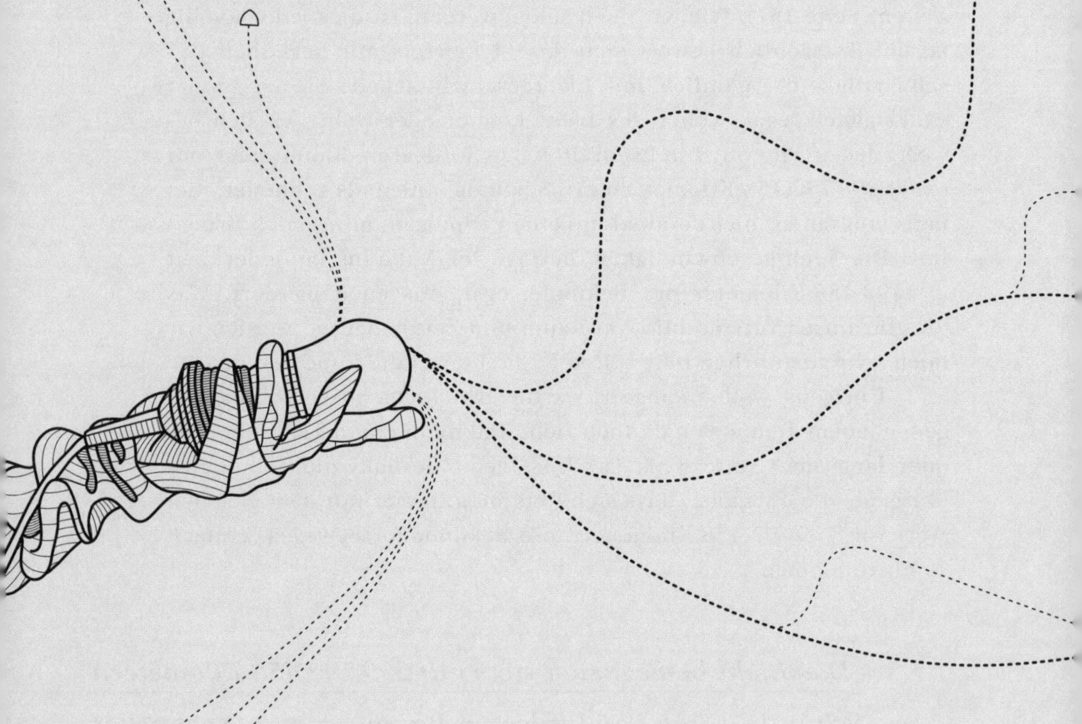

Frequenz = Lichtgeschwindigkeit geteilt durch Wellenlänge ($f = c/\lambda$)

Wellenlänge = Lichtgeschwindigkeit geteilt durch Frequenz ($\lambda = c/f$)

Energie = Planck'sches Wirkungsquantum mal Frequenz ($E = h \times f$)

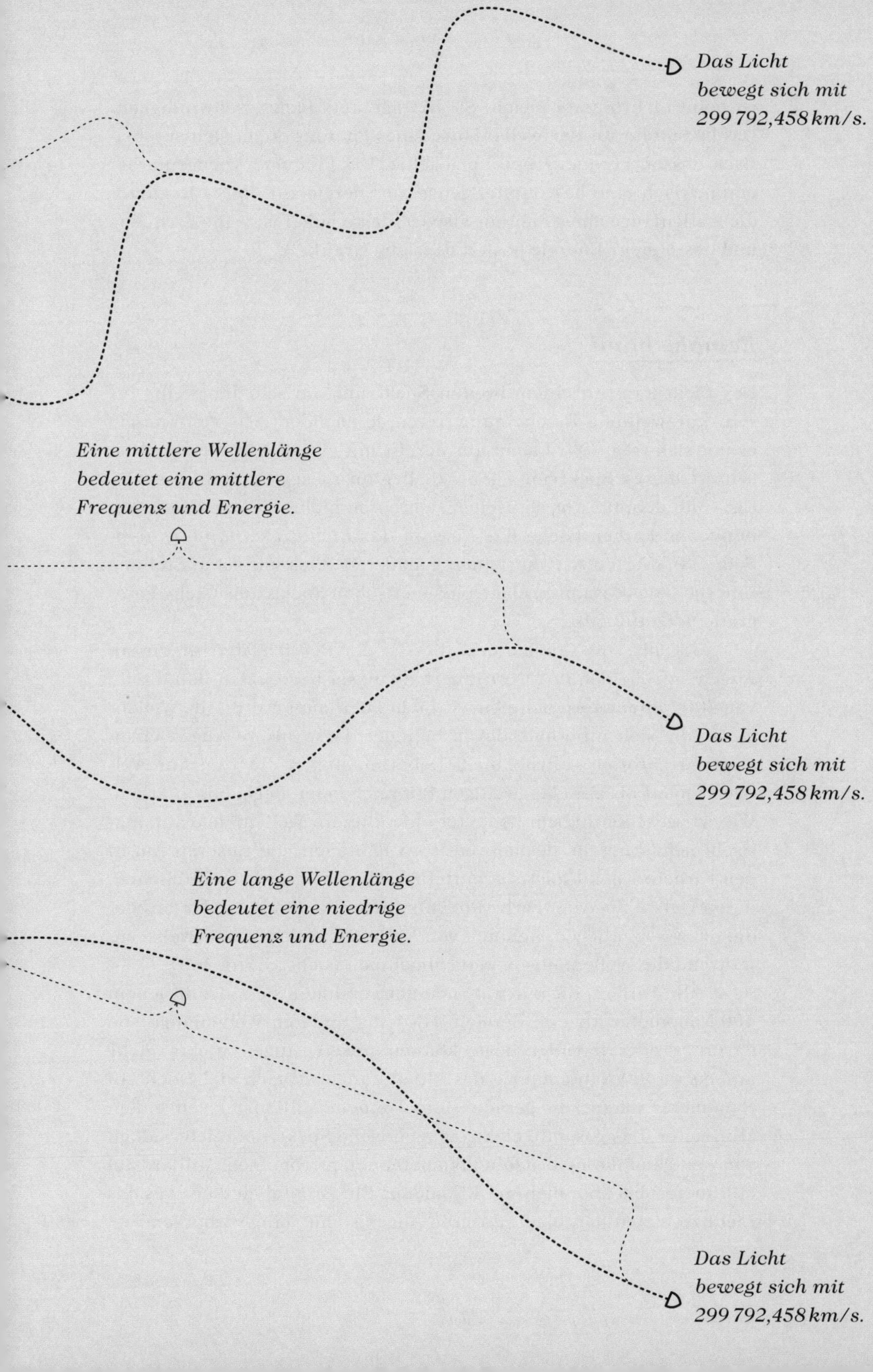
Das Licht bewegt sich mit 299 792,458 km/s.
Eine mittlere Wellenlänge bedeutet eine mittlere Frequenz und Energie.
Das Licht bewegt sich mit 299 792,458 km/s.
Eine lange Wellenlänge bedeutet eine niedrige Frequenz und Energie.
Das Licht bewegt sich mit 299 792,458 km/s.

ist beim Licht immer gleich. Sie beträgt stets Lichtgeschwindigkeit. Das bedeutet: Aus der Wellenlänge eines Photons ergibt sich automatisch dessen Frequenz und umgekehrt. Die Frequenz wiederum hat automatisch eine bestimmte Menge an Energie zur Folge. Je kürzer die Wellenlänge eines Photons also ist, desto höher ist seine Frequenz und desto mehr Energie besitzt es (siehe Grafik 9).

Beinahe blind

Das Licht kann in einem breiten Spektrum von sehr langwellig bis sehr kurzwellig in Erscheinung treten, je nachdem, wie viel Energie es mit sich trägt. Wir haben uns bereits mit einem sehr kleinen Ausschnitt dieses Spektrums ganz zu Beginn dieses Kapitels beschäftigt – mit dem für uns Menschen sichtbaren Licht und den damit verbundenen Farben (siehe *Wie Newton das Licht auseinandernahm,* Seite 38). Werfen wir nun einen genaueren Blick auf seine Stellung innerhalb des gesamten elektromagnetischen Spektrums (siehe Fotografie 9/Grafik 10):

380 bis 780 Nanometer – dies ist der Bereich, der für unsere Augen entscheidend ist. Nur innerhalb dieser begrenzten Bandbreite von 400 Nanometern nehmen wir Licht überhaupt wahr. Jede Wellenlänge, die sich innerhalb davon befindet, lässt unsere Augen einen anderen Farbton wahrnehmen. Dabei entstehen die vom kurzwelligen Violett bis zum langwelligen Rot reichenden Regenbogenfarben. Wie wir gesehen haben, bedeutet eine kürzere Wellenlänge automatisch mehr Energie, deshalb besitzen Photonen, die unseren Augen den Farbeindruck Violett vermitteln, mehr Energie als Lichtteilchen, deren Wellenlänge der Farbe Rot entspricht. Die Energien der Farben, die dazwischenliegen, nehmen von Rot nach Violett schrittweise zu, während die Wellenlängen stetig abnehmen (siehe Grafik 10d).

Alle Farben, die wir wahrnehmen, befinden sich also in jenem 400 Nanometer kleinen Bereich. Mit jeder anderen Wellenlänge, die darunter oder darüber liegt, können unsere Augen nichts mehr anfangen. 400 Nanometer – das klingt zunächst nach viel. Doch ein Nanometer entspricht gerade einmal einem Millionstel von einem Millimeter. Das gesamte elektromagnetische Spektrum reicht jedoch von wenigen Pikometern (ein Pikometer entspricht einem Milliardstel Millimeter) bis über mehrere Kilometer! Ein Großteil dessen, was das Licht zu bieten hat, bleibt unseren Augen somit völlig verborgen.

Die Wellenlängen des gesamten elektromagnetischen Spektrums reichen von wenigen Pikometern bis über mehrere Kilometer.

Das mag ungerecht sein, macht jedoch durchaus Sinn: Der Grund, warum wir ausgerechnet für 380 bis 780 Nanometer empfindlich sind, wird klar, wenn wir uns anschauen, woher das meiste Licht kommt, das unserer Welt Farbe verleiht – nämlich von unserer Sonne. Sie sendet uns Licht, das hauptsächlich den besagten Bereich von 400 Nanometern abdeckt (siehe *Kein fester Boden unter den Füßen*, Seite 259). Und da unser Stern bekanntlich schon lange vor uns da war, haben sich unsere Augen im Laufe der Evolution einfach an sein Lichtspektrum angepasst.

Auch all unsere künstlichen Lichtquellen, beispielsweise die guten alten Glühbirnen, strahlen wie unsere Sonne in diesem Bereich. (Die meisten Energiesparlampen lassen mit ihrem abgehackten Lichtspektrum momentan noch stark zu wünschen übrig…) Dadurch, dass sowohl unsere Sonne als auch Glühbirnen alle Teile des Farbspektrums enthalten, entsteht das typische, angenehm warmweiße Licht. In Fotografie 9 ist das sichtbare Licht deshalb durch eine weiß leuchtende Lampe dargestellt.

Unterwegs auf kurzen Wellen

Der winzige Bereich des sichtbaren Lichts mit seinen Farben von Violett, Blau, Grün, Gelb, Orange bis Rot genügt uns also, um uns auf unserem Planeten zurechtzufinden. Für den überwiegenden Teil des elektromagnetischen Spektrums sind wir völlig blind. Dank moderner Instrumente gelingt es uns aber dennoch, die gesamte energetische Bandbreite, die Photonen zu bieten haben, für unsere Augen sichtbar zu machen und dadurch wichtige Informationen über die Vorgänge im Universum herauszulesen. Nur deshalb wissen wir überhaupt, dass es eine Welt jenseits des sichtbaren Lichts gibt. Und diese Welt ist riesig! Schauen wir deshalb kurz an, welche verschiedenen Erscheinungsformen das Licht annehmen kann, wenn es sich nicht gerade um die für uns wahrnehmbaren Farben handelt.

[Fotografie 9] ***Das elektromagnetische Spektrum***

22:20

[Grafik 10] **Das sichtbare Licht deckt nur einen sehr kleinen Bereich im elektromagnetischen Spektrum ab**

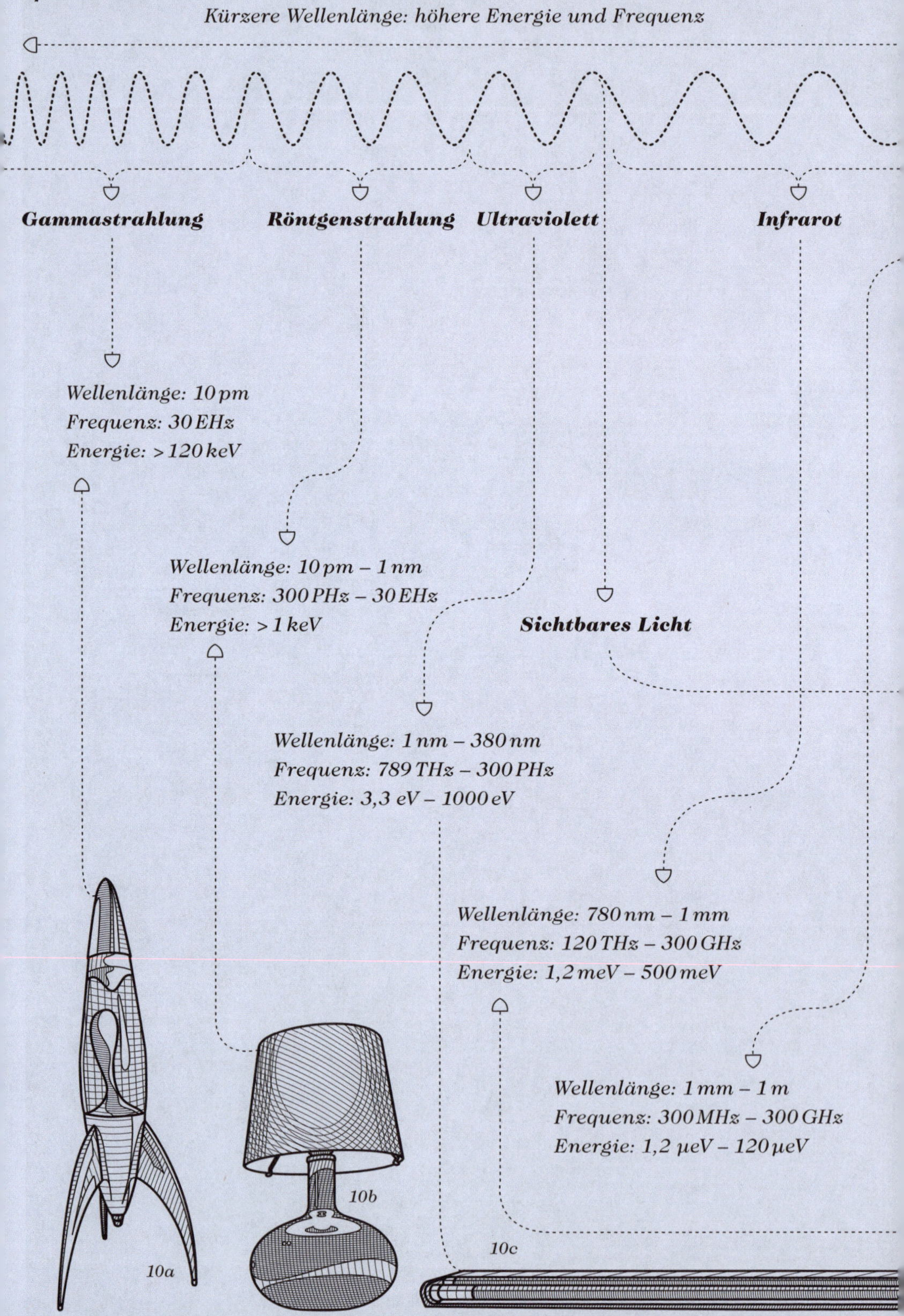

Längere Wellenlänge: geringere Energie und Frequenz

Mikrowellen

Radiowellen

Violett	*Wellenlänge: 380 nm – 430 nm*	
	Frequenz: 697 THz – 789 THz	
	Energie: > 2,9 eV	
Blau	*Wellenlänge: 430 nm – 490 nm*	
	Frequenz: 612 THz – 697 THz	
	Energie: 2,53 – 2,88 eV	
Grün	*Wellenlänge: 490 nm – 570 nm*	
	Frequenz: 526 THz – 612 THz	
	Energie: 2,17 – 2,53 eV	
Gelb	*Wellenlänge: 570 nm – 600 nm*	
	Frequenz: 500 THz – 526 THz	
	Energie: 2,06 – 2,17 eV	
Orange	*Wellenlänge: 600 nm – 640 nm*	
	Frequenz: 468 THz – 500 THz	
	Energie: 1,95 – 2,06 eV	
Rot	*Wellenlänge: 640 nm – 780 nm*	
	Frequenz: 384 THz – 468 THz	
	Energie: 1,6 bis 1,95 eV	

Wellenlänge: 10 m – 10 km (bis 100 Mm im Längstwellenbereich)
Frequenz: 30 kHz – 300 MHz (bis 3 Hz im Längstwellenbereich)
Energie: 120 peV – 120 neV (bis 12 feV im Längstwellenbereich)

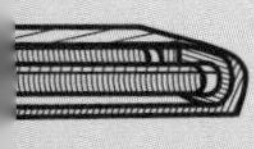

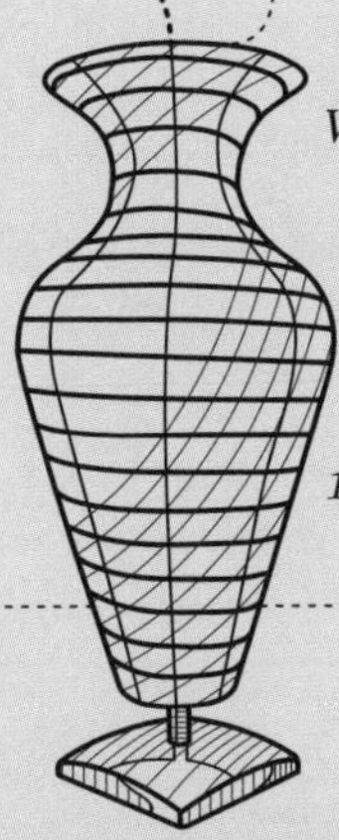

10d

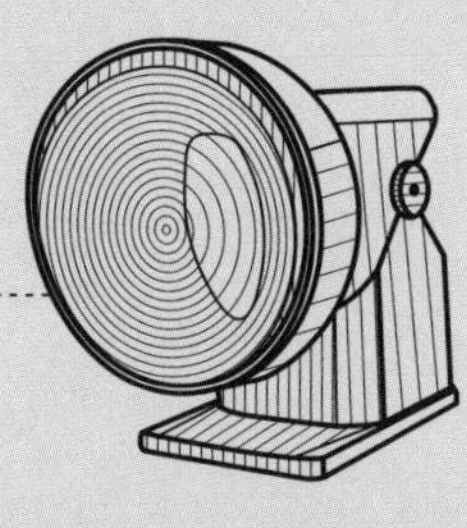

10e

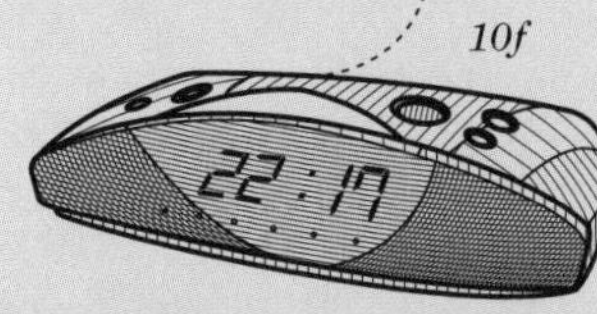

10f

Unsere Augen können lediglich Licht mit einer Wellenlänge von 380 bis 780 Nanometern wahrnehmen. Für alles andere, was darüber hinausgeht, sind wir blind.

Beginnen wir, uns vom kurzwelligen Violett in Richtung der noch kürzeren Wellenlängen und damit der höheren Energien zu bewegen:

Direkt an das sichtbare Violett grenzt das ultraviolette Licht (siehe Grafik 10c), das in Fotografie 9 stellvertretend durch eine Schwarzlichtlampe dargestellt ist. Seine Wellenlänge reicht von einem bis zu jenen 380 Nanometern, bei denen das sichtbare Violett beginnt. Dass UV-Strahlung mehr Energie besitzt als sichtbares Licht, dürfte wohl jeder bereits schmerzlich am eigenen Leib erfahren haben, der sich einmal zu lange in die pralle Sonne gewagt hat. Denn obwohl sie zum überwiegenden Teil im sichtbaren Bereich leuchtet, sendet unsere Sonne auch ultraviolette Strahlung aus. Sie wird je nach Stärke in UV-A, UV-B und UV-C unterteilt. UV-A dringt am wenigsten in die Haut ein, zerstört aber bereits ihre Zellen und ist deshalb auch für Hautkrebs verantwortlich. UV-B-Strahlung durchdringt unsere Haut noch tiefer und verursacht in erster Linie leidigen Sonnenbrand. Sie hat jedoch auch den positiven Nebeneffekt, dass unser Körper aus ihr das Hormon Vitamin D gewinnt, welches paradoxerweise sogar vorbeugend gegen Krebs wirkt. Die UV-C-Strahlung ist hingegen sehr lebensfeindlich. Hier sind die Photonen derart energiegeladen, dass sie im großen Stil Moleküle zerschlagen. Doch glücklicherweise gelangt diese besonders gefährliche Form der UV-Strahlung nicht durch die schützende Ozonschicht unserer Erde. Mit Ultraviolett ist also nicht zu spaßen – doch noch befinden wir uns in der unmittelbaren Nähe des sichtbares Lichts.

Wir schreiten deshalb weiter in Richtung der kürzeren Wellenlängen und kommen damit zu den Röntgenstrahlen. Sie sind noch weitaus energiereicher als das im Vergleich dazu regelrecht harmlos daherkommende Ultraviolett. Da richtige, funktionstüchtige Röntgenstrahler wohl kaum zum Inventar eines herkömmlichen Haushalts gehören dürften, steht unsere »Röntgenlampe«, die bereits ihre Dienste bei den Sockenversuchen zur Unschärferelation geleistet hat, exemplarisch für echte Röntgenstrahlung (siehe Grafik 10b). Während UV-Strahlen nur bis zu unserer Haut durchdringen können, arbeiten sich die kurzwelligeren Röntgenphotonen problemlos durch Haut und Muskeln hindurch. Bei unseren Knochen und Zähnen stoßen sie dann jedoch an ihre Grenzen – eine Tatsache, die sich die Röntgenapparate in Krankenhäusern zunutze machen, um den Körper im wahrsten Sinne des Wortes zu durchleuchten. Da Röntgenstrahlen aber bereits zu den hochenergetischen Photonen zählen – ihre Wellenlänge erstreckt sich von zehn Pikometern bis zu einem Nanometer –, sollte man es mit dem Durchleuchten nicht übertreiben. Denn das Licht prallt hier mit enorm viel Kraft auf die Materie, in diesem Fall unseren Körper, und kann dabei erheblichen Schaden anrichten, indem es Moleküle zerstört, was wiederum Mutationen auslösen kann.

Am energiereichsten Ende des elektromagnetischen Spektrums steht schließlich die Gammastrahlung (siehe Grafik 10a), die ab einer Wellenlänge von zehn Pikometern beginnt. Sie ist für uns extrem gefährlich und wird deshalb in Fotografie 9 durch eine harmlose Lavalampe in Raumschiffoptik repräsentiert. Lavalampen haben natürlich überhaupt nichts mit Gammastrahlung zu tun. Aber die Form des Raumschiffs zeigt uns, wo richtige Gammastrahlung üblicherweise anzutreffen ist – nämlich in den Tiefen des Weltalls und damit weit außerhalb der Erde. Und das ist auch gut so! Denn Gammastrahlung ist die härteste Form von Energie, die das Licht annehmen kann. Sie durchdringt nahezu jede Form der Materie, und ihre Auswirkungen darauf sind verheerend.

Die nächste große natürliche Quelle für Gammastrahlung in unserer Nähe befindet sich jedoch gar nicht so weitab vom Schuss in den Tiefen des Alls, sondern in den Tiefen der Sonne (siehe *Drückend heiß,* Seite 281). Doch davon bekommen wir zum Glück nichts mit. Wie sich noch zeigen wird, handelt es sich bei unserem Stern nämlich um ein äußerst zähes und dichtes Gebilde, das es dem Licht ganz schön schwer macht, aus seinem Inneren zu entkommen (siehe *Eine Fahrkarte Richtung Ausgang, bitte!,* Seite 268). Während im Kern der Sonne tonnenweise hochenergetische Gammastrahlung als Überrest der Kernfusion entsteht, kommt am Ende aus ihrer Oberfläche nur noch das besagte sichtbare Licht heraus. Denn die Gammaphotonen haben bei ihrem Kampf Richtung Sonnenrand bereits das meiste ihrer Energie verloren. Und dieser Kampf ist ganz schön zeitraubend! Wie lange das Licht letztendlich braucht, um von innen nach außen zu gelangen, verraten wir aber erst später (siehe *Auf Zickzackkurs,* Seite 280) …

Unsere Sonne produziert also zwar Gammastrahlung, effektiv kommt an ihrer Oberfläche dabei aber nichts mehr an. Zu den richtigen Gammastrahlern werden andere Sterne, die viel massereicher und energiegeladener als der unsere daherkommen, sobald sie sterben und sich mit einer gewaltigen Explosion von der Bühne des Universums verabschieden. Doch diese potenziellen Kandidaten für einen derartig spektakulären Abgang befinden sich glücklicherweise wirklich weit weg von uns in den Tiefen des Alls – beziehungsweise die stärksten Vertreter dieser Art gibt es heute höchstwahrscheinlich gar nicht mehr. Denn diese waren derart riesig und versprühten so viel Energie, dass ihnen schon binnen kürzester Zeit die Puste ausging. Auf diese allerersten Sterne, die im Universum erstmals Licht ins Dunkel brachten, kommen wir noch ausführlich zu sprechen (siehe *Die Egozentriker unter den Sternen,* Seite 470).

Unterwegs auf langen Wellen

Nachdem wir den energiereichen Bereich des elektromagnetischen Spektrums jenseits der Farbe Violett betrachtet haben, blicken wir nun in die entgegengesetzte Richtung: Hier wird das Licht langwelliger und die Energie damit schwächer.

Unmittelbar an das sichtbare Rot mit seinen 780 Nanometern grenzt die Infrarotstrahlung (siehe Grafik 10e), die bis zu einer Wellenlänge von einem Millimeter reicht. Wir können sie zwar nicht sehen, wohl aber spüren! Denn Infrarot äußert sich in erster Linie durch Wärme, weshalb es in Fotografie 9 als Rotlichtlampe dargestellt wird. Da auch wir Wärme an unsere Umgebung abgeben, strahlen wir folglich ebenfalls im Infrarotbereich. Wären unsere Augen dafür empfindlich, würden uns Gegenstände und Personen nicht nur in unterschiedlichen Farben erscheinen, sondern sie würden auch noch, je nachdem welche Temperatur sie abstrahlen, leuchten! Manchen Tieren ist diese Fähigkeit vergönnt, wir können solche Effekte allerdings nur mit Wärmebildkameras simulieren.

Nach dem Infrarot kommen schließlich die Mikrowellen, deren Wellenlänge von einem Millimeter bis zu einem Meter reicht. Dieser Wellenlängenbereich ist optimal dafür geeignet, Wassermoleküle zum Schwingen anzuregen und dadurch unser Essen blitzschnell und energiesparend in der gleichnamigen Mikrowelle zu erwärmen. Da wir uns bei Fotografie 9 im Schlafzimmer befinden, fehlt hier das stellvertretende Bild für die Mikrowellen, denn einen Mikrowellenherd haben wohl eher die wenigsten als schmückendes Accessoire in ihren Schlafräumen stehen …

Wenn wir den Wellenlängenbereich der Mikrowellen verlassen, landen wir schließlich bei den Radiowellen und sind damit auch schon am energiearmen Ende des elektromagnetischen Spektrums angelangt (siehe Grafik 10f). Radiowellen sind so schwach, dass sie kaum Auswirkungen auf Materie haben. Ihre Wellenlängen reichen von zehn Metern bis zu zehn Kilometern – beziehungsweise sogar bis zu 100 000 Kilometern, wenn man den extrem niederfrequenten sogenannten Längstwellenbereich mit einbezieht.

In unserem Alltag sind Radiowellen allgegenwärtig. Natürlich darf deshalb auch in Fotografie 9 der Radiowecker nicht fehlen. Denn wie der Name schon sagt, arbeitet unter anderem auch das Radio auf der Basis von Radiowellen. Dass wir diese in erster Linie mit *Hören* verbinden, ist jedoch irreführend. Denn bei Radiowellen handelt es sich, wie wir jetzt wissen, um sehr energiearmes, langwelliges *Licht* und eben nicht um eine Form von Schall. Die schwachen Radiophotonen tragen ihre Informationen zu dem Radioempfänger, der sie anschließend in akustische Signale umwandelt. Erst jetzt, nachdem das Licht seinen Dienst als Informationsvermittler getan hat, spielt in unseren Ohren beispielsweise Musik oder wir hören unseren Gesprächspartner durch das Mobiltelefon quasseln.

Ins Rote verschoben

Von energiegeladen, mit hoher Frequenz und kurzen Wellenlängen, bis zu energiearm, niederfrequent und langwellig – das Licht hat viele Gesichter. Wie wir gesehen haben, stellt dabei das für uns sichtbare Spektrum mit seinen verschiedenen Farben nur einen äußerst winzigen Teilbereich dar (siehe *Beinahe blind,* Seite 108).

Doch die Erscheinungsform eines Photons, von der Gammastrahlung bis zu den Radiowellen, ist nicht schicksalhaft und unveränderbar. Das Licht kann seine Stellung im elektromagnetischen Spektrum auch wechseln, indem es Energie abgibt oder aufnimmt und dabei seine Wellenlänge und Frequenz entsprechend variiert. Ein kleines Beispiel hierfür haben wir bereits geliefert, als wir den Weg des Lichts aus dem Inneren der Sonne kurz angerissen haben. Hier wechseln die Photonen stufenweise ihr Verhalten von Gammastrahlung zu sichtbarem Licht.

Doch um in eine neue Rolle zu schlüpfen, brauchen Photonen nicht unbedingt einen widerspenstigen Stern, der ihnen das Leben schwer macht. Sie können ihr Verhalten auch von ganz alleine ändern. Als wir seine Rolle als Elementarteilchen untersucht haben, wurde klar: Licht kann unendlich weit reisen, wenn man es denn nicht daran hindert. Und genau dann, wenn man das Licht in Ruhe durch die Weiten des Weltalls sausen lässt, stößt man auf ein Phänomen, das uns auch aus unserem Alltag bekannt ist – die Rede ist vom sogenannten Doppler-Effekt.

Schauen wir zunächst, was er bei uns auf der Erde bewirkt. Anders als im Weltall äußert sich der nach dem österreichischen Mathematiker und Physiker Christian Doppler (1803–1853) benannte Effekt auf der Erde nicht optisch, sondern akustisch. Wir nehmen ihn also in Form von Schall mit unseren Ohren wahr. Jeder von uns dürfte den Doppler-Effekt wohl bereits in Aktion erlebt haben.

Zur besseren Erinnerung, was damit gemeint ist, holen wir uns den Doppler-Effekt direkt nach Hause, indem wir zu einem Radiowecker greifen. Wir schalten ihn an und starten nun einen eher unkonventionellen Versuch, der bitte nur mit einem alten, bereits ausgedienten Exemplar nachgeahmt werden sollte, da nicht garantiert werden kann, dass er mehr als einen Versuch überleben wird. Für unser Experiment muss sich unsere Schallquelle nämlich recht schnell an uns vorbeibewegen. Also verleihen wir dem Radiowecker Flügel und werfen ihn ebenfalls, wie wir es schon bei unserem Sockenbündel zur Demonstration der Unschärferelation getan haben, quer durch den Raum (erstaunlich, was man alles durch das bloße Werfen von Gegenständen veranschaulichen kann …) an einer Testperson vorbei, und dies möglichst, ohne sie dabei abzuschießen!

Unsere Testperson wird nun feststellen, dass die Tonlage der Musik beim Radioflug nicht gleich bleibt, sondern sich verändert, und zwar je nachdem, ob der Wecker gerade auf sie zukommt oder sich von ihr entfernt. Solange sich das Radio unserer Testperson entgegenbewegt, klingt seine Musik höher. Die Frequenz steigt also, während die Wellenlänge kürzer wird. Sobald der Wecker sich jedoch von der Person entfernt, beginnt der Ton förmlich auszuleiern und immer tiefer zu klingen. Folglich sinkt die Frequenz, und die Wellenlänge nimmt zu (siehe Fotografie 10a).

Wer den Doppler-Effekt in einer alltäglicheren Situation erleben möchte, muss sich nach draußen in die Nähe einer Straße begeben und darauf warten, dass ein Fahrzeug mit eingeschalteter Sirene oder zumindest mit lautem Motorgeräusch an einem vorbeifährt (was je nach Straßenlage unter Umständen aber etwas dauern könnte …). Auch hier wird man die typische Verzerrung des Schalls feststellen, wie es auch bei unserem Radioflug der Fall war: Nähert sich das Fahrzeug, klingen die Töne höher, bewegt es sich wieder weg, klingen sie tiefer.

[Fotografie 10a] **Der Doppler-Effekt verändert die Wellenlänge von Schallwellen**

[Fotografie 10b] **Der Doppler-Effekt führt beim Licht zur Blau- und Rotverschiebung**

Und genau dies ist das Prinzip, das der Doppler-Verschiebung zugrunde liegt. Es sagt also etwas über die Bewegung eines Objekts aus. Bewegt es sich auf einen zu, werden die Wellen zusammengedrückt, entfernt es sich wiederum, werden sie auseinandergezogen, wie bei einer Ziehharmonika. Dabei wurde der allgemeine Begriff »Wellen« bewusst gewählt, denn jetzt kommen wir wieder zu unserem Licht zurück: Der Doppler-Effekt gilt nämlich für Schall- und Lichtwellen gleichermaßen.

Wenn wir den Radiowurfversuch nun wiederholen, stattdessen aber eine Lampe und damit eine Lichtquelle zum Fliegen bringen (Achtung, dies ist ebenfalls nicht zur Nachahmung empfohlen!), werden sich auch hier die Wellenlängen verschieben. Nur wird dies für unsere Augen nicht wahrnehmbar sein, da sie viel zu schwach sind, um einen Unterschied erkennen zu können. Doch obwohl wir es nicht sehen können, schlägt der Doppler-Effekt auch in diesem Fall zu Buche. Sein Prinzip bleibt auch bei Licht dasselbe: Kommt es näher, wird seine Wellenlänge kürzer, die Energie und Frequenz damit höher. Entfernt es sich, wird es langwelliger, während Frequenz und Energie sinken. Übrigens tritt derselbe Effekt ebenfalls auf, wenn es nicht die Lichtquelle (oder die Schallquelle) ist, die sich bewegt, sondern der Beobachter selbst. Wandeln sowohl Licht als auch Beobachter umher, wird der Effekt, je nach Bewegungsrichtung, verstärkt oder abgeschwächt.

Nähert sich eine Lichtquelle, wird die Wellenlänge gestaucht und die Energie damit stärker. Das Licht wird ins Blaue verschoben.

Entfernt sich eine Lichtquelle, wird die Wellenlänge gedehnt und die Energie damit schwächer. Das Licht wird ins Rote verschoben.

Wenn wir uns erneut das elektromagnetische Spektrum vor Augen führen und dabei das für uns sichtbare Licht betrachten, bemerken wir: Am langwelligen, energieärmeren Ende steht die Farbe Rot, am kurzwelligen, energiereicheren Ende die Farbe Violett (siehe

Wie Newton das Licht auseinandernahm, Seite 38). Deshalb spricht man beim Doppler-Effekt im Zusammenhang mit Licht auch von der sogenannten Rotverschiebung, wenn es sich wegbewegt, beziehungsweise von der Blauverschiebung, wenn es näher kommt (siehe Fotografie 10b). (Korrekterweise müsste es eigentlich »Violettverschiebung« heißen, aber das Wort »Blauverschiebung« schien den Namensgebern möglicherweise sympathischer ...)

Rot- und Blauverschiebung verraten also, wie sich leuchtende Objekte im Universum, beispielsweise Sterne oder gar ganze Galaxien, bewegen. Sie ist deshalb ein wichtiges Instrument der Wissenschaft, um viele Vorgänge im All besser zu verstehen. Gerade die Rotverschiebung wird uns noch begegnen, wenn wir den Weg des Lichts in Richtung Urknall zurückverfolgen (siehe *Hintergrundrauschen,* Seite 661). Doch dazu später mehr ...

Licht ist Information

Eines wird immer wieder deutlich, wenn wir Lichtquellen außerhalb der Erde betrachten: Wir sind existenziell an unseren Planeten gebunden und deshalb nahezu ausschließlich auf das Licht als Informationsgeber angewiesen. (Von den direkten Untersuchungen unseres Sonnensystems einmal abgesehen.) Photonen liefern uns wertvolle Hinweise auf das, was da draußen weit außerhalb der Erde passiert. Alles, was wir tun können, ist, diese Informationen entgegenzunehmen und aus ihnen zu lesen. Das Licht ist also unser wichtigster Partner, wenn es darum geht, das Universum zu erforschen. Und dabei hat es bereits vielfach enorm wertvolle Dienste geleistet. Im Grunde basiert nahezu unser gesamtes Wissen, das wir von unserem Universum haben, auf Informationen, die Photonen zu uns brachten. Viele Dinge, die im Laufe dieses Buches noch zur Sprache kommen werden, wissen wir nur deshalb, weil das Licht sie uns erzählte ...

Licht wird geboren

Wir haben jetzt einen Einblick in die vielseitigen Erscheinungsformen des Lichts gewonnen, uns dabei aber zunächst auf seine unmittelbaren Eigenschaften Wellenlänge, Frequenz und Energie be-

[Fotografie 11a] **Die Koordinaten des elektrischen und magnetischen Felds sowie ein Elektron** (unten links) – **noch ist kein Licht entstanden**

[Fotografie 11b] **Ein beschleunigtes Elektron führt zu Schwingungen im elektromagnetischen Feld – Licht entsteht**

schränkt. Wir gehen nun einen Schritt weiter und betrachten die elektromagnetische Kraft grundsätzlicher. Dabei stellt sich die Frage: Wie kommt der Elektromagnetismus eigentlich zu seinem Namen?

Wir wissen, beim Licht handelt es sich um Kraftteilchen, die gleichzeitig Welleneigenschaften besitzen. Und was Wellen in erster Linie zu tun pflegen, ist, zu schwingen. Ebenso verhält es sich auch beim Licht. Es schwingt, wie beispielsweise Wasserwellen, auf und ab und breitet sich dadurch im Raum aus. Doch anders als normale Wellen – das haben wir bereits kurz erwähnt und dies werden wir im nächsten Kapitel auch noch beweisen – benötigt das Licht kein Medium, in dem es sich ausbreiten kann (siehe *Das berühmteste misslungene Experiment aller Zeiten,* Seite 157). Während das Medium bei Wasserwellen aus Wassermolekülen und bei Schallwellen aus Luftmolekülen besteht, die auf und ab schwingend die Energie der Welle davontransportieren, ohne sich dabei selbst fortzubewegen, braucht das Licht nichts dergleichen, um seine Energie weiterzuleiten.

Dieses Nichts, in dem sich das Licht bewegt, lässt sich allerdings dennoch beschreiben. Und zwar – und jetzt erklärt sich auch der Name »Elektromagnetismus« – durch *elektrische* und *magnetische* Felder. Die Photonen breiten sich innerhalb dieser beiden Bereiche wellenartig aus. Es handelt sich beim Licht also um eine *elektromagnetische* Welle. Doch was hat man sich darunter genau vorzustellen?

Licht schwingt in einem Nichts auf elektrischen und magnetischen Feldern.

Nehmen wir an, den Raum würde eine imaginäre waagrechte Ebene durchziehen. Sie soll das elektrische Feld darstellen. Mittendurch verläuft nun senkrecht von oben nach unten eine zweite Ebene – das magnetische Feld. Die beiden Ebenen bilden damit eine Art Koordinatensystem, mit dem elektrischen Feld als x-Achse und dem magnetischen Feld als y-Achse, in dem das Licht gleich seine Bahnen ziehen wird (siehe Fotografie 11a).

Doch wie kommt es überhaupt zu diesen beiden Feldern? Und warum schwingt das Licht darin umher? Wie wir wissen, vermittelt das Photon zwischen geladenen Teilchen, vorzugsweise Elektronen.

Doch um eine Interaktion zwischen der Materie herstellen zu können, muss das Licht erst einmal entstehen. Und dabei ist ihm sein Freund, das Elektron, behilflich. Dafür muss es lediglich eine simple Sache tun: sich beschleunigt bewegen. Denn sobald sich geladene Teilchen, also auch Elektronen, schneller bewegen beziehungsweise ihre Richtung verändern, taucht automatisch ein elektrisches und magnetisches Feld auf, das zugleich zu schwingen beginnt. Und da wir jetzt wissen, was es heißt, wenn sich eine Schwingung durch ein elektromagnetisches Feld bewegt, bedeutet dieser Moment: Ein Photon ist geboren – Licht ist entstanden (siehe Fotografie 11b).

Doch das Licht kann sich auch direkt zu seiner Geburt verhelfen. Nämlich dann, wenn es selbst der Grund dafür ist, dass ein Elektron beschleunigt wird. Kommt es nämlich zum Zusammentreffen von Licht und Materie, gibt das Photon dem Elektron einen Schubs – und zwar umso stärker, je mehr Energie es mit sich trägt. Auch hier taucht wieder das schwingende elektrische und magnetische Feld auf. Das Licht erschafft sich durch seine Interaktion mit der Materie in diesem Fall selbst. Wie genau dieses Wechselspiel zwischen Photon und Elektron funktioniert, wird sich am Ende dieses Kapitels noch zeigen (siehe *Vom Verschlucken und Wiederausspucken,* Seite 138).

Dies alles erinnert ein wenig an die Sache mit dem Huhn und dem Ei: Photonen bewegen sich auf schwingenden Feldern und versetzen dadurch geladene Teilchen in Aufruhr. Die geladenen Teilchen wiederum lassen durch ihre nun veränderte Bewegung ein schwingendes elektromagnetisches Feld und damit Photonen entstehen.

Wie das Licht schwingt

Womit wir bei einer weiteren Eigenschaft des Lichts angekommen wären, die wir jedoch nicht direkt wahrnehmen können: der Polarisation. Sie beschreibt, *wie* sich das Licht durch die beiden Felder bewegt.

Grundsätzlich gibt es drei Arten der Polarisation (siehe Grafik 11): Beschreibt das Licht bei seiner Schwingung durch den Raum einen Kreis, ist es zirkular polarisiert (siehe Grafik 11c), formt es eine Ellipse, ist seine Polarisierung elliptischer Art (siehe Grafik 11b), beschreibt es wiederum eine Linie, dann handelt es sich um linear polarisiertes Licht (siehe Grafik 11a). Dabei sind sämtliche Übergangsformen zwischen diesen drei Polarisationsarten möglich.

Sobald sich ein geladenes Teilchen beschleunigt bewegt, wird Licht geboren.

[Grafik 11] ***Die Polarisationsarten des Lichts im elektromagnetischen Feld***

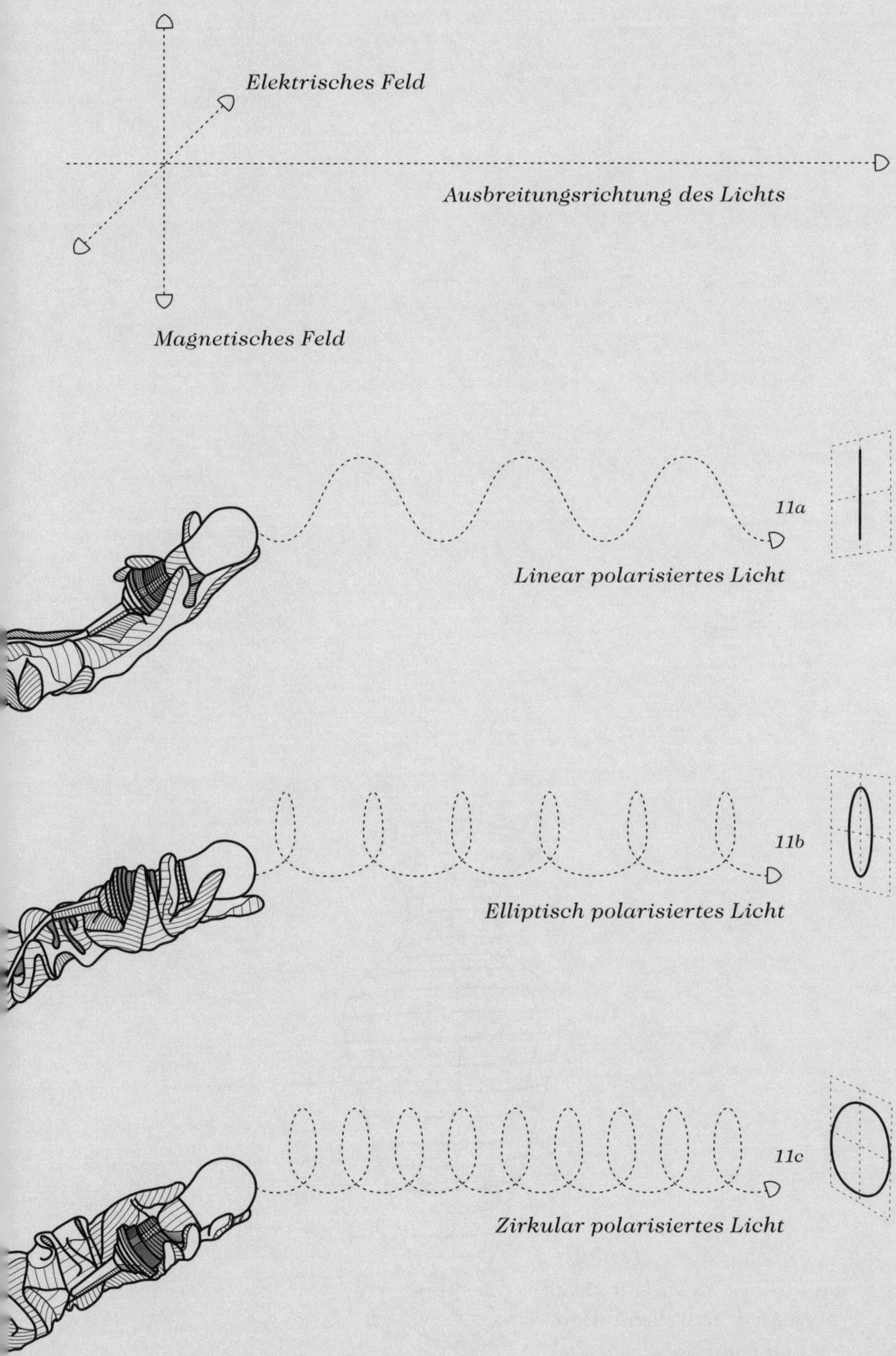

[Grafik 12a] ***Unpolarisiertes Licht***

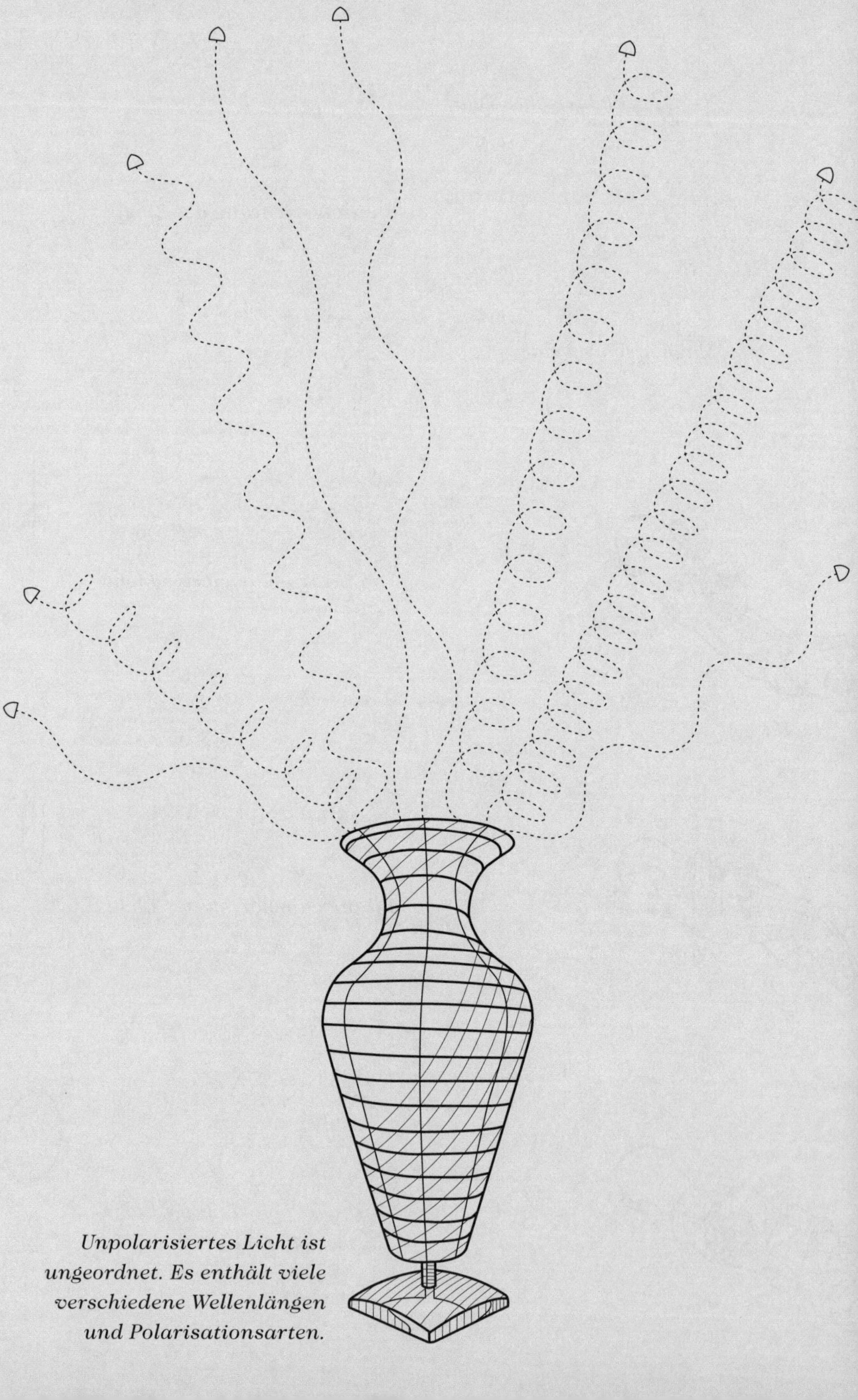

Unpolarisiertes Licht ist ungeordnet. Es enthält viele verschiedene Wellenlängen und Polarisationsarten.

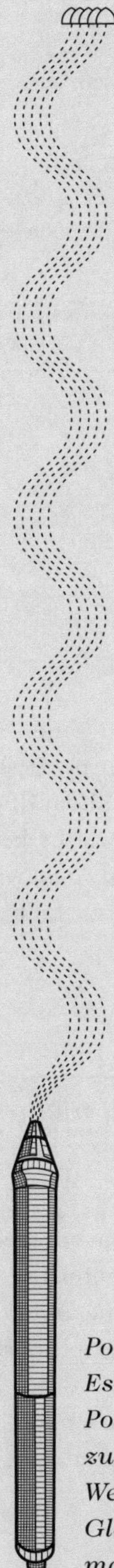

Polarisiertes Licht ist geordnet. Es besteht aus nur einer Polarisationsart. Besteht es zudem aus nur einer bestimmten Wellenlänge, die parallel im Gleichklang schwingt, spricht man von Kohärenz.

Das meiste Licht, das wir sehen, besteht aus einem heillosen Durcheinander unterschiedlich polarisierter Photonen – es ist also unpolarisiert. Gesellen sich zu allem Überfluss noch die unterschiedlichsten Wellenlängen hinzu, wie es beispielsweise bei dem weißen Licht unserer Sonne der Fall ist, das, wie wir wissen, sämtliche Wellenlängenbereiche des sichtbaren Lichts enthält, ist das Chaos perfekt (siehe Grafik 12a).

Das meiste Licht, das uns begegnet,
ist völlig ungeordnet und damit nicht polarisiert.

Das genaue Gegenteil davon stellt das geordnete kohärente Licht dar, wie es uns bereits beim Doppelspaltexperiment begegnet ist (siehe *Das Doppelspaltexperiment,* Seite 43). Hier laufen alle Photonen im Gleichschritt diszipliniert parallel nebeneinanderher. Wellenlänge und Polarisation ist dabei bei allen Lichtteilchen exakt identisch (siehe Grafik 12b). Ihre Energie wird dadurch messerscharf gebündelt – ein Prinzip, das jedem Laserstrahl zugrunde liegt.

1.5 Photon liebt Elektron

Wie das Licht Materie sichtbar macht

Bis hierher haben wir das Licht vor allem für sich allein betrachtet. Wir haben quasi ein Persönlichkeitsprofil des Photons erstellt. Da wir jetzt wissen, wie unser Lichtteilchen tickt, was seine Eigenschaften und Besonderheiten sind, wollen wir es nun auf seine Umgebung loslassen. Wie versprochen führen wir an dieser Stelle das Traumpaar Photon und Elektron endlich zusammen, um zu verstehen, was eigentlich genau passiert, wenn Licht auf Materie trifft. Denn die Konsequenz dieser Zusammenkunft ist letztendlich, dass wir die Welt, in der wir leben, überhaupt sehen können.

Der etwas andere Jo-Jo-Effekt

Wir wissen, Licht kann nur mit geladenen Teilchen in Wechselwirkung treten, denn sie sind es, die sein elektromagnetisches Feld in Schwingung versetzen können (siehe *Licht wird geboren,* Seite 123). Dabei scheint es vor allem das Elektron unserem Photon angetan zu haben. Schauen wir deshalb, wo diese kleinen, leichten, negativ geladenen Teilchen besonders häufig anzutreffen sind, um zu beobachten, wie sie mit dem Licht interagieren:

Das absolute Lieblingsdomizil der Elektronen sind die Atome. Hier können sie in aller Seelenruhe ihr Dasein genießen, schließlich müssen sie sich ihre Bahn um das Atom im schlimmsten Fall mit lediglich einem weiteren Elektron teilen (siehe *Halb oder ganz? Die Sache mit dem Spin,* Seite 85). Denn wir wissen ja bereits, dass sich Fermionen, zu denen auch das Elektron gehört, untereinander nicht sonderlich mögen.

Der Begriff »Bahn« ist zwar eigentlich falsch, denn bei Elektronen handelt es sich um Quantenwesen, und damit können sie gar keine feste Spur besitzen, auf der sie sich um Atome herumbewegen. Wir werden ihn aber an dieser Stelle dennoch gebrauchen, denn damit wird ersichtlicher, was in Atomhüllen vor sich geht, sobald Licht ins Spiel kommt.

Nehmen wir also jetzt einfach einmal an, die Elektronen würden wirklich auf Bahnen um die Atomkerne herumkreisen – so wie wir es in Fotografie 8 bereits getan haben, als wir die Elektronen in Form von Garnrollen um die Sockenbündel-Atomkerne schwirren ließen. So weit, so gut. Jetzt tritt Niels Bohr auf den Plan, der uns bereits bei der Quantenrevolution begegnet ist (siehe *Die Erkenntnisse der Quantenrevolution,* Seite 57). Denn der Atomphysiker stellte etwas für die Entwicklung der Quantenmechanik sehr Entscheidendes fest: Elektronen können zwischen den verschiedenen Bahnen einer Atomhülle umherspringen. Die Position dieser Bahnen ist jedoch nicht beliebig, sondern für jedes chemische Element exakt vorgeschrieben. Die negativ geladenen Teilchen können also nur auf die festgelegten höheren oder tieferen Ebenen springen, aber niemals einen Platz irgendwo dazwischen einnehmen. Für unsere Garnrollen-Analogie bedeutet dies: Die Elektronen müssen ihren Faden, der sie mit dem Socken-Atomkern verbindet, um eine genau festgelegte Länge verlängern oder verkürzen, ansonsten dürfen sie ihre Position nicht verändern (siehe Grafik 13). Es ist in unserem Beispiel gewissermaßen ein Jo-Jo-Effekt, dem unsere Garnrollen-Elektronen hier unterliegen.

Dabei ist zu beachten, dass es ein Elektron stets Energie kostet, um von einer inneren Bahn auf eine äußere zu gelangen, es für das Teilchen jedoch ein Leichtes ist, wieder zurück von außen nach innen zu wechseln. Denn in diesem Fall muss es keine Energie aufnehmen, sondern ganz im Gegenteil: es gibt dabei Energie frei.

Am meisten Energie kostet es das kleine, negative Teilchen, um von der innersten Bahn, dem sogenannten Grundzustand, der Startbahn, auf eine höhere Ebene zu springen. Die Sprünge zwischen den anderen Bahnen fallen dem Elektron dann deutlich leichter. Hier braucht es nicht mehr so viel Energie aufzuwenden beziehungsweise beim Rücksprung abzugeben. Befindet es sich nämlich auf einer Ebene jenseits der innersten Startbahn, liegt das Elektron im sogenannten angeregten Zustand vor. Seine Fitness ist hier gewissermaßen höher, weil es durch seinen Sprung vom Grundzustand bereits ein erstes Krafttraining hinter sich gebracht hat. Alle nachfolgenden Bahnwechsel fallen ihm nun viel leichter als der allererste, und es muss deshalb auch weniger Energie aufbringen.

Es ist also alles eine Frage der Energie. Und ebenso wie die Bahnen der Atomhülle fest vorgeschrieben sind, ist auch haargenau festgelegt, welchen Energiebetrag das Elektron für einen Wechsel aufbringen muss. Auch hier gibt es kein Erbarmen – leichte Abweichungen sind nicht erlaubt! Es ist eine knallharte Entweder-oder-Situation. Entweder das Elektron gibt den exakt vorgeschriebenen Energiebetrag ab, dann darf es eine Bahn tiefer wandern, oder es muss eben bleiben, wo es ist. Die andere Möglichkeit des Elektrons besteht darin, den fest definierten Energiebetrag aufzunehmen. In diesem Fall darf es in der Außenhülle des Atoms nach oben springen. Sollte die Energiemenge allerdings abweichen, und sei es noch so minimal, bleibt auch hier dem Elektron ein Bahnwechsel verwehrt. Übrigens ist auch ein Überspringen mehrerer Bahnen auf einmal möglich. Doch auch hierbei sind die nötigen Energiebeträge von Element zu Element knallhart festgelegt.

Wegen dieses direkten Zusammenhangs zwischen Atomebene und Energie bezeichnet man die einzelnen Etagen im Atom auch als Energieniveaus. Dabei ist der Vorgang des *Springens* der Elektronen zwischen diesen Niveaus sehr entscheidend, denn es gibt keine Bahnen zwischen den Bahnen. Um seine Position zu verändern, muss das Elektron quasi von einem Moment auf den anderen ohne Zwischenschritt seine Spur wechseln. Es darf den Weg dorthin nicht durchqueren! Für das Garnrollen-Elektron bedeutet dies, dass es seine Fadenlänge nicht allmählich verändern darf, sondern der Faden schlagartig von einer Sekunde auf die andere kürzer oder länger werden muss. Unser Jo-Jo-Elektron gleitet also nicht geschmeidig von oben nach unten, wie es ein handelsübliches Jo-Jo zu tun gedenkt, sondern es verändert von einem Moment auf den anderen, sehr holprig und ruckartig, seine Höhe.

Die Energieniveaus in Atomen und Molekülen sind gequantelt. Um seine Bahn zu wechseln, muss ein Elektron die jeweils exakt vorgeschriebene Energiemenge aufnehmen oder abgeben.

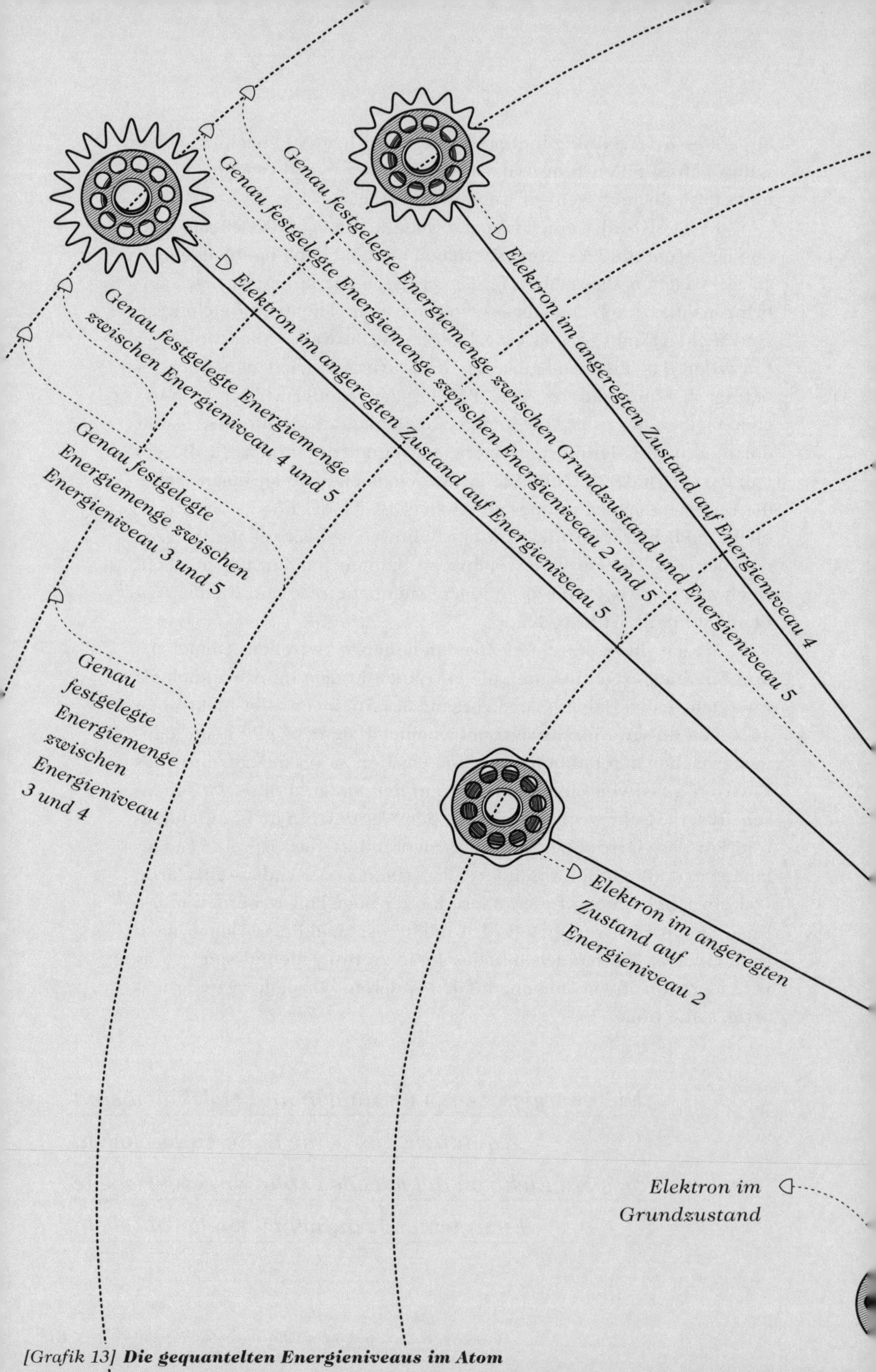

[Grafik 13] ***Die gequantelten Energieniveaus im Atom***

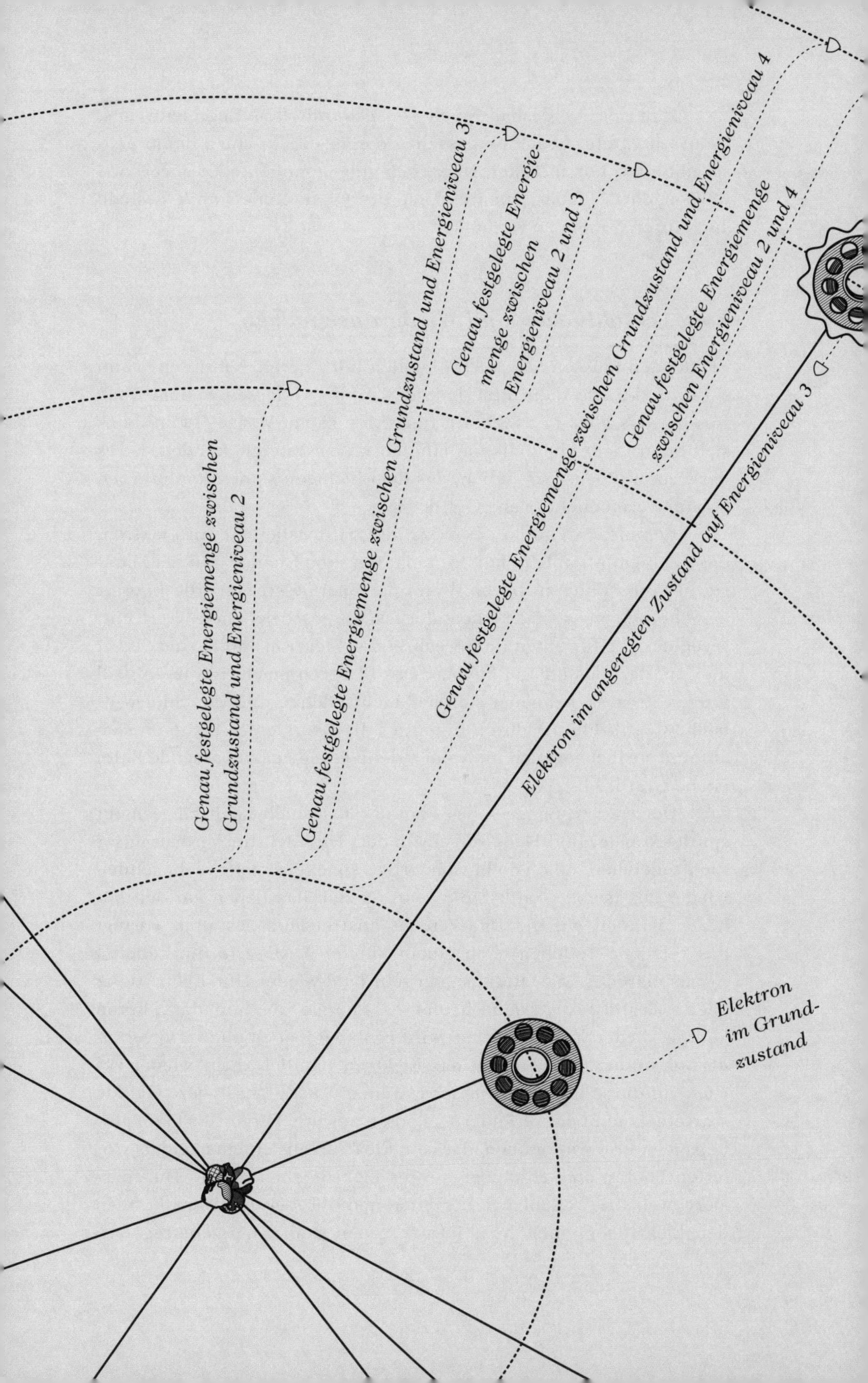
Genau festgelegte Energiemenge zwischen Grundzustand und Energieniveau 2
Genau festgelegte Energiemenge zwischen Grundzustand und Energieniveau 3
Genau festgelegte Energiemenge zwischen Energieniveau 2 und 3
Genau festgelegte Energiemenge zwischen Grundzustand und Energieniveau 4
Genau festgelegte Energiemenge zwischen Energieniveau 2 und 4
Elektron im angeregten Zustand auf Energieniveau 3
Elektron im Grundzustand

Man spricht deshalb auch von *gequantelten* Energieniveaus. Denn »quanteln« bedeutet, dass die Energie, die für einen Bahnwechsel nötig ist, nur in festen Häppchen aufgenommen oder abgegeben werden darf. Jenem Quanteln hat die Quantenmechanik deshalb auch ihren Namen zu verdanken.

Vom Verschlucken und Wiederausspucken

Elektronen müssen also ausschließlich mit Energie hantieren, wenn sie ihre aktuelle Bahn innerhalb des Atoms verlassen wollen. Doch was hat das alles mit Licht zu tun? Eine ganze Menge! Denn da es sich beim Licht ebenfalls um eine Form von Energie handelt, ist es das Photon höchstpersönlich, das dem Elektron seine atominternen Sprünge ermöglicht (siehe Grafik 14).

Kommt ein Photon des Wegs und trifft dabei auf ein Elektron, das in einem Atom lebt, hat das Licht nur eine Chance, mit der Materie in Verbindung zu treten, wenn die Energie stimmt: Die Energie des Photons muss exakt einem der fest vorgeschriebenen Werte entsprechen, die für einen Bahnwechsel des Elektrons nötig sind. Trifft dies zu, darf das Photon bleiben. Das Elektron macht in diesem Fall kurzen Prozess, schnappt sich das Lichtteilchen und verschluckt es (siehe Grafik 14a). Dadurch nimmt es die Energie des Lichts in sich auf und springt sogleich im Atom auf die jeweils dazu passende Bahn (siehe Grafik 14b).

Doch keine Bange – das Photon ist deshalb noch lange nicht spurlos von der Bildfläche verschwunden. Das Elektron verdaut unser Lichtteilchen nämlich nicht, sondern es spuckt es meist recht schnell wieder aus (siehe Grafik 14c). Denn da sich das Leben auf den höheren Bahnen auf die Dauer recht anstrengend gestaltet, springt das geladene Teilchen nach einem kurzen Ausflug in die höheren Atomsphären in aller Regel schon sehr bald wieder eine Ebene tiefer (siehe Grafik 14d). Dadurch gibt es Energie ab, und das Photon kommt wieder frei. Manchmal wird es dabei jedoch einer Typveränderung unterzogen. Springt das Elektron nämlich nicht wieder zurück auf dieselbe Bahn, von der es seinen Ausflug in höhere Gefilde startete, kommt ein verändertes Photon aus ihm heraus. Es kann also beispielsweise vorkommen, dass ein Elektron aus einem ehemals violetten Photon ein schwächeres rotes Lichtteilchen macht. Dies passiert, weil die Wellenlänge der Photonen, die bei den Hüpfaktionen der Elektronen entstehen, immer genau dem Energiebetrag entspricht, der zwischen den beiden Bahnen liegt, innerhalb derer das Elektron wechselt – denn Energie muss schließlich immer erhalten bleiben (siehe *Ohne Energie geht gar nichts,* Seite 228).

Innerhalb von Atomen kommt es somit ständig zu einem fröhlichen Wechselspiel zwischen unseren beiden Elementarteilchenpartnern Photon und Elektron. Das Elektron fängt das Photon, hüpft dabei in der Atomhülle nach oben, gibt es wieder frei, um daraufhin wieder nach unten zu springen. Es geht hier also ganz schön rund! Doch der Sinn dieser Sache besteht nicht nur darin, dass das Licht- und das Materieteilchen untereinander ihren Spaß haben – auch für Außenstehende ist dieses Auf und Ab durchaus sinnvoll. Denn bei diesem Vorgang teilt sich unsere Umgebung uns optisch mit – vorausgesetzt, die beteiligten Photonen weisen eine Wellenlänge von 780 bis 380 Nanometern auf, also aus jenem kleinen Bereich des elektromagnetischen Spektrums, den unsere Augen wahrnehmen können (siehe *Beinahe blind,* Seite 108).

Die Geburtshelfer des Lichts

Was passiert aber, wenn das Elektron noch völlig alleine ist, mit keinem Photon weit und breit in seiner Nähe? Woher bezieht es seine Energie, damit daraus letztendlich Licht entstehen kann? Des Rätsels Lösung haben wir bei den elektromagnetischen Feldern bereits kennengelernt: Es ist die Beschleunigung. Um Licht entstehen zu lassen, muss das Elektron beschleunigt werden, entweder indem es sein Tempo oder seine Bewegungsrichtung oder aber beides zugleich verändert. Denn beschleunigte geladene Teilchen erzeugen Schwingungen im elektromagnetischen Feld – und damit Licht (siehe *Licht wird geboren,* Seite 123).

Doch was versetzt ein Elektron in Bewegung? Hier muss noch einmal kurz erwähnt werden, dass sich Elektronen oder Elementarteilchen im Allgemeinen grundsätzlich immer in Bewegung befinden. Denn da es sich um Quantenwesen handelt, schwingen sie permanent umher. Die Frage muss daher vielmehr lauten: Wie lässt sich die Bewegung eines Elektrons *verändern?*

Das gelingt unter anderem dadurch, dass sich der Druck erhöht. Denn nun müssen sich die Materieteilchen immer näher kommen (siehe *Thermische Energie und Temperatur,* Seite 229). Doch genau damit haben die Fermionen ja aufgrund ihres halbzahligen Spins ein Problem. Kuscheln unter ihresgleichen ist überhaupt nicht ihr Ding,

[*Grafik 14*] ***Elektronen wechseln die Energieniveaus in Atomen durch Absorbieren und Emittieren von Photonen***

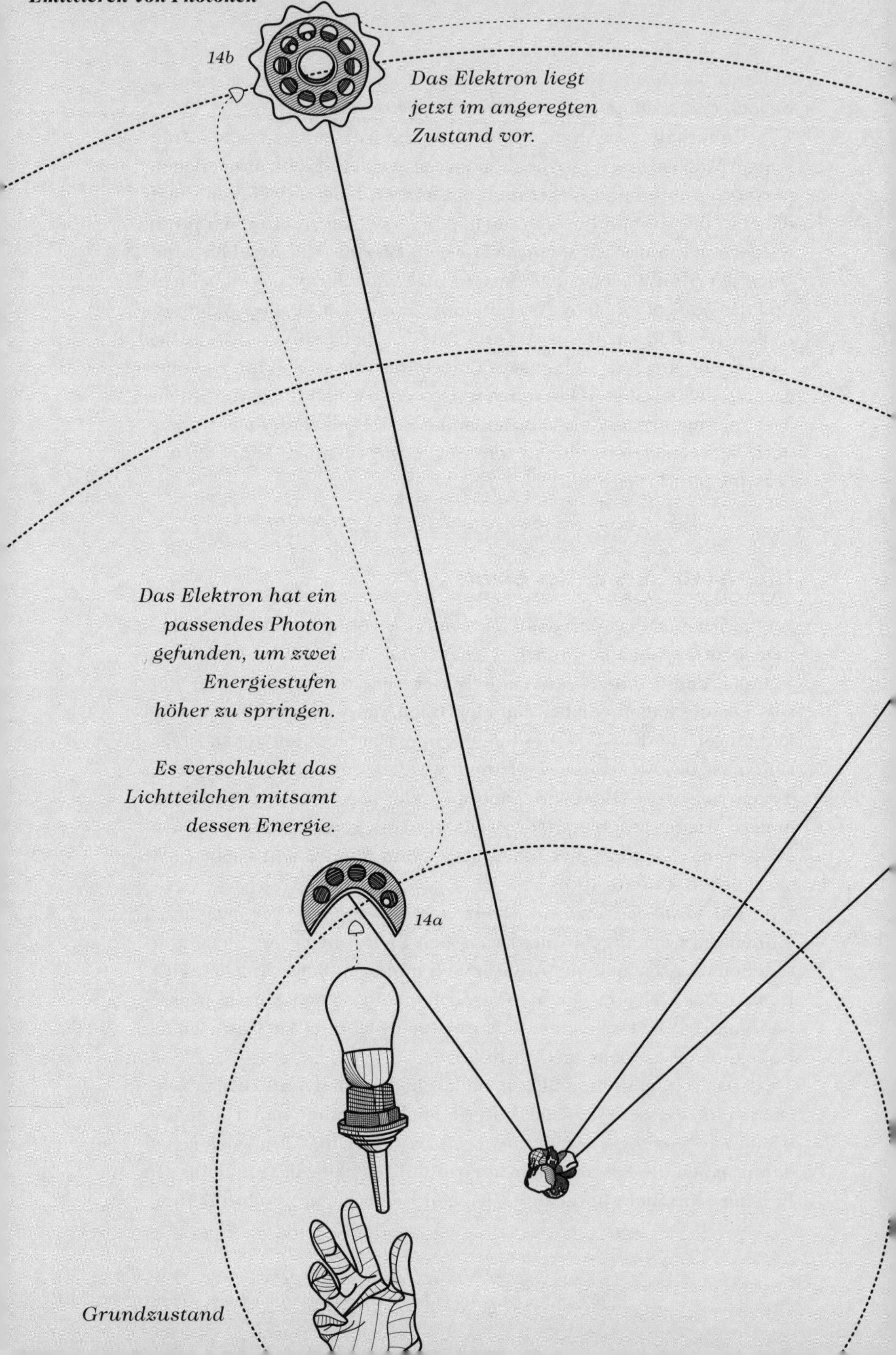

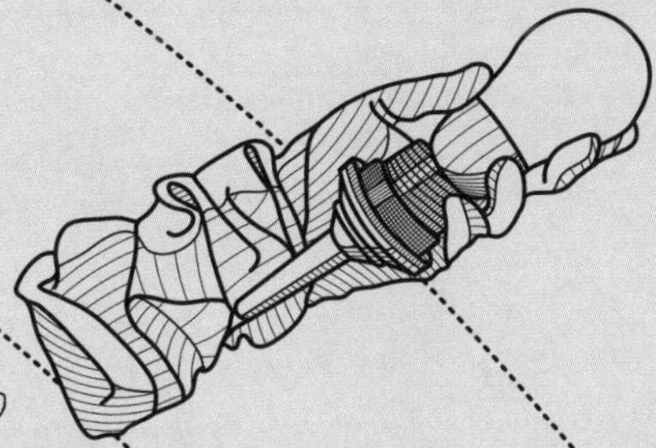

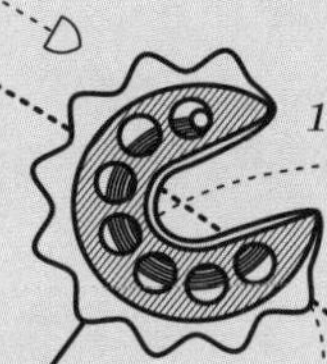

14c

Diesen Zustand kann das Elektron meist nicht lange halten.

Es springt entweder wieder zurück zum Grundzustand oder, wie in diesem Beispiel, auf ein anderes, tieferes Energieniveau.

Dabei spuckt es ein Photon aus, dessen Energie exakt dem Wechsel zwischen den beiden Energieniveaus entspricht.

14d

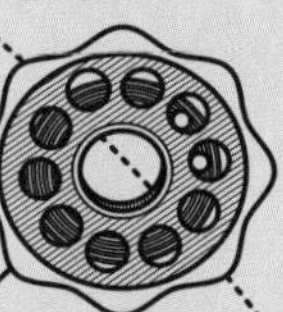

Das Elektron liegt jetzt immer noch im angeregten Zustand vor.

Es besitzt nun weniger Energie als auf dem dritten Energieniveau und mehr Energie als im Grundzustand.

Es könnte jetzt noch ein weiteres Photon freigeben, um dorthin zurückzugelangen.

Energieniveau 2 *Energieniveau 3* *Energieniveau 4*

Die Elektronen springen
in den Atomen wild
auf und ab, indem sie Licht-
teilchen verschlucken
und wieder ausspucken.

weshalb sie immer heftiger störrisch zu schwingen beginnen – und zwar umso stärker, je näher ihnen ihre Kollegen auf die Pelle rücken. Die Bewegung der Teilchen nimmt mit zunehmendem Druck folglich zu. Und dies lässt wiederum die Temperatur steigen. Es wird wärmer. Und Wärme, das wissen wir ja bereits, ist eine Form von Licht. Der Druck muss also ansteigen, dann klappt es auch mit der Lichterzeugung.

Durch dieses Prinzip des wachsenden Drucks ist übrigens, wie wir später noch sehen werden, auch unsere Sonne entstanden (siehe *Vom Vorhauptreihenstern zum Hauptreihenstern,* Seite 369). Seitdem lässt sie fleißig in ihrem Inneren Atomkerne miteinander verschmelzen und wurde damit zur ultimativen Lichtquelle schlechthin (siehe *Proton trifft Proton,* Seite 301).

Eine weitere, für uns wesentlich alltagstauglichere Möglichkeit, selbst Wärme und damit Licht zu erzeugen, besteht darin, die Elektronen mittels elektrischem Strom aus der Steckdose zu beschleunigen, wie es beispielsweise bei Glühbirnen der Fall ist.

Licht lässt sich also auf vielfältige Weise erzeugen. Und wenn ein Photon erst einmal da ist, begibt es sich auch gleich voller Vorfreude auf die Suche nach seinem Lieblingselementarteilchen, um sich mit ihm auszutauschen.

Wenn das Photon mit dem Elektron …

Grundsätzlich gibt es vier verschiedene Möglichkeiten, wie Elektron und Photon, sprich Materie und Licht, miteinander in Verbindung treten können. Zwei davon haben wir bereits genauer kennengelernt (siehe *Vom Verschlucken und Wiederausspucken,* Seite 138): Die Elektronen können die Energie des Lichts aufnehmen, wenn diese für einen Aufstieg in höhere Energieniveaus passend ist. Man spricht hier auch von Absorption. Gibt das Elektron die Energie und damit das Lichtteilchen hingegen wieder frei, ist von Emission die Rede.

Kommt nun ein Photon daher, mit dessen Energie das Elektron nichts anfangen kann, wird es schlichtweg ignoriert. In diesem Fall kann es ungehindert die Materie durchqueren. Denn wie wir wissen, ist dieses reibungslose Hindurchfliegen kein Problem, schließlich bestehen Atome, aus denen die Materie aufgebaut ist, aus überwiegend leerem Raum (siehe *Das Photon,* Seite 94). Dieser Vorgang, bei dem die Elektronen das Licht ungehindert passieren lassen, wird als Transmission bezeichnet. Die Materie erscheint uns in diesem Fall durchsichtig, wie es beispielsweise bei unserer Luft der Fall ist. Doch obwohl wir sie nicht sehen können, ist sie keineswegs leer. In ihr wimmelt es nur so von Molekülen – etwa 10^{20} Teilchen tummeln sich in jedem Kubikzentimeter –, unter ihnen beispielsweise der für uns lebensnotwendige Sauerstoff.

Doch Materie kann Licht nicht nur aufnehmen, aussenden oder passieren lassen – es gibt noch eine vierte Form der Interaktion zwischen den beiden: Licht kann von der Materie auch regelrecht abprallen. Dabei gibt es zwei Möglichkeiten: Werden die Photonen wahllos zurückgeschleudert, bezeichnet man dies als Streuung, prallen sie in einem festen Winkel von der Materie zurück, spricht man von Reflexion. Dies ist zum Beispiel bei einem Spiegel der Fall. Natürlich sind auch Mischformen aus diesen vier Arten der Interaktion zwischen Licht und Materie möglich.

Die Materie kann auf vier verschiedene Arten mit Licht in Verbindung treten: durch Emission, Absorption, Reflexion (oder Streuung) und Transmission.

Gerade die Streuung ist maßgeblich daran beteiligt, dass wir auch Objekte wahrnehmen können, die kein sichtbares Licht mehr abstrahlen, weil ihre Energie schlichtweg zu gering ist. Darunter fallen alle Dinge, die aktiv nicht von selbst leuchten und damit in unseren Augen nicht zu strahlen scheinen. Das Wörtchen »scheint« ist dabei allerdings ganz wichtig. Denn im Grunde gibt es nichts, das nicht strahlt. Sobald etwas eine Temperatur besitzt, strahlt es auch, gibt also Photonen ab. Auch wir strahlen – und zwar im Infrarotbereich (siehe *Unterwegs auf langen Wellen,* Seite 117). Auch in uns springen Elektronen auf ihren Bahnen umher, beispielsweise, wenn Sonnenstrahlung auf unsere Haut trifft. Unsere hauseigenen negativ geladenen Teilchen werden daraufhin angeregt, springen auf und wieder ab. Beim Abspringen in tiefere Gefilde senden sie vermehrt Infrarotphotonen aus – unsere Haut wird somit wärmer.

Doch auch ohne Sonne schießt infrarotes Licht aus uns heraus, nur eben gleichmäßiger und etwas schwächer, entsprechend unserer Körpertemperatur von 36 bis 37 Grad Celsius. Denn der Eigenschaft der Temperatur kann sich nichts und niemand entziehen. Selbst wenn etwas unglaublich kalt ist, gibt es immer noch Wärme ab. Die maximale Untergrenze stellt dabei der absolute Nullpunkt von null Kelvin dar, was –273,15 Grad Celsius entspricht. Das elektromagnetische Spektrum ist also überall, auch wenn wir es nicht sehen.

Die Pigmentierung der Materie

Damit wir jene schwach strahlenden und damit für unsere Augen eigentlich unsichtbaren Objekte aber dennoch erkennen können, tritt die besagte Streuung auf den Plan. Denn sie ist es, die unsere Welt in ihre vielen verschiedenen Farbnuancen taucht. Doch warum haben Objekte überhaupt unterschiedliche Farben, und welche Rolle spielt die Streuung dabei?

Es ist alles eine Frage der Pigmentierung der Materie. An ihr entscheidet sich, wie wir etwas wahrnehmen, sobald Licht darauf trifft. Ebenso wie Atome besitzen auch Moleküle bestimmte Energieniveaus, die festlegen, wie Materie auf die verschiedenen Wellenlängenbereiche des Lichts reagiert. Jedes Molekül nimmt dabei nur Licht mit bestimmten Wellenlängen in sich auf, während es andere Photonen, die nicht in sein Schema passen, einfach links liegen lässt. So weit ist das Prinzip also identisch mit dem, was wir bereits bei den Atomen festgestellt haben.

Doch Atome und Moleküle können Licht bestimmter Wellenlängen auch streuen oder reflektieren, je nachdem welche Struktur sie besitzen. Daraus ergeben sich dann die unterschiedlichsten Farben. Wie es dazu kommt, wollen wir nun demonstrieren. Dafür begeben wir uns in das Schlafzimmer und knipsen eine Lampe an, um anschließend zu beobachten, was die Photonen mit der Materie im Raum anstellen (siehe Fotografie 12/Grafik 15).

Als Lichtquelle soll uns eine Stehlampe dienen, ein Modell, das ausschließlich mit der guten alten Glühbirne funktioniert. Ihr Lichtspektrum erscheint deshalb in einem wunderschönen warmen Weiß (siehe Grafik 15a). Es enthält also alle Wellenlängenbereiche des sichtbaren Lichts zu gleichen Teilen und strahlt damit alle Farbanteile gleichmäßig in den Raum. Dort trifft das Licht nun auf die verschiedensten Gegenstände, die je nach ihrer Oberflächenstruktur anders auf die Photonen reagieren.

Die Pigmentierung der Materie entscheidet darüber, ob sie Licht aufnimmt, abprallen lässt oder ignoriert.

[Fotografie 12] **_Licht wechselwirkt auf unterschiedliche Weise mit Materie und macht dadurch ihre Farbe und Struktur sichtbar_**

[Grafik 15] ***Materie kann Licht je nach Wellenlänge emittieren, absorbieren, streuen oder transmittieren***

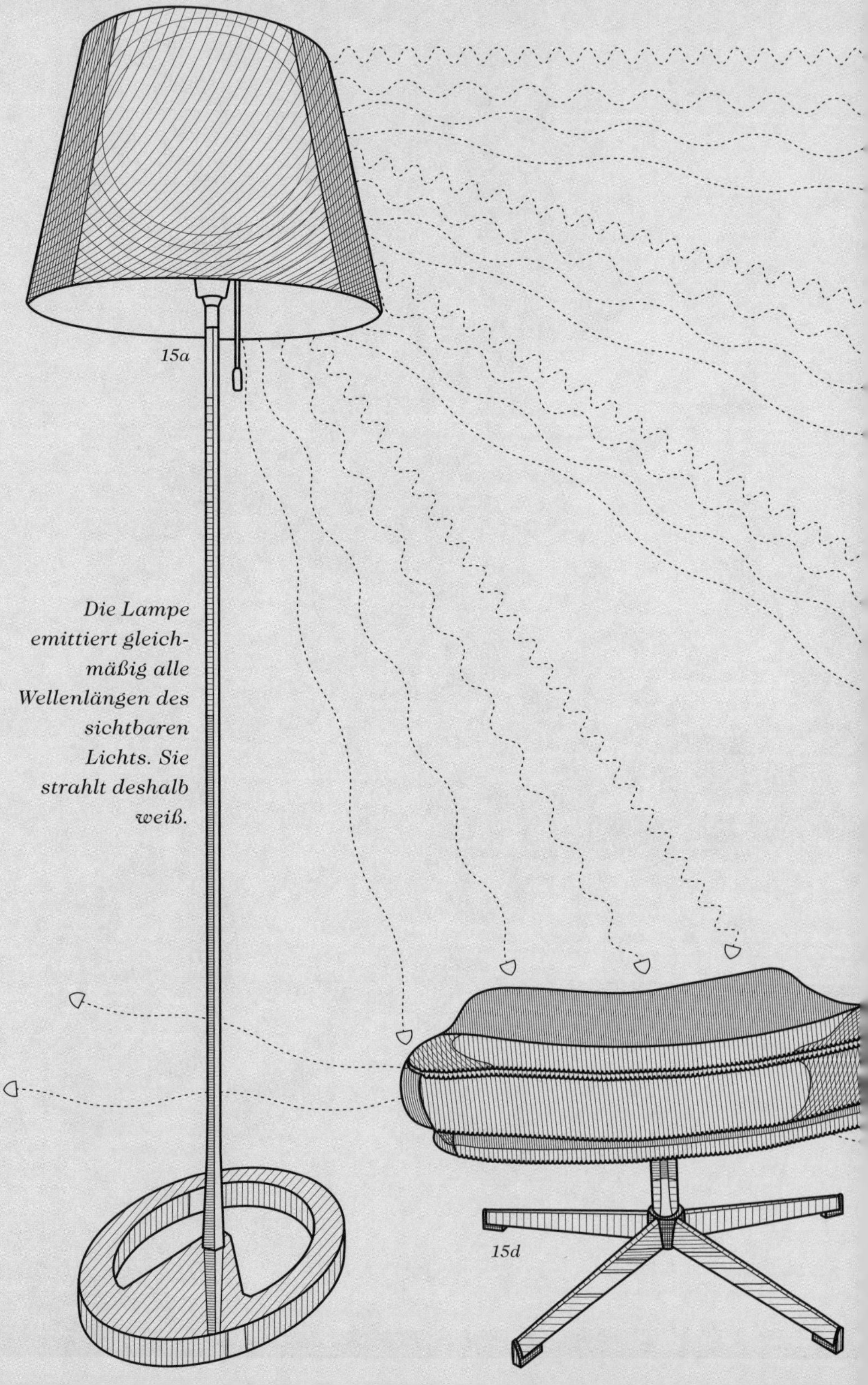

15b

Das schwarze Buch absorbiert das meiste Licht. Es wirkt dadurch dunkel.

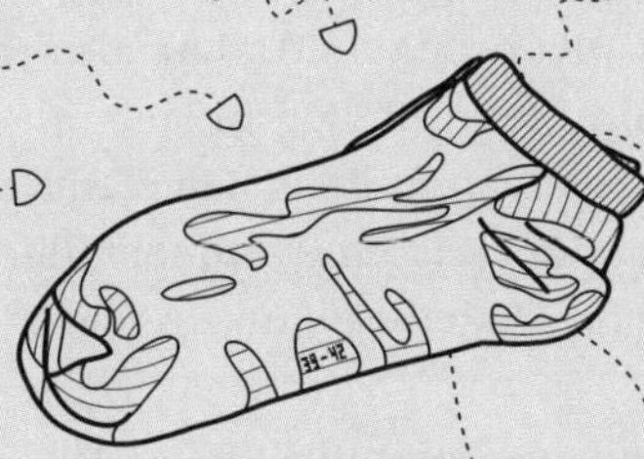

15c

Die weißen Socken streuen das Licht aller Wellenlängen zurück in die Umgebung. Sie sind deshalb sehr hell.

15e

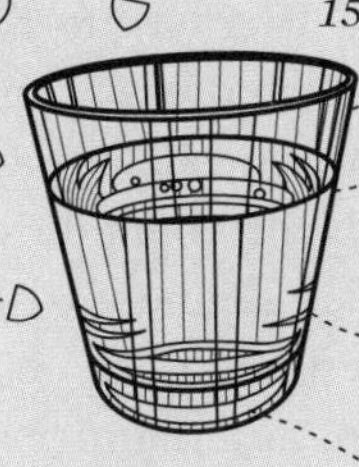

Das Wasserglas lässt viele Photonen einfach durch sich hindurchlaufen. Deshalb erscheint es transparent.

Der Hocker absorbiert alle Photonen, außer die langwelligen, die Rot entsprechen. Dadurch kommt der Stoff zu seiner Farbe.

So zum Beispiel auf ein schwarzes Buch. Es besteht zu einem großen Anteil aus Molekülen, die sämtliche Photonen des sichtbaren Lichts absorbieren (siehe Grafik 15b). Schwarze Gegenstände erscheinen uns also deshalb so dunkel, weil sie fast alle Farben des sichtbaren Lichts, die auf sie treffen, regelrecht verschlucken und dabei nahezu keine Photonen zurückstreuen. Dies ist auch der Grund, warum sich schwarze Kleidung in der Sonne besonders schnell aufheizt – sie nimmt das meiste der Energie, die im Licht steckt, direkt in sich auf. Oder anders ausgedrückt: Die Elektronen hüpfen in dem schwarzen Buch besonders gern in den Energieniveaus nach oben und lassen die Photonen weniger gern wieder frei.

Das Gegenteil ist bei der Farbe Weiß der Fall, wie sie die Socken in unserem Beispiel besitzen. Anders als schwarze Gegenstände nehmen weiße kaum Lichtteilchen in sich auf, sondern lassen sie stattdessen lieber an sich abprallen (siehe Grafik 15c). Die weißen Socken reflektieren also die meisten Photonen aller Wellenlängenbereiche in den Raum zurück, weshalb sie für uns sehr hell und scheinbar farblos wirken.

Denn farbig erscheint uns unsere Umgebung nur dann, wenn sie nicht alles Licht gleichmäßig zurückstreut, sondern nur einen bestimmten Teil davon, wie es bei dem roten Hocker der Fall ist. Seine Moleküle verschlucken zwar die meisten Photonen des sichtbaren Lichts, solche jedoch, deren Wellenlänge der Farbe Rot entsprechen, die langwelligen von ihnen also, werden von den Elektronen im Hocker verschmäht. Sie prallen von ihm ab und vermitteln unseren Augen seine rote Farbe (siehe Grafik 15d).

Doch es geht auch ganz anders. Dazu betrachten wir das Wasserglas am Boden. Hier straft die Materie das Licht mit völliger Gleichgültigkeit. Durch diese Ignoranz lässt sie das meiste Licht einfach durch sich hindurchgleiten (siehe Grafik 15e). Das Glas erscheint uns deshalb vor allem durchsichtig.

In der Welt der Elementarteilchen haben sich also offensichtlich zwei Partner gefunden, die besonders gut miteinander können, ja regelrecht versessen aufeinander sind – Elektron und Photon. Ihrem fröhlichen Wechselspiel zwischen verschlucken, wieder ausspucken, abprallen lassen und ignorieren ist es zu verdanken, dass wir unsere Welt in ihren vielfältigen Strukturen und Farbtönen überhaupt optisch wahrnehmen können.

Durch das »Fangmich-Spiel« zwischen Elektron und Photon wird die Welt, in der wir leben, überhaupt erst sichtbar.

Nachdem wir nun mit Verhalten und Eigenschaften der Photonen ausführlich Bekanntschaft gemacht haben und sehen konnten, dass wir nur sehen können, weil das Licht unheimlich gerne mit der Materie interagiert, widmen wir uns in diesem Kapitel ausschließlich der Geschwindigkeit, mit der sich unser Lichtteilchen durch den Raum bewegt. Die Frage nach der Lichtgeschwindigkeit sollte die Wissenschaft lange Zeit zur Verzweiflung treiben und ihr das wohl berühmteste misslungene Experiment aller Zeiten bescheren.

Doch das Licht ist nicht einfach nur schnell. Seine Geschwindigkeit spielt außerdem die Hauptrolle in einer der skurrilsten wissenschaftlichen Theorien überhaupt, die unseren Verstand auf eine harte Zerreißprobe stellt. Letztendlich ist die Lichtgeschwindigkeit auch der Grund dafür, warum wir niemals das sehen können, was gerade wirklich passiert. Treten wir also ein in eine kuriose Welt, in der vor allem das Licht die Spielregeln bestimmt …

2

Zurück in die Vergangenheit

Warum nichts schneller ist als das Licht

2.1 Scheitern an der Schnelligkeit

Wie das Licht der Wissenschaft lange Zeit davoneilte

Wie schnell ist das Licht? Diese Frage stellten sich die verschiedensten Menschen quer durch alle Epochen der Zeit. Und ebenso unterschiedlich fielen auch ihre Lösungsvorschläge aus. Irgendwann kam es jedoch zu einem Experiment, das so gnadenlos in die Hose ging, dass sich die Frage nach der Lichtgeschwindigkeit dadurch wie von selbst erledigte. Doch wie kam es zu dieser überraschenden Entwicklung?

Dem Licht auf der Spur

Bereits in der Antike wurde über die Lichtgeschwindigkeit diskutiert. Der griechische Philosoph Aristoteles (384–322 v. Chr.) vertrat die Ansicht, das Licht müsse unendlich schnell sein. An dieser Überzeugung sollte sich auch bis in das 17. Jahrhundert hinein nichts ändern.

Und dies ist auch nicht weiter verwunderlich, denn wir wissen ja bereits, dass sich das Licht zwar nicht unendlich schnell, aber immerhin außerordentlich flott fortbewegt, nämlich mit den besagten 299 792,458 Kilometern pro Sekunde (siehe Der *elektromagnetische Dreiklang,* Seite 104). Und derart schnelle Geschwindigkeiten lassen sich nun einmal nicht gerade leicht nachmessen – erst recht zur damaligen Zeit war dies ein Ding der Unmöglichkeit.

Genau diese Einsicht hatte auch der italienische Philosoph und Physiker Galileo Galilei (1564–1642). Für ihn war das Licht seiner Zeit einfach noch zu weit voraus. Es sollte schlichtweg zu schnell sein, als dass es sich mit der damaligen Technik hätte messen lassen. Die Unendlichkeit der Lichtgeschwindigkeit begann damit zu bröckeln, wenn sie auch nicht direkt widerlegt werden konnte.

Den ersten ernsthaften Versuch, es mit dem Licht aufzunehmen, wagte schließlich der dänische Astronom Ole Rømer (1644–1710) im Jahr 1675. Er bewies als erster Wissenschaftler anhand von Beobachtungen der Jupitermonde, dass das Licht tatsächlich nicht unendlich schnell ist (siehe *Der wuchtige Jupiter,* Seite 351). Er kam dabei auf eine Geschwindigkeit von 227 000 Kilometern pro Sekunde. Damit lag er zwar nicht genau richtig, kam aber immerhin schon recht nahe an den tatsächlichen Wert heran. (Wenn man die fehlenden rund 73 000 Kilometer pro Sekunde, die unsere alltäglichen Geschwindigkeiten im Vergleich dazu äußerst mickrig daherkommen lassen, großzügig unter der Kategorie »Kleiner Messfehler« verbucht.)

Doch die Technik wurde im Laufe der Zeit immer ausgereifter und präziser, und so gelang es dem französischen Physikerduo Hippolyte Fizeau (1819–1896) und Jean Bernard Léon Foucault (1819–1868), einen genaueren Wert der Lichtgeschwindigkeit mithilfe von Spiegeln zu messen.

Seit Ende des 19. Jahrhunderts wird das Licht ausschließlich anhand seines Wellencharakters gemessen, wie wir es bereits beim Doppelspaltexperiment im ersten Kapitel beobachten konnten – nämlich durch die Auswertung von Interferenzmustern. Jenen hellen und dunklen Linien also, die das Überlagern der Lichtwellen deutlich machen (siehe *Das Doppelspaltexperiment,* Seite 43). Durch ständiges Verbessern dieser Technik konnte dadurch letztendlich der heute bekannte exakte Wert der Lichtgeschwindigkeit von 299 792,458 Kilometern pro Sekunde berechnet werden.

Dieser Methode bedienten sich auch zwei Physiker, die mit dem nach ihnen benannten Experiment in die Geschichte eingehen sollten – wenn auch auf andere Art, als sie es sich ursprünglich erhofft hatten. Denn die beiden lieferten der Wissenschaft das wohl berühmteste misslungene Experiment aller Zeiten …

Das berühmteste misslungene Experiment aller Zeiten

Und nun kommen wir auch endlich zu dem bereits angekündigten Beweis für die Sturheit des Lichts, was seine Geschwindigkeit anbelangt: dem Michelson-Morley-Experiment. Es wurde im Jahr 1887 von dem amerikanischen Physiker Albert Abraham Michelson (1852–1931) und dessen Landsmann und praktizierendem Chemiker Edward Williams Morley (1838–1923) durchgeführt.

[*Grafik 16*] ***Das Michelson-Morley-Experiment***

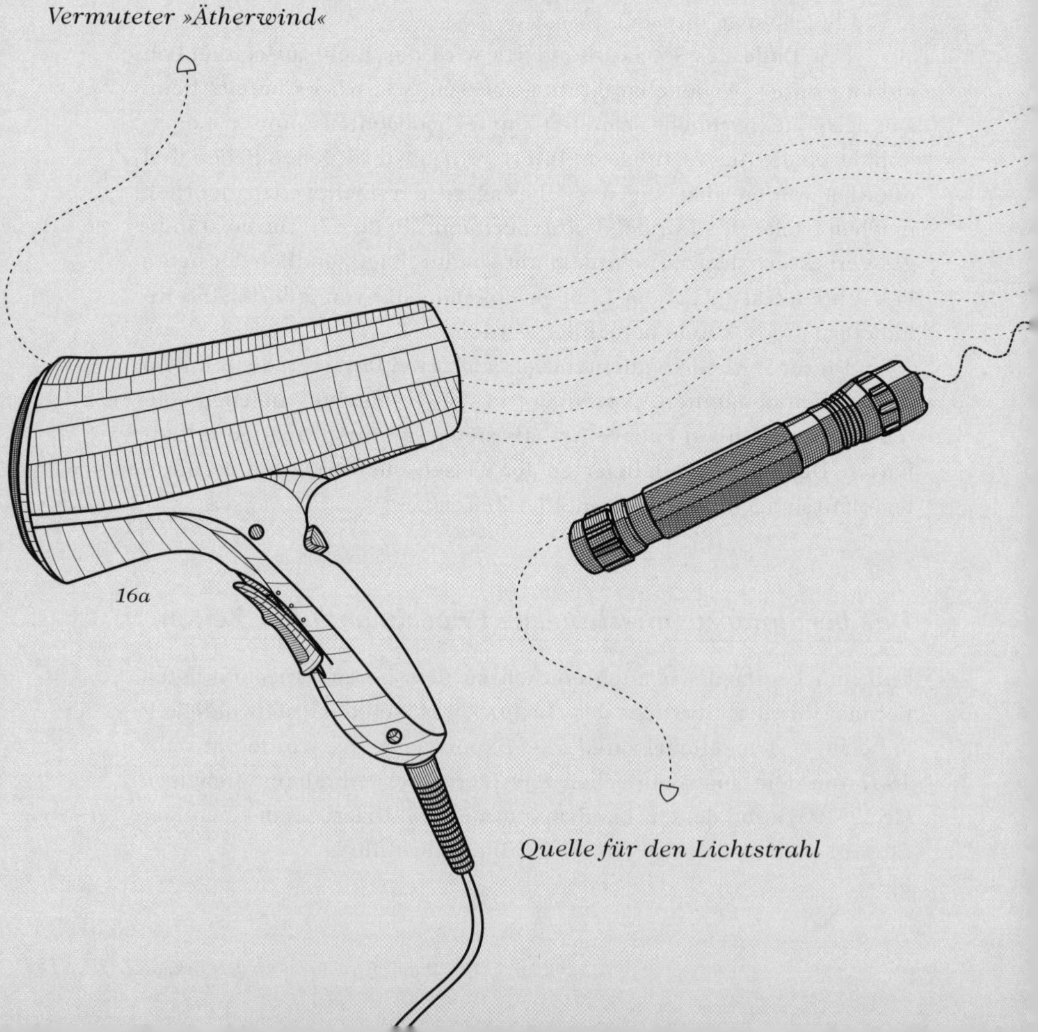

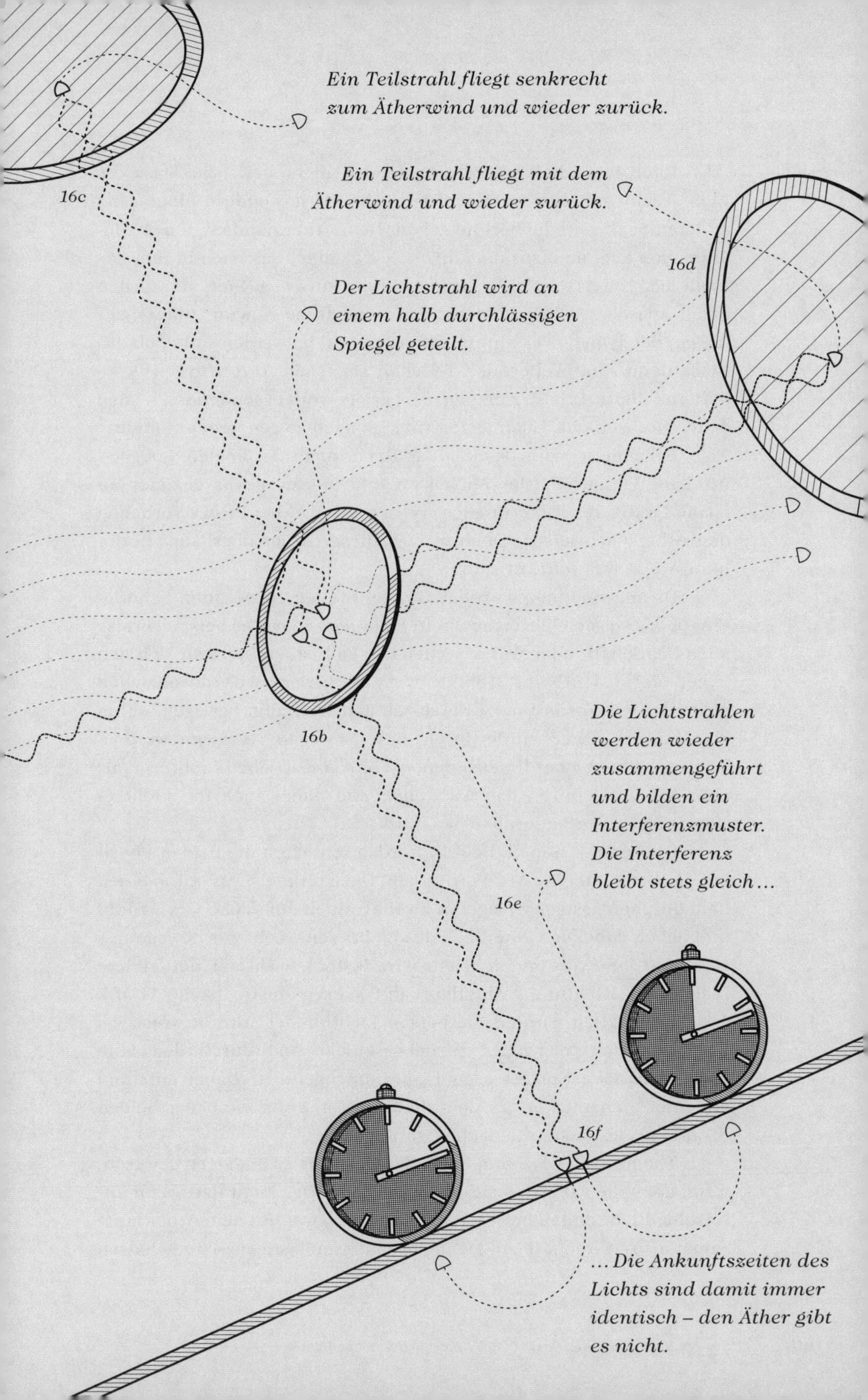

Ein Teilstrahl fliegt senkrecht zum Ätherwind und wieder zurück.
16c
Ein Teilstrahl fliegt mit dem Ätherwind und wieder zurück.
16d
Der Lichtstrahl wird an einem halb durchlässigen Spiegel geteilt.
16b
Die Lichtstrahlen werden wieder zusammengeführt und bilden ein Interferenzmuster. Die Interferenz bleibt stets gleich …
16e
16f
… Die Ankunftszeiten des Lichts sind damit immer identisch – den Äther gibt es nicht.

Doch eigentlich wollten die beiden nicht beweisen, dass die Lichtgeschwindigkeit immer gleich schnell ist, sondern einer ganz anderen Sache auf den Grund gehen. Dem Äther nämlich, jenem Medium, von dem man zur damaligen Zeit glaubte, dass sich in ihm das Licht ausbreiten würde. Er ist uns bereits kurz begegnet, als wir den Streit zwischen Christiaan Huygens und Isaac Newton untersucht haben, bei dem die verfahrene Situation geklärt werden sollte, ob das Licht denn nun Welle oder Teilchen sei (siehe *Das Huygens'sche Prinzip,* Seite 42). Wir haben es bereits vorweggenommen – den Äther gibt es nicht. Doch jetzt wird sich auch zeigen, *warum* nicht.

Schauen wir uns deshalb das Experiment der beiden amerikanischen Wissenschaftler Michelson und Morley etwas genauer an (siehe Grafik 16). Ursprünglich wollten sie also bei ihrem Vorhaben den Äther nachweisen. Doch was ist dieser Äther überhaupt beziehungsweise was *sollte* er sein?

Da angenommen wurde, dass Lichtwellen ein Medium benötigten, in das sie sich hätten ausbreiten können, so wie es beispielsweise auch bei Schall- oder Wasserwellen der Fall ist, stellte man sich den Äther als unsichtbares Gebilde vor, das unsere Welt durchziehen sollte. Da wir uns mit der Erde durch den Weltraum bewegen, nahm man an, der Äther würde durch diese Bewegung verformt werden. Wie von einem überdimensionalen Föhn angetrieben, sollte er als eine Art Wind durch das All wehen und dabei auch die Lichtgeschwindigkeit verändern (siehe Grafik 16a).

Dies galt es nun zu beweisen. Also schickten die beiden Physiker das Licht auf eine Art Wettrennen. Dazu teilten sie es durch einen halb durchchlässigen Spiegel in zwei Strahlen auf (siehe Grafik 16b) und ließen dabei den einen Teil des Lichts senkrecht zur Bewegungsrichtung der Erde laufen (siehe Grafik 16c), während der andere Lichtstrahl Richtung Erdumlaufbahn sausen durfte (siehe Grafik 16d). Schließlich wurden die beiden Lichtbündel mithilfe von zwei weiteren Spiegeln wieder zurückgeschickt und durch den halb durchchlässigen Spiegel erneut zusammengeführt. Dabei entstand ein Interferenzmuster, an dem man die Ankunftszeiten der beiden Strahlen ablesen konnte (siehe Grafik 16e).

Theoretisch wäre nun folgendes Ergebnis zu erwarten gewesen, wenn denn die Äthertheorie gestimmt hätte: Das Licht hätte sich unterschiedlich schnell bewegen müssen, und zwar mit dem Äther langsamer als senkrecht dazu. Denn gegen diesen lästigen »Wind« hätten die Photonen ordentlich ankämpfen müssen und wären deshalb länger unterwegs gewesen, als wenn sie sich dem einfach entzogen und den bequemeren Weg obenherum gewählt hätten.

Doch, wir haben es ja bereits vorweggenommen, das Michelson-Morley-Experiment misslang. Das Interferenzmuster und somit die Geschwindigkeit des Lichts blieb exakt gleich, egal, ob es sich mit oder gegen den Ätherwind bewegte (siehe Grafik 16f).

Das Michelson-Morley-Experiment misslang.
Ein Ausbreitungsmedium für das Licht gibt es nicht.

Das Licht bleibt seiner Geschwindigkeit immer treu.
Egal, was auch passiert, es legt in
jeder Sekunde rund 300 000 Kilometer zurück.

Die Verzweiflung war groß. Das Experiment wurde deshalb wieder und wieder generalüberholt. Man wartete ein halbes Jahr, um andere Startbedingungen der Erde auf ihrer Bahn um die Sonne herzustellen, die Abstände der Spiegel wurden variiert und die Messmethoden ständig verbessert. Doch das alles zementierte nur noch deutlicher, was sich ohnehin schon klar abzuzeichnen begann: Die Lichtgeschwindigkeit ist unveränderlich, und einen Äther gibt es nicht. Das Licht schwingt in einem Nichts auf elektromagnetischen Feldern durch den Raum, und egal, was um es herum auch passieren mag, es bewegt sich dabei stets stur mit gleichbleibendem Tempo davon – immer und überall im All.

»Der gesunde Menschenverstand ist eigentlich nur eine Anhäufung von Vorurteilen, die man bis zum 18. Lebensjahr erworben hat.«

Albert Einstein

2.2 *Jonglieren mit Raum und Zeit*

Warum die Lichtgeschwindigkeit schuld daran ist, wenn der Verstand seinen Dienst quittiert

Die Lichtgeschwindigkeit ist eine der wichtigsten Naturkonstanten, die es gibt. Doch das volle Ausmaß dessen, was es bedeutet, dass das Licht konsequent seiner Linie treu bleibt, wurde der Wissenschaft erst klar, als Albert Einstein mit Raum und Zeit gedanklich zu hantieren begann. Womit wir am wichtigsten Punkt dieses Kapitels angelangt sind: der Speziellen Relativitätstheorie. Sie brachte unser Verständnis von Raum und Zeit ordentlich ins Wanken. Dabei war es vor allem das Licht, das Einstein zu seinen revolutionären Behauptungen verhalf…

Einstein und das Licht

Das Licht hatte es Einstein besonders angetan. Gleich zwei seiner wichtigsten Arbeiten widmete er diesem Thema. Eine davon ist uns bereits ganz am Anfang des ersten Kapitels begegnet, als wir die Auslöser der Quantenrevolution beleuchtet haben (siehe *Die große Revolution des ganz Kleinen,* Seite 56). Durch die Entdeckung des photoelektrischen Effekts im Jahr 1905 lieferte Albert Einstein die Lösung für das kniffelige Welle-Teilchen-Dilemma, das die Wissenschaft bis dahin an den Rand der Verzweiflung trieb. Denn er erkannte, dass das Licht beides ist: Welle und Teilchen in einem (siehe *Der Welle-Teilchen-Dualismus,* Seite 47).

Ganz nebenbei veröffentlichte er im selben Jahr aber noch eine weitere, sehr bedeutende Arbeit, die sich mit einer wichtigen Eigenschaft des Lichts beschäftigt, nämlich seiner Geschwindigkeit. Sie trägt den eher unscheinbaren Titel »Zur Elektrodynamik bewegter Körper« und dürfte den meisten wohl eher als »Spezielle Relativitätstheorie« ein Begriff sein.

Da Albert Einstein in jenem Jahr 1905 mit genialen Ideen nicht gerade geizte, war es schließlich nicht die Relativitätstheorie, für die er später den Nobelpreis erhielt, sondern seine Entdeckung der Lichtquanten.

Dennoch ist Erstere nicht weniger revolutionär. Denn mit ihr sollte sich unser Verständnis von Raum und Zeit grundlegend ändern und unser Vorstellungsvermögen ordentlich auf die Probe gestellt werden. Denn was Einstein erkannte, lässt unseren Verstand zunächst meist rebellieren. Doch wenn man sich auf die spezielle Welt jener Relativitätstheorie erst einmal einlässt, wird man das Licht und mit ihm unsere Welt mit völlig anderen Augen sehen. Wir geben deshalb an dieser Stelle unseren gesunden Menschenverstand ab, um ihn am Ende dieses Kapitels leicht verändert und um einige Erkenntnisse reicher wieder abzuholen.

Wir treten jetzt ein in eine Welt, in der das Licht unser verlässlichster Partner ist. Denn wie das Michelson-Morley-Experiment »versehentlich« zeigte, ist die Lichtgeschwindigkeit immer und überall gleich, komme, was wolle. Mit dieser Tatsache begann Einstein damals gedanklich zu jonglieren und kam dabei zu sehr überraschenden Ergebnissen. Die einzige Frage, die er sich dabei zu stellen brauchte, war folgende: »Was bedeutet es eigentlich, wenn das Licht immer gleich schnell ist?« Und genau dieser Frage wollen wir nun auch nachgehen. Wir heften uns deshalb an die Fersen von Einsteins Gedankengängen und lassen uns auf diese Weise Schritt für Schritt in das Reich der Speziellen Relativitätstheorie entführen …

Die Gedanken sind frei – Raum und Zeit sind es nicht

Wir beginnen unsere Reise also bei der Annahme, dass das Licht nicht unendlich schnell, sondern immer konstant mit der endlichen Geschwindigkeit von rund 300 000 Kilometern pro Sekunde unterwegs ist. Als zweite tragende Säule dienen uns außerdem die Naturgesetze. Auch sie sind, wie die Lichtgeschwindigkeit, immer gleich und gelten überall.

Das Licht und die Naturgesetze sind damit die zwei einzigen festen Größen, an die wir uns bei unseren Gedankenflügen halten müssen. Alles andere können wir nach Lust und Laune variieren.

Die Lichtgeschwindigkeit und die Naturgesetze sind immer und überall gleich. Alle anderen Größen, wie Raum, Zeit und Masse, sind wankelmütig.

Bevor wir loslegen, müssen wir allerdings noch die richtigen Ausgangsbedingungen schaffen. Die Spezielle Relativitätstheorie ist nämlich deshalb *speziell,* weil sie nur gilt, wenn die Schwerkraft vernachlässigt werden kann. (Im Gegensatz dazu gilt Einsteins 1915 veröffentlichte *Allgemeine* Relativitätstheorie immer. Anders als die Spezielle Relativitätstheorie beschäftigt sie sich sogar ausschließlich mit der Gravitation – siehe *Sturz ins Bodenlose,* Seite 557.)

Wir müssen bei unserer gedanklichen Reise also darauf achten, dass wir uns nur gleichmäßig durch den Raum bewegen und nicht etwa schneller werden oder bremsen. Denn auch dann kommt die Gravitation zum Einsatz und verändert unser Gewicht.

Einen solchen Zustand, in dem man ohne zu beschleunigen konstant mit gleichbleibender Geschwindigkeit beziehungsweise scheinbar regungslos auf der Stelle verharrt, bezeichnet man auch als sogenanntes Inertialsystem. Befindet man sich in einem solchen, wird sich die Frage »Bewege ich mich oder bewege ich mich nicht?«, wie sich gleich bei unseren Überlegungen zeigen wird, als unlösbares Dilemma herauskristallisieren. Wir können nämlich gar nicht herausfinden, ob wir ruhen oder nicht, denn Bewegungen sind relativ.

Um zu zeigen, warum das so ist, machen wir zum Warmwerden vorab einen kleinen Ausflug. Wir beginnen unsere Reise hier auf der Erde. Solange wir uns nicht von der Stelle bewegen, könnte man meinen: wir bewegen uns nicht. Das ist jedoch falsch. Tatsächlich drehen wir uns mitsamt unserem Heimatplaneten mit rund eintausend Kilometern pro Stunde wie wild im Kreis! Pro Tag schafft die Erde auf diese Weise eine vollständige Umdrehung.

Doch das ist noch nicht alles. Wenn wir unseren Fokus erweitern und die Erde nicht allein für sich betrachten, ändert sich die Geschwindigkeitsfrage erneut. Zusätzlich zu ihren bereits mehr als beachtlichen eintausend Kilometern pro Stunde wirbelt die Erde weitere dreißig Kilometer pro Sekunde um ihr Zentralgestirn, die Sonne (siehe *Der Glücksfall Erde,* Seite 343). In 365 Tagen schafft sie dabei, grob über den Daumen gepeilt, eine Umrundung.

Das gesamte Sonnensystem steht wiederum auch nicht still, sondern es bewegt sich ebenfalls. Mit etwa 800 000 Kilometern pro Stunde fegt es um das etwa 28 000 Lichtjahre entfernte Zentrum der Milchstraße, unsere Heimatgalaxie, herum. Für eine vollständige Umdrehung benötigen wir dabei gut 230 Millionen Jahre! Niemand von uns wird daher jemals im Laufe seines Lebens die gesamte Milchstraße umsegelt haben. Es wird also nicht vorkommen, dass wir die Sterne aus unserer Galaxie zweimal an derselben Himmelsposition entdecken werden. Traurig, aber wahr … Die Sterne, die uns dabei entgegenfunkeln, bewegen sich natürlich auch – und zwar relativ zu uns mit etwa 70 000 Kilometern pro Stunde. Umherflitzen sehen wir sie dabei allerdings nicht, dazu sind die Entfernungen einfach viel zu gewaltig.

Man ahnt es schon: auch damit ist unsere Bewegung noch nicht zu Ende. Bei der Milchstraße ist noch lange nicht Schluss. Auch sie ist Teil eines viel größeren Ganzen – der Lokalen Gruppe nämlich, einem kleinen Verbund von etwa vierzig Galaxien, die sich ebenfalls relativ zu uns unterschiedlich schnell bewegen. Unser Nachbar, der Andromedanebel, kommt beispielsweise mit etwa 300 000 Kilometern pro Stunde auf uns zu.

Doch auch bei der Lokalen Gruppe ist das letzte Wort noch nicht gesprochen. Sie ist wiederum ein Teil eines viel größeren sogenannten Superhaufens, der sich ebenfalls davonbewegt.

Ganz am Ende unserer Reise landen wir schließlich beim gesamten beobachtbaren Universum, das sich seit Anbeginn der Zeit immer weiter ausdehnt und damit ebenfalls alles andere als stillsteht. Dies hat zur Folge, dass Objekte immer schneller davoneilen, je weiter sie von uns entfernt liegen (siehe *Hubbles Glückstreffer*, Seite 650).

Langer Rede kurzer Sinn: Was uns diese kleine Reise ganz klar vor Augen führt, ist die Tatsache, dass wir niemals wirklich feststellen können, wer oder was sich wie schnell tatsächlich bewegt beziehungsweise ob etwas wirklich bewegungslos ist oder nicht. Wir können lediglich die Geschwindigkeiten von Objekten relativ zueinander feststellen. Niemand weiß, was nach der Expansion des gesamten für uns beobachtbaren Raums sonst noch kommen könnte (oder auch nicht). Sämtliche Bewegungen in unserem Universum sind damit relativ, komme, was wolle.

Mit diesem Hintergrundwissen ausgestattet können wir jetzt mit unserer imaginären Reise in die Relativität loslegen und mit unserem ersten Versuch beginnen. Was bedeutet es also, wenn alle Größen, außer die Lichtgeschwindigkeit und die Naturgesetze, *relativ* sind?

Kissenkonstellation, die erste

Als Versuchslabor soll uns ein vollständig möbliertes Wohnzimmer dienen. Alle Objekte, die sich darin befinden, seien es das Sofa, der Teppich, die Regalwand oder die Zimmerpflanze, stellen dabei lediglich eine schmückende Hintergrundkulisse für unsere nun folgenden Experimente dar – sie dürfen nämlich keinerlei Einfluss auf diese haben.

Zu Versuchszwecken entführen wir nun zwei flauschige Kissen aus der dekorativen Wohnzimmerszene, um uns anschließend abwechselnd in ihre Lage zu versetzen. Damit uns die bizarre Vorstellung, sich in das Innenleben eines Kissens hineinzudenken, leichter fällt, taufen wir *Ihn* auf den Namen »Frottee« und *Sie* auf den Namen »Mikrofaser«. Und jetzt kann es endlich losgehen …

Wir versetzen nun das violette Kissen Frottee und sein rosarotes Pendant Mikrofaser in verschiedene sogenannte Bezugssysteme, was im Grunde genommen nichts anderes bedeutet, als dass sie sich relativ zueinander mit gleichbleibender Geschwindigkeit bewegen.

Frottee soll den Anfang machen. Aus seiner Sicht ist er es, der regungslos im Raum umherschwebt, während er neben sich das rosafarbene Kissen Mikrofaser daherkommen sieht. Da sie sich eindeutig auf ihn zubewegt, ist für Frottee die Sache klar: nicht er ist es, der sich bewegt, sondern seine Kissenkollegin in Pink (siehe Fotografie 13a).

Dies ist die eine Sichtweise. Wenn wir jedoch in die Rolle von Mikrofaser schlüpfen, sieht die Sache völlig anders aus – genau umgekehrt nämlich: für das rosarote Kissen ist es *Frottee,* der sich auf *sie* zubewegt. Mikrofaser selbst sieht sich stattdessen ruhend im Zimmer auf der Stelle schweben (siehe Fotografie 13b).

Und wer von beiden hat nun recht? Beide! Denn wie wir an diesem Beispiel wunderschön sehen konnten, sind Bewegungen relativ. Je nach Betrachtungswinkel ergibt sich ein anderes Bild der Realität. Dabei gibt es keine objektive Wahrheit, sondern nur einen kleinsten gemeinsamen Nenner. Nämlich, dass sich Frottee und Mi-

[Fotografie 13a] ***Die Relativität der Bewegung – Sichtweise des violetten Kissens***

[Fotografie 13b] **Die Relativität der Bewegung – Sichtweise des rosaroten Kissens**

krofaser relativ zueinander bewegen. Wer von ihnen nun wirklich ruht und wer nicht, das werden die beiden niemals feststellen können. Doch in diesem Fall ist noch nichts weiter vorgefallen, was unseren Verstand ernsthaft auf die Probe gestellt hätte.

Wenn sich Materie relativ zueinander bewegt, kann man nie sicher sein, was sich wirklich bewegt und was nicht.

Kissenkonstellation, die zweite

Deshalb lassen wir jetzt etwas eintreten, das zwar für normale Geschwindigkeiten gilt, nicht aber für das Licht – nämlich die Tatsache, dass sich herkömmliche Geschwindigkeiten aufaddieren und voneinander abziehen lassen. Und damit nähern wir uns schon ein Stückchen mehr den wirklich merkwürdigen Tatsachen an, welche die Spezielle Relativitätstheorie zu bieten hat.

Wir lassen nun Frottee und Mikrofaser miteinander kommunizieren. Und zwar mittels eines Sisalballs, den Frottee Mikrofaser entgegenwirft (siehe Grafik 17/Grafik 18). Diesmal bewegen sich die beiden jedoch nicht aufeinander zu, sondern voneinander weg. Welches Bild bietet sich den beiden Kissen jetzt?

Für Frottee hat sich nicht sonderlich viel geändert. Er sieht sich erneut ruhend im Zimmer schweben (siehe Grafik 17a), während sich seine Kollegin in Rosa diesmal von ihm entfernt. Doch was passiert mit dem Ball? Solange Frottee ihn nicht loswirft, zunächst rein gar nichts. Erst nachdem er das Sisalbündel davonschießt, scheint der Ball sich zu bewegen. Und zwar Richtung Mikrofaser, mit circa fünfzig Kilometern pro Stunde (siehe Grafik 17b). Frottee stellt außerdem fest, dass sich seine Kollegin in schickem Pink mit nur dreißig Kilometern pro Stunde deutlich langsamer davonbewegt als sein Wurfgeschoss (siehe Grafik 17c). Der Ball ist damit zwanzig Kilometer pro Stunde schneller unterwegs als das rosarote Sofa-Accessoire und wird es deshalb über kurz oder lang überholen, sollte Mikrofaser ihn nicht fangen.

Wir tauschen erneut die Positionen, schlüpfen damit in die Rolle von Mikrofaser und betrachten die gleiche Situation noch einmal: Wieder ist es aus ihrer Sicht sie, die stillsteht (siehe Grafik 18a), während Frottee derjenige ist, der sich bewegt. Kommen wir zum

Sisalball. Anders als aus Frottees Sicht, bewegt sich dieser in den Augen von Mikrofaser (wir nehmen an dieser Stelle einfach einmal an, dass Kissen tatsächlich so etwas wie Augen besitzen) bereits, *bevor* er losgeworfen wird. Und zwar zusammen mit dem violetten Kissen von ihr weg. In Kilometern pro Stunde ausgedrückt, bedeutet das: Für Mikrofaser bewegt sich Frottee zusammen mit dem Sisalball mit genau jenen dreißig Kilometern pro Stunde davon, von denen umgekehrt auch das violette Kissen felsenfest annimmt, dass sich seine Kollegin in Rosa mit dieser Geschwindigkeit von ihm wegbewegt (siehe Grafik 18c). Doch wie dem auch sei – zumindest was die Geschwindigkeit betrifft, mit der sich die beiden relativ zueinander bewegen, herrscht Einigkeit: Es sind die besagten dreißig Kilometer pro Stunde, die Frottee und Mikrofaser voneinander unterscheiden.

In dem Ball steckt allerdings ein Stück weit mehr Konfliktpotenzial. Sobald Frottee diesen nämlich loswirft, verändert das Wurfgeschoss aus der Sicht von Mikrofaser plötzlich seine Richtung und bewegt sich nun nicht mehr zusammen mit dem violetten Kissen davon, sondern kommt stattdessen direkt auf sie zu. Dies tut er mit zwanzig Kilometern pro Stunde (siehe Grafik 18b).

Während sich der Ball für Frottee also nach seinem Wurf mit fünfzig Kilometern pro Stunde von ihm fortbewegt, sieht Mikrofaser ihn stattdessen mit zwanzig Kilometern pro Stunde auf sich zukommen. Auch diesmal haben wir wieder zwei verschiedene Meinungen, und wieder sind beide Sichtweisen richtig. Um einen handfesten Streit über die Ballfrage abzuwenden, einigen sich die beiden zumindest auf den kleinsten gemeinsamen Nenner, der da wäre: Der Sisalball bewegt sich relativ zu Mikrofaser mit zwanzig Kilometern pro Stunde.

Kissenkonstellation, die dritte

Die wenigen Kilometer pro Stunde reichen zwar aus, um die Relativität von normalen Geschwindigkeiten zu demonstrieren, wirklich interessant wird die Sache aber erst, wenn wir uns der Lichtgeschwindigkeit nähern. Deshalb ziehen wir das Tempo nun ordentlich an und bringen außerdem das Licht höchstpersönlich mit ins Spiel.

Die Ausgangssituation soll die gleiche sein wie beim letzten Versuch, nur mit dem kleinen, aber feinen Unterschied, dass sich Mikrofaser aus der Sicht von Frottee diesmal nicht mit gemütlichen dreißig Kilometern pro Stunde davonmacht, sondern mit geschla-

[Grafik 17] ***Die Relativität der Geschwindigkeit – Sichtweise von Frottee***

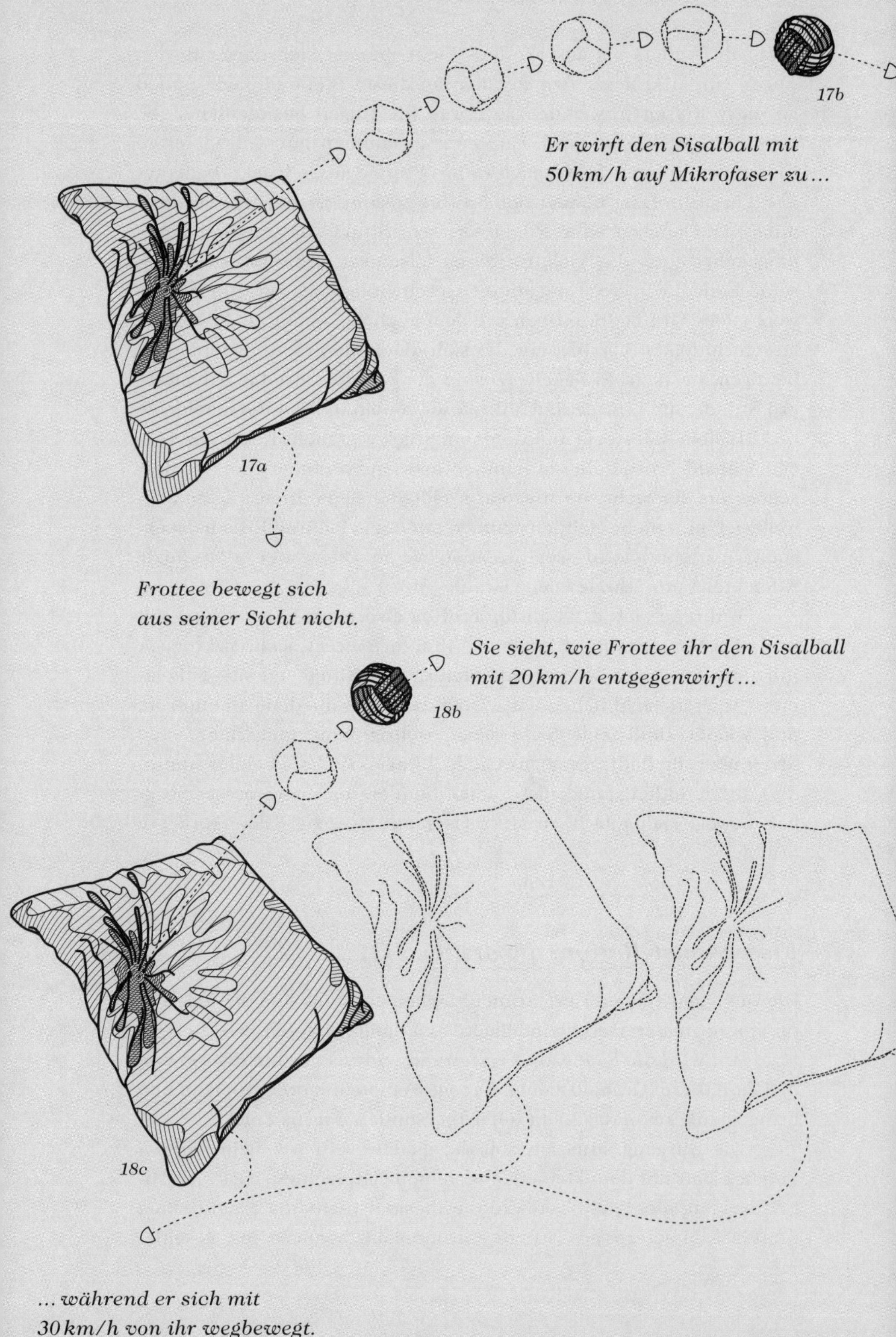

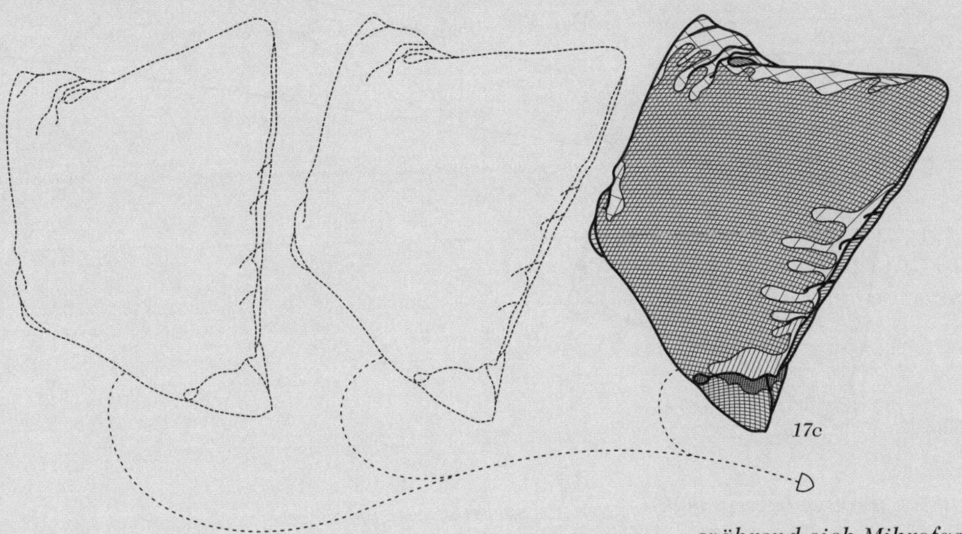

… während sich Mikrofaser
mit 30 km/h von ihm wegbewegt.

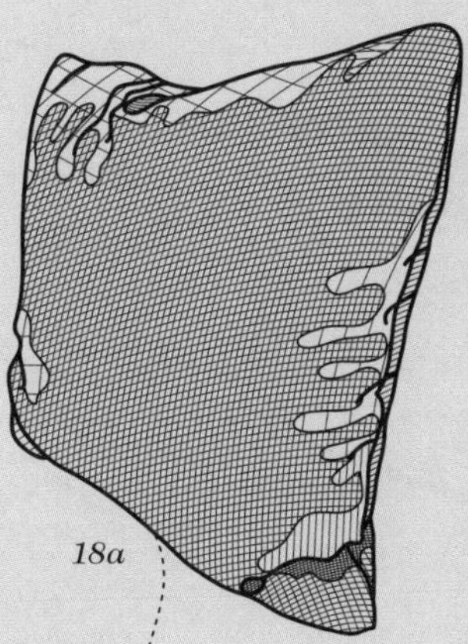

Mikrofaser bewegt sich
aus ihrer Sicht nicht.

[*Grafik 18*] ***Die Relativität der Geschwindigkeit – Sichtweise von Mikrofaser***

[Grafik 19] ***Die Konstanz der Lichtgeschwindigkeit – Sichtweise von Frottee***

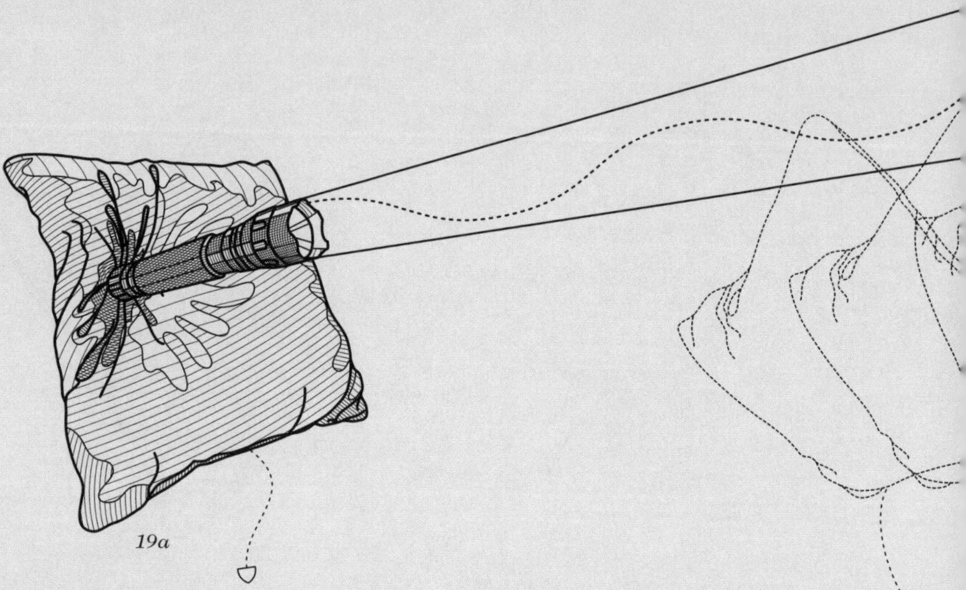

Frottee bewegt sich aus seiner Sicht nicht.

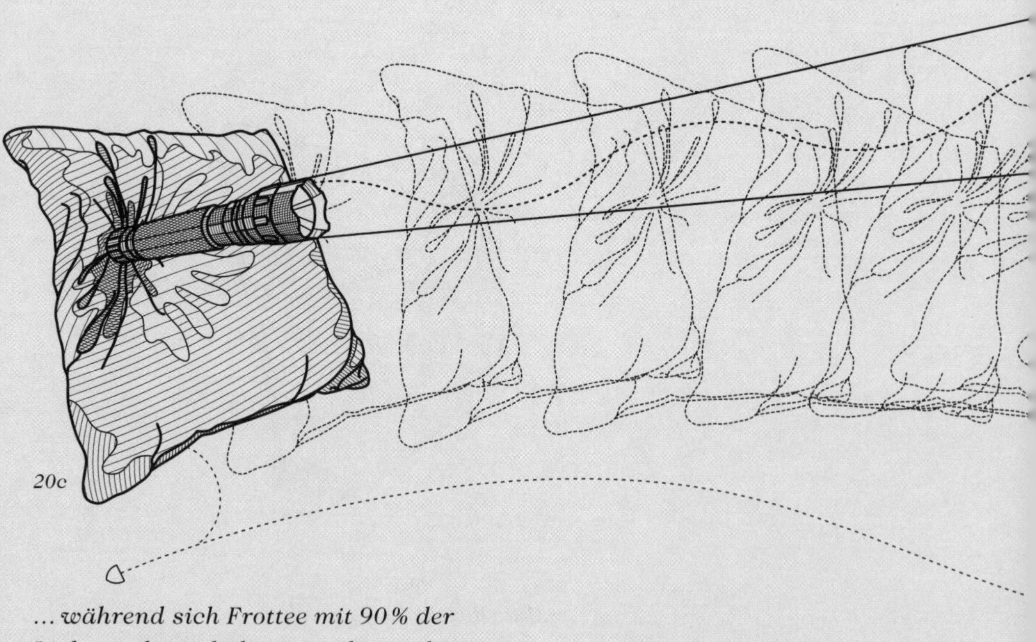

… während sich Frottee mit 90 % der Lichtgeschwindigkeit von ihr wegbewegt.

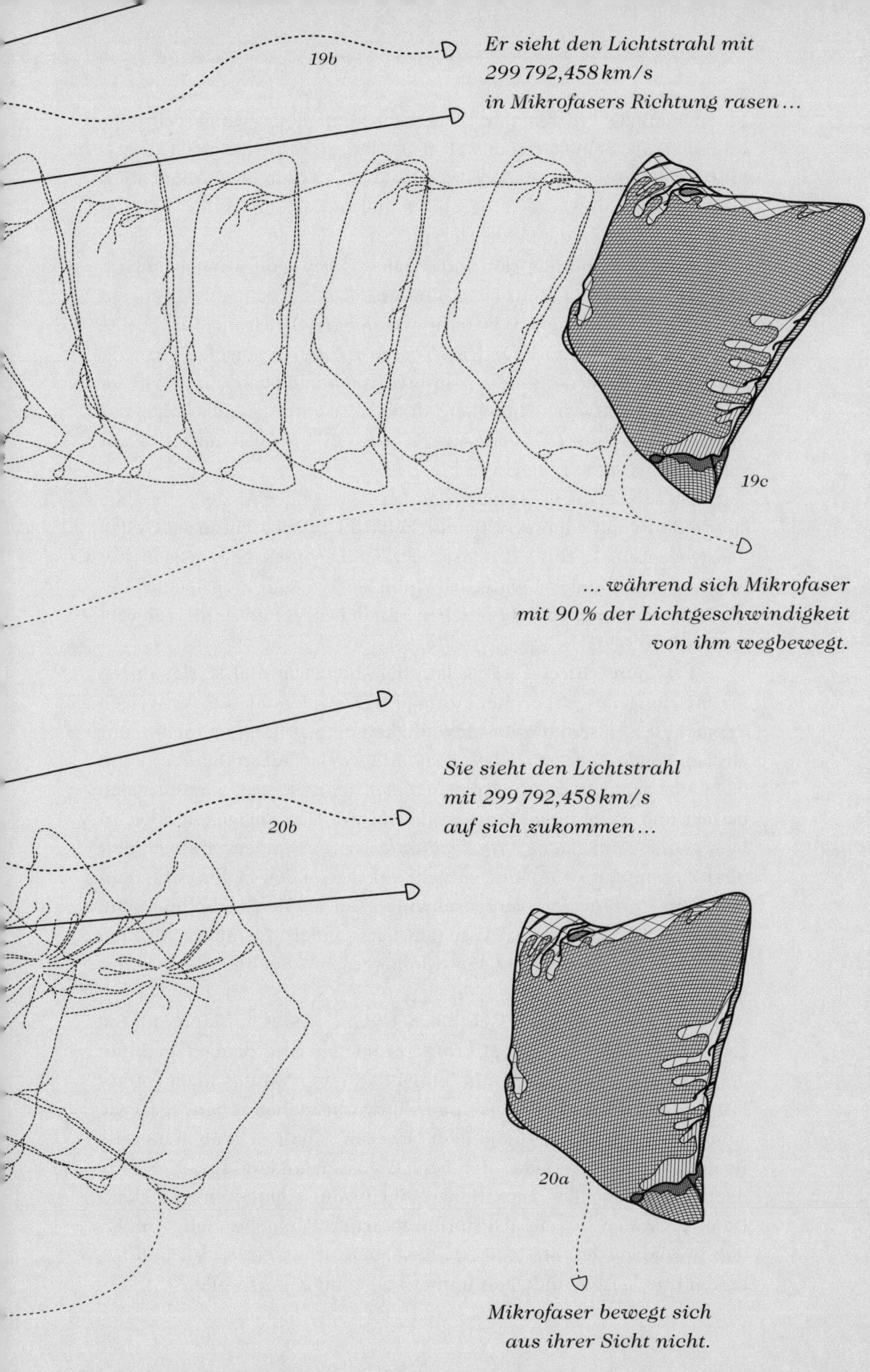

[Grafik 20] ***Die Konstanz der Lichtgeschwindigkeit – Sichtweise von Mikrofaser***

genen neunzig Prozent der Lichtgeschwindigkeit – »unwesentlich« schneller als beim letzten Mal also. Und auch in diesem Fall soll Frottee Mikrofaser etwas zuwerfen. Statt des Sisalballs diesmal allerdings einen weniger greifbaren Lichtstrahl (siehe Grafik 19/Grafik 20). Was sehen die beiden jetzt?

Frottee empfindet sich wie gehabt als bewegungslos (siehe Grafik 19a), während er Mikrofaser nun mit sagenhaften neunzig Prozent der Lichtgeschwindigkeit davonflitzen sieht (siehe Grafik 19c). Völlig fasziniert von einem derartigen Tempo richtet er sogleich eine Taschenlampe auf das rasende, rosarote Kissen und beobachtet, wie der Strahl mit Lichtgeschwindigkeit Mikrofaser entgegeneilt (siehe Grafik 19b). Das Licht ist damit aus Frottees Blickwinkel zehn Prozent schneller als seine Kollegin in Pink.

Diese wiederum ist natürlich keineswegs der Ansicht, dass sie sich nahezu mit Lichtgeschwindigkeit von Frottee entfernt. Genau das Gegenteil ist für Mikrofaser der Fall: *Frottee* bewegt sich mit neunzig Prozent der Lichtgeschwindigkeit von *ihr* weg (siehe Grafik 20c), während sie ausgeglichen ruhend im Raum umherschwebt (siehe Grafik 20a).

Und nun tritt ein, was schon bei Michelson und Morley durch ihr misslungenes Experiment zutage trat. Anders als im vorherigen Versuch, lassen sich die Geschwindigkeiten jetzt nämlich nicht mehr einfach voneinander abziehen beziehungsweise aufsummieren, denn das Licht bleibt immer haargenau gleich schnell, egal, wohin es sich bewegt und völlig unbekümmert davon, wer sich ansonsten noch zu bewegen scheint (siehe *Das berühmteste misslungene Experiment aller Zeiten,* Seite 157). Und so sieht Mikrofaser den Lichtstrahl nicht mit zehn Prozent der Lichtgeschwindigkeit an sich vorbeihumpeln, so wie es für Frottee den Anschein hat, sondern ebenfalls mit dem exakten Wert von 299 792,458 Kilometern pro Sekunde (siehe Grafik 20b).

Die beiden können sich diesmal daher *nicht* auf eine Relativgeschwindigkeit zwischen Mikrofaser und dem geworfenen Objekt, in dem Fall also dem Lichtstrahl, einigen. Sie werden das Licht immer mit derselben Geschwindigkeit an sich vorbeiziehen sehen, egal, wie schnell sie sich relativ zueinander bewegen. Somit sieht auch hier die Realität wieder für jedes der beiden Kissen anders aus. Nur eine Sache bleibt in allen Situationen gleich: die Lichtgeschwindigkeit. Denn Photonen lassen sich durch derartige Versuche nicht sonderlich beeindrucken. Sie bleiben konsequent ihrer Linie treu und behalten ihre Geschwindigkeit immer bei, komme, was wolle.

Die Lichtgeschwindigkeit lässt sich niemals erhöhen oder verringern.

Die Sturheit des Lichts

Das Licht ist also äußerst stur. Doch das ist auch gut so, denn bei ihm handelt es sich eben nicht nur um ein schnell reisendes Elementarteilchen, sondern auch um eine der vier Grundkräfte, die zwischen der Materie in diesem Universum vermitteln (siehe *Bosonen lieben sich*, Seite 85). Auf diese Weise zeigt es uns, wie unsere Welt überhaupt aussieht und was darin vor sich geht. Die Photonen liefern uns damit visuelle Informationen direkt frei Haus, und dies immer mit ihrem festen Tempo von rund 300 000 Kilometern pro Sekunde.

Wäre das Licht hingegen wankelmütig und würde seiner Geschwindigkeit nicht treu bleiben, hätte das weitreichende Konsequenzen. Denn nun könnten sich optische Informationen unterschiedlich schnell ausbreiten. Dabei zählt zu dem Begriff »Information« alles, was zwischen der Materie, also auch zwischen fliegenden Kissen oder uns selbst, passiert. Auf ein Ereignis folgt das nächste und so weiter und so fort. Ein Glas ist leer, man füllt eine Kanne Milch hinein, das Glas ist voll (siehe Fotografie 14a). Es gibt immer eine Ursache, auf die eine Wirkung folgt. Dieses logische Aufeinanderfolgen von Geschehnissen bezeichnet man als Kausalitätsprinzip. Das Licht dient dabei als der optische Bote, der die Informationen über diese Ereignisse verbreitet.

Doch was würde es für das Glas nun bedeuten, wenn das Licht nicht mehr stur auf seine Geschwindigkeit bestehen würde? Für das Glas selbst würde sich zunächst nicht viel ändern, wohl aber für denjenigen, der es beim Befüllen beobachten würde. Denn ohne eine fest vorgeschriebene Ausbreitungsgeschwindigkeit für Informationen, könnten sich Glas und gegossene Milch ihrer Umgebung unterschiedlich schnell mitteilen. Die Milch wäre in diesem Fall schneller als das Glas selbst, denn zur Lichtgeschwindigkeit würde sich außerdem noch das Tempo, mit dem der Milchstrahl in das Glas geschossen käme, hinzuaddieren.

Diese Geschwindigkeitsunterschiede würden dabei umso heftiger ins Gewicht fallen, je weiter sich ein Beobachter von dieser Szene entfernt befände. Ab einer gewissen Distanz würde die Information über das Eingießen die Information über das Glas schließlich

[Fotografie 14a] ***Glas und Milch teilen sich der Umgebung gleichzeitig mit***

[Fotografie 14b] ***Die Milch ist schneller als das Glas***

Wäre die Lichtgeschwindigkeit nicht konstant, könnten wir unseren Augen nicht mehr trauen.

so weit überholt haben, dass der Beobachter den Milchstrahl sehen würde, noch lange bevor das Glas selbst in Erscheinung träte (siehe Fotografie 14b). Die Ereignisse am gleichen Ort würden, aus einer gewissen Entfernung betrachtet, damit in unterschiedlicher Reihenfolge ablaufen. Man könnte seinen Augen also gar nicht mehr trauen, da sich die Tatsachen durch die unterschiedlichen Ausbreitungsgeschwindigkeiten des Lichts völlig verdrehen würden.

Im extremsten Fall, nämlich dann, wenn das Licht unendlich schnell sein könnte, sähen wir ziemlich alt aus beziehungsweise wir würden nach gar nichts aussehen, denn wir wären überhaupt nicht existent. Doch warum nicht?

Dazu greifen wir wieder das Kausalitätsprinzip von Ursache und Wirkung auf. Denn dieses Prinzip funktioniert nur dann, wenn es eine feste Obergrenze für die Geschwindigkeit gibt, mit der sich Informationen höchstens ausbreiten können. Und diese Grenze ist in unserem Universum bei 299 792,458 Kilometern pro Sekunde definitiv erreicht. Schneller als das Licht geht es schlichtweg nicht. Denn wäre diese Grenze nicht gegeben, sondern könnten sich Informationen schlagartig ausbreiten, würde das blanke Chaos regieren. Es könnten Dinge passieren, ohne dass es dafür einen Grund geben müsste. In dieser Welt wären Milchgläser, die ihrem eigenen Inhalt permanent hinterherhinken würden, wohl noch das kleinste Problem. Hier ginge nämlich schlichtweg *alles* völlig wahllos vonstatten.

Wenn wir uns zurückerinnern, kommt uns an dieser Stelle außerdem die Quantenwelt in den Sinn, in der das Kausalitätsprinzip bekanntlich nicht gilt und in welcher genau jene unvorhergesehenen, grundlosen Ereignisse eintreten können (siehe *Bilderverbot,* Seite 73). Denn da es sich bei den Elementarteilchen um schwankende Wesen handelt, können sie durch ihre unscharfen Aufenthaltswahrscheinlichkeiten offensichtlich schneller als das Licht von einem Punkt zum nächsten springen. Wirklich sinnvolle Informationen können sie durch diese zufälligen Wanderschaften allerdings nicht übermitteln. Vielmehr unterliegt die Welt des ganz Kleinen dem Zufallsprinzip, in dem alles kann und nichts muss.

Doch während diese gewisse Unschärfe im Reich der Elementarteilchen, wie wir noch sehen werden, durchaus ihren Sinn hat, heißt das noch lange nicht, dass sich die Materie, die aus diesen schwirrenden Quantenwesen aufgebaut ist, genauso unbestimmt verhalten darf. Denn würde sie dies tun, hätte sich nie irgendetwas entwickeln können – keine Atome, keine Sterne, keine Planeten und letztendlich auch kein Leben.

Dank der Lichtgeschwindigkeit, die glücklicherweise keine Verhandlungssache, sondern eine Naturkonstante ist, gilt das Kausalitätsprinzip jedoch jenseits der Quantenwelt sehr wohl, und deshalb können wir unseren Augen und somit auch dem Licht weiterhin ruhigen Gewissens trauen.

Damit es in unserer Welt einen logischen Zusammenhang zwischen Ursache und Wirkung geben kann, dürfen sich Informationen nicht unendlich schnell ausbreiten.

Doch Einstein kam nicht nur zu dem Schluss, dass es sich bei der Lichtgeschwindigkeit um eine feste Naturkonstante handelt, die nicht unendlich schnell sein darf. Er stellte außerdem fest, dass kein materielles Wesen das Licht jemals erreichen oder gar überholen kann – auch wir nicht. Denn jede Form der Materie besitzt unweigerlich auch eine gewisse Masse, die es herumzuschleppen gilt. Und wenn das Attribut »Masse« einmal da ist, dann sind die Chancen, die Lichtgeschwindigkeit zu erreichen, schlichtweg vertan. Um diese enorme Geschwindigkeit zu erreichen, müsste man nämlich eine unglaubliche Menge an Energie aufwenden. Und da unglaublich viel Energie auch automatisch einen unglaublichen Zuwachs an Masse bedeutet, würden wir, je mehr unser Tempo steigt und je näher wir damit an das Licht herankommen, gleichzeitig immer schwerer werden. Irgendwann könnten wir schließlich unser immens angewachsenes Gewicht schlichtweg nicht mehr von der Stelle bewegen, weil wir das nötige letzte Quäntchen Energie einfach nicht mehr aufbringen könnten. Ein regelrechter Teufelskreis also.

Kein materielles Objekt wird das Licht jemals erreichen oder gar überholen können.

Die Natur schiebt uns durch die Naturgesetze sang- und klanglos einfach einen Riegel vor, der es uns verbietet, mit jenen rund 300 000 Kilometern pro Sekunde oder darüber hinaus zu reisen. Diese Reisegeschwindigkeit bleibt einzig und allein unserem Photon vorbehalten, das, anders als wir, eben keine Ruhemasse besitzt.

Doch auch dieses Gebot, dass die Materie die Lichtgeschwindigkeit niemals erreichen kann, ist keine fiese Gemeinheit der Natur, sondern eine äußerst sinnvolle Regelung. Man muss sich nur einmal vorstellen, was passieren würde, wenn wir das Licht tatsächlich erreichen oder gar überholen könnten. Wie würde solch eine Welt aussehen?

Nach nichts! Denn da alles, was wir sehen, von den Photonen mit ihrer festen Geschwindigkeit zu unseren Augen getragen wird, würden wir, wenn wir genauso schnell oder gar schneller als das Licht unterwegs sein könnten, nichts mehr sehen (siehe Fotografie 15). Die Lichtteilchen würden uns hinterherhinken und verzweifelt versuchen, uns die Informationen über unsere Welt mitzuteilen. Doch wir würden, wenn wir denn überlichtschnell davoneilen könnten, das Licht mit all seinen Informationen einfach im Regen stehen lassen oder bestenfalls, falls wir »nur« genauso schnell wie die Photonen unterwegs sein könnten, stur nebeneinanderher sprinten.

In beiden Fällen hätten wir nicht wirklich viel gewonnen, denn die bittere Konsequenz wäre, dass wir uns in völliger Isolation befänden und uns alles stockdunkel vorkäme. Denn von allem, was da draußen passieren würde, wüssten wir rein gar nichts. Dazu wären wir nämlich darauf angewiesen, dass die Photonen zu jedem Zeitpunkt schneller sind als wir. Nur dann können sie, völlig gleichgültig, wo wir sind und wie schnell wir uns bewegen, unsere Welt sichtbar machen.

Und genau diese wichtigen Voraussetzungen stecken in Einsteins Spezieller Relativitätstheorie. Damit in unserem Universum zu jedem Zeitpunkt eine Informationsübertragung zwischen der Materie möglich ist, muss die Geschwindigkeit, mit der diese Informationen vermittelt werden, zum einen überall gleich schnell sein, egal, welche Geschwindigkeit die Materie relativ zueinander hat, zum anderen darf die Materie die Lichtgeschwindigkeit niemals erreichen können. Und da dem so ist, werden wir immer und zu jeder Zeit sehen, wie das Licht an uns mit seinen rund 300 000 Kilometern pro Sekunde vorbeizieht, ganz gleich, was auch passieren mag.

[Fotografie 15] ***Einblick in eine Welt, in der wir schneller als das Licht wären***

Wenn wir schneller als das Licht sein könnten, würde es uns permanent verzweifelt hinterherrennen, aber niemals erreichen. Wir wären völlig abgeschnitten von der Außenwelt, und alles wäre stockdunkel.

Exakt diese Tatsache war es auch, mit der Einstein damals gedanklich zu spielen begann und dabei zu wirklich seltsamen Schlüssen kam, die jedoch bis heute immer wieder überprüft wurden und deshalb wohl tatsächlich stimmen müssen. Um zu verstehen, worum es hier eigentlich geht, verschärfen wir an dieser Stelle unsere Versuche und beginnen damit, unseren Verstand wirklich herauszufordern. Jetzt wird sich zeigen, dass Raum und Zeit nicht das sind, was sie zu sein scheinen …

Kistenkonstellation, die erste

Wir lassen nun Kisten anstelle von Kissen schweben. Eine Kiste, *Ihn,* taufen wir auf den Namen »Korb«, die andere, *Sie,* soll »Pappe« heißen. Unser Sisalball darf jedoch bleiben, und so übergeben wir ihn an Korb und lassen ihn einmal in diesem auf und ab springen. Wieder sollen sich unsere beiden Versuchsobjekte, sprich Korb und Pappe, relativ zueinander bewegen, indem sie diesmal aneinander vorbeifliegen. Es werden sich also auch hier wieder verschiedene Sichtweisen ergeben, sowohl, was die Geschwindigkeit, als auch – in diesem Fall –, was den Weg des Balls durch den Raum betrifft.

Werfen wir zuerst einen Blick auf Korb. Für ihn ist völlig klar: Der Ball bewegt sich in seinem Inneren mit einer bestimmten Geschwindigkeit einfach nur senkrecht auf und ab, während sich Pappe an ihm vorbeibewegt (siehe Fotografie 16a).

Für Pappe allerdings, die das Geschehen verfolgt, bewegt sich sowohl Korb als auch der Sisalball an ihr vorbei, während sie in Ruhe vor sich hin schwebt. Der Ball fliegt aus ihrer Sicht damit nicht einfach nur gerade auf und ab, sondern er beschreibt bei seinem korbinternen Flug eine lang gezogene Bahn (siehe Fotografie 16b).

Hinzu kommt, dass sich auch hier wieder die Geschwindigkeiten addieren, wie es schon in unserem zweiten Kissenversuch der Fall war. Der Ball scheint für Pappe also nicht nur anders, sondern auch schneller als in den Augen von Korb durch den Raum zu fliegen – nämlich zusätzlich mit der Geschwindigkeit, mit der sich Korb aus ihrer Sicht bewegt.

Auch in diesem Fall gibt es nicht die eine, einzig wahre Sichtweise, sondern beide Kisten haben recht. Denn wie immer, wenn sich Materie relativ zueinander bewegt, gibt es automatisch auch mehrere Versionen der wahrgenommenen Realität.

[Fotografie 16a] ***Die Relativität der Bewegung – Flugbahn des Balls aus der Sicht von Korb***

[Fotografie 16b] ***Die Relativität der Bewegung – Flugbahn des Balls aus der Sicht von Pappe***

Kistenkonstellation, die zweite, und die Dehnung der Zeit

Ebenso wie bei unseren Kissenversuchen tauschen wir an dieser Stelle Ball gegen Licht. In Korb soll somit nun anstelle des Sisalballs ein Lichtstrahl auf und ab springen. Dazu versehen wir unser Versuchsobjekt mit einem Spiegel, der den Lichtstrahl reflektieren soll, und ziehen außerdem das Tempo wieder von den normalen, gemächlichen Bereichen auf nahezu Lichtgeschwindigkeit an (siehe Grafik 21/Grafik 22).

Wer sich von den beiden Kisten denn nun wirklich bewegt und wer ruhend im Raum schwebt, darüber werden sie sich wie gehabt nicht einigen können. Für Pappe bewegt sich Korb mit beinahe Lichtgeschwindigkeit durch den Raum (siehe Grafik 22c), während sie sich nicht vom Fleck rührt (siehe Grafik 22a). Korb wiederum sieht die Sache genau umgekehrt (siehe Grafik 21a/21c).

Auch was die Flugbahn des Lichts angeht, werden beide wieder dasselbe feststellen, was sie schon bei dem Sisalballflug gesehen haben: Für Korb fliegt das Licht gerade auf und ab, für Pappe beschreibt es eine Bahn.

Außerdem schlägt hier der Doppler-Effekt zu (siehe Grafik 22e): Solange sich das Licht auf Pappe zubewegt, scheint es für sie kurzwelliger und damit bläulicher zu wirken, sobald sich Korb wieder entfernt, beginnt es sich hingegen ins Rote zu verschieben (siehe *Ins Rote verschoben,* Seite 118).

Doch anders als bei der Wellenlänge und der damit verbundenen Energie, lässt das Licht, was seine Geschwindigkeit angeht, nicht mit sich verhandeln. Der Lichtstrahl wird für beide Kisten gleich schnell bleiben, ob mit oder ohne Flugbahn. Denn dies ist die logische Konsequenz aus der Speziellen Relativitätstheorie: Beim Licht lassen sich die Geschwindigkeiten eben nicht mehr addieren oder voneinander abziehen, sondern das Tempo bleibt stets dasselbe.

So weit lässt sich das alles noch recht gut nachvollziehen. Aber jetzt bringen wir die Zeit ins Spiel, und schon werden wir feststellen, welch äußerst seltsame Dinge sich nun abzeichnen:

Wir lassen jetzt sowohl Korb als auch Pappe die Zeitdauer messen, in der aus ihrer Sicht das Licht seinen Weg, einmal auf und wieder ab, zurücklegt. Dabei stellt Pappe einen längeren Weg des Lichts fest (siehe Grafik 22d), als es aus Korbs Sicht der Fall ist (siehe Grafik 21a).

Während die Lichtgeschwindigkeit für beide Kisten also identisch ist, kommt ihnen der Weg der Photonen unterschiedlich lang vor. Und wenn die Geschwindigkeit dieselbe bleibt, die Strecke jedoch nicht, dann bedeutet das im Umkehrschluss: Das Licht, das in Korb einmal auf und ab läuft, muss aus der Sicht von Pappe *länger* reisen, um die gedehnte Flugbahn zu erreichen (siehe Grafik 22f). Die Zeit vergeht aus Pappes Sicht für Korb damit langsamer! Und dies, ohne dass dieser davon irgendetwas mitbekommt. Für ihn ist alles in bester Ordnung. Seine Zeit verstreicht völlig normal (siehe Grafik 21b).

Der scheinbare Zeitunterschied liegt nämlich ausschließlich in der festen Geschwindigkeit begründet, mit der sich Informationen in unserem Universum maximal ausbreiten können. Die Lichtgeschwindigkeit ist also schuld daran, dass für Pappe der Anschein erweckt wird, die Zeit vergehe bei Korb langsamer als in ihrem eigenen Bezugssystem (siehe Grafik 22b).

Wäre es umgekehrt und Korb würde einen Lichtstrahl messen, der im Inneren von Pappe seine Bahnen zöge, würde genau der entgegengesetzte Fall eintreten: Die Zeit würde für Pappe aus der Sicht von Korb langsamer vergehen.

Würden die Kisten schließlich gegenseitig die Zeit des anderen messen, wären beide der felsenfesten Überzeugung, die Zeit vergehe bei ihrem Kistenkollegen langsamer und nicht etwa bei ihnen selbst. Und auch hier wären wieder beide Sichtweisen richtig, denn die Zeit ist nun einmal eine äußerst relative Angelegenheit, ebenso wie es Geschwindigkeiten, mit Ausnahme der des Lichts, sind.

Sobald sich Materie relativ zueinander bewegt, scheint die Zeit unterschiedlich schnell zu vergehen.

Die Dimension »Zeit« ist also keineswegs eine feste, ultimative Größe, wie wir es aus unserem Alltag gewohnt sind. Sie scheint unterschiedlich schnell zu vergehen, je nachdem, wie sich die Materie relativ zueinander bewegt. Wir haben es hier mit einem Phänomen zu tun, das als sogenannte Zeitdilatation bezeichnet wird, was so viel wie »Zeitdehnung« bedeutet. Diese Dehnung ist übrigens allgegenwärtig und wirkt auch bei uns auf der Erde, selbst wenn wir davon

[Grafik 21] **Die Zeitdilatation – Sichtweise von Korb**

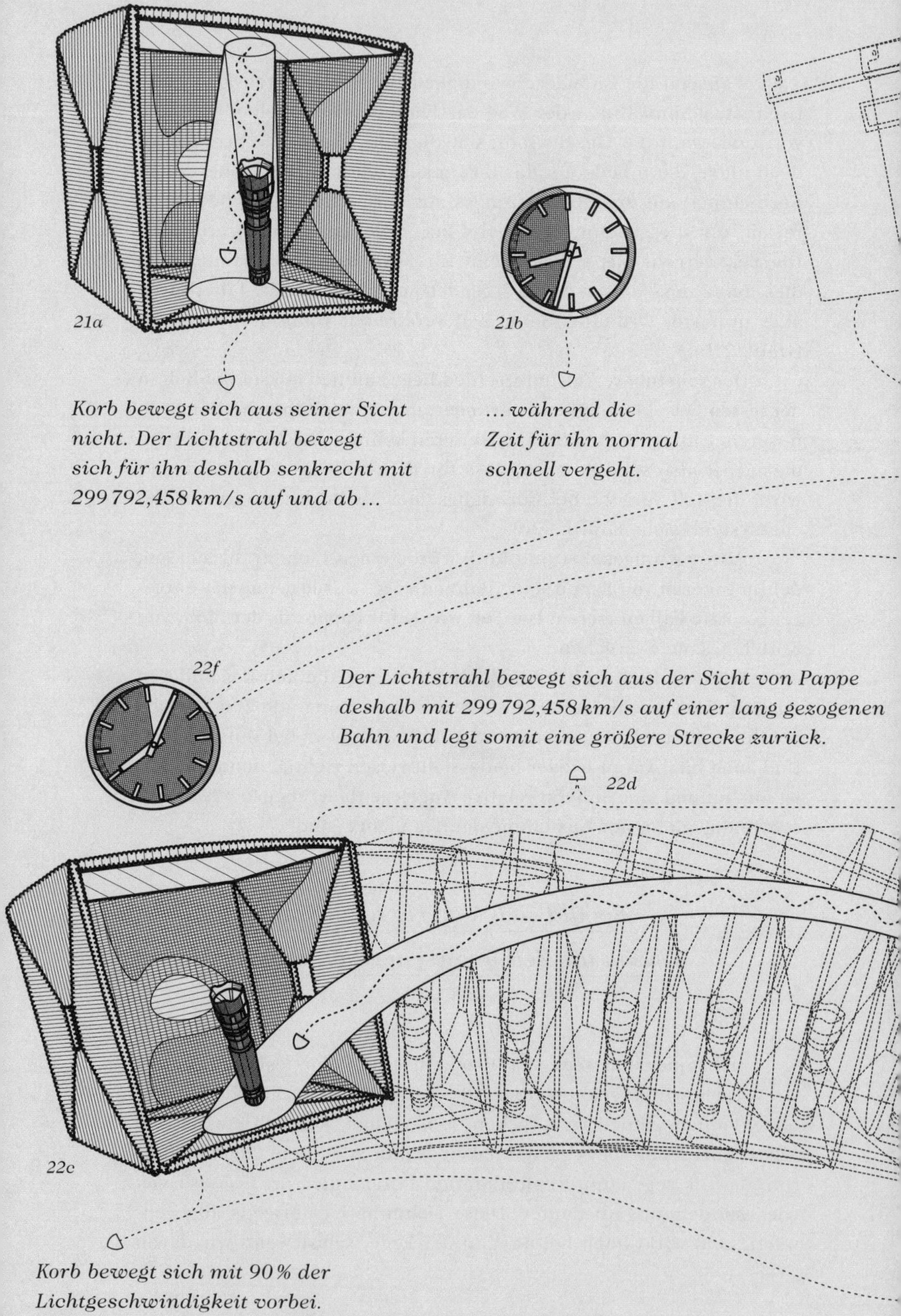

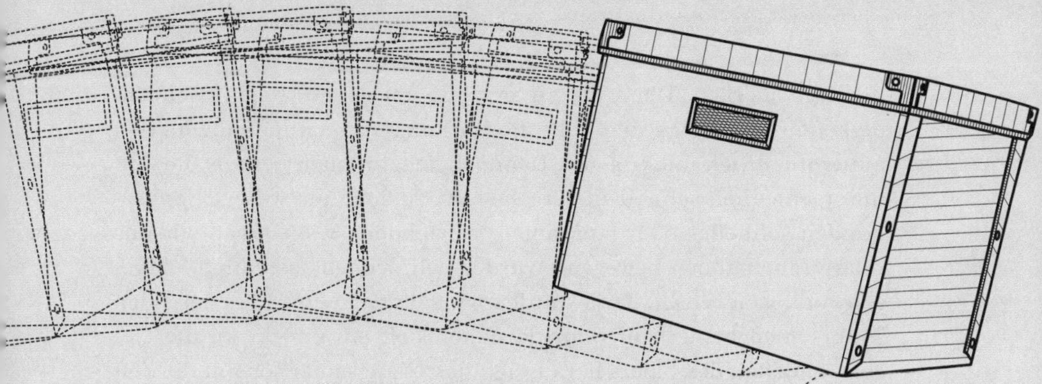

21c

Pappe bewegt sich mit 90 % der Lichtgeschwindigkeit vorbei.

Wenn das Licht lange Distanzen mit dem gleichen Tempo zurücklegt wie kurze, dann braucht es für die größere Entfernung automatisch länger.

Die Zeit scheint aus der Sicht von Pappe für Korb deshalb langsamer zu vergehen.

Außerdem unterliegt das Licht dem Doppler-Effekt: Solange es sich auf Pappe zubewegt, wirkt es blauverschoben, sobald es sich wieder entfernt, wirkt es rotverschoben.

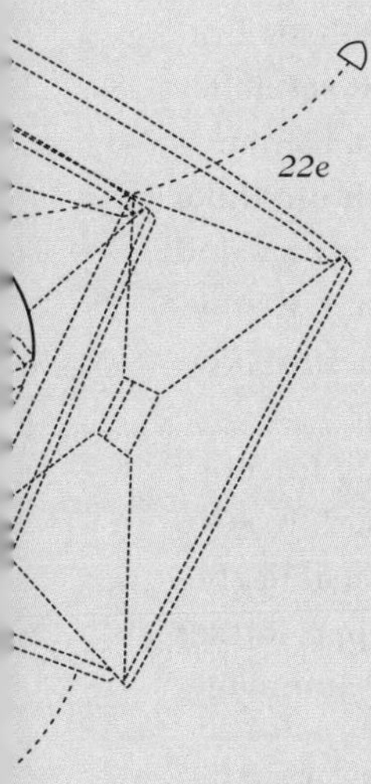

22e

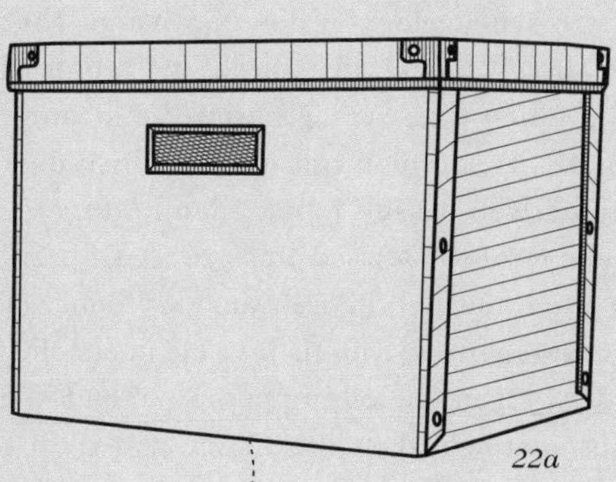

22a

22b

Pappe bewegt sich aus ihrer Sicht nicht …

… während die Zeit für sie normal schnell vergeht.

[Grafik 22] **Die Zeitdilatation – Sichtweise von Pappe**

nichts bemerken. Denn da wir mit äußerst gemäßigten Geschwindigkeiten unterwegs sind, fällt die Wirkung der Zeitdehnung hierbei außerordentlich mickrig aus. Dennoch scheint auch bei uns die Zeit unterschiedlich schnell zu vergehen, wenn auch um wenige Nanosekunden schneller oder langsamer, je nachdem, wie schnell wir uns relativ zueinander bewegen. Würden wir jedoch fast mit Lichtgeschwindigkeit reisen, dann würden wir sehr wohl einen gravierenden Unterschied bemerken. Denn je näher sich ein Objekt an die Geschwindigkeit des Lichts heranwagt, desto langsamer scheint die Zeit außerhalb zu verstreichen.

Kistenkonstellation, die dritte, und das Stauchen der Länge

Nachdem wir die Zeit nun ihrer Absolutheit beraubt haben, machen wir jetzt auch mit den Längenangaben kurzen Prozess. Denn nicht nur die Zeit ist relativ, auch die Größe von Objekten ist es. Um dies zu demonstrieren, benötigen wir diesmal weder Licht noch Ball, sondern wir greifen stattdessen lediglich auf unsere beiden Kisten zurück und lassen diese sich nun gegenseitig vermessen. Das rasante, lichtgeschwindigkeitsnahe Tempo behalten wir bei (siehe Grafik 23/Grafik 24).

Pappe soll den Anfang machen. Sie sieht Korb wieder fast mit Lichtgeschwindigkeit an sich vorbeidüsen (siehe Grafik 23d), während sie selbst ruhend im Raum schwebt (siehe Grafik 23a). Bei dieser Gelegenheit nimmt sie nun Maß. Da der Begriff »Länge« auch als Entfernung gesehen werden kann, die je nach Geschwindigkeit schneller oder langsamer zurückgelegt wird, stoppt Pappe für ihre Längenmessung die Zeit, die es dauert, bis sowohl die rechte als auch die linke Ecke von Korb einen fixen, imaginären Punkt durchlaufen hat, und errechnet daraus, zusammen mit der Geschwindigkeit ihres Kistenkollegen, automatisch dessen Länge (denn *Länge = Geschwindigkeit mal Zeit* – siehe Grafik 23c).

Und da auch diesmal die Zeit aus der Sicht von Pappe für Korb langsamer zu vergehen scheint als ihre eigene (siehe Grafik 23b), also der Wert in der obigen Gleichung entsprechend kleiner ausfällt, bedeutet das automatisch, dass die Länge von Korb für Pappe kürzer erscheint. Er wirkt in ihren Augen damit regelrecht zusammengequetscht (siehe Grafik 23e).

Betrachten wir die gleiche Szene jedoch aus der Perspektive von Korb, tritt wieder das genaue Gegenteil ein: Pappes Uhr scheint verlangsamt zu ticken, entsprechend verkürzt wirkt deshalb ihre Länge im Vergleich zu seiner eigenen (siehe Grafik 24a/24b/24c/24d).

Sobald sich zwei Körper relativ zueinander bewegen, scheinen sich Längen und Entfernungen zu verkürzen.

Entfernungen und Längen von bewegten Kisten und allen anderen materiellen Objekten erscheinen also kürzer, wenn sich diese relativ zueinander bewegen. Dieses Stauchen der Länge, das auch als Längenkontraktion bezeichnet wird, funktioniert jedoch nur in Bewegungsrichtung – die Höhe bleibt davon völlig unberührt. Dabei schrumpft die Materie in ihrer Länge umso mehr zusammen, je höher die Geschwindigkeit ist. Auch wir erscheinen somit minimal zusammengequetscht, wenn wir uns aneinander vorbeibewegen. Jedoch bemerken wir auch in diesem Fall nichts von alldem, da unsere Geschwindigkeiten einfach zu gering sind. Doch obwohl der Unterschied wirklich nur marginal ist, er ist definitiv vorhanden.

Kistenkonstellation, die vierte, und das Zunehmen der Masse

Aber nicht nur die Zeit und die Länge sind relativ, auch eine dritte Größe beginnt sich zu verändern, sobald wir uns anders bewegen als unser Gegenüber – nämlich die Masse. Doch anders als Länge und Zeit wird diese nicht kleiner, je schneller wir aneinander vorbeihuschen, sondern ganz im Gegenteil: sie nimmt zu.

Um diesen Effekt des Massezuwachses zu demonstrieren, schicken wir wieder unsere beiden Kisten ins Rennen, holen diesmal aber noch einen dritten Protagonisten hinzu, den wir auf den Namen »Korb II« taufen (siehe Grafik 25). Er ist exakt vom selben Fabrikat wie sein Namensvetter Korb und besitzt demnach auch die gleiche Masse.

23e

…wirkt seine Länge für Pappe deshalb automatisch kürzer.

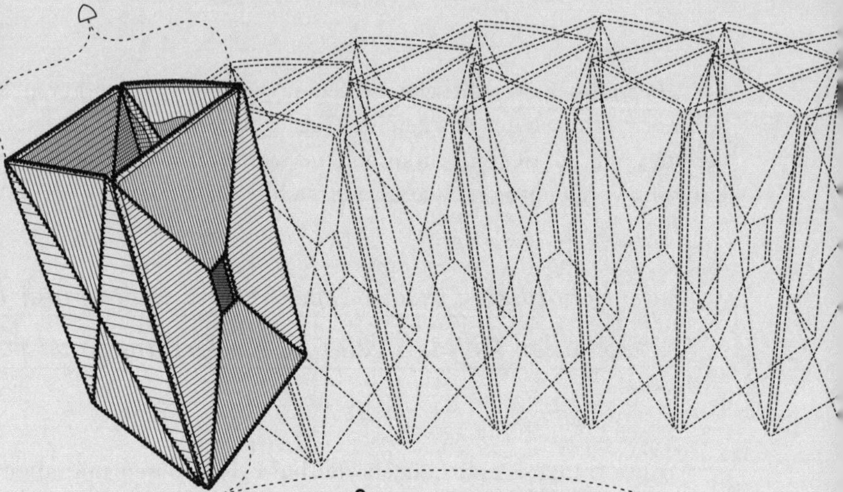

Da seine Zeit langsamer zu vergehen scheint …

23d

23c

Korb bewegt sich mit 90 % der Lichtgeschwindigkeit vorbei.

Die Länge eines Objekts erhält man, indem man seine Geschwindigkeit mit der Zeit multipliziert, die es benötigt, um von einem Punkt zum nächsten zu gelangen.

Länge = Geschwindigkeit mal Zeit

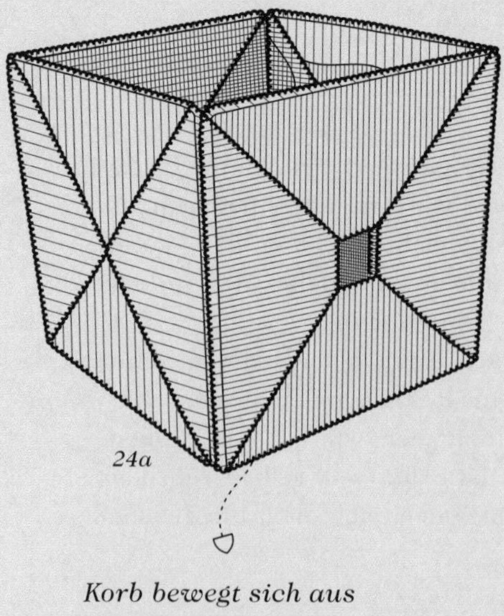

24a

24b

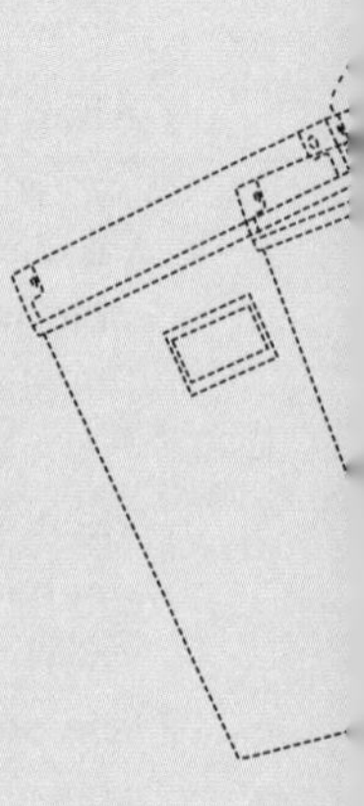

Korb bewegt sich aus seiner Sicht nicht …

… während die Zeit für ihn normal schnell vergeht.

[Grafik 24] ***Die Längenkontraktion – Sichtweise von Korb***

[Grafik 23] **Die Längenkontraktion – Sichtweise von Pappe**

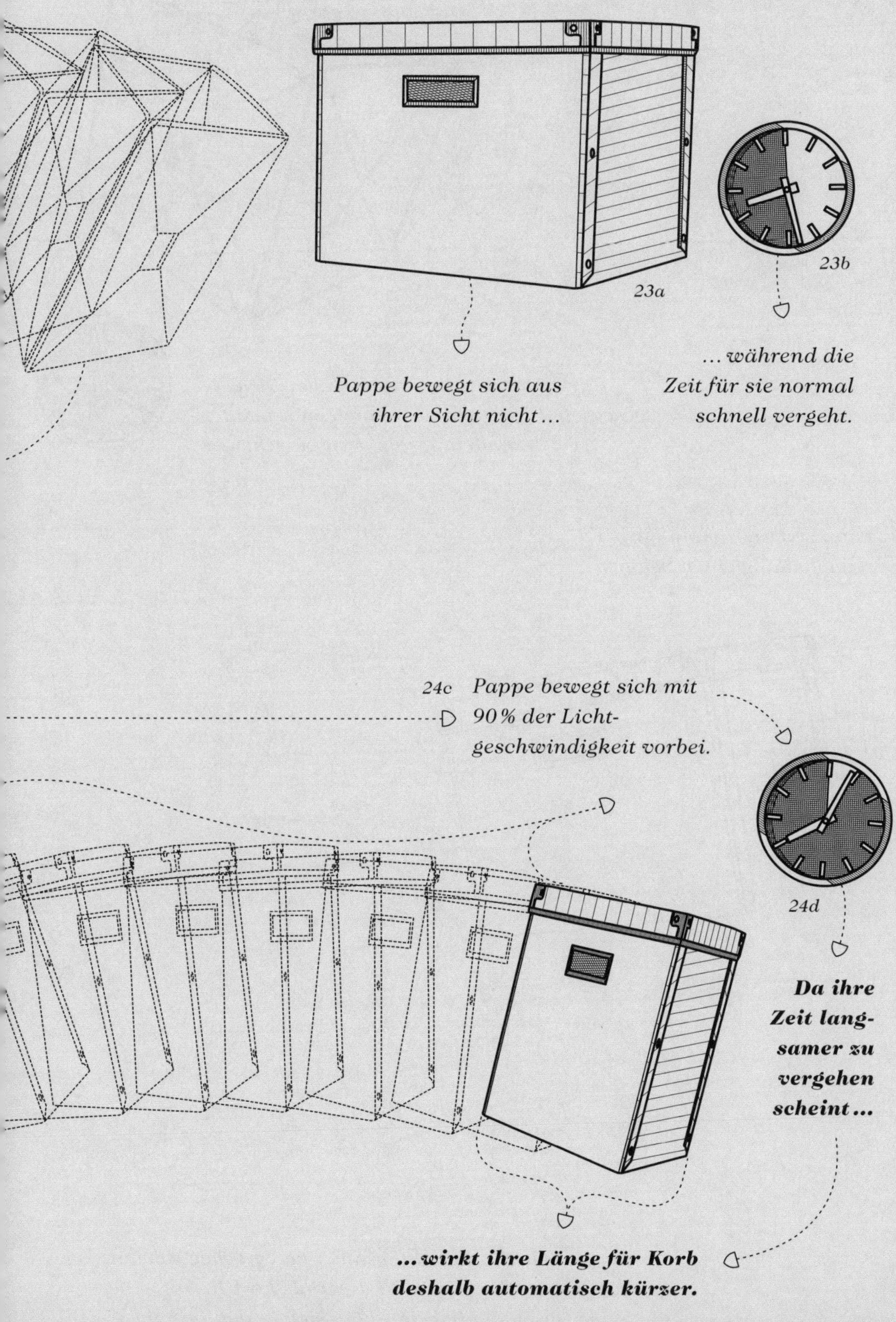

[Grafik 25] ***Der Massezuwachs***

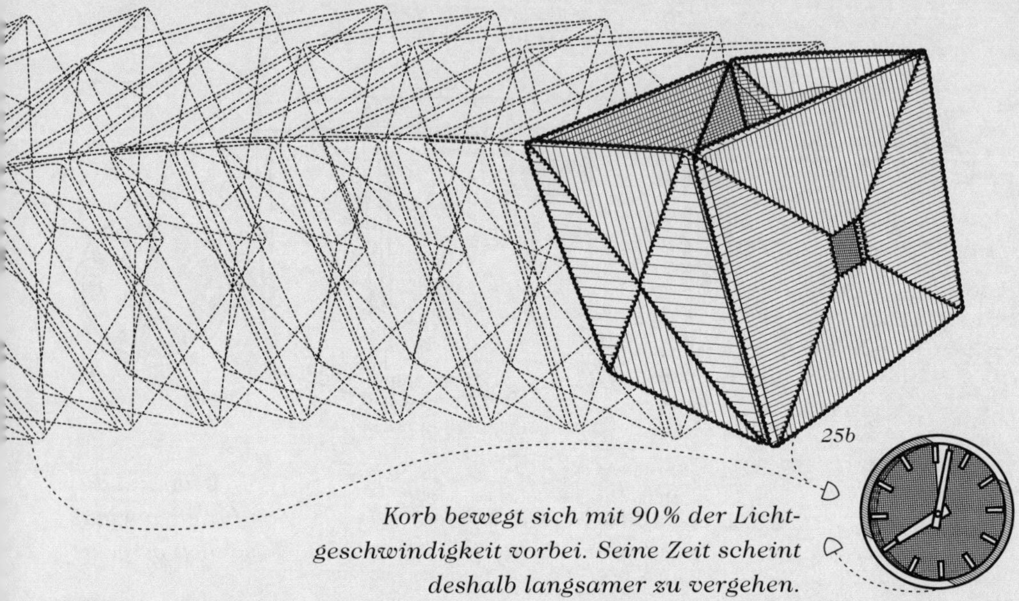

Korb bewegt sich mit 90 % der Lichtgeschwindigkeit vorbei. Seine Zeit scheint deshalb langsamer zu vergehen.

Pappe gibt Korb und Korb II gleichmäßig einen Schubs.

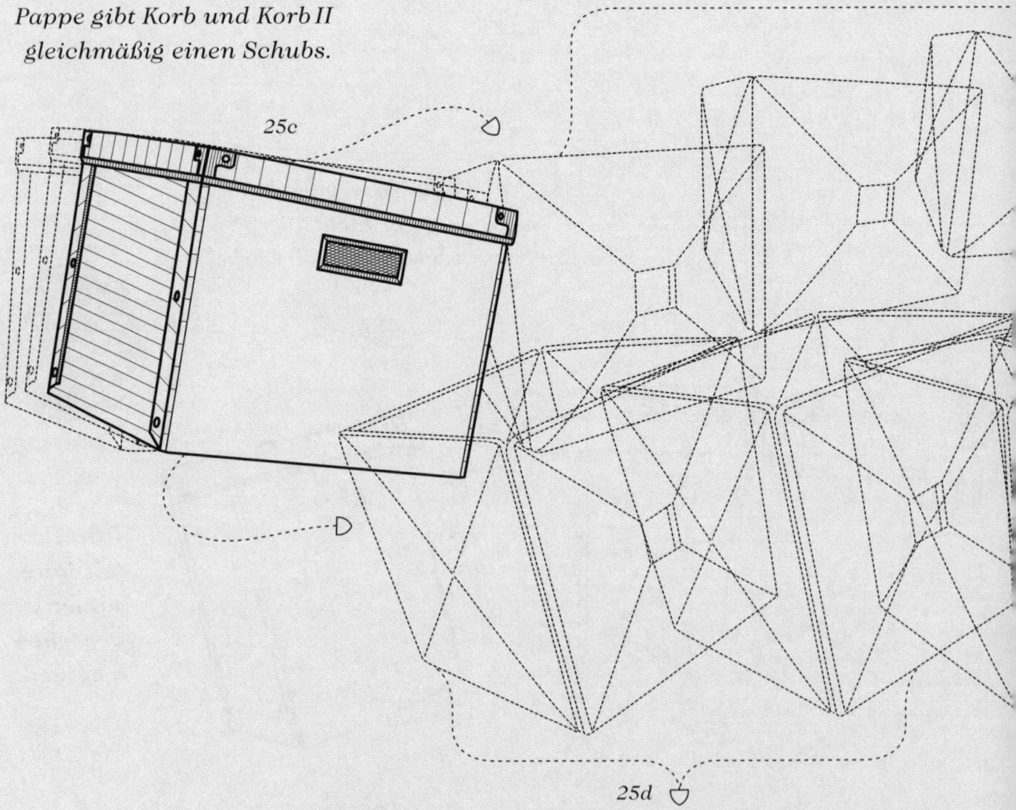

Da die Zeit von Korb langsamer zu vergehen scheint, verspürt er Pappes Stoß kürzer als Korb II. Seine Geschwindigkeit erhöht sich deshalb weniger.

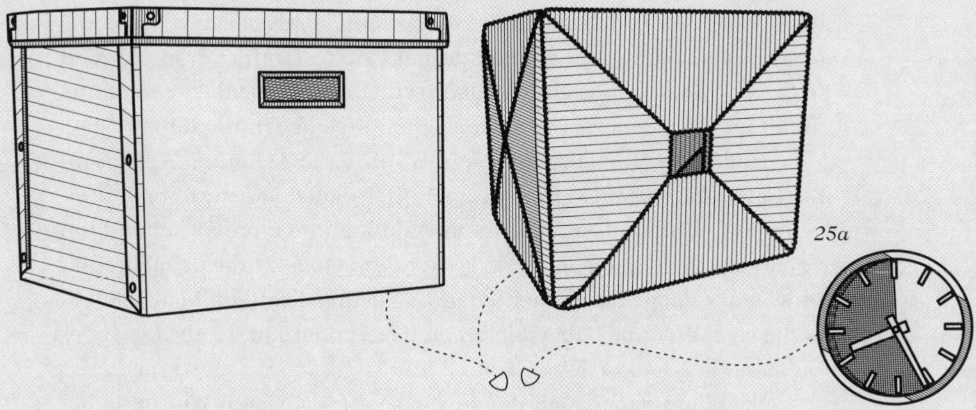

25a

Da die Zeit von Korb II normal zu vergehen scheint, verspürt er Pappes Stoß länger als Korb und wird deshalb stärker beschleunigt.

Pappe und Korb II bewegen sich aus ihrer Sicht nicht. Die Zeit vergeht für sie normal schnell.

25e

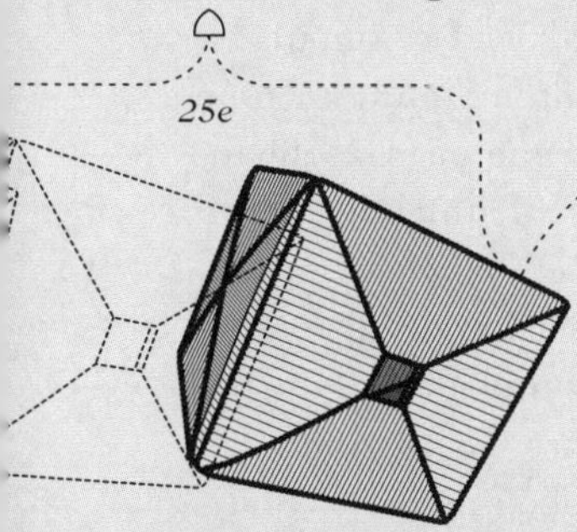

25f

Die Masse eines Objekts erhält man, indem man seinen Impuls durch seine Geschwindigkeitsveränderung teilt.

Masse = Impuls geteilt durch Beschleunigung

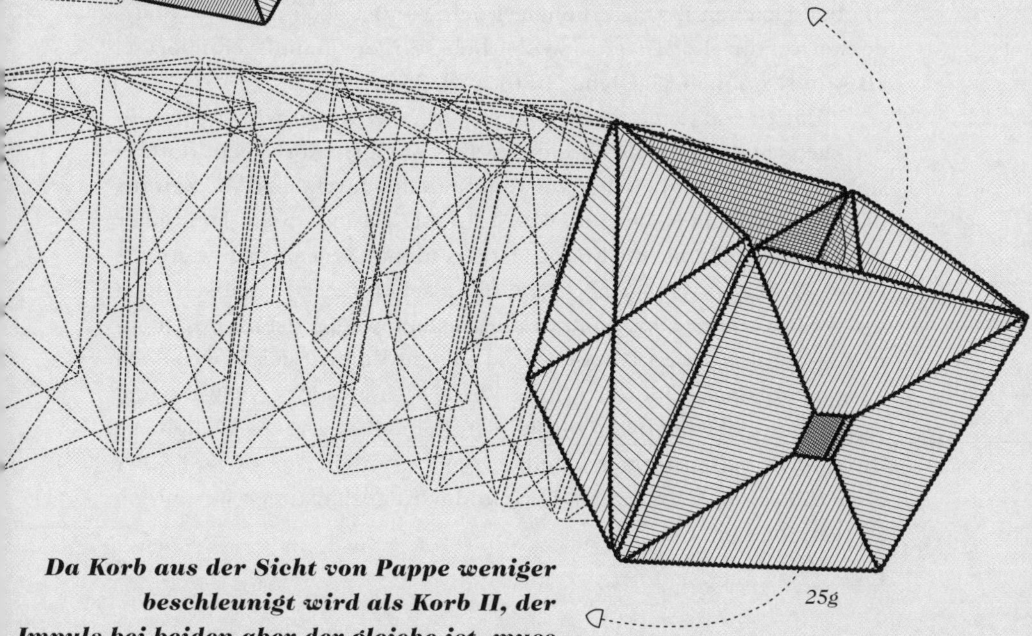

Da Korb aus der Sicht von Pappe weniger beschleunigt wird als Korb II, der Impuls bei beiden aber der gleiche ist, muss die Masse von Korb zunehmen.

25g

Korb II gesellt sich nun in das Bezugssystem von Pappe. Die beiden bewegen sich also aus ihrer Sicht nicht, sondern schweben stattdessen seelenruhig nebeneinanderher (siehe Grafik 25a), während Korb fast mit Lichtgeschwindigkeit an ihnen vorbeidüst und seine Zeit damit langsamer zu vergehen scheint (siehe Grafik 25b).

In diesem Moment darf Pappe all ihren angestauten Aggressionen Luft verschaffen. Sie soll nun nämlich, sobald Korb an ihr vorbeizieht, sowohl ihm als auch seinem Duplikat einen ordentlichen Stoß verpassen. Damit sich am Ende keiner der beiden Körbe benachteiligt fühlt, muss Pappe darauf achten, dass sie ihre Kraft auf beide gleichmäßig verteilt, ohne dabei den einen länger oder kürzer als den anderen zu malträtieren (siehe Grafik 25c).

Nachdem Pappe sich der in ihr schlummernden Wut entledigt hat, gilt es, die Masse der beiden Körbe zu bestimmen. Dazu bedient sie sich des zweiten Newton'schen Bewegungsgesetzes. Dieses besagt nämlich, dass man die Masse eines Körpers erhält, indem man dessen Geschwindigkeitsänderung durch seinen Impuls teilt (denn *Impuls = Masse mal Beschleunigung* – siehe Grafik 25f). Der Impuls ist in unserem Fall die Kraft, die in dem wutentbrannten Stoß von Pappe steckt. Dieser führt wiederum zu einer Veränderung der Geschwindigkeit der beiden Kisten und damit zu einer Beschleunigung.

Soweit die Theorie. Und da Pappe den beiden baugleichen Kisten mit derselben Wucht einen Schubs mitgibt, der Impuls also identisch ist, müssten sie eigentlich auch gleich stark und gleich lang beschleunigt werden, und somit sollte sich auch ihre Geschwindigkeit um den gleichen Betrag erhöhen. Doch dem ist eben nicht so! Stattdessen erfährt Korb II eine wesentlich stärkere Impulsveränderung als sein Kistenkollege (siehe Grafik 25d/25e).

Um zu verstehen, wie das sein kann, versetzen wir uns nun in die Lage von Pappe. Wie bereits erwähnt sieht sie Korb recht flott an sich und Korb II vorbeieilen und empfindet dadurch, dass die Zeit für die fast mit Lichtgeschwindigkeit reisende rasende Kiste langsamer zu vergehen scheint. Bis hierher ist das nichts Neues. Doch wenn für Pappe Korbs Uhr langsamer tickt, dann scheint er automatisch auch ihren Stoß kürzer zu verspüren und deshalb weniger stark beschleunigt zu werden als Korb II, der ja bis zu dem Moment des Stoßes noch zusammen mit Pappe im selben Bezugssystem umherschwebt und sich daher nicht relativ zu ihr bewegt. Seine Zeit vergeht folglich aus ihrer Sicht völlig normal. Somit verspürt Korb II Pappes Stoß über einen längeren Zeitraum als Korb und wird deshalb auch wesentlich stärker angeschubst.

Kommen wir nun zurück zu Newtons zweitem Bewegungsgesetz *(Masse = Impuls geteilt durch Beschleunigung)*. Da die Beschleunigung von Korb aus der Sicht von Pappe wegen seiner langsamer tickenden Uhr geringer ausfällt als bei seinem Zwilling Korb II, sie beiden aber denselben Impuls mitgibt, bedeutet das automatisch, dass die Masse von Korb aus Pappes Sicht größer erscheinen muss – denn sonst würde Newtons Gleichung nicht mehr stimmen. Und da eine der Voraussetzungen der Einstein'schen Speziellen Relativitätstheorie ist, dass neben der Konstanz der Lichtgeschwindigkeit die Naturgesetze immer und überall gelten, hat Korb definitiv die schlechteren Karten – er muss aus der Sicht von Pappe an Gewicht zulegen. Und genau dies tut er auch (siehe Grafik 25g).

Sobald sich Materie relativ zueinander bewegt, scheint die Masse zuzunehmen.

Für bewegte Objekte verlangsamt sich also nicht nur die Zeit und es schrumpft ihre Länge – sie nehmen auch noch zu, und dies umso stärker, je schneller sie an einem vorbeizuflitzen scheinen. Doch dieser Massezuwachs kann unter bestimmten Bedingungen auch mehr sein als eine bloße optische Täuschung, die wegen der festen Geschwindigkeit des Lichts entsteht und deshalb nur von Beobachtern wahrgenommen wird, nicht aber von dem vermeintlich schwereren Objekt selbst. Das Gewicht eines bewegten Körpers kann nämlich auch tatsächlich zunehmen. Dies ist immer genau dann der Fall, wenn die Gravitation ins Spiel kommt, die wir ja ganz zu Beginn für unsere Versuche ausgeschlossen haben. Sobald die Schwerkraft mitmischt, merkt nämlich auch das Objekt höchstpersönlich, dass es an Masse zulegt – und dies umso mehr, je intensiver die Schwerkraft wirkt beziehungsweise je stärker die Beschleunigung ausfällt. In beiden Fällen ist das Ergebnis dasselbe: das Objekt wird schwerer.

Die Tatsache, dass die Masse mit steigender Beschleunigung stetig zunimmt, bestätigt außerdem ein wichtiges Verbot, das wir bereits erwähnt haben: Kein mit Masse versehener Körper kann jemals die Lichtgeschwindigkeit erreichen (siehe *Die Sturheit des Lichts*, Seite 177). Denn um auf eine derart hohe Geschwindigkeit zu kommen, müsste man zwangsläufig ordentlich beschleunigen. Dadurch würde die Masse mit jedem bisschen mehr Tempo automatisch zunehmen, immer mehr und immer mehr. Sie würde also mit großen Schritten der Unendlichkeit entgegenschreiten. Und um eine unendlich große Masse überhaupt noch von der Stelle zu bewegen, wären ebenfalls gegen unendlich reichende Energiemengen nötig. Ein ausweglosses Unterfangen also. Wir werden der Lichtgeschwindigkeit deshalb immer nur hechelnd hinterherrennen können, sie aber niemals erreichen.

Aus dem Phänomen des Massezuwachses leitete Einstein seine berühmte Formel $E = mc^2$ ab. Masse und Energie hängen demnach direkt zusammen.

Das Phänomen des Massezuwachses zeigt somit auch, dass Masse und Energie direkt zusammenhängen. Genau dies war übrigens der Knackpunkt, der Einstein zu seiner weltberühmten Formel $E = mc^2$ verhalf. Sie besagt, dass jede Energie automatisch auch einer Masse entspricht, die mit dem Quadrat der Lichtgeschwindigkeit multipliziert werden muss. Und da die Lichtgeschwindigkeit einen recht großen Wert besitzt, bedeutet dies, dass in jeder Materie eine unheimliche Energiemenge schlummert.

Dass dem tatsächlich so ist, beweist unsere Sonne. Sie macht sich Einsteins Formel zunutze, indem sie die Materie in die in ihr steckende Energie umwandelt und uns dadurch ganz nebenbei mit Licht versorgt. Und diese Energie ist, wie wir noch sehen werden, zu Beginn ganz schön gewaltig (siehe *Drückend heiß,* Seite 281) …

Aus Jahren Tage machen

Das Licht ist also schuld daran, dass sich Zeiten, Längen und Massen völlig anders verhalten, als wir es eigentlich von ihnen erwarten würden. Dabei ist jedoch alles in bester Ordnung, solange sich die Gravitation nicht einmischt. Wie wir bei dem Effekt des Massezuwachses gesehen haben, beginnt dieser nämlich tatsächlich Realität zu werden, sobald Beschleunigung ins Spiel kommt (siehe *Kistenkonstellation, die vierte, und das Zunehmen der Masse,* Seite 195). In diesem Fall handelt es sich somit nicht mehr länger um eine simple Wahrnehmungstäuschung aus der Sicht eines anderen.

Und weil uns das noch nicht verwirrend genug ist, werden wir unseren Verstand jetzt noch ein wenig mehr herausfordern. Denn diese plötzliche Realitätswerdung trifft nicht nur die Masse – auch aus dem wahrgenommenen Unterschied zwischen langsamer und schneller tickenden Uhren beziehungsweise aus kürzer werdenden Längen kann plötzlich mehr werden als eine bloße optische Täuschung.

Um zu zeigen, wie es dazu kommen kann, werden wir nun ein wenig intensiver mit den Konsequenzen der Relativität von Raum und Zeit spielen und dabei auf ein recht bekanntes Phänomen stoßen, das sich aus der Speziellen Relativitätstheorie ergibt. Die Rede ist vom sogenannten Zwillingsparadoxon.

Und da es um Zwillinge geht, wissen wir auch schon, wer zur Demonstration des besagten Paradoxons herhalten muss – nämlich unsere beiden eineiigen Kistenzwillinge Korb und Korb II (siehe Grafik 26). Korb II soll jetzt furchtbar schnell unterwegs sein, genauer gesagt soll seine Geschwindigkeit bis auf ein Millionstel an die des Lichts heranreichen. Mit diesem Tempo schicken wir ihn am 23. März 2012 auf die Reise zum hellsten Stern am Nachthimmel, Sirius A, der von der Erde 8,6 Lichtjahre entfernt ist (siehe Grafik 26a). Dort angekommen, darf Korb II eine kurze Brotzeitpause einlegen, um danach sofort wieder zu uns auf die Erde zurückzukehren (siehe Grafik 25e). Sein Zwilling Korb wird solange auf ihn warten.

Und wieder schlüpfen wir in die Rollen der beiden Kisten. Für den zu Hause gebliebenen Korb ist vorhersehbar, wann er seinen Zwilling wiedersehen wird. Da Korb II sich beinahe mit Lichtgeschwindigkeit bewegt, wird er etwas länger als 8,6 Lichtjahre brauchen, um Sirius A zu erreichen, und ebenso lange wieder für seine Rückreise benötigen. Korb II wird somit, wenn er es denn mit seiner Brotzeitpause nicht allzu sehr übertreibt, in etwas mehr als 17,2 Jahren wieder auf der Erde aufschlagen, etwa am 4. Juni 2029. Eine ganz schön lange Zeit also – und das, obwohl Sirius A einer der nächstgelegenen Sterne in unserer Umgebung ist! Dies zeigt sehr deutlich, wie gewaltig die Entfernungen sind, die das Licht im Universum ständig zurücklegen muss, um überhaupt einmal auf Materie zu treffen (siehe *Vor allem leerer Raum,* Seite 335/*Die Unabhängigkeitserklärung der Materie,* Seite 666) …

[Grafik 26] **Das Zwillingsparadoxon**

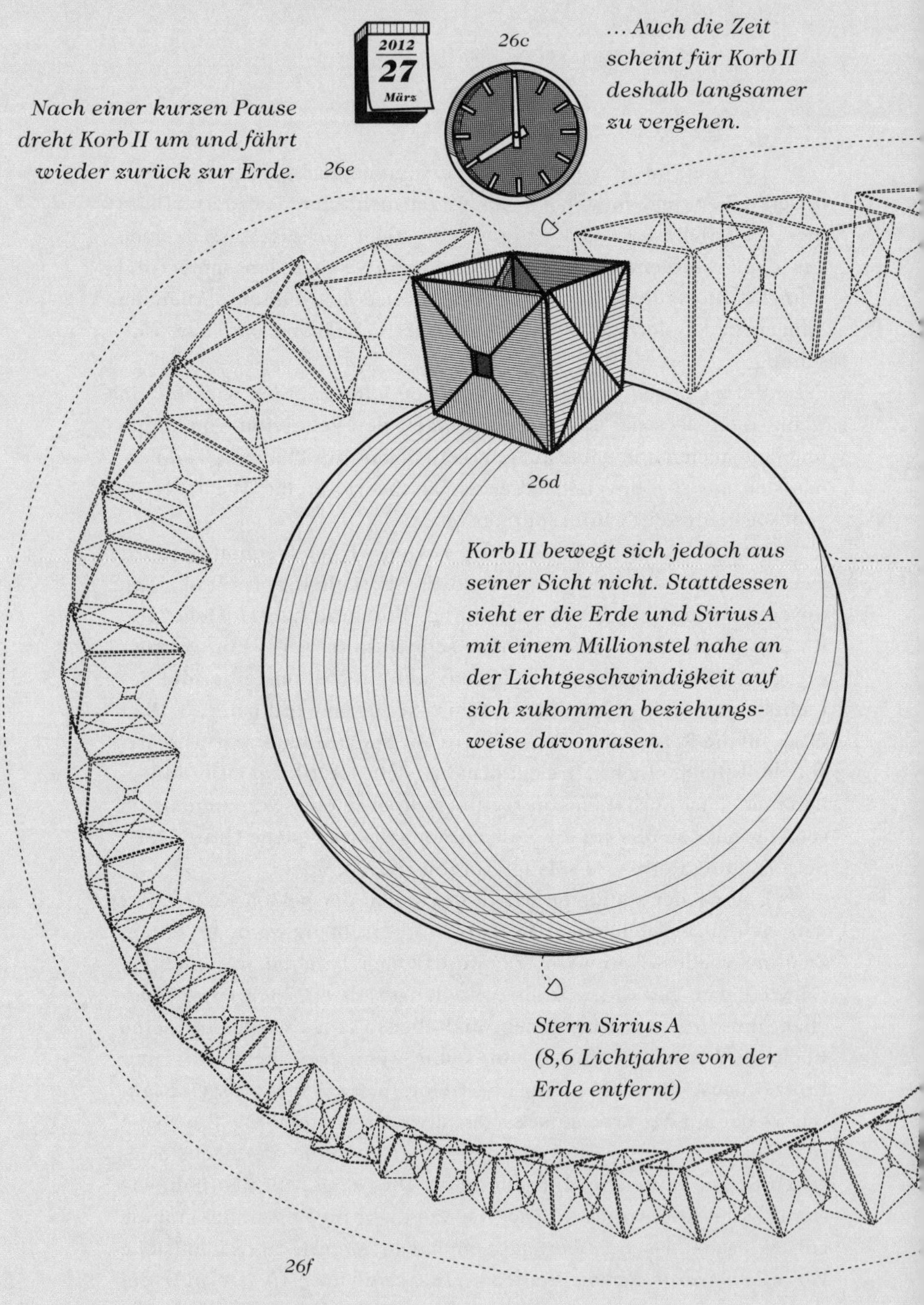

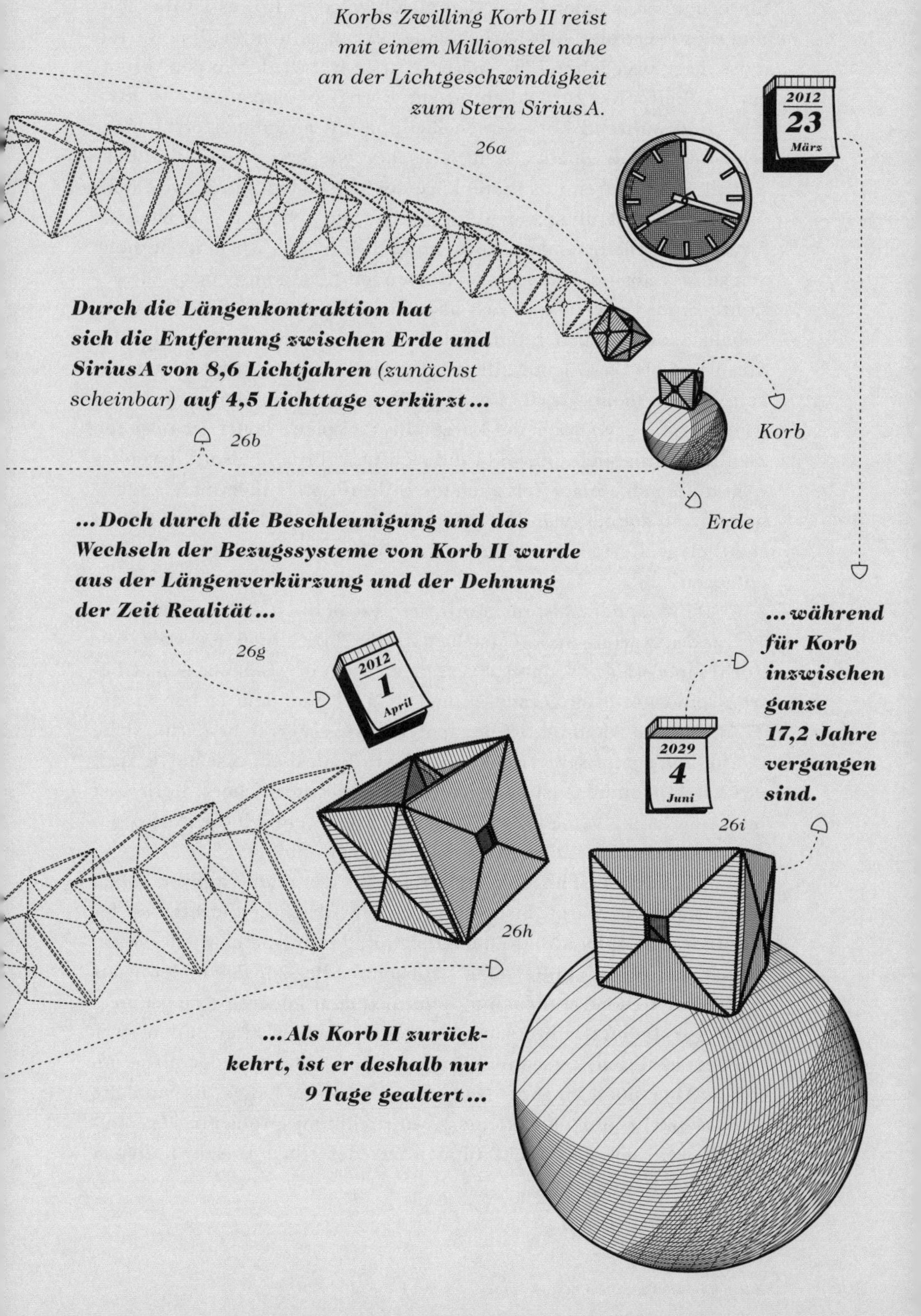
Korbs Zwilling Korb II reist mit einem Millionstel nahe an der Lichtgeschwindigkeit zum Stern Sirius A.
26a
2012
23
März
Durch die Längenkontraktion hat sich die Entfernung zwischen Erde und Sirius A von 8,6 Lichtjahren (zunächst scheinbar) auf 4,5 Lichttage verkürzt …
26b
Korb
Erde
… Doch durch die Beschleunigung und das Wechseln der Bezugssysteme von Korb II wurde aus der Längenverkürzung und der Dehnung der Zeit Realität …
26g
2012
1
April
… während für Korb inzwischen ganze 17,2 Jahre vergangen sind.
2029
4
Juni
26i
26h
… Als Korb II zurückkehrt, ist er deshalb nur 9 Tage gealtert …

Doch unser eigentliches Problem sind in diesem Fall nicht die Entfernungen, sondern, wie sich gleich zeigen wird, es ist die Zeit. Und diese vertreibt sich Korb, solange er auf seinen Zwilling warten muss. Fast zwei Jahrzehnte später wird er erst wieder an den vereinbarten Treffpunkt zurückkehren, um Korb II zu empfangen.

Und während Korb seinen Zwilling mit angenäherter Lichtgeschwindigkeit davoneilen sieht, tauschen wir jetzt wieder die Blickwinkel und begeben uns in die Lage des Reisenden. Für Korb II sieht die Situation nämlich ein wenig anders aus: Nicht er bewegt sich furchtbar schnell, sondern Korb, und mit ihm – da wir ja nicht mehr von schwerelos im Raum umhertreibenden Kisten ausgehen – die gesamte Erde! Unser Planet rast also aus der Sicht von Korb II davon. Sobald Sirius A auf der Bildfläche erscheint, bewegt sich auch der Stern mit bis zu einem Millionstel genau an der Lichtgeschwindigkeit, jedoch nicht wie die Erde von Korb II weg, sondern auf ihn zu (siehe Grafik 26d). Nach der kurzen Brotzeitpause kehrt der reisende Zwilling schließlich um, während sich nun Sirius A rasant davonbewegt und nach einiger Zeit auch die Erde auf ihn zukommt, ebenfalls beinahe so schnell wie das Licht. Mit ihr eilt auch der inzwischen sichtlich gealterte Korb seinem wesentlich jünger wirkenden Zwilling entgegen.

Denn anders als für Korb, der tatsächlich die vereinbarten 17,2 Jahre warten musste (siehe Grafik 26i), schien die Reise für Korb II um einiges schneller vergangen zu sein. Genauer gesagt betrug seine Reisezeit gerade einmal 9 Tage! Nachdem er bereits am 27. März, also knapp 4,5 Tage später, Sirius A erreicht hatte (siehe Grafik 26c), fand seine Rückkehr zur Erde deshalb erst am 1. April 2012 statt – und das ist keinesfalls ein schlechter Scherz! Korb II ist im Vergleich zu seinem Zwilling tatsächlich deutlich langsamer gealtert (siehe Grafik 26h). Doch wie kann das sein?

Wie wir bei all unseren vorherigen Kissen- und Kistenversuchen sehen konnten, waren bisher für beide Beobachter die Effekte der Relativität dieselben und glichen sich dadurch immer wieder wunderbar aus. Während der eine Beobachter die Zeit des anderen als langsamer tickend wahrnahm, kam dies dem anderen genau umgekehrt vor. Dadurch unterschieden sich die beiden zwar in dem, was sie beobachteten, tatsächlich änderte dies jedoch weder etwas an ihrem Alter noch an ihrer Masse oder an ihrer Länge. Es handelte sich vielmehr um ein »kleines Wahrnehmungsproblem«, das entstand, weil sich das Licht immer mit derselben Geschwindigkeit durch den Raum bewegt.

Könnte man sich mit einem Millionstel nahe an der Lichtgeschwindigkeit bewegen, würden 17,2 Jahre auf 9 Tage zusammenschrumpfen.

Doch jetzt schien etwas Gravierenderes eingetreten zu sein. Die Längen haben sich offensichtlich tatsächlich für Korb II verkürzt und waren damit nicht mehr nur eine harmlose optische Täuschung in den Augen von Korb. Die Entfernung zwischen dem Stern Sirius A und der Erde schrumpfte für den Reisenden wirklich von 8,6 Lichtjahre auf 4,5 Lichttage zusammen (siehe Grafik 26b/26c).

Doch nicht nur der scheinbare Längenunterschied zwischen Erde und Stern wurde mit der Rückkehr von Korb II Realität, auch die Zeit verlief für ihn tatsächlich deutlich verlangsamt. Anders als es in unseren Versuchen davor der Fall war, glich sich der wahrgenommene Zeitunterschied zwischen den beiden Körben nun nämlich nicht mehr dadurch aus, dass auch für Korb II die Zeit auf der Erde langsamer zu vergehen schien, sondern ganz im Gegenteil: Er sah, wie sich die Erde im Zeitraffer drehte und mit ihr sein wartender Zwilling und alle anderen Erdenbewohner, die durch dieses hektische Gewirbel merklich schneller alterten als er selbst. Aus diesem empfundenen Zeitunterschied wurde genau in dem Moment Realität, als Korb II wieder zur Erde zurückkehrte (siehe Grafik 26g). Es handelt sich also in diesem Fall um mehr als nur eine kleine Wahrnehmungstäuschung. Doch warum um alles in der Welt konnte das überhaupt passieren?

Die Lösung dieses außerordentlich verwirrenden Problems liegt in den ständig wechselnden Bezugssystemen begründet, die Korb II auf seiner Reise einnahm. Denn anders, als es bei unseren vorherigen Versuchen der Fall war, musste er zum einen ordentlich beschleunigen, um überhaupt die Erde verlassen zu können, zum anderen musste er auch abbremsen, also negativ beschleunigen, denn ansonsten wäre er ja äußerst unsanft mit Sirius A oder unserer Erde kollidiert. Außerdem musste der reisende Korb II, um wieder zu seinem Zwilling zurückzugelangen, nachdem er den hellsten Stern unseres Nachthimmels erreicht hatte, umdrehen und damit sowohl Flugrichtung als auch Bezugssystem mehrmals verändern (siehe Grafik 26f). Und da wir ganz zu Beginn unserer Experimente die Bedingung gestellt haben, dass die Schwerkraft keine tragende Rolle spielen darf, sich also weder ein extrem anziehender, massereicher Körper in der Nähe befinden noch die Geschwindigkeit verändert werden darf, wurde diese Regel durch das ständige Beschleunigen und das daraus resultierende Wechseln zwischen den Bezugssystemen von Korb II gleich mehrfach gebrochen.

Wie wir bereits gesehen haben, führt das Wirken der Schwerkraft dazu, dass die Masse tatsächlich zunimmt und nicht nur in den Augen anderer der bloße Anschein erweckt wird (siehe *Kistenkonstellation, die vierte, und das Zunehmen der Masse,* Seite 195). Ähnlich ist es auch bei Längen und Zeiten. Der unstete Wechsel von Korb II zwischen den Bezugssystemen führte letztendlich, zusammen mit noch einigen anderen Ursachen, dazu, dass sich die Entfernungen wirklich verkürzten und die Zeit für den reisenden Zwilling tatsächlich langsamer verging als für den daheimgebliebenen Korb. (Unter anderem schlägt hier auch die Allgemeine Relativitätstheorie zu Buche, nach welcher es möglich ist, durch starkes Beschleunigen einen »Umweg« in der Raumzeit einzuschlagen, wodurch die Zeit automatisch langsamer vergeht, als wenn man den vorgegebenen Weg wählt.)

Der scheinbare Unterschied in Masse, Zeit und Länge kann tatsächlich Realität werden, wenn Beschleunigung ins Spiel kommt und ein Objekt somit zwischen den Bezugssystemen wechselt.

Die anderstickende Welt

Während wir die Kissen und Kisten sich gegenseitig beobachten, schubsen und vermessen ließen und ihnen dabei außerdem den Turbo der Beinahe-Lichtgeschwindigkeit verliehen, zeigte sich unsere Welt von ihrer skurrilsten Seite. Genau jene besondere Eigenart von Raum und Zeit war es, der Einstein damals mit seinen gedanklichen Experimenten auf die Schliche kam. Diese Gedankenexperimente zeigen uns, dass unsere althergebrachte Vorstellung von Raum und Zeit gewaltig hinkt. Es handelt sich eben nicht um feste, unantastbare und zu allen Zeiten gleichbleibende Größen, wie es uns der Alltag gerne vorgaukelt. Nicht Raum und Zeit sind konstant, sondern das Licht ist es! Und während das Licht zusammen mit den Naturgesetzen seine absolute Stellung innehat, sind es Raum und Zeit, die sich dem zu beugen haben. Sie sind deshalb nicht frei und unabhängig, sondern fest aneinander gebunden. Je nachdem, was im Raum gerade vor sich geht, muss sich die Zeit automatisch daran anpassen.

Raum und Zeit hängen untrennbar zusammen. Je nachdem, was im Raum gerade vor sich geht, hat sich die Zeit daran anzupassen.

Die beiden sind also relativ – und zwar immer, auch bei uns auf der Erde. Nur merken wir davon nichts, weil die Natur ihr wahres Gesicht erst zu zeigen pflegt, wenn man es wagt, sich der Geschwindigkeit des Lichts zu nähern. Je weiter man dabei an die Photonen herankommt, desto heftiger fallen die Unterschiede in Raum und Zeit aus. Während die Zeit immer langsamer vergeht, werden die Längen von Mal zu Mal kürzer, und die Massen legen immer mehr zu.

Je schneller die Geschwindigkeit, desto langsamer vergeht die Zeit, desto kürzer werden die Längen, und desto schwerer werden die Massen.

Und da auch jede Form der Bewegung durch den Raum relativ ist, werden sich zwei unterschiedliche Beobachter, die sich nicht im selben Bezugssystem befinden, auch niemals darauf einigen können, wer von beiden sich denn nun bewegt und wer nicht (siehe *Kissenkonstellation, die erste,* Seite 167). Auch die Reihenfolge von Ereignissen, die in unterschiedlichen Bezugssystemen passieren, werden sie deshalb unterschiedlich wahrnehmen.

Unterschiedliche Beobachter nehmen unterschiedliche Ereignisse in unterschiedlichen Bezugssystemen in einer unterschiedlichen Reihenfolge wahr.

Anderstickende Uhren, schrumpfende Längen, wachsende Massen – das klingt zwar alles eher nach einer stark blühenden Fantasie als nach einer seriösen wissenschaftlichen Theorie, dennoch zählt die Relativitätstheorie definitiv zu Letzterer. Mehr noch – sie ist sogar eine der am häufigsten überprüften Theorien der Wissenschaft überhaupt und konnte bisher jedem noch so harten Tauglichkeitstest standhalten. Wir können deshalb davon ausgehen, dass sich unsere Welt tatsächlich derart seltsam verhält, wie es Einstein bereits vor mehr als einhundert Jahren vorhergesagt hatte.

Die Relativitätstheorie ist eine der am besten überprüften Theorien der Wissenschaft überhaupt. Man kann also davon ausgehen, dass sich unsere Welt tatsächlich sehr seltsam verhält.

2.3 Das Ewiggestrige

Warum wir niemals sehen werden, was wirklich gerade passiert

Das Licht ist eine der wenigen wirklichen Konstanten in unserer Welt. Während Raum und Zeit zu den eher wackeligen Kandidaten zählen, bleiben die Photonen ihrer Geschwindigkeit immer treu. Diese Berechenbarkeit des Lichts macht sich die Wissenschaft zunutze, um der Geschichte unseres Universums auf die Spur zu kommen. Denn im Licht lesen bedeutet in die Vergangenheit zu blicken. Genau das wollen wir nun auch tun …

Die Geschichte des Universums von hinten aufrollen

Licht ist Information. Diese trägt das Photon – wenn ihm denn nichts dazwischenkommt – unendlich lange mit sich durch den Raum (siehe *Das Photon,* Seite 94). Und da der Weltraum vor allem eines ist, nämlich leer, wimmelt es im All nur so von Photonen, die aus den unterschiedlichsten Epochen des Universums zu uns kommen, um ihre Geschichte zu erzählen (siehe *Vor allem leerer Raum,* Seite 335).

Und wir hören ihnen gerne und geduldig zu, schließlich haben wir dem Licht viel zu verdanken (siehe *Danke, Licht!,* Seite 792). Wir haben es bei der Betrachtung des gesamten elektromagnetischen Spektrums bereits erwähnt – nahezu unser gesamtes Wissen über das, was weit außerhalb unseres Sonnensystems passiert, beruht letztendlich auf den Informationen, die uns das Licht liefert (siehe *Licht ist Information,* Seite 123).

Dabei sehen wir jedoch nie, was gerade aktuell im All vor sich geht, denn das Bild, das uns die Photonen vermitteln, ist immer ein Blick in die Vergangenheit, niemals eine Echtzeitaufnahme. Das liegt daran, dass sie nicht unendlich schnell, sondern mit ihrer festen

Lichtgeschwindigkeit unterwegs sind (siehe *Dem Licht auf der Spur*, Seite 156). Und bei einer endlichen Geschwindigkeit dauert es eben auch eine gewisse Zeit, bis das Licht von seinem Startpunkt bis zu uns gelangt. Von je weiter es kommt, desto länger war es unterwegs und desto weiter liegt das Geschehene somit in dem Moment zurück, in dem wir es beobachten.

Je weiter etwas entfernt von uns liegt, desto größer ist die Zeitverzögerung, mit der wir es wahrnehmen.

Aus diesem Grund gibt man sehr große Entfernungen im Universum auch in Lichtjahren an – in jener Distanz, die das Licht in einem Jahr mit seinen 299 792,458 Kilometern pro Sekunde zurücklegt. Und das sind immerhin geschlagene rund 9,46 Billionen Kilometer! Wenn also Licht, das diese Strecke hinter sich hat, auf unsere Augen trifft, dann ist das, was wir sehen, bereits vor einem Jahr passiert. Die Bilder, die sich genau in diesem Moment 9,46 Billionen Kilometer von uns entfernt ereignen, werden ebenfalls wieder ein ganzes Jahr brauchen, um zu uns zu gelangen.

Das Licht legt in einem Jahr 9,46 Billionen Kilometer zurück. Wenn wir etwas aus dieser Entfernung sehen, ist das Bild somit bereits ein Jahr alt.

Wir sehen also niemals das, was sich an einem Ort gerade aktuell ereignet, sondern immer nur, was vor einer gewissen Zeit dort passierte. Auch alles, was bei uns auf der Erde vor sich geht, sehen wir erst, nachdem die Photonen ihre Reise zwischen der Materie und unseren Augen beendet haben (siehe *Warum sehen wir überhaupt etwas?*, Seite 62). Doch da die uns gewohnten Entfernungen im Vergleich zu der Geschwindigkeit des Lichts eher spärlich sind, bemerken wir diese Zeitunterschiede schlichtweg nicht. Um beispielsweise die optischen Informationen über diesen Text zu uns zu bringen, braucht das Licht, wenn wir das Buch circa dreißig Zentimeter von unseren Augen entfernt halten, gerade einmal eine winzige Nano-

Alles was wir sehen,
ist bereits Vergangenheit.

[Grafik 27] **Achteinhalb Lichtminuten – der Weg des Lichts von der Sonne zur Erde**

Wäre die Erde ***einen Millimeter*** *»groß« …*

Erde

Das Licht reist in etwa
8 Minuten und 30 Sekunden
149 597 870,691 Kilometer,
um von der Sonne zu uns zu gelangen.

Damit auch der Abstand Erde – Sonne maßstabsgetreu wäre …

... würde der Durchmesser der Sonne rund ***10,9 Zentimeter*** *betragen.*

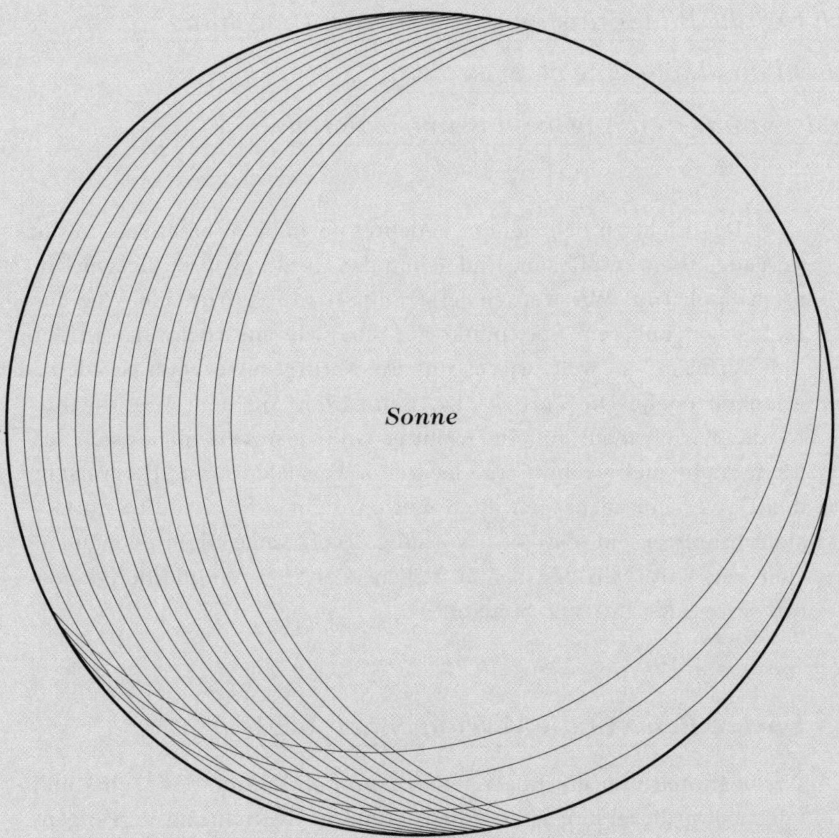

... müssten die Buchseiten etwa ***11,7 Meter*** *auseinanderliegen.*

sekunde (0,000 000 001 Sekunden), ein sehr kurzer Zeitraum also. Es wundert deshalb nicht, dass wir nicht mitbekommen, dass das Licht in unserer direkten Umgebung eine Weile braucht, um uns zu erreichen.

Auch für alle Bilder aus unserer direkten Umgebung braucht das Licht eine gewisse Zeit, um sie zu unseren Augen zu transportieren.

Das Licht zu beobachten bedeutet deshalb automatisch, in die Vergangenheit zu blicken. Und genau das werden wir ab diesem Moment auch tun. Wir werden jetzt Schritt für Schritt den Weg des Lichts von unserem Startpunkt auf der Erde aus rückwärts in der Zeit verfolgen, so weit, wie es uns die Naturgesetze noch gerade so erlauben (siehe *Die Planck-Ära,* Seite 757). Auf dem Weg dorthin werden wir übrigens auf eine wichtige Grenze stoßen, ab der sich das Licht nicht mehr schnurstracks weiter verfolgen lässt. Hier macht das Universum sozusagen die Schotten dicht und verhüllt sein Gesicht hinter einem ominösen Vorhang. Doch was es damit genau auf sich hat, wird sich erst später zeigen (siehe *Die Unabhängigkeitserklärung der Materie,* Seite 666)…

Unsere Reise in die Vergangenheit beginnt

Wir beginnen nun mit unserer Reise auf den Spuren des Lichts und folgen ihm die ersten achteinhalb Minuten in Richtung Vergangenheit (siehe Grafik 27). Damit hat es aber immerhin schon ganze 149 597 870,691 Kilometer hinter sich gelassen. Bei dieser Entfernung treffen wir auf eine alte Bekannte – unsere Sonne. Auch bei ihrem Bild, das wir auf der Erde sehen, handelt es sich nicht um eine aktuelle Momentaufnahme, denn unser Stern präsentiert sich uns immer nur so, wie er vor jeweils rund acht Minuten und dreißig Sekunden ausgesehen hat.

Die Tatsache, dass das Licht stets mit gleichem Tempo von dannen zieht, sorgt in unserem Universum für sehr seltsame Konsequenzen, die für unsere Existenz jedoch enorm wichtig sind. Und da uns das Licht dank seiner endlichen Geschwindigkeit ein Fenster mit direktem Blick in die Vergangenheit eröffnet, beginnen wir ab jetzt unsere Reise rückwärts in der Zeit auf den Spuren der Photonen.

Dabei landen wir zuallererst bei der für unsere Augen stets achteinhalb Minuten alten Sonne. Sie ist es, die das Licht in unsere Welt bringt, und damit verdanken wir ihr letztendlich unser Leben.

Doch was hat man sich unter der Sonne eigentlich genau vorzustellen? Welche unglaublichen Strapazen müssen die Photonen durchmachen, damit sie endlich aus ihr herauskommen können? Und wie entsteht überhaupt das viele Licht in ihr, das sie uns tagtäglich sendet?

Wir werden feststellen, dass die Sonne der beste Beweis dafür ist, dass das extrem Unwahrscheinliche tatsächlich extrem regelmäßig eintritt und wir sehr froh sein können, dass sie ist, wie sie ist: kalt, klein und allein …

3

Kalt, klein, allein

Die Sonne als unteres Mittelmaß

3.1 Rätselhaftes Dauerfeuer

Das große Grübeln über die Energiequelle der Sonne

Sie gehört so selbstverständlich zu unserem Leben dazu, dass wir sie manchmal fast vergessen. Dabei ist sie derart zuverlässig und beständig, dass sie durchaus mehr Beachtung verdient hat. Wir widmen ihr deshalb gleich zwei ganze Kapitel. Doch bevor wir wirklich loslegen und die Sonne in diesem Kapitel von der Hülle bis zum Kern durchforsten, um dabei den Weg des Lichts, das in ihr entsteht, zurückzuverfolgen, blicken wir erst ein wenig zurück in die Zeit, als man noch gar nicht wusste, was in der Sonne eigentlich vor sich geht. Denn obwohl wir nicht jeden Tag intensiv darüber sinnieren, wie die Sonne funktioniert beziehungsweise was sie überhaupt ist, haben sich diese Fragen schon viele Menschen gestellt.

Warum scheint eigentlich die Sonne?

Die Sonne befindet sich recht weit weg von uns – dennoch empfinden wir ihr Licht als sehr warm. Deshalb vermuteten bereits die Naturphilosophen der Antike, dass die Sonne ein sehr heißes, loderndes Feuer sein müsste. Wie wir allerdings noch sehen werden, handelt es sich bei ihr um kein Feuer (siehe *Die Anarchie der geladenen Teilchen,* Seite 237). Zu dieser Einsicht kamen auch die griechischen Gelehrten recht schnell und stellten sich die Sonne fortan als Ansammlung von glühenden Steinen vor. In der Tat ähnelt die Sonnenoberfläche einer glimmenden Glut – allerdings nur im weitesten Sinne (siehe *Eine Fahrkarte Richtung Ausgang, bitte!,* Seite 268). Doch *warum* die Sonne überhaupt leuchtet, da waren die Philosophen im antiken Griechenland überfragt.

Im Übrigen wusste man damals noch rein gar nichts über unsere treue Weggefährtin. Man kannte weder ihre Größe, noch wusste man, wie weit sie von der Erde entfernt war, geschweige denn, wie lange sie eigentlich schon existierte. Damit blieb den Gelehrten auch verborgen, welche unglaubliche Energie in unserer Sonne steckte.

Das sollte sich erst ändern, als sich die Wissenschaftler in der Mitte des 19. Jahrhunderts intensiv mit der Leuchtkraft der Sonne beschäftigten. Nun war ihre Entfernung, von der wir heute wissen, dass es etwa 150 Millionen Kilometer sind, schon recht genau bekannt. Man wusste also: Die Sonne ist nicht nur weit von der Erde entfernt – sie ist *furchtbar* weit von der Erde entfernt! Glühende Steine konnten es somit unmöglich sein, die das wärmende Sonnenlicht verursachen. Dafür ist die Distanz einfach viel zu groß.

Doch selbst wenn man annimmt, dass auf der Sonne etwas vor sich hin glüht – irgendwann müsste das Material aufgebraucht sein, und unser Stern würde aufhören zu leuchten und damit abkühlen. Zu diesem Schluss kam auch der deutsche Arzt und Physiker Julius Robert von Mayer (1814–1878). Nach seinen Berechnungen sollte genau dieser Fall nach 5000 Jahren eintreten, wenn denn die Sonne nicht von irgendwoher permanent neuen Energienachschub bekäme. Und da die Erde bekanntlich schon »etwas« länger als 5000 Jahre existiert und sie seit ihrer Entstehung von wärmendem Licht begleitet wird, muss unser Stern offensichtlich ständig mit neuer Energie versorgt werden.

Wieder war die Wissenschaft mit ihrem Latein am Ende. Woher sollte die Sonne ständig derart viel neue Energie bekommen? Wieder wurden die Menschen kreativ und überlegten sich die verschiedensten Theorien. Erst vermutete man, dass unsere Sonne regelmäßig von Kometen bombardiert würde. Allerdings müssten dann jede Sekunde etwa 15 000 Exemplare auf sie niederprasseln. Die Sonne würde damit nicht nur sekündlich schwerer werden, auch die Stabilität der Planetenbahnen wäre dahin (siehe *Ein strenges Regiment,* Seite 328). Die Kometentheorie schied somit gleich wieder aus.

Ein weiterer Vorschlag kam von dem deutschen Physiker und Physiologen Hermann von Helmholtz (1821–1894). Da man damals neben so vielen Fakten über die Sonne auch ihre Zusammensetzung nicht kannte, vermutete Helmholtz, dass die Sonne in ihrem Inneren Wasserstoff und Sauerstoff zu Wasser verbrenne. Doch dann würde sie noch wesentlich kürzer leben, als es Julius Robert von Mayer prognostizierte, nämlich nur 3000 Jahre. Also wurde auch diese Idee rasch wieder verworfen.

Doch Helmholtz blieb hartnäckig und startete Ende des 19. Jahrhunderts zusammen mit dem in Irland geborenen britischen Physiker Sir William Thomson (1824–1907), der 1892 als 1. Baron Kelvin (genannt Lord Kelvin) in den Adelsstand erhoben wurde, einen neuen Versuch. Ihr Vorschlag klang zunächst recht bizarr: Die Sonne sollte ihre Energie erhalten, indem sie ständig schrumpfte – allerdings so minimal, dass man es nicht hätte messen können. Nach ihren Berechnungen könnte sie so weitaus länger scheinen als die von Helmholtz zuerst vorgeschlagenen 3000 Jahre – 25 Millionen Jahre nämlich. Das mag auf den ersten Blick viel scheinen, doch man wusste damals bereits anhand von Fossilienfunden, dass die Erde noch weitaus älter war. Also schied auch das Konzept der Kelvin-Helmholtz-Kontraktion, auch Schwerkraftkontraktion genannt, aus. Doch völlig daneben lagen die beiden Physiker mit ihrer Sonnenschrumpf-Theorie nicht. Unser Stern schrumpfte nämlich, wie wir im nächsten Kapitel noch sehen werden, zu Beginn seiner Entstehung tatsächlich nach dem Prinzip der Kelvin-Helmholtz-Kontraktion (siehe *Vom Vorhauptreihenstern zum Hauptreihenstern,* Seite 369) …

Noch immer stand die Wissenschaft vor dem großen Rätsel, woher die Sonne ihre immense Leuchtkraft bezieht. Und wieder war es Albert Einstein, der mit einer seiner Theorien der großen Ratlosigkeit in der wissenschaftlichen Zunft ein Ende setzte. War es damals seine Entdeckung der Lichtquanten, die das Welle-Teilchen-Dilemma löste, so war es diesmal die Erkenntnis aus der Relativitätstheorie, die wir bereits im zweiten Kapitel kurz angesprochen haben – nämlich die Tatsache, dass in jeder Masse eine Energiemenge steckt (siehe *Kistenkonstellation, die vierte, und das Zunehmen der Masse,* Seite 195). Und zwar enorm viel Energie! Denn die berühmteste physikalische Formel aller Zeiten, $E = mc^2$, besagt, dass man, um die Energiemenge, die in der Materie steckt, zu berechnen, die Masse mit der Lichtgeschwindigkeit zum Quadrat multiplizieren muss. Und da die Lichtgeschwindigkeit dem sehr beachtlichen Wert von fast 300 000 Kilometern pro Sekunde entspricht, ist die Energiemenge, die in Materie gespeichert ist, enorm. Demnach könnte die Sonne über viele Milliarden Jahre lang konstant leuchten. Sie müsste es nur irgendwie schaffen, ihre Masse in Energie umzuwandeln.

Die Wissenschaftler tüftelten weiter, bis schließlich im Jahr 1926 der britische Astrophysiker Sir Arthur Stanley Eddington (1882–1944) des Rätsels Lösung fand. Er kam zu dem Schluss, dass die Sonne in ihrem Inneren durch das Verschmelzen von Atomkernen Masse in Energie umwandelt – die Idee der Kernfusion war geboren.

Die Sonne leuchtet, weil sie in ihrem Inneren Atomkerne verschmelzen lässt.

1938 gelang dem deutsch-amerikanischen Physiker Hans Bethe (1906–2005), auf Eddingtons Theorie aufbauend, schließlich der große Durchbruch. Er fand heraus, wie die besagte Kernfusion in der Sonne vonstattengeht. Für seine Entdeckung der sogenannten Proton-Proton-Reaktion, die wir später noch genauer kennenlernen werden, bekam er schließlich 1967 als erster Physiker für ein Thema aus der Astrophysik den Nobelpreis. Das große Rätsel um die Energiequelle der Sonne war damit endlich gelöst (siehe *Proton trifft Proton*, Seite 301).

3.2 *Energie für Einsteiger*

Eine kleine Vorstellungsrunde ihrer Erscheinungsformen

Nachdem wir nun wissen, dass das Sonnenlicht durch Kernfusion entsteht, müssen wir, bevor wir unsere Reise Richtung Sonne antreten, noch ein paar grundlegende Begriffe klären. Wir haben es bereits angesprochen: Die Sonne wandelt Masse in Energie um. Doch was ist das überhaupt – Energie?

Ohne Energie geht gar nichts

Eine Form der Energie haben wir bereits sehr genau kennengelernt – dieses gesamte Buch handelt von ihr – nämlich von der Strahlungsenergie, die wir schlicht auch als »Licht« bezeichnen. Doch es gibt noch zwei weitere Energieformen: potenzielle und kinetische Energie. Potenzielle Energie ist die Energie, die in der Materie gespeichert ist. Sie ist es, die in der Sonne durch Kernfusion in Licht, also Strahlungsenergie, umgewandelt wird. Die dritte Energieform ist die kinetische Energie, die sich vom griechischen Wort *kinesis* ableitet, was »Bewegung« bedeutet. Hier handelt es sich somit um die Energie, die in der Bewegung eines Objekts steckt.

Alles, was um uns herum und überhaupt im gesamten Kosmos vor sich geht, geschieht nur deshalb, weil Energie ausgetauscht oder von einer Form in eine andere umgewandelt wird. Nur deshalb kann zwischen der Materie etwas passieren. Energie kann jedoch niemals erzeugt oder vernichtet werden! Wie wir noch sehen werden, ist die Energiemenge in unserem Universum seit Anbeginn der Zeit immer exakt dieselbe (siehe *Der erste Symmetriebruch*, Seite 765). Sie wird sich niemals verringern oder erhöhen, sondern wird immer nur zwischen der Materie weitergereicht und umgewandelt.

Energie kann niemals erzeugt oder vernichtet werden. Sie kann lediglich ausgetauscht und von einer Form in eine andere umgewandelt werden.

Thermische Energie und Temperatur

Um die Vorgänge in der Sonne besser zu verstehen, müssen wir die kinetische Energie etwas genauer betrachten. Sie lässt sich nämlich in zwei Unterkategorien einteilen, die leicht verwechselt werden, aber keinesfalls verwechselt werden sollten – nämlich in die thermische Energie und die Temperatur.

Wie wir bereits im ersten Kapitel gesehen haben, handelt es sich bei den winzigen Wesen aus der Quantenwelt, den Elementarteilchen, um recht zappelige Zeitgenossen, die sich nicht festhalten lassen. Stattdessen schwirren sie unruhig umher, und dies umso heftiger, je stärker man sie in die Enge treibt (siehe *Bilderverbot,* Seite 73). Da Elementarteilchen Atome aufbauen, und Moleküle wiederum aus Atomen bestehen, können auch diese Teilchen niemals wirklich stillsitzen, sondern wuseln ebenfalls immer ein wenig zufällig umher. Durch dieses Schwingen seiner Einzelteile besitzt auch jedes Atom oder Molekül Bewegungsenergie. Und da man diese Teilchen recht selten allein antrifft, sondern sie meist in Scharen in einer Substanz oder einem Objekt versammelt sind, wäre es äußerst unpraktisch, die Bewegungsenergie jedes einzelnen Teilchens anzugeben. Stattdessen spricht man von der thermischen Energie. Sie ist die Summe der Bewegungsenergien aller einzelnen wuselnden Teilchen, die in einer bestimmten Form von Materie steckt. In einer Orange wimmelt es beispielsweise nur so von schwingenden Teilchen, selbst wenn sie völlig entspannt und regungslos herumzuliegen scheint.

Die thermische Energie ist die Summe der Bewegungsenergien aller Teilchen.

Jetzt kommen wir zur Temperatur. Sie bestimmt die Bewegungsfreiheit der einzelnen Teilchen. Je wärmer es ist, desto freier können sich Atome, Moleküle und deren Bestandteile bewegen. Wird es heiß, flitzen die Teilchen blitzschnell umher, wird es frostig kalt, frieren sie in ihrer Bewegung regelrecht ein, und aus einem anfänglich freudigen Hin-und-her-Schwingen wird ein jämmerliches Zucken. Würde man eine Orange in eine Schale voll eisgekühltem Wasser tauchen, würden ihre Bestandteile weitaus weniger schwingen, als sie es in einer Obstschale bei lauschiger Raumtemperatur oder gar auf der heißen Herdplatte täten (siehe Fotografie 17/Grafik 28a, 28b, 28c) – wobei sich die Frage stellt, wie sinnvoll es ist, eine Orange auf Eis zu legen beziehungsweise auf der blanken Herdplatte anzukokeln … Doch wie dem auch sei, in allen drei Fällen würden die Elementarteilchen in der Orange immer noch zappeln. Sie kämen niemals völlig zur Ruhe, denn hier schieben die Gesetze der Quantenmechanik einen Riegel vor. Die Welt muss in ihren kleinsten Bestandteilen immer ein wenig schwingen, daran führt kein Weg vorbei.

Wäre dem nicht so, wäre die Bewegungsenergie aller Teilchen gleich null. Diese unerreichbare Grenze dient als Startpunkt bei der Kelvin-Temperaturskala, dem sogenannten absoluten Nullpunkt. Er ist die kältestmögliche Temperatur. Kälter geht es nicht. Null Kelvin entsprechen einer Temperatur von –273,15 Grad Celsius – ganz schön frostig also. Erst bei dieser Temperatur würden alle Teilchen in der Orange völlig stillstehen. Doch da Teilchen niemals stillstehen werden, kann diese Temperatur nur im absoluten Vakuum erreicht werden, sprich in einem Raum, in dem gar keine Teilchen vorhanden sind. Da es im heutigen Universum nur noch sehr wenige Teilchen pro Kubikmeter gibt, kommt seine Temperatur von 2,73 Kelvin dem absoluten Nullpunkt schon sehr nah (siehe *Hintergrundrauschen*, Seite 661). Es wird ihn aber dennoch niemals erreichen, denn irgendein Teilchen wird immer da sein und dem Universum mit seinem Gezappel Temperatur verleihen.

Das gelingt dadurch, dass die Teilchen einen Teil ihrer Bewegungsenergie, umgewandelt in eine andere Energieform, an ihre Umgebung abgeben – nämlich in Form von Wärme. Schwingende Materie wandelt also permanent kinetische Energie in Strahlungsenergie um – sofern zu ihren Bestandteilen auch Elektronen oder Protonen gehören, denn wir wissen ja: Bewegte Ladungen erzeugen Licht (siehe *Licht wird geboren*, Seite 123). Und da dies bei der für uns sichtbaren, baryonischen Materie durch die Bank der Fall ist, können wir ganz allgemein davon sprechen, dass zappelnde Teilchen einem

Raum Temperatur verleihen, indem sie Photonen aussenden. Die Wärme, die dadurch entsteht, beeinflusst wiederum, wie stark die Materie in ihren Einzelteilen schwingen kann. So bedingt das eine automatisch das andere.

Temperatur bedeutet also immer auch die Anwesenheit von Licht. Dabei kommen umso energiegeladenere Photonen zum Vorschein, je heftiger sich die Einzelteilchen, die eine bestimmte Form von Materie aufbauen, im Schnitt bewegen. Anders als die thermische Energie entspricht die Temperatur deshalb nicht der *Summe* der kinetischen Energien aller Teilchen, sondern der *durchschnittlichen* kinetischen Energie aller Teilchen. Bewegen sich die Teilchen im Schnitt schneller, ist die Temperatur höher und die Photonenenergie damit intensiver, bewegen sie sich langsamer, fallen Temperatur und die damit verbundene Energie des Lichts entsprechend geringer aus. Temperatur und thermische Energie hängen somit direkt zusammen, sind aber nicht dasselbe.

Die Temperatur entspricht der durchschnittlichen Bewegungsenergie aller Teilchen.

Beide Größen hängen außerdem von der Dichte ab, also davon, wie viele Teilchen an einem Ort herumschwirren. Denn dabei entsteht ein Gasdruck, der sogenannte thermische Druck. Er ist die Kraft, mit der die Teilchen gegen ein Hindernis, bei unserer Orange beispielsweise gegen den Rand ihrer Schale, stoßen und dabei einen Teil ihrer Bewegungsenergie übertragen. Je mehr Teilchen vorhanden sind, desto mehr rempeln sie umher, und desto größer ist damit der thermische Druck, den sie erzeugen. Steigt wiederum die Temperatur an, sausen die Teilchen schneller umher. Ihre Stöße fallen deshalb heftiger aus. Auch in diesem Fall steigt der thermische Druck an. Am heftigsten sieht die Sache aus, wenn es sowohl heiß als auch dicht ist. Dann nämlich poltern die Teilchen oft *und* schnell gegen Hindernisse. Hier fällt der thermische Druck dementsprechend intensiv aus – genau, wie es übrigens im Inneren unserer Sonne der Fall ist. Doch dazu später mehr (siehe *Drückend heiß*, Seite 281) …

[Fotografie 17] ***Die Temperatur beeinflusst die thermische Energie***

[Grafik 28] ***Teilchen schwingen umso stärker, je höher die Temperatur ist***

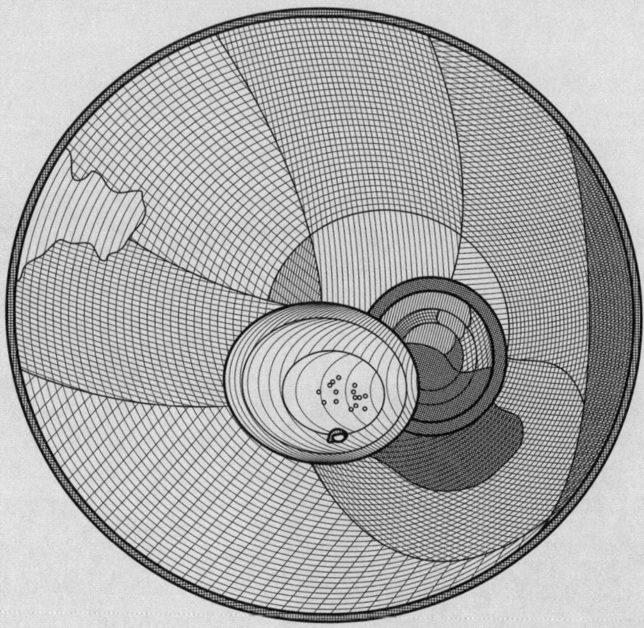

28a

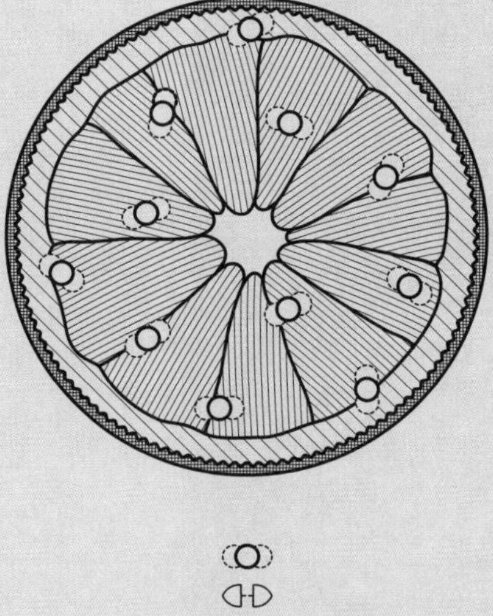

Die Teilchen in der Orange schwingen bei Raumtemperatur leicht umher. Die thermische Energie ist deshalb recht gering.

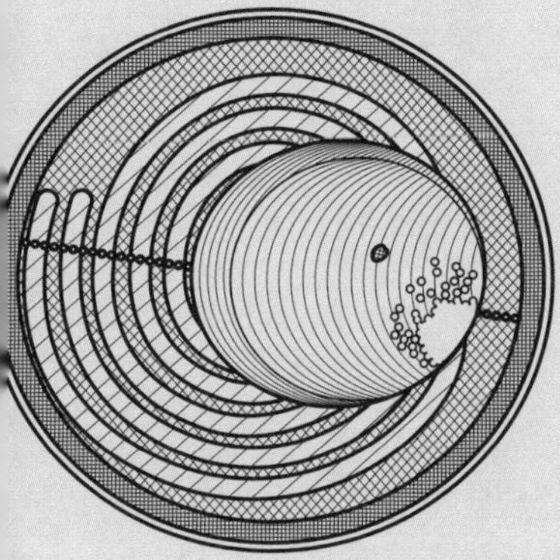

28b

28c

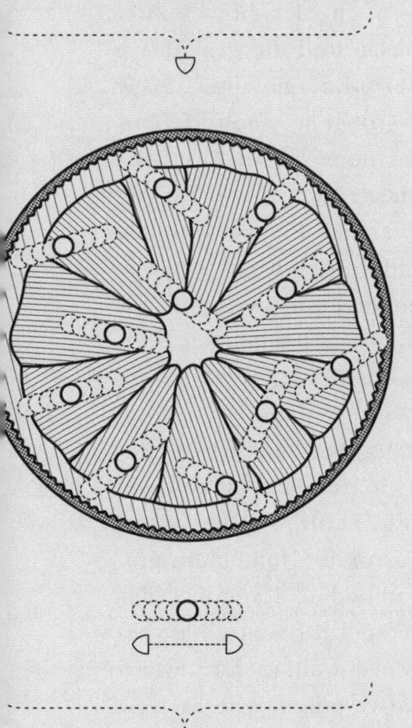

Die Teilchen in der Orange schwingen auf der heißen Herdplatte schnell umher. Die thermische Energie ist deshalb hoch.

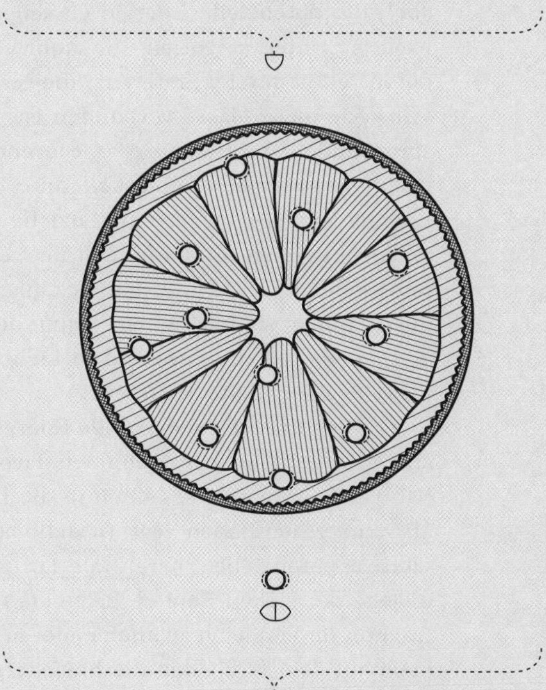

Die Teilchen in der Orange schwingen im Eiswasser kaum umher. Die thermische Energie ist deshalb sehr gering.

Äquivalenzmasse und gravitative potenzielle Energie

Für das Verständnis der Sonne ist neben der kinetischen Energie auch die potenzielle Energie entscheidend. Auch hier gibt es zwei wichtige Unterkategorien: die Äquivalenzmasse und die gravitative potenzielle Energie. Erstere ist die gespeicherte Energie einer Masse selbst. Je mehr Masse vorhanden ist, desto größer ist auch die entsprechende Äquivalenzmasse. Sie entspricht dem *»E«* in Einsteins berühmter Formel. Denn er erkannte, dass Masse auch eine Form von Energie ist – gespeicherte potenzielle Energie eben. Ebenso wie jede andere Energieform kann auch Masse in andere Arten von Energie umgewandelt werden. Genau dies macht sich auch unsere Sonne zunutze, indem sie, wie wir im Laufe dieses Kapitels noch sehen werden, einen Teil ihrer Materie in Licht umwandelt (siehe *1 plus 1 ist weniger als 2,* Seite 312).

Die gravitative potenzielle Energie hängt zwar ebenfalls von der Masse, außerdem aber auch noch davon ab, wie tief ein Objekt fallen kann. Wenn man dieses Buch in die Luft hält, kann es tiefer fallen, als wenn es am Boden liegt. Deshalb besitzt es in der Höhe mehr gravitative potenzielle Energie als auf dem Fußboden. Kapitel 5, das dickste der sieben Kapitel, hätte als Papierstapel für sich allein betrachtet im Vergleich zu allen anderen Kapiteln sowohl in der Luft als auch auf dem Fußboden die höchste gravitative potenzielle Energie vorzuweisen, da es die meiste Masse besitzt. Die potenzielle Energie hängt also von der Masse und der *Lage* eines Objekts ab. Sie wird deshalb oft auch als Lageenergie bezeichnet.

3.3 Wie heiß, wie groß, wie schwer?

Eine Bestandsaufnahme unserer Sonne

Mit den wichtigsten Grundlagen in Bezug auf die Energie ausgestattet, können wir jetzt endlich loslegen und uns der Sonne widmen. Wenn wir zu ihr blicken, sehen wir Licht, das mit Lichtgeschwindigkeit zu uns gereist ist, nachdem es die Sonnenoberfläche vor circa achteinhalb Minuten verlassen hat. Vom äußersten Rand der Sonne ausgehend, werden wir jetzt von außen nach innen immer weiter in sie vordringen, um dabei zu verfolgen, was das Licht auf seinem Weg durch das Sonneninnere alles durchmachen muss und wie lange seine Reise bis an die Oberfläche letztendlich dauert. Aber bevor wir uns auf die Reise quer durch unseren Stern begeben, wollen wir erst eine kurze Bestandsaufnahme machen, damit wir wissen, mit wem wir es hier eigentlich zu tun haben.

Die Anarchie der geladenen Teilchen

Wir haben es im Auftakt zu diesem Kapitel bereits erwähnt – die Sonne ist kein Feuer. Aber was ist sie dann? Im Grunde handelt es sich bei ihr um eine riesengroße Gaskugel, die so heiß ist, dass vielen Atomen dort vor Schreck die Elektronen abhandengekommen sind. Denn wie wir im ersten Kapitel gesehen haben, leben Elektronen vorzugsweise in einer Art Wohngemeinschaft mit maximal einem weiteren Elektron in verschiedenen Räumen um das Atom herum und springen, je nachdem, ob ein passendes Photon des Wegs kommt, in höhere Ebenen der Atomhülle empor oder eben nicht (siehe *Der etwas andere Jo-Jo-Effekt,* Seite 133/*Vom Verschlucken und Wiederausspucken,* Seite 138). Kommt jedoch ein extrem energiegeladenes Lichtteilchen daher, so wie es bei sehr hohen Temperaturen der Fall ist, dann ist den Elektronen plötzlich völlig egal, ob die Energie des Lichts haargenau einem bestimmten Betrag entspricht oder nicht. Ab einem gewissen Hitzegrad springen die Elektronen nämlich nicht mehr einfach nur höher, sondern sie verlassen ihre Atombehausung fluchtartig ganz und gar. Elektron für Elektron kehrt auf diese Weise seinem Atom den Rücken, je nach chemischem Element ab einer bestimmten Temperaturgrenze.

Hinzu kommt, dass bei größerer Hitze die Atome schneller umherschwirren, wodurch der thermische Druck steigt (siehe *Thermische Energie und Temperatur,* Seite 229). Werden die Teilchen zu allem Überfluss auch noch eng zusammengepfercht, schnellt der Gasdruck umso heftiger in die Höhe. Dadurch sind Kollisionen kaum noch zu vermeiden. Und so kommt, was kommen muss: Die Atome donnern mit voller Wucht gegeneinander und schießen dabei, je nach Schwere der Kollision, ein oder mehrere Elektronen aus dem Atomverbund hinaus. Je heißer und enger es im Materiegewimmel zur Sache geht, desto heftiger und schneller werden sie dabei hinauskatapultiert. Aber auch durch den Zusammenprall mit bereits entfesselten Elektronen können den Atomen allmählich ihre negativ geladenen Teilchen abhandenkommen.

Die Ionisation ist die Emanzipation des Elektrons vom Atom.

Übrig bleibt der verlassene Atomkern aus Protonen und Neutronen. Das Atom ist dann nicht mehr elektrisch neutral, sondern positiv geladen und nennt sich nun auch nicht mehr Atom, sondern Ion. Man bezeichnet diesen Vorgang, bei dem die Elektronen ihren Atomen die Freundschaft kündigen und plötzlich eigene Wege gehen, deshalb als Ionisation. Die Ionisation ist quasi die Emanzipation des Elektrons vom Atom. Sind aufgrund enormer Hitze alle Elektronen aus ihrer atomaren Hülle geflohen, ist das Element vollständig ionisiert. Jetzt sind die Elektronen nicht mehr gebunden, sondern schwirren unabhängig vom Atomkern umher. Materie, in der diese Trennung teilweise oder vollständig aufgrund sehr hoher Temperaturen stattgefunden hat, bezeichnet man als Plasma.

Und genau dies ist auch bei unserer Sonne der Fall. Hier handelt es sich um eine Gaskugel, die im Plasmazustand vorliegt. Plasma ist neben fest, flüssig und gasförmig der vierte und im Übrigen weitaus häufigste Aggregatszustand, in dem Materie in unserem Universum vorliegt – mehr als 99 Prozent aller sichtbaren Materie ist ionisiert. Da hier die freien Elektronen nicht mehr an die Atomkerne gebunden sind, können sie sich nun, trotz ihrer elektrischen Ladung, frei und unbekümmert völlig unabhängig von den Protonen bewegen. Und da wir wissen, dass Elektronen eine besondere Vorliebe für Photonen haben, geht es dort zwischen Licht und freien Elektronen besonders intensiv zur Sache. Das Licht wird hier nicht nur ab und an, sondern permanent umhergestreut. (Absorbiert können Photonen von freien Elektronen nicht werden, denn dies ist nur möglich, wenn sie sich in einem Atom aufhalten und entsprechend ihr Energieniveau wechseln können.) Nahezu obsessiv wird dieses Wechselspiel zwischen Photonen und Elektronen in einem bestimmten Bereich der Sonne betrieben. Wo genau, dazu kommen wir noch (siehe *Auf Zickzackkurs*, Seite 280) …

Fakten, Fakten, Fakten

Die Temperatur ist damit neben dem Druck am entscheidendsten daran beteiligt, in welcher Form Materie vorliegt und wie das Licht mit ihr in Interaktion treten kann. Dabei ist der Aggregatszustand des Plasmas für Photonen und Elektronen das reinste Paradies. Hier sind quasi alle Zwänge aufgehoben, welche die beiden an ihrem »Fangmich-Spiel« behindern könnten. Bei der Sonne besteht dieses Plasmaparadies zu 70 Prozent aus Wasserstoffkernen, also einzelnen Protonen, und zu 28 Prozent aus Helium. Die restlichen 2 Prozent machen die sogenannten schweren Elemente aus, die in der Astronomie als Metalle bezeichnet werden, obwohl sie weder metallisch glänzen noch in sonst einer Form an den Begriff »Metall« erinnern, wie wir ihn uns normalerweise vorstellen. Als »schwer« werden schlichtweg alle Elemente bezeichnet, die aus mehr Teilchen bestehen als Helium. Wie wir noch sehen werden, entstanden alle anderen chemischen Elemente jenseits davon nicht kurz nach dem Urknall, sondern erst sehr viel später, während des Ablebens von Sternen (siehe *Heiße Protonenküche,* Seite 486/*Schnelle Neutronenküche,* Seite 488/*Gemütliche Neutronenküche,* Seite 494/*Sternenzwiebel,* Seite 494). Zu jenen schweren Elementen in der Sonne zählen vor allem Sauerstoff, Kohlenstoff, Neon und Stickstoff.

Die Sonne ist eine riesengroße Plasmakugel, die vor allem aus Wasserstoff und Helium besteht.

Die Sonne ist also eine große Plasmakugel, die vor allem aus Wasserstoff und Helium besteht und in der Licht und Materie besonders intensiv und vergnügt miteinander in Aktion treten können. Doch was heißt eigentlich »groß«? Ihr Durchmesser beträgt etwa 1391400 Kilometer, was mehr als einhundertmal größer als der Erddurchmesser ist (siehe *Der Glücksfall Erde,* Seite 343). Auch was die Masse anbelangt, ist die Sonne ein ganz schön schwerer Brocken. Mit $1{,}989 \times 10^{30}$ Kilogramm ist sie über 300000-mal schwerer als unser Planet. Insgesamt könnte man die Erde eine Million Mal in die Sonne stecken! Es kommt deshalb nicht von ungefähr, dass die Sonne 99,9 Prozent der gesamten Masse des Sonnensystems ausmacht (siehe *Ein strenges Regiment,* Seite 328).

Wie alle Planeten, die um sie kreisen, steht auch die Sonne nicht still und kerzengerade im Weltraum herum, sondern sie rotiert ebenfalls, wenn auch nur sehr gemächlich, und ist außerdem ein wenig zur Seite geneigt. Auf ihrer leicht schiefen Achse von 7,52 Grad dreht sie sich alle 25 Tage, 9 Stunden und 7 Minuten einmal um sich selbst. Doch nicht alle ihre Teile rotieren gleich schnell – an den Polen lässt sich die Materie für eine vollständige Umdrehung 5 Tage mehr Zeit und rotiert nicht wie am Sonnenäquator 25, sondern 30 Tage. Dieser eigensinnige Umdrehungsstil hat jedoch seine Tücken. Was er zur Folge hat, werden wir gleich noch sehen (siehe *Der Wunsch der Sonne nach Veränderung,* Seite 265) …

Kommen wir nun zum wichtigsten Merkmal der Sonne, das die Menschheit lange Zeit ins Grübeln brachte: ihre Leuchtkraft. Als Leuchtkraft bezeichnet man die gesamte Energie, die in allen Wellenlängenbereichen des elektromagnetischen Spektrums über einen bestimmten Zeitraum abgestrahlt wird. Bei der Sonne sind das stolze $3{,}8 \times 10^{26}$ Watt. (Die Einheit Watt kann auch in Joule pro Sekunde angegeben werden.) Doch da das Sonnenlicht gleichmäßig in alle Richtungen davoneilt, erreicht uns nur der kleine Teil davon, der direkt Richtung Erde strömt.

Seit rund 4,6 Milliarden Jahren versorgt uns die Sonne nun schon mit ihrer Energie. Und dies wird auch noch ein Weilchen so weitergehen. Mit einer Lebenserwartung von circa zehn Milliarden Jahren strahlt sie gerade ihrer Halbzeit entgegen.

3.4 Schwindelnde Höhen

Eine Exkursion in die Sonnenatmosphäre

Mit diesen groben Eckdaten über das Wesen der Sonne im Hinterkopf dringen wir nun scheibchenweise in die heiße Plasmakugel vor, um sie etwas genauer kennenzulernen. Denn da sich Druck und Temperatur von außen nach innen verändern, besteht die Sonne aus mehreren verschiedenen Schichten, die sich stark voneinander unterscheiden. Dadurch treiben Photonen und Elektronen nicht überall das gleiche Spiel miteinander, sondern es passieren, vom Rand bis zum Kern, die unterschiedlichsten Dinge zwischen Licht und Materie.

Weitab vom Schuss

Wir beginnen mit dem äußersten Bereich, der die Sonne umgibt – ihrer Atmosphäre. Da die Dichte der einzelnen Schichten von innen nach außen immer weiter abnimmt, ist die Zusammensetzung hier noch recht locker und luftig. Unter normalen Bedingungen sieht man diese Gashülle jedoch ohnehin nicht, denn die eigentliche Oberfläche der Sonne, jene Schicht, die für unsere Augen sichtbares Licht abstrahlt, beginnt erst viele Millionen Kilometer unterhalb der Atmosphäre (siehe *Kein fester Boden unter den Füßen,* Seite 259). Erst wenn der Mond passgenau zwischen Erde und Sonne wandert und ihren blendend hellen Bereich vollständig in einer absoluten Sonnenfinsternis verdeckt, kann man die sogenannte Korona, den obersten Bereich der Sonnenatmosphäre, auch mit bloßem Auge erkennen. Dann zeigt die Sonne ihre vielen filigranen Strahlen, die in alle Richtungen von ihr wegströmen, auch ein wenig im sichtbaren Licht (siehe Fotografie 18).

Die Korona ist der Ort, an dem feine Sonnenstrahlen in alle Richtungen in den Raum hineinströmen.

Doch obwohl die Korona sehr zart und fein wirkt und zudem außerordentlich weit vom Sonnenzentrum entfernt liegt, ist die Hitze dort nicht zu unterschätzen. Dieser Außenbereich der Sonne ist um ein Vielfaches wärmer als die tiefer liegenden Schichten bis zu ihrer Oberfläche. Anders als dort, wo die Sonne sichtbares Licht abstrahlt, emittiert ihre Korona Millionen Grad heiße Röntgenstrahlung. Doch glücklicherweise ist die Dichte dort sehr gering. Die Teilchen, die das Licht aussenden, flitzen hier zwar wegen der enormen Hitze sehr schnell umher, sind jedoch so spärlich verteilt, dass wir diese Temperaturen nicht wirklich bemerken.

Doch was passiert eigentlich in der Korona zwischen Licht und Materie? Warum sehen wir von hier einzelne Strahlenbündel von der Sonne wegströmen? Um das zu verstehen, müssen wir uns ein wenig mit Magnetfeldern auseinandersetzen. Wie wir im ersten Kapitel gesehen haben, entsteht Licht, sobald geladene Teilchen beschleunigt werden (siehe *Licht wird geboren,* Seite 123). Und da Licht auf elektrischen und magnetischen Feldern umherschwingt, taucht automatisch auch immer ein Magnetfeld auf, sobald ein Photon geboren wird. Für die Entstehung von Magnetfeldern braucht es also, ebenso wie für die Entstehung von Licht, geladene Teilchen.

Der Ursprung des Sonnenmagnetfelds liegt allerdings nicht in der Korona, sondern in den tieferen Schichten verborgen. Da wir jedoch von außen nach innen in die Sonne vordringen, kommen wir dazu erst später. Wir nehmen es deshalb an dieser Stelle einfach als gegeben hin, dass aus der Sonne durch die Bewegung geladener Teilchen ein Magnetfeld entspringt.

Doch was hat man sich unter einem Magnetfeld eigentlich vorzustellen? Bei unserem Lichtteilchen haben wir es lediglich als eine von zwei imaginären Ebenen betrachtet, in denen das Photon seine Bahnen zieht. Doch ein Magnetfeld ist weitaus komplizierter. Es besteht aus vielen unsichtbaren Magnetfeldlinien, die im Idealfall parallel nebeneinanderliegen und zudem immer geschlossen sein müssen. Sie treten stets am Nordpol aus, um am Südpol wieder zusammenzufinden. Dabei ist das Magnetfeld umso stärker, je enger diese imaginären Linien zusammengestaucht sind (siehe Grafik 29).

[Fotografie 18] ***Die Korona wird erst sichtbar, wenn die blendend helle Oberfläche der Sonne verdeckt wird***

[Grafik 29] ***Geladene Teilchen sind an Magnetfeldlinien gebunden***

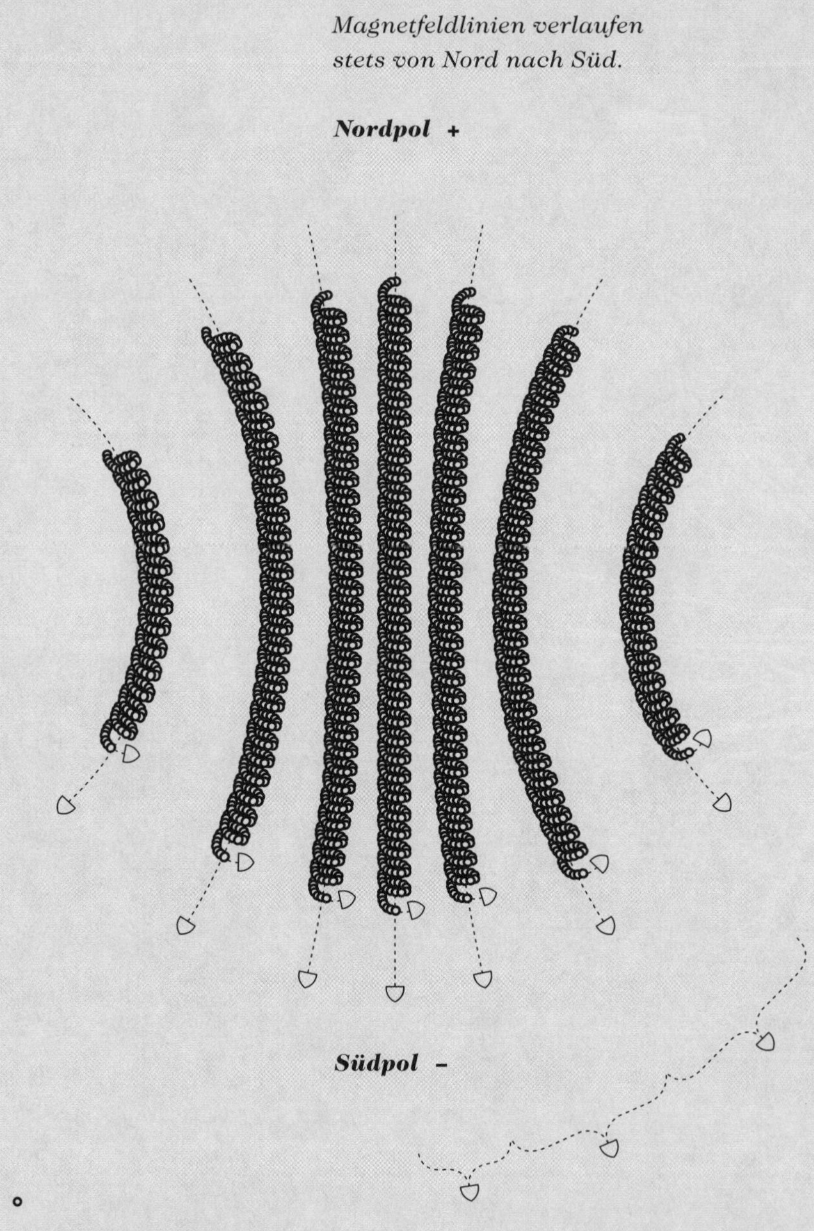

Geladene Teilchen müssen sich auf Spiralbahnen entlang der Magnetfeldlinien bewegen und machen das Magnetfeld dadurch indirekt sichtbar.

Je enger die Magnetfeldlinien zusammenliegen, desto stärker ist das Magnetfeld.

Da Magnetfelder durch bewegte geladene Teilchen erzeugt werden, hängen Ladungen und Magnetfeldlinien untrennbar miteinander zusammen. Elektronen und Ionen können deshalb nur entlang dieser imaginären Linien immer vom Nord- zum Südpol wandern, niemals aber andersherum oder gar quer dazu. Meist werden sie dabei, wenn nicht der außerordentlich seltene Fall eintritt, dass sie sich exakt parallel zu den Magnetfeldlinien bewegen, auf schwindelerregende Spiralbahnen befördert und folglich beschleunigt – denn auch jede Richtungsänderung ist eine Form der Beschleunigung.

Geladene Teilchen müssen sich in einem Magnetfeld stets von Nord nach Süd auf Spiralbahnen entlang der Magnetfeldlinien bewegen.

Auch bei unserer magnetisch aktiven Sonne ist dies der Fall. Auch hier haben sich die geladenen Teilchen nach dem Magnetfeld zu richten, das stets von Nord nach Süd reicht. Doch in ihr herrscht alles andere als magnetische Ordnung. Die Magnetfeldlinien, die den Weg der geladenen Teilchen vorgeben, verlaufen in der Sonne nämlich keineswegs artig geradewegs und parallel vom Nord- zum Südpol. Stattdessen gehen sie bevorzugt äußerst verschlungene Umwege und ragen dabei teilweise sehr weit in den Raum hinein – und mit »sehr weit« ist wirklich eine enorme Distanz bis weit ins äußere Sonnensystem gemeint (siehe *Der Sonderling Pluto im eisigen Kuipergürtel*, Seite 360)!

Und jetzt kommen wieder unsere geladenen Teilchen ins Spiel. Wie wir wissen, kommunizieren Licht und Ladungen besonders gern miteinander. Auch in der Sonnenatmosphäre können die beiden somit nicht voneinander lassen und machen dabei ganz nebenbei die eigentlich unsichtbaren Magnetfeldlinien für uns indirekt sichtbar, entweder indem die geladenen Teilchen mit bereits vorhandenen Photonen interagieren oder indem sie, da sie ja beschleunigt werden, selbst Licht erzeugen. Im letzteren Fall entsteht die bereits erwähnte intensive Röntgenstrahlung.

Doch da wir Röntgenstrahlung nicht wahrnehmen können, sorgt ausschließlich die erstgenannte Möglichkeit dafür, dass wir die Korona der Sonne während einer Sonnenfinsternis auch mit bloßem Auge sehen können. Kommt nämlich ein Photon, dessen Wellenlänge sichtbarem Licht entspricht, aus dem Inneren der Sonne des Wegs und trifft auf ein freies geladenes Teilchen, das gerade damit beschäftigt ist, sich an einer Magnetfeldlinie entlangzuhangeln – am liebsten ist ihm dabei natürlich sein Freund, das Elektron –, verpasst das Ladungsteilchen dem Licht freudig einen Schubs und schießt es geradewegs in eine andere Richtung davon. Trifft ein Photon hingegen auf ein teilweise ionisiertes Element mit wenigstens einem übrig gebliebenen Hüllenelektron, kann es auch verspeist und bald darauf wieder in die Freiheit entlassen werden, anstatt nur abzuprallen.

Das Licht wird also von den geladenen Teilchen in der Sonnenatmosphäre fröhlich umhergestreut, absorbiert und emittiert (siehe *Wenn das Photon mit dem Elektron …*, Seite 143). Jedoch ist die Teilchendichte in diesem Bereich der Sonne wie gesagt recht gering, weshalb das meiste Licht, das vom Sonneninneren herausströmt, die Korona ungehindert passieren kann, ohne dabei angerempelt oder verschluckt und wieder ausgespuckt zu werden.

Nichtsdestotrotz gibt es in der Korona einiges an elektrischer Ladung, denn bei den dortigen Temperaturen von Millionen Kelvin haben sich die meisten Elektronen von ihren Atomen verabschiedet (siehe *Die Anarchie der geladenen Teilchen,* Seite 237). In diesem Bereich der Sonne wimmelt es deshalb nur so von negativ geladenen, freien Elektronen und positiv geladenen Atomkernen, die unabhängig voneinander entlang der Magnetfeldlinien umherwuseln. Die Energie der Photonen ist den Elektronen bei dieser Hitze folglich völlig egal, schließlich leben sie hier nicht in Atomhüllen und sind deshalb auch in keinster Weise an gequantelte Energieniveaus gebunden (siehe *Der etwas andere Jo-Jo-Effekt,* Seite 133). Stattdessen geben sie sich mit jedem Lichtteilchen, das gerade daherkommt, zufrieden und schießen es freudig umher.

Genau durch dieses vereinzelt auftretende Wechselspiel zwischen dem sichtbaren Licht und der dünn gesäten Materie in den äußeren Schichten der Sonne entsteht das Bild jener feinen koronalen Strahlen, die wir eingangs beschrieben haben. Da die Teilchendichte nach außen hin immer weiter abnimmt, verblasst mit zunehmendem Abstand zur Sonne irgendwann das Licht, das die Teilchen aussenden oder reflektieren. Es sieht deshalb so aus, als wären die Magnetfeldlinien auseinandergerissen und die geladenen Teilchen würden geradewegs von der Sonne in alle Richtungen abströmen. In Wahrheit sind aber auch hier die Linien vorschriftsgemäß geschlossen und führen wieder in die Sonne hinein, oder sie verbinden sich mit einem anderen, fernab gelegenen Magnetfeld. Man sieht es nur eben nicht, weil irgendwann einfach zu wenige Teilchen vorhanden sind, die das Magnetfeld der Sonne für uns sichtbar machen könnten (siehe Grafik 30).

Eine starke Brise

Doch so harmlos diese hübsch anzusehenden Strahlen der Korona auch wirken, sie können es ganz schön in sich haben! Denn man darf nicht vergessen – die Sonne bläst in diesen Strahlenbündeln geladene Teilchen in den Raum – und das auch noch recht rasant mit durchschnittlich überschallschnellen 500 Kilometern pro Sekunde! Man bezeichnet dieses Phänomen im harmlosesten Fall deshalb als Sonnenwind.

Die Sonne bläst mit 500 Kilometern pro Sekunde einen Wind aus geladenen Teilchen in den Weltraum.

In ihren 4,6 Milliarden Jahren, in denen die Sonne nun schon existiert, hat sie mit ihrem Wind einen Bereich freigeblasen, der etwa 110- bis 150-mal so groß ist wie die Entfernung zwischen ihr und der Erde. Jene 149 597 870,691 Kilometer, die zwischen uns und der Sonne liegen, entsprechen einer sogenannten Astronomischen Einheit *(AE)* und dienen als Maßeinheit zur Entfernungsmessung in der näheren Umgebung des Sonnensystems (siehe *Unsere Reise in die Vergangenheit beginnt,* Seite 218). Der Sonnenwind weht also circa 110 bis 150 Astronomische Einheiten weit in den Raum und umrahmt damit ein Gebiet, das als Heliosphäre bezeichnet wird, was sich vom griechischen Wort *helios* ableitet, das »Sonne« bedeutet. Am Rand dieser Schicht, der sogenannten Heliopause, sind die geladenen Teilchen des Sonnenwinds schließlich so langsam, dass sie von den umgebenden Teilchen, die im Raum umherschwirren, abgebremst werden. Hier endet schließlich das Magnetfeld der Sonne, das uns und das gesamte Sonnensystem dank seiner Feldlinien vor dem

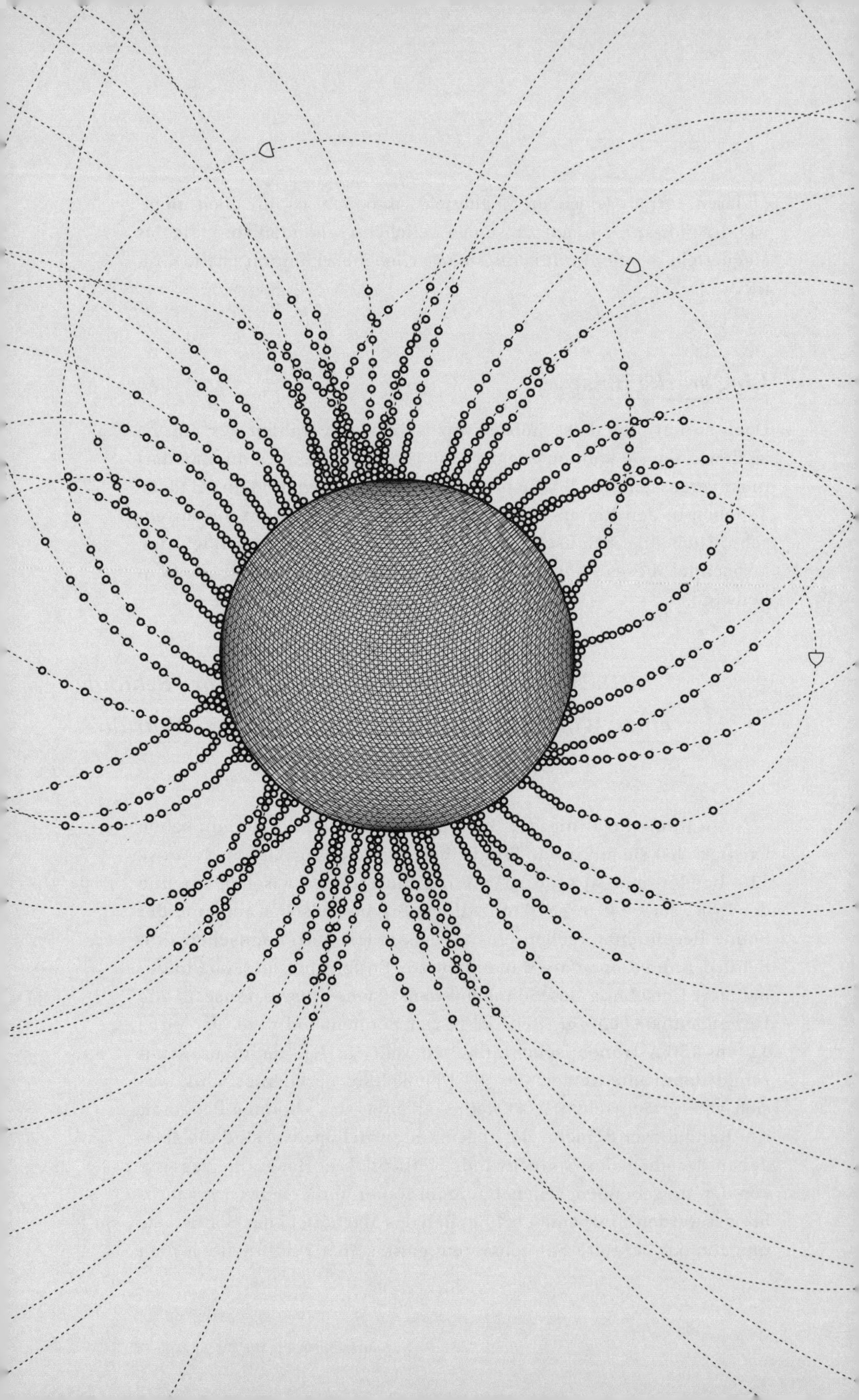

[Grafik 30] ***Geladene Teilchen bewegen sich entlang der Magnetfeldlinien, wechselwirken mit Licht und erzeugen dadurch die feinen Strahlen der Korona***

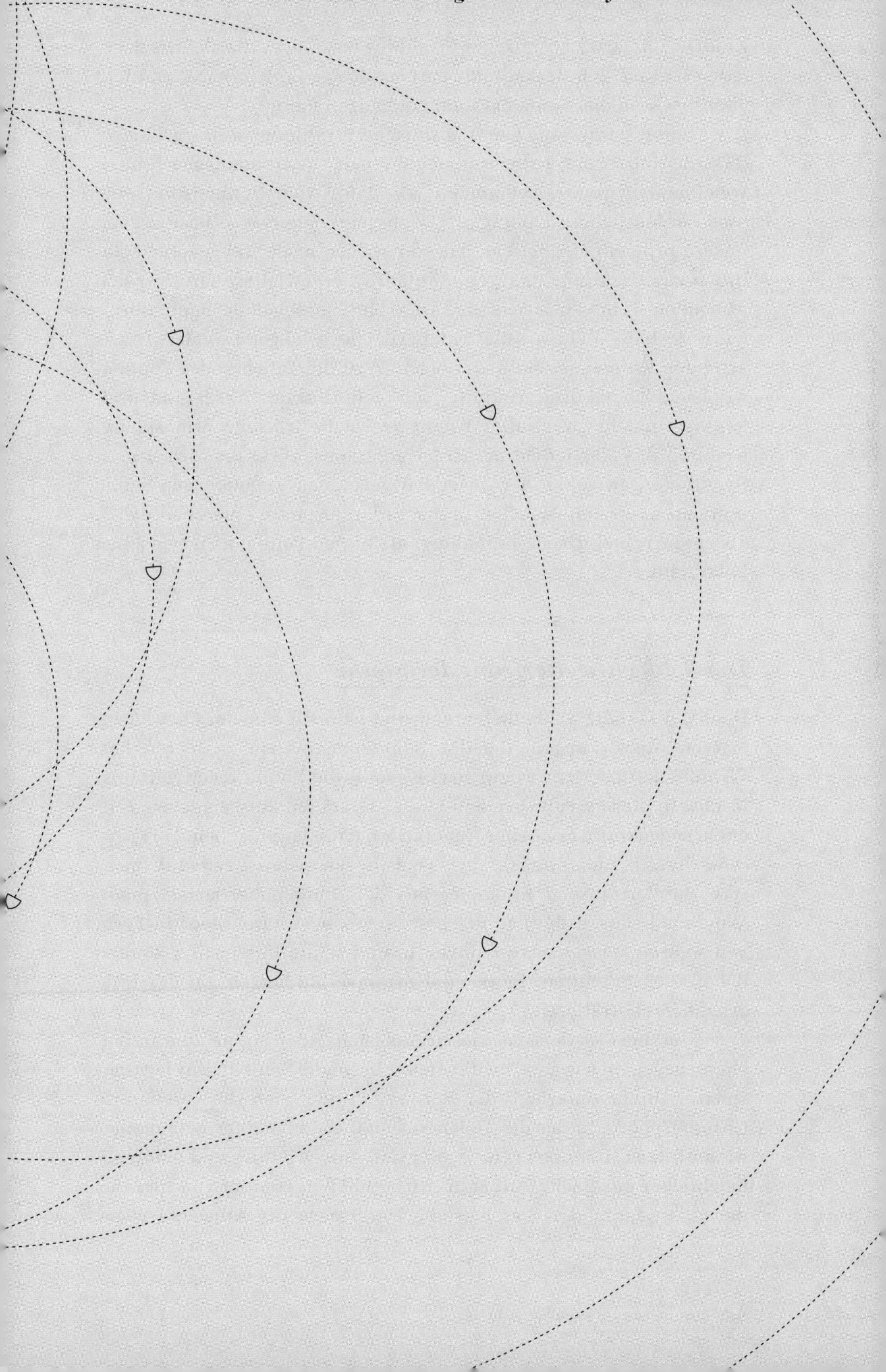

Eindringen harter kosmischer Strahlung beschützt, die elektrisch geladen ist und sich deshalb nur entlang dieser Linien bewegen, nicht aber direkt in das Sonnensystem eindringen kann.

Somit kann zwar kaum kosmische Strahlung zu uns gelangen, da Erde und Sonne jedoch nur eine einzige Astronomische Einheit voneinander trennt, bekommen wir dafür vom Sonnenwind eine umso ordentlichere Ladung ab. Doch glücklicherweise besitzt auch unsere Erde ein Magnetfeld, das von Norden nach Süden seine Feldlinien zieht und uns dadurch, ähnlich wie die Heliosphäre, vor den wehenden Teilchen abschirmt. Die schnelle geladene Sonnenbrise kann deshalb nicht an die Erdoberfläche gelangen, sondern muss artig den Erdmagnetfeldlinien folgen. Weil die Teilchen des Sonnenwinds jedoch bei ihrer Ankunft noch recht flott unterwegs sind, prallen sie zunächst mit voller Wucht gegen die irdische Atmosphäre, wodurch das Magnetfeld der Erde recht stark verformt wird. Durch Reaktionen zwischen den rasenden geladenen Teilchen der Sonne und den neutralen Teilchen in der Erdatmosphäre entstehen dabei, als eine Art elektrische Entladung, die in den Polregionen typischen Polarlichter.

Die Schlechtwetterfront der Sonne

Doch der ständig wehende Sonnenwind ist noch eine der eher harmloseren Auswirkungen, die das Sonnenmagnetfeld zu bieten hat. Weitaus heftiger geht es zur Sache, wenn die Sonne regelrecht ausbricht. In diesem Fall sprudeln riesige Fontänen aus geladenen Teilchen, sogenannte Sonnenprotuberanzen (vom lateinischen Wort *protuberare,* »heraustreten«), auch Fackeln oder Flares genannt, mehrere Hunderttausend Kilometer aus der Sonnenoberfläche empor. Manchmal sausen die Ladungen sogar noch weitaus tiefer in Form von solaren Massenabströmungen in den Raum hinein und können dabei auch Satelliten, Funk- und Stromverbindungen auf der Erde erheblich malträtieren.

Um diese etwas gemeineren Auswüchse der Sonne zu untersuchen, begeben wir uns in die tiefer liegende Schicht ihrer Atmosphäre. Direkt unterhalb der Korona befindet sich die sogenannte Chromosphäre, in der die Teilchen schon etwas dichter beieinander herumflitzen. Dennoch geht es hier um einiges kühler und damit gemächlicher zur Sache. Mit »nur« 10 000 Kelvin stammt von hier das meiste UV-Licht der Sonne (siehe *Unterwegs auf kurzen Wellen,*

Seite 109). Ansonsten sind die Vorgänge in der Chromosphäre ähnlich denen in der Korona. Auch hier ist das Gas ionisiert und deshalb an Magnetfeldlinien gebunden. Auch ist die Teilchendichte noch recht gering, weshalb das meiste Sonnenlicht diese Schicht ungehindert passieren kann. Manchmal werden die Photonen aber auch hier von Elektronen absorbiert, emittiert oder gestreut – und dies aufgrund der höheren Dichte etwas häufiger als in der Korona. Außerdem werden in der Chromosphäre ebenso wie in der äußeren Sonnenatmosphäre durch die schnelle Bewegung der geladenen Teilchen Photonen geboren. Nur handelt es sich eben hauptsächlich um UV-Photonen und nicht um Vermittler der Röntgenstrahlung, wie sie in der Korona anzutreffen sind.

Wir haben es bereits kurz vorweggenommen: Die Chromosphäre ist ein Bereich, in dem heftigste Sonnenstürme toben können. Auch hier sind wieder Magnetfelder am Werk. Während die Feldlinien in der Korona ringsherum strahlenförmig enorm weit in den Raum reichen und man deshalb auch nicht erkennen kann, wie und wann sich das Magnetfeld wieder schließt, sieht die Sache bei den Sonnenstürmen etwas anders aus. Sie toben vor allem in der unteren Sonnenatmosphäre, nur gelegentlich reichen sie bis weit in die Korona hinein. Da hier Ionen und Elektronen noch zur Genüge vorhanden sind, zeichnen sich bei den schlimmsten Stürmen, den Fackeln beziehungsweise den Sonnenprotuberanzen, die Magnetfeldlinien sehr deutlich ab. Solange sie noch relativ nah an der Oberfläche wieder zurück ins Sonneninnere eintauchen, folgt das heiße Plasma des Sonnenausbruchs den Feldlinien in einem großen Bogen aus der Sonne heraus und wieder hinein. Sobald sie jedoch etwas ausufernder in den Raum ragen, sieht es auch in diesem Fall wieder so aus, als würden die Feldlinien auseinanderreißen (siehe Fotografie 19).

Jetzt wissen wir zwar, dass geladene Teilchen stets an ein Magnetfeld gekettet sind, doch wovon hängt es eigentlich ab, ob das Magnetfeld einen kleinen, feinen Bogen formt, der recht flott wieder ins Sonneninnere zurückkehrt oder ob es riesige Fontänen erzeugt, die sich erst über enorme Distanzen wieder zurück zum Ausgangspunkt begeben oder sich gar mit einem anderen Magnetfeld verbinden?

Die Magnetfeldlinien der Sonne verheddern sich wie ein überdimensionales Wollknäuel miteinander. Dadurch kommt es regelmäßig zu heftigen Sonnenausbrüchen.

[Fotografie 19] ***Sonnenausbrüche – Fackeln, Sonnenprotuberanzen und solare Massenabströmungen***

Salz

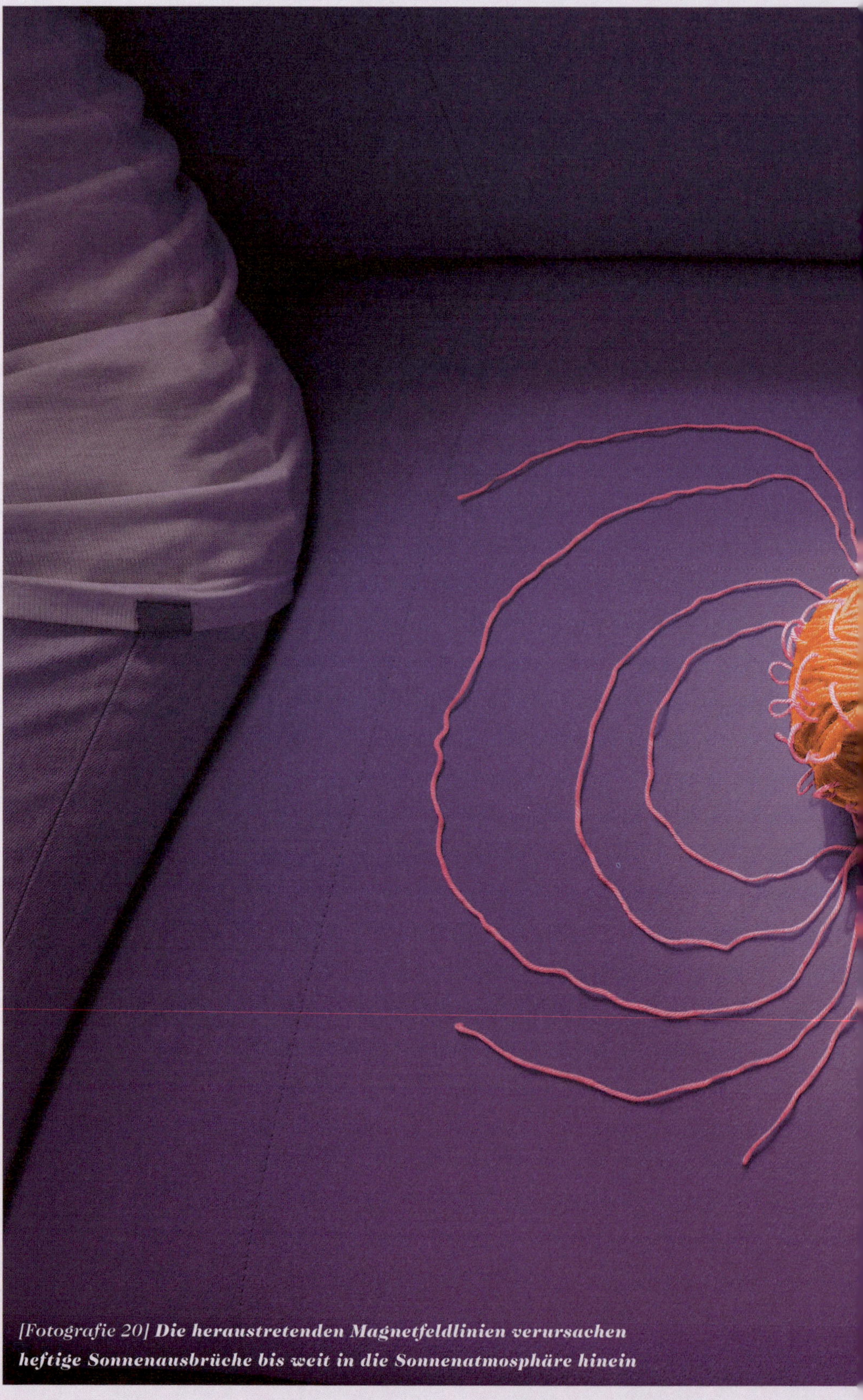

[Fotografie 20] ***Die heraustretenden Magnetfeldlinien verursachen heftige Sonnenausbrüche bis weit in die Sonnenatmosphäre hinein***

Die ganze Wahrheit werden wir erst verraten, wenn wir an der Schicht der Sonne angekommen sind, in der die Magnetfeldlinien letztendlich hervorgerufen werden. Doch so viel können wir schon jetzt sagen: Das Magnetfeld ist kein starres Gebilde, sondern es verändert sich. Dadurch ist der Idealfall, dass alle Feldlinien schön symmetrisch und ordentlich beisammenliegen, kaum gegeben. Vielmehr ist es so, dass sich die einzelnen Magnetfeldlinien gegenseitig in die Quere kommen und sich dabei wie ein überdimensionales Wollknäuel immer stärker aufwickeln und miteinander verknoten. Das Ganze ufert schließlich so weit aus, dass einzelne Schlingen ehemals wunderbar geordneter Magnetfeldlinien immer weiter aus der Sonne emporragen (siehe Fotografie 20). Jedes Mal, wenn das passiert, entstehen die riesigen Bögen, in denen die Sonnenmaterie gefangen ihre Bahnen aus der Sonne heraus- und wieder zurück in ihr Inneres hineinzieht. Irgendwann haben sich die Feldlinien aufgrund des heftigen Gewimmels schließlich derartig weit in den Weltraum verabschiedet, dass sie scheinbar auseinanderreißen. Und genau dann kommt es zu den heftigen Sonnenausbrüchen, bei denen das Plasma förmlich explodiert.

Und in der Tat geht es hier ganz schön explosiv zur Sache. Die Teilchen strudeln mit unglaublichem Tempo entlang der Magnetfeldlinien nach außen und werden dabei nahezu auf Lichtgeschwindigkeit beschleunigt. Und wir wissen ja, was beschleunigte Ladungen bedeuten – sie senden Licht aus. Und da sie so furchtbar schnell unterwegs sind, ist die Temperatur der Teilchen und damit die Energie des Lichts, das sie erzeugen, nicht von schlechten Eltern. Mit einhundert Millionen Kelvin entsteht in den heftigsten Sonnenausbrüchen eine Menge Röntgenstrahlung, die sogleich von der Sonnenatmosphäre abströmt.

Doch dieser Spuk hat meist schon nach wenigen Minuten bis Stunden wieder ein Ende. Denn wie gesagt reißen die Feldlinien nicht wirklich ab, sondern sie entwirren sich nur über eine größere Entfernung von selbst oder verbinden sich neu miteinander. Nun ist das Chaos der völlig verhedderten Magnetfeldlinien beseitigt, und sie besitzen wieder ihre aufgeräumte und entspannte Idealform. Diesen Vorgang, bei dem sich eine Magnetfeldlinie wieder von selbst entknotet, bezeichnet man als Rekonnektion. Der heftige Sonnenausbruch ist nun beendet, und der ganze Spaß kann wieder von vorne beginnen.

3.5 Das Sprungbrett des Lichts

An der Sonnenoberfläche geht es rund

Jetzt wissen wir zwar, was die Magnetfeldlinien mit dem Plasma der Sonne im schlimmsten Fall anrichten können, wir haben allerdings immer noch nicht geklärt, wie es überhaupt zu Veränderungen im Sonnenmagnetfeld kommen kann. Da die Ursache dafür tiefer in der Sonne verborgen ist, begeben wir uns erneut ein Stückchen weiter in ihr Inneres. Nun sind wir an dem Bereich angelangt, auf den es für unser Leben auf der Erde am meisten ankommt: auf der sichtbaren Sonnenoberfläche, der Photosphäre.

Kein fester Boden unter den Füßen

Der Begriff »Oberfläche« darf jedoch nicht falsch verstanden werden. Denn da es sich bei der Sonne um eine riesengroße Plasmakugel handelt, ist ihre Oberfläche, ebenso wie alles andere an ihr, nicht fest, sondern gasförmig. Nur eben mit dem Unterschied, dass das Gas, je heißer die Schicht ist, umso weniger aus neutralen Atomen, sondern vor allem aus Ionen und Elektronen besteht.

In der Photosphäre ist die Temperatur der Sonne am geringsten. Hier herrschen im Schnitt lauschige 5800 Kelvin. Und da die Temperatur dem Mittelwert der Bewegungsenergie aller Teilchen entspricht, und bewegte geladene Teilchen, sofern sie beschleunigt werden, Licht aussenden, bedeutet Temperatur automatisch auch die Anwesenheit von Photonen. Bei jenen 5800 Kelvin tummeln sich an der Sonnenoberfläche vor allem sichtbares Licht und Infrarotstrahlung.

In diesen Wellenlängenbereichen sendet unsere Sonne mit Abstand die meisten Photonen aus, denn erst ab der Photosphäre, in der die Teilchendichte übrigens viel geringer ist als in der Erdatmosphäre, kann das Licht ungehindert seine Reise in den Weltraum antreten. Obwohl ihre Oberfläche nur etwa 100 Kilometer dick ist, kann alles Licht, das tiefer in der Sonne steckt, nicht mehr so leicht aus ihr herauskommen. Ab hier ist das Plasma bereits viel zu dicht gepackt und stellt damit ein hartes Hindernis für die Photonen dar (siehe *Eine Fahrkarte Richtung Ausgang, bitte!,* Seite 268/*Auf Zickzackkurs,* Seite 280).

Die Sonnenoberfläche ist nur etwa 100 Kilometer dick und etwa 5800 Kelvin heiß. Die Sonne leuchtet deshalb vor allem gelblich.

Die Sonne strahlt vor allem sichtbares Licht ab, dessen Energie im Mittelwert den Farben Gelb bis Grün entspricht (siehe *Wie Newton das Licht auseinandernahm,* Seite 38). Das ist auch der Grund dafür, warum wir unseren Stern als gelblich leuchtend wahrnehmen und sich unsere Augen im Laufe der Evolution auf sein sichtbares Licht eingestellt haben (siehe *Beinahe blind,* Seite 108). Die wenigen UV-Photonen aus der Chromosphäre und die Röntgenphotonen aus der Korona fallen im Gegensatz dazu kaum ins Gewicht, weshalb wir weder Röntgen- noch UV-Strahlung mit bloßem Auge wahrnehmen können.

Die Photosphäre ist also sozusagen die Startbahn, von der aus sich die Photonen, nachdem sie ihre Reise durch das Sonneninnere hinter sich gebracht haben, in alle Richtungen als sichtbares Licht und Infrarotstrahlung verabschieden. Achteinhalb Minuten später erreicht ein kleiner Teil davon unsere Erde und bringt Licht und Wärme zu uns (siehe *Unsere Reise in die Vergangenheit beginnt,* Seite 218).

Alles andere als makellos

Doch was hat es nun mit den sich verknotenden Magnetfeldlinien auf sich? Dazu sehen wir uns die Sonnenoberfläche etwas genauer an. Bei ihr handelt es sich nämlich um alles andere als eine einheitliche, makellose Schicht, auf der die Temperatur gleichmäßig verteilt ist. Vielmehr ist die Photosphäre von seltsamen dunklen Flecken über-

Auf der Sonnenoberfläche könnte man nicht stehen, denn sie ist dünner als die Erdatmosphäre. Von hier aus tritt das sichtbare Licht zusammen mit der Infrarotstrahlung seine Reise in den Weltraum an.

[Grafik 31] ***Die dunklen Sonnenflecken sind die Stellen, an denen die Magnetfeldlinien heraustreten***

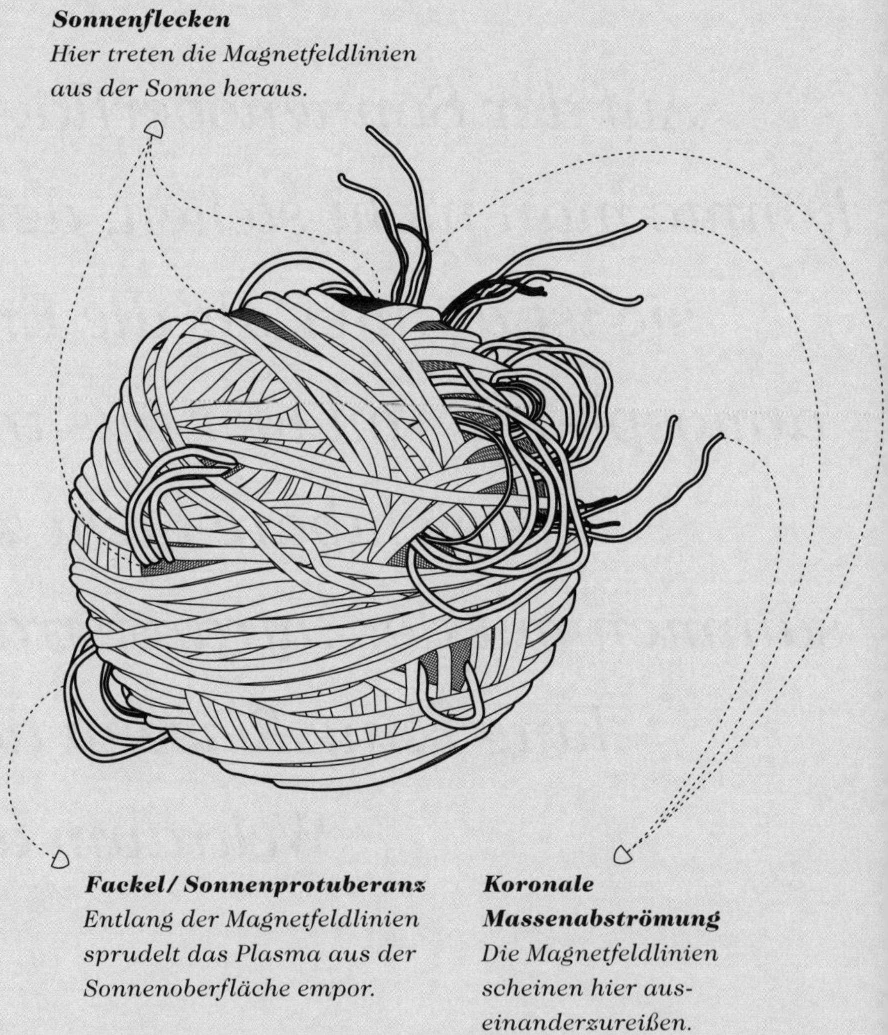

sät, die deshalb auch genau als das bezeichnet werden, was sie nun einmal sind: Sonnenflecken eben. An jenen Stellen beträgt die Temperatur im Schnitt nur 4000 Kelvin, weshalb diese Bereiche etwas dunkler aussehen als das umgebende 5800 Kelvin heiße Plasma. Diese scheinbar harmlosen »Pigmentflecken« der Sonne, von denen ein einziger im Übrigen meist größer als unsere Erde ist, sind es auch, aus denen die weniger harmlosen Sonnenausbrüche entspringen, in denen die geladenen Teilchen dermaßen beschleunigt werden, dass sie plötzlich Röntgenstrahlung aussenden und rasend schnell in die Sonnenatmosphäre hineinsprudeln (siehe Grafik 31).

Die dunklen Sonnenflecken sind die Stellen, an denen das Magnetfeld heraustritt und geladene Teilchen explosionsartig in die Sonnenatmosphäre hineinsprudeln.

Wir haben es bereits angedeutet – die Ursache für derartige Explosionen liegt im Magnetfeld der Sonne begründet, das dazu neigt, sich akrobatisch zu verknoten (siehe *Die Schlechtwetterfront der Sonne,* Seite 252). Während sich die Feldlinien der Sonne immer mehr verwirren und verheddern, nimmt mit der Zeit auch die Zahl der Sonnenflecken stetig zu. Sie entstehen an jenen Stellen, an denen das Sonnenmagnetfeld besonders stark ist und an denen die verdrillten Magnetfeldlinien vor lauter Verzweiflung allmählich heraustreten, um nicht noch mehr verknotet zu werden. Sobald das passiert, tritt das Plasma in hohem Bogen als heißer Strahl aus der Photosphäre heraus und taucht wieder in sie hinein, oder es sprudelt als riesige Fontäne geradewegs davon. Dort, wo die dunklen Sonnenflecken sitzen, sind also auch die heißen Sonnenausbrüche meist nicht fern. Und da nach der Magnetfeldtheorie die Magnetfeldlinien stets geschlossen sind, treten die Sonnenflecken in der Regel paarweise auf – immer dort nämlich, wo ein Plasmastrahl aus der Sonne austritt und wieder eintaucht.

Die Anwesenheit der Magnetfeldlinien erklärt übrigens auch, warum die Sonnenflecken kühler als der Rest ihrer Umgebung sind. Denn da sich in der Sonne nahezu ausschließlich geladene Teilchen befinden und geladene Teilchen wiederum an Magnetfeldlinien gebunden sind, kann sich das Plasma an diesen Stellen nicht austauschen und dadurch seine Temperatur ausgleichen. Stattdessen bleiben die Teilchen im Sonnenfleck unter sich und kühlen dabei allmählich aus. Sobald sich das Magnetfeld wieder beruhigt, geht die Zahl der dunklen Stellen langsam wieder zurück. Denn nun, da keine Magnetfeldlinien mehr da sind, die den Takt vorgeben, kann sich das Plasma auf der Sonnenoberfläche wieder in aller Ruhe vermischen.

Die Sonne strahlt somit paradoxerweise gerade dann am hellsten und heißesten, wenn die Zahl der dunklen Flecken am höchsten ist. Denn dann ist ihr Magnetfeld besonders aktiv, und sie schießt viele heiße Plasmafontänen von ihrer Oberfläche empor. Und da die Fackeln in der Regel länger leben als die Sonnenflecken, ist die Leuchtkraft der Sonne letztendlich höher, trotz der vielen dunklen Stellen, die ihre Oberfläche bevölkern.

Irrungen und Wirrungen

Sonnenflecken und die daraus entspringenden heftigen Sonnenausbrüche entstehen also immer dort, wo das Magnetfeld der Sonne besonders stark und damit ordentlich verknotet ist. Doch warum verändert sich das Magnetfeld der Sonne überhaupt?

Die Sonnenoberfläche ist keine besonders ruhige Gegend. Hier brodelt es gewaltig. Ständig steigt neues Plasma aus den tieferen Schichten nach oben und sinkt wieder ab. Dabei kommen auch die vielen Photonen zum Vorschein, die bis vor Kurzem noch tief im Sonneninneren verborgen waren. Durch dieses Blubbern sind natürlich auch eine Menge geladener Teilchen in Bewegung.

Das brodelnde Plasma der Sonne verbiegt das Magnetfeld durch die Bewegung der geladenen Teilchen gewaltig.

Wir wissen bereits: Elektrische Ladungen sind an Magnetfelder gebunden. Doch das Verhältnis zwischen den beiden ist keineswegs ein einseitiges! Nicht nur die geladenen Teilchen müssen nach der Pfeife der Magnetfeldlinien tanzen, auch das Magnetfeld hat sich nach den bewegten Ladungen zu richten. Kommen Ionen und Elektronen vom geraden Weg entlang der Feldlinien ab, muss umgekehrt auch das Magnetfeld den abtrünnigen Teilchen folgen und seine Linien entsprechend verbiegen. Und genau deshalb kommt es auch zu den vielen Sonnenflecken, Knoten und Schlaufen, an denen das Magnetfeld besonders intensiv ist, und deshalb entweicht die überschüssige Energie in Form von Sonnenwind oder gewaltigen Sonnenausbrüchen.

Der Wunsch der Sonne nach Veränderung

Doch die Sonne verknotet ihr Magnetfeld nicht rein zufällig nach Lust und Laune. Beobachtet man sie über einen längeren Zeitraum hinweg, fällt auf, dass die Zahl der Sonnenflecken etwa alle elf Jahre stark ansteigt und anschließend wieder sinkt. Auch der Ort, an dem sich die meisten dunklen Stellen versammeln, verändert sich innerhalb dieser Zeitspanne. Während des Sonnenfleckenminimums finden sich vereinzelte Sonnenflecken vor allem in den mittleren Breitengraden bei 30 bis 40 Grad. Im Laufe der nächsten elf Jahre wandern die Flecken immer weiter Richtung Äquator und werden auf ihrer Reise dorthin immer zahlreicher, bis letztendlich das Sonnenfleckenmaximum erreicht ist. Wenn die Flecken schließlich beim Sonnenäquator angekommen sind, springen sie zurück in die mittleren Breiten, läuten damit das nächste Sonnenfleckenminimum ein, und der Zyklus kann von vorn beginnen.

Doch das ist noch nicht alles – die Sonne hat noch eine weitere Besonderheit zu bieten. Um mehr Abwechslung in ihr Leben zu bringen, polt sie ihr Magnetfeld von einem Sonnenfleckenmaximum zum nächsten einfach um. Alle elf Jahre macht sie auf diese Weise aus ihrem Nordpol einen Südpol und aus ihrem Südpol einen Nordpol. Ein vollständiger Sonnenzyklus dauert deshalb nicht elf, sondern 22 Jahre. Erst dann ist ihr Magnetfeld wieder im selben Zustand wie zu Beginn.

Die Sonne rotiert am Äquator schneller als an den Polen.
Außerdem polt sie ihr Magnetfeld alle elf Jahre um.
Dadurch steigt und fällt ihre magnetische Aktivität periodisch.

Warum die Sonne das tut, ist noch nicht ganz klar. Es hat aber unter anderem sehr wahrscheinlich etwas mit ihrem blubbernden Plasma zu tun, das aus den unteren Schichten aufsteigt und dadurch das Sonnenmagnetfeld verändert (siehe *Eine Fahrkarte Richtung Ausgang, bitte!*, Seite 268). Was dabei genau passiert, werden wir auf unserer Reise in die nächste Sonnenschicht gleich sehen.

Doch die Sonne brodelt nicht nur, sie rotiert auch. Und dies, wie wir bereits kurz erwähnt haben, keineswegs einheitlich (siehe *Fakten, Fakten, Fakten*, Seite 239). Auch das könnte eine Ursache für ihren 22-jährigen Aktivitätszyklus sein:

Das Plasma an ihrem Äquator dreht sich wie gesagt im Schnitt alle 25 Tage einmal um die Sonnenachse. Die Pole hängen dem hinterher – sie rotieren nur etwa alle 30 Tage. Die Sonne überholt sich somit quasi permanent selbst. Und da Plasma und Magnetfeld nicht ohneeinander können, müssen sich die Magnetfeldlinien das unterschiedliche Gekreisel gefallen lassen und ihm Folge leisten. Dabei werden sie immer enger um die Sonne herumgewickelt und zu allem Überfluss auch noch ordentlich miteinander verzwirbelt. Da die Magnetfeldlinien nun sehr nah beieinandersitzen, ist das Magnetfeld viel stärker als im aufgeräumten Zustand. Irgendwann passiert das, was wir bereits kennengelernt haben: Die Feldlinien ragen aus der Sonnenoberfläche hervor, und es bilden sich Sonnenflecken, aus denen im schlimmsten Fall die heftigen Plasmaausbrüche entspringen können.

Die magnetische Aktivität lässt schließlich wieder nach, sobald sich die Sonne nach elf Jahren dazu entschließt, dass es wieder an der Zeit für eine Umpolung ihres Magnetfeldes ist. Sie lässt es nun vorübergehend etwas gemächlicher angehen, was ihre magnetische Aktivität betrifft, und so können sich in der Zwischenzeit die verknoteten Magnetfeldlinien in Ruhe wieder entwirren. Doch diese kleine Erholungspause ist nur von kurzer Dauer, denn schon bald beginnt das chaotische Magnetfeldliniengewirr von Neuem.

Eisige Zeiten

Allerdings nimmt es die Sonne mit ihrem 22 Jahre andauernden magnetischen Zyklus nicht besonders genau. Blickt man länger in die Geschichte zurück, soweit es die begrenzt verfügbaren Aufzeichnungen noch zulassen, fällt auf, dass der Sonne durchaus längere Pausen zuzutrauen sind. So herrschte beispielsweise zwischen 1645 und 1715 auf der Erde eine kleine Eiszeit. Diese Phase, die nach dem englischen Astronomen Edward Walter Maunder (1851–1928) benannt ist, der sie anhand von historischen Aufzeichnungen entdeckte, wird deshalb auch als Maunder-Minimum bezeichnet. Hier geizte die Sonne besonders mit Aktivität, wodurch sie auch ihre Temperatur und Leuchtkraft stark herunterfuhr und es die Erdbewohner in der Folge ganz schön fröstelte. Das Wetter der Sonne kann also durchaus weitreichende Folgen für das Wetter auf der Erde haben. Bereits Leuchtkraftschwankungen von 0,1 bis 0,5 Prozent reichen für kleine Eiszeiten, wie es beim Maunder-Minimum der Fall war, aus.

Auf lange Sicht lässt die Aktivität der Sonne jedoch allmählich nach. Sie scheint sich früher, als sie noch ein junger, knackiger Stern war, wesentlich schneller gedreht zu haben und war damit auch viel explosiver unterwegs, was die Geschehnisse auf ihrer Oberfläche betrifft (siehe *Wie die Sonne ihre Rotation loswurde,* Seite 386). Auch Beobachtungen anderer Sterne, die noch in ihren Flegeljahren stecken, bestätigen dies: Junge Exemplare rotieren schneller, sind magnetisch aktiver und strahlen deshalb auch helleres und intensiveres Licht ab als bereits gesetztere Sternenkollegen.

3.6 Das Licht als Kämpfernatur

Warum die Photonen in der Sonne nichts zu lachen haben

Kehren wir nun zur Oberfläche unseres eigenen Sterns zurück. Wie bereits erwähnt handelt es sich bei dem Plasma auf der Sonnenoberfläche um ein heißes, blubberndes Etwas. In diesem Plasmaeintopf wuseln geladene Teilchen umher, erzeugen dadurch ein Magnetfeld und strahlen ganz nebenbei hauptsächlich sichtbares Licht und Infrarotstrahlung ab. Das Magnetfeld wiederum wird durch diese ungeordneten Teilchenbewegungen zusätzlich zur unterschiedlichen Sonnenrotation völlig verwirbelt und verstärkt. Dieses hektische Teilchengewimmel ist damit einer der Hauptverursacher der heftigen Sonnenaktivität.

Wir tauchen nun in jene kochende Suppe ein, um zu verstehen, warum die Sonnenoberfläche überhaupt brodelt und blubbert, und sich dadurch geladene Teilchen alles andere als geradlinig umherbewegen.

Eine Fahrkarte Richtung Ausgang, bitte!

Während von der Korona bis zur Sonnenoberfläche die Temperatur kontinuierlich abnimmt, dreht sich der Spieß ab jetzt um. Sobald wir von der Photosphäre aus weiter in die Sonne eintauchen, steigt die Temperatur mit der zunehmenden Teilchendichte allmählich auf zwei Millionen Kelvin an.

Wir befinden uns nun in der sogenannten Konvektionszone der Sonne. Sie ist der Grund, warum die Sonnenoberfläche von hellen und dunklen Flecken übersät ist. Denn hier geht es ganz schön turbulent zur Sache. Das anfangs noch recht schwache Magnetfeld wird aus dem Inneren regelrecht nach oben gepresst, dabei furchtbar zusammengestaucht und damit ordentlich verstärkt. Was dann passiert, wissen wir ja bereits. Wir legen unser Augenmerk deshalb nicht mehr auf das Magnetfeld der Sonne, sondern auf ihr brodelndes Plasma selbst, welches ihre magnetische Aktivität verursacht.

Die Konvektionszone macht bei der Sonne etwa ein Drittel des Bereichs von der Oberfläche bis zum inneren Kern aus. Hier herrscht ein ständiges Auf und Ab (siehe Grafik 32). Heiße Gasblasen, die sogenannten Granulen (vom lateinischen Wort *granum,* »Korn«), dienen als eine Art unkonventioneller Aufzug, der das Licht aus dem Sonneninneren an die Oberfläche befördert (siehe Grafik 32a). Die Granulen, die aus einer Mischung aus neutralen und teilweise ionisierten Elementen bestehen, nehmen die Photonen mitsamt ihrer Energie durch Absorption in sich auf und werden dadurch heißer (siehe Grafik 32b). Da heiße Materie wegen der schnell flitzenden Teilchen weniger Dichte besitzt als kühlere, steigen die Granulen mitsamt der in ihnen steckenden Photonenenergie aus dem Inneren der Sonne empor (siehe Grafik 32c/*Thermische Energie und Temperatur,* Seite 229). Sind die solaren Aufzüge mit dem Licht als Fahrgast schließlich an der Photosphäre angekommen, platzen sie quasi wie kochende Wasserblasen auf, geben die Photonen mitsamt ihrer Energie wieder frei (siehe Grafik 32d), kühlen dadurch ab und sinken wieder nach unten (siehe Grafik 32f). Auf ihrem Weg zurück in das dichtere und heißere Sonneninnere werden die Granulen schließlich wieder auf ihre Betriebstemperatur aufgeheizt und sind damit, sobald sie den unteren Bereich der Konvektionszone erreicht haben, wieder bereit, das nächste wartende Photon nach oben zu befördern.

Durch diese auf- und absteigenden Plasmablasen ist die Sonne von unzähligen, sehr feinkörnigen hellen und dunklen Sprenkeln überzogen, die sich zusätzlich zu den im Vergleich dazu wesentlich großflächigeren Sonnenflecken auf ihrer Oberfläche tummeln. Es sieht ein wenig danach aus, als hätte man in eine Schale voller Olivenöl einige Tropfen dunklen Essig gegeben und das Ganze anschließend so lange kräftig verrührt, bis lauter kleine Pünktchen entstanden sind (siehe Fotografie 21). An den Stellen, an denen die heißen Granulen gerade auftauchen, wirkt das »Dressing« der Sonnenoberfläche heller, dort, wo die kühleren Granulen wieder absinken, sieht die Photosphäre hingegen dunkler aus. Hier befinden sich quasi die im Öl eingeschlossenen Essigtropfen.

[Grafik 32] ***Die Konvektionszone***

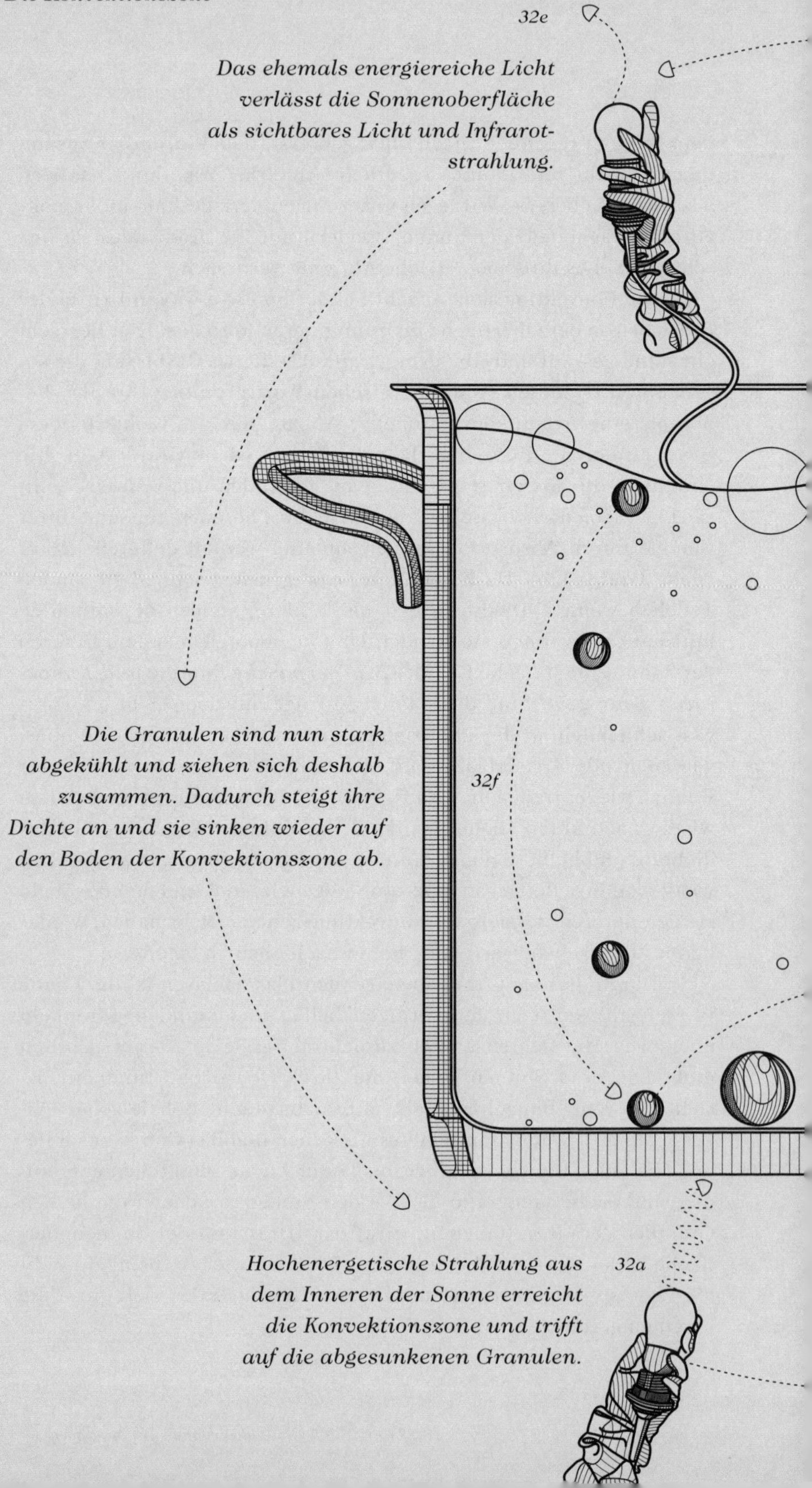

An der Sonnenoberfläche angekommen, ist die Dichte schließlich so weit abgesunken, dass die Granulen das Licht entweichen lassen. Allerdings geben sie nur einen kleinen Teil der ursprünglichen Photonenenergie wieder frei.

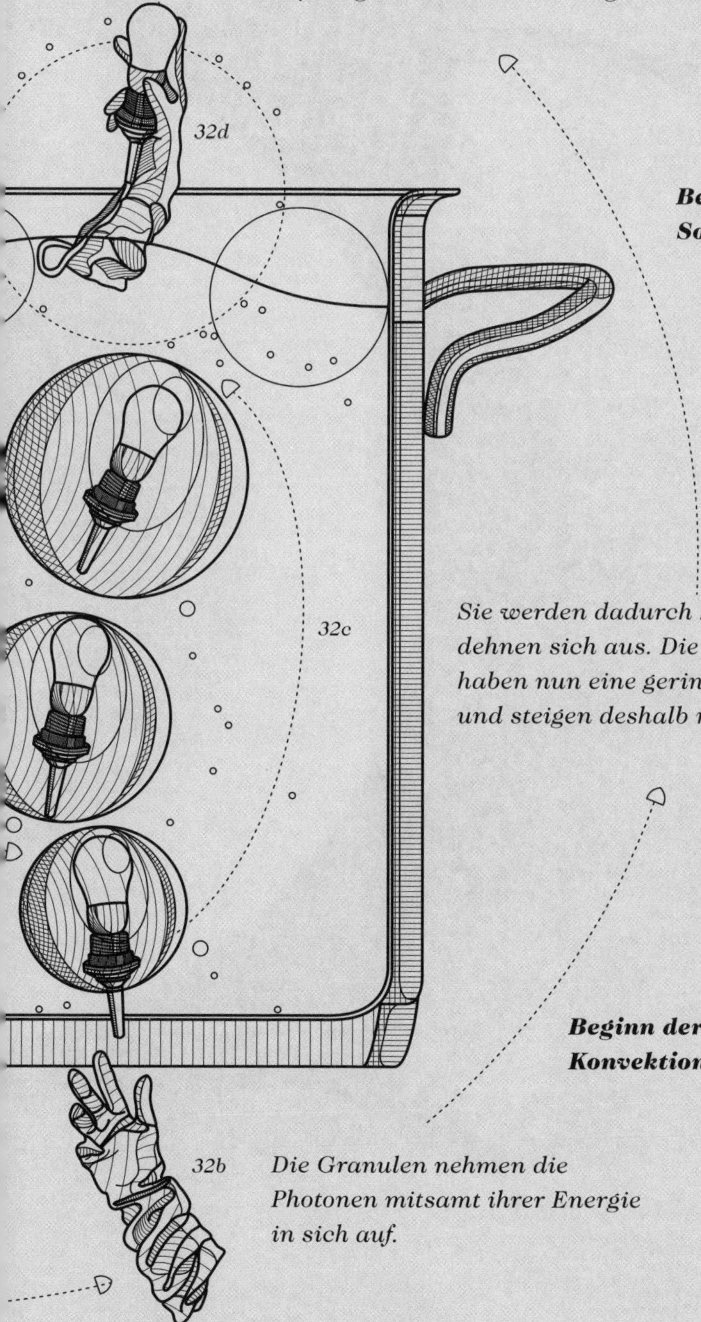

Beginn der Sonnenoberfläche

Sie werden dadurch heißer und dehnen sich aus. Die Granulen haben nun eine geringere Dichte und steigen deshalb nach oben.

Beginn der Konvektionszone

Die Granulen nehmen die Photonen mitsamt ihrer Energie in sich auf.

[Fotografie 21] ***Solare Granulation*** *(kleine Flecken)* ***und Sonnenflecken*** *(große Flecken)* ***auf der Photosphäre***

In der Konvektionszone der Sonne herrscht ein ständiges Auf und Ab. Hier wird das Licht durch eine Art »Plasma-Aufzug« nach oben befördert. Allerdings müssen die Photonen diesen komfortablen Transport mit einem Teil ihrer Energie bezahlen.

Dieses Fleckenmuster aus aufsteigendem hellen und absinkendem dunklen Plasma nennt sich solare Granulation. Jede Granule hält sich nur wenige Minuten an der Sonnenoberfläche auf, erreicht dabei einen Durchmesser von etwa eintausend Kilometern, um schließlich aufzuplatzen und das Licht, das sie in sich trägt, freizugeben.

Die Sonnenoberfläche gleicht einem Essig-Öl-Gemisch aus vielen feinkörnigen hellen und dunklen Sprenkeln. An den hellen Stellen steigt das heiße Plasma nach oben, an den dunklen Stellen sinkt es abgekühlt wieder nach unten.

In der Konvektionszone wird also permanent Strahlungsenergie portionsweise aus der Sonne über Absorption und anschließende Emission hinaustransportiert (siehe *Vom Verschlucken und Wiederausspucken,* Seite 138). Doch ganz ohne Gegenleistung fahren die solaren Aufzüge die Photonen nicht Richtung Ausgang. Das Licht bezahlt den Weg zum Sonnenrand mit einem Teil seiner Energie, den es an die Granulen abgeben muss. Meist erkennt sich das Photon nach dieser Energieübergabe selbst nicht mehr wieder, denn seine Wellenlänge ist nun wesentlich größer. Manchmal ist die Typveränderung des Lichts nach diesem Zollhandel sogar so schlimm, dass es sich auseinandergestückelt in mehrere, viel schwächere Photonen wiederfindet.

So entsteht am Ende der Konvektionszone schließlich das weniger energiereiche, sichtbare Licht und das noch schwächere Infrarot, das, endlich an der Sonnenoberfläche angekommen, seine Reise ins All antreten kann (siehe Grafik 32e und *Kein fester Boden unter den Füßen,* Seite 259). Hier ist die Dichte nämlich weit genug abgesunken, sodass sich die Photonen nicht mehr länger von der Materie herumschubsen lassen müssen. Wie wir im nächsten Abschnitt sehen werden, ist die Konvektionszone jedoch nicht der einzige Ort, an dem das Licht der Sonne Wegezoll zahlen muss …

[Fotografie 22] ***Strahlungsdiffusion – Licht wird von Elektronen und Ionen im Zickzackkurs umhergestreut***

In der radiativen Zone der Sonne ist das Plasma zu faul, um Licht in sich aufzunehmen. Stattdessen werden die Photonen hier permanent zufällig umhergestreut.

Dadurch kommt das Licht nur sehr schleppend voran. Es dauert im Schnitt Hunderttausende von Jahren, bis es schließlich die Sonnenoberfläche erreicht.

Auf Zickzackkurs

Unterhalb der Konvektionszone beginnt die Zone des Strahlungstransports, auch radiative Zone genannt. Sie macht siebzig Prozent des Sonneninneren aus. In diesem Bereich schleppt das Licht noch sehr viel mehr Energie mit sich herum. Die Temperatur beträgt in diesem Bereich über zehn Millionen Kelvin, was intensiver Röntgenstrahlung entspricht. Außerdem herrscht hier ein extremer Platzmangel. Das Plasma ist furchtbar eng zusammengequetscht, wodurch das Licht in seiner Bewegungsfreiheit äußerst eingeschränkt ist.

Allerdings ist die Situation in diesem Bereich der Sonne wesentlich entspannter, als es in der uns zuvor begegneten Ebene der Fall ist. Anders als in der Konvektionszone hat das tiefenentspannte Plasma in dieser Region der Sonne nämlich aufgrund der enormen Hitze überhaupt keine Lust, das Licht zu absorbieren. Hinzu kommt, dass die meisten chemischen Elemente hier ohnehin vollständig ionisiert vorliegen und deshalb sowieso keine Photonen in sich aufnehmen können, selbst wenn sie es denn wollten (siehe *Die Anarchie der geladenen Teilchen,* Seite 237). Stattdessen muss sich das Licht seinen Weg in die Freiheit ganz allein erkämpfen. »Kämpfen« ist jedoch gar kein Ausdruck für die Strapazen, welche die Photonen hier durchmachen müssen. Da diese Sonnenschicht zehnmal dichter ist als Blei, hilft es den Photonen herzlich wenig, dass sie sich mit Lichtgeschwindigkeit fortbewegen. Ständig rempeln sie gegen freie Elektronen und andere Gasteilchen, verlieren dabei einen Großteil ihrer ursprünglichen Energie und kommen auf diese Weise immer nur um den Bruchteil eines Millimeters voran (siehe Fotografie 22). Das Licht wird hier völlig zufällig zwischen den Elektronen und Ionen hin und her gestreut und dabei dummerweise oft auch genau dorthin zurückgeschossen, von wo es ursprünglich kam und wo es doch eigentlich gar nicht mehr hinwollte – Richtung Sonnenzentrum nämlich. Dieses orientierungslose Herumirren der Photonen wird deshalb auch als *random walk* oder Strahlungsdiffusion bezeichnet. Das Licht verteilt sich auf diese Weise völlig zufällig und planlos in der Sonne – immer mit der Hoffnung, sie eines schönen Tages endlich verlassen zu können.

Mit diesem Vorankommen im Zickzackkurs hat das Licht ein ganzes Weilchen zu kämpfen. Bis ein Photon vom Kern der Sonne nach außen gelangt, vergehen im Schnitt 100 000 bis 200 000 Jahre! (Es wird sogar spekuliert, dass es im schlimmsten Fall ganze 30 Millionen Jahre dauern könnte …) In dieser Zeit hat es das meiste seiner Energie an die Elektronen der radiativen Zone und die Granulen der Konvektionszone abgeben müssen, um schließlich nur noch als harmloses sichtbares Licht oder Infrarotphoton endlich ungehindert mit Lichtgeschwindigkeit geradewegs die Sonne verlassen zu können.

Das Licht, das achteinhalb Minuten später bei uns auf der Erde landet, ist also bereits vor über 100 000 Jahren entstanden! Doch da in der Sonne permanent eine Menge Photonen auf den Weg geschickt werden, bemerken wir diese Zeitverzögerung nicht (siehe *Die Sonne verbrennt ineffizient,* Seite 298).

Drückend heiß

Auf seinem beschwerlichen Weg Richtung Photosphäre verliert das Licht also permanent einen Teil seiner Energie. Mit wie viel Elan jedes Photon im Inneren der Sonne ursprünglich startet und wie das Licht dort überhaupt entsteht, werden wir jetzt erkunden. Wir tauchen deshalb ein letztes Mal noch tiefer in die Sonne ein. Nach der Zone des Strahlungstransports erreichen wir endlich den Ort, an dem sich die Energiequelle der Sonne befindet – den Sonnenkern.

Er ist die heißeste und dichteste Region der Sonne. Bei einer Temperatur von 15 Millionen Kelvin und einer Dichte, die einhundertmal höher ist als die von Wasser, herrscht hier ein immenser thermischer Druck. Die Teilchen des bei dieser Hitze vollständig ionisierten Plasmas flitzen folglich sowohl furchtbar schnell als auch furchtbar nahe beieinander umher. Gegen diesen inneren thermischen Druck, der nach außen drängt, kämpft die gewaltige Last der darüber liegenden Schichten an. Sie drücken dermaßen stark gegen den Sonnenkern, dass der Luftdruck dort 200 Milliarden Mal stärker ist als auf der Erde!

Diese Zustände mögen auf den ersten Blick ganz schrecklich und lebensfeindlich erscheinen. Doch ganz im Gegenteil – sie sind sogar lebens*freundlich.* Denn im Sonnenkern herrschen Voraussetzungen, ohne die Leben auf der Erde gar nicht entstanden wäre. Nur durch den enormen Druck der Gravitation gepaart mit den schwindelerregenden Temperaturen wird möglich, was wir ganz zu Beginn dieses Kapitels als die Energiequelle der Sonne kennengelernt haben (siehe *Warum scheint eigentlich die Sonne?,* Seite 224). Diese Bedingungen sind nämlich ideal für die Kernfusion (mehr oder weniger zumindest – siehe *Eigentlich zu kalt und klein, um ein echter Stern zu sein,* Seite 286). Hier im Zentrum der Sonne werden also Atomkerne miteinander fusioniert. Was dabei genau passiert, nehmen wir jetzt ins Visier.

3.7 Von einem Element zum nächsten

Warum sich Kernreaktionen lohnen

Bei unserer kleinen Bestandsaufnahme der Sonne zu Beginn dieses Kapitels haben wir festgestellt, dass vor allem ein Element besonders häufig vertreten ist: der Wasserstoff. Gleich an zweiter Stelle, wenn auch deutlich abgeschlagen, folgt Helium. Genau diese beiden Elemente sind es auch, die an der Kernfusion beteiligt sind. Genauer gesagt wird in der Sonne Wasserstoff zu Helium verschmolzen. Sterne, in deren Innerem dies passiert, werden auch als Hauptreihensterne bezeichnet. Auch unsere Sonne ist demnach ein solcher Hauptreihenstern.

In ihrem Kern greift die Sonne somit auf ihren großen Wasserstoffvorrat zurück und wandelt ihn allmählich in Helium um. Während der Wasserstoff im Laufe ihres Lebens dadurch immer weniger wird, nimmt die Heliummenge langsam zu.

Doch was hat die Sonne überhaupt davon, dass sie chemische Elemente umwandelt? Und wie entsteht dabei das viele Licht, das erst etwa 100 000 Jahre später der Photosphäre entkommen kann? Dazu müssen wir uns ein wenig in die Grundlagen der Kernphysik begeben und dabei außerdem eine alte Bekannte zurate ziehen – die Quantenmechanik. Denn wie wir bereits im ersten Kapitel vorweggenommen haben, tritt in der Sonne dank der quantenmechanischen Grundstruktur unserer Welt das äußerst Unwahrscheinliche tatsächlich mit äußerster Regelmäßigkeit ein. Letztendlich ist es deshalb die Quantenmechanik, welche unsere Sonne vor einem Totalzusammenbruch bewahrt. Denn eigentlich ist unser Stern für die Kernfusion gar nicht ausgelegt. Im Grunde ist er dafür nämlich viel zu klein und viel zu kalt – wenn da das Wörtchen »eigentlich« nicht wäre…

Grundkurs Kernphysik, Lektion 1: Die Kernladung

Bevor wir die seltsamen Tricks im Sonneninneren aufdecken, wenden wir uns erst ein wenig der Kernphysik zu. Wie wir bei den Elementarteilchen gesehen haben, bestehen Atome aus Protonen und Neutronen, die wiederum aus Up- und Down-Quarks zusammengesetzt sind (siehe *Fermionen sind verfeindet,* Seite 82). Um welches Element es sich handelt, hängt einzig und allein davon ab, aus wie vielen Protonen es besteht. Da Protonen positiv geladen sind, bestimmt die Protonenanzahl im Kern automatisch auch die sogenannte Kernladungszahl. Besteht das Element beispielsweise nur aus einem einzigen Proton, handelt es sich um Wasserstoff. Er hat die Kernladungszahl 1. Je mehr Protonen ein Element besitzt, desto größer ist damit auch seine Kernladung. Helium ist das nächstschwerere Element. Es besteht aus zwei Protonen und hat damit die Kernladungszahl 2. Alle anderen Elemente, die schwerer sind, enthalten mehr Protonen, weisen damit eine höhere Kernladung auf und werden, wie wir bereits wissen, in der Astronomie als Metalle bezeichnet.

Alle Elemente, die schwerer sind als Helium, werden in der Astronomie als »Metalle« bezeichnet.

Alle chemischen Elemente jenseits des mageren Wasserstoffs, der aus nur einem einzigen Proton besteht, enthalten außerdem Neutronen, die keine elektrische Ladung besitzen und somit nichts zur Kernladung beizusteuern haben. Sie verleihen einem Element lediglich zusätzliches Gewicht und erhöhen deshalb die Atommasse.

Ein und dasselbe Element kann unterschiedlich viele Neutronen in sich tragen. Diese Elementvariationen werden als Isotope bezeichnet. Bei dem Heliumkern, der bei der Kernfusion von Hauptreihensternen entsteht, handelt es sich um die normale Variante des Elements und nicht um ein Isotop. Es besteht aus zwei Protonen und zwei Neutronen.

Sterne, die in ihrem Inneren Wasserstoff zu Helium fusionieren, werden als Hauptreihensterne bezeichnet.

Grundkurs Kernphysik, Lektion 2: Fusion und Fission

Womit wir auch schon direkt beim Thema wären. Atomkerne sind nämlich nicht unveränderlich, sondern die Elemente können sich grundsätzlich ineinander umwandeln. Dabei gibt es zwei Möglichkeiten: Ein großer, schwerer Atomkern kann in zwei kleinere Kerne auseinanderbrechen, was als Kernspaltung oder Fission bezeichnet wird. Umgekehrt können aber auch – und genau dies ist im Inneren aller Sterne der Fall – zwei kleinere Atomkerne durch Kernfusion zu einem einzigen, größeren Kern verschmelzen.

Bei der Fusion verschmelzen zwei leichtere Elemente zu einem schwereren. Bei der Fission spaltet sich ein schwereres Element in zwei leichtere auf.

Doch wozu der ganze Aufwand? Da alles, was in unserem Universum vor sich geht, nur deshalb passiert, weil Energie umherfließt oder sie von einer Art in die andere umgewandelt wird, geht es auch bei den Kernreaktionen um nichts anders (siehe *Ohne Energie geht gar nichts,* Seite 228). Auch hier ist das oberste Ziel, Energie umzuwandeln, um sie anschließend fließen zu lassen. Den Part des Davonfließens übernimmt bei den Kernreaktionen, wie wir noch sehen werden, unter anderem das Licht (siehe *Proton trifft Proton,* Seite 301).

Nur, dass es sich weniger um ein sanftes Fließen als vielmehr um ein zappeliges Umherirren handelt, mit dem sich die Energie in Form von Strahlung nur sehr zögerlich aus dem Stern verabschiedet (siehe *Auf Zickzackkurs*, Seite 280).

Doch bevor das Licht überhaupt als Strahlungsenergie entweichen kann, muss diese zuallererst einmal freigesetzt werden. Und das gelingt bei Atomkernen nur mittels Fusion oder Fission. In beiden Fällen kann Kernenergie entweichen. Dazu müssen allerdings die geeigneten chemischen Elemente vorliegen. Während von Wasserstoff über Helium bis zum Eisen Energie durch Fusion freigesetzt werden kann, dreht sich das Ganze danach um. Bis zum schwersten Element Uran kann Energie nämlich nicht mehr durch die Verschmelzung von Kernen, sondern ausschließlich mittels Kernspaltung entweichen. Doch bei Eisen gibt es ein Problem: Aus ihm kann keinerlei Kernenergie gewonnen werden, weder durch Fusion noch durch Fission. Eisen ist also unter allen chemischen Elementen der absolute Verweigerer, was die Herausgabe seiner Kernenergie betrifft. Doch warum ist das so? Wovon hängt es ab, ob Energie mittels Fusion oder Fission freigesetzt werden kann?

Kernenergie wird immer dann freigesetzt, wenn die Elementbausteine nach der Reaktion im Durchschnitt leichter sind als davor. Die fehlende Masse wird gemäß $E = mc^2$ in Energie umgewandelt.

Das Prinzip ist eigentlich ganz einfach: Kernenergie wird immer dann frei, wenn die Elementbausteine nach der Reaktion im Durchschnitt leichter sind als davor. Die fehlende Masse wird dann gemäß Albert Einsteins berühmter Formel $E=mc^2$ in Energie umgewandelt. Und während von Wasserstoff bis Eisen die durchschnittliche Masse pro Kernbaustein, oft auch Bindungsenergie pro Kernbaustein genannt, in der Regel immer weiter abnimmt, steigt sie ab dem Element Eisen, von einigen wenigen Ausnahmen einmal abgesehen, immer mehr an. Die Kernbausteine, die sogenannten Nukleonen, zu denen Protonen und Neutronen gleichermaßen zählen, sind also der Faktor, der darüber entscheidet, wie aus einem Element Energie freigesetzt werden kann.

Bei Eisen gibt es ein Problem. Aus ihm kann keinerlei Kernenergie gewonnen werden, denn hier ist die durchschnittliche Masse pro Kernbaustein von allen Elementen am geringsten.

Eisen stellt somit einen Wendepunkt in der Riege der chemischen Elemente dar. Bei ihm bringen die einzelnen Nukleonen nämlich durchschnittlich am wenigsten Gewicht auf die Waage. Deshalb lässt sich hier keinerlei Energie durch Kernreaktionen gewinnen, sondern ganz im Gegenteil: Damit aus Eisen ein anderes Element entstehen kann, muss Energie aufgewendet werden. Denn die einzelnen Kernbausteine werden in jedem Fall nach der Reaktion schwerer sein als davor. Und da sich Masse nicht einfach so aus dem Nichts aufbaut, bedarf es einer Energiemenge, die dafür angezapft werden kann. Doch dies ist nicht nur dann der Fall, wenn es darum geht, Eisen in ein anderes Element zu verwandeln, auch alle anderen Elemente, die schwerer als Eisen sind, können wegen der immer größer werdenden Masse pro Kernbaustein nur entstehen, indem Energie zugeführt wird. Wann und wie das passiert, werden wir jedoch erst im fünften Kapitel sehen (siehe *Heiße Protonenküche,* Seite 486/ *Schnelle Neutronenküche,* Seite 488/*Gemütliche Neutronenküche,* Seite 494).

Soweit das Prinzip, das hinter der Gewinnung von Kernenergie steckt. Und da die Kernspaltung im Universum nicht wirklich relevant ist, sondern die Kernfusion das weitaus erfolgreichere Modell darstellt, ist auch sie es, durch welche alle Sterne der Hauptreihe ihre Energie beziehen.

Eigentlich zu kalt und klein, um ein echter Stern zu sein

Womit wir wieder im Inneren unserer Sonne angekommen wären. Da wir es hier ausschließlich mit vollständig ionisiertem Plasma zu tun haben, schwirren Ionen und Elektronen getrennt voneinander umher. Dabei laufen sie ständig Gefahr, miteinander zu kollidieren. Doch bei den im Vergleich zu anderen Sternen eher lauwarmen 15 Millionen

Kelvin im Sonnenkern sträuben sich die Atomkerne – vornehmlich reden wir hier von Wasserstoff – noch sehr erfolgreich gegen eine Kollision unter ihresgleichen. Denn da es sich hierbei um positiv geladene Protonen handelt und sich gleichnamige Ladungen bekanntlich abstoßen, kriegen die Teilchen im Sonneninneren in aller Regel gerade noch die Kurve und wenden sich durch die elektromagnetische Kraft störrisch voneinander ab, noch bevor es überhaupt zu einem Zusammenstoß kommen kann.

Erst wenn es heiß genug ist, die Wasserstoffkerne also viel schneller umherflitzen und ihre kinetische Energie damit wesentlich höher ist, können sie tatsächlich auch aneinander haften bleiben. Doch dazu wären einhundert Millionen bis einige Milliarden Kelvin Umgebungstemperatur nötig! Ein derartig heißer Stern würde dann allerdings kein sichtbares Licht an seiner Oberfläche abstrahlen, sondern knallharte Röntgenstrahlung (siehe *Unterwegs auf kurzen Wellen,* Seite 109).

Die zweite wichtige Voraussetzung für eine erfolgreiche Kernfusion ist der Druck, der durch die Last der darüber liegenden Schichten verursacht wird. Doch auch hier ist die Sonne eigentlich ungeeignet, denn sie ist eindeutig zu klein, und damit ist ihre Gravitation nicht stark genug. Die Teilchen in ihrem tiefsten Inneren haben somit einfach noch zu viel Freiraum, um sich wirklich in die Quere zu kommen.

Es sähe also sowohl für die Sonne als auch für uns im wahrsten Sinne des Wortes ziemlich schwarz aus – wenn da nicht die Quantenmechanik wäre. Denn dank ihr fusioniert unser Stern dennoch, allen Widrigkeiten zum Trotz – wenn auch nicht im großen Stil, so wie es andere, größere und damit heißere Exemplare tun, sondern eher zurückhaltend und mit Bedacht. Tatsächlich lässt sie sich für ihre Kernfusion extrem viel Zeit. Die Sonne ist damit ein Stern, der äußerst ineffizient verbrennt. Wie lange es dauert, bis sie zwei Protonen endlich dazu bringt, eins zu werden, sehen wir gleich. Aber so viel sei schon verraten: Es dauert *verdammt* lange!

Ominöses Durchtunneln

Die Sonne muss es also irgendwie schaffen, die elektrostatische Abstoßung der Protonen zu überwinden und sie zusammenzubringen – und das, obwohl sie dazu eigentlich weder heiß noch dicht genug ist. Eine recht kniffelige Situation. Um sie zu lösen, greift unser

Stern ganz tief in die quantenmechanische Trickkiste und zaubert einen Effekt hervor, der Teilchen scheinbar regelrecht durch Wände gehen lässt und die Kernfusion dadurch auch bei kleineren Sternen möglich macht. Die Rede ist vom sogenannten Tunneleffekt.

Um ihn zu verstehen, schauen wir uns das Verhalten geladener Teilchen etwas genauer an: Gleichnamige Ladungen stoßen sich also ab. Sie bauen um sich herum eine Art Mauer aus elektrischer Ladung auf, die sie daran hindert, mit anderen gleichnamig geladenen Teilchen in Berührung zu kommen. Diese Hürde wird als Potenzial oder Coulomb-Wall bezeichnet. Damit sich zwei Protonen miteinander verbinden können, müssen sie zuerst diese übermächtige Mauer überwinden.

Gleich geladene Teilchen werden durch eine Mauer aus elektrischer Ladung an einer Zusammenkunft gehindert.

Dazu stellen wir uns die Protonen diesmal nicht wie in Kapitel 1 als Sockenbündel, sondern als Orangen vor, die nebeneinander einsam und allein in jeweils einer eigenen Obstschale liegen (siehe Fotografien 23a und 24a). Möchte nun eine der beiden Orangen in die Schale der anderen gelangen, so muss sie nach den Regeln der klassischen Mechanik genug Bewegungsenergie besitzen. Nur dann kann sie aus ihrer Schale hoch genug emporspringen und über den Rand hinweg in die andere hineinfallen. Sobald die springende Orange den kritischen höchsten Punkt der beiden Obstschalen überwunden hat, fällt sie quasi von ganz allein ihrem Zitrusfruchtkollegen entgegen, und die beiden sind endlich vereint. Denn nun schnappt eine andere Kraft zu, die wir bereits im ersten Kapitel kennengelernt haben – die starke Kernkraft (siehe *Das Kräftemessen der Bosonen,* Seite 90). Da sie ganze einhundertmal stärker als der Elektromagnetismus ist, der die Abstoßung der Protonen – in diesem Fall also unserer Orangen – verursacht, können die beiden plötzlich zusammenhalten, obwohl sie sich zuvor noch widerspenstig abgestoßen haben.

Die Sonne ist eigentlich viel zu kalt und viel zu klein, um Atomkerne auf klassische Art miteinander zu verschmelzen. Dank eines Tricks aus der Quantenmechanik gelingt es ihr aber ab und zu dennoch, Wasserstoff zu Helium zu fusionieren.

[Fotografie 23a] **Zwei Orangen und die Gesetze der klassischen Mechanik**

[Fotografie 23b] ***Die linke Orange hat nicht genügend kinetische Energie, um von der einen in die andere Schale zu springen***

Um sich trotz ihrer Abstoßung dennoch zu verbinden, müssen sich gleichnamige Ladungen sehr schnell sehr nahe kommen. Das gelingt normalerweise nur bei einer hohen Teilchendichte und enormen Temperaturen.

Doch damit es überhaupt so weit kommen kann, müsste unsere Orange wie gesagt eigentlich genug Energie besitzen, um den Rand ihrer Obstschale zu überwinden. Und diese Energie hat sie normalerweise nur dann, wenn es sehr heiß ist, sie also sehr schnell und energiegeladen umherflitzt. Und genau dies ist bei der Sonne eben nicht der Fall. In ihrem 15 Millionen Kelvin heißen Kern reicht die Energie unserer Protonen-Orange bei Weitem nicht aus, um ihrer eigenen Obstschale zu entkommen. Deshalb kullert sie in aller Regel wieder zurück, und es kommt zu keiner Verbindung zwischen ihr und einer Artgenossin (siehe Fotografie 23a/23b).

Doch wie wir im ersten Kapitel gesehen haben, gelten in der Welt des ganz Kleinen etwas andere Gesetze (siehe *Die Erkenntnisse der Quantenrevolution,* Seite 57). Die Elementarteilchen kümmert die klassische Mechanik deshalb recht wenig. Stattdessen folgen sie einer anderen, liberaleren Gesetzgebung, in der alles kann und nichts muss – nämlich den Regeln der Quantenmechanik. Einen ihrer wichtigsten und gleichsam seltsamsten Grundsätze haben wir bereits kennengelernt, und genau der ist es auch, der den bereits angekündigten Tunneleffekt möglich macht – die Heisenberg'sche Unschärferelation (siehe *Die Heisenberg'sche Unschärferelation,* Seite 60).

Wir haben gesehen, dass es zwei Arten der Unschärfe gibt: Eine Unbestimmtheit in Ort und Impuls sowie eine Ungewissheit in Energiemenge und Zeitpunkt. Während wir bei unseren Sockenversuchen das besondere Augenmerk auf Erstere gelegt haben, ist es im Fall der Sonne die Energieunschärfe, welche die Kernfusion möglich macht. Dank ihr gelingt es nämlich dennoch, einige Protonen im Kern zusammenzubringen, obwohl ihre Bewegungsenergie dazu eigentlich nicht ausreicht. Doch wie ist das möglich?

Da es im Reich der kleinsten Bausteine unserer Welt nichts wirklich Greifbares mehr gibt, lässt sie sich nur noch in Wahrscheinlichkeiten ausdrücken (siehe *Bilderverbot,* Seite 73). Somit gibt es für jede erdenkliche Möglichkeit eine gewisse Wahrscheinlichkeit – wenn sie auch noch so gering ist. Darunter fällt auch die Tatsache, dass Protonen eine scheinbar übermächtige Mauer aus elektrischer Ladung überwinden können. Die Wahrscheinlichkeit ist umso größer, je mehr Energie zur Verfügung steht. Im Fall unserer Sonne ist sie deshalb recht klein – aber eine gewisse Chance besteht eben dennoch, dass ein Proton tatsächlich überraschenderweise mehr Energie besitzt als gedacht.

Um zu demonstrieren, was nun passiert, kehren wir zu unserer Obstanalogie zurück: Wir haben es also mit zwei Orangen zu tun, die sich eigentlich gerne näher kämen, denen aber die nötige kinetische Energie fehlt, um aus ihrer Schale herauszuspringen und in den Bereich der anderen Orange hineinzugelangen. Eine der beiden muss nun entgegen allen Erwartungen zu mehr Energie kommen. Doch da die Bedingungen dafür nicht gegeben sind, weil es zu kalt ist und deshalb nicht hoch genug gesprungen werden kann, muss die Energie auf andere Weise herbeigeschafft werden.

Und jetzt wird es schon fast kriminell: Die Orange muss aus dem Nichts kurzfristig Energie stehlen, sie aber wegen der Gesetze der Energieerhaltung schnell genug wieder zurückbringen, sodass niemand bemerken kann, dass überhaupt jemals Energie gefehlt hat. Gemäß der Formel *Energieunschärfe × Zeitunschärfe ≈ Planck'sches Wirkungsquantum* muss die Orange die gestohlene Energie in einem Zeitraum, der kürzer ist als die Zeitunschärfe, wieder an das Nichts zurückgeben.

Je mehr Energie benötigt wird, desto schneller muss sie also auch wieder zurückgebracht werden. Nur dann kann Schaden verhindert werden und der Energieklau nicht Realität werden. Denn da die Energiemenge in unserem Universum immer dieselbe bleiben muss, darf sich nicht urplötzlich eine zusätzliche Energiemenge aus dem Nichts auftun. Stattdessen müsste die Energie irgendwo anders fehlen. Aber wo sollte das sein? Sie wurde ja aus dem Nichts und nicht aus der realen Welt gestohlen!

Doch zum Glück gibt es die Unschärferelation, die derartig bizarre Konflikte gar nicht erst aufkommen lässt. Sie sorgt dafür, dass alles in bester Ordnung ist und tatsächlich aus dem Nirgendwo Energie geborgt werden kann – sie muss nur eben rechtzeitig vor Ablauf der Frist wieder abgegeben werden.

Kehren wir zu unseren getrennten Orangen in ihren Obstschalen zurück. Eine der beiden Zitrusfrüchte hat soeben von dem Energieklau-Trick der Unschärferelation erfahren und bedient sich sogleich aus dem Energievorrat des Nichts. Nun besitzt sie die nötige kinetische Energie, um blitzschnell von ihrer eigenen Obstschale in

[Fotografie 24a] ***Zwei Orangen und die Gesetze der Quantenmechanik***

[Fotografie 24b] ***Die linke Orange kann dank des Tunneleffekts Energie aus dem Nichts stehlen und plötzlich in die andere Schale wandern***

In der Sonne stehlen Protonen dank des Tunneleffekts kurzfristig aus dem Nichts Energie, um die elektrische Abstoßung zu überwinden und sich mit einem anderen Proton zu verbinden.

Jedes Teilchen muss allerdings im Schnitt mehrere Milliarden Jahre warten, bis dieser Trick endlich funktioniert.

die der anderen Orange zu wechseln. Allerdings geht dieser Vorgang derartig hektisch vonstatten, dass die wandelnde Orange dabei ein äußerst ruckartiges Bild abgibt. Für ein richtig geschmeidiges Hinüberspringen bleibt ihr bei dieser Aktion nämlich gar keine Zeit mehr, sonst würde es nie und nimmer reichen, um die Energie noch rechtzeitig vor Ablauf der Zeitunschärfe wieder an das Nichts zurückzugeben.

Man spricht in diesem Zusammenhang auch vom sogenannten Durchtunneln, da es den Anschein hat, also würde das Teilchen von einem Moment auf den anderen das Hindernis nicht überwinden, sondern wie von Geisterhand durchschreiten. Eigentlich ist es aber kein ominöses Durch-Wände-Laufen, sondern ein plötzlicher Ortswechsel, der schlagartig und ohne sichtbare Zwischenschritte erfolgt (siehe Fotografie 24a/24b).

Die Sonne verbrennt ineffizient

Und genau dieser Tunneleffekt passiert auch im Inneren unserer Sonne. Nur sind es hier eben keine Orangen, die Energie stehlen und in die Schalen ihrer Artgenossen springen, sondern Protonen, die den Coulomb-Wall ihrer positiv geladenen Teilchenkollegen überwinden. Allerdings ist die Wahrscheinlichkeit für derartige Aktionen in unserer Sonne wegen ihrer zu geringen Hitze sehr klein. Im Schnitt gelingt es nur bei einem einzigen von 10^{18} Versuchen, dass zwei Protonen genug Energie besitzen, um miteinander zu verschmelzen! Es vergehen deshalb durchschnittlich einige Milliarden Jahre, bis ein bestimmtes Proton endlich mit einem anderen stark genug zusammenstoßen kann und sie von nun an durch die starke Kraft zusammengehalten werden.

Doch glücklicherweise funktioniert die Kernfusion in der Sonne dennoch. Sie gehört mit ihrer Größe zwar eher zum unteren Mittelmaß, was Sterne betrifft, besitzt aber dennoch genügend Masse, um regelmäßig Atomkerne verschmelzen zu lassen und ihre Energiequelle damit am Laufen zu halten. Und so fusionieren in unserer Sonne trotz der extrem niedrigen Wahrscheinlichkeit sagenhafte 10^{38}-mal pro Sekunde zwei Wasserstoffkerne miteinander!

Der Tunneleffekt ist die rettende Hilfe, um die Kernfusion auch bei kleinen Sternen, wie der Sonne, zu ermöglichen.

Der Tunneleffekt ist damit die rettende Hilfe, wenn es um die Kernfusion bei kleinen Sternen, wie unserer Sonne, geht. Im Inneren der riesigen Exemplare spielt er hingegen keine große Rolle mehr, denn hier sind die Temperatur und der Druck hoch genug, um auf klassische Art Atomkerne miteinander zu verschmelzen. Das ist auch der Grund dafür, dass massereiche Sterne viel schneller mit ihrer Fusion am Ende sind und deshalb nur eine sehr kurze Lebenserwartung haben (siehe *Die Ruhe vor dem Sturm,* Seite 543). Sie verbrennen ihren Wasserstoffvorrat im Kern einfach weitaus effektiver und schneller, als es unsere Sonne zu tun gedenkt.

Dank ihrer geringen Fusionsrate hat die Sonne eine Lebenserwartung von zehn Milliarden Jahren.

Die eigentlich ziemlich mickrige Fusionsquote der Sonne, bei der im Durchschnitt nur einer von 10^{18} Stößen zwischen zwei Protonen wirklich zum Erfolg führt, hat also durchaus ihr Gutes. Nur deshalb hat sie eine Lebenserwartung von zehn Milliarden Jahren. Andere Sterne, die mit ihrem Wasserstoff verschwenderischer umgehen, kommen da bei Weitem nicht heran. Sie knipsen bereits nach wenigen Millionen Jahren ihr Licht aus. Zu Leben auf der Erde wäre es folglich nie gekommen, wenn auch die Sonne ein derartig dicker Brummer wäre. Denn für die Entwicklung von Leben braucht es neben so vielen anderen wichtigen Voraussetzungen Zeit und gemäßigte Temperaturen. Eine Lichtquelle, die nur einige Millionen Jahre zur Verfügung steht und zu allem Überfluss auch noch molekülzerschlagende Röntgenstrahlung aussendet, ist damit alles andere als lebensfreundlich. Es ist also durchaus gut so, dass unsere Sonne zu den eher kälteren und kleineren Exemplaren in der Riege der Sterne zählt.

Doch wie wir noch sehen werden, sind auch die Turboverbrenner für uns sehr wichtig. Denn nur durch sie werden die Elemente erzeugt, die schwerer sind als Eisen, und damit sind es in erster Linie die massereichen Sterne, denen wir einen Großteil der Bausteine unseres Körpers verdanken (siehe *92 Prozent Sternenstaub,* Seite 466). Die Sache mit dem Sternenstaub stimmt somit tatsächlich – wir und unser Planet bestehen aus den Überresten lange erloschener Plasmariesen …

Die Sonne lebt so lange, weil sie sehr ineffizient verbrennt. Dennoch gelingt es ihr 10^{38}-mal pro Sekunde, zwei Wasserstoffatome miteinander zu verbinden.

3.8 *Kochrezept für eine Portion Energie*

Aus Wasserstoff wird Helium

Jetzt wissen wir zwar, wie es in unserer Sonne überhaupt zur Kernfusion kommen kann, doch wie dabei aus Wasserstoff letztendlich Helium wird, das müssen wir noch klären. Wir kommen deshalb gleich zum Punkt, genauer gesagt zur Proton-Proton-Kette.

Proton trifft Proton

Nehmen wir also an, es hat zwischen zwei Protonen endlich geklappt (siehe Grafik 33) und sie haben nach einer Wartezeit von Milliarden von Jahren endlich zueinandergefunden (siehe Grafik 33a). Nun haben wir es mit einem Atomkern zu tun, der nicht mehr nur aus einem einzigen Kernbaustein, sondern aus zweien besteht. Jedoch handelt es sich immer noch um Wasserstoff, genauer gesagt um sein Isotop Deuterium (siehe Grafik 33c). Bei dem Zusammenprall wurde nämlich eines der Protonen von der schwachen Kernkraft heimlich, still und leise in ein Neutron umgewandelt (siehe Grafik 33b / *Das Kräftemessen der Bosonen,* Seite 90). Es liegt nun also ein Kern vor, der aus einem Proton und einem Neutron besteht. Doch da der gewünschte Heliumkern aus vier Nukleonen, nämlich zwei Protonen und zwei Neutronen, aufgebaut ist, muss der Vorgang des Protonenzusammenstoßes insgesamt zweimal ablaufen, damit die nötige Anzahl an Kernbausteinen vorliegt. Diese Reaktionskette, bei der aus vier Wasserstoffkernen am Ende ein Heliumkern entsteht, wird als Proton-Proton-Kette bezeichnet.

Es gibt allerdings noch eine weitere Möglichkeit, Wasserstoff zu Helium zu fusionieren, nämlich über den sogenannten CNO-Zyklus, bei dem Kohlenstoff (C), Stickstoff (N) und Sauerstoff (O) als Reaktionsbeschleuniger beteiligt sind. Doch damit dieser Zyklus effizient in Gang kommen kann, müssen wesentlich höhere Temperaturen herrschen als jene 15 Millionen Kelvin im Sonnenkern. Die Sonne greift deshalb für ihre Kernfusion zu neunzig Prozent auf die Pro-

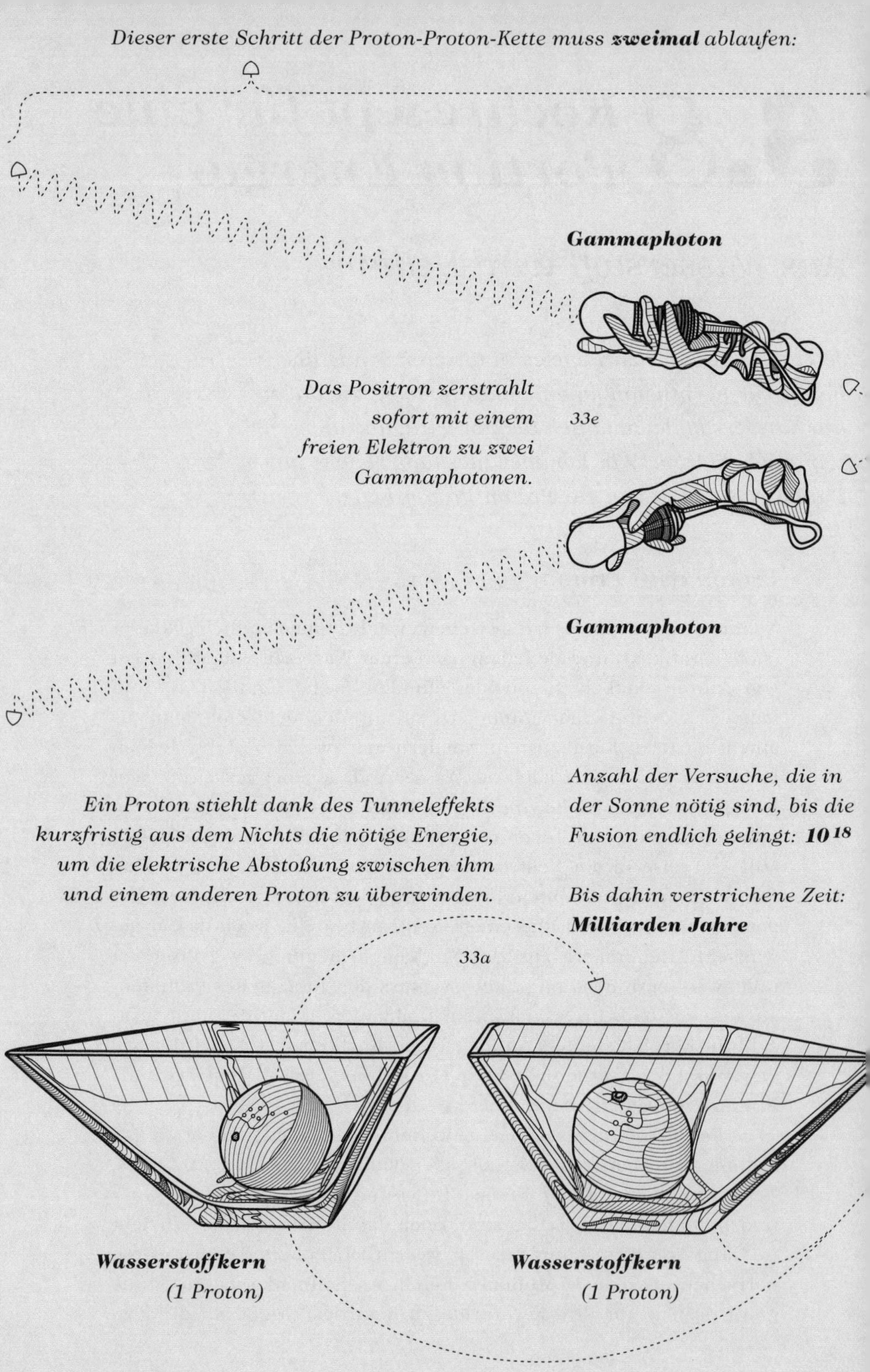

[Grafik 33] ***Der erste Schritt der Proton-Proton-Kette: Aus zwei Wasserstoffkernen entsteht das Isotop Deuterium***

Wasserstoff + Wasserstoff ⇒ Deuterium + Neutrino + Positron
(Positron + Elektron ⇒ Gammaphoton + Gammaphoton)

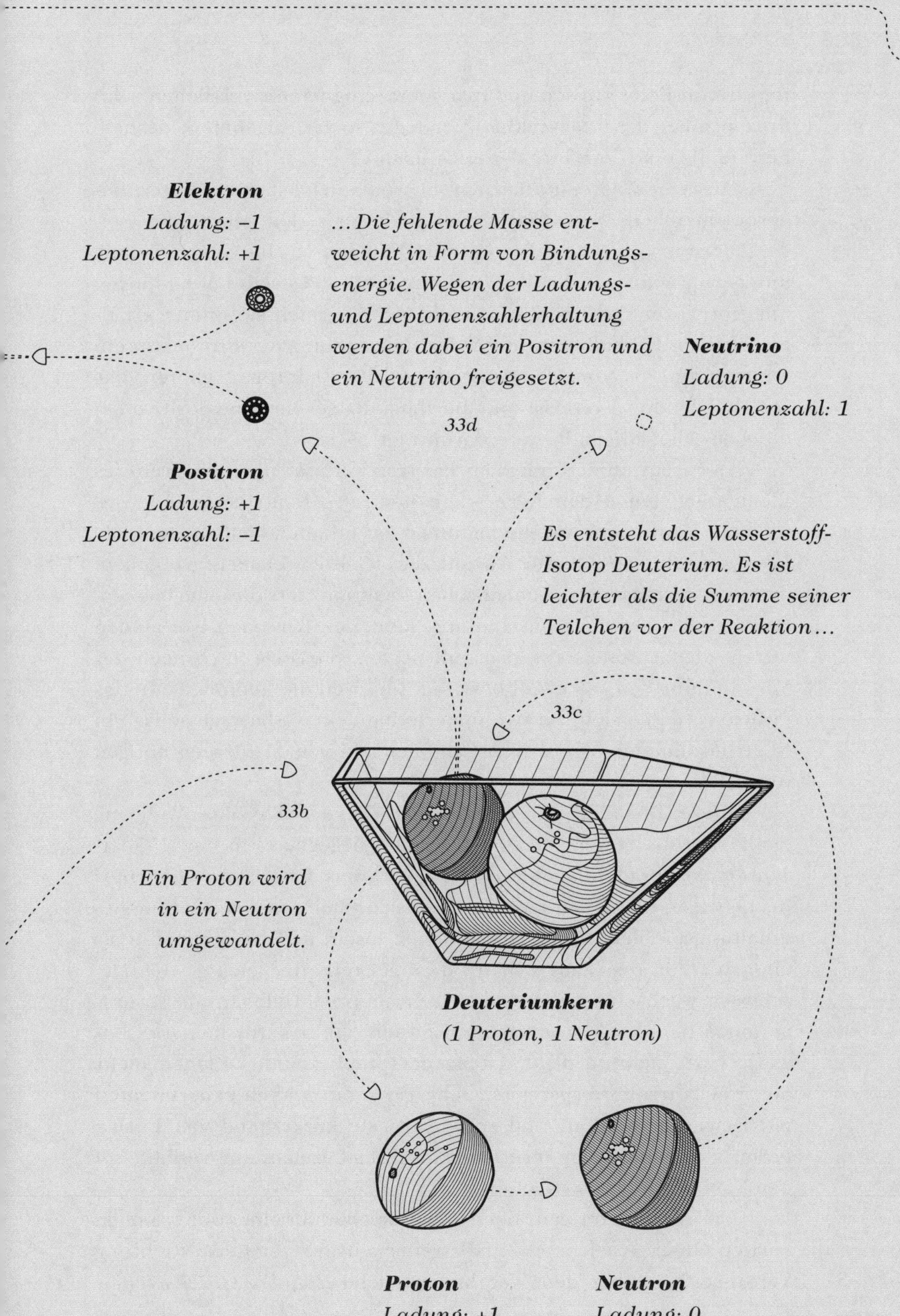

ton-Proton-Kette zurück und fusioniert lediglich die restlichen zehn Prozent über den CNO-Zyklus. Wir legen unser Augenmerk deshalb nur auf die erste Variante der Kernfusion.

Aus vier Wasserstoffkernen müssen zunächst zwei Deuteriumkerne entstehen. Doch das ist noch nicht alles, denn durch die Typveränderung von einem Proton zum Neutron ist die Gesamtladung nun geringer als vor der Verwandlung. Und da es sich bei Ladungen um eine Form von Energie handelt, müssen auch sie immer erhalten bleiben. Deshalb wird nach der Umwandlung des Protons in ein Neutron ein Positron, das Antiteilchen des Elektrons, geboren, das sogleich den Kern verlässt und die abhandengekommene positive Ladung des ehemaligen Protons davonträgt.

Doch zusammen mit dem Positron verlässt noch ein weiteres Elementarteilchen den Kern – ein neutrales Neutrino (siehe Grafik 33d). Denn nicht nur die Ladung muss erhalten bleiben, auch die Leptonenzahl, sprich die Anzahl der leichten Elementarteilchen, muss vor und nach einer chemischen Reaktion stets dieselbe bleiben. Da vor der Protonenumwandlung keinerlei Leptonen vorhanden waren, die Leptonenzahl also null betrug, muss sie auch nach der Verwandlung den Wert null besitzen. Und weil die Leptonenzahl des Positrons, da es sich um Antimaterie handelt, –1 beträgt, muss ein Neutrino mit seiner positiven Leptonenzahl von +1 für den nötigen Ausgleich sorgen.

Diese Tatsache war es übrigens, die den Physiker Wolfgang Pauli, der uns bereits im ersten Kapitel begegnete, in den 1930er-Jahren dazu brachte, mehr aus der Not heraus die Idee der Neutrinos ins Leben zu rufen. Pauli wollte damals nämlich genau jenes Energieerhaltungsproblem bei Kernreaktionen lösen, und so behauptete er einfach völlig ins Blaue hinein, dass geisterhafte, leichtgewichtige, schwach wechselwirkende, elektrisch neutrale Teilchen an Kernreaktionen beteiligt sein müssten. Und obwohl er dafür keinerlei Beweise hatte, konnte die Existenz der prophezeiten Teilchen mehr als zwei Jahrzehnte später, im Jahr 1956, tatsächlich experimentell nachgewiesen werden. Und so wurden sie kurzerhand von Enrico Fermi, der bereits den Fermionen zu ihrer Bezeichnung verhalf, auf den Namen »Neutrinos« getauft.

Uns werden übrigens noch einige solcher mit einer ordentlichen Portion Glück gesalzenen Zufallstreffer auf unserer Reise Richtung Vergangenheit über den Weg laufen (siehe *Hubbles Glückstreffer,*

Seite 650/*Taubenkot und andere merkwürdige Vorfälle,* Seite 659). In der Geschichte der Physik läuft eben nicht immer alles streng nach Plan …

Doch nun zurück zur Kernfusion und den durch sie hervorgerufenen Teilchen. Anders als das Neutrino verschwindet das Positron, da es zur Antimaterie zählt, kurz nach seiner Entstehung gleich wieder von der Bildfläche. Denn wie wir bereits im ersten Kapitel erwähnt haben, vernichten sich Teilchen und Antiteilchen, sobald sie aufeinandertreffen, sofort gegenseitig, um zu Energie zu werden (siehe *Die Erkenntnisse der Quantenrevolution,* Seite 57). Und da im Sonneninneren ebenso wie auch im gesamten Rest des heutigen Universums Antimaterie zur absoluten Mangelware zählt, wird das Positron, ehe es sichs versieht, gleich wieder seiner Existenz beraubt (siehe *Die Hadronen-Ära,* Seite 708). Aufgrund der überwältigenden Überzahl an Elektronen im Sonnenkern dauert es nämlich meist nicht lange, bis das Antiteilchen mit einem von ihnen zu Energie zerstrahlt. Die dabei entstehenden Gammaphotonen, deren Energiemenge exakt der Masse des sich vernichtenden Teilchen-Antiteilchen-Paars entspricht, fliegen sogleich aufgrund der Impulserhaltung in entgegengesetzte Richtungen davon (siehe Grafik 33e).

Im Gegensatz zum Positron bleibt das Neutrino allerdings bestehen und saust nahezu mit Lichtgeschwindigkeit ungehindert aus der Sonne heraus. Denn diese fliegengewichtigen Teilchen wechselwirken kaum mit Materie, weshalb sie bei ihrer Reise aus dem Sterneninneren viele neidische Blicke von den vielen Photonen kassieren, die verzweifelt darum kämpfen, ebenfalls zur Oberfläche zu gelangen, aber von den vielen umherstreunenden Elektronen vehement daran gehindert werden und sich ihren Weg in die Freiheit deshalb über Hunderttausende Jahre hinweg mühsam erkämpfen müssen (siehe *Auf Zickzackkurs,* Seite 280).

Es lässt sich aus diesem ersten Schritt der Proton-Proton-Reaktion folgende Bilanz ziehen: Zwei Wasserstoffkerne fusionieren dank des Tunneleffekts in der Sonne zu einem Deuteriumkern (siehe *Ominöses Durchtunneln,* Seite 287). Da nun ein stabilerer Zustand dank der stärkeren Kernkraft herrscht, wird ein Proton in ein Neutron umgewandelt und dabei Bindungsenergie freigesetzt, die in Form von einem Positron und einem Neutrino entweicht. Das Resultat ist, dass die fusionierten Kerne nun leichter sind als vor ihrem Zusammenprall. Es geht also ein Teil der Masse verloren!

Nachdem das Ganze ein zweites Mal abgelaufen ist, kann der zweite Schritt der Proton-Proton-Kette beginnen (siehe Grafik 34). Nun trifft einer der entstandenen Deuteriumkerne auf ein weiteres Proton (siehe Grafik 34a). Die Wahrscheinlichkeit hierfür ist dabei um ein Vielfaches höher, als es im ersten Schritt für die Zusammenkunft von zwei einzelnen Protonen der Fall war. Während die Fusion von zwei Wasserstoffkernen Milliarden Jahre auf sich warten lässt, geschieht das Verschmelzen von Wasserstoff mit Deuterium in der Regel bereits nach zehn Sekunden. Schritt zwei der Proton-Proton-Kette verläuft damit etwas zügiger.

Als Ergebnis dieser zweiten Reaktion liegt nun erstmals ein Heliumkern vor. Allerdings noch nicht der gewünschte, sondern das leichtere Helium-3-Isotop, bei dem es sich um eine sehr seltene Form des Heliums handelt, die aus zwei Protonen und einem Neutron besteht (siehe Grafik 34b). Da in diesem Reaktionsschritt keine Protonen in Neutronen umgewandelt werden, also keine Ladungen im Kern

*Auch der zweite Schritt der Proton-Proton-Kette muss **zweimal** ablaufen:*

Ein Proton stiehlt dank des Tunneleffekts kurzfristig aus dem Nichts die nötige Energie, um die elektrische Abstoßung zwischen ihm und einem Deuteriumkern zu überwinden.

Bis dahin verstrichene Zeit: ***10 Sekunden***

34a

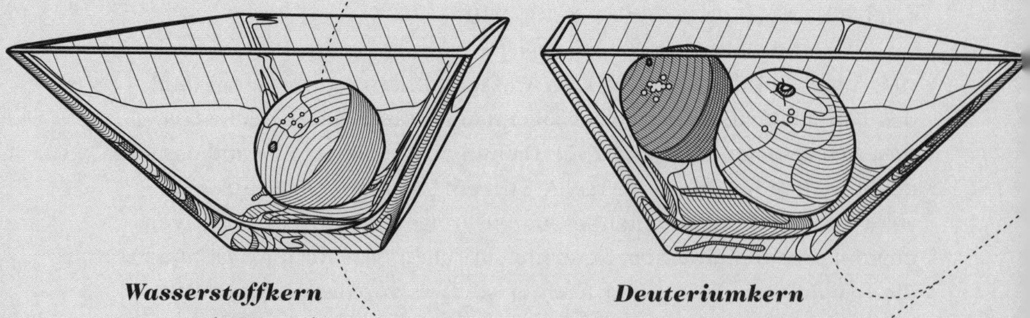

Wasserstoffkern
(1 Proton)

Deuteriumkern
(1 Proton, 1 Neutron)

verloren gehen, sind diesmal auch keine Neutrinos und Positronen beteiligt. Allerdings wird auch hier wieder Bindungsenergie frei. Das entstandene Helium-3-Isotop ist deshalb ebenfalls leichter als die Summe seiner Teilchen vor der Reaktion. Die Energie entweicht in diesem zweiten Schritt der Proton-Proton-Kette ausschließlich in Form von Gammastrahlung (siehe Grafik 34c). Allerdings entsteht hier nur ein einziges Photon anstelle von zweien, denn es musste kein Impuls von Teilchen und Antiteilchen erhalten werden, wie es bei der Zusammenkunft von Elektron und Positron im ersten Reaktionsschritt der Fall war. Analog zum ersten Schritt müssen auch Deuterium und Wasserstoff insgesamt zweimal miteinander verschmelzen, damit am Ende der gewünschte Helium-4-Kern entsteht.

Nun kann endlich der dritte und letzte Teil der Proton-Proton-Kette beginnen, bei dem Helium-3 zu seinem fehlenden zweiten Neutron kommt (siehe Grafik 35). Das ist auf verschiedene Arten möglich. Am weitaus häufigsten wird Helium-3 zu Helium-4, indem

Wasserstoff + Deuterium ⇒ Helium-3 + Gammaphoton

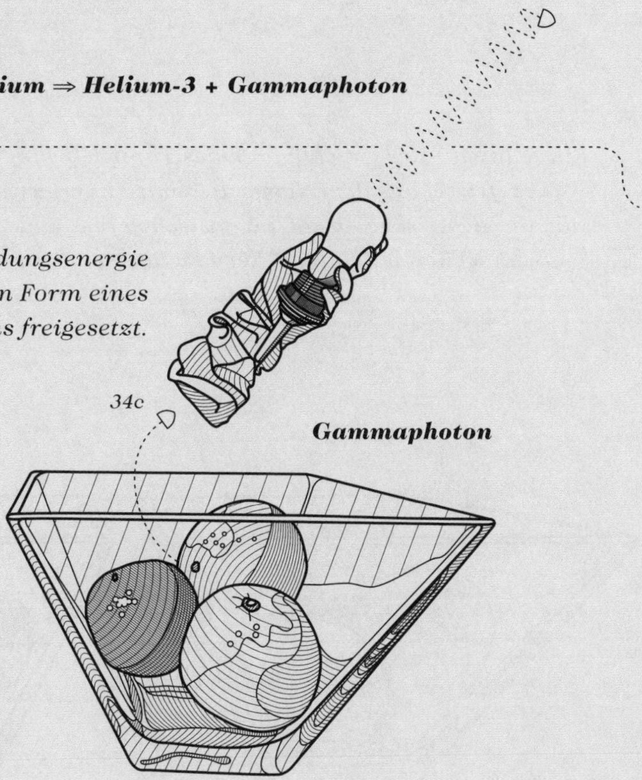

[Grafik 34] ***Der zweite Schritt der Proton-Proton-Kette: Aus Wasserstoff und Deuterium entsteht das Isotop Helium-3***

zwei Helium-3-Kerne zusammenstoßen (siehe Grafik 35a). Doch da nun zwei Protonen in den Kernen hausen, ist auch die elektrische Abstoßung entsprechend stärker. In unserer Orangen-Analogie bedeutet das: Je mehr Protonen-Orangen sich in einer gemeinsamen Obstschale befinden, desto weiter wandert der Rand der Schale, den es zu überwinden gilt, nach oben. Aus diesem Grund geht die Wahrscheinlichkeit für einen Zusammenprall von zwei Helium-3-Kernen wieder in den Keller – auch wenn die Aussichten nicht ganz so trostlos sind wie für die Fusion von zwei einsamen Protonen. Es dauert im Schnitt etwa eine Million Jahre, bis aus zwei Helium-3-Kernen schließlich der gewünschte Helium-4-Kern (siehe Grafik 35b) sowie zwei einzelne Protonen (siehe Grafik 35c) hervorgehen.

*Der letzte Schritt der Proton-Proton-Kette läuft **einmal** ab. Dafür gibt es mehrere Möglichkeiten – die häufigste Reaktion ist:*

Ein Helium-3-Kern stiehlt dank des Tunneleffekts kurzfristig aus dem Nichts die nötige Energie, um die elektrische Abstoßung zwischen ihm und einem weiteren Helium-3-Kern zu überwinden.

Bis dahin verstrichene Zeit: ***eine Million Jahre***

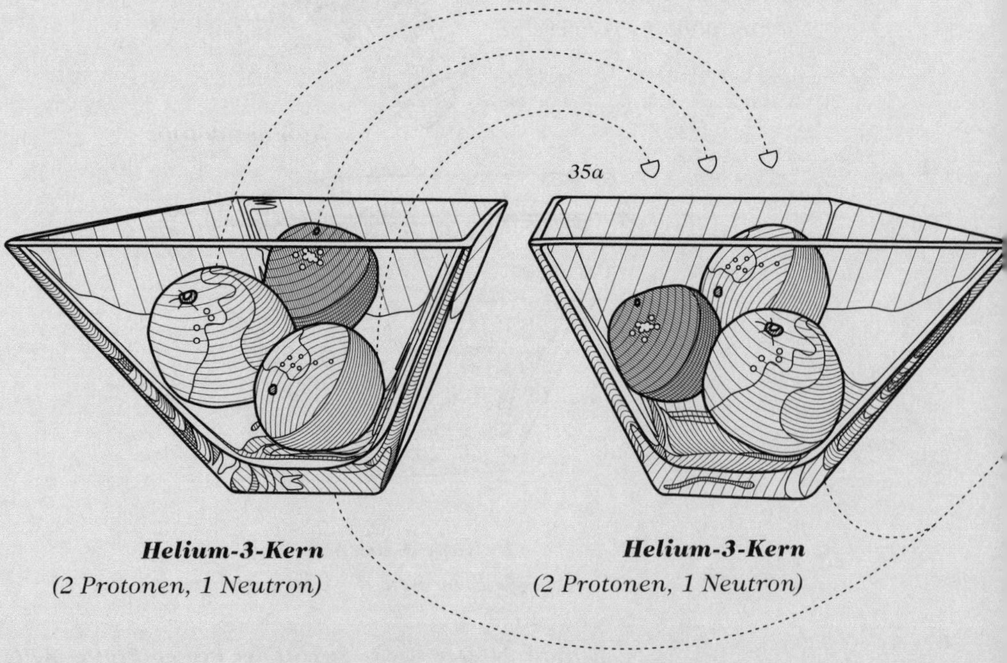

Helium-3-Kern
(2 Protonen, 1 Neutron)

Helium-3-Kern
(2 Protonen, 1 Neutron)

In der Proton-Proton-Kette entstehen letztendlich aus vier Wasserstoffkernen ein Heliumkern und Energie. Ein Teil dieser Energie verlässt die Sonne in Form von Licht.

Insgesamt entstehen also bei der Kernfusion in der Sonne aus sechs Wasserstoffkernen zwei Neutrinos, zwei Positronen, zwei Gammaphotonen und ein Helium-4-Kern. Da die Positronen mit den freien Elektronen aus dem Sonnenkern sofort zu Licht zerstrahlen und der entstandene Helium-4-Kern zwei Protonen freigibt, entstehen letztendlich bei der Proton-Proton-Reaktion aus vier Wasserstoffker-

Helium-3 + Helium-3 ⇒ Helium-4 + Wasserstoff + Wasserstoff

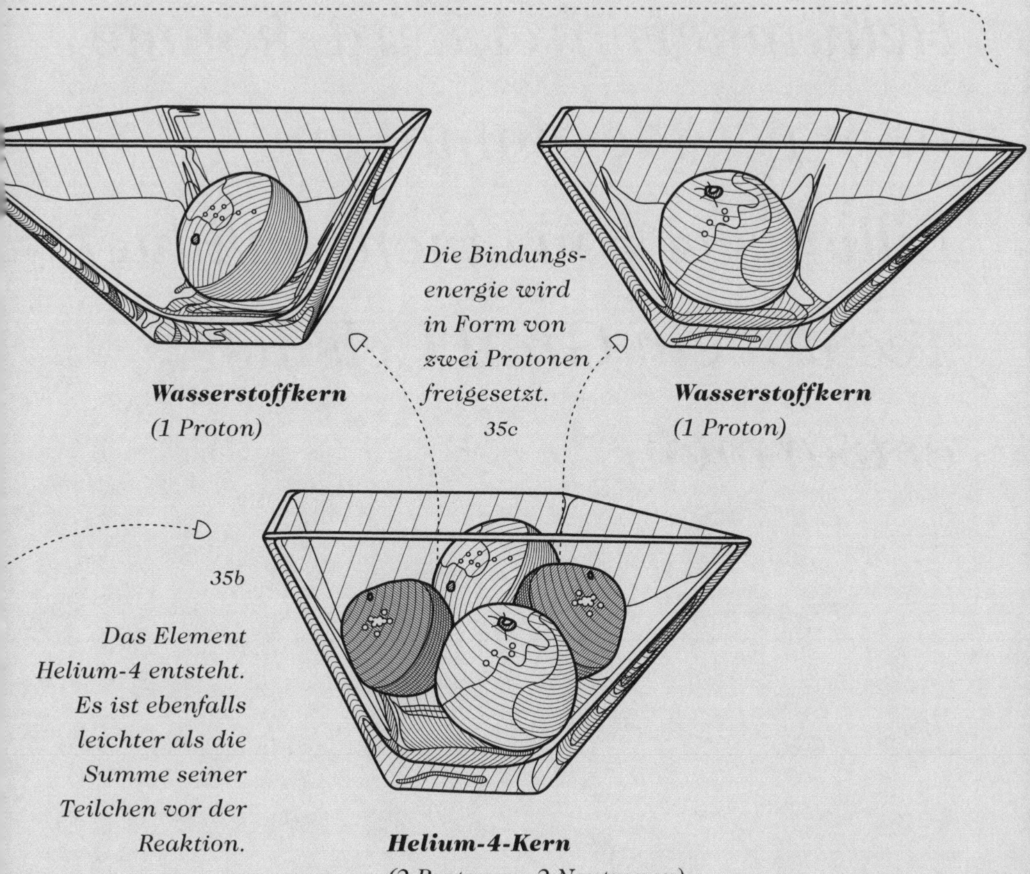

[Grafik 35] ***Der letzte Schritt der Proton-Proton-Kette: Aus zwei Helium-3-Kernen entsteht das Element Helium-4***

Mit der Energie, die bei der Fusion von vier Wasserstoffkernen zu einem Heliumkern frei wird, könnte man gerade einmal ein Billionstel von einem Milliliter Tee um ein Grad Celsius erwärmen.

Doch dank ihres großen Wasserstoffvorrats setzt unsere Sonne pro Sekunde eine Energiemenge frei, mit der man geschlagene eintausend Billiarden Tonnen Tee aufkochen könnte. Das ist beinahe so viel Tee, wie es Wasser auf der Erde gibt!

nen und zwei freien Elektronen ein Helium-4-Kern und Energie. Diese Energie verlässt die Sonne in Form von drei Gammaphotonen und zwei Neutrinos.

1 plus 1 ist weniger als 2

Wie wir gesehen haben, ergibt bei der Kernfusion 1 plus 1 weniger als 2, denn bei jedem Fusionsschritt geht Masse verloren. Der fehlende Betrag wird gemäß $E = mc^2$ in Energie umgewandelt. Doch wie viel Energie wird bei der Fusion von vier Wasserstoffkernen zu einem Heliumkern genau freigesetzt? Dazu ziehen wir eine abschließende Bilanz:

Vier Protonen haben zusammengenommen eine Masse von 4,029 106 atomaren Einheiten. Der daraus entstehende Heliumkern ist mit nur 4,0026 Atomeinheiten etwas leichter. Er wiegt insgesamt 0,66 Prozent weniger als die Summe seiner Teilchen vor der Fusion. Diese fehlende Masse wird in eine Energiemenge von etwa 24,69 Megaelektronvolt umgewandelt und freigesetzt. Zusammen mit der Energie der beiden Gammaphotonen, die durch die gegenseitige Zerstörung von Positronen und Elektronen entstehen und etwa 2,044 Megaelektronvolt ausmachen, wären wir schon bei 26,73 Megaelektronvolt angekommen. Doch davon schnappen sich die Neutrinos ihren Anteil, um daraus ihre Masse zu beziehen, und tragen ihn, ohne mit der Wimper zu zucken, einfach aus der Sonne heraus. 0,5 Megaelektronvolt gehen dadurch an Energie verloren, die nicht in Form von Strahlung, sondern als winzige Neutrinomasse ihren Weg ins All antritt und damit nichts zur Beleuchtung unseres Planeten beiträgt. Bleiben also noch 26,23 Megaelektronvolt übrig, die bei der Fusion von Wasserstoff zu Helium in Form von Licht freigesetzt werden. Das klingt allerdings alles andere als gewaltig, schließlich entsprechen 26,23 Megaelektronvolt winzigen 4,2 Billionstel Joule. Dies würde nicht einmal reichen, um sich eine Tasse Tee aufzubrühen! Genau genommen könnte diese lausige Energiemenge lediglich dazu herhalten, um ein Billionstel von einem Milliliter Tee um ein Grad zu erwärmen …

Doch die Menge machts. Bereits ein Kilogramm Wasserstoff setzt, nachdem es zu Helium umgewandelt wurde, 628 Billionen Joule Energie frei (628×10^{12} Joule). Damit ließen sich immerhin schon 1,9 Milliarden Liter Tee zum Kochen bringen. Und da unsere Sonne weitaus mehr Wasserstoff in sich trägt als ein lausiges Kilo-

Die Sonne verliert sekündlich fünf Millionen Tonnen ihrer Masse, die sie in Form von Licht abstrahlt.

[Grafik 36] **Übersicht der Sonne**

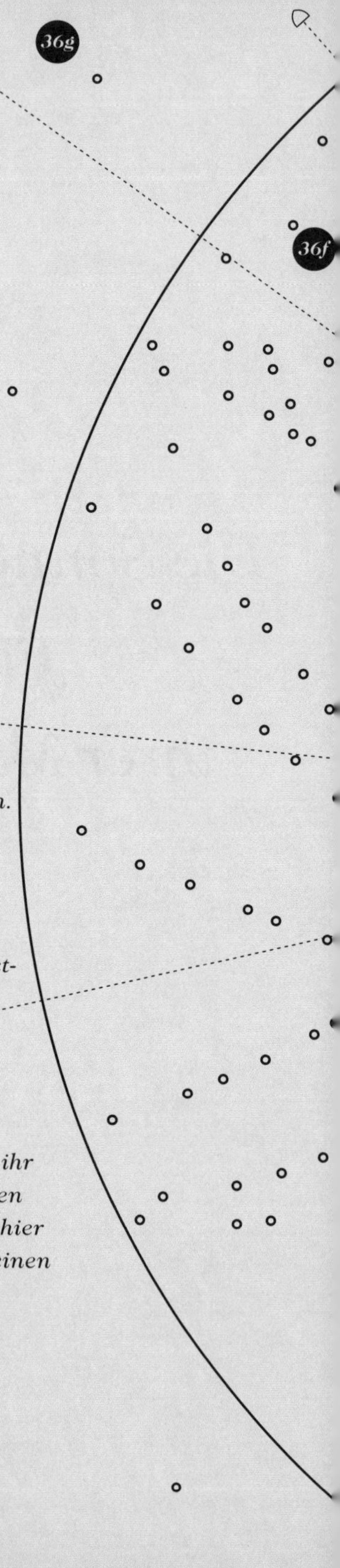

36a **Sonnenkern**
Hier entsteht das Licht durch Kernfusion.
Die Sonne ist hier am heißesten und dichtesten.
Temperatur: ***15 Millionen Kelvin***
Photonen: ***Gammastrahlung***

36b **Zone des Strahlungstransports**
Hier wird das Licht von geladenen Teilchen wild umhergestreut und verliert dadurch viel Energie.
Die Dichte ist hier immer noch enorm hoch.
Temperatur: ***10 Millionen Kelvin***
Photonen: ***Röntgenstrahlung***

36c **Konvektionszone**
Hier werden die Photonen von Granulen zur Sonnenoberfläche befördert und müssen dabei ebenfalls Energie abgeben.
Temperatur: ***2 Millionen Kelvin***
Photonen: ***Röntgenstrahlung, UV-Strahlung***

36d **Photosphäre**
Hier ist die Dichte weit genug abgesunken, dass die Photonen die Sonne geradewegs verlassen können.
Temperatur: ***5800 Kelvin***
Photonen: ***Sichtbares Licht, Infrarotstrahlung***

36e **Chromosphäre**
Hier strömt das Plasma der Sonne entlang der Magnetfeldlinien in hohem Bogen aus der Sonne heraus.
Temperatur: ***10 000 Kelvin***
Photonen: ***UV-Strahlung***

36f **Korona**
Hier werden die geladenen Teilchen der Sonne durch ihr Magnetfeld sehr weit in den Raum getragen und senden dabei vor allem Röntgenstrahlung aus. Die Dichte ist hier so gering, dass man das wenige sichtbare Licht der feinen koronalen Strahlen normalerweise nicht sehen kann.
Temperatur: ***Einige Millionen Kelvin***
Photonen: ***Röntgenstrahlung***

36g **Heliosphäre**
Das Magnetfeld trägt die geladenen Teilchen durch den Sonnenwind bis zu 150 Astronomische Einheiten weit in den Raum hinein.

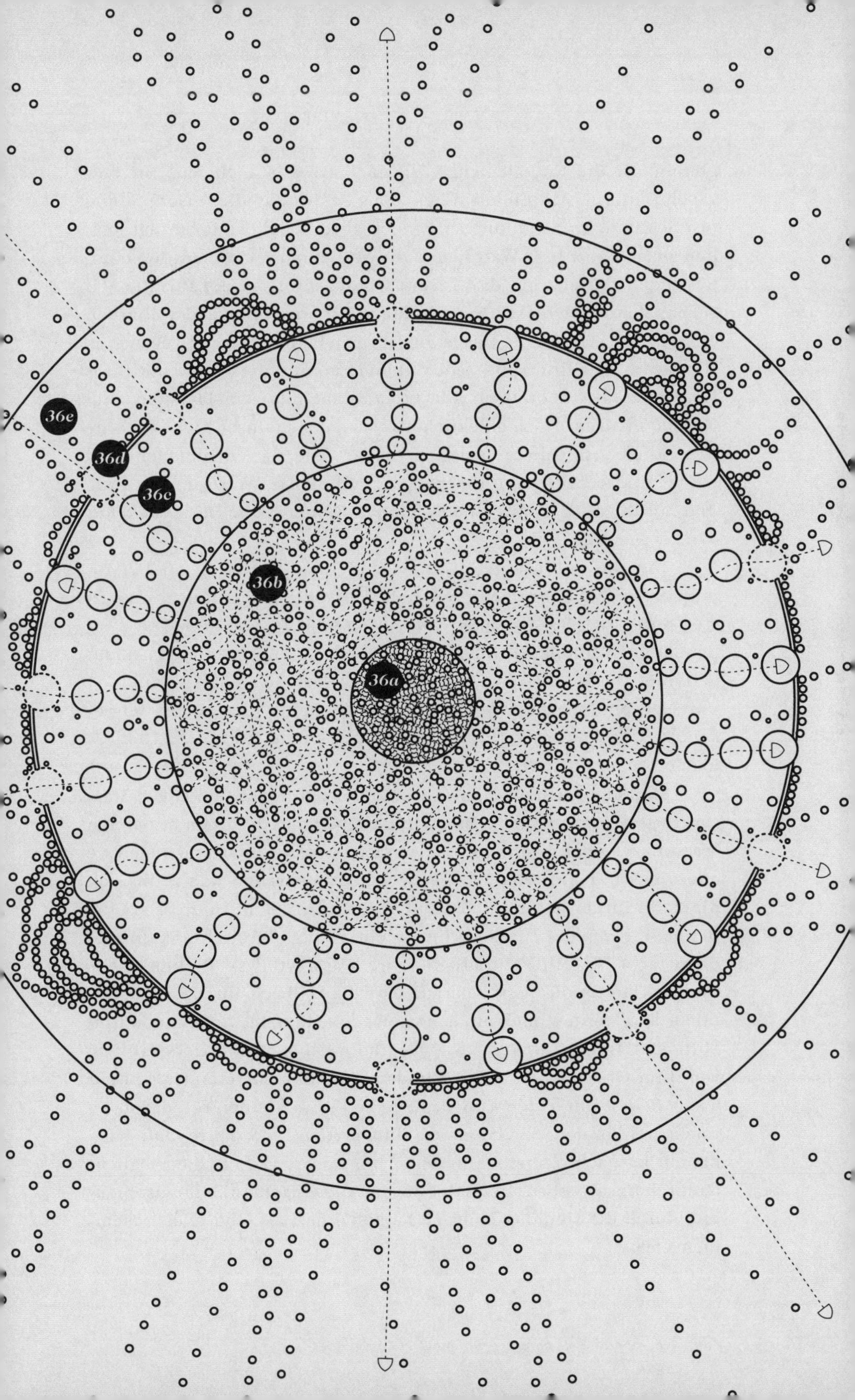
36e
36d
36c
36b
36a

gramm, ist die Energiemenge, die in Form von Licht aus ihr entweicht, enorm. Am Ende sind es 385×10^{24} Joule, die unsere Sonne pro Sekunde an Strahlung aussendet. Ihre Leuchtkraft beträgt folglich stolze 385×10^{24} Watt (denn ein Watt entspricht einem Joule pro Sekunde). Damit wäre das Teeerwärmungsproblem ein für alle Mal gelöst, denn mit dieser Energie könnte man eintausend Billiarden Tonnen Tee aufbrühen. Das ist im Übrigen beinahe so viel Tee, wie es Wasser auf der Erde gibt. Jede Sekunde könnte die Sonne mit ihrer Energie somit theoretisch alle Ozeane auf unserem Planeten zum Kochen bringen! Doch glücklicherweise hat sich unser Stern für eine wesentlich sinnvollere Nutzung seiner Energie entschieden und wärmt und erhellt stattdessen lieber auf sanfte Weise unsere Erde und mit ihr das gesamte innere Sonnensystem (siehe *Der Glücksfall Erde,* Seite 343).

Um die dafür nötigen immensen Energiemengen zu liefern, müssen in der Sonne jede Sekunde 600 Millionen Tonnen Wasserstoffkerne zu 595 Millionen Tonnen Helium fusionieren. Die restlichen fünf Millionen Tonnen gehen dabei schließlich durch das Licht verloren. Die Masse unserer Sonne verringert sich somit sekündlich um sage und schreibe fünf Millionen Tonnen! Oder anders ausgedrückt: Unser Stern verbrennt in jeder Sekunde stolze 92×10^{21} Kilokalorien.

Man könnte meinen, dass es mit der Sonne bei derartigen Masseverlusten furchtbar schnell zu Ende gehen müsste. Doch mit einem Wasserstoffvorrat von insgesamt etwa 2×10^{27} Tonnen, von denen sie allerdings nur auf jene zehn Prozent zurückgreifen kann, die sich direkt in ihrem heißen und dichten Kern befinden, interessiert die Sonne ihr rapider Masseverlust recht wenig. Immerhin kann sie damit acht bis zehn Milliarden Jahre Wasserstoff zu Helium fusionieren. Und da die Sonne gerade erst die Halbzeit ihres Lebens erreicht hat, werden noch ein ganzes Weilchen lang jede Sekunde fünf Millionen Tonnen sichtbares Licht und wärmende Infrarotstrahlung von ihrer Oberfläche die Reise in den Weltraum antreten (siehe *Kein fester Boden unter den Füßen,* Seite 259). Ein kleiner Teil davon erreicht schließlich, nachdem er Hunderttausende Jahre dafür gekämpft hat, achteinhalb Minuten später unsere Erde und ermöglicht dadurch unser Leben. In Grafik 36 sind die einzelnen Sonnenschichten, durch die sich das Licht zu kämpfen hat, als Überblick zusammengefasst.

3.9 Alles eine Frage der Balance

Die Sonne und ihr Gleichgewichtssinn

Mit ihrem sekündlichen Masseverlust von fünf Millionen Tonnen scheint die Sonne außerordentlich pedantisch darauf zu achten, dass die Fusionsrate in ihrem Kern konstant bleibt. Und wir können froh sein, dass die Sonne nicht sprunghafter ist, was ihren Energieausstoß betrifft! Denn würde sie je nach Lust und Laune mal mehr, mal weniger Licht aussenden, hätte das für uns fatale Folgen. Im ersten Fall würde nicht mehr nur harmloses sichtbares Licht und Infrarot aus der Sonne herauskommen, sondern viel härtere, zerstörerische Strahlung. Würde sie hingegen weniger Licht produzieren, dann stünden uns sehr eisige Zeiten bevor. Die kleinen Schwankungen der Sonnenfleckenanzahl, die immerhin schon kleine Eiszeiten hervorrufen können, würden im Vergleich dazu nur wie ein kühles Lüftchen daherkommen.

Damit das nicht passiert und stattdessen ihre Oberflächentemperatur immer schön konstant bleibt, bedient sich unsere Sonne wie auch alle anderen Hauptreihensterne eines ziemlich ausgeklügelten und raffinierten Mechanismus: des sogenannten Thermostaten. Er ist eine Art Selbstregulierungsprozess, der automatisch dafür sorgt, dass im Inneren eines Sterns immer etwa dieselbe Menge Wasserstoff zu Helium fusioniert wird und damit die abgestrahlte Energie stets konstant bleibt. Doch wie gelingt das?

Ganz schön raffiniert

Wie wir gesehen haben, herrschen in der Sonne zwei Arten von Druck. Zum einen sorgt die Last der einzelnen Schichten für einen immensen gravitativen Druck, der nach innen gerichtet ist und vom Sonnenrand bis zum Sonnenkern immer weiter zunimmt (siehe *Drückend heiß,* Seite 281). Dem entgegen stemmt sich der thermische Druck, der durch die enorme thermische Energie im Sonneninneren entsteht (siehe *Thermische Energie und Temperatur,* Seite 229). Hier flitzen die Teilchen aufgrund der Energie, die durch die Kernfusion freigesetzt wird und der damit verbundenen hohen Temperatur schnell umher und sorgen dadurch für einen nach außen gerichteten Gasdruck, der vom Zentrum zum Sonnenrand immer schwächer wird. Gravitation und thermischer Druck gleichen sich dadurch an jeder Stelle der Sonne gegenseitig aus und sorgen somit dafür, dass sie sich weder durch ihr eigenes Gewicht selbst zerquetscht noch durch ihre Energiequelle im Inneren am Ende explodiert.

Außerdem wird durch dieses Kräftegleichgewicht gewährleistet, dass der Sonnenkern schön heiß und dicht bleibt. Denn die Plasmateilchen werden durch die Gravitation kuschelig eng zusammengepfercht, obwohl sie eigentlich viel lieber nach außen drängen würden. Nur deshalb kann die Fusion mit Unterstützung durch den Quantentrick des Tunneleffekts weiterlaufen, und damit die innere Energiequelle der Sonne sichergestellt werden (siehe *Ominöses Durchtunneln,* Seite 287).

In der Sonne herrscht ein fein abgestimmtes Kräftegleichgewicht zwischen der nach innen gerichteten Gravitation und dem nach außen gerichteten thermischen Druck.

Dieses fein abgestimmte Kräftegleichgewicht zwischen Gravitation und thermischem Druck wird als Gravitationsgleichgewicht oder hydrostatisches Gleichgewicht bezeichnet. Es funktioniert deshalb so gut, weil die Fusionsrate direkt von der Temperatur abhängt. Je heißer es im Inneren eines Sterns zur Sache geht, desto mehr wird Wasserstoff zu Helium fusioniert. Wird es jedoch kühler, dann geht auch die Fusionsrate entsprechend in den Keller. Und genau das ist auch der Grund, warum es der Sonne so gut gelingt, konstant zu strahlen. Sie gleicht kleine Änderungen in ihrem Inneren einfach von selbst wieder aus und hält damit ihre Oberflächentemperatur stabil. Doch was passiert in der Sonne dabei genau?

Nimmt die Fusionsrate zu, gewinnt der thermische Druck die Oberhand, und der Sonnenkern dehnt sich aus.

Nehmen wir an, die Gravitation ist gegenüber dem thermischen Druck im Kern leicht im Nachteil, weil die Temperatur im Sonnenkern steigt. Die Wasserstoffkerne flitzen nun schneller umher, wodurch sich auch die Wahrscheinlichkeit für einen Zusammenprall unter ihresgleichen erhöht. Die Fusionsrate nimmt deshalb zu und mit ihr die thermische Energie im Inneren der Sonne. Sie produziert somit in ihrem Kern mehr Licht, als an der Oberfläche abgestrahlt wird. Die Gravitation zieht deshalb aufgrund der nun leichten Überlegenheit der inneren Energiequelle der Sonne plötzlich den Kürzeren. Dadurch gelingt es den flitzenden Gasteilchen, sich ein wenig mehr Raum zu verschaffen, und der Sonnenkern dehnt sich etwas aus. Hier kommt die potenzielle Energie ins Spiel (siehe *Äquivalenzmasse und gravitative potenzielle Energie,* Seite 236). Da sie umso höher ist, je tiefer Materie fallen kann, steigt durch das Aufblähen des Sonneninneren nicht nur der Platz an, den jedes einzelne Teilchen zum Schwingen zur Verfügung hat, sondern mit ihm auch die potenzielle Energie. Und sobald eine Art der Energie steigt, muss im Gegenzug an einer anderen Stelle Energie abgezwackt werden. Der Verlierer ist in diesem Fall der thermische Druck. Denn da nun mehr Platz für jedes einzelne Teilchen zur Verfügung steht, stoßen sie wesentlich seltener gegeneinander. Der thermische Druck geht deshalb wieder zurück und damit sinkt auch die Temperatur auf ihren ursprünglichen Wert ab. Und da bei niedrigeren Temperaturen auch die Fusionsrate zurückgeht, pendelt sich diese ebenfalls wieder auf ihren normalen Wert ein. Die innere Energiequelle der Sonne verliert schließlich die Oberhand, und die Gravitation kann den Kern wieder auf seine Ursprungsgröße zusammendrücken. Abgestrahlte und erzeugte Energiemenge sind nun wieder ausgeglichen.

Geht die Fusionsrate zurück, gewinnt die Gravitation die Oberhand, und der Sonnenkern schrumpft.

Genau das Gegenteil passiert, wenn die Temperatur im Sonneninneren fällt. Nun werden die Plasmateilchen langsamer, stoßen deshalb weniger aneinander, und somit sinkt auch die Wahrscheinlichkeit für die Kernfusion. Nun strahlt die Sonne mehr Energie ab, als sie in ihrem Inneren an Nachschub liefert. Der thermische Druck geht dadurch zurück, und es ist nun die Gravitation, die sich am längeren Hebel befindet. Diese nutzt ihre Chance sofort gnadenlos aus und lässt den Sonnenkern allmählich schrumpfen. Dadurch geht potenzielle Energie verloren, was wiederum den geladenen Teilchen zugutekommt. Denn da sie nun enger zusammengequetscht werden, stoßen sie häufiger gegeneinander, wodurch der thermische Druck und mit ihm die Temperatur steigt. Nun kann auch die Kernfusion wieder öfter erfolgen. Irgendwann befindet sich schließlich der thermische Druck erneut auf Augenhöhe mit der Gravitation, und das Energiegleichgewicht der Sonne ist wieder im Lot.

Während es im Sonneninneren also ganz schön rund geht, sobald die Gravitation oder der thermische Gasdruck vorübergehend die Oberhand gewinnen, bemerkt man dieses Kräftegerangel auf der Sonnenoberfläche so gut wie gar nicht. Denn da die Sonne durch ihren Thermostat dafür sorgt, dass die abgestrahlte Energie stets dieselbe bleibt, ändert sich weder ihr Radius noch ihre Leuchtkraft merklich.

Durch das Gravitationsgleichgewicht bleiben Leuchtkraft und Radius der Sonne relativ konstant.

Die Sonne wächst und schrumpft zugleich

Dieses ausgewogene Kräftegleichgewicht kann die Sonne so lange aufrechterhalten, wie es ihr Wasserstoffvorrat im Kern zulässt. Da dieser sich jedoch seit ihrer Anfangszeit als Stern ständig reduziert, verändert sich unsere Sonne im Laufe ihres Lebens dennoch ein wenig. Und da sie immer mehr Material in ihrem Inneren verbraucht, wird ihr Kernvolumen allmählich kleiner. Die Gravitation kann deshalb langsam, aber sicher den Sonnenkern immer mehr zusammendrücken. Der Druck im Sonnenzentrum steigt dadurch konsequent weiter an, wodurch sowohl die Kerntemperatur als auch die Fusionsrate zulegen. Nur so kann sich unser Stern davor bewahren, zerquetscht zu werden. Im Laufe ihres Lebens wird die Sonne in diesem Kampf gegen die immer stärker werdende Gravitation deshalb von Mal zu Mal heller und leuchtkräftiger. Und nicht nur das: Da ihre Fusionsrate zunimmt, bläht sich auch ihr Radius immer weiter auf, denn der Druck der rasenden Teilchen nach außen legt wegen der höheren Fusionsrate immer mehr zu und läuft der Gravitation damit auf lange Sicht gesehen den Rang ab.

Die Sonne leuchtet also immer stärker und wird zudem immer größer! Hatte sie zu Zeiten, als sie noch ein junger, knackiger Stern war, sprich vor etwa 4,6 Milliarden Jahren, einen Radius von 659 000 Kilometern und eine Leuchtkraft von $2{,}78 \times 10^{26}$ Watt, so ist ihre Leuchtkraft heute mit $3{,}9 \times 10^{26}$ Watt bereits um vierzig Prozent stärker und ihr Radius mit seinen heutigen 694 000 Kilometern um fünf Prozent größer geworden.

Im Laufe ihres Lebens ist der Radius der Sonne um fünf Prozent angewachsen und ihre Leuchtkraft um vierzig Prozent gestiegen.

Dieses Spiel wird auch die nächsten Milliarden Jahre so weiterlaufen, bis schließlich der Wasserstoff zur Neige gehen und die innere Energiequelle der Sonne damit zum Erliegen kommen wird. Dann wird ihr Kern schrittweise kollabieren, während sich ihre äußeren Hüllen als Gegenreaktion darauf zu einem Roten Riesen aufblähen werden (siehe *Vom Unterriesen zum Roten Riesen,* Seite 543). Schließlich wird die Sonne ihre gesamten Schichten abwerfen und als einsamer, erloschener Kern, umgeben von einem wunderschönen Planetarischen Nebel, enden (siehe *Andenken im All,* Seite 475). Der übrig gebliebene Sonnenkern, ein sogenannter Weißer Zwerg, wird zusammen mit den Gasresten des Planetarischen Nebels schließlich immer weiter abkühlen und verblassen – so lange, bis das letzte Licht unserer Sonne schließlich vollends erloschen sein wird.

Doch da wir nicht in die Zukunft, sondern zurück in die Geschichte des Lichts blicken wollen, wenden wir uns jetzt einem erfreulicheren Thema zu und sehen uns stattdessen lieber an, wie unsere Sonne und mit ihr das gesamte Sonnensystem überhaupt entstanden ist. Wir werden feststellen: Auch hier ist das Wechselspiel zwischen Gravitation und thermischem Druck das alles entscheidende Kriterium.

Das Licht, das von der Sonne zu uns gelangt, muss ganz schön viel durchmachen, bis es unserer Welt endlich Farbe und Wärme verleihen kann. Durch die Kernfusion geboren, darf es sich die nächsten Hunderttausende von Jahren mit freien Elektronen herumärgern, um sich anschließend von seltsamen Gasblasen verspeisen und rundum erneuern zu lassen, damit es endlich, um einiges energieärmer, geradewegs mit Lichtgeschwindigkeit in achteinhalb Minuten zu uns reisen kann.

Doch unsere Sonne fusioniert nicht schon seit Anbeginn der Zeit in ihrem Inneren Wasserstoff zu Helium, sondern sie tut dies erst seit etwa 4,6 Milliarden Jahren. Aber was war davor? Wie ist es überhaupt so weit gekommen, dass unser Stern Licht aussendet? Um dies zu beantworten, drehen wir nun die Zeit Schritt für Schritt bis über jene 4,6 Milliarden Jahre hinaus zurück und stellen unser Sonnensystem damit auf Anfang. Wir werden dabei feststellen, wie gut es ist, dass die Sonne nicht nur kalt und klein, sondern zudem auch allein unterwegs ist. Ganz am Ende unserer Reise, auf den Spuren der Entstehung unseres Sonnensystems, werden wir schließlich von einem Haufen kalter, staubiger Brösel erwartet, ohne den es uns nicht gäbe.

4

Wolkenbruch

Von kühlen Krümeln zum strahlenden Stern

4.1 Alles dreht sich um die Sonne

Eine Inventur des Sonnensystems

Wie wir im letzten Kapitel gesehen haben, handelt es sich bei unserer Sonne um einen ziemlich wuchtigen Plasmabrocken, der zudem jede Sekunde eine beachtliche Menge seiner Masse in Energie umwandelt, von der das meiste nach einem langen internen Gerangel schließlich in Form von sichtbarem Licht in den Raum abgestrahlt wird. Wir wollen uns nun diesen Raum, der die Sonne umgibt, etwas genauer ansehen, denn schließlich befindet sich auch unsere Erde mittendrin. Beginnen wir also erst mit einer kleinen Inventur des gesamten Sonnensystems, bevor wir die Zeit rückwärtslaufen lassen, um zu sehen, wie es überhaupt zu alldem kommen konnte.

Ein strenges Regiment

Das Sonnensystem trägt seinen Namen nicht ganz zu Unrecht, schließlich hat hier vor allem eine das sagen: unsere Sonne. Da sie 99,86 Prozent der gesamten Masse ausmacht, ist das auch nicht weiter verwunderlich. Der mickrige Rest, der folglich gerade einmal 0,14 Prozent in Anspruch nimmt und zu dem auch unsere Erde zählt, hat sich deshalb ohne Murren nach ihrem Kommando zu richten.

Durch ihre gewaltige Masse von $1{,}989 \times 10^{30}$ Kilogramm zieht unsere Sonne die Materie in ihrer Umgebung regelrecht in ihren Bann. Die Gravitation lässt uns und all die anderen Planeten und Materieansammlungen im Sonnensystem brav um das Zentralgestirn kreisen (siehe Grafik 37). Als Gegenleistung stellt uns der Stern dafür Licht und Wärme frei Haus zur Verfügung – und das sehr konstant und zuverlässig (siehe *Ganz schön raffiniert,* Seite 318). Alles in allem ist es also eine recht feine Sache, dass sich im Sonnensystem alles um die Sonne dreht.

Die Sonne macht nahezu 99,9 Prozent der gesamten Masse des Sonnensystems aus.

Umgekehrt stecken rund 99,9 Prozent des gesamten Drehimpulses in den Planeten.

Und tatsächlich dreht sich hier wirklich einiges: Insgesamt stecken, umgekehrt zur Masse, rund 99,9 Prozent des gesamten Drehimpulses des Sonnensystems in den Planeten. Wie wir im letzten Kapitel gesehen haben, steht deshalb auch unsere Sonne nicht völlig still. Auch sie rotiert, wenn auch nur sehr gemächlich und je nach Breitengrad unterschiedlich schnell. Im Durchschnitt dauert es 25 Tage, 9 Stunden und 7 Minuten, bis sie sich einmal um ihre leicht geneigte Achse von 7,25 Grad gedreht hat.

Außerdem sorgt die Sonne dafür, dass das Umkreisen ihrer Planeten ähnlich präzise vonstattengeht, wie wir es schon von ihrer Leuchtkraft gewohnt sind. Gegenüber ihrer Gravitation, die von innen nach außen immer schwächer wird, stellt sich nämlich ein ausgewogenes Kräftegleichgewicht zu einer anderen Kraft ein, die der Anziehungskraft der Sonne stets exakt entgegenwirkt: Die Rede ist von der Zentrifugalkraft. Dieses nach außen gerichtete und dementsprechend auch als »Fliehkraft« bezeichnete Phänomen entsteht, weil die Planeten um die Sonne herumkreiseln. Im Gegensatz zur Gravitation wird die Zentrifugalkraft von innen nach außen immer stärker und hält die Planetenbahnen somit schön stabil. Wir rasen unserem Stern dank dieses Kräftegleichgewichts deshalb weder im freien Fall entgegen, noch werden wir aus unserer Umlaufbahn hinausgeschossen und in die Weiten des Alls befördert.

Bei unserem Sonnensystem handelt es sich also um ein sehr fein abgestimmtes Regelwerk. Dabei fällt auf, dass alle Planeten die Sonne in derselben Richtung umkreisen, nämlich, vom Erdnordpol aus betrachtet, gegen den Uhrzeigersinn. Außerdem vollziehen sie ihre Umdrehungen, wenn man von einigen wenigen Ausnahmen einmal absieht, nahezu auf ein und derselben Ebene. Fast alle Planeten rotieren zudem ebenfalls gegen den Uhrzeigersinn. Ebenso tun dies auch die meisten Monde, sofern vorhanden. Genau wie die Sonne be-

[Grafik 37] ***Die Sonne lässt alle Planeten und Materieansammlungen im Sonnensystem um sich kreisen*** *(die Planetengrößen sind nicht maßstabsgetreu)*

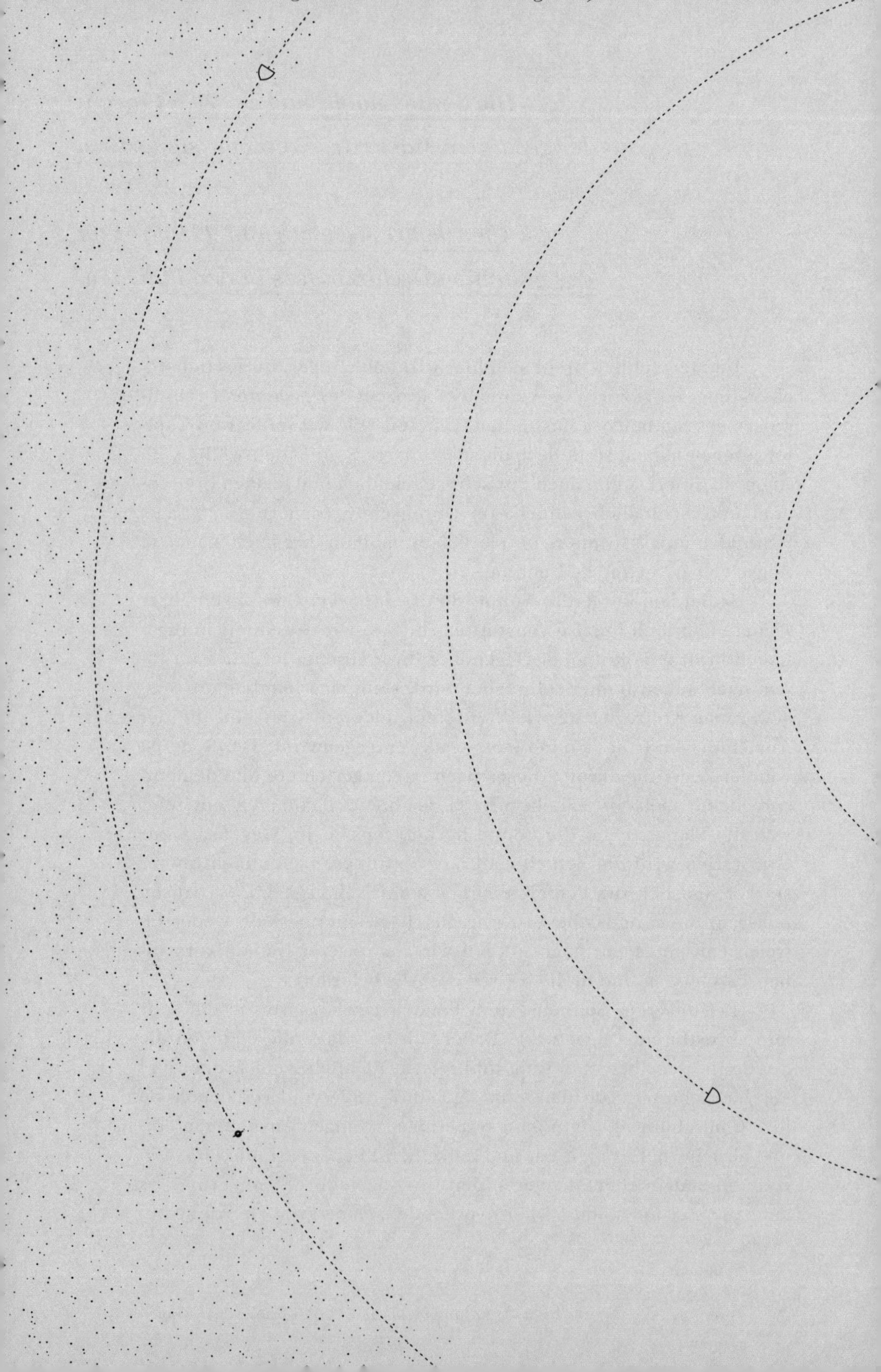

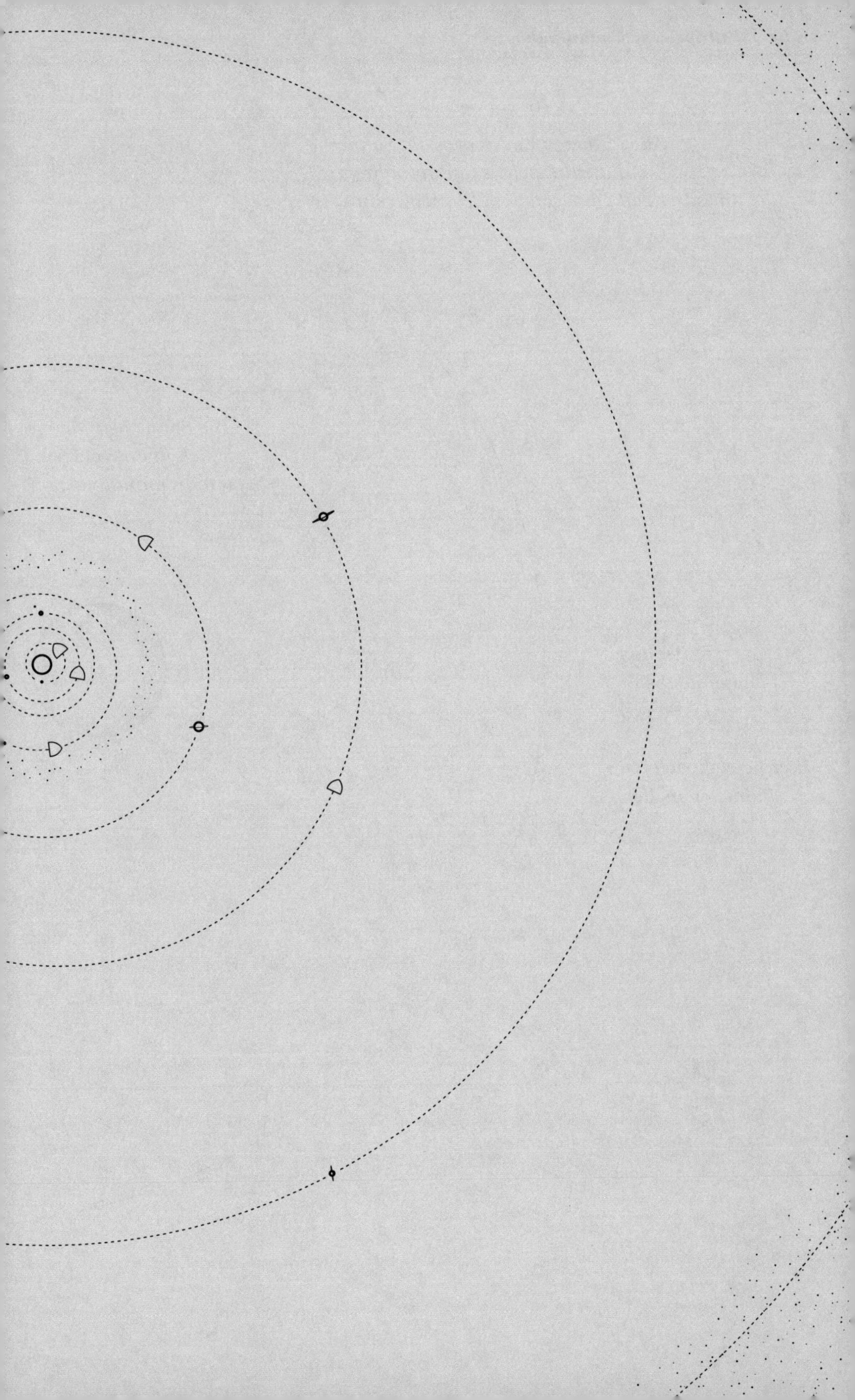

[Grafik 38] ***Elliptische Umlaufbahn***

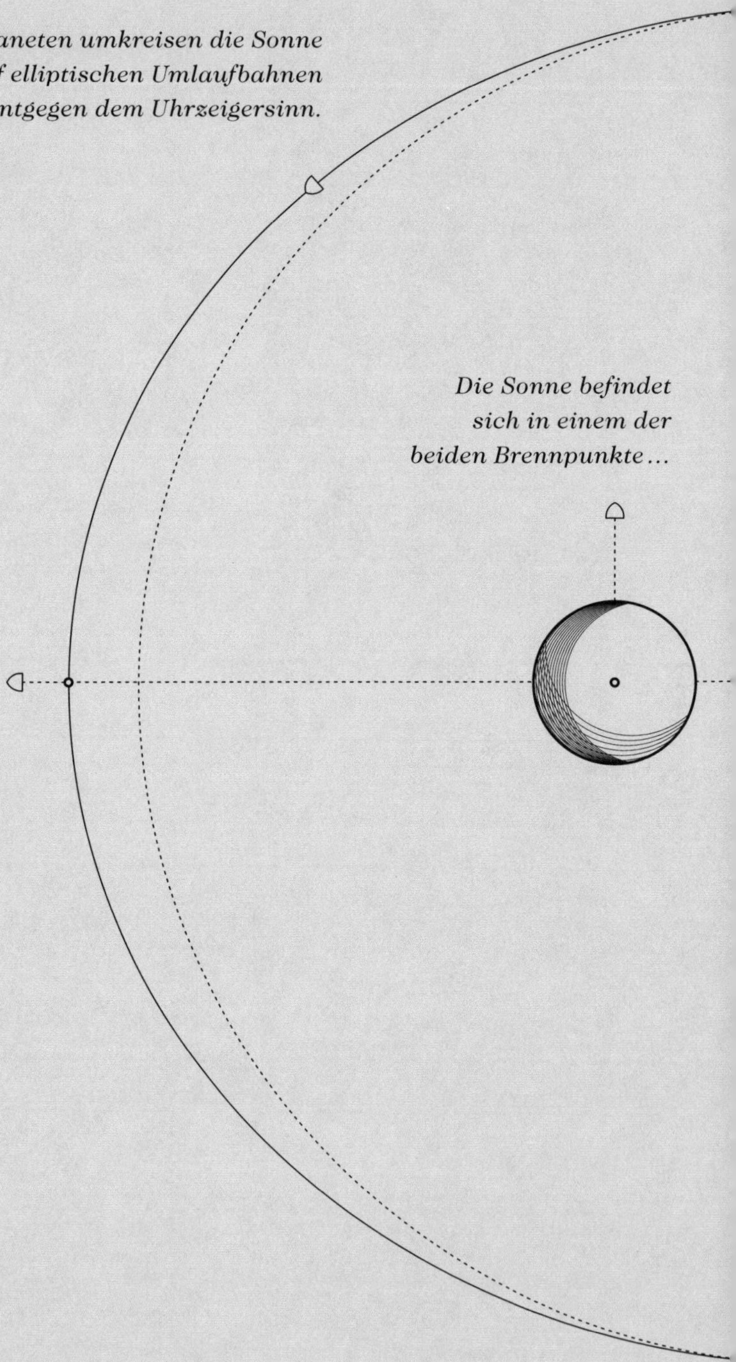

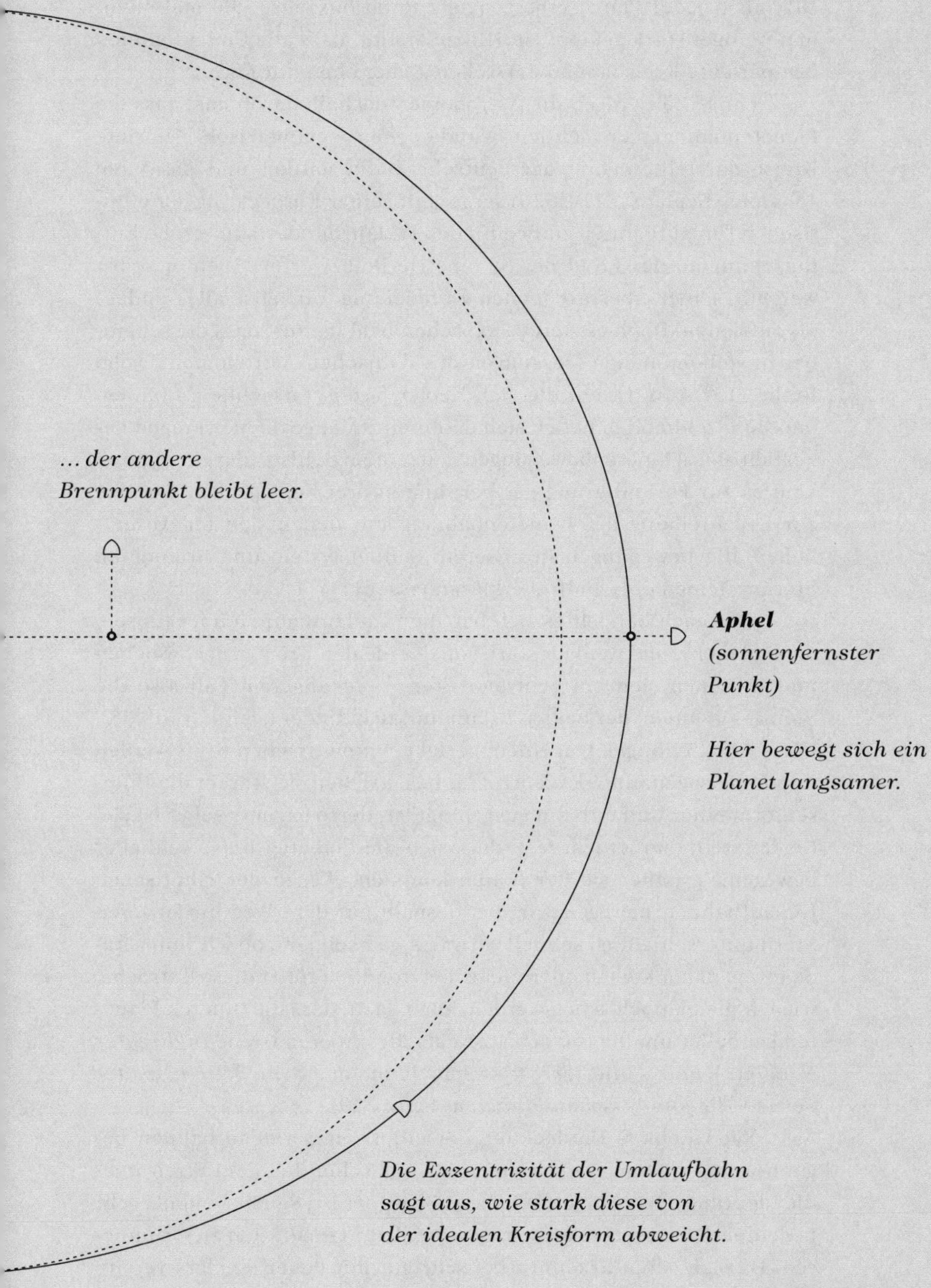

… der andere Brennpunkt bleibt leer.
Aphel (sonnenfernster Punkt)
Hier bewegt sich ein Planet langsamer.
Die Exzentrizität der Umlaufbahn sagt aus, wie stark diese von der idealen Kreisform abweicht.

sitzt auch jeder Planet eine geneigte Rotationsachse, die mal mehr, mal weniger stark gekippt ist. Hinzu kommt, dass alle Umlaufbahnen fast perfekte Kreisbahnen darstellen – aber eben nur *fast*.

Lange Zeit gingen die Astronomen deshalb davon aus, dass die Planetenbahnen tatsächlich wunderschön symmetrisch geformte Kreise darstellten. Erst der deutsche Mathematiker und Astronom Johannes Kepler (1571–1630) sorgte mit seiner Entdeckung der elliptischen Umlaufbahnen zu Beginn des 17. Jahrhunderts für große Enttäuschung an der Front der Symmetrie-Befürworter. Auch er selbst war mit seiner überraschenden Entdeckung zunächst alles andere als zufrieden. Doch es stellte sich schon bald heraus, dass die scheinbar unvollkommenen Messungen des dänischen Astronomen Tycho Brahe (1546–1601), auf die sich Kepler bezog, tatsächlich stimmen mussten, schließlich ließen sich damit eine Menge offener Fragen bezüglich der Planetenbewegungen auf einen Schlag klären. Und so kam es zur Formulierung der berühmten drei Kepler'schen Gesetze zur Beschreibung der Planetenbahnen, mit denen sich im Wesentlichen alle Bewegungen in unserem Sonnensystem und in anderen Sternsystemen einwandfrei erklären lassen.

Demnach handelt es sich bei allen Umlaufbahnen um Ellipsen, die mal mehr, mal weniger stark von der idealen Kreisform abweichen und in denen sich ein zentraler Stern – in unserem Fall also die Sonne – in einem der beiden Brennpunkte befindet (siehe Grafik 38). Diese Abweichungen von einem perfekt symmetrischen Kreis werden durch die sogenannte Exzentrizität beschrieben. Je stärker die Ellipsenform einer Umlaufbahn ausgeprägt ist, desto exzentrischer ist sie. Kepler stellte außerdem fest, dass sich die Planeten umso schneller bewegen, je näher sie der Sonne kommen. Wegen der elliptischen Umlaufbahnen bewegen wir uns deshalb auf dem Weg um unseren Stern unterschiedlich schnell vorwärts, je nachdem, ob wir ihm gerade etwas näher stehen oder nicht. Letztendlich führt diese Tatsache, wie wir gleich noch sehen werden, auch dazu, dass die inneren Planeten schneller um die Sonne flitzen als die äußeren (siehe *In direkter Nachbarschaft – die terrestrischen Planeten,* Seite 339/*In weiter Ferne – die jovianischen Planeten,* Seite 349).

Nach Keplers Entdeckung der elliptischen Umlaufbahnen begann wenig später Isaac Newton, der uns schon bei dem Streit über die Identität unseres Lichtteilchens begegnet ist, seine ebenfalls sehr bedeutenden Gesetze zur Bewegung und zur Gravitation zu formulieren. Da sich seine Erkenntnisse sehr gut mit denen Keplers vereinbaren ließen, begann Newton kurzerhand, die Kepler'schen Gesetze zu erweitern und sie außerdem um den Einfluss der Gravitation zu ergänzen. Alle Bewegungen in unserem Universum lassen sich somit einzig aufgrund der Schwerkraft, die Masse auf andere Masse ausübt, beschreiben. Damit schuf Newton eine der wichtigsten Grundlagen der modernen Astronomie. Auch wir ziehen gemäß jener Gesetze unsere Bahnen um die Sonne, die uns mit ihrer Anziehungskraft auf Kurs hält.

Alle Bewegungen in diesem Universum lassen sich durch den Einfluss der Schwerkraft beschreiben.

Vor allem leerer Raum

Wenn man das ganze Treiben allerdings aus der Vogelperspektive betrachtet, also weit über den Dingen schwebend das Geschehen von oben verfolgt, fällt auf, dass neben der Sonne nicht mehr wirklich viel auffällt! Denn die Planeten sind im Vergleich zu ihrer Lichtquelle wirklich unglaublich winzig und zudem auch noch äußerst spärlich verteilt (siehe Fotografie 25). Man muss deshalb schon sehr genau hinsehen, wenn man etwas über jene 0,14 Prozent der restlichen Materie im Sonnensystem erfahren möchte. Und genau dies werden wir jetzt tun.

Am Ende von Kapitel 2 haben wir unsere Sonne als 10,9 Zentimeter große Kugel betrachtet, von der die Erde mit ihrer winzigen Größe von einem Millimeter ganze 11,7 Meter entfernt läge (siehe *Unsere Reise in die Vergangenheit beginnt,* Seite 218). Darauf aufbauend wollen wir nun die Größen und Entfernungen aller Planeten im Sonnensystem erkunden. Es fällt aber bereits schon jetzt auf, dass die Distanzen ausgesprochen riesig sein müssen, während die Planetengrößen im Vergleich dazu verschwindend gering erscheinen. Schauen wir uns diese winzigen Himmelskörper, umgeben von Unmengen an leerem Raum, jetzt also etwas genauer an:

[Fotografie 25] ***Übersicht des Sonnensystems*** *(die Abstände sind nicht maßstabsgetreu)*

Das Sonnensystem und das gesamte Universum bestehen vor allem aus leerem Raum.

In direkter Nachbarschaft – die terrestrischen Planeten

Wir beginnen unsere Reise durch das Sonnensystem ganz im Inneren, auf der Oberfläche unserer Sonne, von der wir nun unverschämterweise annehmen, dass ihr Durchmesser nicht gigantische rund 1,4 Millionen Kilometer, sondern bescheidene 10,9 Zentimeter beträgt. Wir befinden uns damit genau dort, wo auch das Licht seine Reise in den Raum antritt (siehe *Kein fester Boden unter den Füßen*, Seite 259). Und während wir die Photonen mit Lichtgeschwindigkeit davoneilen sehen, verlassen wir unsere Mini-Sonne mit etwas gemäßigteren Geschwindigkeiten und treffen zuallererst auf die vier inneren, erdähnlichen Planeten, die auch als terrestrische oder irdische Planeten bezeichnet werden. Sie zeichnen sich vor allem dadurch aus, dass sie sehr klein und dicht sind und zudem alle recht nahe beieinanderliegen. Da sie überwiegend aus Silicium, Magnesium, Aluminium und Eisen bestehen, besitzen sie eine feste, felsige Oberfläche sowie einen Kern aus Metall. Anders als im 15 Millionen Kelvin heißen Sonnenkern herrschen in den Zentren der vier inneren Planeten allerdings lediglich einige tausend Grad. Und Ringsysteme findet man bei ihnen ebenso vergebens wie freie Wasserstoffatome. Denn durch ihre unmittelbare Nähe zur Sonne sind die terrestrischen Planeten in einer wohlig warmen Region des Sonnensystems beheimatet, wodurch sich der leichte Wasserstoff in Windeseile verflüchtigen konnte und ihnen damit schon recht bald abhandenkam. Außerdem trifft man in diesem inneren Bereich des Sonnensystems nur sehr vereinzelt auf Monde, von denen der unsere der mit Abstand größte ist (siehe *Der massive Mond*, Seite 345).

Die terrestrischen, erdähnlichen Planeten im inneren Sonnensystem sind klein, liegen nahe beieinander, haben kaum Monde und bestehen vor allem aus Metall und Gestein.

Der mickrige Merkur

Als Erstes treffen wir nach einem noch recht überschaubaren Fußmarsch von 4,6 Metern auf Merkur (siehe Grafik 39). Er ist in unserem Miniatur-Sonnensystem gerade einmal 0,38 Millimeter klein und mit seinem tatsächlichen Durchmesser von rund 4880 Kilometern und einer federleichten Masse vom nur 0,06-Fachen der Erdmasse damit der kleinste Planet der Sonne. Nur 0,39 Astronomische Einheiten von ihr entfernt zieht er seine Bahn, die um 7 Grad geneigt ist, während er sich selbst nahezu kerzengerade mit einer kaum wahrnehmbaren Neigung von 0,01 Grad im Raum befindet. Für eine Umrundung der Sonne benötigt Merkur etwa 88 Tage. Einen Mond hat er ebenso wenig vorzuweisen wie eine Atmosphäre, wodurch weder Wind noch Wetter auf ihm toben können. Auch was das Licht angeht, ist durch die fehlende Atmosphäre auf Merkur nicht viel geboten. Da es keine Moleküle gibt, die das Sonnenlicht streuen könnten, erscheint sein Himmel sowohl am Tag als auch in der Nacht völlig schwarz, sodass sich hier die Sterne rund um die Uhr bestaunen ließen. Obwohl der kleinste Planet, da er der Sonne am nächsten ist,

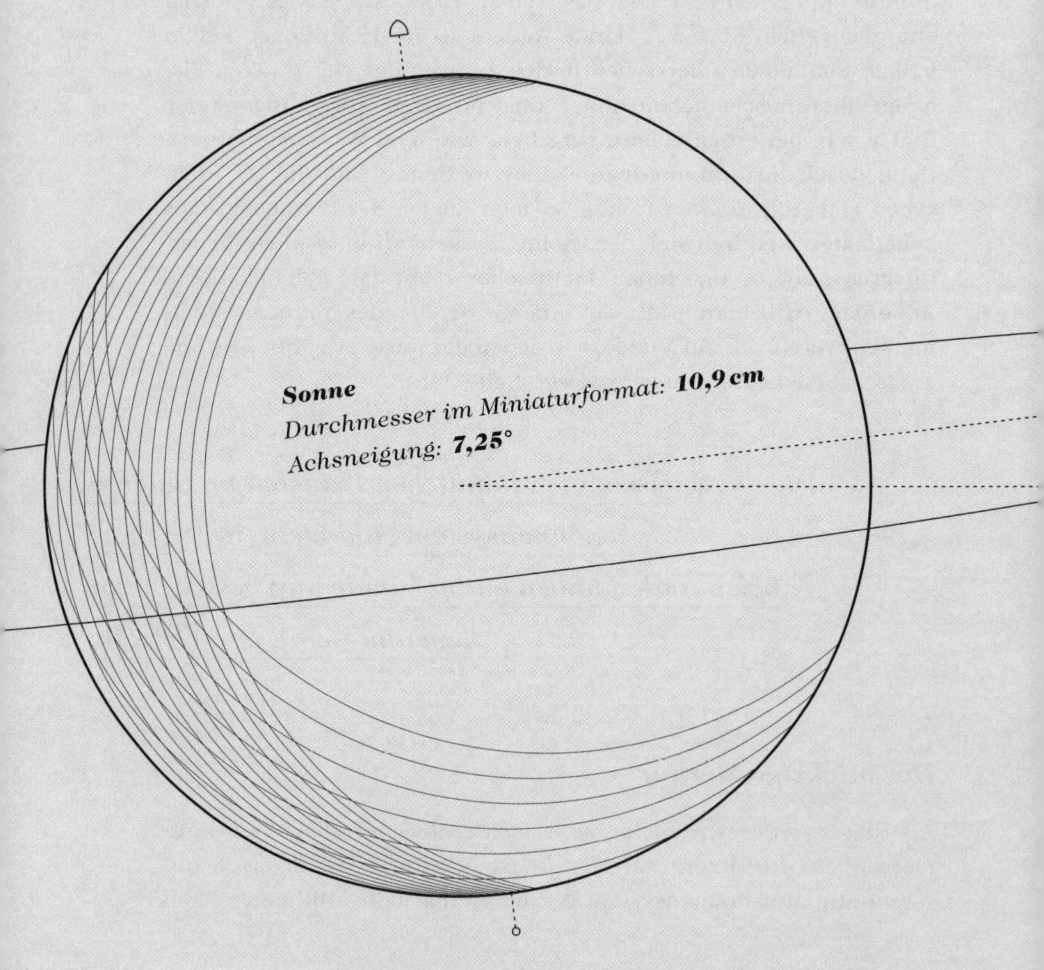

Damit auch der Abstand Sonne – Merkur maßstabsgetreu wäre …

mit etwa 48 Kilometern pro Sekunde am schnellsten um sie kreist, ist es mit seiner Eigenrotation nicht mehr allzu weit her. Für eine vollständige Umdrehung um sich selbst benötigt Merkur ganze 58 Tage, 15 Stunden und 36 Minuten. Dadurch sind seine Temperaturschwankungen äußerst unangenehm. Mit einer Tageshöchsttemperatur von 700 Kelvin und frostigen 100 Kelvin in der Nacht, stellt der innerste Planet nur für extrem wetterfeste Zeitgenossen eine Option dar.

Die rechtsdrehende Venus

Ein paar Schritte vom Miniatur-Merkur entfernt, genauer gesagt nach 3,8 Metern, treffen wir auf die Miniaturversion der Venus (siehe Grafik 40). Sie befindet sich damit in einem Abstand von 8,4 Metern zur

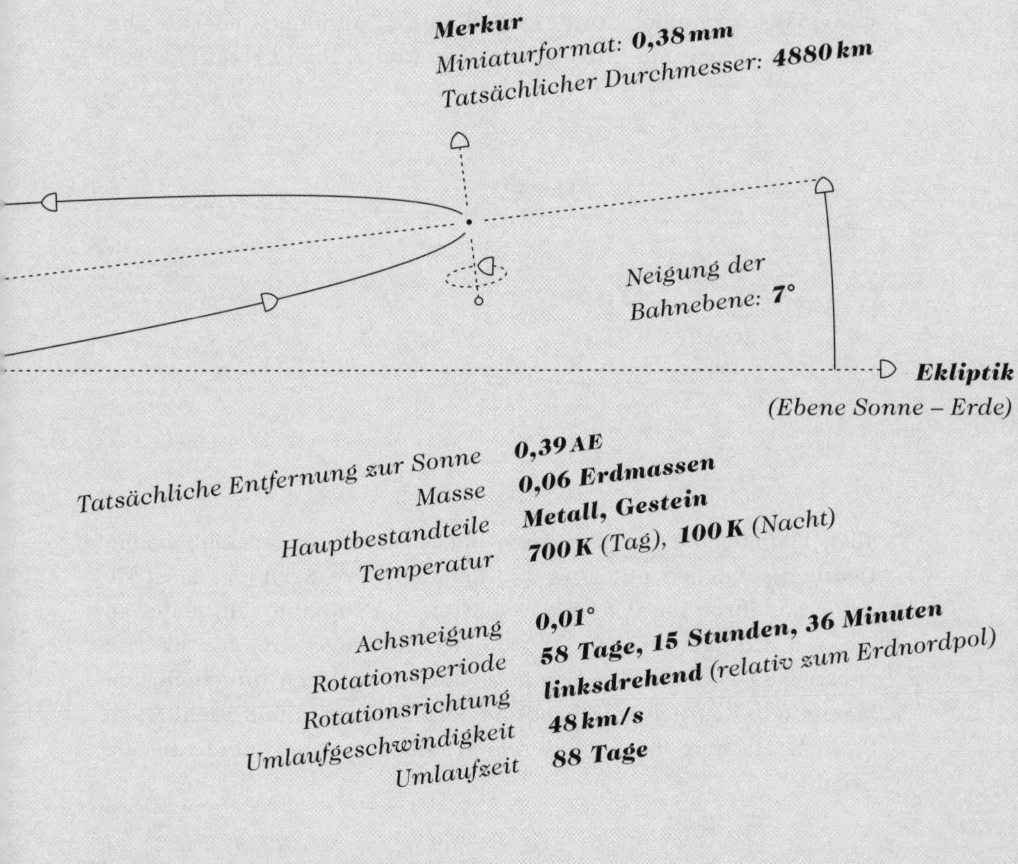

··▷ *… müssten die Buchseiten etwa* ***4,6 Meter*** *auseinanderliegen.*

[Grafik 39] ***Merkur***

Sonne und ist mit 0,95 Millimetern beinahe so groß wie unsere Erde. Die reale Venus hat einen Durchmesser von 12 102 Kilometern, ihre Masse beträgt das 0,82-Fache der Erdmasse und sie ist 0,72 Astronomische Einheiten von der Sonne entfernt. Ebenso wie Merkur besitzt auch sie keinen Mond. Doch das ist auch schon so ziemlich das Einzige, was die beiden gemeinsam haben. Anders als der kleine Merkur hat die Venus eine gewaltig dicke Atmosphäre aus Kohlenstoffdioxid vorzuweisen, die ihr einen ungeheuren Treibhauseffekt mit einer Durchschnittstemperatur von 740 Kelvin beschert. Durch ihre immensen Wolkenmengen ist der atmosphärische Druck der Venus übrigens in etwa genauso hoch, als ob man sich auf der Erde einen Kilometer unter Wasser befände! Allerdings gibt es auf dem zweiten Planeten der Sonne weder Wasser noch Sauerstoff – Berge und Vulkane dafür aber umso mehr.

Die Venus steht mit ihrer Achsneigung von 177,36 Grad sozusagen auf dem Kopf. Sie ist damit der einzige Planet im Sonnensystem, der sich »verkehrt herum«, also im Uhrzeigersinn, um die Sonne dreht. In etwa 225 Tagen gelingt ihr dies genau einmal. Noch ein wenig länger, nämlich etwa 243 Tage und 27 Minuten, dauert es, bis die Venus einmal um ihre eigene Achse kreist. Damit rotiert sie von

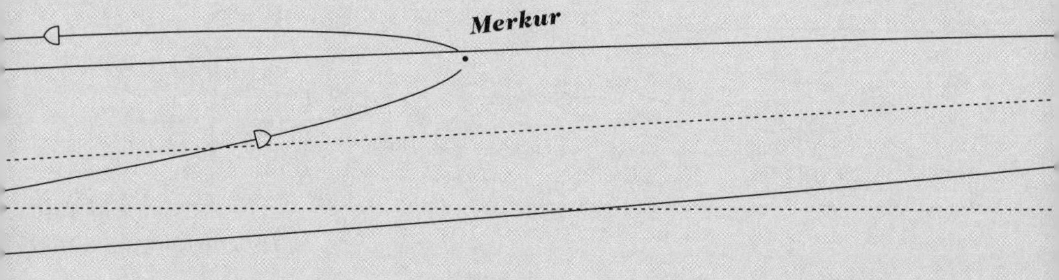

allen Planeten im Sonnensystem mit Abstand am gemächlichsten. Deutlich schneller, mit etwa 35 Kilometern pro Sekunde, saust sie dafür auf ihrer um 3,4 Grad geneigten Umlaufbahn sehr nahe an unserer Erde vorbei. Nur 38 Millionen Kilometer trennen uns im günstigsten Fall von ihr. Damit ist die Venus durch ihre Helligkeit bereits sehr deutlich am Abendhimmel zu erkennen und stiehlt allen Sternen, die mit ihr an unserem Himmel leuchten, eindeutig die Schau.

Damit auch der Abstand Merkur – Venus maßstabsgetreu wäre …

Der Glücksfall Erde

Von der Venus zur Erde ist es also nur ein Katzensprung (siehe Grafik 41). In unserem verkleinerten Sonnensystem liegen zwischen den beiden deshalb nur 3,3 Meter. Unsere geschrumpfte Version der Erde mit einem Durchmesser von einem Millimeter steht ja für ihren tatsächlichen Durchmesser von 12 756 Kilometern. Außerdem trennen uns von der Sonne rund 149,6 Millionen Kilometer, also eine ganze Astronomische Einheit, die in unserem Minimodell 11,7 Metern entspricht. Dass unsere Erde 365 Tage für eine Sonnenumrundung benötigt und ihr Tag 24 Stunden hat, dürfte hinlänglich bekannt sein. Um es ganz genau zu nehmen, beträgt die exakte Umlaufzeit allerdings etwas mehr als 365 Tage: 365,256 Tage nämlich. Das ist auch der Grund dafür, dass wir alle vier Jahre den Februar um einen Tag verlängern müssen. Das Gegenteil ist aber bei unseren Tagen der Fall. Tatsächlich werden wir täglich um etwa vier Minuten betrogen! Denn

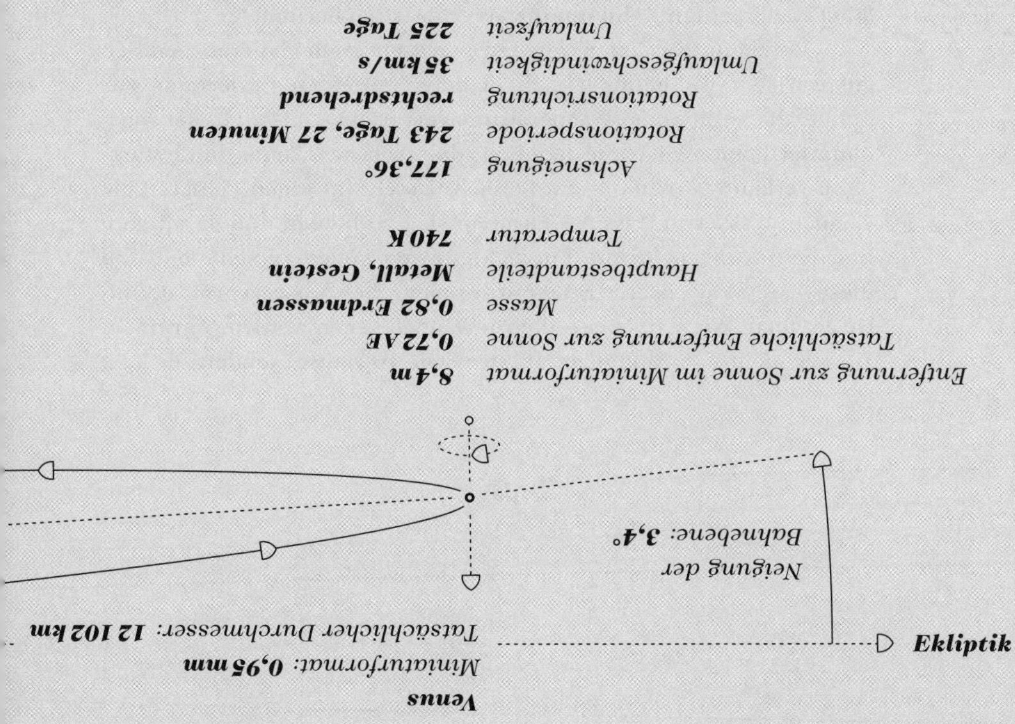

--▷ *… müssten die Buchseiten etwa* ***3,8 Meter*** *auseinanderliegen.*

für eine vollständige Rotation ist unsere Erde eigentlich schneller, als wir ihr zugestehen. Sie benötigt dafür lediglich 23 Stunden, 56 Minuten und 4 Sekunden. Auch unser Planet rotiert, wie wir alle wissen, ein wenig zur Seite geneigt, nämlich um 23,44 Grad. Eine Bahnneigung hat unsere rund 6×10^{24} Kilogramm schwere Erde von unserer Perspektive aus betrachtet allerdings nicht. Schließlich dient die imaginäre Ebene zwischen Erde und Sonne, die sogenannte Ekliptik, als Ausgangspunkt, von dem aus sich die Neigungen aller anderen Planetenbahnen automatisch von selbst ergeben. Mit rund 30 Kilometern pro Sekunde flitzt unsere Erde deshalb, relativ betrachtet, auf einer waagrechten Bahn um ihr Zentralgestirn herum.

Man könnte sagen, wir haben es mit unserem Planeten ziemlich gut erwischt. Er befindet sich in einer perfekten Entfernung zur Sonne, die angenehme Temperaturen verspricht – mitten in der sogenannten habitablen Zone nämlich, die zwischen Venus- und Marsbahn verläuft. Nur in diesem Bereich besteht für einen Planeten die Chance, Wasser in flüssiger Form an sich zu binden und damit gute Startbedingungen für die Entwicklung von Leben zu schaffen. Und diese waren auf unserer Erde mit ihrem großen Wasservorrat definitiv gegeben. Wie wir später allerdings noch sehen werden, war unser Wasser nicht von Anfang an auf der Erde zu Hause, sondern es kam

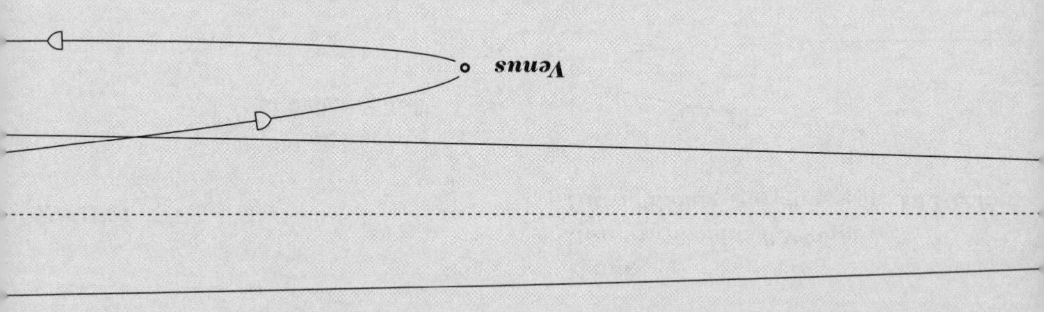

häppchenweise, nach einer langen und beschwerlichen Reise, zu uns (siehe *Die Sturm-und-Drang-Phase des Sonnensystems und wie die Erde zum Wasser kam*, Seite 392).

Neben des Vorhandenseins von Wasser in Hülle und Fülle, das im Übrigen insgesamt etwa 75 Prozent der gesamten Erdoberfläche bedeckt, lässt es sich bei einer durchschnittlichen Temperatur von 290 Kelvin, also etwa 17 Grad Celsius, heute auf unserer Erde ziemlich gut aushalten. Dies ist allerdings nur durch die Erdatmosphäre möglich, die einen leichten Treibhauseffekt verursacht und damit die Sonnenenergie sammelt und speichert. Ohne diese Schutzschicht wäre es auf der Erde mit –18 Grad Celsius um einiges kälter und unangenehmer. Hinzu kommt, dass uns die Atmosphäre dank ihres Ozongehalts vor intensiver UV-Strahlung, vor allem vor der besonders energiegeladenen Variante UV-C schützt (siehe *Unterwegs auf kurzen Wellen,* Seite 109). Aber auch die Verteilung eines weiteren chemischen Elements ist auf unserem Planeten für die Existenz von Leben unglaublich wichtig: Ohne Sauerstoff gäbe es uns nämlich nicht.

Der massive Mond

Bekanntlich ist unsere Erde auf ihrem Weg um die Sonne nicht alleine unterwegs, sondern ist stolzer Besitzer eines eigenen Mondes – eines außergewöhnlich großen Exemplars sogar (siehe Grafik 42)! Mit einem Durchmesser von 3476 Kilometern, was etwa ein Viertel des Erddurchmessers beträgt, und einer Masse, die etwa einem Achtzigstel der Erdmasse entspricht, haben wir immerhin den

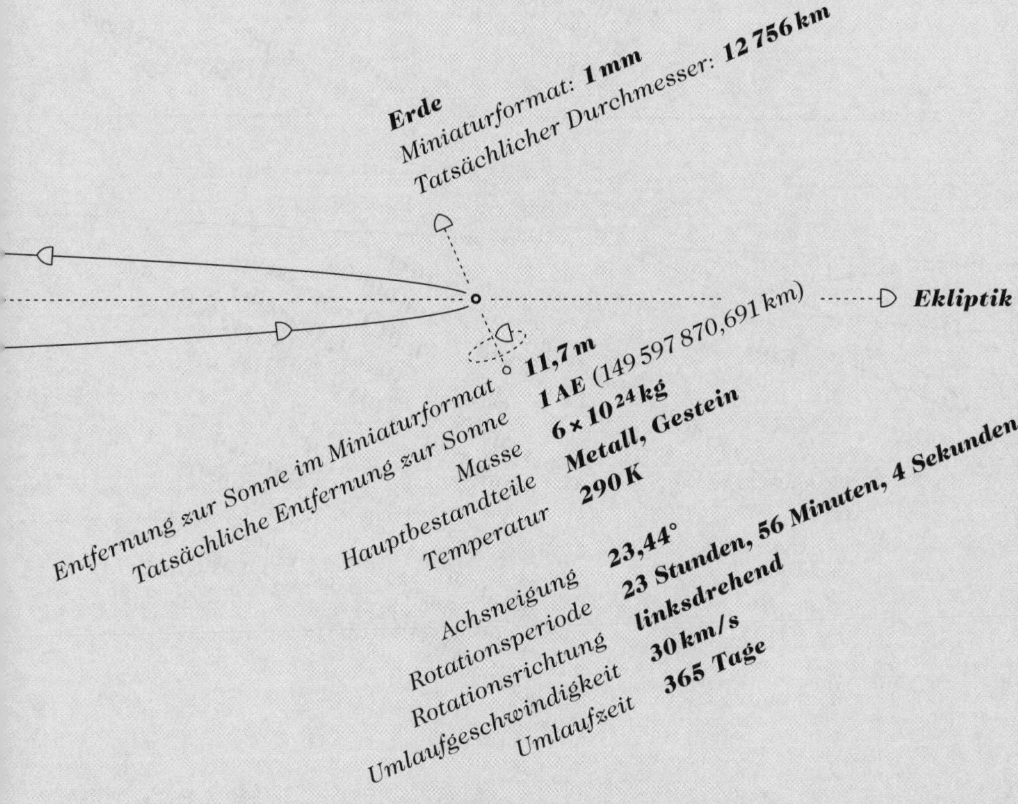

… müssten die Buchseiten etwa ***3,3 Meter*** *auseinanderliegen.*

[Grafik 41] **Erde**

fünftgrößten Mond des gesamten Sonnensystems vorzuweisen. Seine Miniaturausgabe ist damit immerhin 0,27 Millimeter groß. Im Vergleich zur 1-Millimeter-Erde muss er sich damit keinesfalls verstecken. Die Größe unseres Mondes war übrigens lange Zeit ein großes Rätsel. Wie er letztendlich entstanden sein könnte, werden wir im Laufe dieses Kapitels noch sehen (siehe *Mond, wo kommst du denn her?*, Seite 394).

Da er keine richtige Atmosphäre vorzuweisen hat, ist der Himmel über dem Mond tagsüber weder so schön blau wie auf unserem Heimatplaneten, noch sind die Temperaturen besonders angenehm. Tagsüber ist es mit rund 403 Kelvin beziehungsweise 130 Grad Celsius brütend heiß, nachts dafür mit 113 Kelvin, sprich –160 Grad Celsius, umso frostiger. Unser großer, treuer Begleiter zieht um 6,68 Grad geneigt mit etwa einem Kilometer pro Sekunde seine Bahn um die

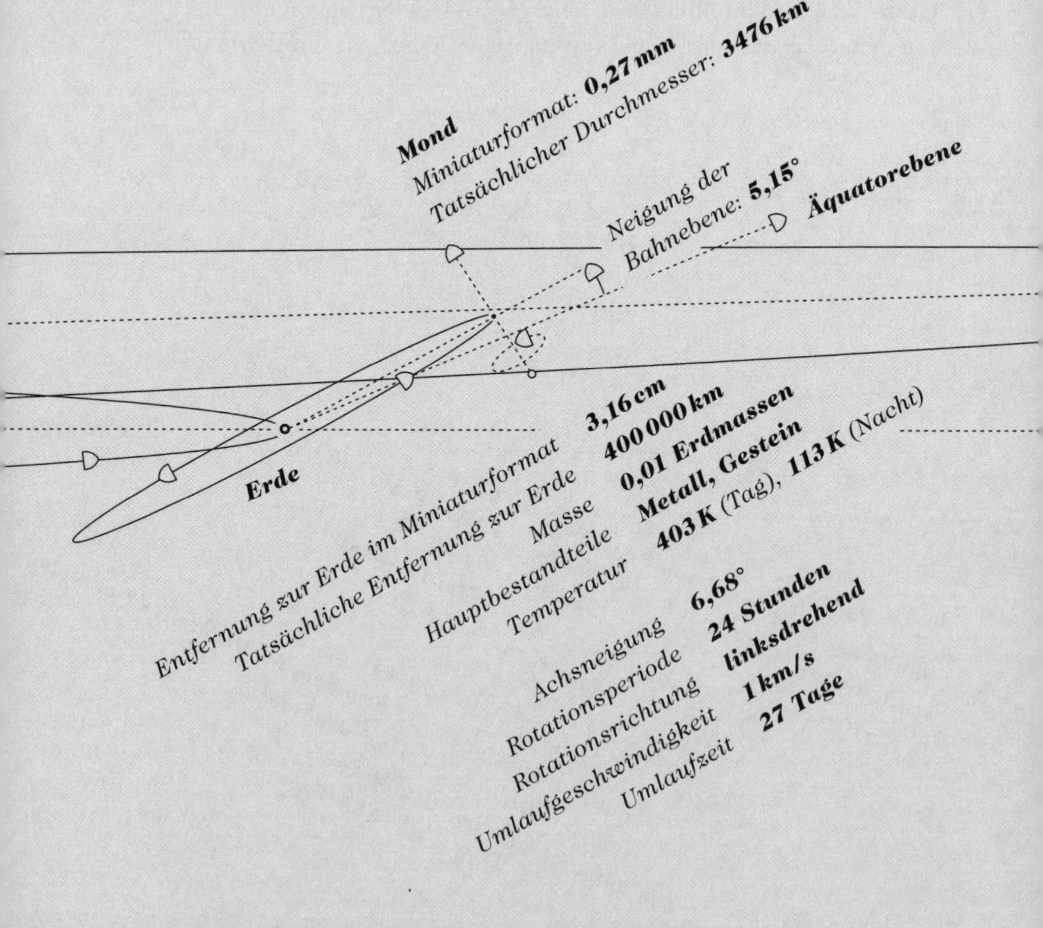

Damit auch der Abstand Erde – Mars maßstabsgetreu wäre …

[Grafik 42] **Mond**

Erde, die sich ebenfalls mit rund 5 Grad leicht in Schieflage befindet und für deren Umlauf er etwas mehr als 27 Tage benötigt. Nur 400 000 Kilometer trennen uns von ihm. In unserem Miniaturmaßstab wären das gerade einmal 3,16 Zentimeter. Das Sonnenlicht, das der Mond in Originalgröße in unsere Richtung reflektiert, benötigt deshalb nur eine Sekunde, um uns zu erreichen. Anders als die Sonne präsentiert sich uns der Mond daher nicht mit einem achteinhalb Minuten alten Porträt, sondern sein Bild erscheint uns mit seiner einsekündigen Zeitverzögerung deutlich frischer. Übrigens wendet er uns dabei stets dieselbe Seite zu. Für eine vollständige Umdrehung seiner selbst benötigt er nämlich genauso lange wie unsere Erde – rund 24 Stunden. Unser Mond rotiert somit gebunden, wie es in der Astronomie heißt.

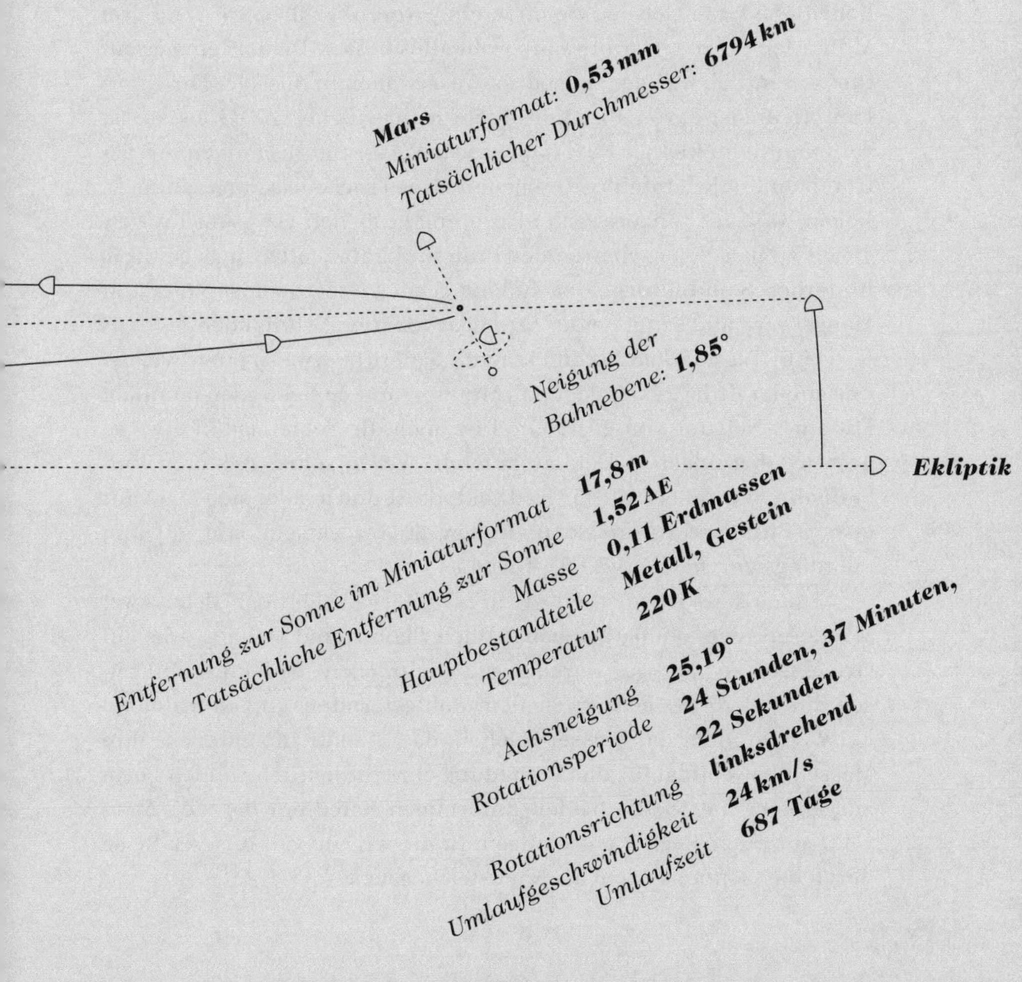

… müssten die Buchseiten etwa ***6,1 Meter*** *auseinanderliegen.*

[Grafik 43] **Mars**

Der rostige Mars

Wenige Schritte weiter, nach 6,1 Metern, erreichen wir in unserem verkleinerten Sonnensystem schließlich den Planeten Mars (siehe Grafik 43). Er befindet sich damit 17,8 Meter von der Sonne entfernt, ist mit 0,53 Millimetern allerdings gerade einmal halb so groß wie unsere Erde. Mit einem Originaldurchmesser von 6794 Kilometern bringt Mars, den 1,52 Astronomische Einheiten von der Sonne trennen, gerade einmal das 0,11-Fache der Erdmasse auf die Waage.

Der »Rote Planet« kam zu seinem Spitznamen wegen der Unmengen an Eisenoxidpartikeln, die sich auf ihm breitgemacht haben – besser bekannt unter der Bezeichnung »Rost«. Und während Mars allmählich vor sich hin rostet, deutet auch vieles andere darauf hin, dass seine besten Zeiten bereits vorbei sind. Heute ist der letzte Planet des inneren Sonnensystems, auf dem sich riesige Berge befinden, mit einer Oberflächentemperatur von nur 220 Kelvin, ungemütlichen –53 Grad Celsius, ziemlich eingefroren. Früher, vor etwa drei Milliarden Jahren, war für Mars wohl alles besser. Damals ging es auf ihm wesentlich wärmer zu, sodass Wasser auch in flüssiger Form vorkam. Heute ist davon allerdings nicht mehr viel übrig. Das meiste ist verdampft, ein kleiner Rest hat sich als Wassereis zusammen mit gefrorenem Kohlenstoffdioxid, sogenanntem Trockeneis, angesammelt. Leben wäre hier theoretisch also einmal möglich gewesen. Im Vergleich zu den Eigenschaften der Erde hinkt Mars allerdings gewaltig hinterher. Sein Luftdruck ist äußerst gering, außerdem ist Sauerstoff Mangelware und schützendes Ozon gar nicht erst vorhanden.

Ein Tag auf dem Roten Planeten dauert in etwa so lange wie bei uns auf der Erde: 24 Stunden, 37 Minuten und 22 Sekunden nämlich. Mit einer Neigung von 25,19 Grad ist auch die Schieflage in etwa so groß wie bei unserem Heimatplaneten. Wegen seiner größeren Umlaufbahn, die um etwa 1,85 Grad gekippt ist und auf der sich Mars mit etwa 24 Kilometern pro Sekunde bewegt, vergeht ein Jahr auf ihm allerdings erst nach etwa 687 Tagen.

Auch Mars ist wie die Erde in ständiger Begleitung. Gleich zwei Monde mit den sympathischen Namen Phobos und Deimos, was auf Griechisch so viel wie »Furcht« und »Schrecken« bedeutet, umkreisen ihn. Allerdings können sie dem wohlgeformten, großen Erdmond bei Weitem nicht das Wasser reichen, da sie so klein sind, dass ihre Masse nicht einmal für die Ausbildung einer ordentlich runden Form ausgereicht hat. Seine beiden unförmigen Satelliten hat sich Mars wohl aus einer Region eingefangen, in die wir uns auf unserer Reise durch das Sonnensystem als Nächstes begeben.

Der krümelige Asteroidengürtel

Wir verlassen nun den Bereich der inneren, terrestrischen Planeten und befinden uns damit, 5,6 Meter vom Mars entfernt, an einem Wendepunkt im Sonnensystem: dem sogenannten Asteroidengürtel (siehe Grafik 44). Hier sind etwa 400 000 lose, unförmige Gesteinsbrocken beheimatet, die allerdings derartig winzig sind, dass ihre Gesamtmasse gerade einmal fünf Prozent unseres Mondes entspricht. Da ihr Durchmesser im Schnitt nur wenige 100 Kilometer beträgt, sind sie in unserem Miniaturmaßstab nur 0,01 Millimeter klein, also eigentlich nahezu unsichtbar. Sie umkreisen die Sonne nach denselben Regeln, wie es auch die Planeten tun (siehe *Ein strenges Regiment*, Seite 328). Und obwohl sich im Sonnensystem auch an anderen Stellen noch ab und zu einige dieser missglückten Planetenversuche finden, ist die überwiegende Mehrheit von ihnen im Asteroidengürtel versammelt. Insgesamt umfasst diese krümelige Schicht 2 bis 3,4 Astronomische Einheiten, was in unserem kleinen Modell etwa 16,4 Metern entspricht.

In weiter Ferne – die jovianischen Planeten

Nach dem Asteroidengürtel treffen wir nun auf eine Gruppe von Planeten, die sich deutlich von den inneren unterscheiden. Hier, in den äußeren Regionen des Sonnensystems, sind die sogenannten jovianischen, jupiterähnlichen Planeten zu Hause. Diese vier Gesellen stellen das komplette Gegenteil zu den kleinen, erdähnlichen, inneren Planeten dar. Sie sind furchtbar groß und massereich, haben viele Ringsysteme und außerdem eine Menge Monde vorzuweisen. Anders als ihre unzähligen Begleiter besitzen die äußeren Planeten eine sehr geringe Dichte und bestehen größtenteils aus Gas. Die aus diesem Grund auch als Gasriesen bezeichneten äußeren Planeten besitzen damit allesamt keine feste Oberfläche. Vor allem Wasserstoff, Helium und Wasserstoffverbindungen zeichnen ihre Zusammensetzung aus. Tief in ihrem Inneren wird der Druck dann allerdings durch die Last der darüber liegenden Schichten derartig hoch, dass es einen bei dem Versuch, in einen Gasplaneten einzutauchen, bis zur Unkenntlichkeit zerquetschen würde. Im Planetenzentrum selbst könnte sich allerdings ein Kern aus Gestein befinden, doch darüber sind sich die Wissenschaftler noch uneins.

Um von einem zum nächsten Gasriesen zu gelangen, müssen wir außerdem selbst in unserem Minimodell wesentlich größere Distanzen zurücklegen, da die äußeren Planeten bevorzugt in weiter Entfernung voneinander kreisen. Entsprechend eisig fallen deshalb auch die Temperaturen aus, die auf ihnen herrschen.

Die jovianischen, jupiterähnlichen Planeten im äußeren Sonnensystem sind sehr groß, liegen weit auseinander, haben Ringsysteme, viele Monde und bestehen vor allem aus Wasserstoff, Helium oder Wasserstoffverbindungen.

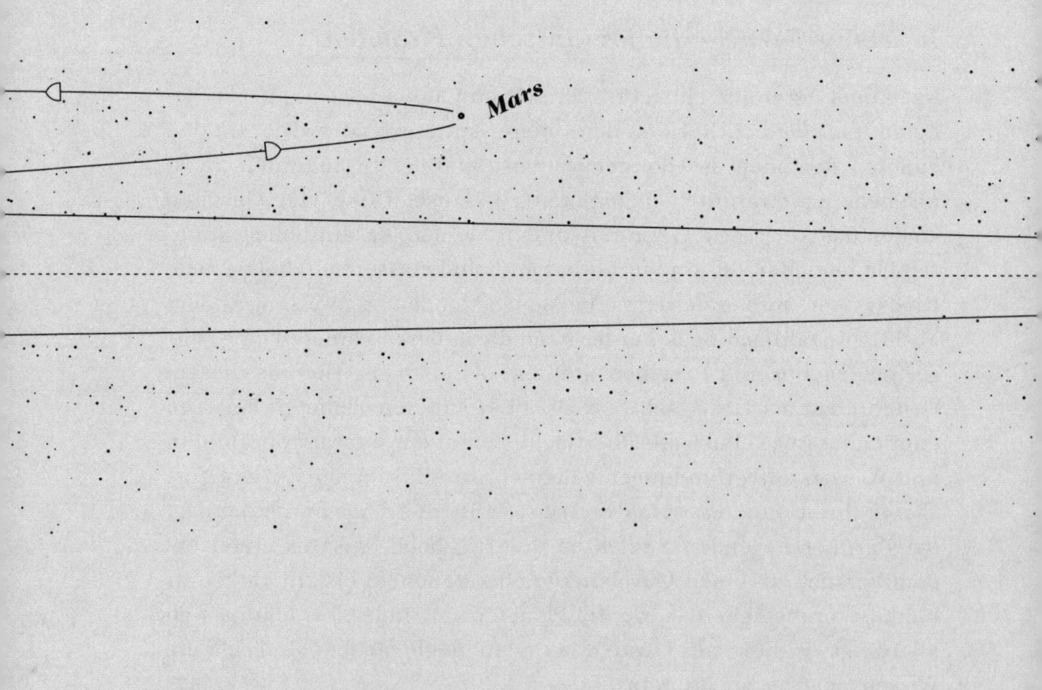

 Damit der Abstand Mars – Asteroidengürtel maßstabsgetreu wäre…

Der wuchtige Jupiter

Nach 21 Metern, die den Asteroidengürtel von den jovianischen Planeten trennen, erreichen wir den ersten und zugleich wuchtigsten Kandidaten aus der Riege der Gasriesen: Jupiter (siehe Grafik 45). Mit einem sagenhaften 318-Fachen der Erdmasse fallen ganze zwei Drittel der gesamten Masse aller Körper, die um die Sonne kreisen, auf ihn. Unser Mini-Jupiter knackt mit seinen 11,2 Millimetern Durchmesser immerhin die 1-Zentimeter-Marke. Das ist natürlich nichts im Vergleich zu den tatsächlichen Ausmaßen des größten Planeten im Sonnensystem, dessen wahrer Durchmesser 142 984 Kilometer beträgt!

Ein derartig großer Koloss zieht natürlich auch so einiges an herumfliegenden Materiebrocken an. Jupiter wird deshalb von mindestens 63 Monden umrundet, von denen die vier größten – Io, Europa, Ganymed und Callisto – bereits die Größe von Planeten besitzen. Dank ihrer voluminösen Erscheinung wurden sie bereits im 17. Jahrhundert von dem bedeutenden italienischen Physiker, Astronomen, Mathematiker und Philosophen Galileo Galilei (1564–1642)

Asteroidengürtel
Miniaturformat: ***16,4 m***
Tatsächliche Größe: ***1,4 AE***

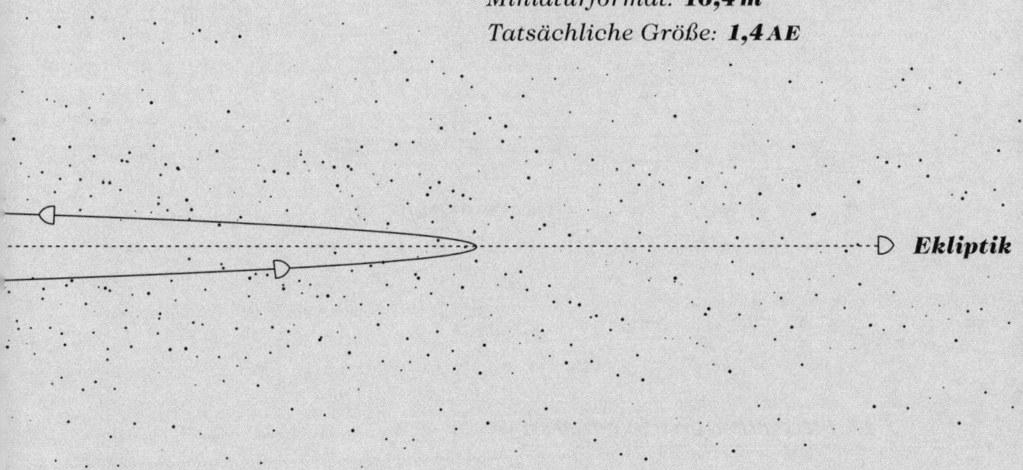

tfernung zur Sonne im Miniaturformat ***23,4 m bis 39,8 m***
Tatsächliche Entfernung zur Sonne ***2 AE bis 3,4 AE***
Hauptbestandteile ***Metall, Gestein***

… müssten die Buchseiten etwa ***5,6 Meter*** *auseinanderliegen.*

[Grafik 44] ***Asteroidengürtel***

entdeckt und deshalb auch Galilei'sche Monde genannt. Weniger deutlich als seine vier großen Monde zeichnen sich die recht lichtschwachen, feinen Ringe ab, die Jupiter umgeben.

Was sein Wetter angeht, bevorzugt der große Gasriese Kontinuität. Seit geraumer Zeit tobt auf ihm bereits ein heftiger Dauerwirbelsturm, der sich als großer, roter Fleck auf dem ansonsten hellbraun wirkenden Jupiter abzeichnet. Dieser Fleck ist übrigens so groß, dass unsere Erde zweimal darin Platz hätte. Doch auf Jupiter ist es nicht nur stürmisch – wegen der weiten Entfernung zur Sonne ist es mit 125 Kelvin beziehungsweise –148 Grad Celsius außerdem auch noch klirrend kalt. Entsprechend groß fällt auch seine Umlaufbahn aus, die um etwa 1,3 Grad geneigt ist und für deren Umrundung der große Gasbrocken mit einer Geschwindigkeit von rund 13 Kilometern pro Sekunde fast 12 Jahre benötigt. Umso schneller dreht sich Jupiter dafür um die eigene Achse. Eine vollständige Umdrehung erledigt er in schwindelerregenden 9 Stunden, 55 Minuten und 30 Sekunden. Kein Wunder also, dass auf dem um 3,13 Grad gekippten Gasriesen bei einem derartigen Tempo ein Dauerwirbelsturm fegt.

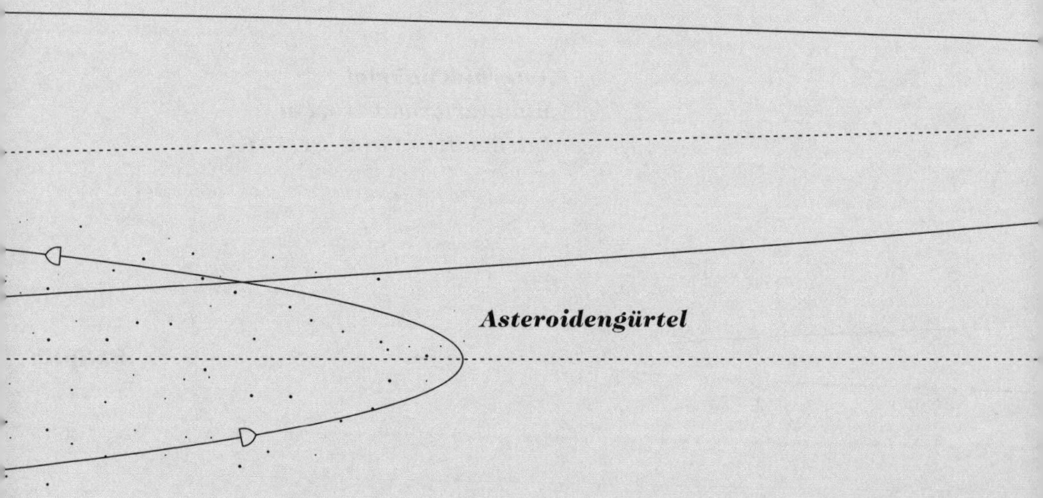

Der extravagante Saturn

Um den nächsten dicken Gasplaneten zu erreichen, müssen wir weitere 50,8 Meter gehen (siehe Grafik 46). Nun wird es allmählich offensichtlich, dass die Abstände von Mal zu Mal größer werden. Wir befinden uns jetzt 111,6 Meter beziehungsweise 9,54 Astronomische Einheiten von der Sonne entfernt und sind damit in der Heimatregion des Saturn angekommen, in der bei 95 Kelvin, was –178 Grad Celsius entspricht, unser Thermometer nochmals ein ordentliches Stück nach unten rutscht. Mit seinen 9,4 Millimetern Durchmesser im Miniformat und den realen 120 536 Kilometern ist Saturn der zweitgrößte Planet des Sonnensystems. Seine Materie ist allerdings außerordentlich locker verteilt, wodurch seine Zusammensetzung leichter daherkommt als Wasser, und der Gasriese damit lediglich ein Drittel des Gewichts von Jupiter auf die Waage bringt – und das, obwohl er beinahe genauso groß ist wie sein gasiger Nachbar. Nichtsdestotrotz ist Saturn aber immerhin 95,2-mal schwerer als unsere Erde.

Seine dünn gesäte Dichte gleicht er mit einer anderen Eigenschaft wieder aus. Denn was seinen schmückenden Außenbereich angeht, kann sich Saturn wirklich nicht beschweren. Ihn ziert das von

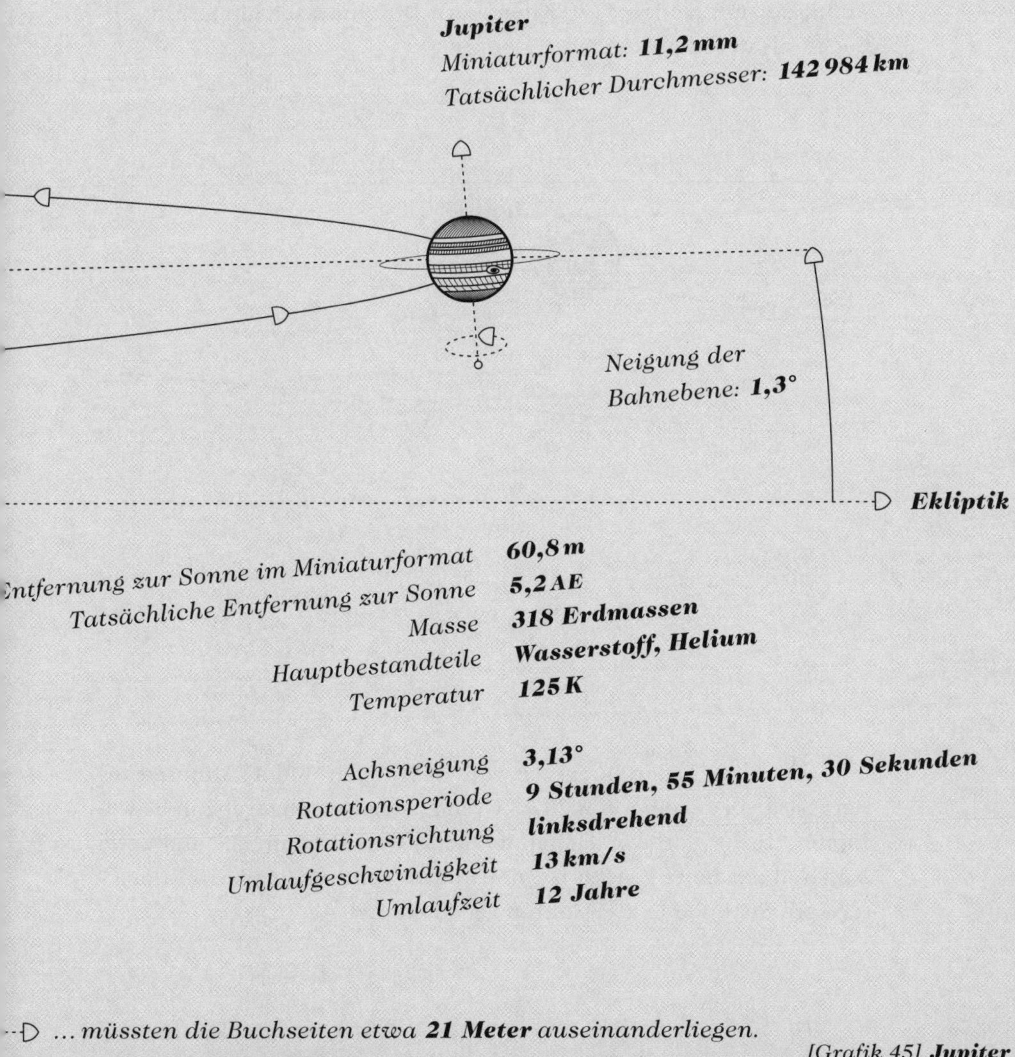

… müssten die Buchseiten etwa ***21 Meter*** *auseinanderliegen.*

[Grafik 45] ***Jupiter***

allen Gasplaneten mit Abstand beeindruckendste Ringsystem. Doch anders, als es den Anschein erweckt, sind Planetenringe nicht fest und zusammenhängend, sondern sie bestehen aus unzähligen Gesteins- und Eisteilchen, die sich um den Planeten angesammelt haben und um ihn kreisen – in nach Größe und Zusammensetzung fein voneinander getrennten Schichten. Von der Größenordnung eines Staubkorns bis hin zu ganzen Straßenzügen mitsamt den dazugehörigen Häusern ist hier alles vertreten. Obwohl also die insgesamt über 100 000 einzelnen Saturnringe, die 134 000 bis 960 000 Kilometer über seiner Oberfläche ihre Bahnen ziehen, aus der Ferne betrachtet völlig harmlos, zart und fein wirken, wirbeln hier in Wirklichkeit etliche mehrfamilienhausgroße Trümmer umher. Auch mit Monden ist Saturn gut bestückt. Mindestens 60 Exemplare umschwirren ihn und seine Ringe. Der größte unter ihnen ist beispielsweise der Mond Titan, der mit seinen 5150 Kilometern Durchmesser immerhin größer ist als der kleinste Planet Merkur.

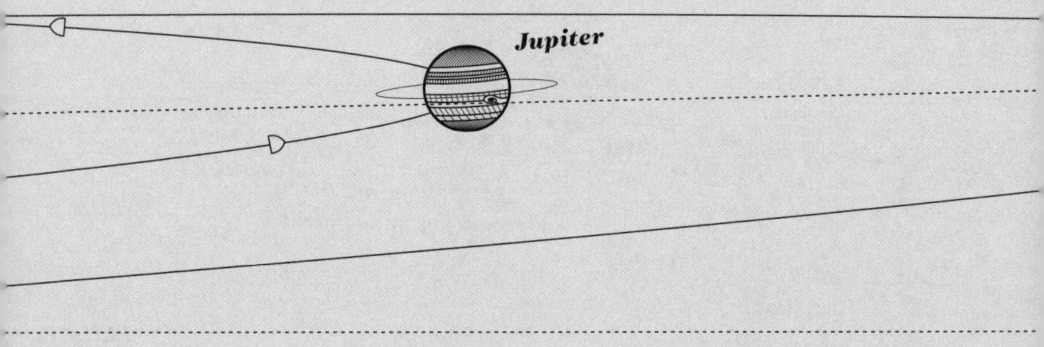

Mit einer Umdrehungszeit von 10 Stunden und 47 Minuten rotiert Saturn auf seiner um 26,73 Grad geneigten Achse, ebenfalls wie Jupiter, recht flott vor sich hin. Seine Umlaufbahn, die um etwa 2,5 Grad zur Seite geneigt ist, umrundet er mit ungefähr 10 Kilometern pro Sekunde in 29,5 Jahren genau einmal.

Der umgefallene Uranus

Um zum nächsten Gasplaneten zu gelangen, müssen wir mit 113 Metern erneut ein ordentliches Stück länger laufen als zuvor. Schließlich wartet in einer Entfernung von 224,6 Metern von der Sonne, oder umgerechnet 19,2 Astronomischen Einheiten, Uranus auf uns (siehe Grafik 47). Er kommt im Vergleich zu seinen beiden Vorgängern mit nur 51 118 Kilometern Durchmesser, was etwa dem Vierfachen des Erddurchmessers entspricht, wesentlich bescheidener daher. Seine kleinformatige Version hat damit nur einen Durchmesser von 4 Milli-

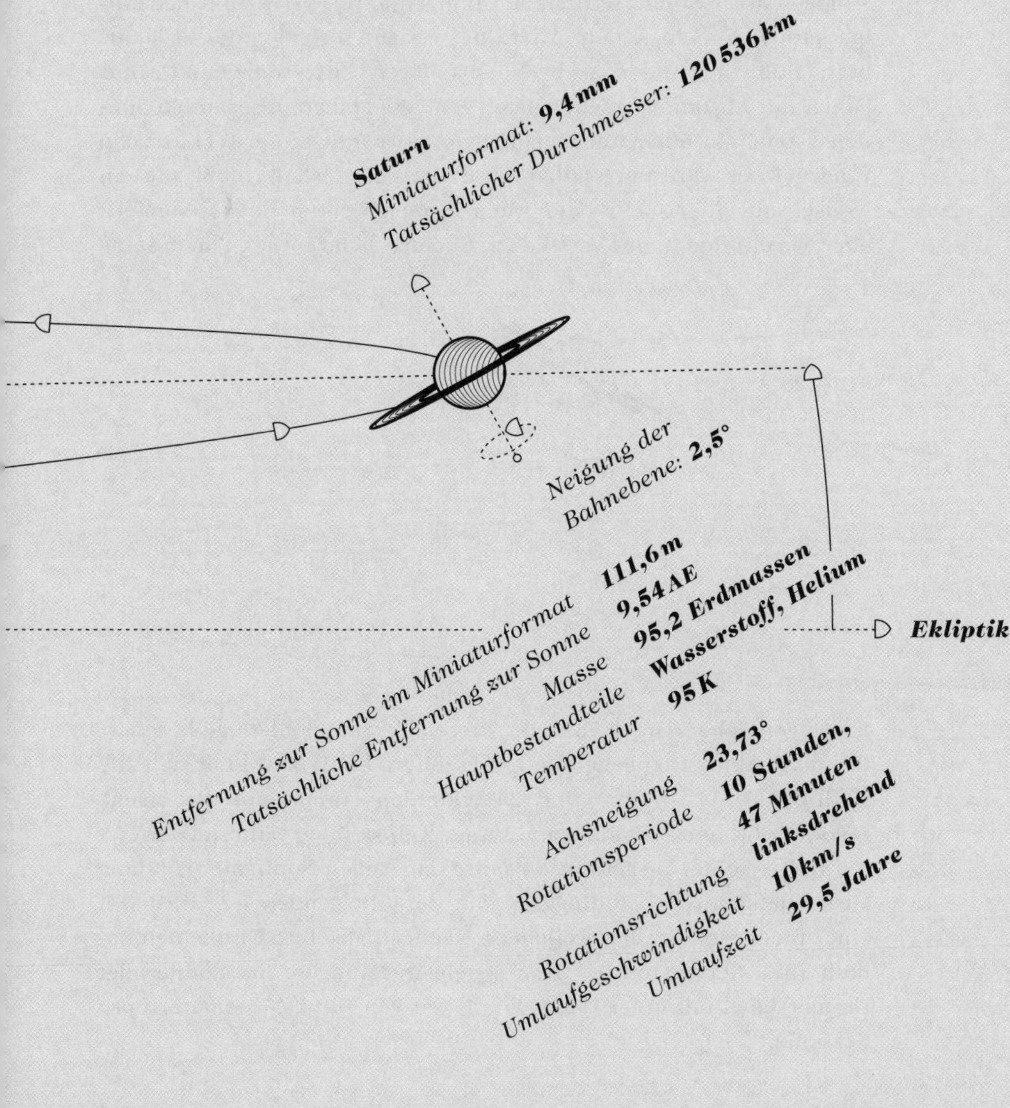

··▷ *… müssten die Buchseiten etwa* **50,8 Meter** *auseinanderliegen.*

[Grafik 46] **Saturn**

metern. Auch seine chemische Zusammensetzung unterscheidet sich von Saturn und Jupiter. Uranus, der etwa das 14,5-Fache der Erdmasse vorzuweisen hat, besteht neben Wasserstoff und Helium auch aus Wasserstoffverbindungen, wie Wasser, Ammoniak und Methangas. Während das Methan Uranus seine hellblaue Färbung verleiht, ist das Vorkommen von Wasser, das sich aufgrund der extrem niedrigen Temperaturen von 60 Kelvin beziehungsweise –213 Grad Celsius ausschließlich in gefrorenem Zustand befindet, der Grund dafür, dass dieser Gasplanet auch als Eisriese bezeichnet wird.

Natürlich gibt es auch bei ihm eine Menge Monde zu bestaunen. Mindestens 27 Stück sind es, die Uranus umkreisen. Auch Ringe dürfen natürlich nicht fehlen. Allerdings verlaufen sie von der Erde aus betrachtet völlig anders als bei allen anderen Gasriesen, denn Uranus ist der mit Abstand am seltsamsten geneigte Planet im gesamten Sonnensystem. Mit einer Achsneigung von etwa 98 Grad erweckt er den Eindruck, er wäre umgefallen. Er dreht sich deshalb nicht wie ein Kreisel auf einer mehr oder weniger waagrechten Ebene, sondern eher wie ein Rad in der Vertikalen. Entsprechend rotieren auch seine

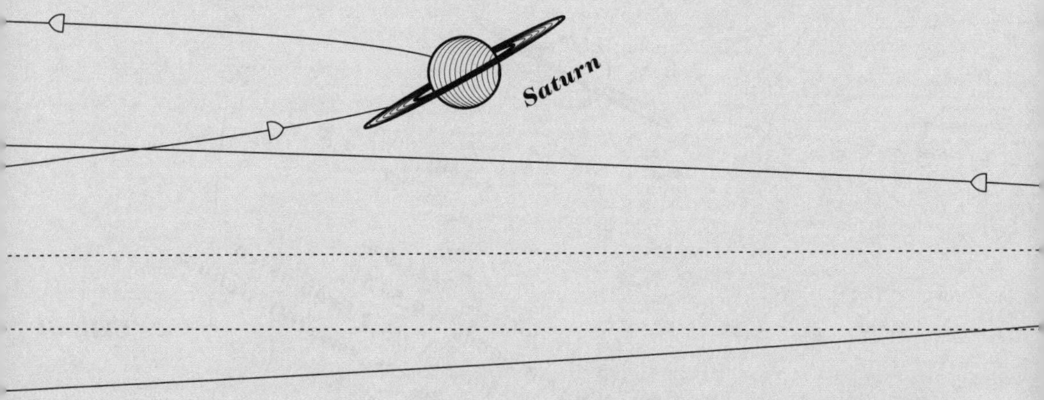

Ringe von »oben« nach »unten«. Diese seltsame Schieflage beschert Uranus äußerst unangenehme Jahreszeiten. Denn obwohl er sich alle 17 Stunden, 14 Minuten und 24 Sekunden einmal um die eigene Achse dreht, herrscht aufgrund seiner Kippstellung während der ersten Hälfte seiner insgesamt 84 Jahre dauernden Sonnenumrundung ausschließlich Tag, wohingegen die darauffolgenden 42 Jahre von einer nicht mehr enden wollenden Nacht in absolute Dunkelheit gehüllt sind. Seiner um 0,7 Grad geneigten Bahn um die Sonne folgt Uranus dabei mit einer Geschwindigkeit von rund 7 Kilometern pro Sekunde.

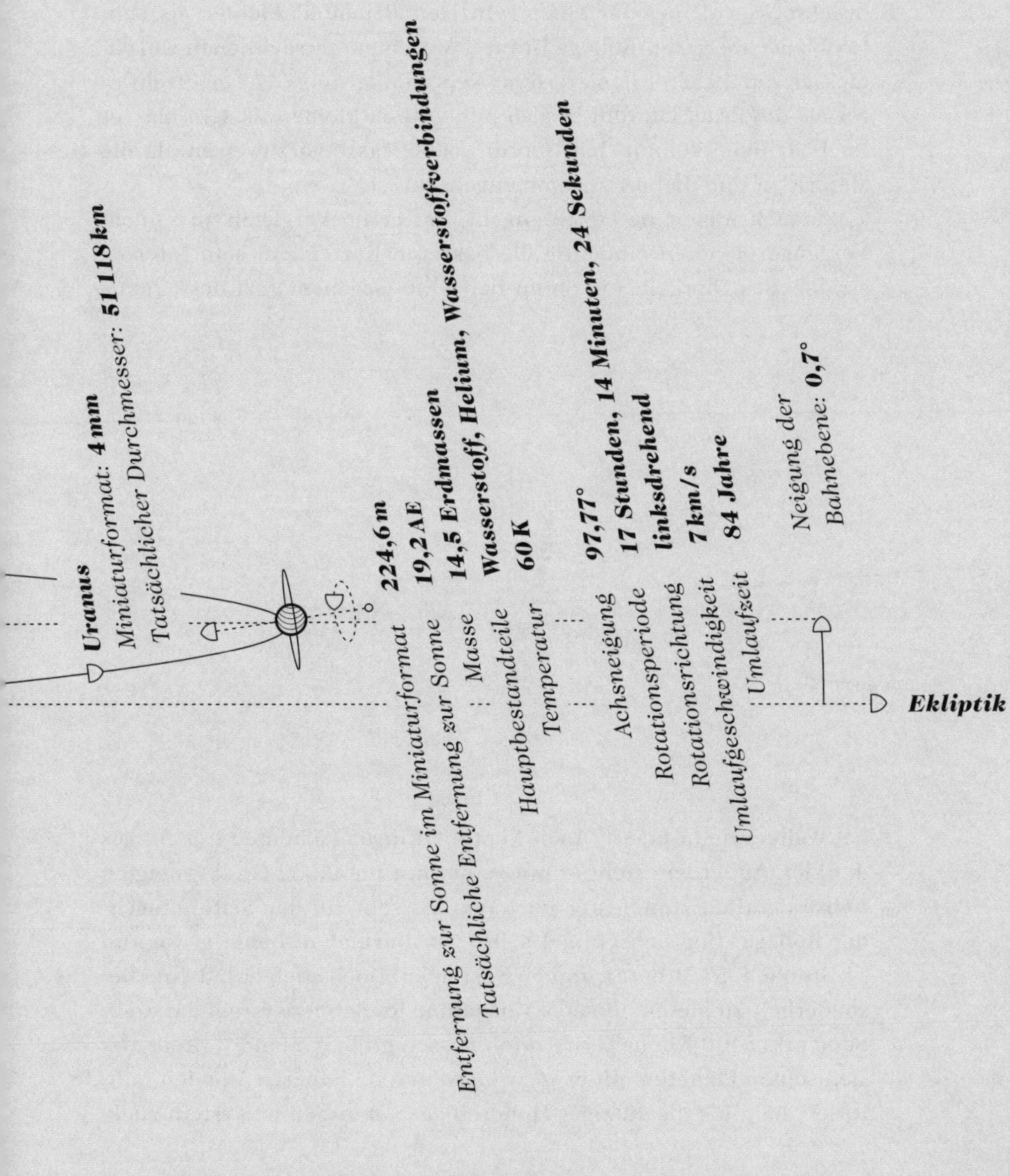

… müssten die Buchseiten etwa **113 Meter** auseinanderliegen.

[Grafik 47] **Uranus**

Der knallblaue Neptun

Auf den zweiten Gasplaneten aus der Kategorie »Eisriese« stoßen wir, wenn wir uns weitere 127,6 Meter von der Sonne entfernen (siehe Grafik 48). Dort treffen wir nach insgesamt 352,2 Metern Fußmarsch oder umgerechnet 30,1 Astronomischen Einheiten auf den Planeten Neptun, der in Größe, Zusammensetzung und Temperatur seinem Vorgänger äußerst ähnlich sieht. Die Miniaturausgabe von Neptun ist mit einem Durchmesser von 3,9 Millimetern, und damit 3,9 Erddurchmessern, nur um einen winzigen Bruchteil kleiner als sein fahlblauer Eisriesen-Kollege Uranus. Mit einem tatsächlichen Durchmesser von 49 528 Kilometern ist Neptun allerdings 17,1-mal schwerer als die Erde. Obwohl er also unmerklich kleiner als sein blasser Nachbar daherkommt, hat Neptun mehr Masse vorzuweisen, da die Materie in ihm dichter zusammengepackt ist.

Auch was seine Optik angeht, hat er im Vergleich zu seinem Vorgängerplaneten eindeutig die besseren Karten. An sein intensiv strahlendes Dunkelblau kommt der fahle Gegenentwurf des Uranus

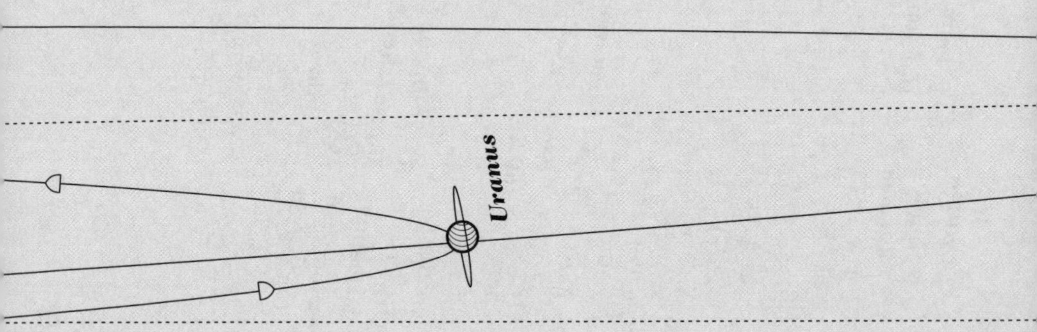

bei Weitem nicht heran. Auch Neptuns Ringe erscheinen um einiges dunkler. Außerdem steht er mit seiner nur um 28,32 Grad geneigten Achse deutlich standfester im Raum als sein auf der Seite hängender Kollege. Um sich einmal selbst zu umrunden, benötigt Neptun 15 Stunden, 57 Minuten und 59 Sekunden. Doch auch er hat eine Besonderheit zu bieten, die eine Ausnahme im Sonnensystem darstellt: Sein mit 5400 Kilometern Durchmesser größter Mond Triton, der sich seinen Planeten mit etwa zwölf weiteren kleineren Monden teilt, rotiert nämlich als einziger Mond im gesamten Sonnensystem rück-

Damit auch der Abstand Uranus – Neptun maßstabsgetreu wäre …

wärts, also im Uhrzeigersinn. Ebenso wie die beiden Marsmonde hat sich Neptun seinen großen Satelliten deshalb wohl bei einer Beinahekollision zufällig eingefangen, während er sich auf seiner um 1,8 Grad geneigten Bahn mit der recht gemächlichen Geschwindigkeit von etwa 5 Kilometern pro Sekunde durch den Raum bewegte. Mit diesem Vorankommen im Schneckentempo benötigt Neptun deshalb geschlagene rund 165 Jahre für einen vollständigen Umlauf. Damit wird Keplers Behauptung, die äußeren Planeten rotierten langsamer als die inneren, wirklich offensichtlich (siehe *Ein strenges Regiment,* Seite 328).

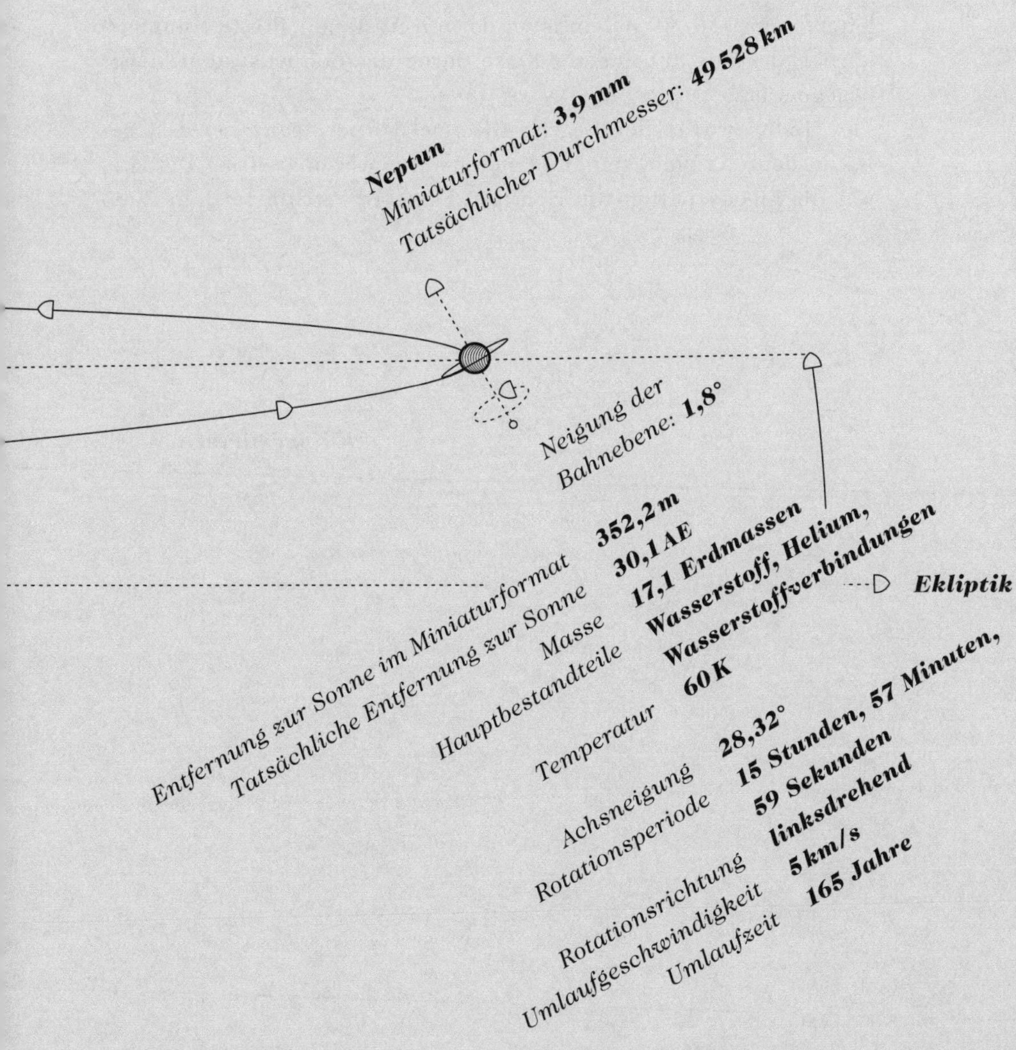

... müssten die Buchseiten etwa ***127,6 Meter*** *auseinanderliegen.*

[Grafik 48] ***Neptun***

Der Sonderling Pluto im eisigen Kuipergürtel

Damit wären wir eigentlich auch schon am Ende der Planeten unseres Sonnensystems angekommen. Eine Kleinigkeit haben wir allerdings noch vergessen – den Winzling Pluto nämlich (siehe Grafik 49). Um ihn zu erreichen, müssen wir in unserem Miniatur-Sonnensystem von Neptun aus weitere 110 Meter zurücklegen. Er befindet sich damit bereits 462,2 Meter beziehungsweise 39,5 Astronomische Einheiten von der Sonne entfernt. Anders als auf unserer Erde bekommt Pluto von dem wärmenden Licht der Sonne somit nicht mehr viel zu sehen und zu spüren. Für ihn unterscheidet sie sich kaum noch von den anderen Sternen, die als winzige Punkte am Himmel funkeln. Entsprechend eisig sind die Temperaturen, mit denen Pluto zu kämpfen hat. Mit 40 Kelvin ist er der mit Abstand kälteste Himmelskörper, der uns auf unserer Reise durch das Sonnensystem bisher begegnet ist.

Dabei wurde der Begriff »Himmelskörper« ganz bewusst gewählt, denn da Pluto seinen Planetenstatus wegen gewisser Defizite, was die Eigenschaften von richtigen Planeten betrifft, im Jahr 2006

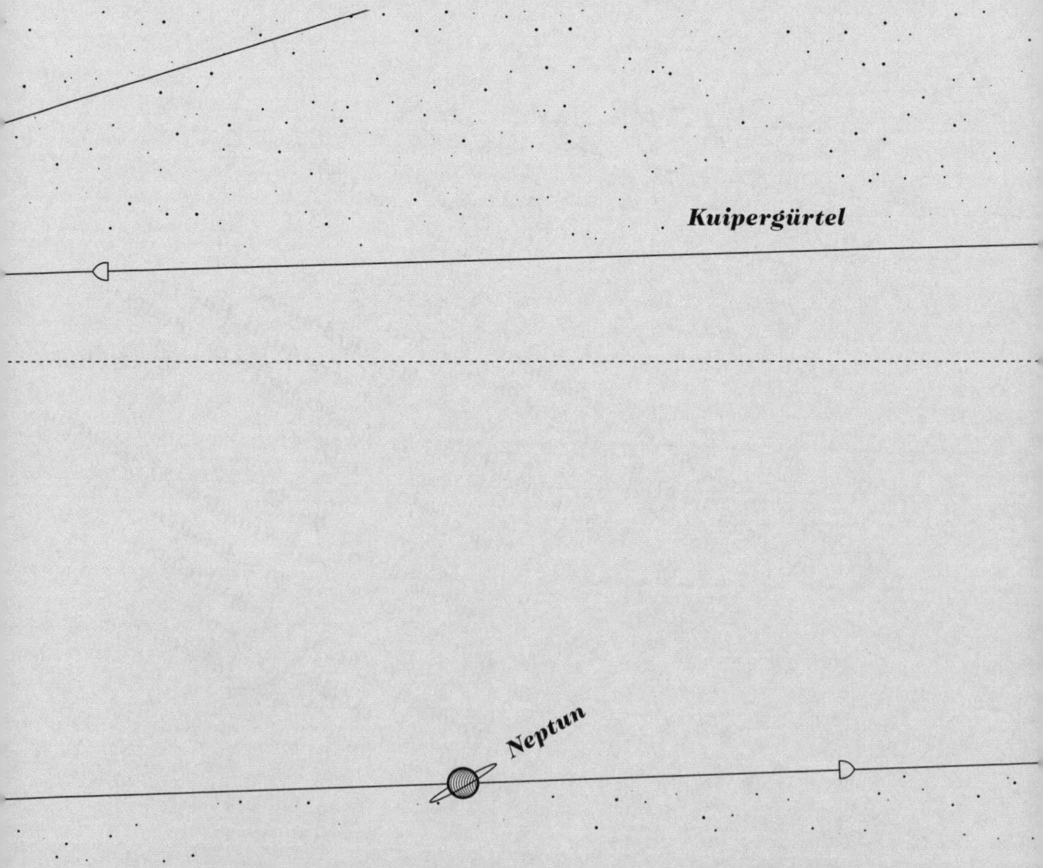

 Damit auch der Abstand Neptun – Pluto maßstabsgetreu wäre …

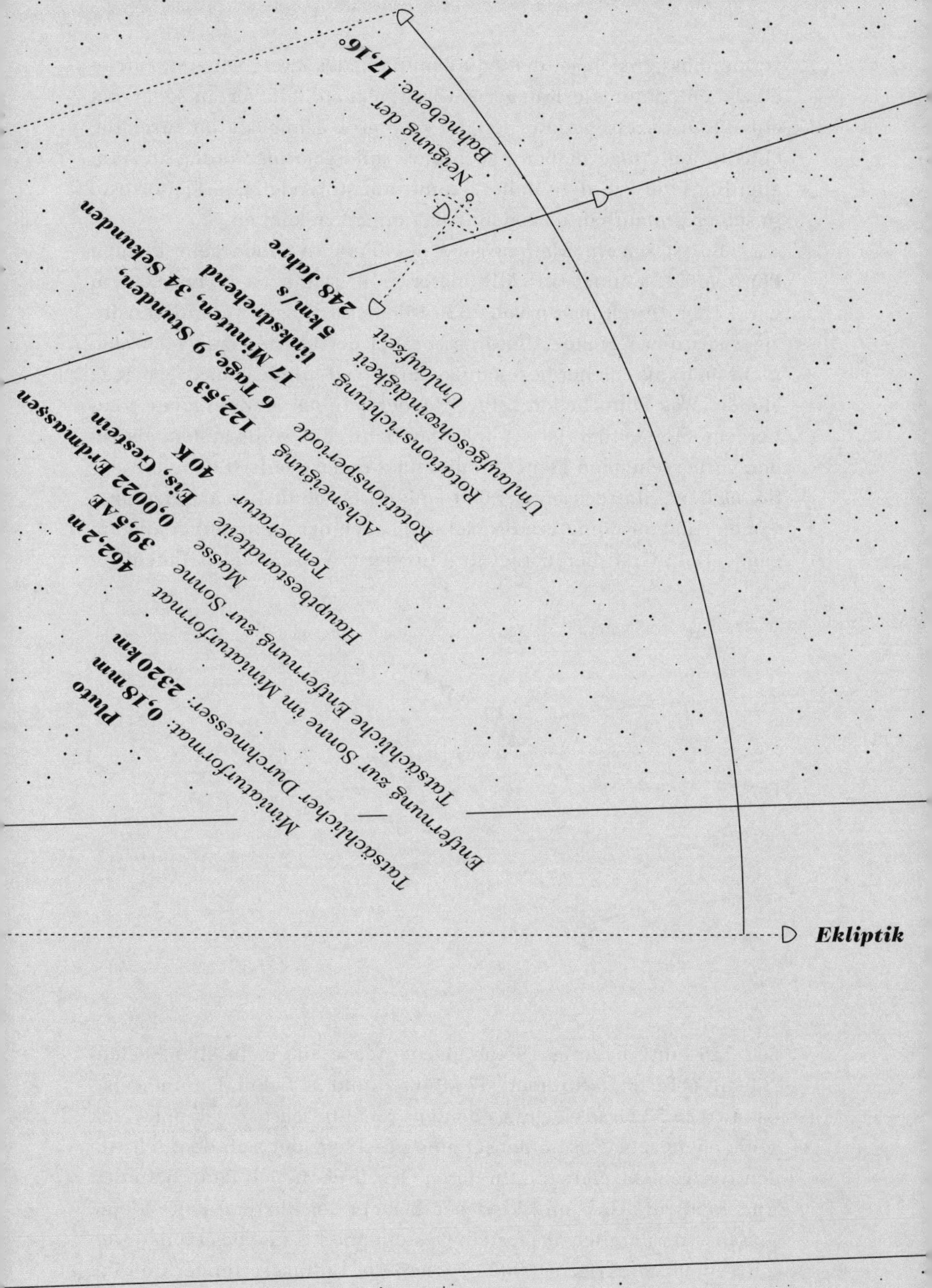

*… müssten die Buchseiten etwa **110 Meter** auseinanderliegen.*

[Grafik 49] ***Pluto***

verlor, muss er sich seitdem mit dem Rang des Zwergplaneten zufriedengeben. Unter die Kategorie »Zwergplanet« fällt fortan jeder um einen Stern kreisende Körper, der zwar groß genug ist, um durch die Gravitation einigermaßen ansehnlich rund geformt worden zu sein, allerdings viel zu klein daherkommt, um störende Materieüberreste in seiner Umlaufbahn aus dem Weg räumen zu können.

So ist unsere Kleinausgabe des ohnehin schon sehr kleinen Pluto gerade einmal 0,18 Millimeter groß. Damit ist er mit seinem wirklichen Durchmesser von 2320 Kilometern sogar wesentlich winziger aus unser Mond. Allerdings besitzt der kleine Planet, der sich nicht mehr als solcher bezeichnen darf, sogar mindestens drei eigene Monde. Was Pluto neben seiner Sonderstellung als Zwergplanet außerdem auszeichnet, ist seine Umlaufbahn, die, völlig anders als bei den vorhergehenden Planeten, nicht auf nahezu einer Ebene mit der Sonne liegt. Stattdessen irrt Pluto mit durchschnittlich äußerst langsamen rund 5 Kilometern pro Sekunde auf einer Bahn umher, die um ganze 17,16 Grad herausragt und für deren vollständigen Umlauf er

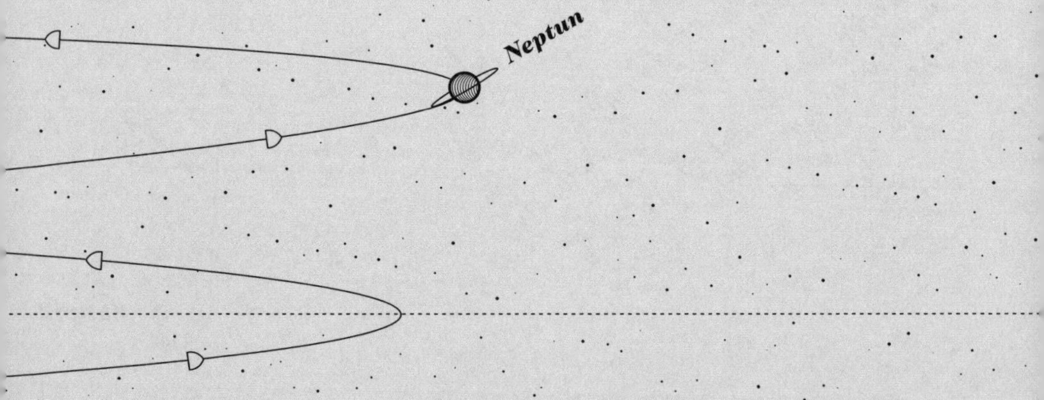

fast 248 Jahre benötigt. Seine eigene Achse, die er in aller Seelenruhe in 6 Tagen, 9 Stunden, 17 Minuten und 34 Sekunden umkreist, ist mit 122,53 Grad Neigung ebenfalls recht beachtlich gekippt. Auch seine chemische Zusammensetzung unterscheidet sich deutlich von den riesigen Gasplaneten, in deren Gesellschaft sich Pluto befindet. Anders als die Gas- und Eisriesen besteht der klirrend kalte kleine Außenseiter nämlich aus festem Gestein und Eis und besitzt dadurch mit seinem mickrigen 0,0022-Fachen der Erdmasse immerhin eine feste Oberfläche.

Es gibt noch eine ganze Menge weiterer Fast-Planeten, die zusammen mit Pluto fernab der Sonne ebenfalls auf äußerst skurril geneigten Ebenen ihre Bahnen ziehen. Auch sie bestehen vornehmlich aus Eis und zählen damit zu der Gruppe der Kometen. Kometen sind im Grunde genau wie Asteroiden kleine Materieklumpen, die ebenso wie die Planeten um die Sonne kreisen. Allein in ihrer Zusammensetzung und ihrem Aufenthaltsort unterscheiden sich die beiden voneinander. Während Asteroiden aus Gestein bestehen und im sonnennahen Asteroidengürtel umherkreisen, handelt es sich bei Kometen durch ihre enorme Entfernung zur Sonne um kleine gefrorene Eiskugeln, die nur minimale Spuren von Gestein beinhalten. Sie sind in zwei verschiedenen Regionen am äußersten Rand des Sonnensystems anzutreffen. Nur sehr selten verirrt sich ein solches Exemplar in die Nähe der Sonne. Dann beginnt seine eisige Hülle durch die wärmende Sonnenstrahlung aufzutauen und der typische, hübsch anzusehende Kometenschweif entsteht.

tfernung zur Sonne im Miniaturformat	***351 m bis 585 m***
Tatsächliche Entfernung zur Sonne	***30 AE bis 50 AE***
Hauptbestandteile	***Eis, Gestein***

… und Kuipergürtel ist fließend.

[Grafik 50] ***Kuipergürtel***

Auch Pluto ist damit eigentlich kein herkömmlicher Planet, Zwergenstatus hin oder her, sondern ein Komet. Auch er würde mit einem wunderschönen Schweif glänzen, wenn er sich denn in Erdnähe befände. Doch dies ist bekanntlich nicht der Fall. Stattdessen befindet sich Pluto in außerordentlicher Distanz zu uns und genießt sein frostiges Dasein, zusammen mit den anderen umherschwirrenden Eisbrocken, im 30 bis 50 Astronomische Einheiten entfernten sogenannten Kuipergürtel (siehe Grafik 50). In unserem Mini-Sonnensystem reicht dieser von 351 bis 585 Meter und stellt eine der beiden Regionen dar, in denen Kometen beheimatet sind. Damit ragt die Umlaufbahn von Neptun bereits ein wenig in diese eisige Ansammlung hinein. Ähnlich wie im Asteroidengürtel kreisen hier eine Menge kleiner Objekte, etwa 70 000, von denen die meisten keinen größeren Durchmesser als 100 Kilometer haben, als gemeinsame Gruppe um die Sonne.

Die chaotische Oort'sche Wolke

In der zweiten Region, in der Kometen anzutreffen sind, geht es wesentlich chaotischer zur Sache (siehe Grafik 51). In der sogenannten Oort'schen Wolke herrscht völlige Unordnung, was die Umlaufbahnen der einzelnen Eisbrocken betrifft. In der nach ihrem Entdecker, dem niederländischen Astronomen Jan Hendrik Oort (1900–1992), benannten riesigen Kugelregion, die

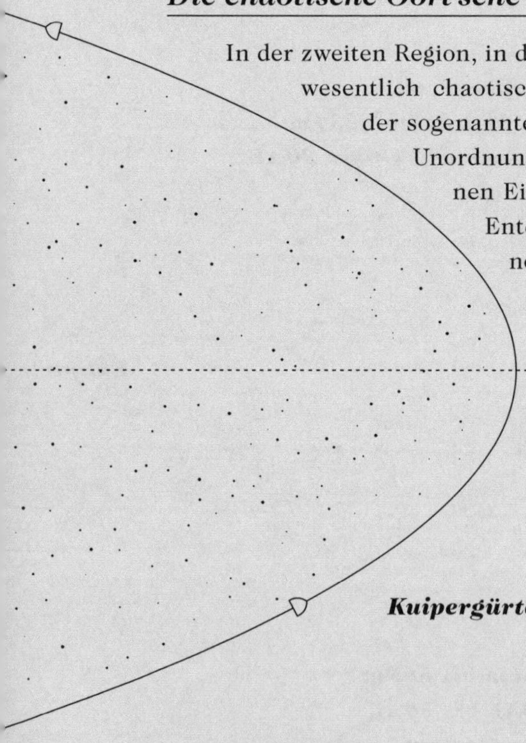

 Damit der Abstand Kuipergürtel – Oort'sche Wolke maßstabsgetreu wäre …

Entfernung zur Sonne im Miniaturformat	***3510 m bis 1170 km***
Tatsächliche Entfernung zur Sonne	***300 AE bis 100 000 AE***
Hauptbestandteile	***Eis, Gestein***

… müssten die Buchseiten etwa ***2925 Meter*** *auseinanderliegen.*

[Grafik 51] ***Oort'sche Wolke***

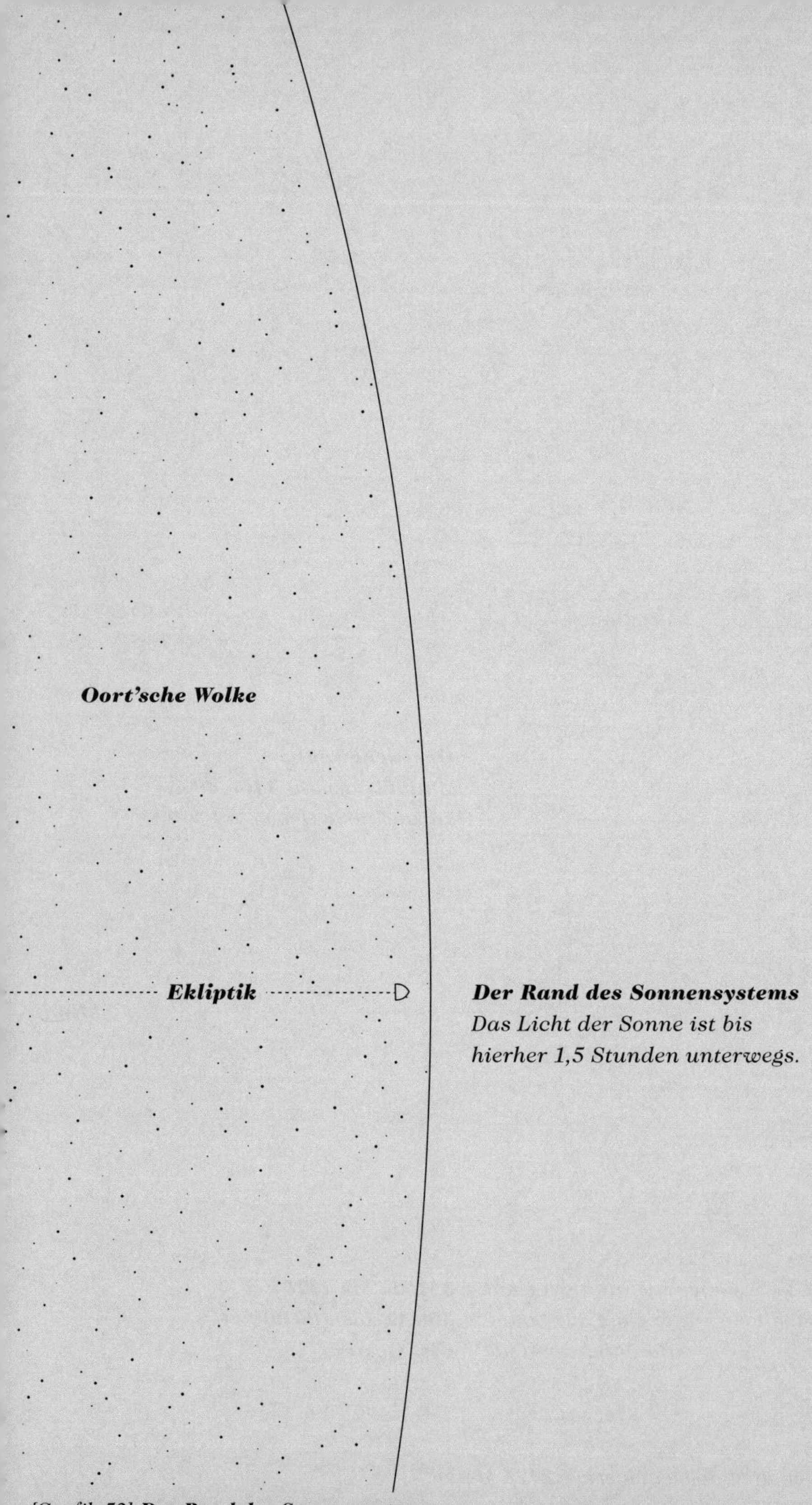

[Grafik 52] **Der Rand des Sonnensystems**

sich mit 300 bis 100 000 Astronomischen Einheiten wirklich außerordentlich weitab vom Schuss befindet, kreist hier jeder einzelne der geschätzten einhundert Milliarden bis eine Billion Kometen ganz wie es ihm beliebt um die Sonne. Und es ist durchaus gut so, dass sich dieses ungeordnete Spektakel sehr weit von uns entfernt abspielt. Denn nur deshalb und dank der Schutzschildfunktion des riesigen Jupiter gelangt nur relativ selten eines dieser eisigen Exemplare bis ins innere Sonnensystem hinein.

Und während es bis zum Kuipergürtel noch kein sonderlich großes Problem darstellte, ihn in unserem kleinen Maßstab zu Fuß zu durchqueren, gestaltet sich dies ab jetzt schon äußerst schwierig. Denn die Oort'sche Wolke erstreckt sich selbst in unserem Miniaturformat bereits stolze 3510 Meter bis 1170 Kilometer in den Raum hinein! Um vom Pluto aus zu ihr zu gelangen, müssen wir folglich ganze 3047,8 Meter gehen und sind damit um ein Vielfaches länger unterwegs als bisher. Die restlichen 1170 Kilometer stellen jedoch selbst für die hartgesottensten Marathonläufer eine kaum zu bewältigende Herausforderung dar. Um unser gesamtes Miniatur-Sonnensystem zu Fuß zu durchschreiten, müssten wir also gerade auf der letzten Etappe sehr viel Zeit einplanen, um bis an den äußersten Rand zu gelangen. Doch damit sind wir nicht allein – selbst das Licht muss, um das gesamte Sonnensystem in realer Größe zu durchqueren, trotz seiner unübertreffbar hohen Geschwindigkeit eineinhalb Stunden lang reisen (siehe Grafik 52). Auf seinem Weg wird es dabei im Übrigen von kaum einem materiellen Objekt an seinem Vorbeiflug gehindert. Denn wie wir hautnah miterleben konnten, besteht das Sonnensystem – und das hat es mit den Atomen gemein – vor allem aus einem: nämlich leerem Raum.

4.2 *Kampf der Kräfte*

Wie die Sonne sich in ihre Existenz stürzte

Es kreisen also in einem beachtlich leeren Raum die lose verteilten und im Vergleich zu den immensen Abständen, die zwischen ihnen liegen, äußerst winzigen Planeten und all die anderen Materieansammlungen artig um unsere Sonne. Doch warum tun sie das überhaupt? Wie kam es dazu, dass wir zusammen mit der gesamten anderen Materie mit der Genauigkeit eines Schweizer Uhrwerks um unsere Sonne herumwirbeln?

Die Nebulartheorie

Um diese Fragen zu beantworten, wollen wir ab jetzt unserem Sonnensystem im Rückwärtsgang bei seiner eigenen Entstehung zusehen. Dabei werden wir uns auf eine Theorie berufen, die zwar nicht einhundertprozentig sicher erwiesen ist, sich allerdings mit nahezu allen Beobachtungen deckt und zudem vieles erklären und vorhersagen kann, sowohl was unser eigenes Sonnensystem als auch andere Planetensysteme betrifft. Die Rede ist von der sogenannten Nebulartheorie der Entstehung des Sonnensystems.

Sie geht auf die Nebularhypothese zurück, die 1755 von dem deutschen Philosophen Immanuel Kant (1724–1804) aufgestellt wurde. Zufällig und nahezu zeitgleich kam dieselbe Idee auch dem uns schon aus dem ersten Kapitel bekannten französischen Astronomen und Mathematiker Pierre-Simon Laplace in den Sinn (siehe *Die Korpuskeltheorie,* Seite 41). Sie wird deshalb auch als Kant-Laplace-Hypothese bezeichnet. Beide Wissenschaftler kamen zu dem Schluss, dass jedes Sternsystem entstehen muss, weil eine Gaswolke, die in der Astronomie auch als *nebula* bezeichnet wird, was auf Lateinisch »Wolke« bedeutet, durch den Druck ihrer eigenen Schwerkraft in sich zusammenstürzt. Weil jene Wolken-Hypothese sich als in hohem

Maße erfolgversprechend herausstellte, wurde sie schließlich in den Status der wissenschaftlichen Theorie erhoben und gilt seitdem als allgemein anerkannt.

Das Sonnensystem entstand, weil eine Gaswolke unter ihrem eigenen Gewicht zusammenbrach.

Gravitation versus thermischer Druck

Wie wir schon zum Ende des dritten Kapitels gesehen haben, herrscht in der Sonne ein fein ausgetüfteltes Kräftegleichgewicht zwischen der nach innen drückenden Gravitation und dem sich entgegenstemmenden inneren thermischen Druck, der durch die Freisetzung von Licht durch die Kernfusion aufrechterhalten wird (siehe *Ganz schön raffiniert,* Seite 318). Durch dieses hydrostatische Gleichgewicht ändert sich sowohl die Größe als auch die Leuchtkraft unserer Sonne nur unwesentlich. Unser Stern ist damit einer permanenten Zerreißprobe ausgesetzt. Sollte eine der beiden Kräfte die Oberhand gewinnen, ist es im Handumdrehen vorbei mit der Herrlichkeit. Doch dieses ewige Hin und Her zwischen Schwerkraft und thermischem Druck tobt nicht erst seit heute in der Sonne. Tatsächlich ist jeder Stern seit seiner Entstehung diesem Kampf der Kräfte ausgesetzt. Um zu verstehen, was dabei passiert, kurbeln wir die Zeit deshalb bis zu dem Moment zurück, als die Sonne in ihr Dasein als Kernfusion betreibender Stern einzutreten begann.

Vom Vorhauptreihenstern zum Hauptreihenstern

In unserer heutigen Sonne ist es heiß – furchtbar heiß. Wie wir inzwischen wissen, sausen in ihr bei 15 Millionen Kelvin Kerntemperatur die Atomkerne so schnell umher, dass sie mithilfe des Tunneleffekts am Ende zu Helium verschmolzen werden, und dabei ganz nebenbei, quasi als Abfallprodukt, Licht entsteht (siehe *Ominöses Durchtunneln,* Seite 287/*Proton trifft Proton,* Seite 301). Diese Tatsache macht die Sonne zu einem Hauptreihenstern, der über eine eigene Energiequelle verfügt, dadurch seine Oberfläche permanent mit neuem Lichtnachschub versorgen kann und sie auf diese Weise gleichmäßig strahlen lässt.

Doch bevor die Sonne ihr hydrostatisches Gleichgewicht zwischen abgestrahlter und erzeugter Energiemenge fand, sah ihr Innenleben etwas anders aus (siehe Grafik 53). Damals, ein bis zwei Millionen Jahre, bevor ihre Kernfusion genügend Photonen produzieren konnte, um die Sonnenleuchtkraft auf stabilem Niveau zu halten, war unser Stern weiträumiger ausgedehnt, weniger dicht zusammengepackt und damit in seinem Inneren auch noch nicht so heiß, wie es heute der Fall ist. Die Sonne war ein sogenannter Vorhauptreihenstern, der zwar bereits in geringen Mengen Helium, und damit auch Licht, produzierte, das aber bei Weitem noch nicht ausreichte, um den Energieverlust der nach außen sausenden Photonen auszugleichen. Doch immerhin besaß sie schon damals eine radiative Zone, in der das Licht nach dem chaotischen Zufallsprinzip hauptsächlich von Elektronen hin und her geschossen wurde (siehe *Auf Zickzackkurs,* Seite 280). Nur war jene Zone des Strahlungstransports eben noch nicht auf ihre heutige Größe angewachsen. Die Energie, die in der Sonne durch die Kernfusion freigesetzt wurde, reichte deshalb noch nicht aus, um gegen den Druck der Gravitation alleine standzuhalten.

Um gegen die Last ihrer eigenen Schwerkraft anzukämpfen, musste sie sich deshalb auf andere Art zur Wehr setzen. Und zwar bediente sie sich dabei einer Methode, die uns bereits zu Beginn des dritten Kapitels begegnet ist, als wir das große Grübeln der Wissenschaft über die innere Energiequelle der Sonne thematisierten. Nach dem Vorschlag der beiden Physiker Hermann von Helmholtz und Lord Kelvin sollte die Sonne gemäß der nach ihnen benannten Kelvin-Helmholtz-Kontraktion Energie erzeugen, indem sie schrumpfte (siehe *Warum scheint eigentlich die Sonne?,* Seite 224). Was die heutige Energiequelle unseres Sterns betrifft, war die Idee der Kelvin-Helmholtz-Kontraktion zwar falsch, doch bevor sie ihre Kernfusion im großen Stil betreiben konnte, schrumpfte die Sonne tatsächlich nach diesem Prinzip. Was aber passierte dabei mit ihr?

Ihr enormes Eigengewicht sorgte dafür, dass die Schwerkraft massiv nach innen drückte. Da jedoch noch kein ebenbürtiges Gegengewicht vorhanden war, das der Gravitation auch nur annähernd hätte Widerstand leisten können, blieb der Sonne nichts anderes übrig, als sich ihrem Schicksal zu fügen und zu schrumpfen. Materie, die anfangs weit vom Sonnenzentrum entfernt war, wanderte somit immer weiter nach innen. Weil sich dadurch die Distanz merklich verringerte, welche die Materie bei ihrem Anflug Richtung Sonne zurückzulegen hatte, ging eine ordentliche Portion Lageenergie verloren (siehe *Äquivalenzmasse und gravitative potenzielle Energie,* Seite 236). Stattdessen konnte eine andere Energieform einen ordentlichen Zuwachs verbuchen: die thermische Energie (siehe *Thermische Energie und Temperatur,* Seite 229). Während die Sonne also immer dichter und kleiner zusammengepresst wurde, schnellte automatisch auch ihre innere Temperatur nach oben. Die Chancen für die Kernfusion stiegen dadurch mit freundlicher Unterstützung des Tunneleffekts erheblich (siehe *Eigentlich zu kalt und klein, um ein echter Stern zu sein,* Seite 286). Die Fusionsrate war zwar mit einigen Millionen Kelvin Kerntemperatur bei Weitem nicht so ergiebig, wie es heute der Fall ist, allerdings konnte die Sonne ihren Kollaps zumindest deutlich ausbremsen, indem sie etwa die Hälfte der frei gewordenen Energie dafür verwendete, ihren inneren Druck und damit die Temperatur zu erhöhen, und die andere Hälfte in Form von Licht abstrahlte.

Bevor die Kernfusion in ihrem Inneren zünden konnte, setzte unsere Sonne Energie frei, indem sie schrumpfte.

Mit steigender Kerntemperatur und Fusionsrate wuchs auch die radiative Zone im Laufe der nächsten Millionen Jahre immer weiter an, und unsere Sonne begann allmählich, ihrer heutigen Oberflächentemperatur von 5800 Kelvin entgegenzustrahlen. Obwohl sie immer stärker in sich zusammensackte, blieb ihre Leuchtkraft somit konstant. Sobald sie schließlich eine Kerntemperatur von zehn Millionen Kelvin erreichte, stellte sich endlich, dank einer nun effektiv arbeitenden Proton-Proton-Kette, das lang ersehnte Gleichgewicht zwischen der Gravitation und dem thermischen Druck ein, das unsere Sonne vom schrumpfenden Vorhauptreihenstern zum ausgeglichenen Hauptreihenstern werden ließ. Damit hatte die Gravitation ihren einstigen Vorteil verspielt und stand der thermischen Energie nun auf Augenhöhe gegenüber.

[Grafik 53] ***Das Innere der Sonne in ihrer Phase als Vorhauptreihenstern***

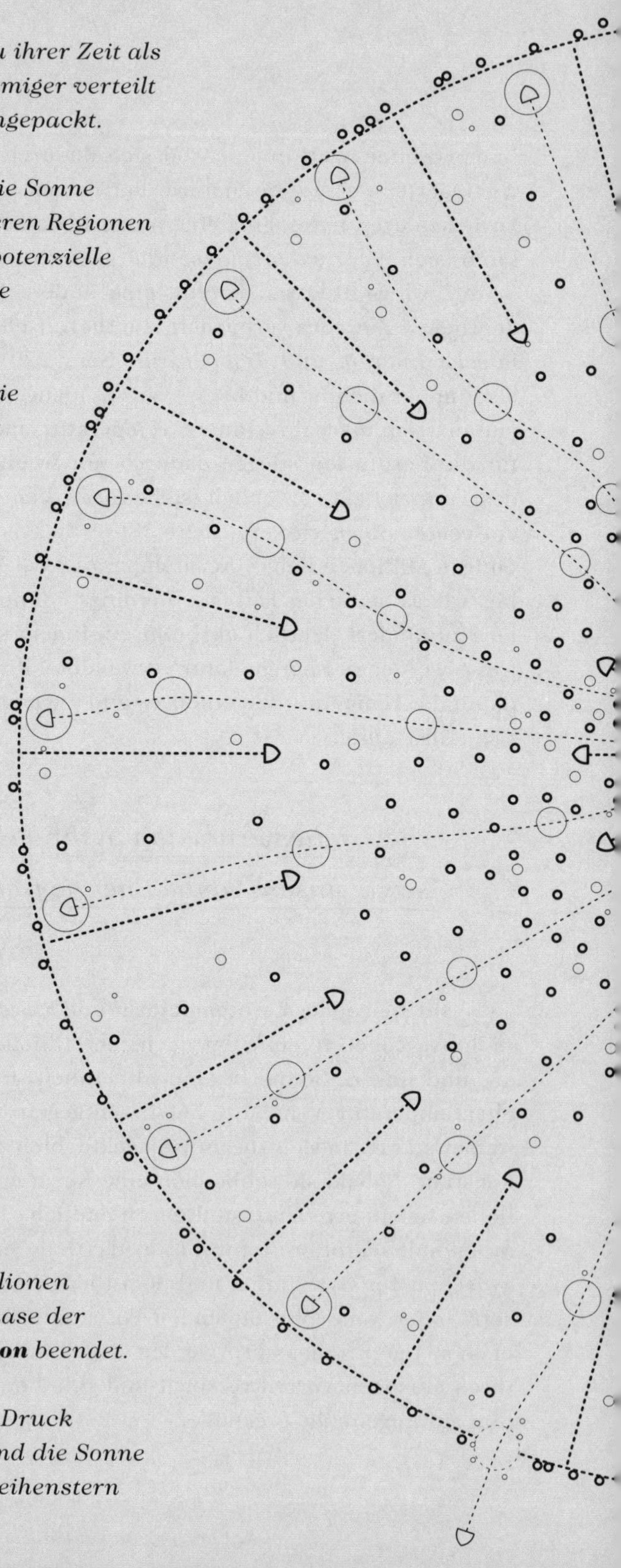

53a Die Materie der Sonne war zu ihrer Zeit als Vorhauptreihenstern großräumiger verteilt und weniger dicht zusammengepackt.

53b Durch ihre Gravitation zog die Sonne Materieteilchen aus den äußeren Regionen zu sich heran. Dabei wurde potenzielle Energie in thermische Energie umgewandelt.

53c Ein Teil der Energie verließ die Sonne in Form von Licht, der andere Teil heizte ihr Inneres immer weiter auf.

53d Mit der Temperatur stieg durch die herabrieselnden Teilchen auch die Dichte im Innern ständig an. Der thermische Druck wuchs und konnte sich der Gravitation immer mehr entgegenstemmen.

53e Außerdem nahm mit steigendem Druck und steigender Temperatur auch die Kernfusionsrate zu. Der Sonnenkern und die Zone des Strahlungstransports dehnten sich deshalb allmählich auf ihre heutige Größe aus.

Sobald im Sonnenkern 10 Millionen Kelvin herrschten, war die Phase der ***Kelvin-Helmholtz-Kontraktion*** *beendet.*

Gravitation und thermischer Druck hielten sich nun die Waage, und die Sonne wandelte sich vom Vorhauptreihenstern zum Hauptreihenstern.

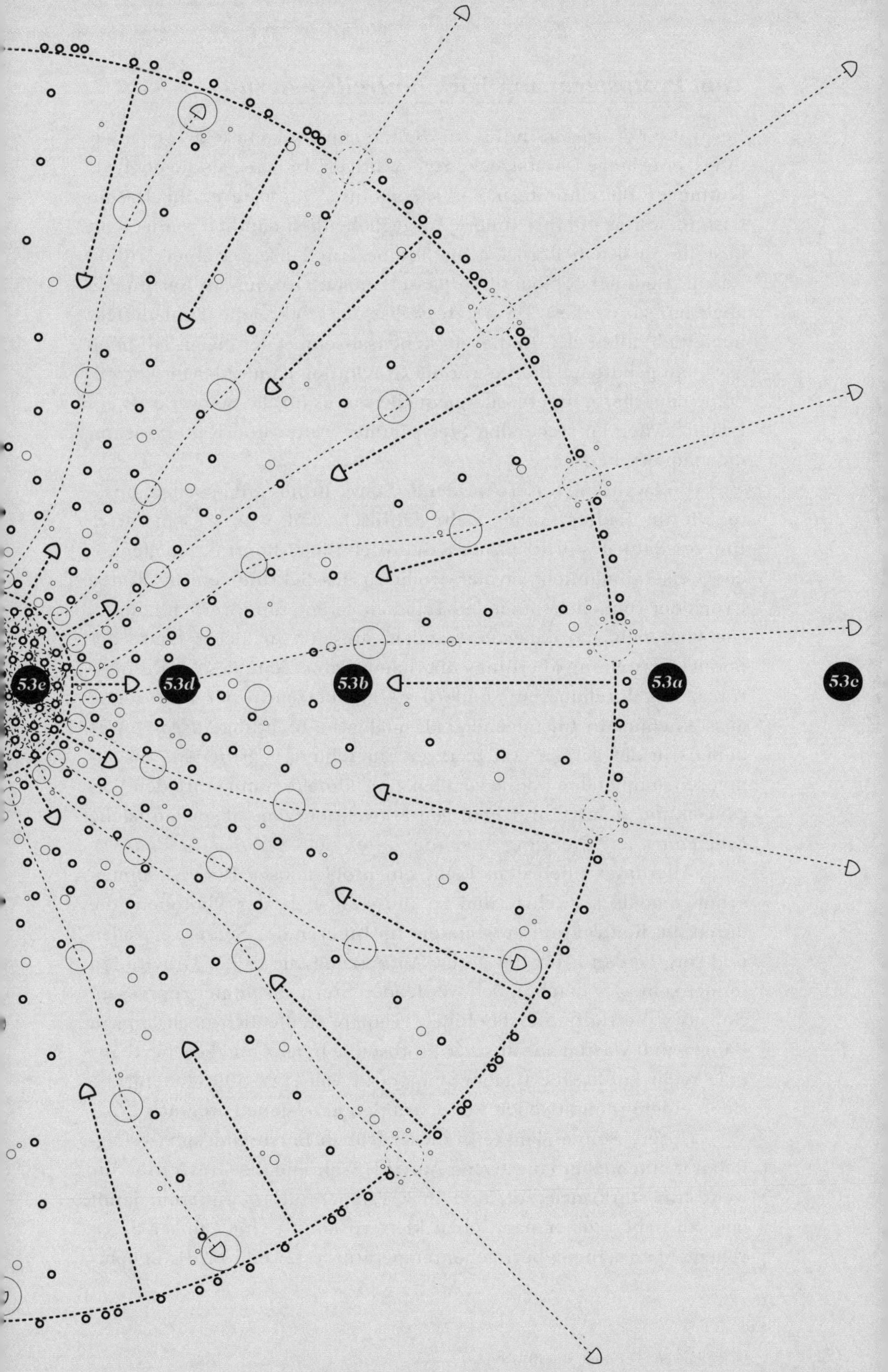
53e
53d
53b
53a
53c

Vom Protostern zum Vorhauptreihenstern

Bevor die Kernfusion in unserer Sonne zünden konnte, galt es allerdings, eine lange Durststrecke zu bewältigen. Damals, als sie noch als blutjunger Beinahe-Stern, als sogenannter Protostern, ihr Dasein fristete, war es um ihre innere Ausgeglichenheit nämlich weniger gut bestellt. In ihrem Kern lag die Temperatur bei circa einer Million Kelvin. Denkbar schlechte Voraussetzungen also, um an Kernfusion auch nur zu denken. Da nützte selbst der trickreiche Tunneleffekt noch nicht allzu viel. In diesem Lebensabschnitt der eigentlich noch gar nicht geborenen Sonne war die Gravitation damit klar im Vorteil. Ohne dauerhafte innere Energiequelle war es für die Schwerkraft ein Leichtes, den entstehenden Stern immer weiter und weiter zusammenzuquetschen.

Und während unsere werdende Sonne hilflos mit ansehen musste, wie ihr Radius immer mehr dahinschwand, wurde es in ihrem Inneren dank des Prinzips der Kelvin-Helmholtz-Kontraktion glücklicherweise allmählich wärmer, wodurch das Schrumpfen durch den Druck der schneller flitzenden Teilchen verlangsamt werden konnte. Die Photonen, die dabei entstanden, mussten in dieser Phase der Sonnenentstehung allerdings überhaupt keine Zone des Strahlungstransports durchqueren, sondern sie blubberten in der Protosonne ausschließlich in aufsteigenden Plasmablasen Richtung Ausgang. Was damals in der gerade erst in ihrer Entstehung begriffenen, zusammenschrumpfenden Sonne vor sich ging, ähnelte somit stark den Vorgängen, die sich in ihrer heutigen Konvektionszone abspielen (siehe *Eine Fahrkarte Richtung Ausgang, bitte!*, Seite 268).

Allerdings blieb dem Licht ein problemloses Herauskommen schon damals verwehrt, und so mussten viele der Photonen, die durch die Kontraktion entstanden, im Inneren der Sonne verweilen und sorgten damit für die nötige Aufheizung, die es der Gravitation immer schwerer machte, den werdenden Stern zusammenzupressen. Nur etwa die Hälfte der Photonen gelangte schließlich nach langem Bangen und Warten aus unserer Protosonne heraus und bescherte ihr eine recht kühle Oberflächentemperatur von etwa 3000 Kelvin, die sie in einem romantischen Rot erstrahlen ließ (siehe Fotografie 26).

Unsere Sonne glänzte in dieser frühen Entstehungsphase folglich mit einem eher lauwarmen Auftritt. Während die Gravitation ihr weiterhin stark zusetzte, und ihre Temperatur im Inneren damit langsam, aber sicher nach oben klettern konnte, hielt unser Stern vehement an seiner Oberflächentemperatur fest, wodurch die Leucht-

Unsere Sonne war vor ihrer Zeit als Hauptreihenstern viel größer und leuchtete in einem romantischen Rot.

[Fotografie 26] ***Die Sonne schrumpfte vom roten Vorhauptreihenstern zum gelben Hauptreihenstern***

kraft in dieser Entwicklungsphase immer mehr in den Keller ging. Doch warum konnte unsere Sonne ihre Photosphäre konstant auf 3000 Kelvin halten?

Dies liegt in einer besonderen Eigenart der Wasserstoffatome begründet. Bei 3000 Kelvin beginnen diese nämlich damit, sich ihrer Elektronen zu entledigen (siehe *Die Anarchie der geladenen Teilchen,* Seite 237). Genau dies geschah auch in der entsprechend temperierten Schicht unserer gerade schlüpfenden Sonne. Die frei gewordenen Elektronen begannen sich allerdings binnen kürzester Zeit zutiefst zu langweilen und so beschlossen viele von ihnen, sich mit den noch verbliebenen intakten Wasserstoffatomen zu verbinden, wodurch eine Menge negativ geladener Wasserstoffionen entstand. Diese Art von Element ist allerdings für seine Vorliebe für sichtbares Licht berühmt-berüchtigt, was auch der Grund dafür war, dass es den Photonen so schwerfiel, der Protosonne zu entkommen. Das meiste Licht wurde nämlich, sobald es jenen 3000 Kelvin kühlen Bereich erreichte, von den negativ geladenen Wasserstoffionen kurzerhand einkassiert. Erst nachdem es diese kritische Schicht überwinden konnte, war ein ungehindertes Davonfliegen möglich. Und da die Oberfläche eines Sterns durch die Schicht definiert wird, von der aus das Licht seine Reise geradewegs und ungehindert in den Raum antreten kann, musste die Sonne eigentlich gar nicht viel dafür tun, um ihre Temperatur dort konstant zu halten. Ihre Oberfläche wanderte einfach von selbst automatisch immer genau dorthin, wo sich jene 3000 Kelvin heiße Schicht gerade befand. So einfach war das.

Die Fülle der Hülle

Während sich unsere Sonne auf diese Art allmählich vom Protostern zum Hauptreihenstern mauserte, war ihre Masse bereits festgelegt und vergrößerte sich somit während des Zusammenschrumpfens und Aufheizens nicht mehr. Doch bevor es so weit kommen konnte, sammelte sie im Laufe von rund einer Million Jahren sehr wohl große Mengen an Materie an, die aufgrund ihrer Gravitation auf sie herabrieselte und sie damit allmählich auf ihr heutiges Gewicht anwachsen ließ. Dieses emsige Anhäufen von Masse führte dazu, dass der Druck im Inneren der werdenden Sonne mehr und mehr zunahm und daher immer größere Mengen thermischer Energie frei wurden, die der Gravitation die Stirn boten. Dadurch konnte unser entstehender Stern bereits in dieser frühen Phase ein gewisses hydrostatisches Gleichgewicht herstellen, wenn es auch kein perfektes war, so wie wir es von unserer heutigen Sonne kennen.

In der Sonne wurde es also immer heißer, wodurch auch immer mehr Photonen ausgesendet wurden. Somit stieg durch das Erstarken ihrer inneren thermischen Energie die Leuchtkraft auf das Zehnfache ihrer heutigen Helligkeit an. Sie war deshalb so intensiv, weil die Oberfläche der damaligen Protosonne noch viel weiträumiger ausgedehnt war, als es heute der Fall ist. Die dort herrschende Temperatur war zu diesem Zeitpunkt allerdings viel geringer. Doch auch sie kletterte rasch nach oben und erreichte schließlich jene 3000 Kelvin, die unsere werdende Sonne, nachdem sie die meisten Gas- und Staubreste aus ihrer Umgebung an sich gezogen hatte, erstmals in sichtbarem roten Licht erstrahlen ließen. Bereits in dieser Phase ihrer Entwicklung sendete sie deshalb eine ordentliche Menge an Strahlung aus. Und obwohl sie noch kein echter Stern war, sondern eben nur ein Protostern, dessen Materie wesentlich lockerer verteilt und dessen Durchmesser somit um ein Vielfaches größer war, als er es am Ende seiner Entstehung sein würde, hätte man den Unterschied zu einem fertigen Stern kaum wahrnehmen können.

Doch bevor sich unsere Sonne erstmals zu zeigen begann, hielt sie sich zunächst eher bedeckt und konzentrierte sich stattdessen lieber darauf, an Masse zuzulegen. Doch woher kam das ganze Zeug, das allmählich auf sie herabrieselte, überhaupt?

Bevor sie erst in feurigem Rot und später in leuchtendem Gelb erstrahlen konnte, war von unserer Sonne nicht wirklich viel zu sehen. Eine riesengroße, dichte Gashülle hinderte das Licht daran, ihre Geburt zu verraten. Stattdessen begann die wolkige Umgebung, selbst im Infrarotbereich zu leuchten, nachdem sie durch die Photonen aus dem Inneren der Protosonne auf etwa 1000 bis 2000 Kelvin aufgeheizt wurde (siehe Fotografie 27).

Wie in einem übergroßen, warmen Kokon, völlig abgeschottet von der Außenwelt, wartete unsere Protosonne darauf, ein richtiger Stern zu werden, während sie immer größere Mengen des dichten Nebels, der sie umhüllte, an sich zog. In ihrer nebligen Hülle begann sie in der Zwischenzeit genau das zu tun, was wir bereits kennengelernt haben – sie schrumpfte vor sich hin (siehe *Vom Vorhauptreihenstern zum Hauptreihenstern,* Seite 369). Dadurch gelang es ihr – obwohl ihr die wesentlich effektivere Möglichkeit der Kernfusion noch ver-

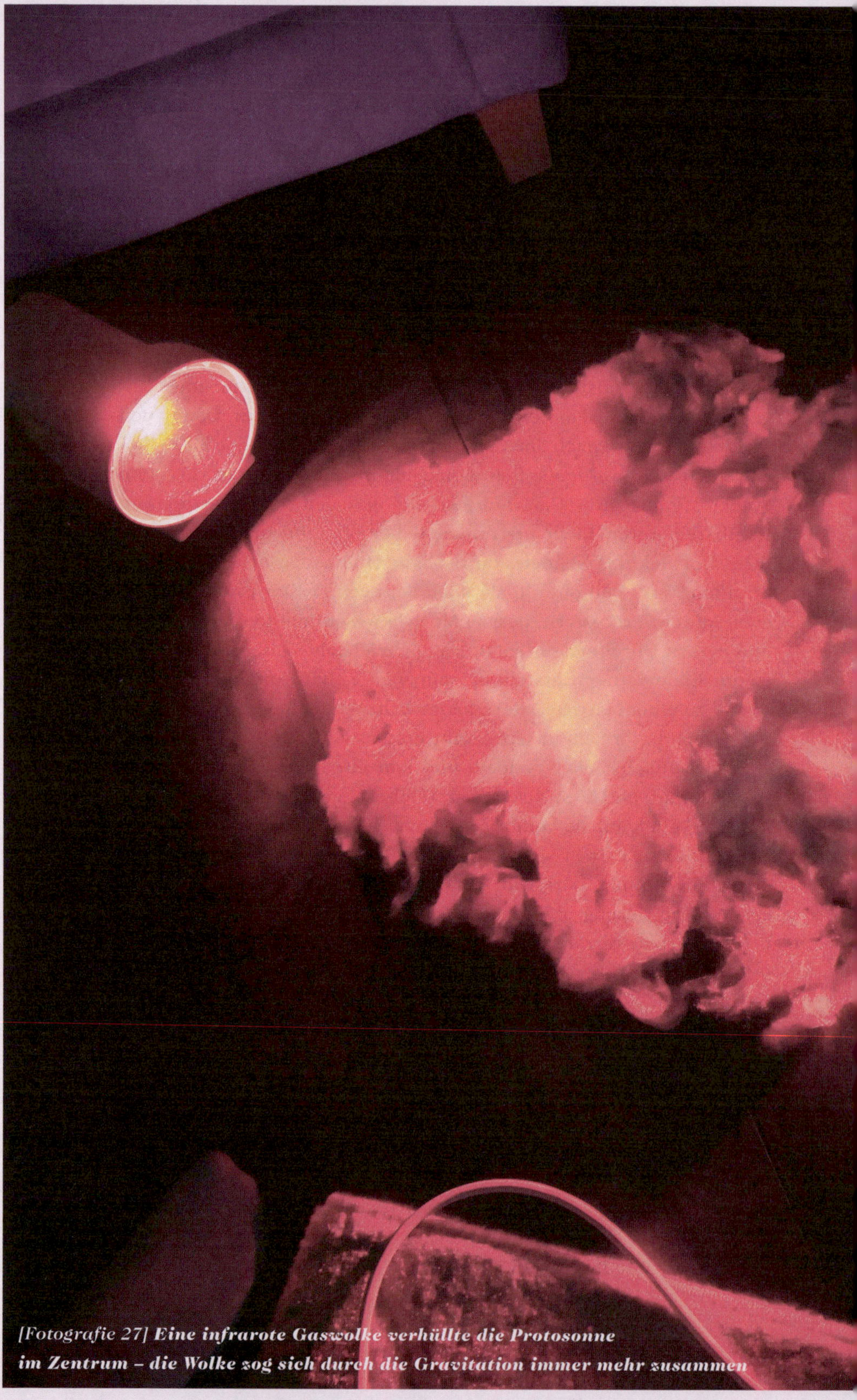

[Fotografie 27] ***Eine infrarote Gaswolke verhüllte die Protosonne im Zentrum – die Wolke zog sich durch die Gravitation immer mehr zusammen***

wehrt blieb, denn dafür war es in ihrem Inneren einfach noch viel zu kühl –, einen thermischen Druck aufzubauen, der die Gravitation zumindest vorübergehend abbremsen konnte. Sobald unserer noch ungeborenen Sonne dies gelang, zeigte sie erstmals sternartige Züge und durfte sich von nun an Protostern nennen.

Doch damit unsere Sonne überhaupt beginnen konnte, im großen Stil Gas- und Staubpartikel aus ihrer Umgebung auf sich herabrieseln zu lassen, musste sie zunächst dafür sorgen, dass das Licht, das durch ihre Kontraktion entstand, nicht nach außen gelangen konnte. Denn bevor ihre Schwerkraft massiv genug war, um trotz ihres nach außen drängenden Strahlungsdrucks und der thermischen Energie ihrer wuselnden Teilchen weiter Masse anzusammeln, bestand für unsere entstehende Sonne keinerlei Chance, zuzulegen *und* gleichzeitig Licht auszusenden. Dafür war sie einfach noch zu massearm und damit zu schwach. Die Photonen mussten also eingesperrt werden, damit sie den Sprung zum Protostern wagen konnte.

Glücklicherweise passierte dies von ganz allein. Bevor die innere Energiequelle durch die Kelvin-Helmholtz-Kontraktion stark genug war, um den Kollaps zu bremsen, schrumpfte der Gasklumpen, aus dem später unsere Sonne hervorgehen sollte, nämlich automatisch ständig weiter zusammen. Damit wurde die Materie immer dichter zusammengeschoben. Irgendwann war es allerdings so ungemütlich eng, dass die meisten Photonen die werdende Sonne überhaupt nicht mehr verlassen konnten. Da es auf diese Weise nun gelungen war, den inneren Druck kurzfristig zu zähmen, fehlte plötzlich ein Gegengewicht zur Gravitation. Diese nutzte ihren Vorteil natürlich sofort aus, und so setzte urplötzlich ein heftiger, auf die zukünftige Sonne hereinprasselnder Teilchenschauer ein, der auch als Gaseinfall bezeichnet wird. Dadurch wuchs der einstige Gasbrocken im Zentrum immer mehr und mehr an – schließlich war hier die Gravitation durch die mit jeder Sekunde mehr werdenden umherflitzenden Teilchen am stärksten. Mit der ständig größer werdenden Masse wurde Schritt für Schritt auch das weiter außen liegende Material gnadenlos eingesammelt. Die Materieteilchen im Inneren stießen dabei immer öfter und intensiver gegeneinander, wodurch der thermische Druck rapide anstieg – so lange, bis schließlich eine Protosonne und Millionen Jahre später unsere echte Sonne heranwachsen konnte.

Leise rieselt der Staub …

Wir haben die ganze Zeit von einer Gashülle gesprochen, die unserer Sonne zu ihrer heutigen Masse verhalf, indem sie auf unseren werdenden Stern so lange herabregnete, bis von dieser überdimensionalen Wolkenregion nichts mehr übrig blieb und unsere Sonne erstmals sichtbar erstrahlen konnte. Es war allerdings so, dass jene Wolke gerade gegen Ende der Sternentstehung nicht gerade dem Idealbild einer typischen Wolke entsprach. Vielmehr war sie platt wie eine Flunder und rotierte als eine Art überdimensionaler Wirbelsturm um die Protosonne herum (siehe Grafik 54). Aus ihr gingen der Nebulartheorie zufolge unsere Planeten hervor. Doch alles schön der Reihe nach …

Bei der Gashülle, deren Materie auf unsere Protosonne herabrieselte, handelte es sich also um ein recht flaches, scheibenartiges Gebilde, das zudem auch noch ziemlich flott um sein Zentrum herumwirbelte. Durch die heftige Rotationsgeschwindigkeit dieses Nebels, der sogenannten protostellaren Scheibe, waren die Möglichkeiten der im Mittelpunkt verharrenden Protosonne allerdings stark eingeschränkt, was das Ansammeln von Gas- und Staubpartikeln betraf. Denn wie wir wissen, bedeutet schnelles Rotieren Drehimpuls. Und dieser drängt bekanntlich nach außen und wirkt der Gravitation somit entgegen. Dumm gelaufen, mag man meinen.

Doch eine Möglichkeit, die sich unserer frisch heranwachsenden Sonne bot, allen Widrigkeiten zum Trotz dennoch ordentlich zuzunehmen, bestand darin, jene Materiemengen an sich zu reißen, die sich genau oberhalb und unterhalb der wirbelnden Scheibe befanden. Sie waren schließlich nicht der Zentrifugalkraft unterworfen und konnten deshalb recht problemlos einkassiert werden (siehe Grafik 54a).

Es gab noch eine weitere, jedoch wesentlich mühsamere Option für unsere Protosonne, ihre Masse zu vergrößern. Dadurch gelang es ihr über Umwege letztendlich, auch an einen Großteil der Materie aus der hektisch wirbelnden Scheibe heranzukommen. Das Zauberwort hierfür hieß »Reibung«. Und um jene Reibung zu erzeugen, war die Scheibenform der protostellaren Gaswolke geradezu prädestiniert. Teilchen rotierten hier fröhlich im Kreis. Gemäß der Kepler'schen Gesetze taten sie dies umso schneller, je näher sie sich der werdenden Sonne befanden (siehe *Ein strenges Regiment,* Seite 328). Wir hatten es also mit einer Reihe unterschiedlich schnell umhersausender Gas- und Staubpartikel zu tun. Und da diese ihre Bahnen nicht messerscharf voneinander getrennt zogen, in Reih und Glied artig neben-

[Grafik 54] **Akkretionsscheibe um die Protosonne**

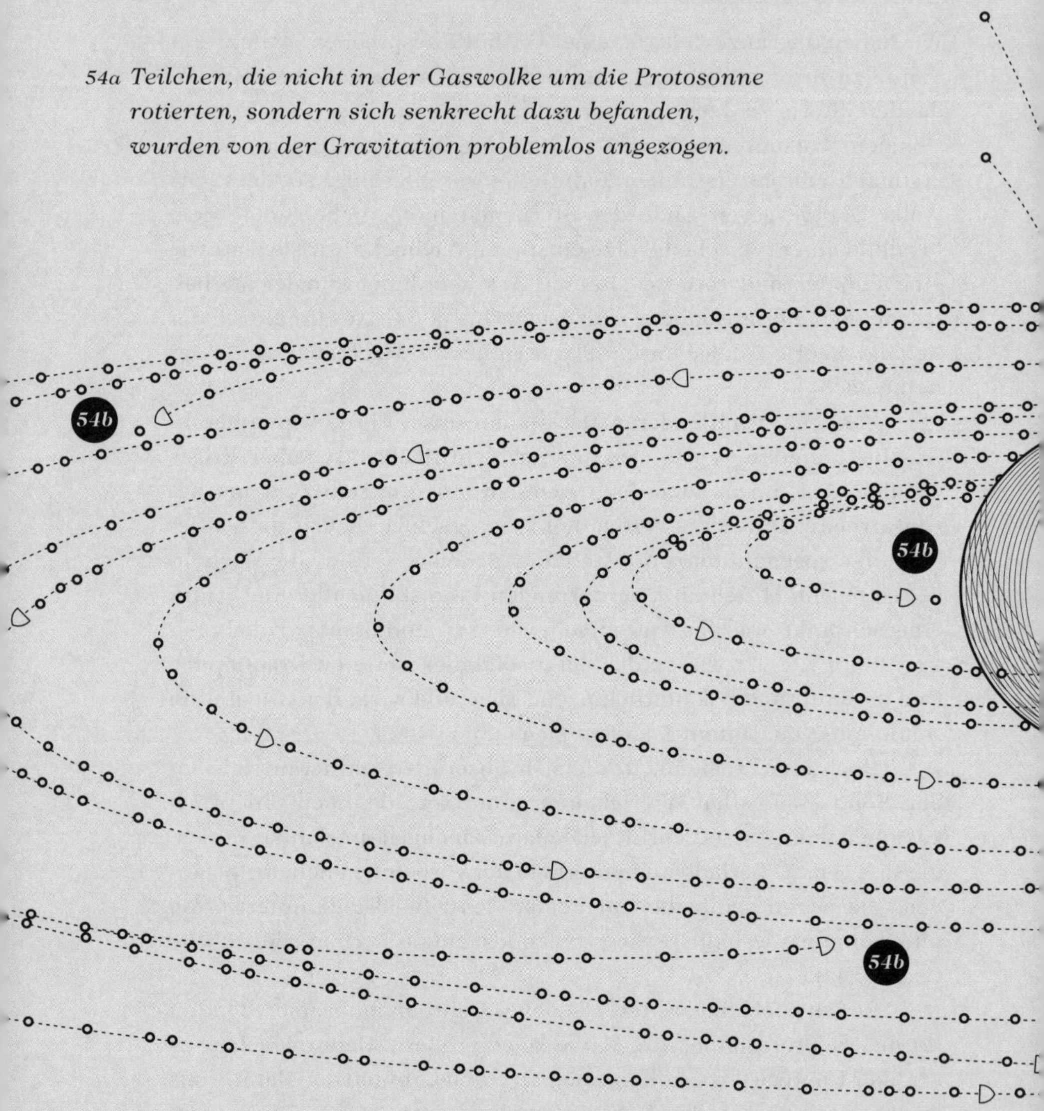

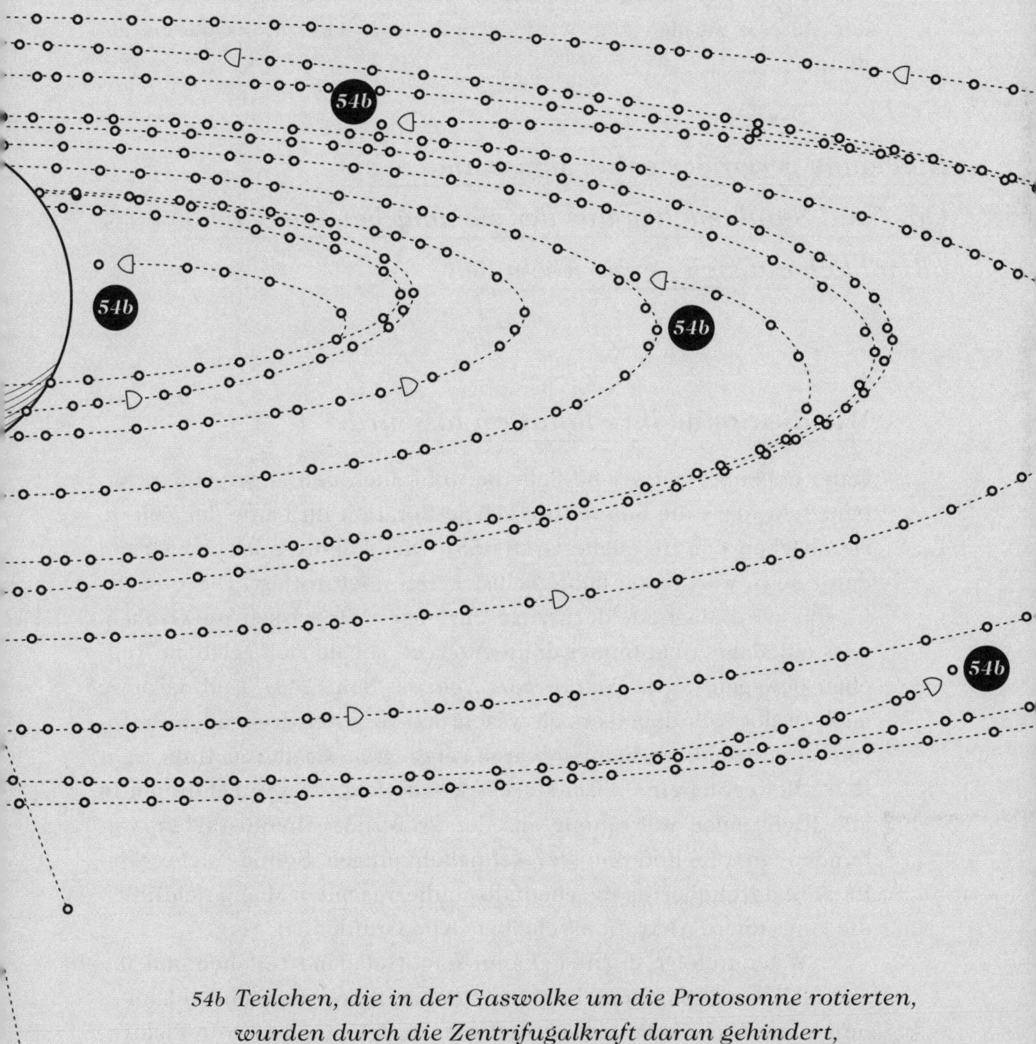

54b Teilchen, die in der Gaswolke um die Protosonne rotierten, wurden durch die Zentrifugalkraft daran gehindert, von der Gravitation angezogen zu werden. Durch Reibung mit anderen Teilchen konnten sie den Drehimpuls jedoch verringern. Dadurch wanderten sie allmählich nach innen, bis sie schließlich auf die Protosonne herabfielen.

einander herlaufend, kam es bei der Sonnenumrundung gelegentlich auch zu einem Kontakt unter den verschieden schnellen Teilchen – und somit zur Reibung. Den Teilchen wurde es dabei allerdings nicht nur warm ums Herz, sie verloren im Gegenzug eine Menge Drehimpuls. Ihre Umlaufbahnen wurden kleiner, und so kamen sie der Protosonne allmählich immer näher – bis sie schließlich auf sie herabfielen und ihr den erwünschten Massezuwachs bescherten (siehe Grafik 54b). Was hier geschah, wird als sogenannte Akkretion bezeichnet. Die Scheibe, aus der unsere junge Protosonne einen Teil der Materie zu sich zog, wird deshalb auch Akkretionsscheibe genannt.

Die Sonne vergrößerte ihre Masse, indem sie Gas- und Staubteilchen aus der sie umgebenden Scheibe allmählich auf sich herabrieseln ließ.

Wie die Sonne ihre Rotation loswurde

Ganz nebenbei hatte jene Scheibe wohl auch den angenehmen Nebeneffekt, dass die Sonne ihre eigene Rotation im Laufe der Zeit an sie abgeben konnte (siehe Grafik 55). Dies könnte auch der Grund dafür sein, warum sie heute selbst kaum noch rotiert. Die Ursache hierfür wird Magnetfeldern zugeschrieben. Wir wissen inzwischen, dass ein Magnetfeld immer dann entsteht, sobald sich geladene Teilchen bewegen (siehe *Weitab vom Schuss,* Seite 242). Und da diese auch in der sich damals noch wesentlich rasanter drehenden Protosonne zahlreich vorhanden waren, erzeugten sie durch ihre recht flotte Bewegung ein enorm starkes Magnetfeld, dessen Feldlinien in alle Richtungen weiträumig aus der Protosonne herausragten. Gebunden an die Rotation der schnellen jungen Sonne (siehe Grafik 55b) durchquerten die ebenfalls umherrasenden Magnetfeldlinien die langsamere Akkretionsscheibe (siehe Grafik 55a).

Was nun folgt, dürfte bekannt sein: Geladene Teilchen und Magnetfeldlinien können nicht ohneeinander. Dementsprechend kam es nun in der Gasscheibe zu einem flotten Teilchenmarsch von Elektronen und Ionen, die sich den Magnetfeldlinien an die Fersen hefteten und somit ordentlich Drehimpuls dazugewannen (siehe Grafik 55c).

Und da eine Menge geladener Teilchen diesem Beispiel folgten, und dadurch allmählich die gesamte Scheibe um die Protosonne immer schneller linksdrehend umherwirbelte, rotierte im Gegenzug dazu die Sonne selbst immer weniger.

Natürlich wurden die geladenen Teilchen bei dieser Aktion auch immer wieder aus der Akkretionsscheibe herausgerissen, da sie den Magnetfeldlinien von Nord nach Süd artig hinterherrennen mussten. Dieser stramme, geladene Teilchenmarsch ist uns in abgeschwächter Form übrigens bereits schon einmal begegnet. Der heute wesentlich gemäßigter daherkommende Sonnenwind ist im Grunde genommen nämlich nichts anderes (siehe *Eine starke Brise,* Seite 249). Allerdings tobte dieser Wind während der Sternentstehung wohl wesentlich heftiger, als es heute der Fall ist, weshalb er auch nicht als Sonnenwind, sondern als protostellarer Wind bezeichnet wird.

Die junge Protosonne war in dieser Zeit und auch noch während ihrer Phase als frischgebackener richtiger Stern also weitaus stürmischer zugange und keineswegs so ausgeglichen und in sich ruhend, wie wir sie heute erleben. Denn da sie wegen ihres Magnetfelds im Laufe ihres Lebens immer langsamer rotiert, lässt auch die Stärke ihres Sternwinds automatisch immer mehr nach. Er war es auch, der am Ende der Sonnenentstehung zusammen mit dem Druck der nach außen sausenden Photonen und wohl einem weiteren Effekt, den wir jetzt gleich kennenlernen werden, die überschüssigen Materiereste der umgebenden Gashülle davonfegte.

Die Sonne rotierte früher viel schneller. Entsprechend stürmischer war auch der Teilchenwind, den ihr Magnetfeld dadurch erzeugte.

Lichtkeulen im Doppelpack

Ein noch nicht komplett erforschtes Phänomen, das die Geburt vieler Sterne begleitet und damit höchstwahrscheinlich auch bei der Entstehung unserer Sonne auftrat, sind die sogenannten Jets. In zwei stets paarweise auftretenden Lichtkeulen schießen senkrecht aus der umgebenden Gasscheibe oben und unten geladene Teilchen mit eini-

[Grafik 55] ***Sonnenwind und Plasmajets reduzierten den Drehimpuls der Protosonne***

55a Gas- und Staubteilchen rotierten anfangs noch langsam in der Akkretionsscheibe um die Protosonne.

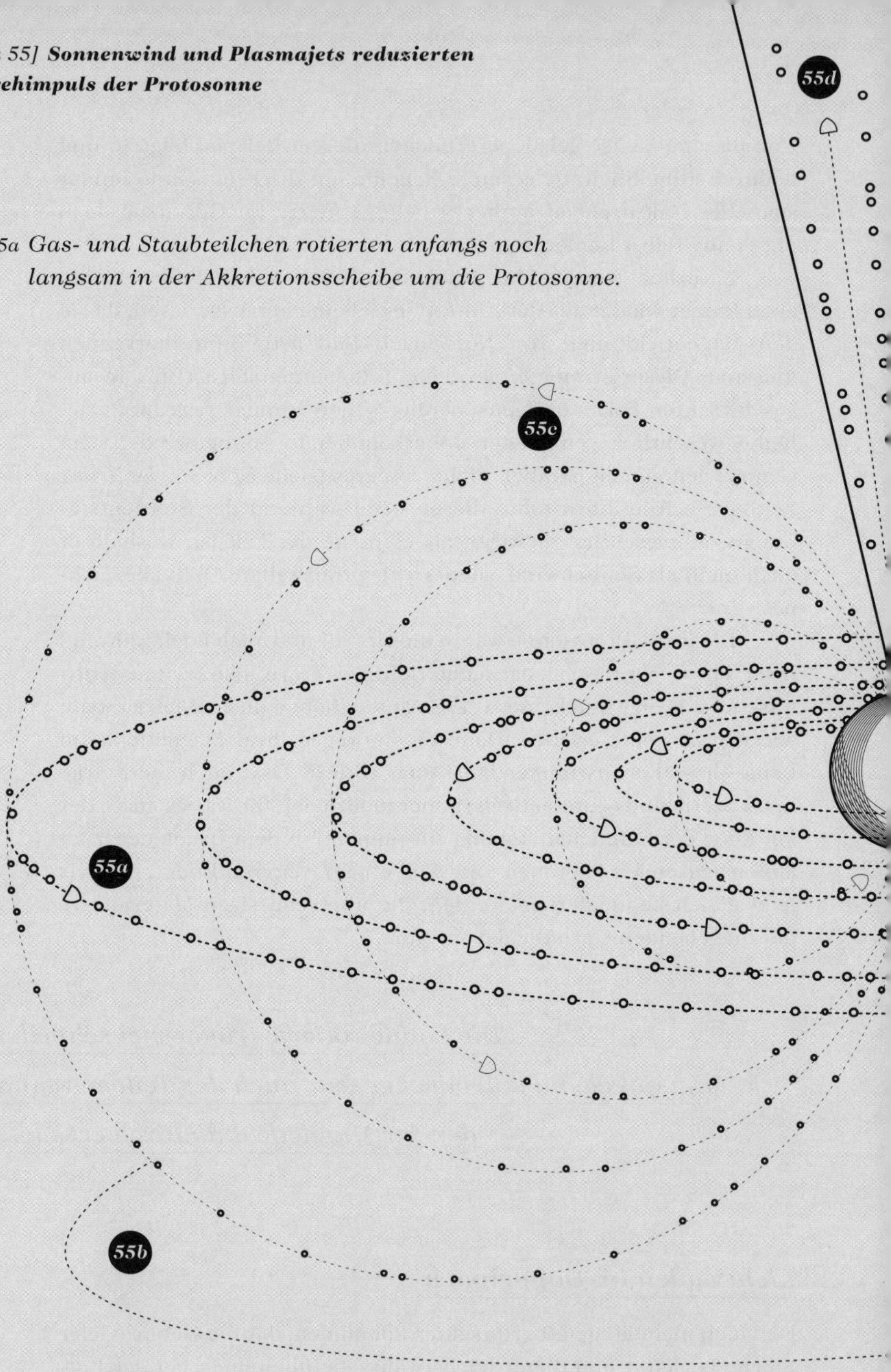

55d *Die Teilchen des Sonnenwinds waren anfangs wegen des stärkeren Magnetfelds noch viel schneller unterwegs. An den beiden Polen war dies so intensiv, dass sich die Ladungen in Form von Plasmajets sehr weit in den Raum verabschiedeten und dabei hochenergetische Strahlung aussendeten.*

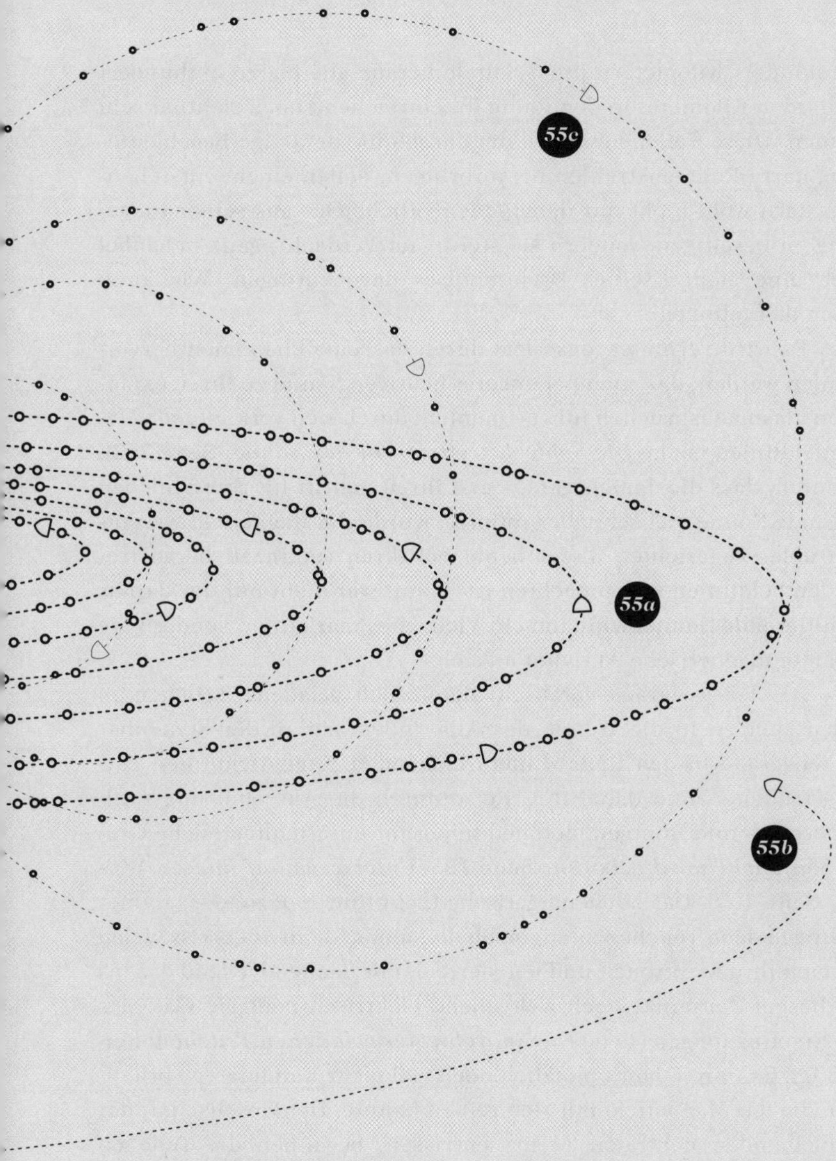

55b *Die Protosonne selbst rotierte damals wesentlich rasanter. Mit ihr drehten sich auch ihre Magnetfeldlinien schneller als die Akkretionsscheibe.*

55c *Geladene Teilchen mussten der schnelleren Rotation der Feldlinien folgen. Die gesamte Gasscheibe gewann dadurch Drehimpuls, während die Sonne immer mehr Eigenrotation verlor.*

gen hundert Kilometern pro Sekunde heraus, die bis zu einhundert Milliarden Kilometer in den Raum hineinreichend noch sichtbar sein können. Diese Teilchenbündel, die durch eine derartige Beschleunigung harte Röntgenstrahlen hervorbringen, helfen einem entstehenden Stern wohl nicht nur dabei, das restliche Gas aus seiner Umgebung zu beseitigen, sondern sie stehen im Verdacht, ganz nebenbei auch eine Menge seines Drehimpulses davonzutragen. Wie kann ihnen das gelingen?

Es wird vermutet, dass Jets durch dasselbe Phänomen hervorgerufen werden, das auch bei unserer heutigen Sonne zu ihren explosiven Plasmaausbrüchen führt – nämlich durch sich verknotende Magnetfeldlinien (siehe *Die Schlechtwetterfront der Sonne,* Seite 252). Dadurch, dass die damals gerade erst ihren Schritt ins Sternenleben wagende Sonne viel schneller rotierte, wurde ihr Magnetfeld wesentlich übler zugerichtet, als es heute bei ihren vereinzelt heraustretenden Feldlinien zu beobachten ist. Somit war nicht nur der daraus resultierende Sonnenwind um ein Vielfaches markanter, sondern die gesamte magnetische Aktivität an sich.

Als Folge daraus verabschiedeten sich geladene Teilchen in rauen Mengen in die Weiten des Alls, indem sie an den scheinbar kerzengerade in den Raum hineinreichenden Magnetfeldlinien entlangstrudelten und dabei ihre Reise durch die Ausschüttung zahlreicher UV- und Röntgenphotonen imposant untermalten (siehe Grafik 55d/*Licht wird geboren,* Seite 123/*Unterwegs auf kurzen Wellen,* Seite 109). Das hochenergetische Licht führte dazu, dass immer mehr geladene Teilchen zum Vorschein kamen, denn es entriss vielen Atomen ihre Elektronen und ionisierte damit flächendeckend das bis zu diesem Zeitpunkt noch weitgehend elektrisch neutrale Gas, das die Ursonne umgab (siehe *Die Anarchie der geladenen Teilchen,* Seite 237). Es waren damit plötzlich noch viel mehr Kandidaten vorhanden, die das Magnetfeld mit sich reißen konnte. Der Gesellschaft der verbleibenden neutralen Atome entrissen, begannen die Teilchen auch hier, sich intensiv aneinander zu reiben. Und mit dem Davonflitzen der Ionen und Elektronen verabschiedete sich dadurch wohl auch der Drehimpuls der Sonne immer mehr, wodurch sie es fortan vorzog, wesentlich langsamer zu rotieren.

4.3 Die Reste vom Feste

Wie aus Krümeln Planeten entstanden

Bevor wir der Frage nachgehen, wieso es überhaupt zu der Ausbildung einer platt gedrückten, wild strudelnden Scheibe um die junge Sonne kommen konnte, machen wir an dieser Stelle einen kleinen Abstecher und begeben uns direkt in den Außenbereich um unseren entstehenden Stern. Hier, inmitten der protostellaren Scheibe, entstanden nämlich, wie bereits kurz angesprochen, die Planeten und all die anderen Materieansammlungen, die heute ihre Bahnen um die Sonne ziehen – und damit ist klar, dass auch unsere Erde einmal Teil dieser nebligen Verwirbelung war.

Die Überreste der Sternentstehung

Zunächst aber noch ein paar abschließende Worte zu der Tatsache, dass die Sonne durch ihre Akkretion, ihren Wind und wohl auch durch ihre Jets den überschüssigen Rest ihrer Gasscheibe entsorgte (siehe *Wie die Sonne ihre Rotation loswurde,* Seite 386). Zu diesem Zeitpunkt war die Entstehung der Planeten bereits abgeschlossen. Doch das war sehr gut so. Denn hätte unsere Protosonne frühzeitiger entschieden, ihre Hülle davonzufegen, wäre es nie zur Ausbildung vereinzelter Materiebrocken gekommen, und es hätte sich somit weder die Erde noch Leben entwickeln können.

Auf der anderen Seite war es aber dennoch wichtig, dass die Sonne die bröseligen Reste beseitigte. Die Planeten, die sich aus einem äußerst minimalen Anteil jener staubigen Krümel bildeten, wären sonst nicht so, wie wir sie heute kennen. Wie wir noch sehen werden, sind Staub und Moleküle im Allgemeinen nämlich besonders effektiv, wenn es darum geht, Materie herunterzukühlen (siehe *Staub als praktisches Helferlein,* Seite 424/*Zappeln und Rotieren,*

Seite 429). Wären unsere Planeten länger in jenen Staub gehüllt gewesen, wären sie heute folglich wesentlich eisiger und damit völlig andersartig zusammengesetzt. Und da gerade die Zusammensetzung der Erde genau perfekt für die Beherbergung von Leben ist, sähe es für unsere Existenz wohl eher düster aus, wenn sich die Sonne nicht genau zum richtigen Zeitpunkt dazu durchgerungen hätte, ihre Nebelreste wegzupusten.

Die Sturm-und-Drang-Phase des Sonnensystems und wie die Erde zum Wasser kam

Eine ganz besondere Substanz, die für das Leben neben der Anwesenheit von wohltemperiertem Licht eine weitere fundamentale Voraussetzung ist, fehlte damals allerdings noch auf unserer Erde – das Wasser. Damit auch die inneren Planeten in den Genuss eines eigenen Wasservorrats hätten kommen können, wäre genau das eine der beiden Szenarien notwendig gewesen, die wir eben beschrieben haben: Es hätte viel kälter sein müssen. Die Sonne hätte sich demnach ihrer Gashülle nicht so schnell entledigen dürfen. Da dies aber wiederum zu anderen, merklich gravierenderen Problemen geführt hätte, entschied sich unser Stern für das kleinere Übel und erfüllte das innere Sonnensystem lieber mit wohliger Wärme, anstatt ihm die Ausbildung von Wasser und Wasserstoffverbindungen zu ermöglichen. Nun war es auf der jungen Erde zwar warm, aber trocken. Selbst wenn sich ein wagemutiges Wassermolekül zu ihr verirrt hätte, es wäre damals, ohne die zu diesem Zeitpunkt noch nicht ausgebildete Atmosphäre, sofort verdunstet.

Doch woher kommt dann all das viele Wasser, das heute einen Großteil der Erdoberfläche bedeckt (siehe *Der Glücksfall Erde,* Seite 343)? Um es gleich vorweg zu sagen: Man weiß es nicht genau. Allerdings gibt es natürlich eine favorisierte Vermutung. Um zu rekonstruieren, wie die Erde zum Wasser kam, begeben wir uns zurück in jene Phase, als unser gerade erwachter Stern damit begann, seine ersten hauseigenen Wasserstoffkerne zusammenzubringen (siehe *Vom Vorhauptreihenstern zum Hauptreihenstern,* Seite 369/*Proton trifft Proton,* Seite 301). Als die Sonne mit der Kernfusion loslegte, war das Planetensystem um sie herum bereits vollständig ausgebildet und umkreiste sie in bekannt regelmäßiger Manier (siehe *Ein strenges Regiment,* Seite 328). Eigentlich unterschied sich das frühe Sonnensystem damit kaum vom heutigen.

Doch ein paar Dinge waren damals anders: Der Raum zwischen den Planeten war zwar bereits kurz nach ihrer Entstehung trostlos leer, allerdings kam es in dieser Zeit noch zu handfesten Rangeleien zwischen denjenigen Materiebrocken, die ihren Platz um die Sonne noch nicht gefunden hatten, und den bereits sicher im Sattel kreisenden fertigen Planeten. Kurzum: Es wurde geschubst und gedrängelt, was das Zeug hielt. Nicht selten ging dabei eine Menge zu Bruch. Die damals noch viel zahlreicheren Asteroiden und Kometen, sprich Materieansammlungen, bei denen es schlichtweg nicht dazu gereicht hatte, ein richtiger Planet zu werden, schwirrten viel chaotischer umher, als sie es heute tun. Stießen sie bei ihrer Reise auf einen massiven Planeten, wie beispielsweise Jupiter, wurden sie durch dessen starke Anziehungskraft von ihrer ohnehin schon enorm exzentrischen Bahn abgelenkt und strudelten damit meist ihrem sicheren Ende entgegen. Oft wurden sie dabei aus dem Sonnensystem hinauskatapultiert oder sie fielen geradewegs auf den Planeten zu, der sich ihnen in den Weg stellte, und schlugen in der Folge gnadenlos auf ihm ein. Manchmal kollidierten die sogenannten Planetesimale aber auch mit ihresgleichen und vernichteten sich dabei auf spektakuläre Weise gegenseitig. In jedem Fall hatte dieses massive Materiegerangel zur Folge, dass sich der Bestand der Beinahe-Planeten mit der Zeit immer mehr dezimierte.

Diese wilde Sturm-und-Drang-Phase des jungen Sonnensystems, welche die Planeten die ersten einhundert Millionen Jahre in Atem hielt, wird auch als schweres Bombardement bezeichnet. Kein Himmelskörper blieb davon verschont. Zahlreiche Krater, die heute auf jedem Planeten zu finden sind, der eine feste Oberfläche vorzuweisen hat, sind stumme Zeugen dieser wilden Zeit. Doch diese Epoche hatte auch ihr Gutes. Sie sorgte für eine großzügige Durchmischung der Materie im Sonnensystem, die, wie wir noch sehen werden, zu Beginn noch streng selektiert war (siehe *Viel Wirbel um die Sonne,* Seite 409). Und so kam es, dass häufig auch kalte, eishaltige Kometen oder wärmere Asteroiden, die aber ebenfalls mit einem geringen Wasseranteil aufwarten konnten, einen Abstecher in das innere Sonnensystem wagten. Diese Besuche blieben nicht folgenlos. Auch unsere Erde wurde unzählige Male von Asteroiden und Kometen malträtiert. Die Planetesimale selbst zerschellten dabei, aber etwas ließen sie bei ihrem Kamikazeflug zurück: ihr Wasser und ihre

Wasserstoffverbindungen. Dank ihrer inzwischen entstandenen Atmosphäre, die das rasche Verflüchtigen dieser wertvollen Moleküle verhinderte, konnte unsere Erde auf diese Weise allmählich einen beachtlichen Wasservorrat ansammeln, der im Laufe des schweren Bombardements schließlich seinen heutigen Pegel erreichte.

Das Wasser, das wir heute trinken, stammt somit wohl ursprünglich aus den Weiten des äußeren Sonnensystems und damit aus einer Region, in die bis heute noch kein Mensch leibhaftig vorgedrungen ist. Unser Wasser hat uns also einiges an Erfahrung voraus …

Zur Zeit des schweren Bombardements wurde die Erde einige Male von Kometen und Asteroiden getroffen, die dadurch wohl das Wasser auf unseren Planeten brachten.

Mond, wo kommst du denn her?

Die Zeit des schweren Bombardements bescherte unserer Erde aber höchstwahrscheinlich nicht nur das lebensnotwendige Wasser, auch eine andere Sache könnten wir uns in dieser stürmischen Phase eingefangen haben: unseren Mond (siehe *Der massive Mond,* Seite 345). Dabei ist »einfangen« allerdings nicht wörtlich zu nehmen. Um einen komplett fertigen Mond einfach so im Vorbeilaufen einzukassieren, muss ein Planet wesentlich größer sein als der daherfliegende Materiebrocken, der anschließend zum Mond umfunktioniert werden soll. Beim Mars mit seinen beiden winzigen Krüppelmonden könnte dies der Fall gewesen sein (siehe *Der rostige Mars,* Seite 348). Bei unserer Erde allerdings, deren Mond durch seine außergewöhnliche Größe besticht, kommt ein beiläufiges Einfangen nicht infrage.

Zu ihm müssen wir anders gekommen sein. Gesteinsproben zeigen, dass der Mond aufgrund seiner geringeren Dichte und damit andersartigen Zusammensetzung wesentlich später entstanden sein muss als unsere Erde. Wir schmücken uns daher mit einem deutlich jüngeren Begleiter. Doch wie kam es dazu?

Die vielversprechendste Hypothese zur Entstehung unseres Mondes besagt, dass die Erde zur Zeit des schweren Bombardements, etwa 200 Millionen Jahre, nachdem unsere Sonne das Licht der Welt erblickte und damit selbst Licht in die Welt auszusenden begann, wohl von einem ziemlich heftigen Brocken, etwa doppelt so groß wie der Planet Mars, getroffen worden sein muss. Da der Aufprallwinkel recht günstig ausfiel, wurde die Erde bei dieser unsanften Zusammenkunft nicht komplett zerstört, sondern nur ihrer äußeren Schichten beraubt. Diese wirbelten nun, zusammen mit den traurigen Überresten des ehemaligen Asteroiden, als heillos durcheinandergeratene Brösel um die Erde herum (siehe Fotografie 28a). Wie einst unsere Sonne, die ebenfalls eine strudelnde Scheibe aus feinen Materieteilchen um sich versammelte und dabei einen Teil durch Reibung zu sich holte, muss wohl auch unsere angeschossene Erde ein ähnliches Bild abgegeben haben (siehe *Leise rieselt der Staub …*, Seite 383). Da die krümeligen Überreste des Asteroiden und ihre eigene Hülle durch die Wucht des Einschlags weit genug von der Erde entfernt kreisten, fiel nur ein kleiner Teil davon zurück auf ihre Oberfläche. Das meiste fand sich im Laufe von rund eintausend Jahren zu einem einzigen großen Brocken zusammen, aus dem sich letztendlich unser Mond formte (siehe Fotografie 28b).

Der Mond entstand wohl aus den Trümmern, die um die Erde kreisten, nachdem ein Asteroid, doppelt so groß wie der Mars, auf ihr einschlug.

Damals standen sich Mond und Erde allerdings noch näher, als sie es heute sind. Der frischgebackene Erdtrabant kreiste mit nur einigen Erdradien Entfernung ziemlich dicht um unseren blauen Planeten. Außerdem rotierte sowohl er als auch die Erde viel rasanter um die eigene Achse. Die Tage vergingen auf unserem flotten jungen Heimatplaneten wirklich wie im Flug. Nach sechs Stunden war der gerade erst angebrochene Tag nämlich schon wieder vorbei.

Zwei Dinge haben sich also offensichtlich seitdem verändert: Auf der heutigen Erde verstreicht von Sonnenauf- bis Sonnenuntergang wesentlich mehr Zeit, und unser Mond ist mit inzwischen 400 000 Kilometern relativ weit von uns entfernt. Wie kann das sein?

Es ist die Impulserhaltung, die dafür sorgt, dass das eine automatisch das andere bedingt. Da der Mond die Erde früher viel näher umrundete, waren die Gezeiten auch dementsprechend heftiger. Und weil Ebbe und Flut ebenfalls für die uns bereits mehrfach begegnete Reibung sorgen, wurde die Erde dadurch immer mehr abgebremst.

[Fotografie 28a] ***Durch einen Asteroideneinschlag wurden die äußeren Schichten der Erde gesprengt und begannen als Brösel um sie herumzukreisen*** *(die Abstände sind nicht maßstabsgetreu)*

[Fotografie 28b] ***Die Brösel sammelten sich und formten unseren Mond, der sich mit der Zeit immer mehr entfernte***

Früher rotierte die Erde viel schneller, und der Mond stand ihr näher: Ein Tag dauerte nur sechs Stunden, während der Mond nur einige Erdradien entfernt um sie kreiste.

Seitdem werden die Tage auf der Erde alle einhundert Jahre um zwei Tausendstel Sekunden länger, während sich der Mond pro Jahr vier Zentimeter von uns entfernt.

Dasselbe galt übrigens auch für unseren Begleiter. Schließlich sind die Gezeitenkräfte, welche unser Heimatplanet auf seinen Satelliten ausübt, wegen der größeren Masse nicht von schlechten Eltern. Erde und Mond bremsten sich somit durch Reibung gegenseitig aus. Die frei gewordene Rotationsenergie ging dabei allmählich auf unseren Mond über, der sich daraufhin in eine höhere Umlaufbahn verabschiedete. Und so kam es schließlich, dass sich unsere Erde heute etwa alle 24 Stunden einmal um sich selbst dreht, während der Mond 400 000 Kilometer von uns entfernt seine Bahnen zieht und inzwischen gebunden um uns herum rotiert, uns also immer dieselbe Seite zuwendet. Dieses Wechselspiel von Abbremsen und Abheben ist im Übrigen auch heute nicht beendet! Jedes Jahr entfernt sich unser Mond etwa vier Zentimeter weiter von uns, während die Tage auf der Erde alle einhundert Jahre um rund zwei Tausendstel Sekunden länger werden.

Der knallharte Einschlag auf der frühen Erde zog also weitreichende Konsequenzen nach sich – wenn die Hypothese denn stimmt. Dummerweise lässt sie sich nur schwer nachweisen. Allerdings kann sie zahlreiche Beobachtungen erklären, die auf andere Art nicht schlüssig erscheinen. Nicht zuletzt bestätigt der vermeintliche Absturz eines vom rechten Weg abgekommenen Asteroiden auch die Idee des schweren Bombardements, das ebenfalls nicht einhundertprozentig als erwiesen gilt. Wenn wir uns jedoch die seltsamen Sonderfälle ansehen, die wir im heutigen Sonnensystem beobachten, beispielsweise die kuriose Schieflage des Uranus oder die rechtsdrehende Rotation der Venus, dann scheint für deren Erklärung die Vorstellung einer wilden Phase umherirrender, auf Kollisionslust getrimmter Materiereste ziemlich passend (siehe *Der umgefallene Uranus,* Seite 355/*Die rechtsdrehende Venus,* Seite 341).

Auch Planeten fingen einmal klein an

Doch egal, ob seltsam gekippt oder nicht, ob mit oder ohne Mond – alle Planeten fingen einmal ganz klein an. Bevor sie zu dem wurden, was sie heute sind, mussten sie zunächst, genau wie es auch schon unsere Sonne zuvor tat, große Mengen an Masse anhäufen. Bevor unser Stern die restlichen Krümel aus seiner Umgebung fortgeweht oder an sich gerissen hatte, wuchsen auf diese Weise in verschiedenen Regionen des Sonnensystems die Planeten sowie die kleineren Planetesimale, die am Ende als Kometen und Asteroiden als Reste vom Feste übrig blieben, gemächlich heran, indem sie alles zu sich holten, was ihnen auf ihrer Reise um die Sonne über den Weg lief. So entstanden nahe der Sonne die kleineren felsigen Planeten, während sich weiter außerhalb die Gasplaneten formten (siehe *In direkter Nachbarschaft – die terrestrischen Planeten,* Seite 339/*In weiter Ferne – die jovianischen Planeten,* Seite 349). Da sich aus ihnen besonders wuchtige Brummer entwickelten, begannen alle jovianischen Planeten um sich herum, ähnlich wie unsere Sonne, eine eigene rotierende Scheibe auszubilden, aus der sich ein Teil ihrer vielen Monde formte. Die Reste dieser Scheiben lassen sich noch heute als Ringsysteme bewundern.

Die Materie, die sich zwischen Mars und Jupiter zusammenfand, hatte allerdings denkbar schlechte Karten, um ebenfalls zu einem Planeten zu werden. Durch das permanente Ziehen, das von der gewaltigen Masse des Jupiter ausging, bildete sich hier nur eine Ansammlung lose verteilter Gesteinsklumpen, die heute den Asteroidengürtel kennzeichnet (siehe *Der krümelige Asteroidengürtel,* Seite 349). Weiter außerhalb, in den kühleren Regionen des Sonnensystems, fanden ähnliche Grüppchenbildungen statt. Viele eishaltige Materiebrocken begannen sich, ähnlich dem Asteroidengürtel, in einer recht geordneten Umgebung zusammenzuschließen. Aus ihr sollte der spätere Kuipergürtel mit seinen vielen Kometen hervorgehen (siehe *Der Sonderling Pluto im eisigen Kuipergürtel,* Seite 360). Manche Planetesimale zogen allerdings lieber das Chaos vor. Sie schwirrten gnadenlos zwischen den äußeren Planeten umher und ließen sich von deren Gravitation treiben. Wenn sie dabei nicht gerade vor lauter Übermut kollidierten oder aus dem Sonnensystem komplett hinausgeschossen wurden, versammelten sie sich allmählich in einer Region, in der niemand weiter ihre exzentrischen Bewegungsabläufe stören konnte. Die Oort'sche Wolke war geboren (siehe *Die chaotische Oort'sche Wolke,* Seite 364).

Doch das harmlose Zusammentrommeln von Materie, das Planeten, Asteroiden und Kometen zu ihrer heutigen Erscheinung verhalf, lief erst gegen Ende der Entwicklung unseres Sonnensystems recht friedlich ab. Anfangs, als die Planeten noch nicht auf ihre stolze Größe herangewachsen waren, war ihr Alltag ziemlich riskant. Zu jener Zeit kreisten nämlich nicht nur acht große Gas- und Gesteinskugeln zusammen mit drei kleineren Eis- und Felsgrüppchen in einem ansonsten nahezu luftleeren Raum und in relativ sicherer Entfernung zueinander um unsere Sonne. Stattdessen erinnerte das heranwachsende Sonnensystem vielmehr an ein großes Schlachtfeld, aus dem letztendlich die heutigen Planeten, Asteroiden und Kometen als Sieger hervorgingen. Neben ihnen gab es nämlich noch eine Menge weiterer potenzieller Planetenkandidaten, die zu diesem Zeitpunkt äußerst ungeordnet um die Sonne kreisten (siehe Fotografie 29). Wie schon in der späteren Phase des schweren Bombardements müssen auch in diesem Entwicklungsschritt des Sonnensystems deshalb ordentlich die Fetzen geflogen sein (siehe *Die Sturm-und-Drang-Phase des Sonnensystems und wie die Erde zum Wasser kam*, Seite 392).

In der frühen Phase der Planetenentstehung flogen im Sonnensystem unzählige Materiebrocken umher, die sich meist gegenseitig kaputt schossen. Nur wenige große Exemplare konnten sich durchsetzen. Aus ihnen entstanden die heutigen Planeten.

Doch diesmal war das Spektakel weitaus problematischer. Die umherfliegenden Brocken waren sich in ihrer Größe nämlich alle ziemlich ähnlich, weshalb die meisten von ihnen die Hoffnung auf eine Planetenwerdung recht schnell abschreiben konnten. Wenn sie sich nicht gerade gegenseitig bei einem spektakulären Zusammenprall unter ihresgleichen selbst zerlegten, so warfen sie sich zumindest durch ihre Anziehungskraft völlig aus der Bahn, was dann im Endeffekt aber auch keinen großen Unterschied mehr machte. Früher oder später sausten die meist nur wenige hundert Kilometer kleinen Materiebrocken ihrem Ende entgegen.

Nur wenige Planetesimale hatten das Glück, mehr Masse als ihre Mitstreiter angehäuft zu haben. Dadurch konnten sie dem Dauerbeschuss trotzen, um am Ende, nachdem die lästige Konkurrenz endlich beseitigt war, als einer von vier inneren und vier äußeren Planeten hervorzugehen, die zusammen mit einer Reihe von Asteroiden und Kometen ihre Nische im Sonnensystem gefunden hatten.

Bevor die einzelnen Planetesimale derart auf Kriegsfuß miteinander standen und nur die zähesten von ihnen am Ende übrig geblieben waren, herrschten in der strudelnden, um die Sonne kreisenden Materiewolke allerdings wesentlich harmlosere Zustände. Das Sonnensystem glich, einige Millionen Jahre, bevor sich die über einhundert Kilometer großen Brocken ausbildeten, weniger einem Schlachtfeld als vielmehr einem Streichelzoo. Kollisionen gab es zu jener Zeit nämlich noch nicht. Stattdessen berührten sich die noch recht kleinen, zart besaiteten Materieansammlungen, da sie alle sehr diszipliniert und mit nahezu gleichem Tempo um die Sonne herumflogen, nur äußerst behutsam im Vorbeihuschen. Meist blieben sie dabei durch die elektrostatische Anziehung ihrer geladenen Teilchen aneinander kleben und wuchsen damit, wegen ihrer mit jedem Gramm stärker werdenden Anziehungskraft recht schnell heran.

Bevor die größeren Materieansammlungen entstanden, bildeten sich aus Staubteilchen die ersten zarten Verbindungen. Im inneren Sonnensystem formten sich Klümpchen aus Gestein und Metall, außerhalb davon konnten Eisteilchen ausgefrieren.

Als sich diese ersten Materieklümpchen, die sogenannten Kondensationskeime, zu formen begannen, war die Zusammensetzung der sich später aus ihnen entwickelnden Planeten bereits vorherbestimmt. Eine entscheidende Rolle spielte hierbei die sogenannte Frostgrenze. Da sie genau zwischen der heutigen Mars- und Jupiterbahn verläuft, markiert sie bei etwa 150 Kelvin den Wendepunkt zwischen inneren und äußeren Planeten. Während außerhalb der Frostgrenze Wasser und andere Wasserstoffverbindungen zu Eis auskondensieren, sich also zu größeren Verbindungen zusammenschließen konnten, war dies innerhalb davon nicht möglich. Hier konnten lediglich Zusammenschlüsse aus schweren Elementen, wie Metall oder Gestein, stattfinden. Ob ein Planet terrestrisch oder jovianisch wurde, war somit vor allem eine Frage der Temperatur.

Wenn wir uns die strudelnde Wolke genauer ansehen, in der die damals noch winzig kleinen Kondensationskeime hausten, wird klar, warum die Planeten heute so sind, wie sie sind: Da die rotierende Scheibe ebenso wie die heutige Sonne zu 98 Prozent aus Wasserstoff- und Heliumgas bestand und nur 2 Prozent schwere Elemente in ihr zu finden waren, konnten die Wasserstoffverbindungen zu einer klaren Mehrheit heranreifen. Weit abgeschlagen blieben die Metalle und Gesteine aufgrund akuten Elementmangels auf den hintersten Rängen zurück.

[Fotografie 29] ***Bevor die acht Planeten entstanden, war das Sonnensystem voller kleinerer Materiebrocken***

Während damit jenseits der Frostgrenze ein freudiges Auskondensieren der Wasserstoffverbindungen einsetzte, mussten die Kondensationskeime innerhalb der Frostgrenze auf die Mithilfe von Wasser, Methan, Ammoniak und Co verzichten. Da es zwischen Sonne und Merkurbahn noch viel zu heiß war, als dass irgendetwas hätte auskondensieren können, begannen sich, sobald die Temperatur unter 1600 Kelvin fiel, die staubigen Keime für den innersten Planeten erst bei 0,39 Astronomischen Einheiten zu bilden (siehe *Der mickrige Merkur,* Seite 339). Und da Metallatome, um miteinander in Verbindung zu treten, wesentlich höhere Temperaturen aushalten als ihre Kollegen aus Gestein, ist Merkur der mit Abstand metallhaltigste unter den vier inneren Planeten.

Es folgten die ersten Bröselbildungen von Venus, Erde und Mars, die wegen der sinkenden Temperatur bereits einen reichhaltigeren Mineral- und Metallhaushalt vorzuweisen hatten (siehe *Die rechtsdrehende Venus,* Seite 341/*Der Glücksfall Erde,* Seite 343/*Der rostige Mars,* Seite 348). Auch die Keimlinge für die späteren Asteroiden entwickelten sich aus diesen Verbindungen (siehe *Der krümelige Asteroidengürtel,* Seite 349). Allerdings war in ihren Ausgangskrümeln auch ein wenig Eis enthalten. Die kühlen Brocken, aus denen später einmal Kometen werden sollten, waren letztendlich voll davon – schließlich befanden sie sich bereits außerhalb der kritischen Frostgrenze und konnten somit auf die vielfach verfügbaren Wasserstoffverbindungen zugreifen (siehe *Der Sonderling Pluto im eisigen Kuipergürtel,* Seite 360/*Die chaotische Oort'sche Wolke,* Seite 364).

Doch was war eigentlich mit den jovianischen Planeten los? Wie wir ganz zu Beginn dieses Kapitels gesehen haben, bestehen sie nicht nur aus Wasserstoffverbindungen, sondern vor allem aus reinem Wasserstoff- und Heliumgas (siehe *In weiter Ferne – die jovianischen Planeten,* Seite 349). Doch diese beiden Elemente machten Probleme. Ihnen gefielen die Bedingungen in der wolkigen Scheibe nämlich ganz und gar nicht, um sich zu größeren Strukturen zu verbinden. Vor allem das Element Helium sträubt sich aufgrund seiner Sonderrolle als Edelgas ohnehin grundsätzlich gegen jede Form der chemischen Zusammenkunft. Wasserstoff und Helium zogen im solaren Urnebel deshalb die Einsamkeit vor. Doch wie konnten sich dann aber die Gasplaneten überhaupt bilden, wenn ihnen keine Keimbildung vorausgegangen war?

Darüber ist sich die Wissenschaft aktuell noch nicht ganz einig. Es gibt zwei Vermutungen: Die eine Theorie besagt, dass ebenso wie Kometen und die um sie kreisenden Monde auch die großen Gasplaneten in ihrem Inneren aus Eis bestünden. Diese Eiskerne hätten sich demnach aus Kondensationskeimen entwickelt, wären immer größer und größer geworden, bis sie schließlich massiv genug waren, um das Wasserstoff- und Heliumgas, das sich in ihrer Nähe befand, an sich zu ziehen. Irgendwann hätten die vier äußeren Planeten dann derart viel Gas angesammelt, dass von ihrem kleinen festen Kern nichts mehr zu sehen war. Demgegenüber steht eine zweite, allerdings noch weitaus unausgereiftere Theorie, die ohne die Idee des Eiskerns auskommt. Ihr zufolge sollen die großen Gasplaneten entstanden sein, weil einzelne, dichtere Teile des nebligen Strudels um die Sonne sich zusammenballten und daraufhin zusammenfielen. Doch egal, wie die äußeren Planeten letztendlich entstanden sind – feststeht, *dass* sie entstanden sind – ob mit oder ohne Eis in ihrem Kern.

Sternenpaare

Wir hatten übrigens ganz schön viel Glück, dass sich unsere Sonne für ein Leben als Einzelgänger, umgeben von einer wirbelnden Wolke aus Materie, entschied! Ein viel beliebteres Lebensmodell bei Sternen ist nämlich das sogenannte Doppelsternsystem. Dabei umkreisen sich die beiden Partnersterne, meist bereits seit ihrer Geburt, gegenseitig. Dieses Leben im Doppelpack hat allerdings einen großen Haken: Die beiden Sterne fegen nämlich durch ihre Bewegung ganz nebenbei die meiste Materie aus ihrer Umgebung davon. An Kondensationskeime, Planetesimale oder gar Planeten ist in solch einem Sternverbund deshalb nur in absolut seltenen Ausnahmefällen zu denken.

Wäre die Sonne gemeinsam mit einem weiteren Stern entstanden, hätten sich wohl niemals Planeten bilden können.

4.4 *Kleine Krümel, große Wirkung*

Die ersten Gehversuche unseres werdenden Sterns

Nach unserem kleinen Abstecher in die wirbelnde Gasscheibe, in der unsere Planeten ihr Dasein als winzige Brösel begannen, widmen wir uns nun wieder dem Sonnensystem als Ganzem. Wie konnte es eigentlich dazu kommen, dass um die junge Sonne ein derart wirbelndes, plattes, nebliges Gebilde entstand? Und eine noch viel grundsätzlichere Frage drängt sich auf: Wieso bildete sich unsere Sonne überhaupt?

Viel Wirbel um die Sonne

Fangen wir mit der ersten Frage an. Bevor sich aus der staubigen Gaswolke die ersten Kondensationskeime formen konnten, aus denen später Planetesimale und im weiteren Verlauf schließlich Planeten wurden, die seitdem auf ihren geordneten Bahnen um die Sonne herumzirkulieren, war die Zusammensetzung der protostellaren Wolke völlig gleichmäßig verteilt. Erst durch die Rotation wurde sie entsprechend umsortiert. Die leichten Elemente wanderten durch die Zentrifugalkraft nach außen, während die schwereren Elemente dank ihrer größeren Masse im Zentrum des Geschehens bleiben konnten.

Die Rotation sorgte aber nicht nur für die Umschichtung der einzelnen Materialien in der protostellaren Scheibe – sie war überhaupt erst der Auslöser dafür, dass die Wolke ihre platt gedrückte Gestalt annahm. Denn durch die Zentrifugalkraft wurde die gesamte Materie senkrecht zu ihrer Rotationsachse um die Sonne wie in einem Kettenkarussell in alle Richtungen nach außen gedrückt, wodurch die typische Scheibenform entstand.

Und während sich in der Mitte unsere werdende Sonne immer mehr zusammenzog, ging auch an der sie umgebenden Drehscheibe das Schrumpfen nicht spurlos vorbei – auch sie wurde Schritt für

Schritt immer kleiner. Weil dabei die Materieteilchen auf ehemals weit entfernten Bahnen mit immer kürzer werdenden Abständen um die Sonne kreisten, musste sich ihre nun überflüssig gewordene potenzielle Energie eine neue Aufgabe zulegen – die Entfernung, aus der sie auf die Sonne fallen konnten, war ja schließlich eindeutig kleiner geworden (siehe *Äquivalenzmasse und gravitative potenzielle Energie,* Seite 236). Gemäß der Drehimpulserhaltung wurde diese frei werdende Energie stattdessen in Tempo und Temperatur investiert. Die Rotation, mit der sich die gesamte Staubwolke um die Sonne bewegte, nahm also von Mal zu Mal mehr Fahrt auf und plättete damit das Wolkengebilde immer stärker, während es gleichzeitig fortlaufend wärmer wurde, je näher man dem Mittelpunkt des Geschehens kam. Da außerdem permanent Materie aus der strudelnden Wolke auf die immer kompakter werdende Masseansammlung im Zentrum herabrieselte, wurde es dort schließlich so kuschelig warm, dass unsere Protosonne erstmals die Bühne der werdenden Sterne betreten konnte (siehe *Die Fülle der Hülle,* Seite 378). Doch was war eigentlich der Auslöser dafür, dass sich die wolkige Ansammlung überhaupt in Bewegung setzte?

Bevor die Hülle um unsere junge Sonne mit ihrer intensiven Herumwirbelei begann, war das Gas-Staub-Gemisch recht einheitlich ringsherum verteilt. Eine Scheibenform hatte das Ganze damals noch nicht, vielmehr war die Materie in einem äußerst großräumigen Klumpen versammelt. Allerdings schwebte das Gebilde nicht komplett regungslos im Raum, sondern es beinhaltete unzählige Teilchen, die sich zufällig umherbewegten. Diese unscheinbaren Einzelbewegungen waren es, die in ihrer Summe letztendlich dazu führten, dass der Nebel um die Sonne zu rotieren begann und in der Folge immer flacher wurde. Früher oder später setzt sich nämlich in jeder anfangs noch so unkoordinierten und zusammenhangslosen Ansammlung von wuselnden Teilchen ein allgemeiner Trend durch, der den Mittelwert der gesamten Einzelbewegungen darstellt. Aus vielen zufälligen Bewegungen formt sich durch das damit einhergehende unvermeidbare Zusammenstoßen der Teilchen eine einheitliche Bewegungsrichtung – Rotation entsteht.

Diese Tatsache kann man ganz einfach selbst austesten, indem man sich eine Tasse zur Hand nimmt, diese mit Milch füllt und einige Löffel Kakaopulver hineingibt. Am besten eignet sich für unsere Demonstration übrigens jene Sorte Pulver, die sich besonders hartnäckig dagegen wehrt, sich mit der Milch zu einem schönen homogenen, hellbraunen Getränk zu vermischen und stattdessen die

Klümpchenbildung vorzieht. Eine ziemlich unschöne Sache eigentlich – doch um zu zeigen, wie Rotation entsteht, sind die fiesen kleinen Schokobrocken perfekte Versuchsobjekte. Man nehme also, nachdem man das klumpige Kakaopulver zur Milch gegeben hat, einen Löffel zur Hand, um den hoffnungslosen Versuch zu starten, Milch und Schokolade zusammenzuführen. Dabei rührt man möglichst zufällig und unregelmäßig in der Tasse herum (siehe Fotografie 30a). Nachdem man nun festgestellt hat, dass das Herumwirbeln des Löffels in der Tasse keinerlei Wirkung erzielt, und man sich stattdessen damit abfinden muss, seinen Kakao bröselig zu trinken, lässt man den Löffel ruhen und wird sogleich feststellen, wie der klumpige Tasseninhalt allmählich in eine gemeinsame Richtung zu strudeln beginnt (siehe Fotografie 30b).

Aus der zufälligen Bewegung vieler einzelner Teilchen setzt sich nach einer gewissen Zeit ein gemeinsamer Bewegungstrend durch – Rotation entsteht.

Ähnliches passierte auch in unserer protostellaren Gaswolke. Nur waren es hier eben keine störrischen Schokokrümel, sondern Staub- und Gasmoleküle, die zu rotieren begannen. Als jene Rotation bei unserer staubigen Gaswolke einsetzte, aus der 4,6 Milliarden Jahre später unser Sonnensystem hervorgehen sollte, war die Materie allerdings noch äußerst weitläufig verteilt, weshalb man von ihrer Drehbewegung am Anfang noch nicht besonders viel mitbekommen hätte – sofern man denn direkt vor Ort dabei gewesen wäre. Dennoch war sie definitiv bereits vorhanden und gab damit den Startschuss für die Umwandlung zur flachen, linksdrehenden protostellaren Scheibe (siehe *Leise rieselt der Staub …*, Seite 383). Mit jedem weiteren Zusammenprall wurden die Bahnen der Teilchen im Laufe der Zeit immer geschmeidiger, was letztendlich auch der Grund dafür ist, warum die heutigen Umlaufbahnen der Planeten nahezu perfekte Kreisformen aufweisen (siehe *Ein strenges Regiment,* Seite 328).

[Fotografie 30d] Aus vielen zufälligen Bewegungen einzelner Teilchen ...

[Fotografie 30b] …beginnt sich irgendwann ein gemeinsamer Trend durchzusetzen – Rotation entsteht

Freier Fall

Wie bereits angedeutet, begann sich unsere Sonne regelrecht in ihre Existenz zu stürzen, nachdem es im Zentrum der protostellaren Wolke endlich warm und dicht genug wurde, um zunächst mittels der Kelvin-Helmholtz-Kontraktion und später durch die Kernfusion Energie in Form von Licht auszusenden (siehe *Vom Vorhauptreihenstern zum Hauptreihenstern,* Seite 369). Mit anderen Worten: Unsere Sonne entstand, weil eine riesige Gaswolke begann, sich immer weiter zusammenzuziehen, um im weiteren Verlauf so lange unter ihrem eigenen Gewicht zu kollabieren, bis das Ganze schließlich durch die Freisetzung gewaltiger Mengen an Licht gestoppt werden konnte. Doch warum, um alles in der Welt, passierte das überhaupt?

Um diese Frage zu beantworten, knüpfen wir wieder bei dem Punkt an, den wir einige Seiten zuvor unterbrochen haben, um unseren kleinen Abstecher in die Planetenentstehung zu unternehmen – nämlich an jener Stelle, an der wir das emsige Masseansammeln unseres werdenden Sterns beobachteten (siehe *Die Fülle der Hülle,* Seite 378).

Wie wir gesehen haben, war unsere Sonne, bevor sie sich vom Gashaufen zur Protosonne entwickelte, die langsam, aber sicher immer mehr Masse zulegte, während sie gleichzeitig dahinschrumpfte und immer heißer wurde, viel ausladender im Raum verteilt. Aber bereits in dieser Phase ihrer lose verteilten Existenz sammelte sie Materie an, was das Zeug hielt. Nach dem uns bereits bekannten Prinzip der Kelvin-Helmholtz-Kontraktion begann die Protosonne zu schrumpfen, als sie in ihrem Inneren die 100 000-Kelvin-Marke knacken konnte. Ab dieser Temperatur übernahm das Plasma die Rolle des vorherrschenden Aggregatszustands (siehe *Die Anarchie der geladenen Teilchen,* Seite 237). Während der gesamte Wasserstoff im Sonnenkern zu diesem Zeitpunkt bereits vollständig ionisiert war, zog das Helium nun nach. Auch den letzten gebundenen Elektronen, die bis dahin noch in friedlicher Eintracht mit Heliumkernen als Atomverbund zusammenlebten, wurde es bei diesen Temperaturen zu bunt. Sie verließen ihre Atombehausung und trugen damit im Wolkenzentrum zur vollständigen Ionisation bei. Sobald dies geschah, gelang es unserem ehemaligen Gas- und Staubhaufen zum ersten Mal, mit seiner im Inneren erzeugten Lichtmenge ein einigermaßen stabiles Gegengewicht zur Gravitation aufzubauen.

Während die Ionisation allerdings noch am Laufen war, sackte unsere Sonne in wesentlich rasanterem Tempo nahezu ungebremst in sich zusammen. Diesen bereits erwähnten Zusammensturz, der begann, nachdem die entstandenen Photonen erstmals durch die dichter werdende Materie im Wolkeninneren gefangen gehalten wurden, bezeichnet man auch als dynamischen Kollaps im freien Fall. Damals wurde es im Zentrum des Geschehens also nicht allmählich, sondern schlagartig enger und wärmer.

Doch dieser besagte Gaseinfall setzte nicht nur ein, weil es auf einmal zu eng für das Licht wurde, um die entstehende Sonne zu verlassen. Auch die Ionisation trug ihren Teil zum Kollaps im freien Fall bei. Ionisation ist nämlich eine recht kostspielige Angelegenheit. Anstatt Druck und Temperatur im Wolkenzentrum zu erhöhen und damit der Gravitation die Stirn zu bieten, ging das meiste der durch das Schrumpfen frei gewordenen Strahlungsenergie dafür drauf, den Elektronen zu ihrer Flucht aus den Atomhüllen zu verhelfen. Das Licht wurde also nicht nur im dichten Wolkeninneren festgehalten, sondern auch noch zweckentfremdet, um Elektronen aus den Atomen herauszuschießen. Und während bei 100 000 Kelvin der gesamte Heliumvorrat seiner Elektronenhülle beraubt wurde, hatten die Wasserstoffkerne diese Fluchtwelle schon lange hinter sich. Sie wurden wesentlich früher, bereits bei einer Temperatur von 10 000 Kelvin, ionisiert.

Doch schon vor der großen Massenionisation kündigte sich der drohende Zusammensturz im freien Fall leise an. Als es im Kern der Wolke mit 1800 Kelvin noch angenehm kühl war, waren die damals noch intakten Wasserstoffatome gerade dabei, ihre Bindung zu einem weiteren Wasserstoffatom aufzulösen. Auch dabei wurde ein Teil der aus dem Zentrum sprudelnden Photonen einkassiert, um diese Trennung, die sogenannte Dissoziation, überhaupt erst zu ermöglichen. Als es in der Gas- und Staubansammlung, aus der später einmal unsere Sonne hervorgehen sollte, kälter war, gab es somit nicht nur einzelne Atome, sondern sogar richtige Moleküle zu bestaunen! Wie wir beim weiteren Zurückspulen der Ereignisse noch sehen werden, waren diese atomaren Verbindungen sogar außerordentlich wichtig, damit unsere Sonne überhaupt entstehen konnte (siehe *Zappeln und Rotieren,* Seite 429).

Bevor diese Dissoziations- und Ionisationswelle in ihrem Inneren einsetzte, war es deutlich ruhiger um unsere werdende Sonne bestellt. Sie schrumpfte nicht völlig ungebremst von Knall auf Fall, sondern verwendete stattdessen ihre gesamte frei werdende Energie, um zum ersten Mal gemäß der Kelvin-Helmholtz-Kontraktion Masse anzusammeln, und konnte damit ihrer stärker werdenden Schwerkraft dennoch trotzen. Da sich in dieser Phase der Sternentstehung

[Grafik 56] **Der optisch dicke Kern der protostellaren Wolke im Vergleich zur heutigen Sonnengröße**

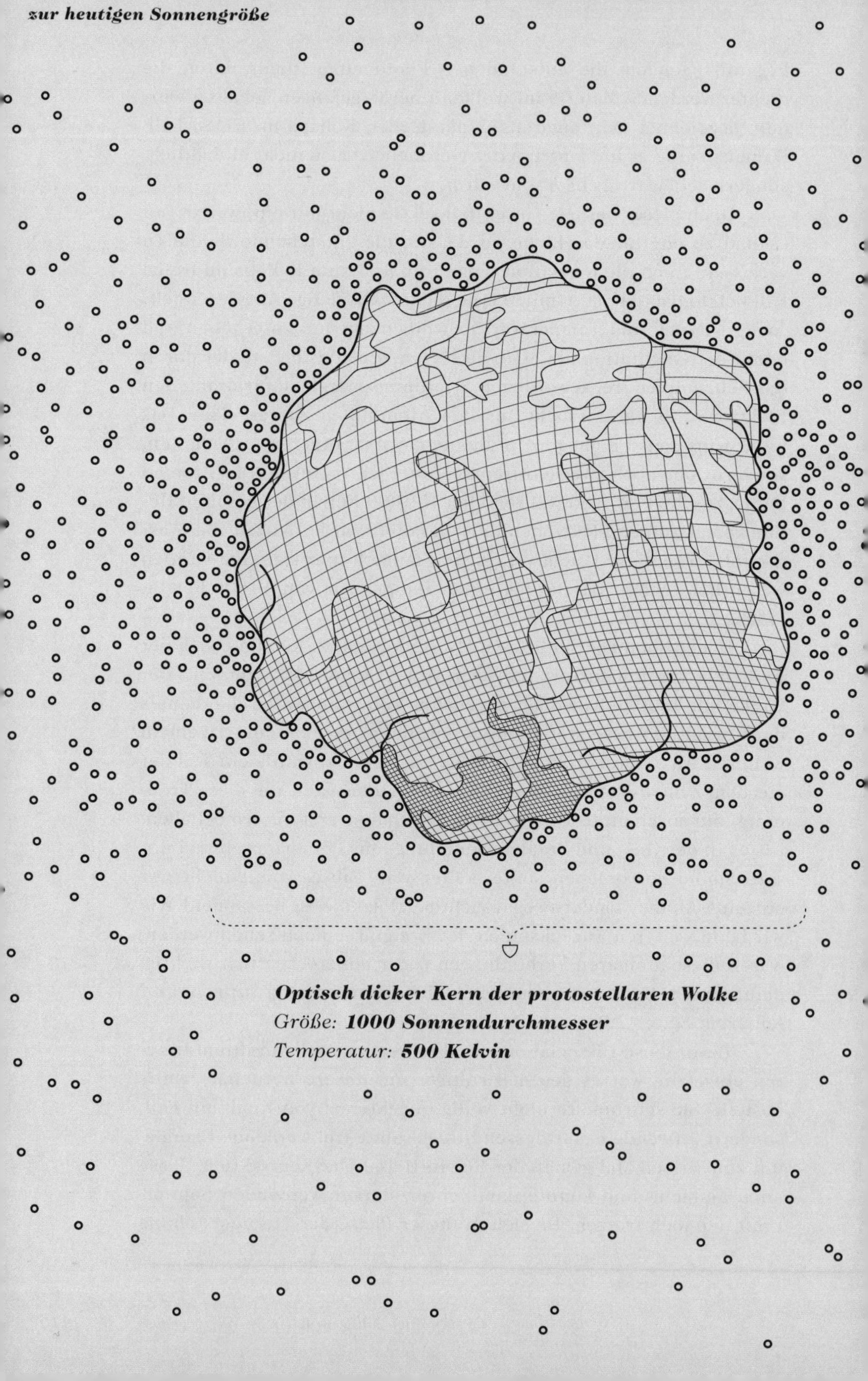

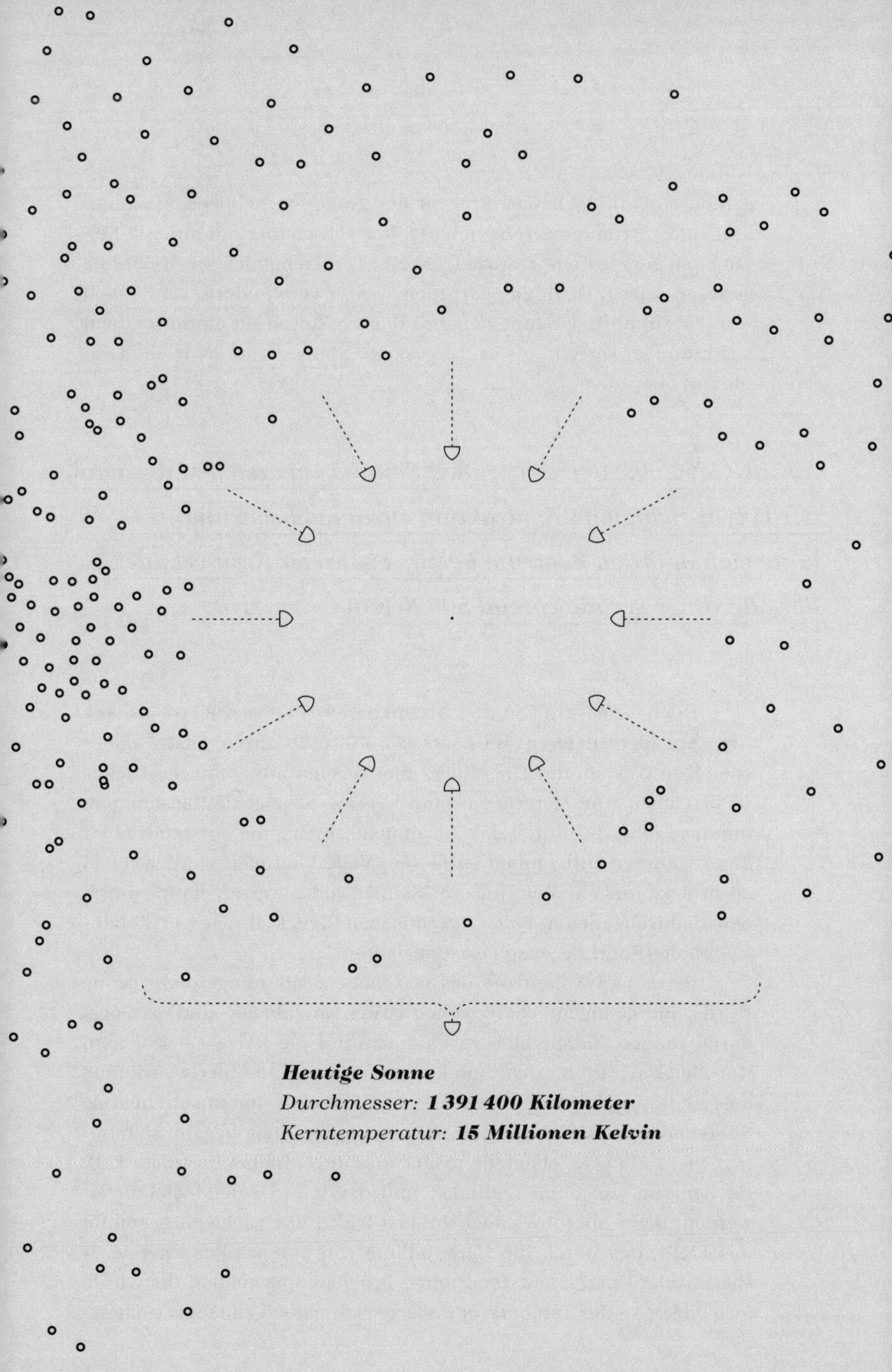

Heutige Sonne
Durchmesser: ***1 391 400 Kilometer***
Kerntemperatur: ***15 Millionen Kelvin***

gerade einmal ein halbes Prozent der gesamten nebligen Ansammlung im Zentrum eingefunden hatte, herrschten hier mit nur 500 Kelvin nicht gerade Temperaturen, die eines entstehenden Sterns würdig gewesen wären. Doch das darf nicht weiter verwundern, schließlich war der zukünftige Sonnenkern zu diesem Zeitpunkt eintausendmal weiträumiger verteilt, als es die gesamte Sonne heute ist (siehe Grafik 56)!

Als die Gaswolke der werdenden Sonne zum ersten Mal gemäß der Kelvin-Helmholtz-Kontraktion zusammenschrumpfte, hatte sich in ihrem Zentrum bereits ein erster Kern gebildet, der allerdings gerade einmal 500 Kelvin warm war.

Doch immerhin konnte man ihn bereits in dieser Phase als eine Art Kern identifizieren. Im Laufe von 400 000 Jahren gelang es der staubigen Ansammlung nämlich, eine sogenannte »optische Dicke« zu erreichen. Die Materie saß nun bereits dicht genug beisammen, um das Licht, das durch das Zusammenschrumpfen entstand, nicht ohne Weiteres entkommen zu lassen. Viele Photonen wurden dabei absorbiert, und ehe sichs unsere »Sonnenwolke« versah, wurde durch den dadurch entstandenen thermischen Druck ihre erste Kelvin-Helmholtz-Kontraktionsphase eingeläutet.

Bevor es im Zentrum des Geschehens allerdings dicht genug wurde, um genügend thermischen Druck aufzubauen und als Folge davon immer energiereichere Photonen auf die Reise zu schicken, war die Gravitation erneut eindeutig im Vorteil. In einer weiträumig ausgedehnten Nebelschwade, die genug Platz bot, um unsere heutige Sonne mehrere Millionen Male aneinanderzureihen, begann sich immer mehr Materie, ebenfalls rasant und ungehindert im freien Fall, im Zentrum zusammenzufinden und damit fortlaufend dichter zu werden. Da es allerdings noch äußerst locker zur Sache ging, konnte das Licht, das durch die Umwandlung von potenzieller Energie in thermische Energie entstand, ohne Probleme davoneilen. Es wurde also enger, an der Temperatur änderte sich jedoch zunächst nichts.

Lichte Dichte

Als die große diffuse Wolke vor 4,6 Milliarden Jahren mit ihrer Sonnenwerdung begann, indem sie ihre Gas- und Staubpartikel erstmals zusammentrommelte, ließ ihre Temperatur nicht gerade auf die Geburt eines zukünftigen Sterns schließen. Bei eisigen zehn Kelvin war die Bewegungsfreiheit der einzelnen Moleküle, die diese auf einen Durchmesser von etwa 20 000 Astronomische Einheiten ausgedehnte Region bevölkerten, nicht gerade groß (siehe Grafik 57/*Thermische Energie und Temperatur,* Seite 229). Da die gesamte dünn gesäte Materie in ihrer Summe etwas mehr als eine Sonnenmasse ausmachte, war die Dichte in dieser frühen Molekülwolke mit durchschnittlich lausigen 300 Molekülen pro Kubikzentimeter ebenfalls alles andere als atemberaubend. Dennoch waren dies die idealen Voraussetzungen, um unserer Sonne ihre Entstehung zu ermöglichen. Die Dichte war zwar gering, aber dennoch eintausendmal höher als im gesamten restlichen Raum, der die Molekülwolke umgab. Und damit die Gravitation überhaupt damit beginnen konnte, Materieteilchen zur Gruppenbildung zu animieren, war eine gewisse Mindestmenge an Teilchen pro Raumvolumen dringend erforderlich.

Es galt zudem noch, den großen Gegenspieler der Schwerkraft zu überlisten: den thermischen Druck (siehe *Ganz schön raffiniert,* Seite 318). Auch er war im Grunde überall viel zu hoch, als dass er die Gravitation in Ruhe hätte werkeln lassen können – außer eben in jener besagten zehn Kelvin kalten Molekülwolke. Alle anderen Orte, an denen sich Teilchen in unserem Universum zu größeren Scharen in Gaswolken versammeln, sind in der Regel nämlich um einiges heißer und leisten damit durch ihr Gezappel viel zu starken Widerstand, um einen Kollaps in freiem Fall zu ermöglichen.

Damit die Schwerkraft die Kettenreaktion, die in die Geburt unserer Sonne mündete, in Gang setzen konnte, musste es also zunächst dicht und kalt genug sein – genau wie es in unserer damaligen Molekülwolke der Fall war. Der Kollaps setzte dort ein, wo bereits etwas mehr Materie beisammensaß, denn Molekülwolken sind keine einheitlichen Gebilde, sondern neigen zur Klümpchenbildung – ganz ähnlich wie das eigenwillige Kakaogemisch aus unserem Rotationsversuch (siehe *Viel Wirbel um die Sonne,* Seite 409). Aus etwas mehr Materie wurde auf diese Weise noch etwas mehr Materie, und damit lief der Rest quasi wie von selbst. Wie die Geschichte am Ende ausging, wissen wir ja bereits …

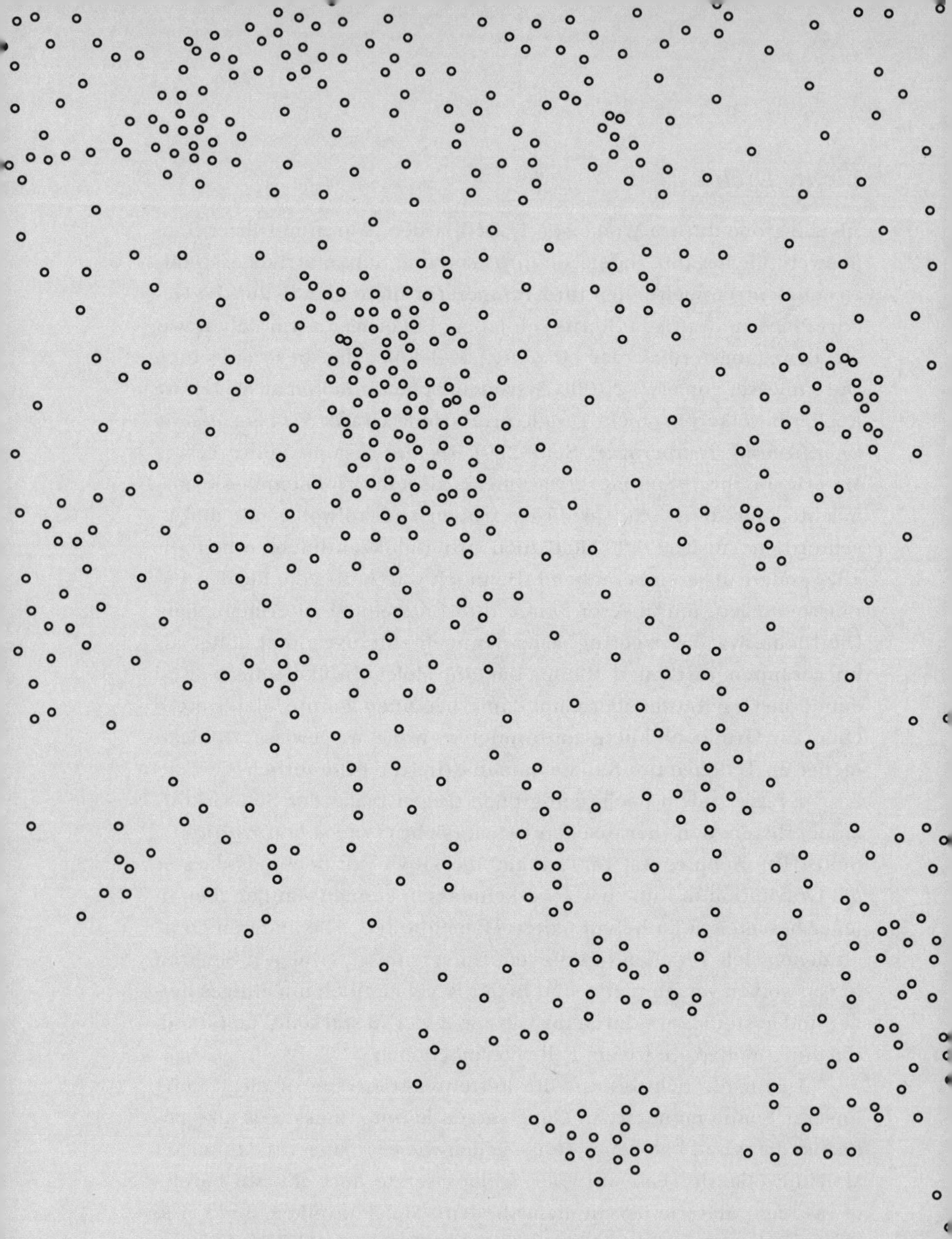

Molekülwolke
Durchmesser: ***20 000 Astronomische Einheiten***
Temperatur: ***10 Kelvin***
Teilchendichte: ***300 Moleküle pro Kubikzentimeter***

[Grafik 57] ***Molekülwolke vor dem Kollaps***

Abstand Erde – Sonne
Entfernung: ***149 597 870,691 Kilometer***
(eine Astronomische Einheit)

Bevor die Sonne zu einem kleinen, dichten, heißen Stern wurde, begann sie ihr Leben als 10 Kelvin kalte Gaswolke mit einer Ausdehnung von 20 000 Astronomischen Einheiten und einer Dichte von 300 Molekülen pro Kubikzentimeter.

4.5 Kühlende Moleküle und andere praktische Dinge

Wege zur klirrenden Kälte, damit ein heißer Stern entstehen kann

Damit am Ende ein heißer Stern entstehen kann, muss es zunächst einmal klirrend kalt sein. Derartig frostige Temperaturen müssen allerdings hart und mühsam erarbeitet werden. In der Regel vergeht dabei sogar viel mehr Zeit als bei allen darauffolgenden Prozessen der Sternentstehung zusammen. Wie das geschieht, werden wir jetzt beobachten: Sehen wir unserer Molekülwolke im Rückwärtsgang beim Kühlen zu …

Vom Molekül zum Stern

Eine kalte Molekülwolke war also der Ausgangspunkt, von dem aus sich im Laufe von vielen Millionen Jahren unsere Sonne zu formen begann. Überhaupt können Sterne grundsätzlich nur in diesen besonders eisigen Gebilden entstehen. Doch wie hat man sich eine solche frostige Wolke aus Molekülen eigentlich vorzustellen?

Wie der Name schon sagt, zeichnet eine derart wolkige Ansammlung von Materie dank ihrer Kälte vor allem eines aus: das zahlreiche Vorhandensein von Molekülen. Wie unsere heutige Sonne und mit ihr das gesamte Sonnensystem bestand auch unsere solare Urwolke vor allem aus Wasserstoff. Jene damals noch intakten Wasserstoffatome gesellten sich am liebsten in Zweiergrüppchen zu dem Wasserstoffmolekül H_2 (siehe *Erschwerte Startbedingungen,* Seite 607). Das nächsthäufige Element Helium ist bekanntlich wesentlich weniger bindungsfreudig. Wie wir bereits erwähnt haben, gehört es zu der Gruppe der Edelgase und ist damit grundsätzlich nicht gewillt, Verbindungen mit anderen Elementen einzugehen. Und so blieb es in unserer Urwolke deshalb als Atom allein. Natürlich gab es aber noch viele weitere Zusammenschlüsse zwischen den verschiedensten anderen Elementen, die nicht den störrischen Edelgasen angehörten, wie beispielsweise Wasser (H_2O), Kohlenmonoxid (CO) oder sogar komplexe organische Verbindungen, wie Ethylalkohol (CH_3CH_2OH). Allerdings machten sie nur einen sehr geringen Teil der Gesamtmasse aus.

Staub als praktisches Helferlein

Vor allem eine Sache, die wir bei uns auf der Erde als eher überflüssig und lästig empfinden, war für unsere Molekülwolke besonders wichtig: Staub. Anders als der gesamte Rest der Wolke waren seine Moleküle nicht gasförmig, sondern fest. Um jene festen Staubkörnchen zu bilden, von denen jedes einzelne nicht einmal einen Mikrometer groß war, brauchte es schwere Elemente, wie Kohlenstoff, Sauerstoff, Silicium oder Eisen. Diejenigen Elemente, die schwerer sind als Helium, machten zwar nur etwa zwei Prozent der gesamten Wolkenmasse aus, doch immerhin fand sich etwa die Hälfte von ihnen in einem Staubkornverbund wieder. Staub bildete damit mit einem winzigen Prozent das Schlusslicht in der Zusammensetzung unserer Molekülwolke. Doch wie gesagt – dieses einsame Prozent Staub war sehr wichtig. Warum eigentlich?

Zum einen ist er ein außerordentlich praktischer Helfer, wenn es darum geht, weitere Gasmoleküle zu bilden. An den rauen Staubteilchen sammelt sich nämlich so manches Atom aus der Umgebung an, trifft dort auf weitere Atomkollegen, und ehe man sichs versieht, ist ein neues Gasmolekül auf einem Staubteilchen geboren. Irgendwann verabschiedet sich die neu gegründete Atomvereinigung von seinem staubigen Helfer und das feste Körnchen ist wieder frei, um schon bald den nächsten Atomen bei ihrer Zusammenkunft unter die Arme zu greifen.

Staub verhilft Atomen dank seiner rauen Oberfläche zur Molekülbildung.

Doch die Anwesenheit von Staub bedeutete für unsere frühe Sternentstehungsregion noch einen weiteren großen Vorteil: Er schützte die frisch gebildeten Gasmoleküle nämlich vor den zerstörerischen Strahlen anderer Sterne aus der nahen Nachbarschaft. Denn bei Gasmolekülen handelt es sich um sehr zarte Pflänzlein, die unglaublich sensibel auf energiereiches Licht, wie beispielsweise UV-Strahlung, reagieren. Und im Handumdrehen ist ihre gerade erst eingegangene Bindung bereits wieder zerbrochen, sobald knallharte Photonen auf sie treffen. Damit dies in unserer solaren Urwolke nicht passieren konnte, wirkten die vielen feinen Staubpartikel wie ein Schutzschild und schirmten vor allem die weiter innen liegenden Moleküle von der gefährlichen Außenwelt ab.

Staub schirmt empfindliche Moleküle vor harter, zerstörerischer Strahlung ab.

Und obwohl der feine Staub nur ein Prozent der Gesamtmasse ausmachte, reichte dies bereits aus, um eine beachtliche Wirkung zu entfalten. Während der äußere Rand unserer einstigen Molekülwolke durch eindringende Lichtstrahlen noch arg in Mitleidenschaft gezogen wurde, bekam der innere Teil von alldem nichts mit. Die vielen feinen, dicht zusammengedrängten Staubkörner verwehrten es den Photonen schlichtweg, in die Wolke einzudringen und Schaden anzurichten. Stattdessen wurde das Licht entweder von ihnen verspeist oder durch Streuung geradewegs davongeschossen (siehe *Vom Verschlucken und Wiederausspucken,* Seite 138/*Wenn das Photon mit dem Elektron …,* Seite 143).

Jede Wechselwirkung zwischen Licht und dem Innenteil unserer Molekülwolke wurde somit vom Staub erfolgreich unterbunden. Und da ohne dieses Zusammenspiel auch keine Informationen an die Außenwelt übertragen werden konnten, war das Zentrum unserer Molekülwolke, ebenso wie es auch bei allen anderen Molekülwolken der Fall ist, in denen Sterne entstehen, schlichtweg nicht sichtbar (siehe *Licht ist Information,* Seite 123). Stattdessen hüllte sich unsere Sternentstehungsregion in Dunkelheit. Sie zeigte sich nur indirekt, indem sie wie ein großer dunkler Fleck alles Licht verdeckte,

[Fotografie 31a] **Staub schirmt das Innere einer Molekülwolke vor Strahlung ab**

[Fotografie 31b] ***Für Infrarotstrahlung sind Molekülwolken jedoch durchlässig – außerdem strahlen sie selbst im Infrarotbereich***

das hinter ihr leuchtete (siehe Fotografie 31a). Sterne oder andere Objekte, die Photonen aussendeten, wurden von den Staubmengen somit erfolgreich blockiert. Unsere Molekülwolke zeigte sich damit als sogenannte Dunkelwolke.

Mit einer Photonenart hatte die in Staub gehüllte Materieansammlung allerdings das Nachsehen: Infrarotstrahlung durfte wegen ihrer geringen Energiemenge gnädigerweise passieren (siehe *Unterwegs auf langen Wellen,* Seite 117). Somit war unsere Dunkelwolke zwar tatsächlich ziemlich finster, im Infrarotbereich gab sie sich dann allerdings dennoch zu erkennen.

Doch der Staub ließ nicht nur die Infrarotstrahlen durch sich hindurchgleiten – gerade das häufige Absorbieren kurzwelligen Lichts führte dazu, dass die festen Brösel sich aufheizten und in der Folge selbst infrarote Wärmestrahlung auszusenden begannen (siehe Fotografie 31b). Auch einige noch schwächere Mikrowellen- und Radiophotonen kamen auf diese Weise zum Vorschein.

Die Wolke schwitzt

Unsere frühe Molekülwolke ließ also nicht nur infrarotes Licht durch sich hindurchsausen, sie strahlte selbst in diesem für uns unsichtbaren Wellenlängenbereich Photonen ab. Womit wir auch schon bei dem sehr wichtigen Prozess des Abkühlens angekommen wären. Unsere Molekülwolke war nämlich nicht von Anfang an eisige zehn Kelvin kalt. Erst durch viele langwierig aufeinanderfolgende Schritte des Herunterkühlens konnte sie diese Temperatur erreichen und damit letztendlich in sich zusammenstürzen und mit der Sonnenwerdung beginnen (siehe *Lichte Dichte,* Seite 419).

In ihrer letzten Kühlungsphase, die ihr schließlich die besagten zehn Kelvin bescherte, regelte unsere Molekülwolke ihre Temperatur herunter, indem sie die bereits erwähnten Infrarotphotonen aussendete. (Wie ihr das genau gelang, werden wir gleich sehen …) Solange es nicht allzu dicht gedrängt zur Sache ging, konnte das Licht ungehindert davoneilen und die überschüssige Energie abtransportieren. Als Folge daraus wurde es allmählich immer kälter, die Materie begann weniger stark zu schwingen und konnte sich deshalb näher zusammenfinden.

Die Molekülwolke, aus der später unsere Sonne entstand, kühlte auf die nötigen zehn Kelvin ab, indem sie Infrarotphotonen abstrahlte.

Problematisch wurde die Sache erst, als die Teilchen so eng beieinandersaßen, dass das freigesetzte Infrarotlicht von einem anderen Molekül wieder abgefangen wurde. Die Energie konnte dann nicht mehr entweichen, sondern blieb in der Wolke gefangen, und der wichtige Kühlvorgang lief Gefahr, unterbrochen zu werden. Im ungünstigsten Fall hätte der thermische Druck sogar wieder nach oben schnellen können, wenn großflächig Photonen absorbiert worden wären, die von außen in die Wolke eindrangen oder durch frei gewordene potenzielle Energie zum Vorschein kamen. Die Chance auf eine baldige Sternentstehung wäre damit verpufft.

Zappeln und Rotieren

Damit es gar nicht erst so weit kommen konnte, musste unsere Molekülwolke allen Widrigkeiten zum Trotz Energie erfolgreich nach außen ableiten. Nur so konnte es ihr am Ende gelingen, einen ausreichend gekühlten Bereich hervorzubringen, in dem die Gravitation fröhlich zu Werke gehen konnte, immer mehr Materie zusammentrommelte und damit die Entstehung unserer Sonne in Gang setzte.

Die dafür nötige Kühlung gelang unserer damaligen Molekülwolke auf verschiedene Weise. Den entscheidenden letzten Temperatursturz von mehreren hundert auf zehn Kelvin vollbrachte sie, indem sie ihre Gasmoleküle schwingen und rotieren ließ. Da für derartige akrobatische Leistungen allerdings nicht alle chemischen Verbindungen infrage kommen, übernahmen diese Aufgabe nur die entsprechend geeigneten Kandidaten. Immerhin rund 130 verschiedene Moleküle ließen sich in unserer Urwolke zum Schwingen und Rotieren hinreißen. Dazu war eigentlich gar kein großartiger Aufwand nötig. Die Teilchen versetzten sich nämlich von ganz allein in Bewegung. Dies taten sie immer genau dann, wenn sie zufällig mit einem anderen Molekül zusammenstießen. Durch die Wucht des Aufpralls begannen sie nun entweder zu schwingen oder zu rotieren.

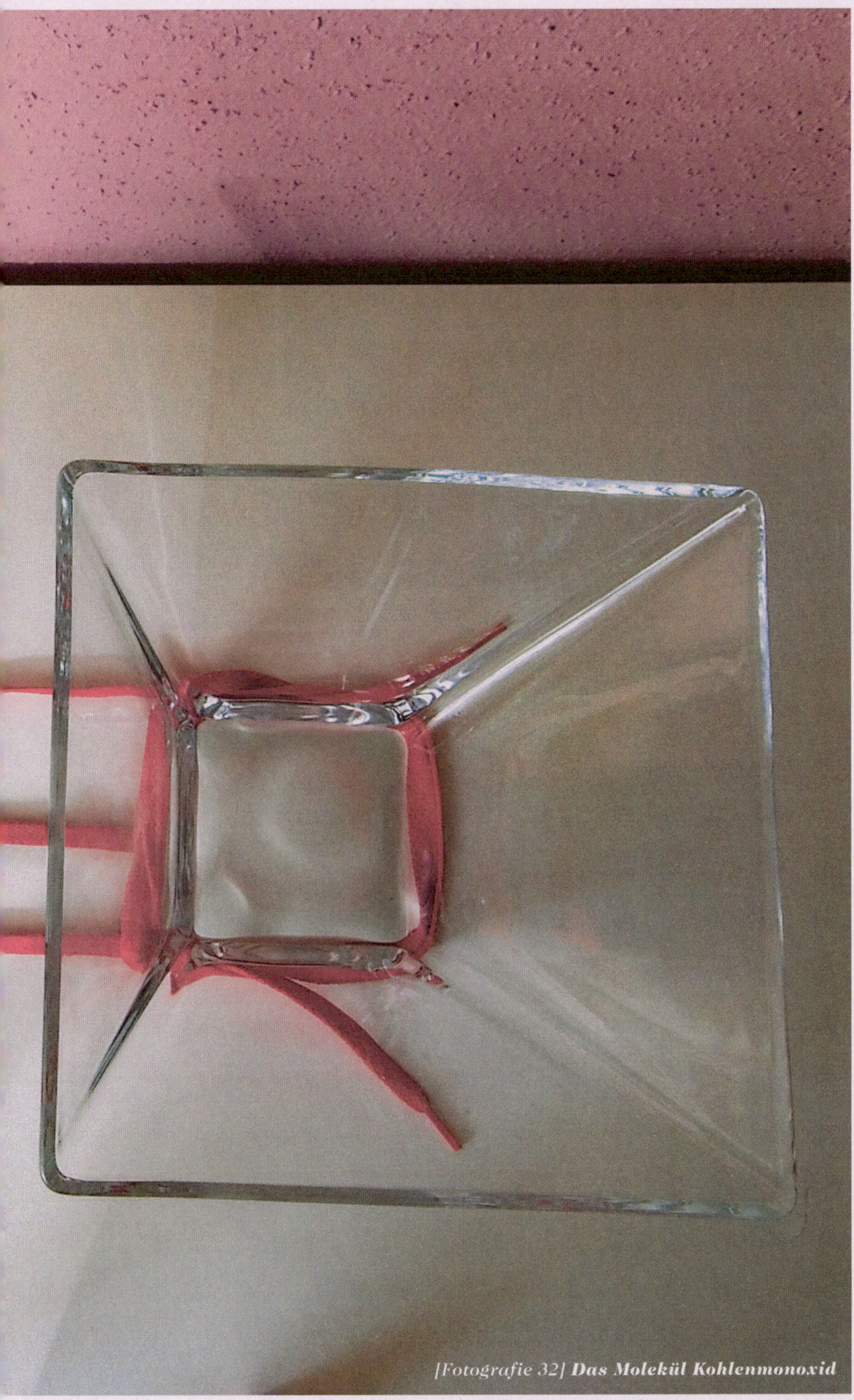

[Fotografie 32] **Das Molekül Kohlenmonoxid**

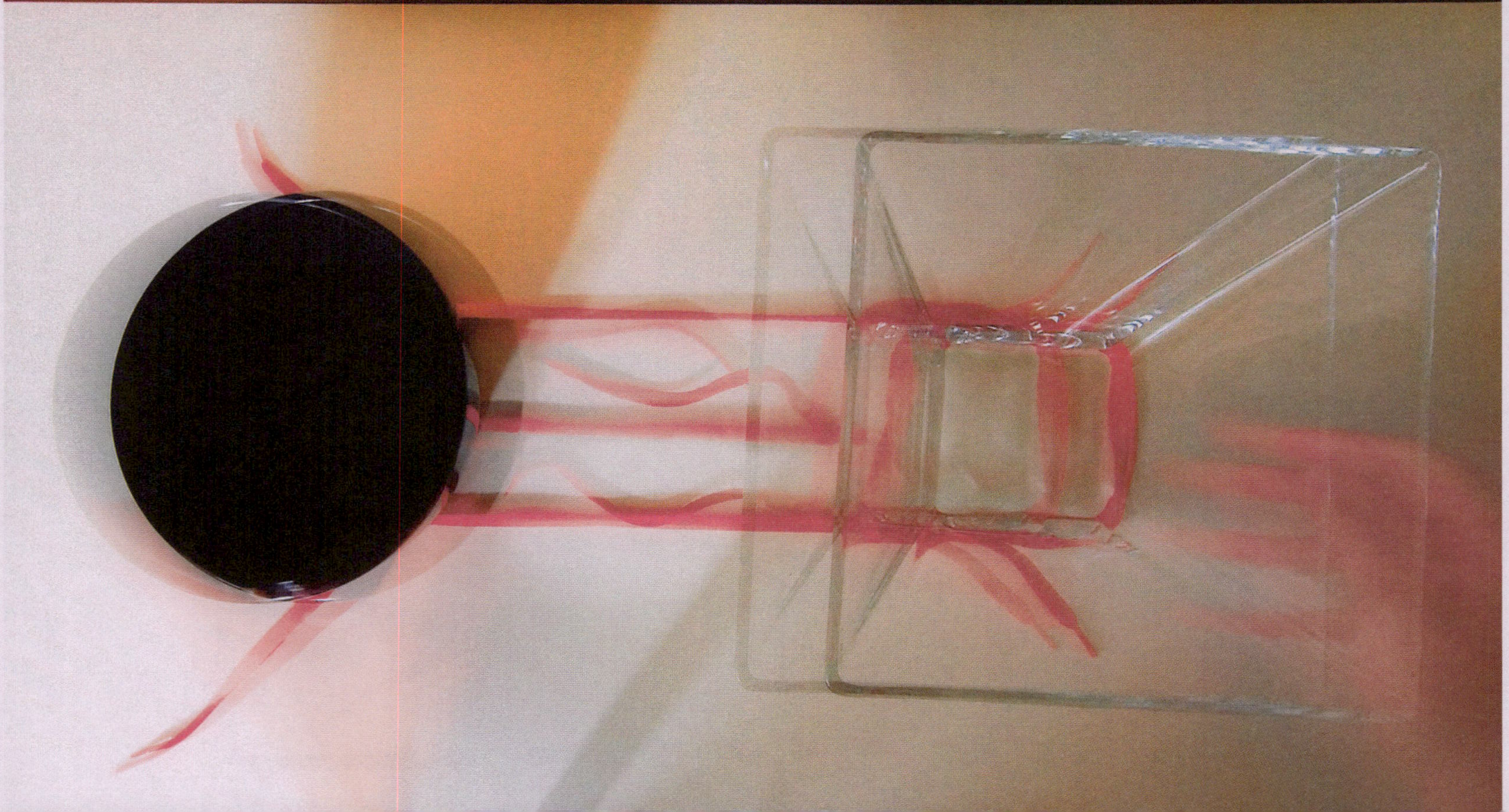

[Fotografie 33a] ***Das Molekül Kohlenmonoxid setzt Energie frei, indem es seine Bindungen schwingen lässt***

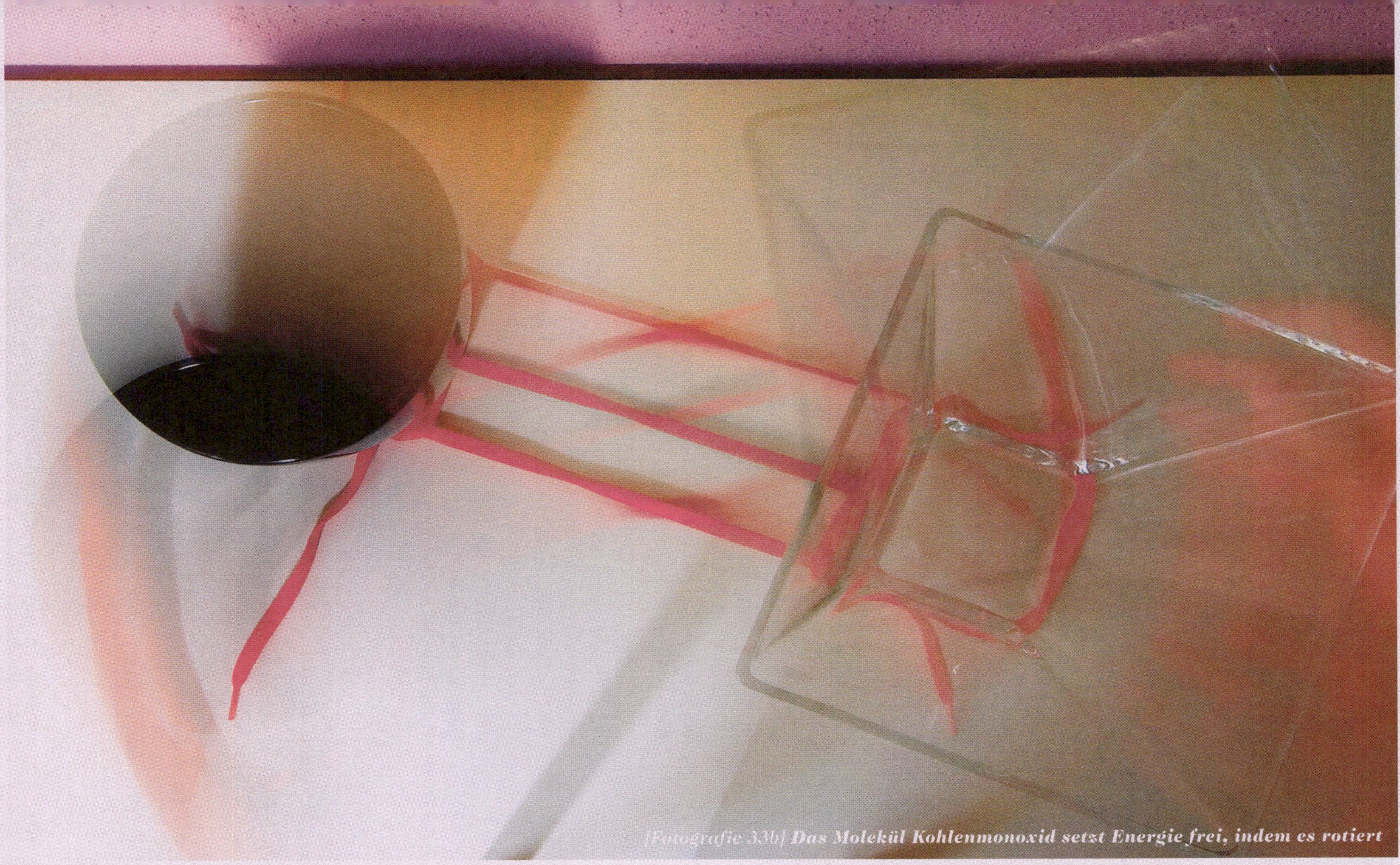

[Fotografie 33b] ***Das Molekül Kohlenmonoxid setzt Energie frei, indem es rotiert***

Nehmen wir beispielsweise das Molekül Kohlenmonoxid (CO) (siehe Fotografie 32). Es besteht aus einem Kohlenstoff- (C) und einem Sauerstoffatom (O). Den dunklen Kohlenstoff stellen wir uns als schwarzen Blumentopf, den Sauerstoff als durchsichtige Vase vor. Da Sauerstoff das schwerere Element darstellt, kommt unsere Sauerstoff-Vase ein wenig größer als der Kohlenstoff-Blumentopf daher. Verbunden sind die beiden in aller Regel über drei Bindungsstellen, die eigentlich durch die in den Atomhüllen umherschwirrenden Elektronen zusammengehalten werden. In unserem Beispiel sollen dies jedoch zur besseren Veranschaulichung ein paar Schnürsenkel erledigen.

Kommen wir nun zurück zur Schwingung und zur Rotation. Im ersten Fall beginnen sich die Abstände zwischen den miteinander verbundenen Atomen abwechselnd zu dehnen und wieder zusammenzuziehen. Unser Kohlenstoff-Blumentopf und die Sauerstoff-Vase kommen sich also abwechselnd näher und entfernen sich wieder voneinander (siehe Fotografie 33a). Die drei Schnürsenkel-Bindungen zwischen den beiden werden dabei entsprechend gestaucht und wieder gedehnt. Im zweiten Fall beginnt sich das Molekül als Ganzes zu drehen, ohne dass sich seine Bindungen dabei akrobatisch weiten und wieder zusammenziehen müssen (siehe Fotografie 33b). In beiden Fällen ist das Ergebnis aber stets dasselbe: Sobald sich die vibrierenden und rotierenden Teilchen wieder beruhigen, entsteht Licht.

Genau dies passierte auch in unserer damaligen Molekülwolke, aus der einige Millionen Jahre später unsere Sonne hervorgehen sollte. Vor allem langwellige Infrarot- und Radiophotonen trugen auf diese Weise die thermische Energie schrittweise aus der kühlenden Wolke heraus, bis es schließlich bei zehn Kelvin zu kalt war, um weitere Moleküle zum Schwingen oder Rotieren anzuregen.

Unsere damalige Gaswolke sendete Infrarotstrahlung aus, indem sie ihre Moleküle schwingen und rotieren ließ.

Auch bei der Schwingung und der Rotation gilt das Prinzip der gequantelten Energieniveaus.

Übrigens gilt auch beim Schwingen und Rotieren, was uns bereits bei den Elektronen in ihren Atomhüllen begegnet ist – nämlich das Prinzip der gequantelten Energiehäppchen (siehe *Der etwas andere Jo-Jo-Effekt,* Seite 133). Auch Moleküle können folglich nicht in beliebigen Schritten mal mehr, mal weniger schwingen oder rotieren, wie es ihnen gefällt, sondern sie sind auf genau festgelegte Energiemengen angewiesen. Anders als bei der Anregung eines einzigen Elektrons sind die Energiebeträge allerdings viel niedriger angesiedelt. Dies erklärt auch, warum vor allem Infrarotstrahlung oder noch energieschwächeres Licht durch Schwingung und Rotation freigesetzt wird.

Elektronen-Pingpong

Bevor aber die passenden Moleküle durch Schwingung und Rotation überhaupt damit beginnen konnten, unsere Molekülwolke auf zehn Kelvin herunterzukühlen, war es mit über einhundert Kelvin noch viel zu warm für derartig sportliche Leistungen. Hier waren härtere Maßnahmen gefragt, die entsprechend härteres Licht zutage fördern konnten. Da die Materie bei jenen Temperaturen noch weniger dicht beisammensaß, war dies aber auch nicht weiter schlimm. Die meisten Photonen konnten die Wolke in aller Ruhe verlassen, ohne von einem Teilchen am Vorankommen gehindert zu werden. Und falls es versehentlich doch einmal zu einem Zusammentreffen zwischen Teilchen und Licht kam, war das auch nicht weiter tragisch, schließlich waren bei den damals noch höheren Temperaturen kaum empfindliche Moleküle vorhanden, die dadurch hätten zerteilt werden können. Stattdessen bestand unsere frühe Wolke vor allem aus freien Atomen. Und diese sind deutlich robuster, was den Zusammenprall mit Photonen angeht.

Doch um welche Maßnahmen handelte es sich hier eigentlich, mit denen sich die Gas- und Staubansammlung ihrer Energie bei mehreren einhundert Kelvin Umgebungstemperatur entledigte? Da es wie gesagt noch recht wenige Moleküle in ihr gab, musste sich unsere Wolke auf andere Weise helfen – und zwar zum einen durch ihre einzeln umherschwirrenden Atome. Da sie bei dem damals vorherrschenden höheren thermischen Druck noch wesentlich rasanter umherflogen, war ein Zusammenprall unter ihresgleichen meist schon vorprogrammiert. Kam es dann schließlich zu einem solchen sogenannten Stoßprozess (siehe Grafik 58), wurde die kinetische Energie

[Grafik 58] ***Stoßprozess***

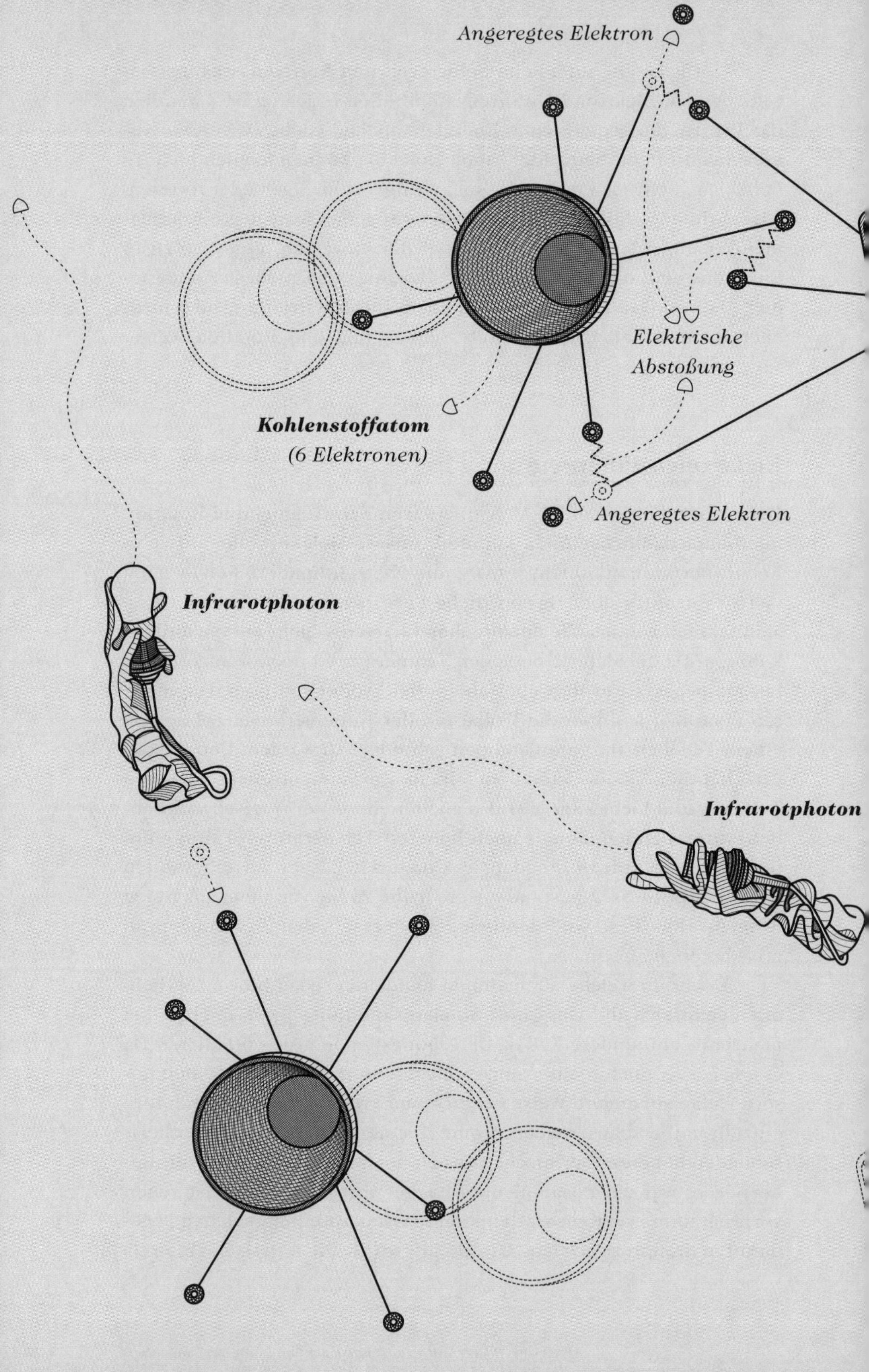

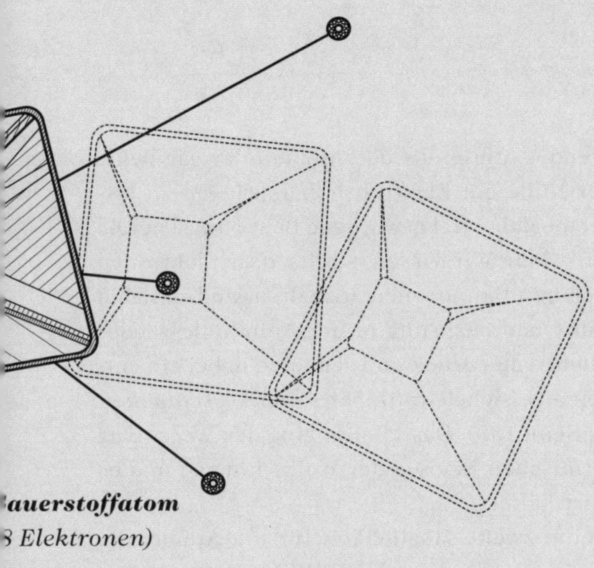

58a

Ein Kohlenstoff- und ein Sauerstoffatom stoßen zusammen. Die Elektronen in den Atomhüllen verhindern durch ihre gegenseitige Abstoßung allerdings, dass sich die Atome tatsächlich berühren.

Die Energie des Zusammenpralls lässt passende Elektronen in der Atomhülle höherspringen.

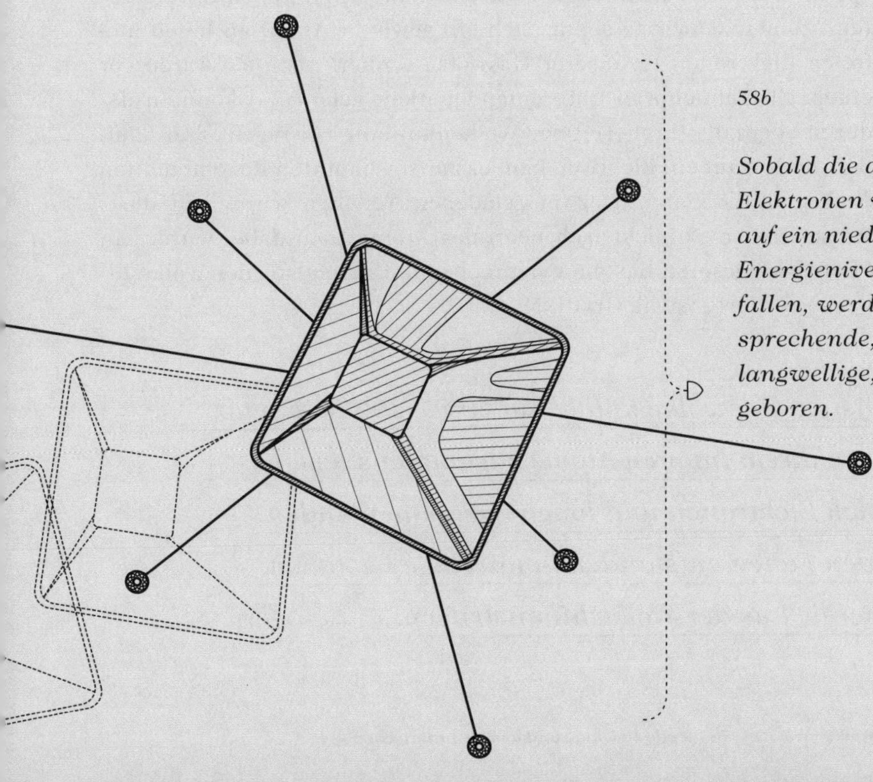

58b

Sobald die angeregten Elektronen wieder auf ein niedrigeres Energieniveau zurückfallen, werden entsprechende, meist langwellige, Photonen geboren.

des Aufpralls dazu verwendet, um eines der Atome oder gar beide dazu zu bringen, in ihrer Hülle ein Elektron höherspringen zu lassen – je nachdem, wie viel die dabei frei gewordene Bewegungsenergie gerade hergab (siehe Grafik 58a). Wir wissen bereits, dass Elektronen es meist nicht lange in höheren Bahnebenen aushalten, und so fielen sie auch kurz nach ihrem Quantensprung in der Atomhülle wieder auf ein niedrigeres Energieniveau zurück und sendeten dabei ein entsprechendes Lichtteilchen aus (siehe Grafik 58b / *Vom Verschlucken und Wiederausspucken,* Seite 138). Das Photon ging des Wegs, trug damit einen Teil der thermischen Energie der Wolke hinaus, und es wurde langsam, aber sicher kälter.

Es gab aber noch eine zweite Möglichkeit für die Atome, die Temperatur herunterzuregeln (siehe Grafik 59). Wie wir bereits erwähnt haben, sind Atome zwar widerstandsfähiger, wenn ein energiereiches Lichtteilchen auf sie stößt, dennoch kam es in unserer vorsonnigen Urwolke auch ab und zu vor, dass ihnen dabei einige oder schlimmstenfalls sogar alle ihre Elektronen Lebewohl sagten (siehe *Die Anarchie der geladenen Teilchen,* Seite 237). Neben unversehrten Atomen schwirrte somit auch ein gewisser Anteil an Ionen und freien Elektronen in unserer Gaswolke umher. Auch sie waren vor einem Zusammenprall untereinander nicht gefeit und konnten dadurch ebenfalls ihren Teil zur Wolkenkühlung beitragen. Traf nämlich ein Ion auf ein Elektron, kam es zur sogenannten Rekombination (siehe Grafik 59a). Aus zwei geladenen Teilchen wurde auf diese Weise wieder ein elektrisch neutrales Atom. Auch dabei wurde ein Photon freigesetzt, das die entsprechende Energie aus der Wolke hinausbeförderte (siehe Grafik 59b).

Die einstige Gaswolke kühlte auf einige 100 Kelvin ab, indem in ihrem Inneren Atome zusammenstießen oder sich Elektronen und Ionen zusammenfanden. In beiden Fällen entstanden langwellige Photonen, die Energie aus der Wolke hinaustrugen.

[Grafik 59] **Rekombinationsprozess**

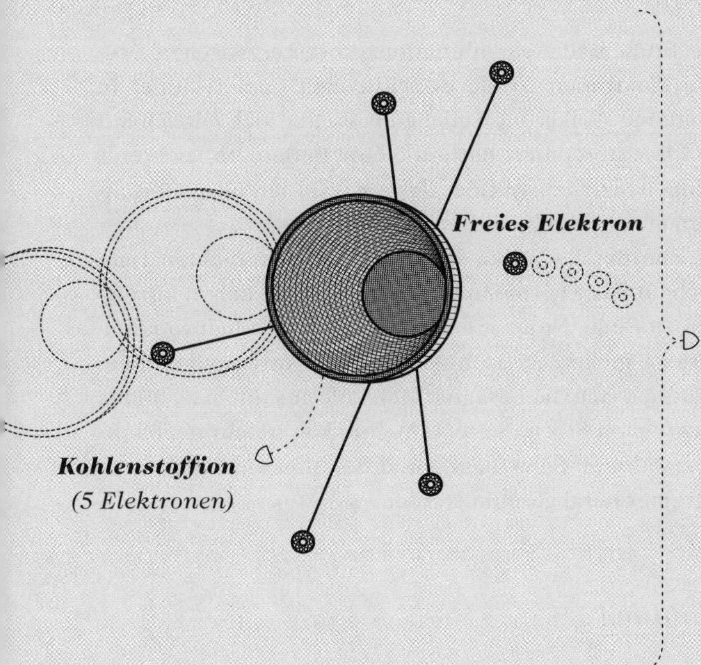

59a

Ein Kohlenstoffion und ein freies Elektron stoßen zusammen.

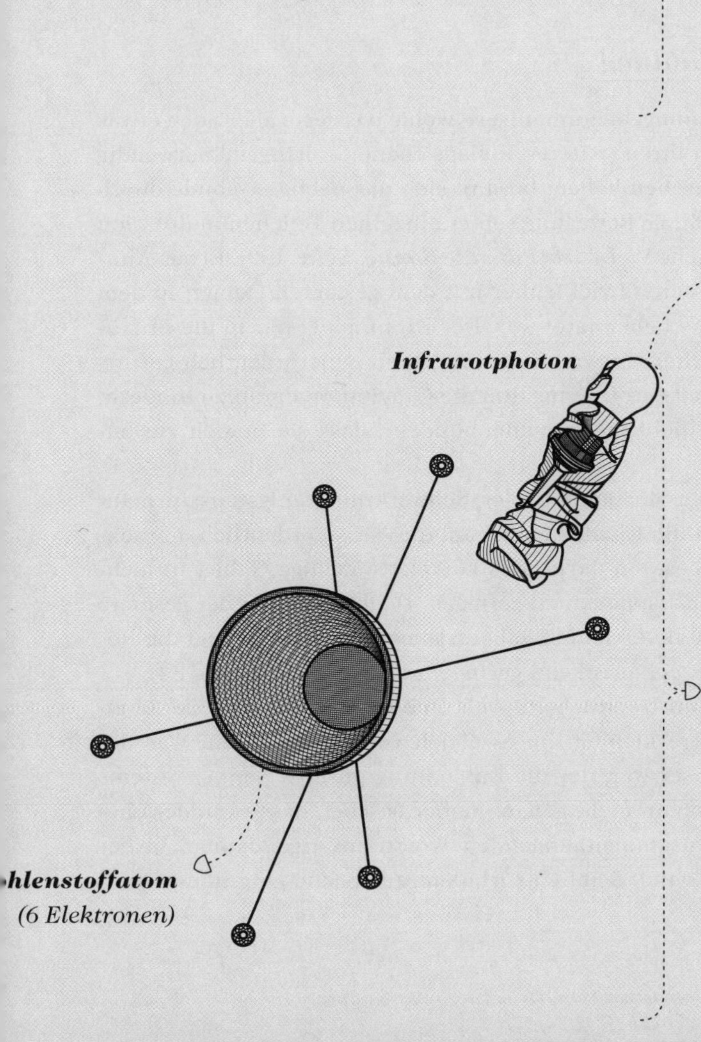

59b

Ion und Elektron verbinden sich zu einem elektrisch neutralen Atom. Dabei wird ebenfalls ein entsprechendes, meist langwelliges, Photon ausgesendet.

Durch die Stoß- und Rekombinationsprozesse zwischen Atomen, Ionen und Elektronen wurde es schließlich immer kühler in unserer protostellaren Wolke. Die Teilchen bewegten sich folglich mit immer weniger Elan, und damit hatte die Gravitation ein leichteres Spiel, sie zusammenzuziehen. Mit der daraus resultierenden steigenden Dichte nahmen die Stoß- und Rekombinationsprozesse immer mehr zu und bescherten der Wolke dadurch einen regelrechten Temperatursturz. Sobald das Thermometer allerdings 100 Kelvin anzeigte, war der Spaß zu Ende. Nun waren die Teilchen nämlich so lahm, dass sie sich nicht mehr gegenseitig elektrisch anregen konnten. Stattdessen begannen sich die besagten Moleküle aus ihnen zu bilden (siehe *Vom Molekül zum Stern,* Seite 423). Nun konnte nur noch mittels der bereits erwähnten Schwingung und Rotation die Temperatur wesentlich langsamer herabgesenkt werden.

Grüppchenbildung

Im gesamten Raumgebiet um unsere Wolke passierte aber noch etwas anderes, das für ihren späteren Kollaps ebenfalls dringend notwendig war. Wie wir gesehen haben, begann sich das neblige Gebilde durch die anfangs zufällige Bewegung seiner einzelnen Teilchen in Rotation zu versetzen (siehe *Viel Wirbel um die Sonne,* Seite 409). Etwas Ähnliches geschah bereits viel früher mit dem gesamten Gebiet, in dem unsere Gaswolke beheimatet war. Der Drehimpuls war in dieser frühen Phase der Sternentwicklung zwar noch außerordentlich gering, er war aber bereits groß genug, um die Gravitation daran zu hindern, die Materie so dicht zusammenzubündeln, dass sie in sich zusammenstürzte.

Die einzige Möglichkeit, der Schwerkraft wenigstens in manchen Bereichen die Chance zu geben, die Masse ordentlich anwachsen zu lassen, bestand darin, das komplette neblige Gebiet in mehrere kleinere Gashäppchen zu zerlegen. Dadurch wurde der gesamte Drehimpuls auf viele kleine Wolkenfragmente aufgeteilt und die Rotation fiel damit entsprechend geringer aus (siehe Fotografie 34).

Doch warum zerstückelte sich eine einzige große Wolke überhaupt in mehrere kleine? Um es gleich vorwegzunehmen: Was der allererste Auslöser war, der die Entstehung unseres Sonnensystems einleitete, weiß man nicht genau. Sicher ist aber, dass es in der ehemals großen, zusammenhängenden Wolke aus irgendeinem bisher unbekannten Grund ziemlich turbulent zur Sache ging und es deshalb durch die zufällig umherirrenden Teilchen winzige Dichteunterschiede gegeben haben muss (siehe *Turbulente Teilchen,* Seite 452). In jenen Bereichen, in denen etwas mehr Materie vorhanden war als anderswo, konnte die Gravitation den Drehimpuls besiegen und immer größere Klümpchen herausbilden. Diese neu gebildeten Gasansammlungen waren wiederum ebenfalls nicht einheitlich geformt. Auch hier gab es durch die zufälligen Bewegungen der Materiepartikel Dichteunterschiede. Aus wenigen großen Gebieten wurden im Laufe der Zeit auf diese Weise immer kleinere Fragmente gebildet, die sich, als die Zerstückelungsphase bei zehn Kelvin schließlich endete, selbst kaum noch drehten. Jede dieser Mini-Wolken hatte nun theoretisch die Chance, ein Stern zu werden.

Eine einst große rotierende Wolke teilte sich in immer kleinere Wolkenfragmente auf und konnte dadurch den Drehimpuls reduzieren. Aus einer dieser Miniwolken ist später unser Sonnensystem entstanden.

Auch die Wolke, aus der unsere Sonne hervorgehen sollte, war demnach eines dieser kleinen Fragmente. In aller Regel bilden sich in solchen Sternentstehungsregionen jedoch auf einen Schlag gleich haufenweise neue Sterne, die sich später meist zu zweit in einem Doppelsternsystem umkreisen (siehe *Sternenpaare,* Seite 407). Bei unserer Sonne war dies aber bekanntlich nicht der Fall. Ihre frühere Gaswolke entstammte einer Region, in der recht wenige Sterne geboren wurden. Unser Stern hatte das Glück, allein zu bleiben, und damit konnte er um sich herum in aller Ruhe Planeten hervorbringen, von denen sich am Ende nur ein einziger perfekt für die Entwicklung von Leben eignen sollte (siehe *Der Glücksfall Erde,* Seite 343).

Zwei Phänomene mit seltsamen Namen

Bevor die anfangs zusammenhängende Gaswolke aber überhaupt damit beginnen konnte, sich in immer kleiner werdende Einzelteile aufzusplittern, war die Temperatur noch viel zu hoch und die Dichte

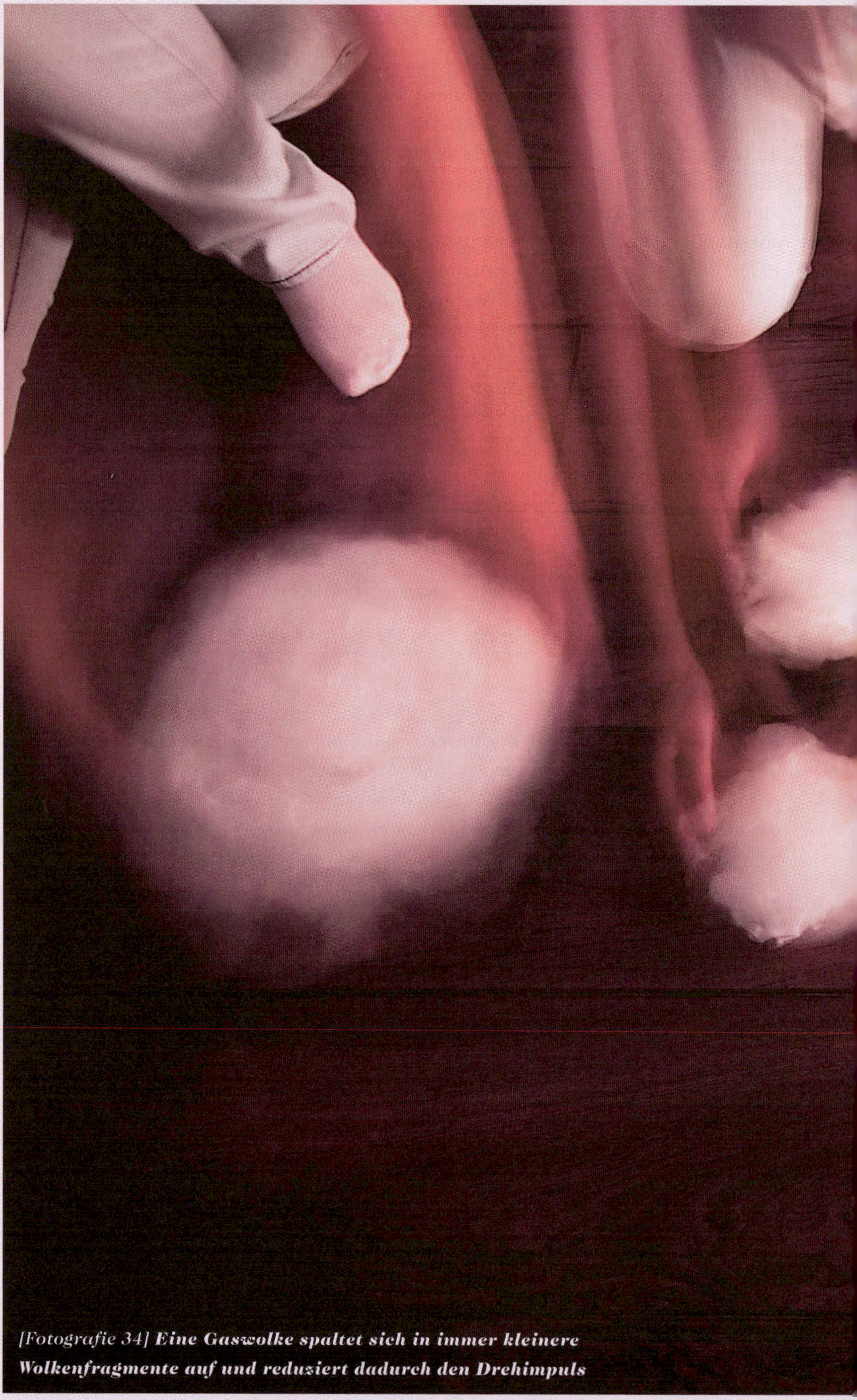

[Fotografie 34] ***Eine Gaswolke spaltet sich in immer kleinere Wolkenfragmente auf und reduziert dadurch den Drehimpuls***

viel zu gering, um eine Sternengeburt einzuleiten. Wieder ging es also zunächst darum, das Teilchenchaos durch Kühlung zu besänftigen. Auch hierfür standen erneut mehrere Möglichkeiten zur Verfügung.

Die erste Maßnahme, die einst lose zusammenhängende Gaswolke dichter und kühler werden zu lassen, war den bereits schwach vorhandenen Magnetfeldlinien zu verdanken. Da es im damaligen Gas, dessen Temperaturen von ungemütlichen 10 000 Kelvin bis zu einer geschlagenen Million Kelvin reichten, brütend heiß war, waren seine Elemente zum größten Teil ionisiert. Geladene Teilchen waren also im Überfluss vorhanden. Und da Ladungen und Magnetfelder direkt zusammenhängen, konnten sich Ionen und Elektronen deshalb nur entlang der Feldlinien bewegen (siehe *Weitab vom Schuss,* Seite 242). Besonders die Elektronen verrichteten dabei einen äußerst nützlichen Dienst. Bewegten sie sich nämlich nicht zufällig exakt entlang einer Magnetfeldlinie, wurden sie zu schwindelerregenden Spiralbewegungen gezwungen und damit beschleunigt. Dieses Schicksal blühte zwar auch den positiv geladenen Atomkernen, falls sie nicht haargenau am Magnetfeld entlangsausten – allerdings gibt es zwischen Ionen und Elektronen einen kleinen, aber feinen Unterschied. Wie wir ja wissen, erzeugen beschleunigte Ladungen Licht (siehe *Licht wird geboren,* Seite 123). Die Photonen, die durch die strudelnden Elektronen freigesetzt wurden, hatten es allerdings besonders in sich. Da die negativ geladenen Teilchen durch ihr Fliegengewicht nicht nur ihre Richtung permanent änderten, sondern außerdem immer schneller mit am Ende nahezu Lichtgeschwindigkeit um die Magnetfeldlinien herumspurteten, wurden die entstehenden energiegeladenen Photonen nicht gleichmäßig in alle Richtungen ausgesendet, sondern schossen stattdessen als geballte Lichtpakete in der Bewegungsrichtung des Elektrons davon. Dieser Effekt wird auch als Synchrotronstrahlung bezeichnet. Unzählige Photonen trugen auf diese Weise eine große Menge Energie aus der noch locker zusammengesetzten Gaswolke heraus.

Doch die schnellen Elektronen konnten unserer Wolke noch auf andere Art Kühlung verschaffen. Trafen sie nämlich während ihrer Reise entlang der Magnetfeldlinien auf ein herumfliegendes Photon, konnten sie dem Licht dabei praktischerweise einen Teil ihrer Bewegungsenergie aufhalsen. Das Photon wurde dadurch kurzwelliger und trug somit mehr Energie auf seinem Weg aus der Wolke heraus als ursprünglich geplant (siehe *Der elektromagnetische Dreiklang,* Seite 104). Auch dieses Phänomen bekam einen recht sperrigen Namen verliehen: Es wird als Compton-Streuung oder inverser Compton-Effekt bezeichnet. Dieser Effekt trug zusammen mit der Synchrotronstrahlung maßgeblich dazu bei, dass unsere Wolke mit ihren anfangs enorm hohen Temperaturen ordentlich heruntergekühlt wurde, damit die Gravitation im weiteren Verlauf den thermischen Druck schließlich übertölpeln konnte.

Elektronen, die entlang einer Magnetfeldlinie umherstrudeln und dabei nahezu so schnell werden wie das Licht, senden energiereiche Strahlung in ihre Bewegungsrichtung aus. Diese wird als Synchrotronstrahlung bezeichnet.

Trifft ein solches schnelles Elektron auf ein Lichtteilchen, kann es dadurch die Energie des Photons erhöhen. Dieser Effekt wird als Compton-Streuung bezeichnet.

Dank der Synchrotronstrahlung und des inversen Compton-Effekts konnte unsere Gaswolke ihre anfangs enorm hohen Temperaturen, die von etwa 10 000 bis zu einer Million Kelvin reichten, ordentlich herunterkühlen.

Magnetfelder – Fluch und Segen für den Kollaps

Doch nicht nur der thermische Druck oder der Drehimpuls standen der Sonnenwerdung anfangs im Weg, auch das Magnetfeld selbst konnte problematisch werden. Während es durch das Hinausschießen energiereicher Synchrotronstrahlung der Gravitation auf der einen Seite zwar in die Hände spielte, hätte es den Kollaps auf der anderen Seite auch fast zum Stillstand bringen können. Die Tatsache, dass geladene Teilchen und Magnetfeldlinien nicht ohneeinander können, ist nämlich auch mit einigen Nachteilen verbunden und damit äußerst ambivalent.

In unserer späteren zehn Kelvin kühlen Molekülwolke waren zwar kaum noch freie Elektronen oder Ionen vorhanden, ihre geringe Menge reichte allerdings aus, um den restlichen neutralen Gas- und Staubteilchen das Zusammenkommen erheblich zu erschweren. Da sich die geladenen Teilchen nicht unabhängig bewegen konnten, sondern stur entlang der Magnetfeldlinien ihre Bahnen ziehen mussten, blockierten sie dadurch den neutralen Atomen ziemlich gemein den Weg. Somit waren auch die eigentlich in ihrer Bewegungsrichtung völlig unabhängigen Teilchen plötzlich gar nicht mehr besonders frei.

Hinzu kam, dass unsere Wolke dank der Gravitation bekanntlich immer mehr zusammenschrumpfte. Dadurch wurde allerdings auch das Magnetfeld arg in Mitleidenschaft gezogen. Die Magnetfeldlinien kamen sich immer näher, und damit legte das Magnetfeld selbst ordentlich an Stärke zu. Der Druck, der dabei entstand, machte der genau entgegengesetzt wirkenden Schwerkraft das Leben immer schwerer.

Doch unsere Wolke wusste sich durch einen Trick zu helfen, der uns vor Kurzem erst begegnet ist: Nämlich durch die Rekombination von Elektronen und Ionen zu vollwertigen Atomen (siehe *Elektronen-Pingpong,* Seite 435). Als die Materie dicht genug zusammengedrängt wurde, herrschte im Wolkenzentrum durch die einsetzende Rekombination plötzlich akuter Mangel an geladenen Teilchen. Und das sollte auch so bleiben, schließlich konnte kein energiegeladenes Licht mehr von außerhalb in das zähe Innere vordringen, um den Atomen ihre frisch erworbenen Elektronen wieder zu entreißen. Während im Randbereich unserer Gaswolke zwar weiterhin geladene Teilchen nach der Pfeife des Magnetfelds zu tanzen hatten, begann sich in ihrem dichten Kern die Materie immer stärker unabhängig zu machen. Für die Gravitation war es nun ein Leichtes, zur Tat zu schreiten und die neutralen Atome zunächst zu Molekülen und schließlich zu immer dichter beisammensitzenden Materieansammlungen zusammenzubündeln.

Das Magnetfeld war damit in der Anfangszeit der Gaswolke zwar ziemlich hinderlich, allerdings reichte sein magnetischer Druck bei Weitem nicht aus, um die Entwicklung unserer Sonne vollständig zu bremsen. Letzten Endes überwogen sogar die Vorteile. Neben der praktischen Synchrotronstrahlung, die unserer Wolke dazu verhalf, auf gemäßigtere Temperaturen herunterzukühlen, griff das Magnetfeld nämlich außerdem der Fragmentierung unterstützend unter die Arme, um den damals äußerst lästigen Drehimpuls zu verringern. Gerade zu Beginn der Sonnenentwicklung, als die Gravitation noch keine großen Klumpen bilden konnte, taten sich die feinen Bröselteilchen nämlich sehr schwer zusammenzufinden. Die damals zwar noch recht schwache Eigenrotation der gesamten Wolke war dafür aber meist einfach zu stark. Doch es gab da ja noch die geladenen Teilchen. Ihnen war der Drehimpuls weitestgehend egal. Sie hatten sich nach anderen Dingen zu richten – nach den Magnetfeldlinien eben. Und diese reichten im Gegensatz zur Drehbewegung der neutralen Atome vom Zentrum der Wolke in alle Richtungen nach außen. Dieses störrische Verhalten der Ionen und Elektronen, der Rotation nicht bedingungslos Folge zu leisten, bremste den Drehimpuls durch die dabei entstehende Reibung schließlich immer mehr aus (siehe *Wie die Sonne ihre Rotation loswurde,* Seite 386).

Das Magnetfeld war damit sowohl Fluch als auch Segen für unsere frühe Gaswolke. Unterm Strich erwies es sich aber als recht nützlich, um der Gravitation die Ausbildung unseres gesamten Sonnensystems zu ermöglichen.

Wie der Ball ins Rollen kam

Wir sind nun am Ende der Reise auf den Spuren der Entstehung unseres Sonnensystems angekommen. Ganz am Anfang, vor 4,6 Milliarden Jahren, als die große diffuse Wolke noch nicht damit losgelegt hatte, sich langsam, aber sicher in ihre sonnige Existenz zu stürzen, waren die chemischen Elemente, die später auch uns selbst formen sollten, noch schön gleichmäßig im Raum verteilt. Im sogenannten interstellaren Medium, dem Raum zwischen bereits existierenden Sternen, schwirrte zu etwa 70 Prozent Wasserstoff und zu rund 28 Prozent Helium umher. Die restlichen 2 Prozent wurden durch schwere Elemente, wie Kohlenstoff, Sauerstoff, Stickstoff, Silicium oder das eigenwillige Eisen, vertreten (siehe *Grundkurs Kernphysik, Lektion 2: Fusion und Fission,* Seite 284).

Aber was war überhaupt der Grund dafür, dass diese Wolke so plötzlich auf die Idee kam, ihre Gas- und Staubpartikel zusammenzutrommeln? Und woher kamen diese Elemente überhaupt? Um dies zu beantworten, setzen wir unsere Reise Richtung Vergangenheit weiter fort und landen damit direkt im nächsten Kapitel …

Was war eigentlich der Anstoß dafür, dass aus einer einst kalten, dunklen Wolke unsere heute so hell strahlende Sonne mit all ihren Planeten und den ganzen anderen kleinen Himmelskörpern entstehen konnte? In diesem Kapitel wird sich zeigen, dass die Vorgänge in unserem Universum einem immerwährenden Kreislauf des Werdens und Vergehens folgen, der genau in dem Moment einzusetzen begann, als die allerersten Sterne das Licht der Welt erblickten.

Wir werden sehen, dass diese Sterne, die nach langer Zeit zum ersten Mal Licht und Kontrast in eine zuvor stockdunkle Welt brachten, in vielen Dingen anders waren, als es jede weitere Sterngeneration nach ihnen sein sollte. Nachdem der erste von ihnen nach einem unglaublich kurzen, aber dafür umso aufregenderen Leben wieder von der Bildfläche verschwand, sollte in unserem Universum nichts mehr so sein, wie es vorher war.

Wir begeben uns nun auf unsere bisher längste Reise Richtung Vergangenheit und werden damit, beachtliche 13,5 Milliarden Jahre vor unserer Zeit, bei dieser allerersten, außerordentlich besonderen Sternenart in unserem Universum landen: den Population-III-Sternen.

5

Die dunklen Zeiten sind vorbei

Der erste Stern macht das Licht an

5.1 Startschuss für den Kollaps

Warum unsere Molekülwolke in sich zusammenbrach

Wie wir im letzten Kapitel miterleben konnten, musste zunächst ein recht großflächiges Gebiet aus lose verteilten Teilchen ordentlich heruntergekühlt werden, damit am Ende die Geburt unserer heute in ihrem Inneren 15 Millionen Kelvin heißen Sonne einsetzen konnte.

Doch einfach so passierte dies nicht. Damit sich die einst extrem weitläufig verteilten Gas- und Staubteilchen von einer kalten, fluffigen Wolke zu einem heißen, dichten Stern zusammenziehen konnten, musste von irgendwoher ein Anstoß erfolgen. Außerdem stellt sich die Frage, wie unsere solare Urwolke überhaupt zu ihrer chemischen Zusammensetzung kam, die heute das gesamte Sonnensystem prägt.

Wie wir gleich sehen werden, lässt sich beides, sowohl der Startschuss zur Entstehung unserer Sonne als auch ihre heutige Elementverteilung, auf ein einziges Ereignis zurückführen – die Explosion eines anderen Sterns …

Turbulente Teilchen

Verfolgen wir zunächst die Nachwehen jenes Sternenabgangs, die wohl dafür verantwortlich waren, dass wir uns heute überhaupt über irgendetwas den Kopf zerbrechen können. Unsere neblige Wolke war also dank des regen Austauschs unter ihren geladenen Teilchen und später dank des unruhigen Verhaltens ihrer Moleküle auf frostige zehn Kelvin heruntergekühlt (siehe *Zwei Phänomene mit seltsamen*

Namen, Seite 441/*Elektronen-Pingpong,* Seite 435/*Zappeln und Rotieren,* Seite 429). Nun waberte sie eiskalt im All umher und wartete darauf, dass sich ihr unspektakuläres Dasein in irgendeiner Weise ändern möge. Dies tat sie wohl sehr lange. Irgendwann sollte es dann aber endlich so weit sein, und das bis dahin völlig monotone Leben der Molekülwolke erfuhr eine dramatische Wende.

Plötzlich kam es zu heftigen Turbulenzen. Die Teilchen wurden an manchen Stellen der Wolke durch einen seltsamen Sturm, der mit bis zu 10 000 Kilometern pro Sekunde auf sie zuraste, immer enger zusammengedrängt. Doch nicht nur das – dieser ominöse Wind hatte außerdem auch Passagiere an Bord. Unter die chemischen Elemente unserer Urwolke mischten sich ihnen bis dahin völlig fremde, wesentlich schwerere Gesellen (siehe Fotografie 35). Die sogenannte Metallizität, also der Anteil an schweren Elementen in unserer Gaswolke, stieg damit erheblich. Doch kaum hatten sich alte und neue Elemente miteinander vertraut gemacht, sorgte der weiterhin anhaltende starke Sturm dafür, dass dieses erste vorsichtige Beschnuppern abrupt unterbrochen wurde. Die Elemente, die sich gerade frisch kennengelernt hatten, wurden gnadenlos durchmischt und kamen sich unweigerlich immer näher.

Eine Stoßwelle war wohl der Auslöser dafür, dass unsere heruntergekühlte Molekülwolke zusammenzustürzen begann. Dabei wurde die Geburtsstätte unseres Sonnensystems außerdem mit vielen neuen, schweren Elementen angereichert.

Und nun passierte etwas im wahrsten Sinne des Wortes *Gravierendes:* Sobald sich die Teilchen nämlich nahe genug auf die Pelle rückten, sah die Gravitation ihre Chance gekommen. Endlich war sie stark genug, um ihr Werk verrichten zu können – der Kollaps der Wolke setzte ein, und die Entstehung unserer Sonne begann (siehe *Lichte Dichte,* Seite 419).

[Fotografie 35] ***Eine Stoßwelle komprimiert die bis dahin weniger dicht beieinandersitzenden Teilchen und bringt neue, schwere Elemente hinein***

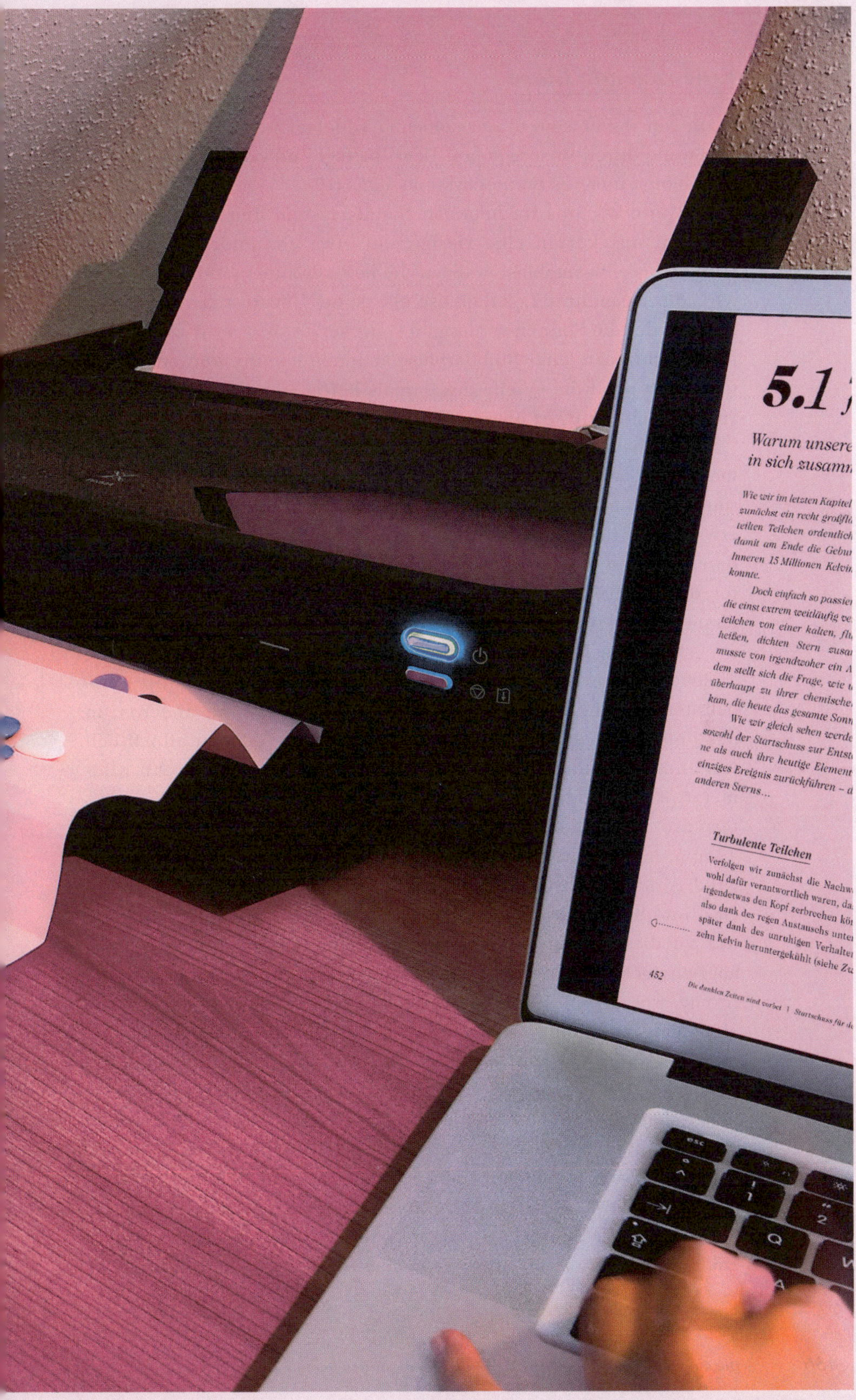
5.1
Warum unsere
in sich
Turbulente Teilchen
452
Die dunklen Zeiten sind vorbei | Startschuss für

Eine rasende Blase

Doch von woher kam dieser seltsame Teilchensturm, der als heftige Stoßwelle durch unsere solare Urwolke fegte und damit den Anstoß zur Geburt unseres Sonnensystems lieferte?

Wenn wir uns im heutigen Sonnensystem umsehen, fällt auf, dass um uns herum eine riesige, auf etwa einhundert Lichtjahre ausgedehnte Plasmablase wabert, die heiße Röntgenstrahlen aussendet – die sogenannte Lokale Blase. Sie ist der Überrest des damaligen Sturms, der die Sonnenwerdung in Gang setzte. Wenn wir zurückverfolgen, wie es zu jener Blubberblase kommen konnte, werden wir automatisch auch die Quelle des damals heftig wütenden Windes aufspüren. Schreiten wir also zur Tat:

Die heutige Lokale Blase strahlt offensichtlich große Energiemengen ab, was die vielen Röntgenphotonen belegen, die dort herumsausen. Außerdem bewegt sich die Plasmaschwade inzwischen mit etwa zehn Kilometern pro Sekunde recht gemächlich voran und ist damit kaum schneller als die Teilchen in ihrer Umgebung. Das bedeutet, dass sie früher einmal wesentlich rasanter, energiegeladener und damit auch heißer unterwegs gewesen sein muss.

Vor rund 100 000 Jahren war dies wohl der Fall. Bevor sich die Teilchen der Lokalen Blase auf weiträumige 100 Lichtjahre ausdehnten und ihr Tempo durch den Zusammenstoß mit anderen, in der Umgebung herumlungernden, langsameren Teilchen allmählich von einigen hundert Kilometern pro Sekunde auf lausige zehn Kilometer pro Sekunde abfiel, eilten sie mit sagenhaften 10 000 Kilometern pro Sekunde durch das All. Damals hatten sie also genau jenes Tempo, mit dem wohl unsere Urwolke von dem besagten Teilchenwind gerammt wurde. Die Plasmablase, die unsere locker verteilte Gas- und Staubansammlung damals ordentlich in Aufruhr versetzte, war zu diesem Zeitpunkt etwa sieben Lichtjahre groß. Durch ihr aberwitziges Tempo donnerte sie mit voller Wucht gegen etliche Atome, woraufhin diesen vor Schreck die Elektronen entweder völlig abhandenkamen oder sie zumindest hektisch in ihren Hüllen auf und ab sprangen (siehe *Vom Verschlucken und Wiederausspucken,* Seite 138). Um die rasende Blase herum begann es daraufhin ordentlich zu leuchten (siehe Fotografie 36).

Das Gas, welches die schnellen Teilchen heimsuchte, wurde aber wie gesagt nicht nur zum Leuchten angeregt – immerhin etwa eintausend Jahre hielt dieses sichtbare Strahlen an –, sondern die bis dahin friedlich dahinvegetierende, kühle Materie wurde außerdem auch immer weiter zusammengequetscht – oder wie der Astronom es ausdrücken würde: Sie wurde geschockt. Die heutige Lokale Blase ist damit der Überrest einer einstigen Schockwelle, die unsere solare Urwolke heimsuchte und damit die Geburt unserer Sonne einleitete. Tatsächlich ist sie jedoch eigentlich der Überrest eines Überrests, denn bei jener Stoßwelle handelte es sich höchstwahrscheinlich um die Nachwehen einer Sternexplosion – einer sogenannten Supernova.

Ein platzender Stern

Kurz bevor die auf Krawall gebürstete Gasblase ohne Rücksicht auf Verluste durch das All fegte, muss sich also ein anderer Stern aus unserem Universum verabschiedet haben. In einer gewaltigen Explosion drückte er unsere solare Urwolke nicht nur immer mehr zusammen, sondern reicherte sie außerdem mit vielen neuen, schweren Elementen an, aus denen zu einem Großteil auch wir bestehen (siehe *92 Prozent Sternenstaub,* Seite 466). Ganz nach dem Prinzip: Ein Stern geht, der nächste Stern kommt (siehe *Ein Stern geht, der nächste kommt,* Seite 462).

Dieser Abgang, der, wie sich später noch zeigen wird, äußerst spektakulär vonstattenging, muss einige hundert Millionen Jahre vor dem Zusammenbruch unserer Gaswolke stattgefunden haben. Wir befinden uns nun somit etwa 4,7 Milliarden Jahre weit in der Vergangenheit. Schauen wir uns dieses Spektakel, das sich damals ganz in der Nähe unseres heutigen Sonnensystems ereignete, etwas genauer an:

Von der Sonne war weit und breit noch nichts zu sehen. Dennoch war es in dem Gebiet, in dem unser Stern später einmal entstehen sollte, beachtlich hell und heiß. Mit einer Leuchtkraft, die so stark war, dass zehn Milliarden Sonnen zusammen hätten strahlen müssen, und einer Temperatur, die mit bis zu zehn Millionen Kelvin ebenfalls jenseits von Gut und Böse lag, war gerade eine ziemlich heftige Explosion in vollem Gange. Alle Gasteilchen, die nicht rechtzeitig bei drei auf den Bäumen waren, wurden dabei zum Leuchten verpflichtet. Was sich hier abspielte, setzte mehr Energie in Form von Licht frei, als es unsere später geborene Sonne in ihrem gesamten Leben tun wird (siehe *1 plus 1 ist weniger als 2,* Seite 312). Außerdem hagelte es schwere Elemente, dass es eine wahre Freude war. Während vorher nur einige wenige der schwereren Kandidaten, wie beispielsweise das eigenbrötlerische Eisen, anzutreffen waren, kam es nun zu einer regelrechten Metallschwemme. In einer halsbreche-

[Fotografie 36] ***Die Stoßwelle einer Supernova regt die Materie in ihrer Umgebung zum Leuchten an – eine Plasmablase entsteht***

rischen Druckwelle sausten unter anderem Silicium, Schwefel, Titan, Nickel und viele andere schwere Brocken gegen die sichtlich überraschten übrigen Elemente, die kurz zuvor noch völlig träge und entspannt bei zehn Kelvin Raumtemperatur umhergetrieben waren (siehe *Wie der Ball ins Rollen kam,* Seite 447). Während große Teile der gerammten Gaswolke bei dieser stürmischen Aktion stark aufgeheizt und auseinandergerissen wurden, konnte sich ein kleiner Teil von ihr dank der mit dem Teilchenregen einhergehenden Schockwelle stark genug zusammenziehen, um die Entstehung unserer Sonne in Gang zu setzen (siehe *Lichte Dichte,* Seite 419).

Doch warum kam es überhaupt zu dieser gleißend hellen Explosion, die für fast neunzig Prozent der schweren Elemente verantwortlich ist, die sich im heutigen Sonnensystem befinden? Zunächst einmal wollen wir jenem Teilchenfeuerwerk einen Namen geben: Was unsere bis dahin völlig unbeschwerte, kalte Gaswolke damals wohl heimsuchte, war eine Supernova vom Typ II. Das klingt an sich zunächst recht unspektakulär, doch diese Art der Explosion hat es in sich. Zu einer Supernova Typ II kommt es nämlich immer dann, wenn ein ziemlich massereicher Stern explodiert (siehe *Andenken im All,* Seite 475). Das Exemplar, welches uns den besagten Elementeregen bescherte, war wohl etwa 25-mal größer als unsere Sonne. In einem nicht gerade subtilen Abgang säte der große, platzende Stern seine Einzelteile einige zehn bis einhundert Lichtjahre weit in den Raum und erwischte damit auch unsere solare Urwolke auf voller Breitseite. Am Ende ihrer Reise wurden die anfangs mit den bereits erwähnten 10 000 Kilometern pro Sekunde reisenden Teilchen immer langsamer, bis sie sich schließlich nach etwa 100 000 Jahren ganz unauffällig mit dem Rest der Umgebung vermischten. Nun war auch von der leuchtend wabernden Plasmablase, die mit der Explosion einherging, nicht mehr viel zu sehen. Das Gas hatte sich abgekühlt, und der Spuk war vorbei.

Die Schockwelle, die unsere solare Urwolke wohl vor 4,7 Milliarden Jahren heimsuchte, könnte von der Explosion eines ehemals recht großen Sterns ausgegangen sein.

Und während der einst große, wuchtige Stern von damals nunmehr der Vergangenheit angehörte, ermöglichte er immerhin durch seine selbstzerstörerische Aktion mindestens einem anderen Stern, sich zu bilden – unserer Sonne.

5.2 Die Sache mit dem Sternenstaub

Wiederverwertung im All

Wie es zu einer derartigen Sternenexplosion kommen konnte, werden wir im Laufe dieses Kapitels noch sehen. An dieser Stelle soll zunächst eine andere Tatsache hervorgehoben werden – eine der im Übrigen wohl bedeutendsten Erkenntnisse der Wissenschaft überhaupt: die Sache mit dem Sternenstaub …

Ein Stern geht, der nächste kommt

Das Sonnensystem gibt es höchstwahrscheinlich nur deshalb, weil ein anderer Stern einst explodierte. Doch nicht nur dieses eine Exemplar war von Bedeutung. Auch vor ihrer überraschenden Bekanntschaft mit den schnell herbeirasenden Teilchen war unsere solare Urwolke von Elementen durchsetzt, die ursprünglich aus dem Inneren eines anderen Sterns stammten oder durch das Ableben eines solchen gebildet wurden. In unserem Universum findet nämlich eine feinsäuberliche Wiederverwertung der Elemente statt – ein Vorgang, der auch als Stern-Gas-Stern-Zyklus bezeichnet wird (siehe Grafik 60). Wenn ein Stern stirbt (siehe Grafik 60a), gibt er in aller Regel das meiste seiner Einzelteile an das Universum zurück (dies tut er übrigens auch bereits zu Lebzeiten in Form von Sternwind) und bildet dabei außerdem ganz nebenbei eine Menge weiterer, neuer schwerer Elemente (siehe Grafik 60b/*Nutzen und Aufwand,* Seite 485). War der Stern groß genug, verabschiedet sich am Ende seines Lebens eine heiße, meist ringförmige Plasmablase – ganz ähnlich dem Modell, das uns eben erst über den Weg lief – mit anfangs beachtlichen Geschwindigkeiten in die Weiten des Alls und trägt dabei die chemischen Bausteine, die einst Bestandteile des Sterns waren, zusammen mit den durch die Explosion neu entstandenen Elementen in den Raum. Dort treffen die Teilchen unter anderem auch auf Gaswolken, die genau wie damals das Vorgängermodell unserer Sonne gerade dabei sind, abzukühlen, um langsam, aber sicher ihre ersten Moleküle zu bilden, damit sie ihre Temperatur endlich auf frostige zehn Kelvin herunterregeln können (siehe Grafik 60c/*Zappeln und Rotieren,* Seite 429).

Durch die mit der Sternexplosion oder den schwächeren Sternwinden einhergehenden Turbulenzen kann in solch eisgekühlten Wolken schließlich die Geburt eines neuen Sterns eingeleitet werden (siehe Grafik 60d/*Turbulente Teilchen,* Seite 452). Der frisch geschlüpfte Plasmaball wird bald darauf selbst durch die Kernfusion Wasserstoff zu Helium fusionieren. Einen Teil seiner Hülle wird er im Laufe seines Lebens durch seinen Sternwind wieder in die Umgebung pusten, und irgendwann, wenn sein Vorrat an freien Protonen im Kern schließlich zur Neige geht, wird auch er, wenn er denn mit genügend Größe gesegnet wurde, explodieren, dabei weitere schwere Elemente bilden, um direkt im Anschluss seine Überreste der galaktischen Wiederverwertung zur Verfügung zu stellen (siehe *Andenken im All,* Seite 475).

Der Materiekreislauf ist damit geschlossen. Durch das ständige Werden und Vergehen der Sterne nimmt folglich im Laufe der Zeit die Anzahl an schweren Elementen in unserem Universum allmählich zu. Je jünger ein Stern ist, desto mehr Metalle kann er deshalb in seinem Inneren verbuchen (siehe *I, II oder III?,* Seite 469).

Sollte der Stern mit weniger Masse gesegnet worden sein, kommen seine Elemente bei seinem Ableben übrigens ebenfalls zu einem großen Teil der Wiederverwertung zugute. Am Ende von Kapitel 3 haben wir es am Beispiel unserer Sonne kurz angedeutet: Sobald sie ihren Wasserstoffvorrat aufgebraucht hat, wird in ihr die Gravitation zu wüten beginnen (siehe *Die Sonne wächst und schrumpft zugleich,* Seite 320). Die Sonne wird in ihrem Inneren von Mal zu Mal heißer werden und daraufhin in mehreren Schritten immer schwerere Elemente hervorbringen (siehe *Eine Schicht jagt die nächste,* Seite 528). Bei Sauerstoff und Kohlenstoff wird schließlich Schluss sein (siehe *Der Kohlenstoff brennt!,* Seite 514/*Das Helium brennt!,* Seite 515). Unser Stern wird seine Hüllen mit den darin enthaltenen Elementen als Planetarischen Nebel abstoßen und damit ebenfalls seinen Teil zur Wiederverwertung im All beitragen. Nur der kleine, im Laufe der Zeit immer weiter abkühlende Kern aus Sauerstoff und Kohlenstoff, ein sogenannter Weißer Zwerg, wird von unserer Sonne einmal übrig bleiben. Doch glücklicherweise ist bis dahin

[Grafik 60] **Der Stern-Gas-Stern-Zyklus**

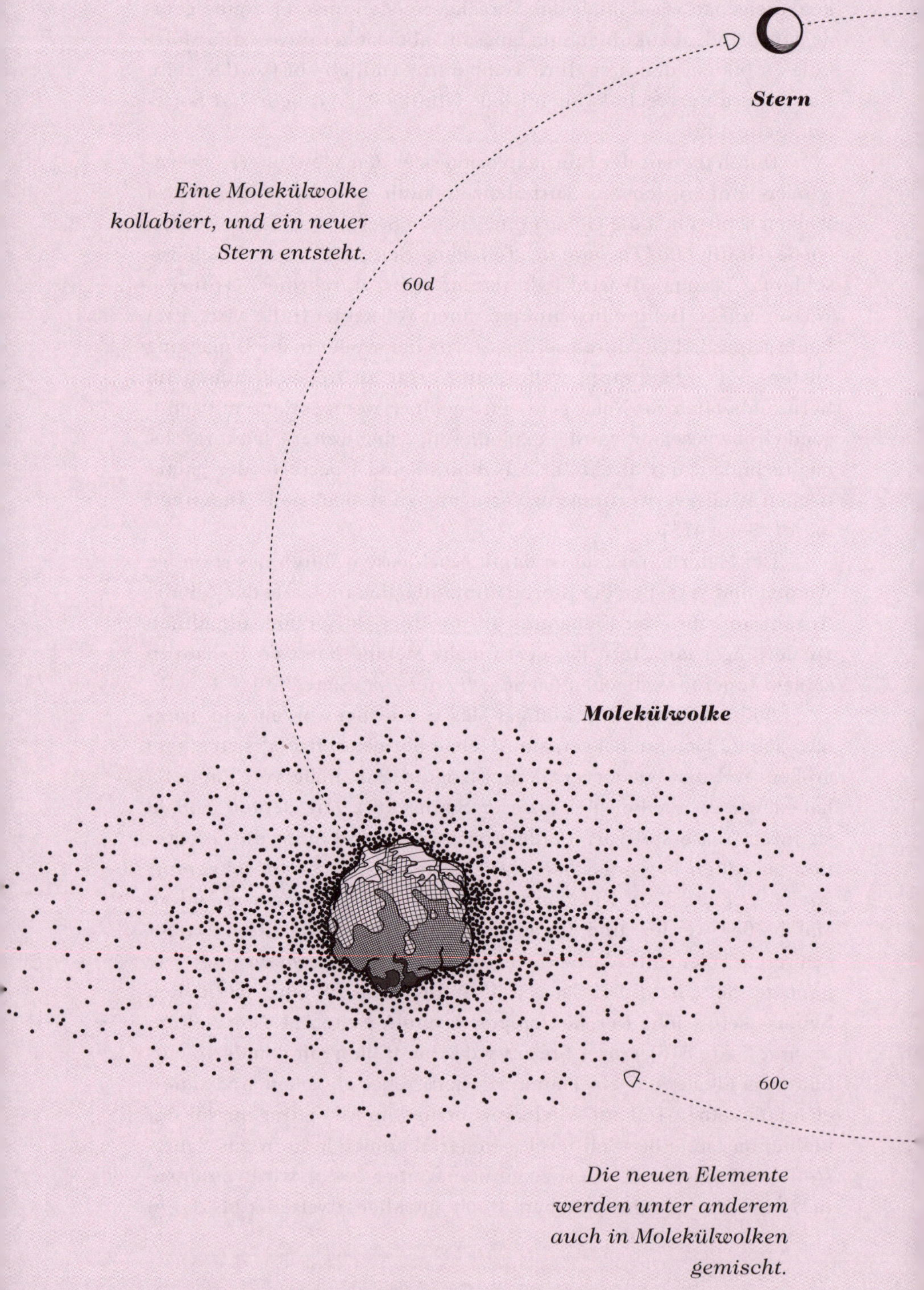

Ein Stern stirbt. Große Sterne explodieren als Supernova, kleinere Sterne werfen ihre Hüllen als Planetarischen Nebel ab.

60a

Der Kern des Sterns wird zu …

… einem Weißen Zwerg
(bei kleinen Sternen)

… einem Neutronenstern/Pulsar
(bei mittelgroßen Sternen)

… einem Schwarzen Loch
(bei großen Sternen)

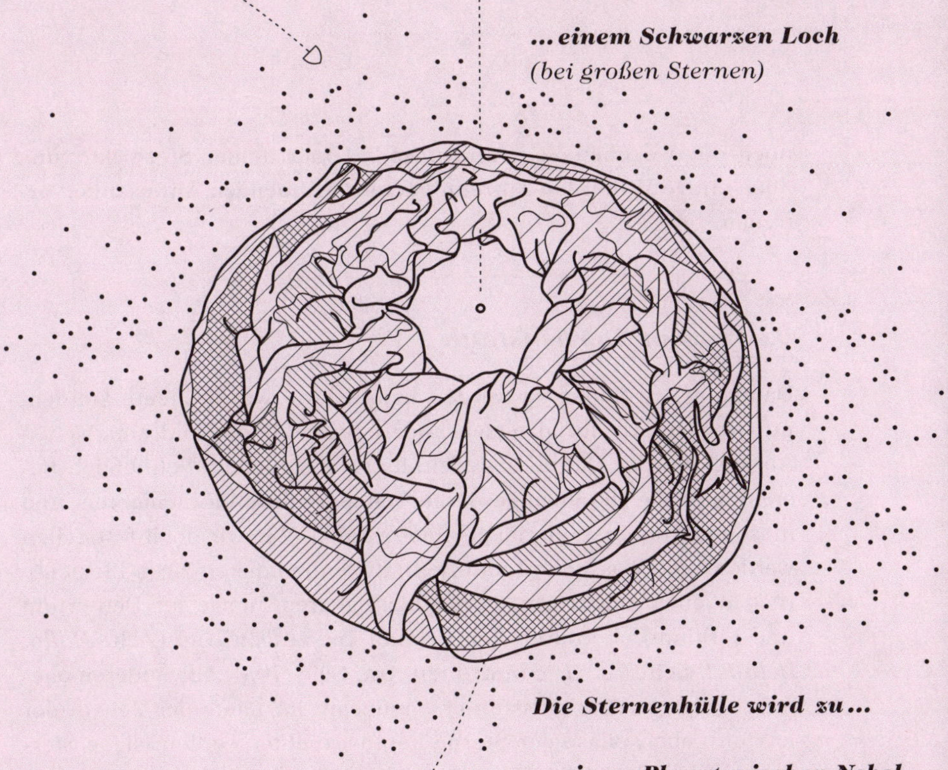

Die Sternenhülle wird zu …

… einem Planetarischen Nebel
(bei kleinen Sternen)

… einer Supernova
(bei großen Sternen)

Metalle

60b

Dabei gibt der Stern einen Teil seiner Bestandteile an das Universum zurück. Außerdem reichert er seine Umgebung mit neuen, schweren Elementen an – der Metallgehalt steigt.

noch ein Weilchen Zeit, und unser kleiner, feiner Stern darf uns noch einige Milliarden Jahre mit seiner wärmenden Anwesenheit erfreuen …

92 Prozent Sternenstaub

Damit unsere Sonne so werden konnte, wie wir sie heute kennen, mussten sich vor ihr also viele andere Sterne in einem dramatischen Abgang von der Bühne des Weltalls verabschieden. Schließlich besteht auch sie zu einem gewissen Teil aus schweren Elementen, und diese mussten erst einmal gebildet werden. Wie wir noch feststellen werden, sind Wasserstoff und Helium nämlich die einzigen Elemente (neben einer mickrigen, vernachlässigbaren Menge an Deuterium und Lithium), die durch den Urknall entstanden sind (siehe *Hallo, Helium!,* Seite 702/*Die Hadronen-Ära,* Seite 708). Alle anderen chemischen Bausteine mussten erst mühsam im Laufe der Zeit in der letzten Lebensphase der Sterne herangezüchtet werden (siehe *Sternenzwiebel,* Seite 494). Dass dies in der Tat eine äußerst langwierige Geschichte ist, dürfte klar werden, wenn wir uns vor Augen führen, dass das Universum immerhin schon stolze 13,7 Milliarden Jahre auf dem Buckel hat und dennoch gerade einmal winzige zwei Prozent unseres Sonnensystems aus diesen »neuen« Elementen zusammengesetzt sind (siehe *Wie der Ball ins Rollen kam,* Seite 447).

Doch diese winzigen zwei Prozent haben es in sich. Denn ohne schwere Elemente – besonders wichtig ist hierbei der enorm bindungsfreudige Kohlenstoff – kann sich Leben nicht entwickeln. Und da die Erde und auch wir selbst zu etwa 92 Prozent aus genau jenen schweren Elementen bestehen, verdanken wir unsere Existenz einem großen intergalaktischen Wiederverwertungsprozess und sind damit tatsächlich Sternenstaub.

In unserem Universum findet durch das Leben und Sterben der Sterne eine fortwährende Wiederverwertung der Elemente statt. Mit der Zeit nimmt dabei der Metallgehalt allmählich zu.

Da wir zu 92 Prozent aus diesen schweren Elementen bestehen, sind wir im Grunde tatsächlich Sternenstaub.

5.3 Der erste Stern vergeht

Der Materiekreislauf beginnt

In unserem Universum herrscht also ein fortwährender Kreislauf des Werdens und Vergehens, bei dem sehr gemächlich immer mehr schwere Elemente zum Vorschein kommen. Wenn man das Ganze allerdings weiter und weiter zurückspult, kommt man irgendwann unweigerlich an einen entscheidenden Wendepunkt: den allerersten Stern. Wann hat er sich gebildet? Wie hat er sich gebildet und vor allem: Wie sah sein Ende aus, das schließlich den gesamten heutigen Materiekreislauf in Gang gesetzt hat? Dazu wollen wir nun die letzten Entwicklungsschritte jenes allerersten Sterns in diesem Universum in gewohnter Manier rückwärtsverfolgen.

I, II oder III?

Bevor wir uns dem unerfreulichen Ende der ersten richtigen Lichtquelle unseres Universums widmen, müssen wir zunächst einmal klären, was die allerersten Sterne überhaupt von den heutigen unterscheidet:

Es gibt grundsätzlich drei Sternengruppen, die sogenannten Populationen. Unsere Sonne ist beispielsweise ein Population-I-Stern. Diese Sternengeneration ist vergleichsweise jung. Entsprechend hoch ist damit der Anteil an schweren Elementen, aus denen sie besteht (siehe *Ein Stern geht, der nächste kommt,* Seite 462). Dann gibt es da noch die Population-II-Sterne. Sie stellen die goldene Mitte zwischen den heutigen jungen und den damaligen allerersten Sternen dar. Sie haben viel weniger Metalle vorzuweisen – doch immerhin haben sie welche. Bei der letzten Gruppe, den Population-III-Sternen, sah es mit dem Metallgehalt hingegen sehr düster aus. Da sie die

Pioniere unter den Sternen waren, konnten sie auf keinerlei schweres Material zurückgreifen, das andere Sterngenerationen vor ihnen davongeschleudert hatten – es gab ja schließlich bis dahin noch gar keine Sterne! Die Metallizität eines Population-III-Sterns betrug damit null. Sie bestanden ausschließlich aus Wasserstoff und Helium (siehe *Metallmangel,* Seite 606).

Die allerersten Sterne bestanden ausschließlich aus Wasserstoff und Helium. Ihre Metallizität betrug damit null.

Und während es im heutigen Universum von Sternen der Population I nur so wimmelt, und auch noch einige Exemplare der Gruppe II vereinzelt anzutreffen sind, gehören die Population-III-Sterne wohl zu einer ausgestorbenen Art. Bisher wurde noch keiner von ihnen gefunden. Das mag auch nicht weiter verwundern, denn schließlich entstanden diese Sonderlinge bereits vor 13,5 Milliarden Jahren und waren außerdem durch ihre gewaltige Masse nicht gerade mit einem langen Leben gesegnet (siehe *Die Ruhe vor dem Sturm,* Seite 543). Warum sie überhaupt so groß waren, wird allerdings erst am Ende dieses Kapitels verraten (siehe *Erschwerte Startbedingungen,* Seite 607) ...

Die Egozentriker unter den Sternen

Da wir dieses Kapitel mit der Explosion eines Sterns begonnen haben, die wohl die Ursache für die Entstehung unseres Sonnensystems war, wollen wir jetzt genau dort wieder anknüpfen, um den Ablauf der Supernova weiter in der Zeit zurückzuverfolgen (siehe *Ein platzender Stern,* Seite 457). Allerdings machen wir nun einen gewaltigen Zeitsprung und knöpfen uns nicht mehr jene Sternexplosion vom Typ II vor, die damals durch das Ableben eines massereichen, relativ jungen Sterns ausgelöst wurde, sondern wir untersuchen stattdessen die allererste Supernova, die es in diesem Universum jemals gegeben haben könnte – die Explosion, die entstand, als einer der ersten Sterne starb.

Wir befinden uns nun 13,5 Milliarden Jahre weit in der Vergangenheit beziehungsweise 200 Millionen Jahre nach dem Urknall (siehe *Der erste Symmetriebruch,* Seite 765). Was damals passierte, muss ganz ähnlich abgelaufen sein wie die Vorgänge, die wir heute beobachten, wenn es einen Stern zerfetzt. So gab es ebenfalls eine große Plasmablase zu bestaunen, die sich immer weiter in den Raum ausbreitete und die in ihr enthaltenen Elemente großzügig verteilte (siehe *Eine rasende Blase,* Seite 456). Einen Unterschied gab es aber dennoch: Die allerersten Plasmablasen trafen damals nicht auf eisgekühlte Molekülwolken, die freudig darauf warteten, zusammengequetscht und damit selbst zum Stern zu werden (siehe *Vom Molekül zum Stern,* Seite 423). Doch warum eigentlich nicht?

Wie wir am Ende des vierten Kapitels gesehen haben, muss eine Gaswolke, um in sich zusammensacken zu können, etwa zehn Kelvin kalt sein. Dazu sind allerdings die besagten Moleküle nötig, die durch ihr Gezappel ordentlich Energie abtransportieren können (siehe *Zappeln und Rotieren,* Seite 429). Womit wir auch schon beim ersten größeren Problem angekommen wären, das sich der Sternentstehung damals in den Weg stellte: Kühlende Moleküle, wie das in unserem Beispiel vorgestellte Kohlenmonoxid, gab es nämlich zu jener Zeit noch gar nicht! Die ersten Gaswolken mussten zur Molekülbildung somit ausschließlich mit Wasserstoff und Helium vorliebnehmen, und damit war die Elementevielfalt alles andere als atemberaubend. Doch wie wir wissen, scheidet Helium wegen seines eigenwilligen Edelgascharakters direkt aus, wenn es um die Vereinigung mit weiteren Elementen geht. Um Moleküle dennoch hervorzubringen, mussten die allerersten Gaswolken deshalb ausschließlich auf Wasserstoff zurückgreifen. Dieser war zwar im Überfluss vorhanden, allerdings nicht gerade pflegeleicht, was die Verbindung unter seinesgleichen betraf. Wenn es gut lief, gelang es den ersten Gaswolken, das Molekül H_2 herzustellen. Es gehört allerdings nicht gerade zu den stabilsten Kandidaten. Der kleinste Hauch eines energiereichen Photons genügte bereits, und schon waren die beiden Wasserstoffatome wieder entzwei (siehe Fotografie 37).

Um einen Population-III-Stern zu bilden, konnten die ersten Gaswolken lediglich auf äußerst empfindliche Wasserstoffmoleküle zurückgreifen.

[Fotografie 37] ***Population-III-Sterne trennten durch ihre harte UV-Strahlung die empfindlichen Wasserstoffverbindungen*** *(gelbe Knöpfe)* ***in ihrer Umgebung; Heliumatome*** *(rosarote Knöpfe)* ***können wegen ihres Edelgascharakters keine Moleküle bild***

Blöderweise hatten gerade jene scharf schießenden Photonen in der Nähe von Population-III-Sternen nicht eben Seltenheitswert. Da die ersten Sterne äußerst dicke Brocken waren, versprühten sie bereits zu Lebzeiten heftige UV-Strahlung in den Raum und ionisierten damit sogar neutrale Atome im großen Stil (siehe *Die Anarchie der geladenen Teilchen,* Seite 237/*Kurswechsel im Kosmos,* Seite 596). Die unglaublich energiereichen Photonen, die schließlich bei der Explosion eines solchen dicken Brummers das Weite suchten, setzten schlussendlich jeder noch so willensstarken Wasserstoffverbindung ein jähes Ende.

Heute ist dies anders. Zum einen sind die zarten Molekülpflänzlein dank der schweren Elemente ein wenig robuster, zum anderen haben sie einen guten Freund, der sie vor der bösen Außenwelt beschützt – den Staub (siehe *Staub als praktisches Helferlein,* Seite 424). Und schon sind wir beim zweiten großen Problem angekommen, das die ersten Gaswolken zu bewältigen hatten: Staub gab es nämlich ebenso wenig. Denn ohne schwere Elemente keine staubigen Helfer.

Die allerersten Wolken hatten es deshalb nicht gerade leicht, wenn sie eine spätere Karriere als Stern anstrebten. Sie konnten zur Kühlung ausschließlich auf die mimosenhaften Wasserstoffmoleküle zurückgreifen, die sich für solche Zwecke eigentlich kaum eigneten, und waren gleichzeitig schutzlos harter Strahlung ausgeliefert.

Durch ihre harte UV-Strahlung zerstörten die Population-III-Sterne sämtliche Wasserstoffverbindungen in ihrer Nähe und erlaubten es damit keinem anderen Stern, sich zu bilden – schützenden Staub gab es wegen der damals fehlenden Metalle schließlich noch nicht.

Sobald der erste Stern Licht in die Welt auszusenden begann und schon kurz darauf gewaltig explodierte, ermöglichte er es keineswegs einem anderen Stern in seiner Nähe, sich zu bilden, sondern ganz im Gegenteil – er verhinderte es. Population-III-Sterne waren damit ziemlich rücksichtslose Platzhirsche, die keinen anderen Nachbarn in ihrer Nähe duldeten. Die einzige Chance, die andere

Gaswolken hatten, einen weiteren Population-III-Stern hervorzubringen, bestand deshalb einzig und allein darin, mit ein wenig Glück möglichst weitab vom Schuss platziert zu sein und damit in aller Ruhe mithilfe der leidigen Wasserstoffmoleküle abzukühlen. Wie dieses mühsame Prozedere genau ablief, werden wir am Ende dieses Kapitels noch begutachten (siehe *Erschwerte Startbedingungen*, Seite 607).

Andenken im All

Konzentrieren wir uns aber zunächst wieder auf die Supernova, die mit dem Abgang des ersten Sterns einherging. Wenn wir davon ausgehen, dass sie entstand, nachdem ein Population-III-Stern von etwa 200 Sonnenmassen in die ewigen Jagdgründe einging, unterschied sie sich im Grunde kaum von heutigen Sternexplosionen. Die Vorgänge, die damals mit dem relativ jungen, dicken Stern passierten, kurz bevor sich unsere Sonne in ihre Existenz stürzte, waren somit wohl nahezu identisch mit den Geschehnissen, die sich während des Abgangs unseres ersten Sterns ereigneten – einzig waren damals noch wesentlich weniger schwere Elemente beteiligt.

Wenn wir einen genaueren Blick auf das werfen, was damals vor 13,5 Milliarden Jahren passierte, verstehen wir deshalb automatisch auch, was vor im Vergleich dazu lächerlich wirkenden 4,7 Milliarden Jahren in der Nähe unseres heutigen Sonnensystems vor sich ging. Legen wir also los und begeben uns direkt in den Mittelpunkt des Geschehens – dorthin, wo einst einer der ersten Population-III-Sterne sein Dasein fristete:

Wegen seiner wuchtigen Masse war der Wasserstoffvorrat im Kern unseres Beobachtungsobjekts recht schnell verbraucht. Bereits nach nur 450 000 Jahren waren die Tage unseres ersten Sterns gezählt. Bevor es ihn allerdings zerbröselte, passierte mit ihm das genaue Gegenteil: Er implodierte. Der große Plasmabrocken fiel durch die Last seines eigenen Gewichts ungebremst in sich zusammen, nachdem die letzten frei verfügbaren Atomkerne in seinem Inneren vereinigt wurden und nun kein ebenbürtiges Gegengewicht zur Gravitation mehr vorhanden war (siehe *Ganz schön raffiniert*, Seite 318/*Die Sonne wächst und schrumpft zugleich*, Seite 320). Aus dem einst strahlenden Stern wurde dabei schrittweise schließlich Sternenmatsch.

Nach nur 450 000 Jahren war das Leben eines Population-III-Sterns mit 200 Sonnenmassen bereits wieder beendet.

Während seine gesamten Hüllen Richtung Zentrum sausten, passierte nämlich etwas Unerhörtes: Wie wir wissen, besteht das gemeine Atom an sich vor allem aus leerem Raum. Die negativ geladenen Elektronen flitzen in weiter Ferne um den winzig kleinen Atomkern herum, der wiederum durch die dort heimischen Protonen positiv geladen ist. Und obwohl sich entgegengesetzte Ladungen eigentlich anziehen, wird durch das flotte Umherirren der Elektronen verhindert, dass sie den Protonen im Kern zu nahe kommen. So weit, so gut. In dem Moment, als sich unser massiver Stern allerdings für den Totalzusammenbruch entschied, änderte sich dies. Der Druck der sausenden Elektronen konnte den niederprasselnden Materiemassen nun nicht mehr standhalten.

Mit diesem Druck haben wir übrigens ebenfalls bereits im ersten Kapitel Bekanntschaft gemacht, als wir uns die Effekte der Quantenmechanik vorknöpften (siehe *Die große Revolution des ganz Kleinen,* Seite 56): Die Rede ist vom Fermi-Druck, auch Entartungsdruck genannt, der entsteht, weil sich zwei Materieteilchen wegen ihres halbzahligen Spins maximal zu zweit im selben Raumbereich aufhalten dürfen – und dies auch nur dann, wenn ihr Drehimpuls verschieden ist (siehe *Fermionen sind verfeindet,* Seite 82/*Halb oder ganz? Die Sache mit dem Spin,* Seite 85).

Dieser besagte Druck reichte nun allerdings nicht mehr aus, um den Kern unseres Sterns gegen die Last der Schwerkraft zu stabilisieren. Die kleinen, negativ geladenen Teilchen flogen daraufhin schnurstracks ihrem Atomkern entgegen, woraufhin dies sowohl für das Elektron als auch für das Proton das Ende bedeutete. Stattdessen kam ein Neutron zum Vorschein. Und wie bei jeder Teilchenumwandlung fielen auch hier Reaktionsüberreste an – die federleichten und für ihre Ignoranz gegenüber herkömmlicher Materie bekannten Neutrinos traten auf den Plan. Und obwohl diese Teilchen eigentlich kaum mit irgendetwas wechselwirken, wurden im Zentrum des einstigen Sterns derart viele Protonen und Elektronen zu Neutronen umfunktioniert und dabei solch inflationäre Mengen an Neutrinos freigesetzt, dass sich daraufhin tatsächlich etwas tat.

Die nun einsetzende Schockwelle, die für das Aufheizen der übrig gebliebenen Sternenhülle von beschaulichen 3000 auf ungemütliche 200 000 Kelvin sorgte, und damit ihren Höhenpunkt in einem gewaltigen, etwa eine halbe Stunde lang auflodernden Blitz aus intensiver Röntgenstrahlung fand, um bald darauf als wabernde Plasmablase alte und neue Elemente in die Weiten des Alls zu säen, ist wohl fast ausschließlich den nach außen drängenden, fliegengewichtigen Neutrinos zuzuschreiben. Damit sind die kleinen, unscheinbaren Teilchen höchstwahrscheinlich der Hauptverursacher schlechthin für die Explosion jedes massereichen Sterns. Auch bei dem wuchtigen Brocken, der vor 4,7 Milliarden Jahren in der Nähe unseres heutigen Sonnensystems explodierte, sowie unserem noch viel massiveren Population-III-Stern waren sie folglich wohl das Zünglein an der Waage, um den Sternenriesen zum Platzen zu bringen.

Sobald ein ehemals großer Stern seinen Wasserstoffvorrat aufgebraucht hat, werden durch die Last seines eigenen Gewichts die Elektronen und Protonen in seinem Kern zu Neutronen zusammengequetscht. Die dabei freigesetzten Neutrinos könnten die Hauptverursacher der daraufhin einsetzenden Supernovaexplosion sein.

Sollten es Gaswolken aus reinem Wasserstoff in der Zwischenzeit gewagt haben, sich in der Nähe des ersten Sterns auf einen baldigen Kollaps vorzubereiten, war dieser Traum für sie nun ausgeträumt (siehe *Die Egozentriker unter den Sternen,* Seite 470). Erst in sicherer Entfernung waren die Überreste des einst riesigen Plasmaballs so weit abgekühlt und abgebremst, dass sie keinerlei Schaden mehr anrichten konnten. Stattdessen vermischten sie sich behutsam mit dem Rest der Umgebung, und somit war das Universum zum allerersten Mal ein wenig angereichert mit neuen, schweren Elementen. Sie sollten es zukünftigen Sternengenerationen wesentlich erleichtern, sich in ihre Existenz zu stürzen (siehe *Freier Fall,* Seite 414). Der Stern-Gas-Stern-Zyklus hatte damit begonnen (siehe *Ein Stern geht, der nächste kommt,* Seite 462).

Als der allererste Stern seine Bestandteile als Supernova in die Weiten des Alls schleuderte, setzte er damit den bis heute andauernden Stern-Gas-Stern-Zyklus in Gang.

Doch das war noch nicht alles – schließlich schleuderte die rasende Supernova nur die Hüllen des Sterns davon (siehe *Eine rasende Blase,* Seite 456). Sein Kern war immer noch vorhanden, wenn auch ziemlich seltsam verändert. Sterbende Sterne hinterlassen nämlich grundsätzlich nach ihrem Ableben ein Andenken im All (siehe Grafik 61). Dabei springt, je nachdem, wie viel Gewicht die traurigen Überreste des einstigen Kernfusionsreaktors nach dessen Abgang noch auf die Waage bringen, ein mehr oder weniger dubios wirkendes Restobjekt heraus.

Bei unserer Sonne wird dies ein noch halbwegs harmlos erscheinender, etwa erdgroßer Kohlenstoff-Sauerstoff-Klumpen sein – ein Weißer Zwerg eben (siehe Grafik 61a). Doch die Schwerkraft hat es auf solch einem Objekt bereits in sich: 20 Gramm Materie auf der Erde wiegen hier immerhin fünf Tonnen!

Etwas größere Sterne kommen nach ihrem Ende ein ganzes Stückchen kompakter davon: Sie hinterlassen eine wesentlich dichtere Eisenkugel als Andenken im All.

Bei noch massiveren Kandidaten springt der uns gerade eben begegnete seltsame Brocken aus Neutronen, ein sogenannter Neutronenstern (siehe Grafik 61b), heraus, der sich manchmal auch noch wie wild im Kreis dreht und dabei zwei Lichtkeulen an seinen Polen in den Raum schießt – ähnlich wie wir es bei der Geburt unserer Sonne beobachtet haben (siehe *Die Fülle der Hülle,* Seite 378). Ein derartig wild wirbelndes Ungetüm darf dann das Prädikat »Pulsar« tragen (siehe Grafik 61c/*Historische Überlegungen zu Schwarzen Löchern,* Seite 550). Ein solches elektrisch neutrales, zusammengeschnurrtes Gebilde ist in aller Regel gerade einmal zehn Kilometer groß. Da nun jedoch mit etwa 300 000 Erdmassen sehr viel Materie auf engstem Raum beisammensitzt, ist die Anziehungskraft eines Neutronensterns im wahrsten Sinne des Wortes niederschmetternd. Sollte man auf die glorreiche Idee kommen, es sich auf einem solch winzigen, dichten Ort gemütlich machen zu wollen, müsste man nicht nur ganz schön viel Gewicht mit sich herumschleppen – fünf

Gramm auf der Erde entsprächen hier geschlagenen 40 000 Tonnen! –, man würde außerdem binnen kürzester Zeit recht unschön zusammengequetscht werden. Die gesamte Masse der Erde wäre auf einem Neutronenstern beispielsweise auf nur wenige Zentimeter zusammengepfercht. Ein Zurück aus diesem Dilemma ist dann allerdings so gut wie ausgeschlossen: Um einen Neutronenstern wieder zu verlassen, müsste man nämlich etwa die Hälfte der Lichtgeschwindigkeit erreichen.

Von unserer Sonne wird einmal ein erdgroßer Kohlenstoff-Sauerstoff-Klumpen übrig bleiben, während sich die Reste ihrer Masse als Planetarischer Nebel im Raum verteilen werden.

Sterne, die etwas mehr Masse als unsere Sonne besitzen, hinterlassen später eine kompakte Eisenkugel im All.

Bei größeren Sternen wird der Kern am Ende ihres Lebens zu Neutronen zusammengepresst – ein Neutronenstern entsteht. Die Hüllen des Sterns werden in einer Supernovaexplosion in den Raum geschossen.

Manche Neutronensterne rotieren sehr präzise und schnell und senden dabei an ihren beiden Polen hochenergetische Strahlungsbündel aus – bei ihnen handelt es sich um Pulsare.

Sobald der Restkern eines Sterns noch mindestens drei Sonnenmassen vorzuweisen hat, ist die Gravitation stark genug, um ihn unendlich lange zusammenzupressen – ein Schwarzes Loch entsteht.

61a **Weißer Zwerg**

Entsteht aus einem Sternenkern mit weniger als 1,4 Sonnenmassen.

61b **Neutronenstern**

Entsteht aus einem …

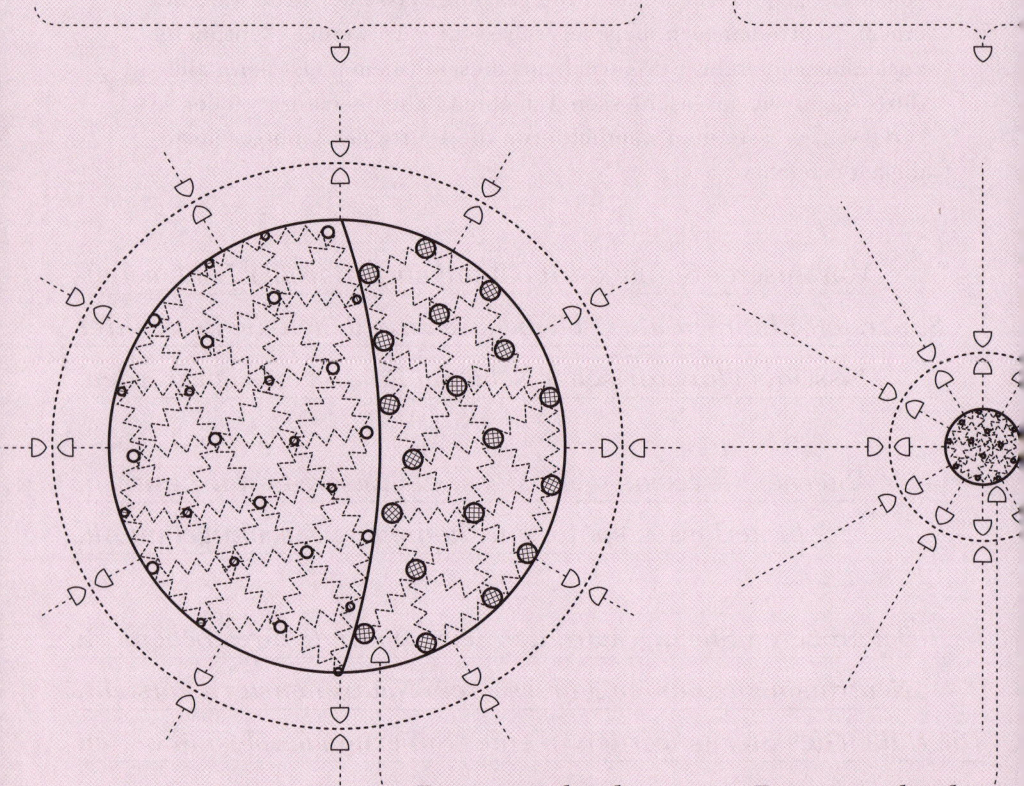

Entartungsdruck der Elektronen

Entartungsdruck der Neutronen

Ist die Restmasse des Sterns sehr gering …

Ist die Restmasse des Sterns etwas größer …

Kohlenstoff **Sauerstoff** **Eisen**

… stabilisiert der Entartungsdruck der Elektronen den Kohlenstoff-Sauerstoff-Kern gegen die Last der Gravitation.

… stabilisiert der Entartungsdruck der Elektronen den Eisenkern gegen die Last der Gravitation.

Neutron

Der Entartungsdruck der Neutronen stabilisiert den Kern gegen die Last der Gravitation.

61c ***Pulsar***

Sternenkern mit 2 bis 3 Sonnenmassen.

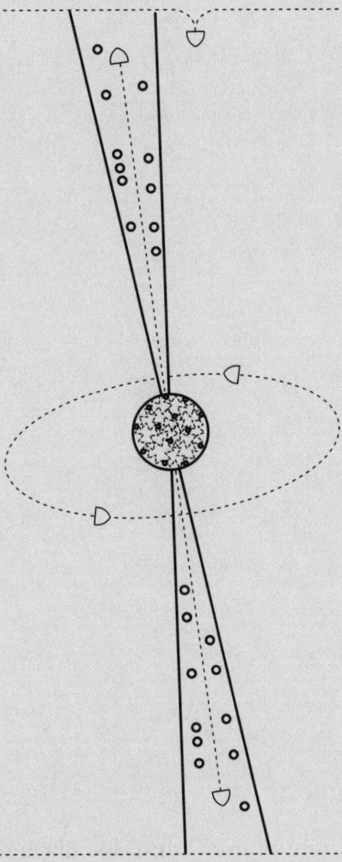

Neutronensterne, die sehr schnell und präzise um die eigene Achse rotieren und dabei zwei Plasmajets aus ihren Polen davonschießen, werden als Pulsare bezeichnet.

61d ***Schwarzes Loch***

Entsteht aus einem Sternenkern mit mehr als 3 Sonnenmassen.

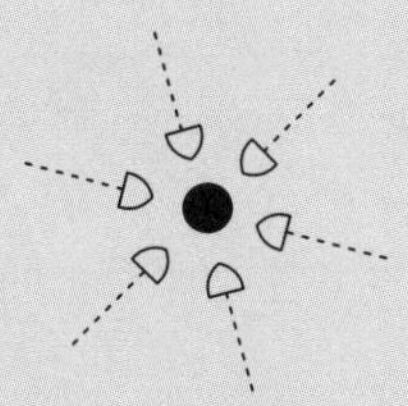

Ein Schwarzes Loch entsteht, sobald die Gravitation den Sternenrest widerstandslos zusammenpressen kann.

Doch es geht noch einen Tick schlimmer: Kann der übrig gebliebene Sternenkern nämlich, selbst nachdem all seine Protonen und Elektronen zu Neutronen zermalmt wurden und sich dabei ein Großteil seiner Masse durch die damit einhergehende Supernovaexplosion für immer von ihm verabschiedet hat, noch das Dreifache der Masse unserer Sonne vorweisen, presst die Gravitation den Restkern bis zur Unkenntlichkeit – besser gesagt bis zur Unsichtbarkeit – unendlich stark zusammen. Ein sogenanntes stellares Schwarzes Loch entsteht (siehe Grafik 61d/*Schwarz, schwer, singulär,* Seite 555). Was es damit auf sich hat, werden wir im Laufe dieses Kapitels noch klären. So viel sei jedoch schon verraten: Bei dieser Art von Sternenüberbleibsel handelt es sich um die mit Abstand merkwürdigsten Objekte, die unser Universum überhaupt zu bieten hat …

Jeder Stern hinterlässt am Ende seines Lebens ein mehr oder weniger bizarres Andenken im All.

5.4 Damit die Chemie stimmt

Wie die schweren Elemente entstehen

Jetzt wissen wir zwar, wie unser erster exemplarischer 200-Sonnenmassen-Stern endete und dass dies alles passierte, weil sein Wasserstoffvorrat im Kern aufgebraucht war, allerdings müssen wir noch klären, welches Bild er wohl abgegeben hat, bevor es ihn in unzählige Einzelteile zerlegte und am Ende ein ominöses Schwarzes Loch von ihm übrig blieb. Doch bevor wir dies tun, machen wir an dieser Stelle einen kleinen Abstecher in die Trickkiste der chemischen Elemente. Schließlich waren Wasserstoff und Helium die einzigen, die bereits vor dem Aufkommen der ersten Sterne vorhanden waren. Alle anderen chemischen Kandidaten sind erst während der Prozesse am Ende eines Sternenlebens in unsere Welt gekommen und werden seitdem durch den Materiekreislauf, den die allerersten Population-III-Sterne einst in Gang gesetzt haben, immer zahlreicher.

Wir wollen jetzt das Geheimnis, das hinter dem Periodensystem der Elemente steckt, endlich lüften: Um zu sehen, wie die insgesamt 92 stabilen beziehungsweise sehr langlebigen Elemente jenseits von Wasserstoff und Helium wann, wo und vor allem wie entstanden sind und auch heute noch entstehen, begeben wir uns wieder direkt in die chemische Küche der Sterne.

Nutzen und Aufwand

Wie wir schon in Kapitel 3 erwähnt haben, lohnt sich der Vorgang der Kernfusion nur dann, wenn die beteiligten Teilchen nach der Reaktion im Schnitt leichter sind als davor (siehe *Grundkurs Kernphysik, Lektion 2: Fusion und Fission,* Seite 284). Nur dann wird schließlich Energie frei und Licht entsteht. Bei Eisen ist mit der Kernfusion deshalb Schluss. Seine Kernbausteine bringen von allen chemischen Elementen am wenigsten Gewicht auf die Waage, und somit kann aus ihm keinerlei Energie mehr freigesetzt werden.

Wenn man Nutzen und Aufwand abwägt, lohnt es sich für ein Element jenseits von Eisen schlichtweg nicht, sich schwerer zu machen. Ganz im Gegenteil: Da von jetzt an die durchschnittliche Masse pro Kernbaustein in der Regel kontinuierlich zunimmt, muss für all diese Elemente sogar ordentlich Energie investiert werden! Eigentlich äußerst unpraktisch. Doch offensichtlich passiert in den Sternen genau dies. Die große Palette an schweren Elementen jenseits von Eisen muss schließlich auf irgendeine Weise entstanden sein …

Damit die Elemente jenseits von Eisen gebildet werden können, muss sehr viel Energie zugeführt werden. Die dafür nötigen Energiemengen werden vor allem während einer Supernovaexplosion erreicht.

Die Kernfusion scheidet dabei allerdings von vornherein aus, denn dazu sind bei den besagten Elementen bereits zu viele Protonen im Kern vorhanden. Die elektrische Abstoßung ist damit unüberwindbar. Sterne müssen also grundsätzlich auf irgendeine andere Art mit einem Teil ihrer Energie bezahlen, um die richtig schweren Elemente entwickeln zu können. Wo sie das tun und warum sich solche ausschweifenden, eigentlich gar nicht lohnenswerten Aktionen nur die großen Sterne erlauben können, werden wir jetzt untersuchen.

Heiße Protonenküche

Zuallererst nehmen wir inmitten der Schockwelle unseres ersten Population-III-Sterns Platz (siehe *Andenken im All,* Seite 475). In diesen rauen, unsagbar heißen Plasmastürmen einer jeden Supernova vom Typ II herrschen nämlich die idealen Bedingungen, um die richtig schweren Elemente hervorzubringen – jene Exemplare also, in denen es von Protonen und Neutronen nur so wimmelt.

Zwei verschiedene »Kochrezepte« stehen nun zur Auswahl: Die eine Variante verwendet als Zutaten vor allem Protonen, die andere Variante greift lieber auf Neutronen zurück. Beginnen wir mit dem Rezept für einige der chemischen Kandidaten von Selen bis Quecksilber, die sich durch ihren sehr hohen Protonengehalt auszeichnen und von denen daher angenommen wird, dass sie zumindest teilweise durch die erste Zubereitungsform zustande kommen könnten. Manche dieser protonenreichen, sogenannten p-Kerne lassen sich nämlich nicht auf diese Weise erklären – sie müssen stattdessen auf eine andere Art entstanden sein. Doch darüber ist sich die Wissenschaft aktuell noch nicht ganz einig, weshalb wir an dieser Stelle unser Augenmerk auf den sogenannten p-Prozess beschränken. Dieses Rezept verlangt unvorstellbar hohe Backtemperaturen – unter einer Milliarde Kelvin kann man die Protonenküche schlichtweg vergessen! Das ist auch der Grund, warum die richtig schweren Elemente zum einen so selten sind und zum anderen nur bei der Explosion eines gewaltig großen Sterns entstehen können. Denn nur dann wird die entsprechend benötigte Hitze überhaupt erreicht. Doch was passiert bei diesem p-Prozess?

Wie wir wissen, stoßen sich Atomkerne wegen ihrer positiven Ladung gegenseitig ab. Je mehr Protonen-Orangen in der Obstschale eines Elements versammelt sind, desto höher wird der Rand, den es zu überwinden gilt, um sich mit einem anderen Element zu verbinden (siehe *Ominöses Durchtunneln,* Seite 287). Entweder gelingt dies durch ein Wunder – sprich, indem der unwahrscheinlich unwahrscheinliche Tunneleffekt zuschlägt – oder es ist heiß genug, dann springen die Teilchen so schnell und intensiv umher, dass sie tatsächlich auch ohne quantenmechanisches Mogeln zueinanderfinden können (siehe *Eigentlich zu kalt und klein, um ein echter Stern zu sein,* Seite 286).

Da die Anzahl der Protonen darüber entscheidet, mit welchem chemischen Element wir es zu tun haben, und die Kernfusion aufgrund der zu hohen Anzahl an positiv geladenen Teilchen nicht mehr infrage kommt, muss es zumindest irgendwie gelingen, einzelne Pro-

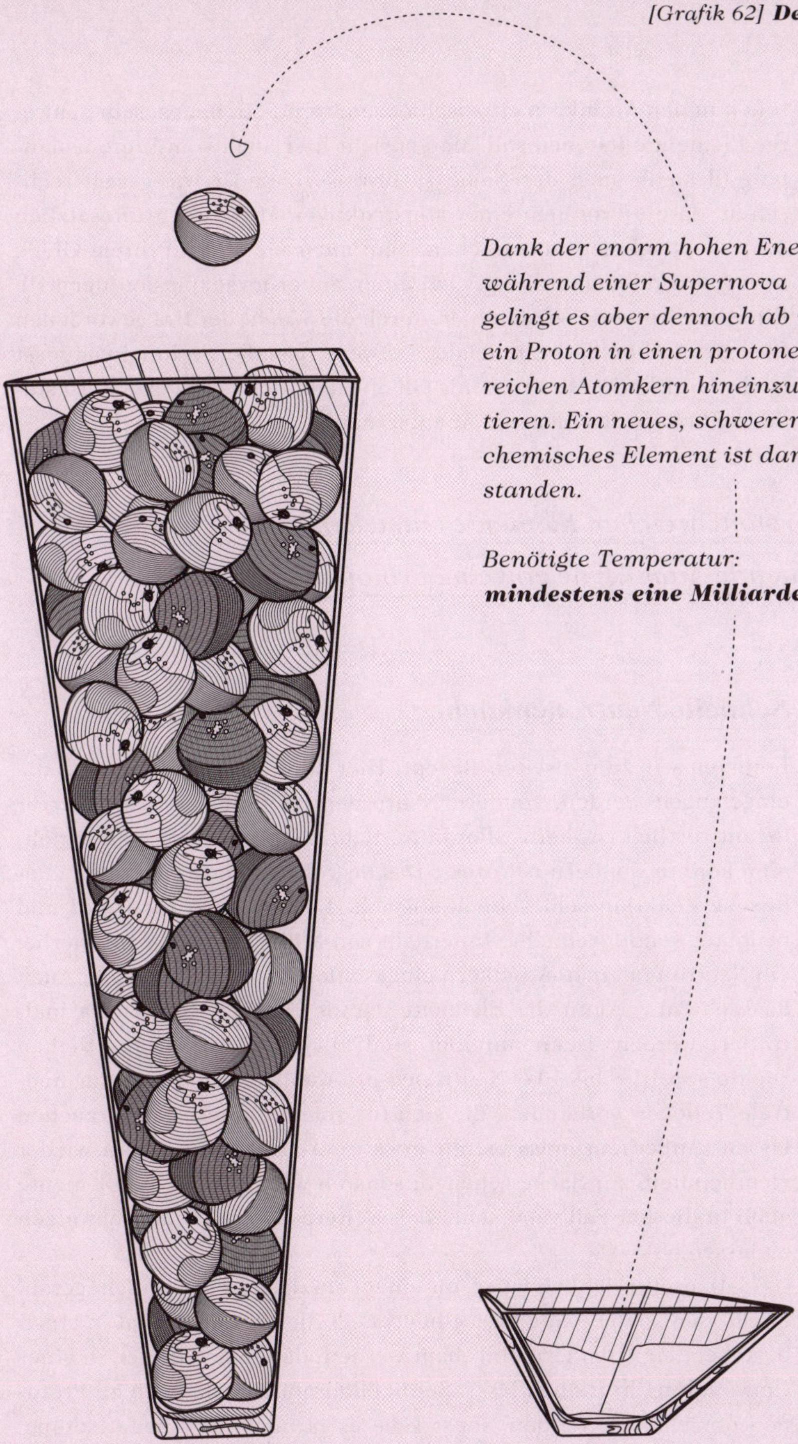

Dank der enorm hohen Energien während einer Supernova gelingt es aber dennoch ab und zu, ein Proton in einen protonenreichen Atomkern hineinzukatapultieren. Ein neues, schwereres chemisches Element ist damit entstanden.

Benötigte Temperatur:
mindestens eine Milliarde Kelvin

Protonenreiche Atomkerne besitzen ein sehr hohes elektrisches Potenzial, das es nahezu unmöglich macht, sie mit weiteren Protonen zu verbinden.

tonen in den Atomkern einzuschleusen, wenn ein neues, sehr schweres Element entstehen soll. Man spricht hier auch vom Protoneneinfang (deshalb auch der Name »p-Prozess«). Er ist wie gesagt recht selten, da die Protonen einer konstruktiven Mitarbeit grundsätzlich sehr skeptisch gegenüberstehen. Man muss sie also zu ihrem Glück zwingen. Und genau dies ist bei einer Supernovaexplosion der Fall. Einzelne Protonen werden hier, durch die Wucht der frei gewordenen Energie, in bereits bestehende, schwere Atomkerne hineingepresst (siehe Grafik 62). Mit ein wenig Glück bleibt der veränderte Kern stabil, und ein neues Element ist entstanden.

Die protonenreichen Elemente entstehen, indem bereits bestehende Atomkerne einzelne Protonen einfangen.

Schnelle Neutronenküche

Kommen wir zum zweiten Rezept. Hier sind es nicht Protonen, die eingefangen werden, sondern Neutronen. Der Prozess, der hierfür verantwortlich ist, heißt allerdings nicht n-Prozess, wie man annehmen könnte, sondern r-Prozess. Das liegt daran, dass sich diese chemische Reaktion sehr schnell abspielt. Das »r« steht für *rapid* und bedeutet somit »schnell«. Innerhalb von Millisekunden wird hierbei ein Neutron in einen Atomkern eingeschleust (siehe Grafik 63). Auch das geht nur, wenn die Elemente gerade in einer Supernova malträtiert werden. Denn nur hier sind mit einer durchschnittlichen Dichte von 10^{20} bis 10^{23} Neutronen pro Kubikzentimeter genug neutrale Teilchen vorhanden, die sich für solche Zwecke missbrauchen lassen. Außerdem muss es mit etwa zwei Milliarden Kelvin wieder ziemlich heiß zur Sache gehen, ansonsten weigern sich die Elemente auch in diesem Fall vehement, sich weitere Neutronen aufschwatzen zu lassen.

Denn tatsächlich ist es mit einem einzigen Neutron nicht getan. Es müssen schon haufenweise neutrale Teilchen auf einmal in einen bestehenden Atomkern eingebaut werden, damit sich dieser zu einer Umwandlung hinreißen lässt. Schließlich müssen sie noch zu Protonen umgemodelt werden, sonst gäbe es ja nur lauter neue Isotope, aber kein einziges schwereres chemisches Element. Zu viele Neutronen auf einmal sollten es dann allerdings auch nicht sein. Sobald es dem sammelnden Atomkern nämlich zu viel wird, spuckt er alle nachkommenden neutralen Teilchen einfach wieder aus oder fällt gar völlig in sich zusammen.

Genau das ist auch das große Problem beim Neutroneneinfang: Dadurch, dass zuallererst kein neues, stabiles Element, sondern ein meist recht wackeliges Isotop entsteht, bleibt für diese Art der Elementumbildung nicht viel Zeit. Zu langes Zögern ist daher der Sache nicht gerade zuträglich, denn ehe man sichs versieht, ist das Isotop bereits wieder zu einem leichteren Element zerfallen, und das ganze Prozedere kann wieder von vorn beginnen …

Damit das nicht passiert, muss sich das eben erst eingefangene Neutron, vorausgesetzt, es kam nicht mit zu vielen Artgenossen auf einmal auf einen Atomkern zugeströmt, durch den sogenannten Betazerfall mithilfe der schwachen Kraft in ein Proton umwandeln (siehe *Das Kräftemessen der Bosonen,* Seite 90). Außerdem werden bei dieser Aktion wegen der guten alten Ladungs- und Leptonenzahlerhaltung, die wir schon von der Proton-Proton-Kette kennen, ein Elektron und ein Antineutrino auf die Reise geschickt (siehe *Proton trifft Proton,* Seite 301). Sollten weitere neutrale Teilchen diesem Beispiel folgen, so steigt das Element in der chemischen Rangfolge immer weiter nach oben auf – so lange, bis schließlich keine Neutronen mehr umgewandelt werden können. Auch auf diese Weise entstehen viele neue, schwere Elemente, die vor allem durch ihren großen Neutronenvorrat bestechen. Thorium oder Uran sind beispielsweise solche Kandidaten.

Die neutronenreichen Elemente entstehen, indem bereits bestehende Atomkerne einzelne Neutronen einfangen und einen Teil davon anschließend über den Betazerfall in Protonen umwandeln. Dieser Vorgang kann schnell oder langsam erfolgen.

[Grafik 63] ***Der r-Prozess***

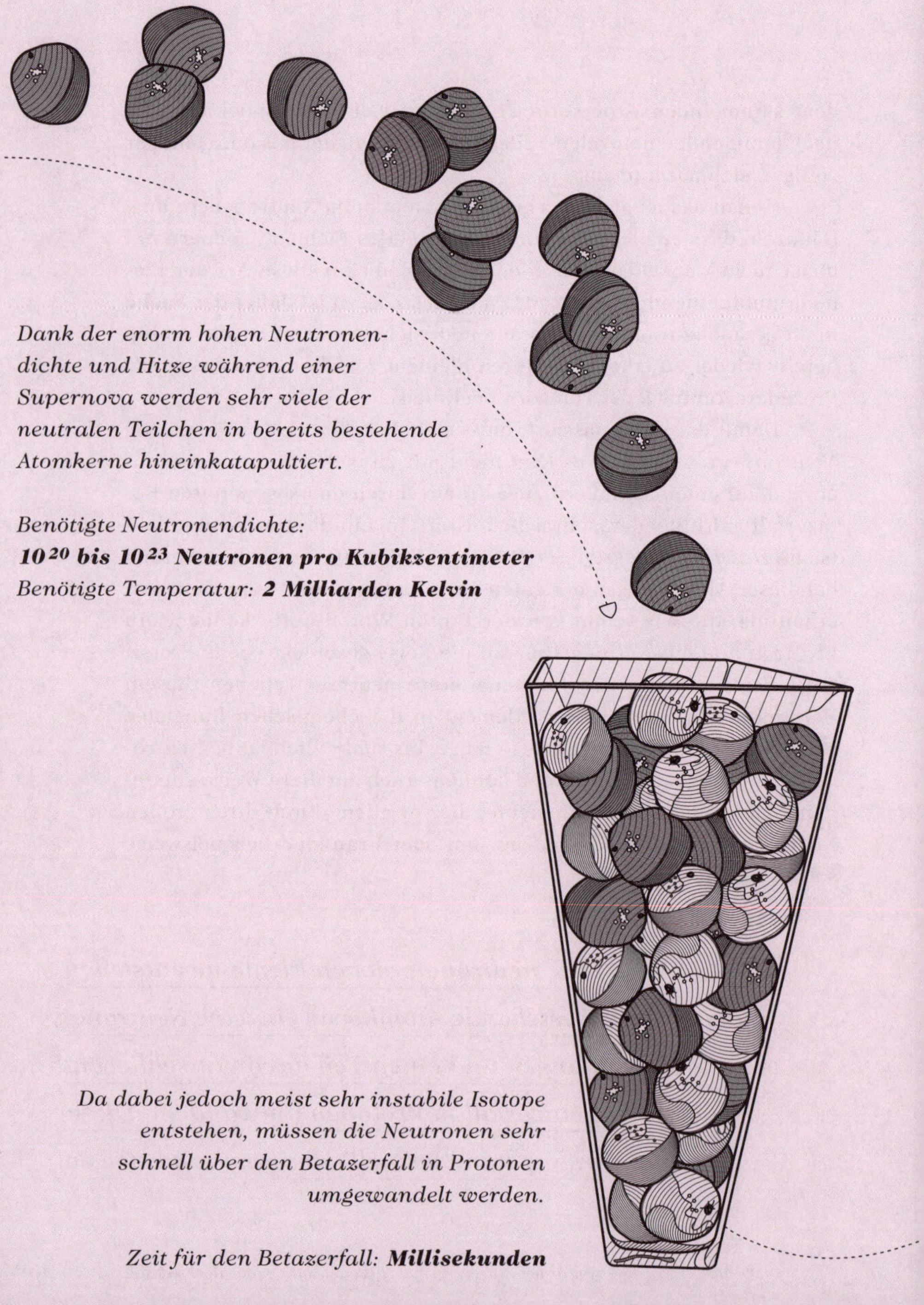

Dank der enorm hohen Neutronendichte und Hitze während einer Supernova werden sehr viele der neutralen Teilchen in bereits bestehende Atomkerne hineinkatapultiert.

Benötigte Neutronendichte:
10^{20} bis 10^{23} Neutronen pro Kubikzentimeter
Benötigte Temperatur: ***2 Milliarden Kelvin***

Da dabei jedoch meist sehr instabile Isotope entstehen, müssen die Neutronen sehr schnell über den Betazerfall in Protonen umgewandelt werden.

Zeit für den Betazerfall: ***Millisekunden***

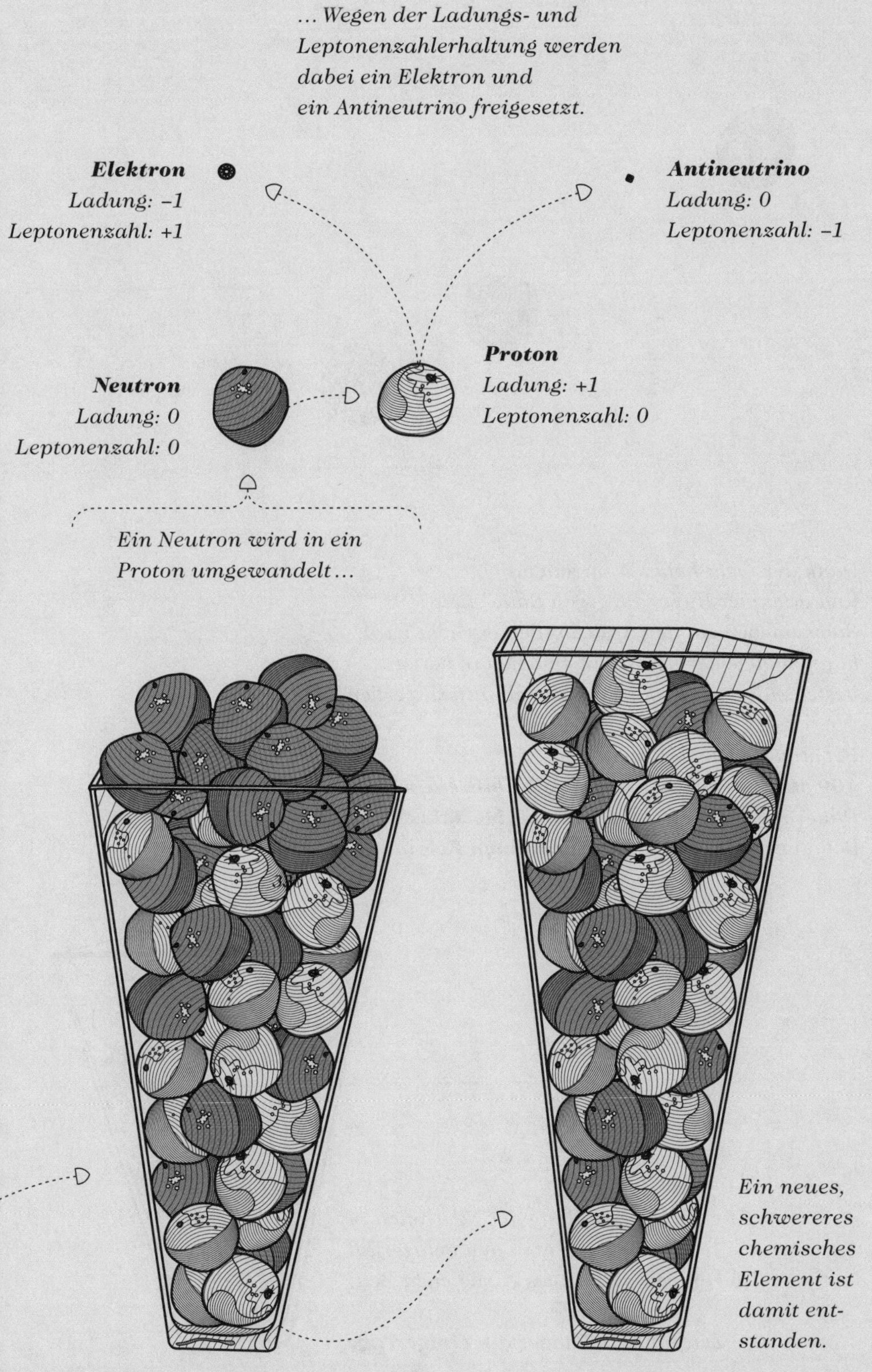

… Wegen der Ladungs- und Leptonenzahlerhaltung werden dabei ein Elektron und ein Antineutrino freigesetzt.
Elektron
Ladung: –1
Leptonenzahl: +1
Antineutrino
Ladung: 0
Leptonenzahl: –1
Proton
Ladung: +1
Leptonenzahl: 0
Neutron
Ladung: 0
Leptonenzahl: 0
Ein Neutron wird in ein Proton umgewandelt …
Ein neues, schwereres chemisches Element ist damit entstanden.

[Grafik 64] **Der s-Prozess**

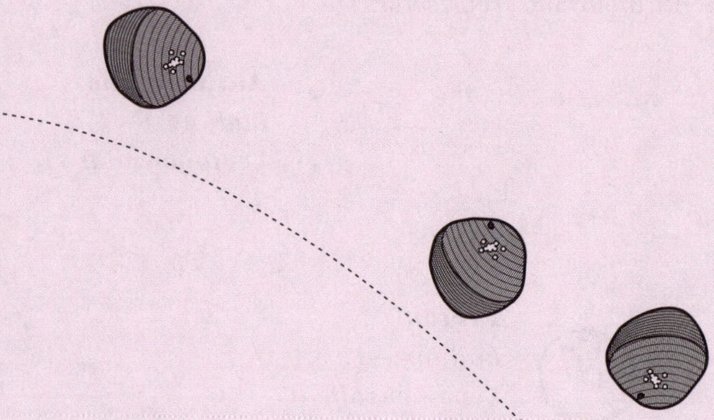

Dank der recht hohen Neutronendichte und dank der Hitze, die gegen Ende eines Sternenlebens in den Außenhüllen erreicht wird, können viele der neutralen Teilchen in bereits bestehende Atomkerne hineinkatapultiert werden.

Benötigte Neutronendichte:
100 Millionen Neutronen pro Kubikzentimeter
Dauer des Neutroneneinfangs: ***einige Jahre***
Benötigte Temperatur: ***300 Millionen Kelvin***

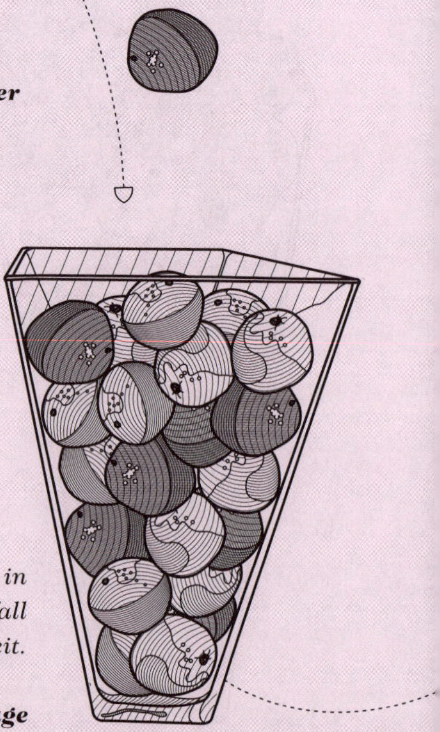

Für die Umwandlung der Neutronen in Protonen über den Betazerfall bleibt beim s-Prozess etwas mehr Zeit.

Zeit für den Betazerfall: ***einige Tage***

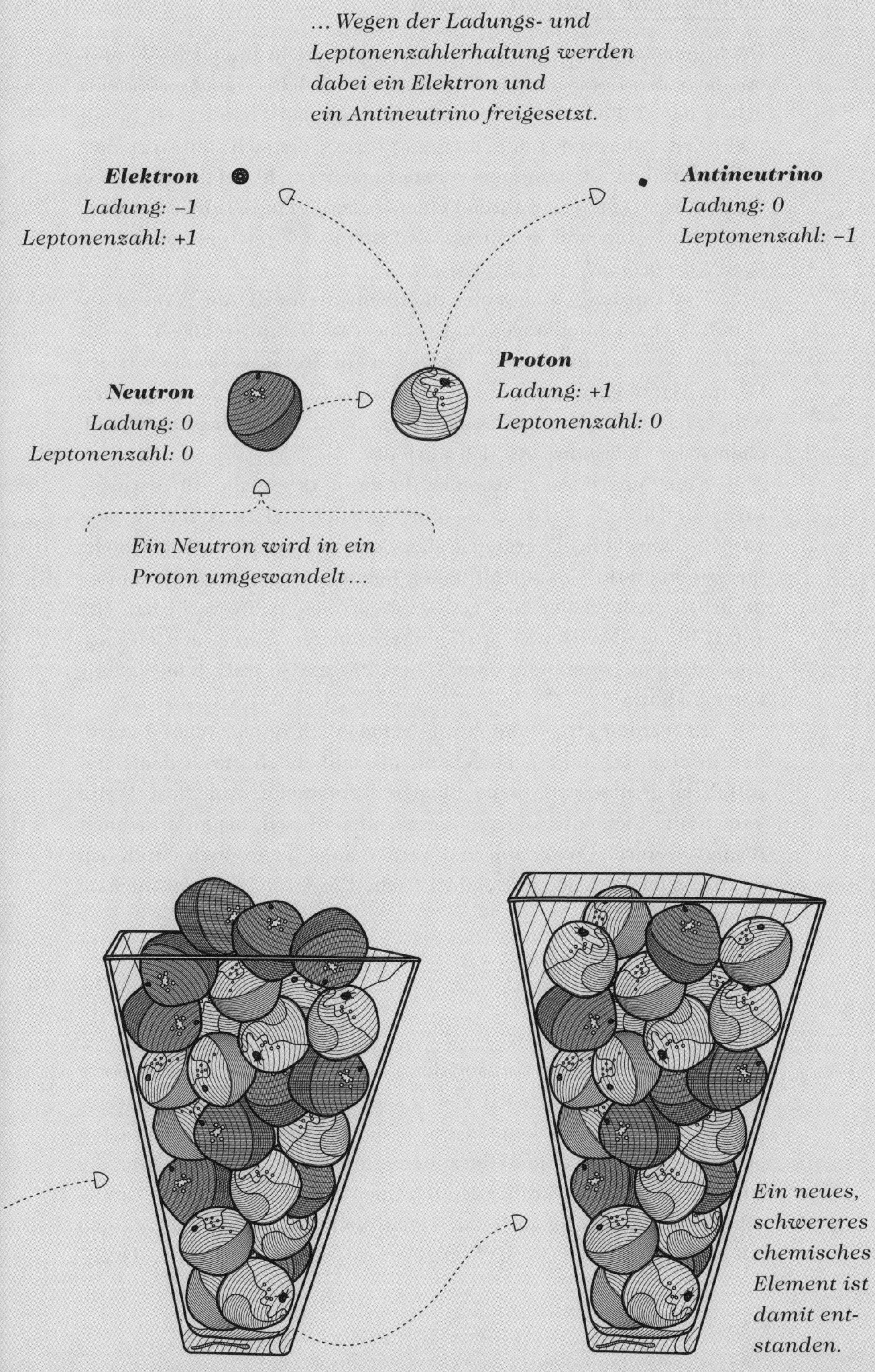
… Wegen der Ladungs- und
Leptonenzahlerhaltung werden
dabei ein Elektron und
ein Antineutrino freigesetzt.
Elektron
Ladung: –1
Leptonenzahl: +1
Antineutrino
Ladung: 0
Leptonenzahl: –1
Proton
Ladung: +1
Leptonenzahl: 0
Neutron
Ladung: 0
Leptonenzahl: 0
Ein Neutron wird in ein
Proton umgewandelt …
Ein neues,
schwereres
chemisches
Element ist
damit entstanden.

Gemütliche Neutronenküche

Doch eingefangene Neutronen müssen sich nicht immer in Windeseile über den Betazerfall in Protonen verwandeln. Manche Elemente geben den Teilchen für die Umwandlung gnädigerweise ein wenig mehr Zeit. Allerdings findet dieser s-Prozess, der sich vom Wort *slow* ableitet und damit »langsam« vonstattengeht, nicht bei der Explosion eines Sterns, sondern während einer früheren Phase seiner Entwicklung statt (wann und wo genau, wird sich gleich noch zeigen – siehe *Das Neon brennt!*, Seite 509).

Und tatsächlich lassen es die Elemente für diesen Vorgang unheimlich gemächlich angehen. Es dauert im Schnitt einige Tage, bis sich ein Neutron über den s-Prozess in ein Proton verwandelt (siehe Grafik 64). Noch mehr Zeit streicht ins Land, bis das Neutron überhaupt von einem Atomkern eingefangen wird – dafür lassen die Teilchen sogar viele Jahre auf sich warten!

Eine Supernovaexplosion ist für diese Aktion allerdings wie gesagt nicht nötig – dazu ist sie ohnehin auch viel zu schnell wieder vorbei –, kuschelige Wärme ist aber dennoch vonnöten. Eine Umgebungstemperatur von 300 Millionen Kelvin ist ideal. Außerdem muss natürlich auch wieder eine gewisse Neutronendichte vorliegen. Gut 100 Millionen Neutronen pro Kubikzentimeter sollten sich mindestens zusammentummeln, damit der s-Prozess so richtig in Wallung kommen kann.

Es werden also fröhlich und gemächlich immer mehr Neutronen in einen Atomkern eingebaut, bis schließlich durch den Betazerfall auch hier viele neue Elemente entstehen. Auf diese Weise kamen alle Elemente, die schwerer sind als Eisen, bis zum Element Bismut in unser Universum und werden auch heute noch durch den s-Prozess fortlaufend neu gebildet (siehe *Ein Stern geht, der nächste kommt*, Seite 462).

Sternenzwiebel

Doch wo findet dieser Vorgang denn nun statt, wenn nicht in einer Supernova? Das werden wir gleich sehen. Kehren wir zunächst zurück zu unserem sterbenden Stern der Population III. Inzwischen passierten nämlich eine Reihe anderer, unschöner Dinge mit ihm, die auch heute noch mit größer gewachsenen Sternen geschehen. Um zu sehen, was damals genau vor sich ging, spulen wir seine Entwicklung ein weiteres Stück zurück. Nun sehen wir nicht mehr seine davonfliegenden Einzelteile in den Raum rasen, sondern uns leuchtet ein noch relativ unversehrter, allerdings unfassbar großer, tiefroter Plasmabrocken entgegen.

Kurz vor ihrer Explosion blähen sich große Sterne zu einem Roten Überriesen auf.

Bevor es ihn in der besagten Supernova bis auf seinen zum Schwarzen Loch deformierten Restkern vollständig zerlegte, befand sich unser Population-III-Stern in der etwas ruhigeren Phase eines sogenannten Roten Überriesen. Während er in der darauffolgenden Explosion eine Vielzahl an Elementen, die schwerer sind als Eisen, durch das Einfangen von Protonen und Neutronen fabrizierte, baute er die meisten der verbleibenden, etwas leichteren Atomkerne in mehreren Schritten mittels Kernfusion in der Zeit vor seiner spektakulären Selbstzerstörungsaktion auf (siehe *Eine Schicht jagt die nächste,* Seite 528).

In jenem Entwicklungsstadium war unser Population-III-Stern sowohl ziemlich groß als auch ziemlich rot. Schuld daran waren verschiedene Schichten, die sich in seinem Inneren allmählich breitgemacht hatten und den großen Gesellen wie eine überdimensionale Zwiebel wirken ließen. Am Ende waren es sechs verschiedene Ebenen, in denen die besagten Elemente von Helium bis Eisen schichtweise im Akkord produziert wurden (siehe Fotografie 38).

Dieses emsige Treiben wollen wir uns etwas genauer ansehen. Dazu stellen wir uns die verschiedenen chemischen Elemente wieder als unterschiedlich große Knöpfe vor, wie wir es bereits in Fotografie 35 und 37 getan haben. Allerdings soll ab jetzt ein Knopfloch für jeweils ein Proton stehen. Je mehr Protonen, also je mehr Löcher ein Atomkern-Knopf besitzt, desto schwerer und größer ist folglich das Element, das er darstellt. Die in der Sternenzwiebel ganz außen liegenden, kleinen Knöpfe sind mit nur einem Knopfloch versehen, während sie zum Mittelpunkt hin immer größer und knopflochreicher werden. Wasserstoff befindet sich in einem sterbenden Stern somit vornehmlich in seinen Außenschalen, während mit zunehmender Nähe zum Mittelpunkt immer schwerere Elemente anzutreffen sind.

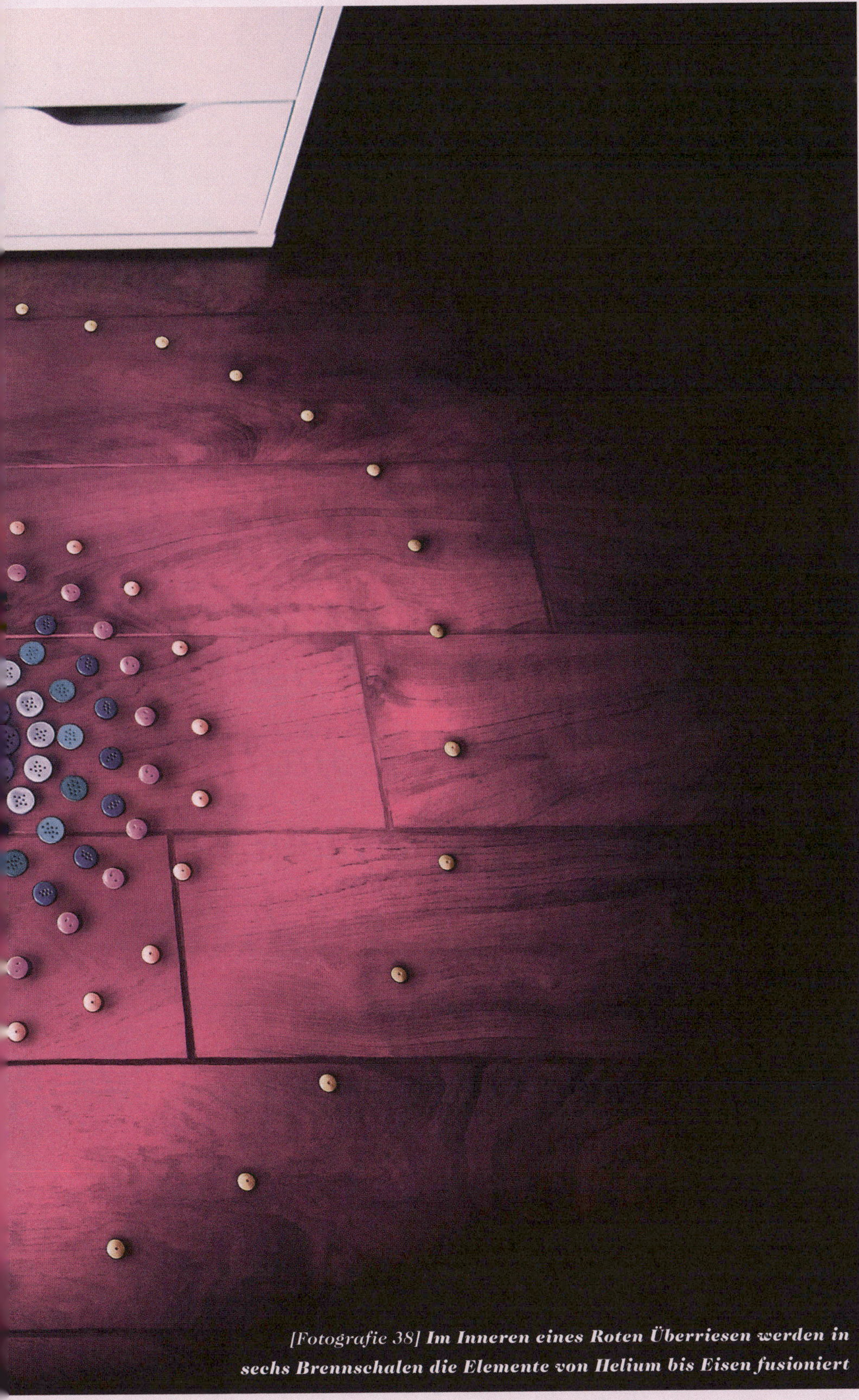

[Fotografie 38] ***Im Inneren eines Roten Überriesen werden in sechs Brennschalen die Elemente von Helium bis Eisen fusioniert***

Gegen Ende ihres Lebens
wirken große Sterne
wie eine überdimensionale,
glühend rote Zwiebel.
In sechs verschiedenen
Schichten werden nun
die Elemente von Helium
bis Eisen erzeugt.

Untätiges Eisen

Wir tauchen nun ganz tief, genau in das Zentrum des Roten Überriesen ein. Hier treffen wir auf das eigenwillige, »26-fach gelochte« und damit aus 26 Protonen bestehende Eisen, das sich zusammen mit Spuren von Nickel durch die immense Schwerkraft im Zentrum des Sterns allmählich anzusammeln begann. Dieses stete Rieseln von schweren Elementen ließ den Sternenkern zwar unablässig Masse anhäufen, allerdings gleichzeitig auch immer weiter in sich zusammenschrumpfen – schließlich vollführte der aus dem hydrostatischen Gleichgewicht geratene Riese nur noch seine letzten Zuckungen und konnte dem Druck seiner Gravitation deshalb kaum noch standhalten. Paradoxerweise wurde er insgesamt bei dieser immerwährenden Kernquetschaktion sogar größer. Er blähte sich auf ein Vielfaches seiner ursprünglichen Erscheinung auf, während das Licht, das seine Oberfläche verließ, immer schwächer und damit röter wurde.

Sobald ein Stern stirbt, schrumpft sein Kern immer weiter zusammen, während sich seine Außenhüllen mehr und mehr ausdehnen.

Um dieser Sache auf den Grund zu gehen, wollen wir uns ein wenig genauer im Inneren unseres ersten Sterns umsehen. Allerdings bleibt uns für unsere Beobachtung nicht viel Zeit, denn bereits einen Tag später, als sich aus den ersten feinen Eisen- und Nickelpartikeln eine formschöne, kompakte Eisenkugel gebildet hatte, sollte dieser äußerst dichte Kern unseres Population-III-Sterns vor lauter Verzweiflung über seine nunmehr überwältigende Anziehungskraft völlig in sich zusammenbrechen, während seine weiter außen liegenden Sternenhüllen in einem frenetischen Teilchenfeuerwerk in unzählige Stücke zerfetzt wurden (siehe *Andenken im All*, Seite 475). Doch warum passierte das überhaupt?

Wie wir gleich noch sehen werden, konnte der Rote Überriese eine gewisse Zeit lang seine übermächtige Gravitation im Zaum halten, indem er die immer schwerer werdenden Elemente in seinem Inneren zur Fusion trieb (siehe *Eine Schicht jagt die nächste*, Seite 528). Allerdings war bei Eisen definitiv Schluss mit lustig. Aus diesem eigenwilligen Element lässt sich bekanntlich keine Energie mehr herauspressen. Stattdessen lungerte es tatenlos im Sternenzentrum herum, ohne auch nur auf irgendeine Weise chemisch zu reagieren. Man spricht in diesem Zusammenhang deshalb auch von einem sogenannten inerten Kern, was so viel wie »untätig« oder »träge« bedeutet (siehe Grafik 65).

Im Kern eines großen Sterns bildet sich gegen Ende seines Lebens eine massive Kugel aus Eisen und Nickel.

Nun waren also die Möglichkeiten unseres Sterns komplett erschöpft, was das Herauszögern seines nahenden Endes betraf. Sobald die letzten Atomkerne in seinem Inneren verschmolzen waren, wurde die sogenannte Eisenkatastrophe eingeläutet. (Welche Atomkerne das waren, wird sich gleich zeigen – siehe *Das Silicium brennt!*, unten.)

Dabei wurden zuerst alle Elektronen und Protonen zu einem enorm dichten Neutronenbrocken deformiert, mit dem wir bereits Bekanntschaft machen durften. In diesem Moment verabschiedeten sich die Außenbereiche des Sterns durch die freundliche Unterstützung der frisch entstandenen Neutrinos in das All (siehe *Eine rasende Blase*, Seite 456). Doch selbst der nun wirkende Entartungsdruck der Neutronen, der wegen des höheren Gewichts der neutralen Materieteilchen grundsätzlich wesentlich stärker ist als der gerade eben überwundene Entartungsdruck der federleichten Elektronen, konnte der Gravitation nun keinerlei Einhalt mehr gebieten. Dafür war die im Sternenrest versammelte Masse einfach viel zu groß. Die Schwerkraft wütete unermüdlich weiter, und aus dem einstigen Eisenkern wurde damit schließlich ein stellares Schwarzes Loch (siehe *Schwarz, schwer, singulär*, Seite 555).

Das Silicium brennt!

Doch woher kamen die ganzen Eisen- und Nickelkerne überhaupt, die letztendlich schuld an der Misere waren? Um dieser Frage auf den Grund zu gehen, verlassen wir den Mittelpunkt des Geschehens – schließlich hat sich unser Freund, der Population-III-Stern,

[Grafik 65] **Der inerte Kern eines Roten Überriesen kurz vor der Eisenkatastrophe**

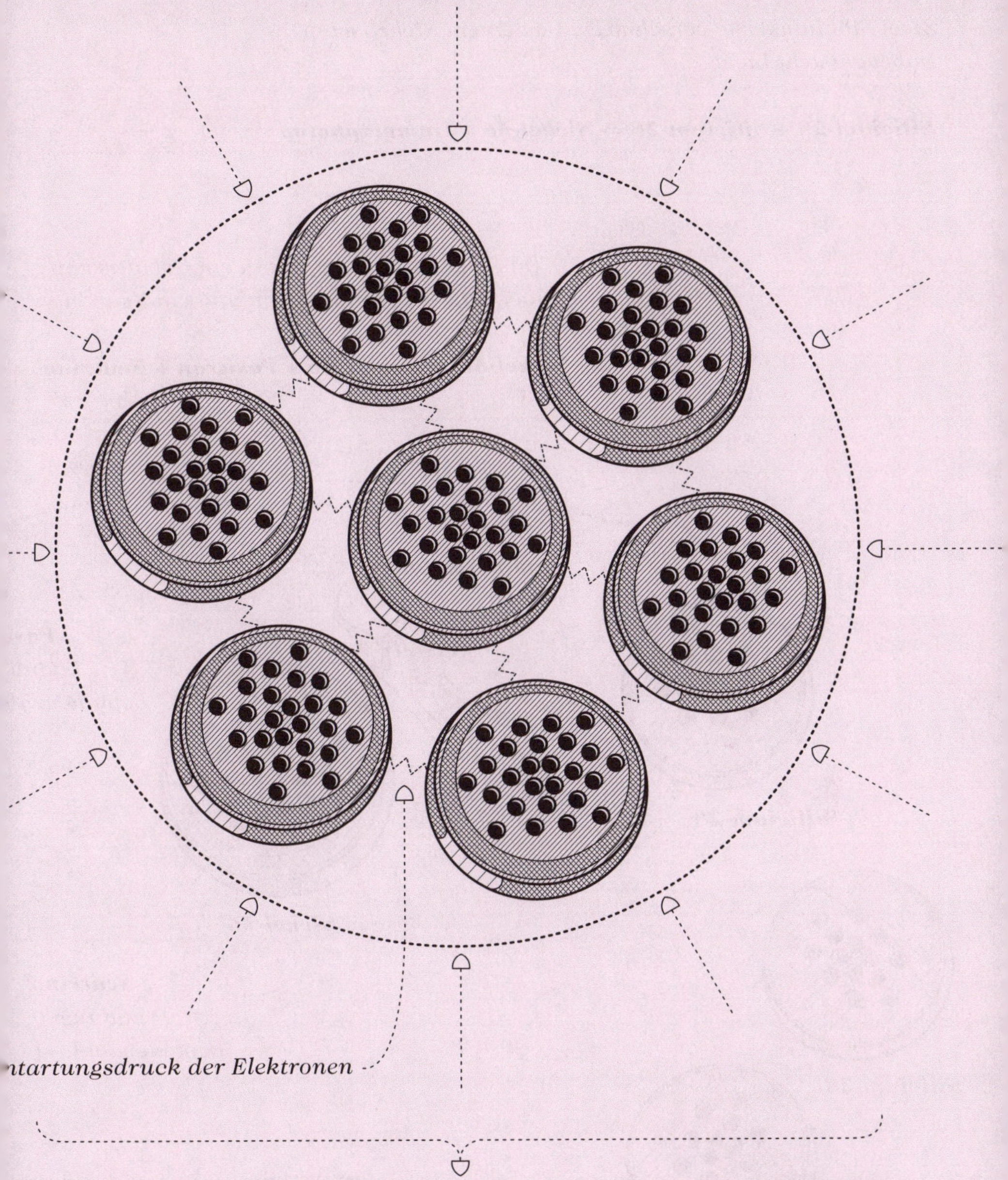

Sobald sich im Zentrum eines Roten Überriesen eine Eisenkugel gebildet hat, kann keine Kernfusion mehr stattfinden. Damit fehlt plötzlich das Gegengewicht zur Gravitation. (Der Entartungsdruck der Elektronen reicht bei einem massereichen Stern nicht aus, um die Last seines Gewichts zu stabilisieren.) Der Sternenkern wird deshalb durch diese ***Eisenkatastrophe*** *zu einem Neutronenstern oder einem Schwarzes Loch kollabieren, während die Außenhüllen als Supernova explodieren.*

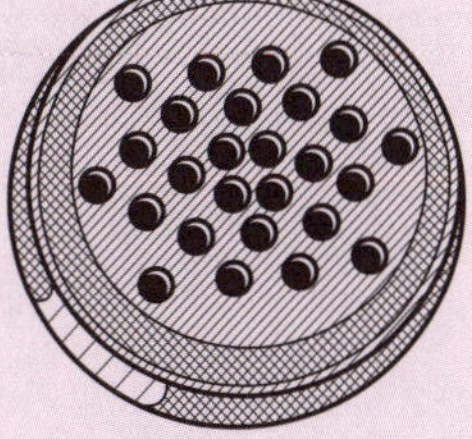

Untätiges Eisen

[Grafik 66] ***Die Siliciumbrennschale eines Roten Überriesen***

Zwei Siliciumkerne verschmelzen zu einem Nickelisotop.
Dabei entsteht Licht.

Silicium-28 + Silicium-28 ⇒ Nickel-56 + Gammaphoton

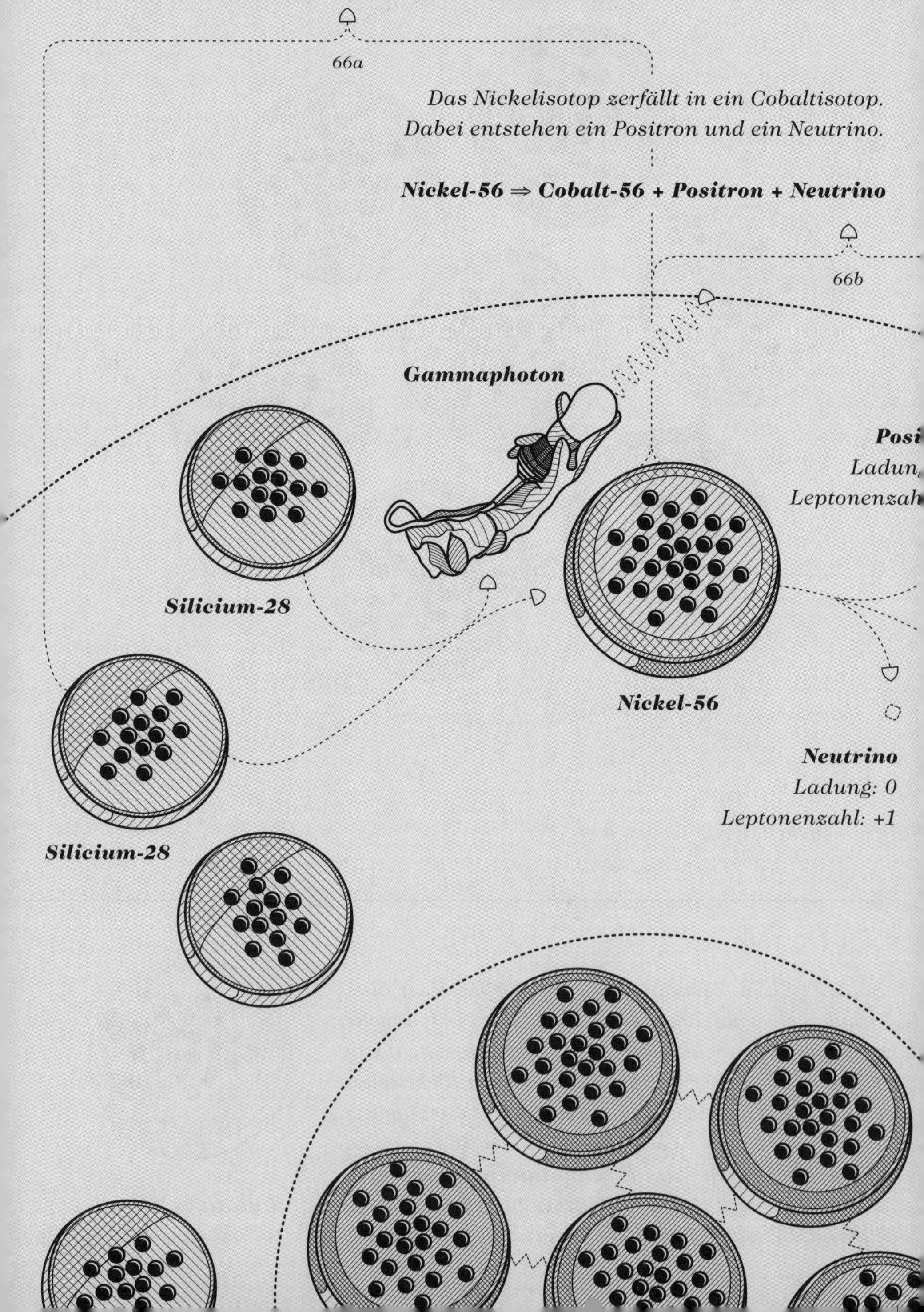

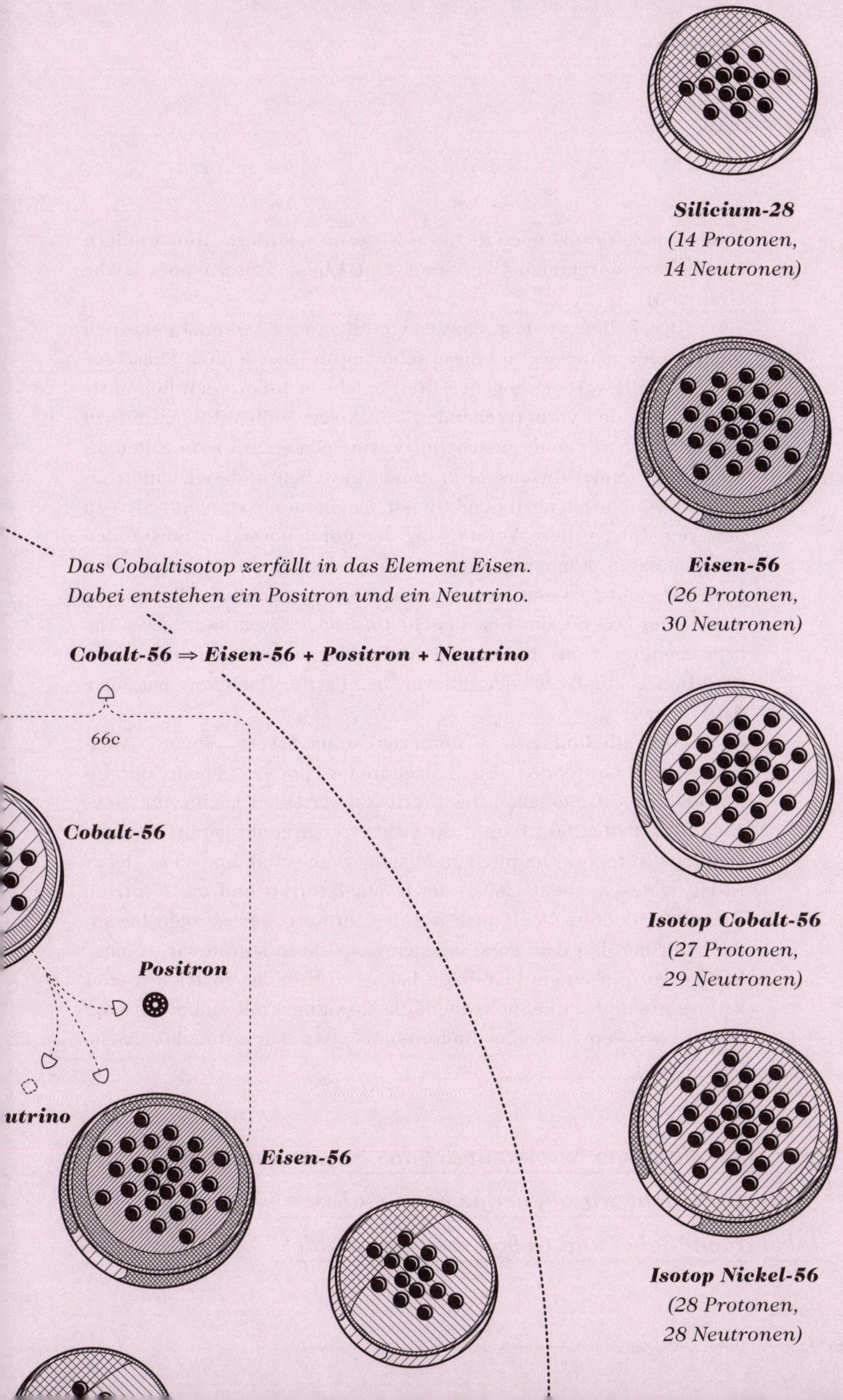

Silicium-28
(14 Protonen,
14 Neutronen)
Das Cobaltisotop zerfällt in das Element Eisen.
Dabei entstehen ein Positron und ein Neutrino.
Cobalt-56 ⇒ Eisen-56 + Positron + Neutrino
Eisen-56
(26 Protonen,
30 Neutronen)
66c
Cobalt-56
Isotop Cobalt-56
(27 Protonen,
29 Neutronen)
Positron
utrino
Eisen-56
Isotop Nickel-56
(28 Protonen,
28 Neutronen)

zu diesem Zeitpunkt noch nicht ins Nirwana befördert – und wandern in unserem sterbenden Überriesen eine Ebene weiter empor (siehe Grafik 66).

Hier stellen wir fest, dass es vor allem an Siliciumatomkernen nicht gerade mangelt. Und diese schienen in jener letzten Phase des in Windeseile vorbeigezogenen Sternenlebens außerordentlich aktiv zu sein. Bei den vorherrschenden knackigen 5000 Millionen Kelvin war es nämlich gerade kuschelig »warm« genug, um zwei Siliciumkerne, die immerhin aus 14 Protonen bestehen und sich damit eigentlich beachtlich abstoßend finden, zu einem Zusammentreffen zu bewegen. Durch diese Vereinigung der unter normalen Umständen unvereinbaren Elemente entstanden in drei aufeinanderfolgenden Reaktionsschritten erst Nickel, dann Cobalt und schließlich unser eigenwilliger Freund, das Eisen (siehe *Untätiges Eisen,* Seite 499). Die typischen Reaktionsüberreste Licht, Positronen und Neutrinos waren natürlich ebenfalls wieder mit von der Partie. Doch was passierte dabei genau?

Zwei Siliciumkerne fusionierten zunächst zu einem Nickelisotop (siehe Grafik 66a). Ein neugeborenes Photon versuchte daraufhin, das zähe Innenleben des Sterns zu verlassen (siehe *Auf Zickzackkurs,* Seite 280). Damit war es aber noch nicht getan. Das entstandene Isotop war nämlich nicht sonderlich stabil, und so zerfiel es rasch in das Element Cobalt sowie ein Positron und ein Neutrino (siehe Grafik 66b). Doch auch mit diesem Kern war es nicht besonders weit her. Bei dem entstandenen Cobaltkern hatten wir es nämlich erneut mit einem instabilen Isotop zu tun, das sogleich wieder zerbröselte und schließlich, ebenfalls zusammen mit einem Positron und einem Neutrino, das Endprodukt Eisen hervorbrachte (siehe Grafik 66c).

Bei 5000 Millionen Kelvin zündet das Siliciumbrennen.
Hierbei entsteht vor allem das Element Eisen.
Aber auch Nickel und Cobalt werden gebildet.

Gefangenes Helium

Doch es ging auch ohne Kernfusion. Neben den drei besagten Elementen entstanden noch einige weitere schwere Kandidaten, indem sich Helium in andere Atomkerne einfach mir nichts, dir nichts einnistete (siehe Grafik 67). Für diesen Heliumeinfang musste allerdings vorab genügend »Verbrauchsmaterial« vorhanden sein. Dies passierte durch die sogenannte Photodesintegration. Hierbei donnerten besonders konfrontationsfreudige Photonen, die gerade erst durch die Kernfusion geboren wurden, mit voller Wucht gegen ein schweres Element – vorzugsweise das in dieser Sternschicht heimische Silicium – und zerlegten es in viele Einzelteile. Neben einzelnen Protonen und Neutronen kamen dabei auch die gewünschten Heliumkerne, die im Übrigen auch als Alphateilchen bezeichnet werden, zum Vorschein.

Und nun konnte es losgehen. Zuallererst musste das frei gewordene Helium mit einem noch intakten Siliciumkern zusammenkommen – Schwefel entstand (siehe Grafik 67a). Kaum geboren, mussten auch die meisten Schwefelkerne mit einem Heliumkern Bekanntschaft machen. Nun war das Element Argon mit von der Partie (siehe Grafik 67b). Auch Argon durfte sich meist nicht lange seiner Existenz erfreuen. Wieder kam ein Heliumkern des Wegs, und Calcium trat in das Geschehen ein (siehe Grafik 67c). Man ahnt es schon: Auch Calcium musste sich größtenteils der chemischen Küche opfern, denn nur so konnte das Element Titan zum Vorschein kommen (siehe Grafik 67d). Aus Titan und Helium ergab sich schließlich Chrom (siehe Grafik 67e), welches wiederum durch die Kollision mit Helium ebenfalls für Eisennachschub sorgte (siehe Grafik 67f). Und sobald ein Teil davon schließlich wiederum auf ein fliegendes Alphateilchen traf, trat am Ende dieser langen, verworrenen Reaktionskette letztendlich Nickel auf den Plan (siehe Grafik 67g).

Es ging also ganz schön rund im siliciumbrennenden Kern unseres Population-III-Sterns. Doch wie gesagt – dieser Spuk war nur von kurzer Dauer: Nach nur einem Tag wurde das Spektakel bei unserem allerersten Stern durch die schlagartig einsetzende Explosion auf äußerst unsensible Weise beendet.

Durch den Einfang von Heliumkernen entstehen während des Siliciumbrennens die Elemente Schwefel, Argon, Calcium, Titan und Chrom.

67a

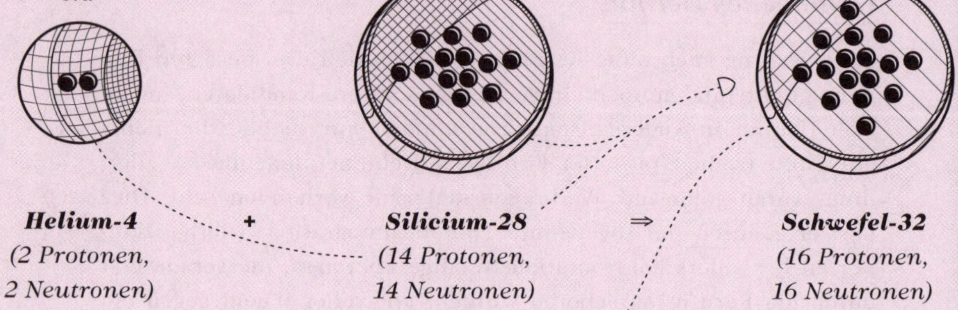

67b

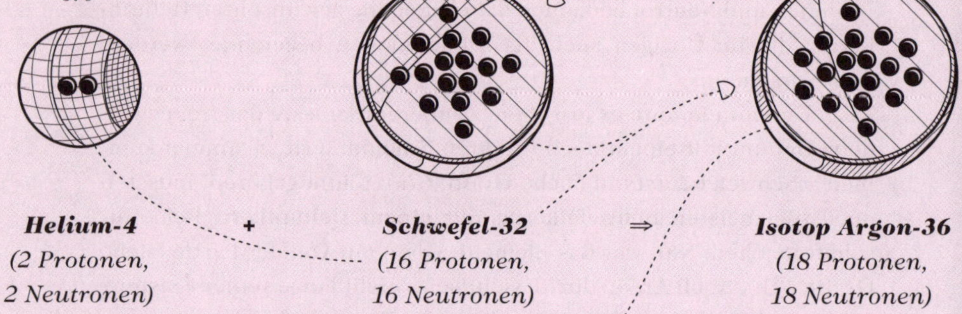

67c

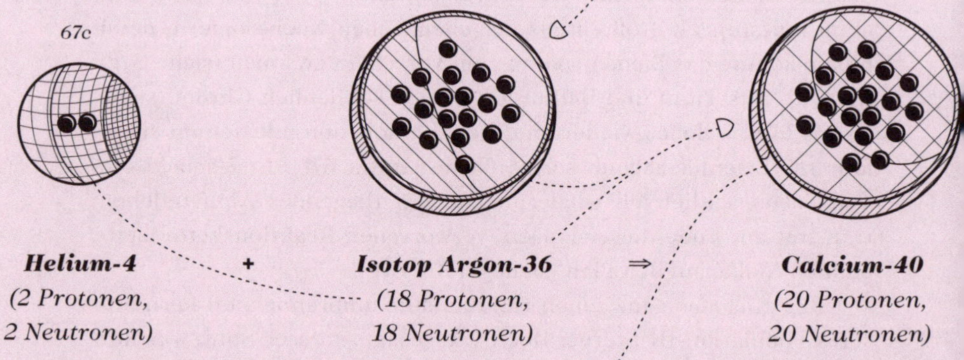

67d

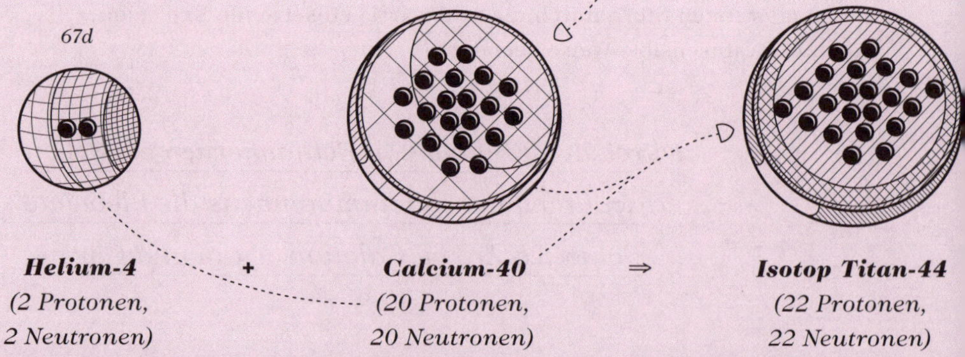

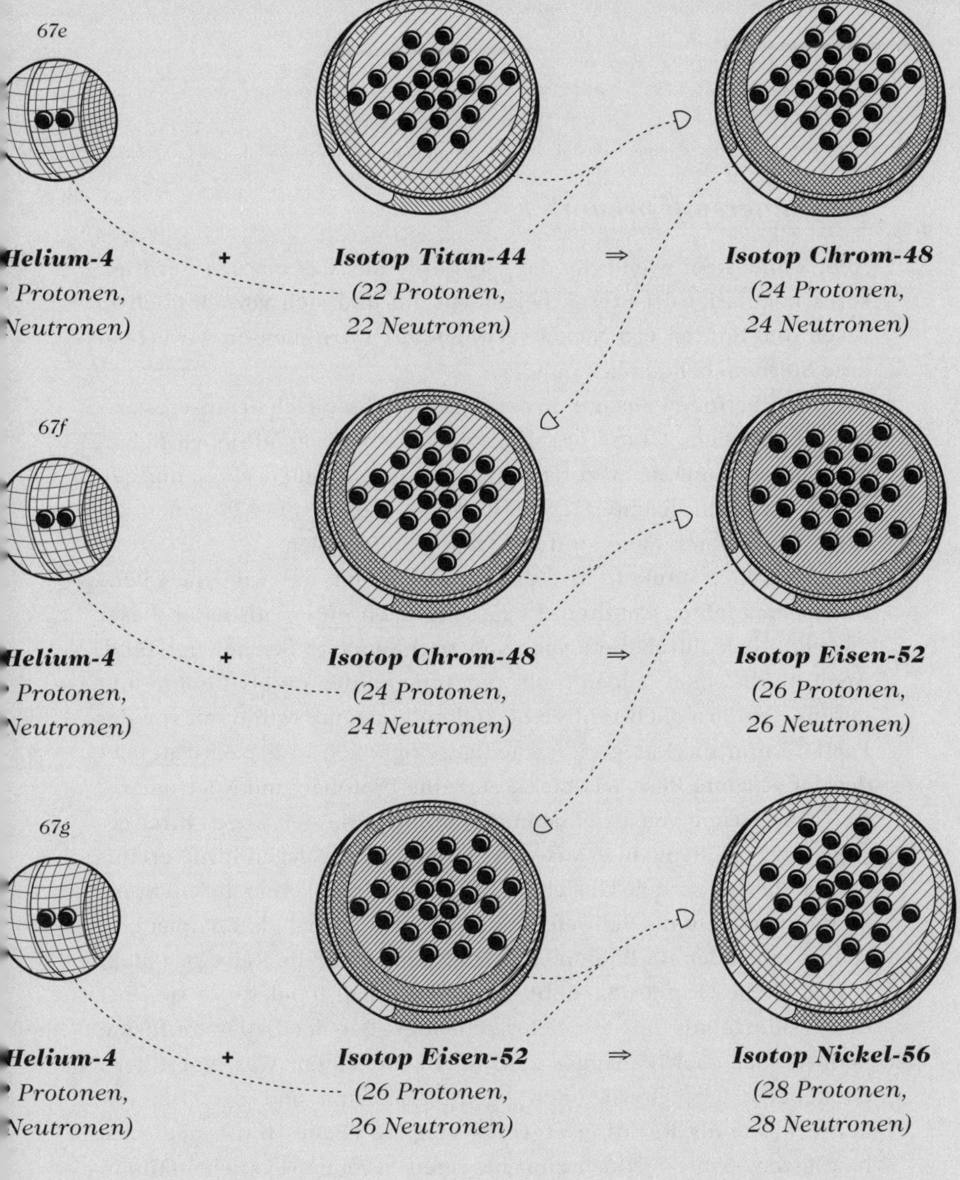

[Grafik 67] ***Heliumeinfang in der Siliciumbrennschale eines Roten Überriesen***

Der Sauerstoff brennt!

Aber woher kam wiederum das viele Silicium, das um den Kern unseres Population-III-Sterns herumwuselte und sich vornehmlich in Eisen und Spuren von Nickel verwandelte? Dazu müssen wir erneut eine Sternenebene höher wandern.

Wir befinden uns nun in der Sauerstoffbrennschale unseres ersten Sterns (siehe Grafik 68). Hier ging es mit 1800 Millionen Kelvin zwar etwas gemäßigter zur Sache, allerdings genügte dies, um den dort ansässigen, leichteren, aus nur acht abstoßenden Protonen zusammengesetzten Sauerstoff zur Fusion zu bewegen.

Von hier stammte also das viele Silicium, das wir eine Ebene tiefer begutachten konnten. Es rieselte nach unten, als es in dieser zweiten Etage durch die Fusion von zwei Sauerstoffkernen entstand. Auch hierbei kam jedoch nicht nur reines Silicium als Endprodukt heraus, sondern auch zahlreiche andere Elemente waren mit von der Partie. Unter die Kategorie »Sonstiges« fiel auch in diesem Fall wieder der gesamte Rest, wie Licht, einzelne Protonen und Neutronen.

Die Fusion von zwei Sauerstoffatomen, die sich wegen ihrer geringeren Protonenzahl etwas weniger widerwillig gegen ihre Vereinigung wehren, hat viele Gesichter. Sie konnte in unserem dicken Stern zum einen ebenfalls Schwefel hervorbringen, wobei als Energieüberschuss entweder ein Photon oder ein Neutron auf die Reise geschickt wurde (siehe Grafik 68a/68b). Im zweiten Fall handelte es sich bei dem Endergebnis um ein Schwefelisotop. Bei der Sauerstofffusion konnte aber auch Phosphor zusammen mit einem Wasserstoffkern entstehen (siehe Grafik 68c). Auch Magnesium und zwei Heliumkerne waren als Reaktionsergebnis möglich (siehe Grafik 68e). Am häufigsten kam es jedoch zum besagten Silicium, das, ebenfalls in Begleitung eines Heliumkerns, eine Sternenebene tiefer rieselte (siehe Grafik 68d).

Bei 1800 Millionen Kelvin zündet das Sauerstoffbrennen.
Hierbei entsteht vor allem das Element Silicium.
Aber auch Schwefel, Phosphor und Magnesium werden gebildet.

Das Neon brennt!

Wir lassen uns nicht kleinkriegen und trotten weiter in der Sternenzwiebel empor. Von hier, aus Schale Nummer drei, stammt also der ganze Sauerstoff, mit dem wir gerade eben Bekanntschaft gemacht haben.

Bei den in dieser Schicht herrschenden 1200 Millionen Kelvin zeigte sich besonders das Element Neon recht reaktionsfreudig (siehe Grafik 69). Allerdings lief das Ganze ein wenig anders ab, als wir es in den Ebenen zuvor kennengelernt haben. Anstelle von zwei gleich schweren Atomkernen kollidierten in dieser Etage des Sterns nämlich ausschließlich verschieden schwere Reaktionspartner miteinander. Besonders der Heliumeinfang wurde hier gerne praktiziert (siehe *Gefangenes Helium,* Seite 505).

Damit dieser jedoch überhaupt beginnen konnte, musste das benötigte Helium zunächst aus einem anderen Element herausgeschossen werden. Dazu wurde wieder ein energiereiches Gammaphoton benötigt. Nachdem es möglichst ruppig gegen einen arglosen Neonkern geflogen war, wurde dieser zu Sauerstoff runderneuert, während gleichzeitig das gewünschte Alphateilchen zum Vorschein kam (siehe Grafik 69a).

Nun konnte es also losgehen. Zuerst musste Neon mit einem der frei gewordenen Heliumkerne zusammentreffen. Es entstand Magnesium und nebenbei ein hochenergetisches Gammaphoton (siehe Grafik 69b). Der Magnesiumkern konnte nun wiederum ebenfalls Kurs auf einen Heliumkern nehmen. Bei dieser Aktion entstand erneut eine ordentliche Portion Licht, aber auch ein wenig Silicium wurde gebildet (siehe Grafik 69c). In einer Alternativreaktion konnte das Neon aber auch auf ein einsames Neutron stoßen, wodurch ein Neonisotop sowie ein Photon entstanden (siehe Grafik 69d). Seinerseits bestand für dieses Isotop nun ebenfalls die Chance, mit einem Heliumkern zu kollidieren. Auch dann wurde Magnesium gebildet, das zusammen mit einem Neutron das Weite suchte (siehe Grafik 69e).

Wenn wir uns zurückerinnern, kommt uns in den Sinn, dass gerade diese einsamen Neutronen für die Bildung von einigen Elementen, die schwerer sind als Eisen, sehr wichtig sind (siehe *Schnelle Neutronenküche,* Seite 488/*Gemütliche Neutronenküche,* Seite 494). Zwar gab es auch in der siliciumdominierten Zone unseres sterbenden Population-III-Sterns einzelne Neutronen, allerdings wurde das ganze Treiben dort viel zu schnell durch die knallhart einsetzende Explosion beendet, sodass gerade für den langsamen Neutroneneinfang gar keine Zeit mehr blieb.

[Grafik 68] ***Die Sauerstoffbrennschale eines Roten Überriesen***

Zwei Sauerstoffkerne verschmelzen zu Schwefel. Dabei entsteht Licht.

Sauerstoff-16 + Sauerstoff-16
⇒ Schwefel-32 + Gammaphoton

Zwei Sauerstoffkerne verschmelzen zu Phosphor. Dabei entsteht ein Wasserstoffker

Sauerstoff-16 + Sauerstoff-16
⇒ Phosphor-31 + Wasserstoff-1

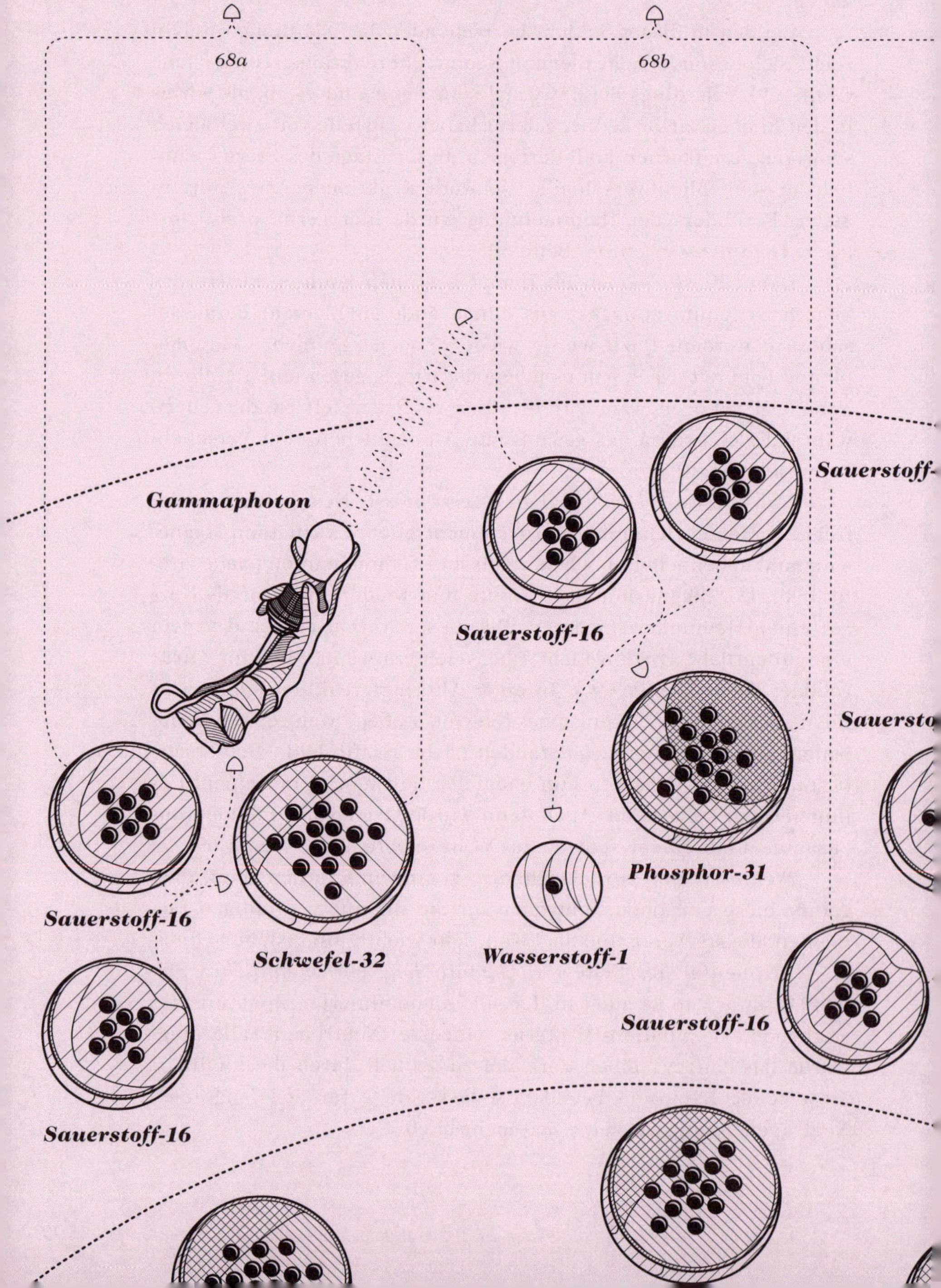

wei Sauerstoffkerne verschmelzen zu einem chwefelisotop. Dabei entsteht ein Neutron.

Sauerstoff-16 + Sauerstoff-16
⇒ Schwefel-31 + Neutron

68c

Zwei Sauerstoffkerne verschmelzen zu Silicium. Dabei entsteht ein Heliumkern.

Sauerstoff-16 + Sauerstoff-16
⇒ Silicium-28 + Helium-4

68d

Zwei Sauerstoffkerne verschmelzen zu Magnesium. Dabei entstehen zwei Heliumkerne.

Sauerstoff-16 + Sauerstoff-16
⇒ Magnesium-24 + Helium-4 + Helium-4

68e

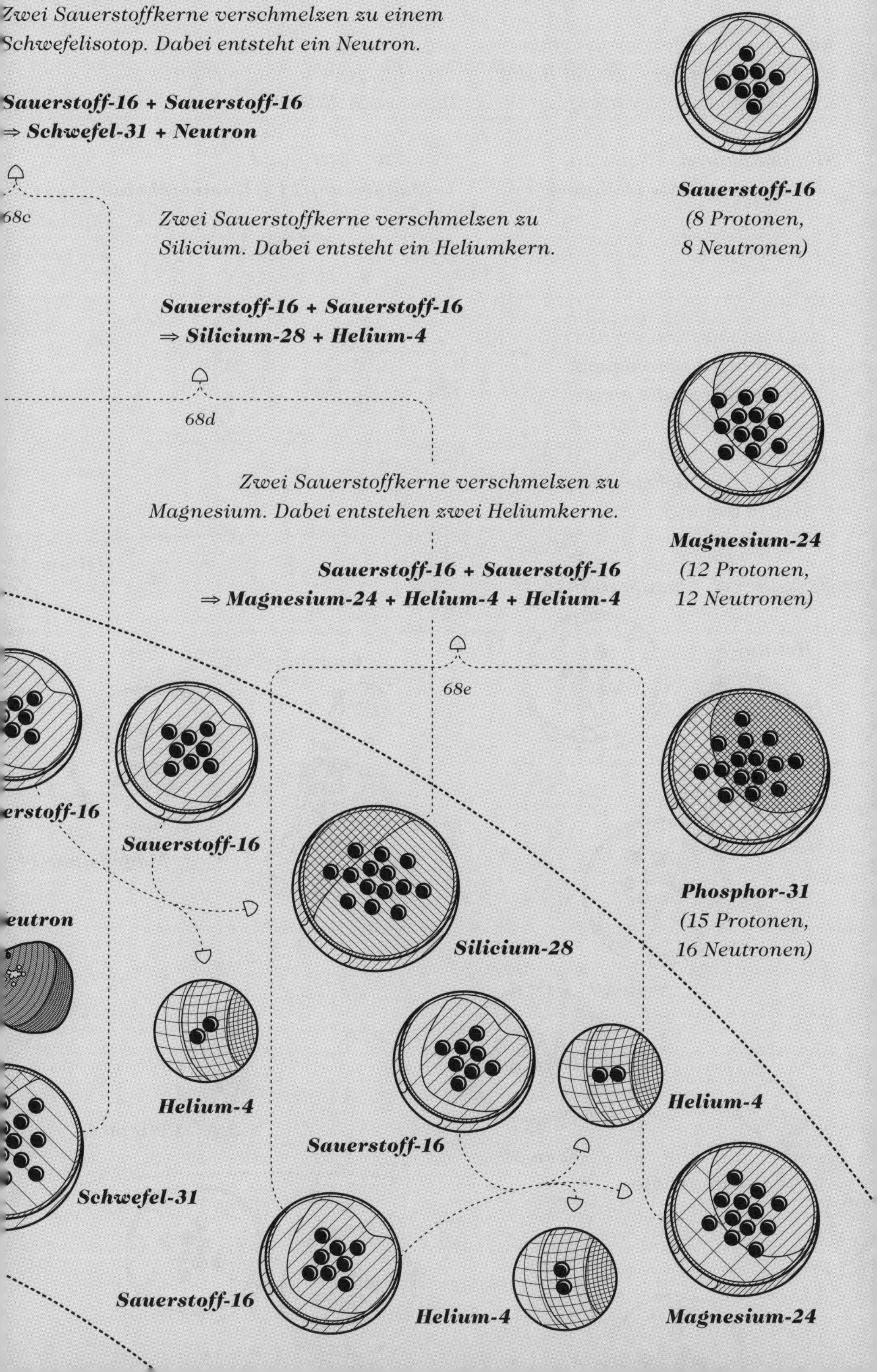

Ein Gammaphoton spaltet einen Neonkern in Sauerstoff und Helium auf (= Photodesintegration) …

Gammaphoton + Neon-20 ⇒ Sauerstoff-16 + Helium-4

Ein Neon- und ein Heliumkern verschmelzen zu Magnesium. Dabei entsteht Licht.

Neon-20 + Helium-4 ⇒ Magnesium-24 + Gammaphoton

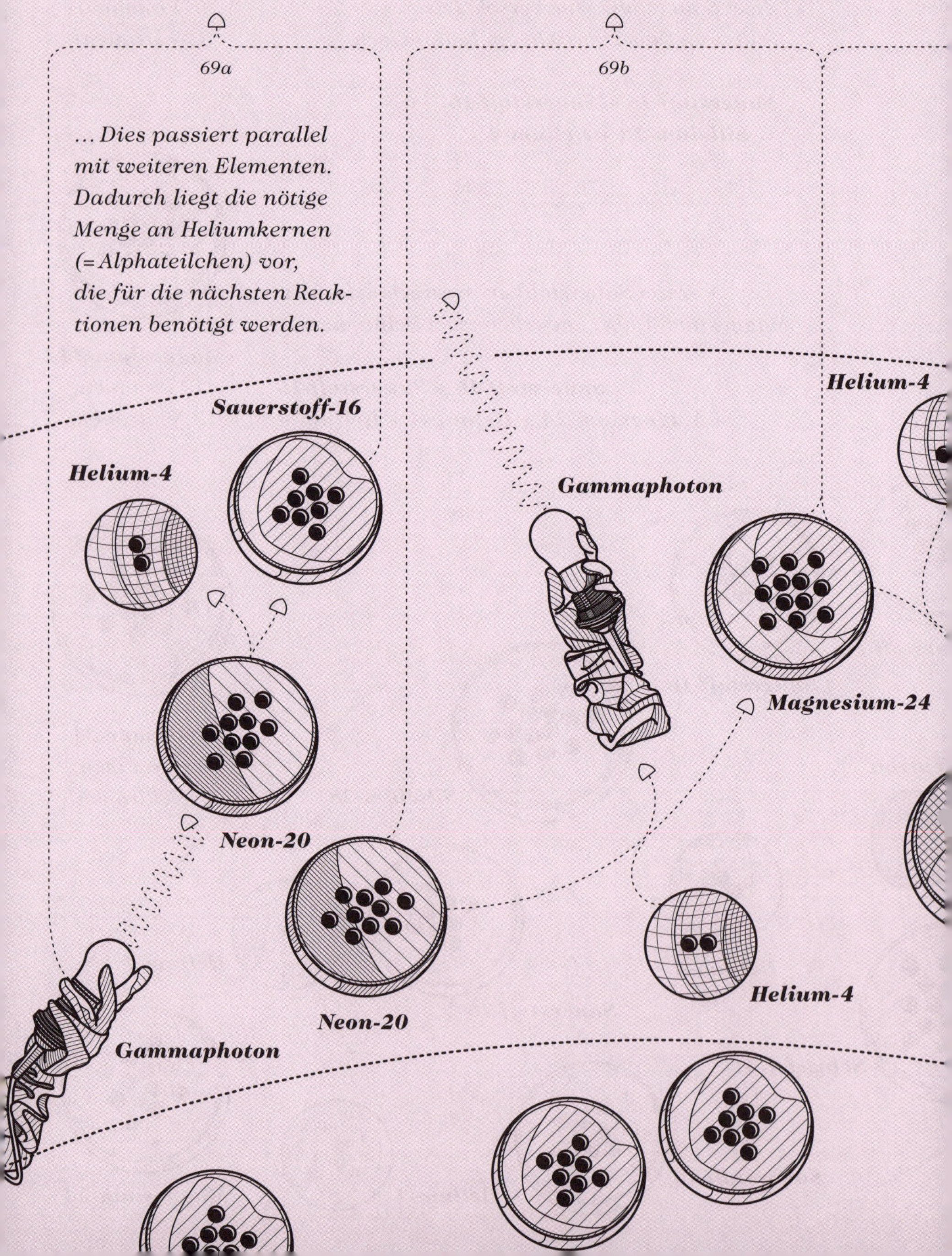

Der Magnesiumkern verschmilzt mit einem Heliumkern zu Silicium. Dabei entsteht Licht.

Magnesium-24 + Helium-4
⇒ Silicium-28 + Gammaphoton

69c

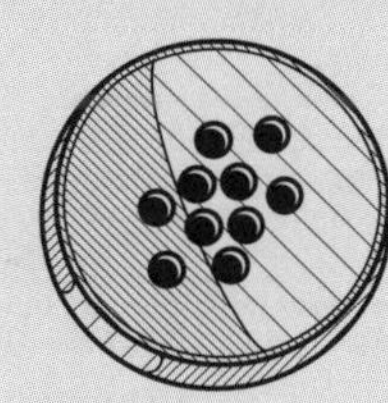

Neon-20
(10 Protonen, 10 Neutronen)

Ein Neonkern und ein freies Neutron verschmelzen zu einem Neonisotop. Dabei entsteht Licht.

Neon-20 + Neutron
⇒ Neon-21 + Gammaphoton

Das Neonisotop verschmilzt mit einem Heliumkern zu Magnesium. Dabei entsteht ein Neutron.

Neon-20 + Helium-4
⇒ Magnesium-24 + Neutron

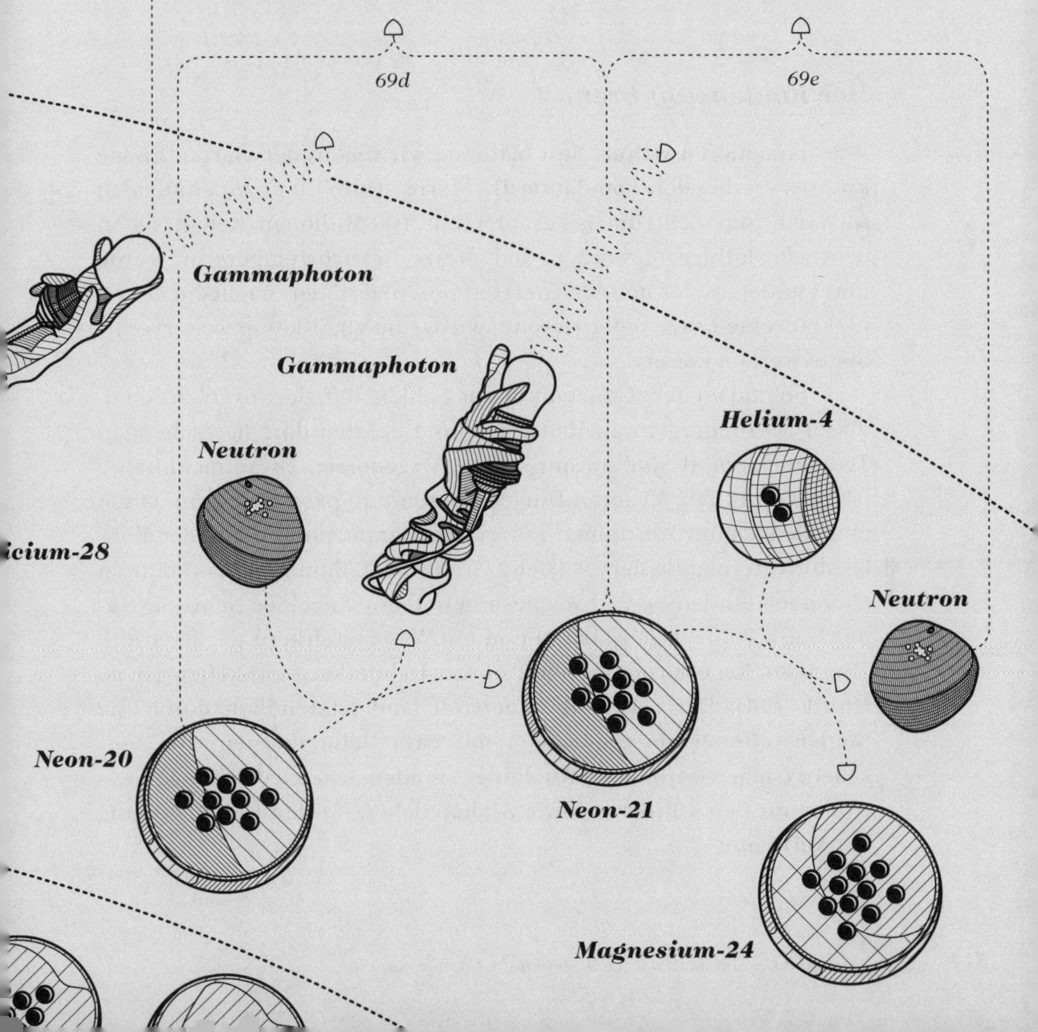

Ganz anders sah die Sache in der neonverwertenden Region des Sterns aus. Da dieser Bereich schon vor dem einsetzenden Siliciumbrennen existierte (warum das so war, werden wir noch klären), konnte dort zu einem gewissen Teil auch der gemütlich verlaufende s-Prozess stattfinden, mithilfe dessen chemische Elemente nicht durch Kernfusion, sondern durch das Einfangen einzelner Teilchen, in diesem Fall von Neutronen, gebildet wurden.

Bei 1200 Millionen Kelvin zündet das Neonbrennen. Hierbei entsteht vor allem das Element Sauerstoff. Aber auch Magnesium und Silicium werden gebildet.

Der Kohlenstoff brennt!

Wir marschieren weiter. Nun befinden wir uns in der vierten Ebene unseres sterbenden Population-III-Sterns. Durch den zunehmenden Abstand zum Zentrum ist es hier mit 700 Millionen Kelvin schon deutlich »kühler« geworden. Bei dieser Betriebstemperatur wurde unter anderem der nötige Sauerstoff produziert, der, nachdem er von hier aus eine Etage tiefer rieselte, wiederum zu Silicium weiterverarbeitet werden konnte.

Schuld an dem Ganzen war der Kohlenstoff, der vornehmlich in dieser Sternenregion zu Hause war und bei den dort herrschenden Temperaturen ab und an mit seinen Artgenossen zusammenknallte (siehe Grafik 70). Vielerlei Dinge konnten nun passieren. Zum einen ging Magnesium zusammen mit einem Gammaphoton aus der Kohlenstoffvereinigung hervor (siehe Grafik 70a). Zum anderen konnten aber auch ein Isotop von Magnesium und ein einzelnes Neutron (siehe Grafik 70b) sowie Natrium und ein Wasserstoffkern (siehe Grafik 70c) oder Neon zusammen mit einem Heliumkern entstehen (siehe Grafik 70d). Der rieselnde Sauerstoff kam letztendlich durch die Kohlenstoffkollision gemeinsam mit zwei Heliumkernen zum Vorschein (siehe Grafik 70e). Auch hier standen also wieder einige Neutronen für den s-Prozess sowie Alphateilchen für den Heliumeinfang zur Verfügung.

Bei 700 Millionen Kelvin zündet das Kohlenstoffbrennen.
Hierbei entsteht vor allem das Element Neon.
Aber auch Magnesium, Natrium und Sauerstoff werden gebildet.

Das Helium brennt!

Und wieder geht es ein Stückchen weiter hinauf in unserem allerersten Stern. Bei nur noch 100 Millionen Kelvin waren die Temperaturen nun gerade einmal ausreichend, um Helium zum Verschmelzen zu bewegen (siehe Grafik 71). Allerdings benötigte es hierfür nicht nur zwei Reaktionspartner, sondern gleich drei. Diese kernphysikalische Rezeptur wird deshalb auch als Drei-Alpha-Prozess bezeichnet – da ja Heliumkerne auch unter dem Synonym »Alphateilchen« auftreten (siehe *Gefangenes Helium,* Seite 505).

Zuerst mussten zwei dieser Alphateilchen zusammenfinden. Aus dieser Liaison ging schließlich Beryllium und ein wie gehabt hochenergetisches Gammaphoton hervor (siehe Grafik 71a). Nun war der dritte Heliumkern gefragt. Dieser musste sich übrigens ordentlich sputen, denn Beryllium beschließt in aller Regel bereits nach 10^{-16} Sekunden (das ist wirklich außerordentlich knapp bemessen!), wieder von der Bildfläche zu verschwinden und sich stattdessen erneut in zwei Heliumkerne aufzuspalten. Gelang dem Alphateilchen jedoch das Kunststück, noch rechtzeitig vor dem Berylliumzerfall gegen das flüchtige Element zu stoßen, entstand zunächst ein recht sonderbarer Kohlenstoffkern, der ebenfalls wieder von einem Gammaphoton begleitet wurde (siehe Grafik 71b).

Das Besondere an diesem Kohlenstoff war, dass einige seiner Elektronen in einer höheren Bahnebene als üblich umherschwirrten. Das Element lag also in einem elektrisch angeregten Zustand vor (siehe *Der etwas andere Jo-Jo-Effekt,* Seite 133). Doch wie wir wissen, sind solche Zustände nie von allzu langer Dauer, und so fielen die auf dem Höhenflug befindlichen Elektronen entweder recht schnell wieder in ihren Grundzustand zurück, woraufhin der stabile, stinknormale Kohlenstoffkern entstand (siehe Grafik 71c), der sogleich eine Sternenebene tiefer rieselte, um für weitere Reaktionen zur Verfügung zu stehen, oder – und das war die weitaus unbefriedigendere Möglichkeit – der Kohlenstoff zerfiel einfach wieder in dieselben Bestandteile, aus denen er sich bildete. In diesem Fall durften Berylli-

[Grafik 70] ***Die Kohlenstoffbrennschale eines Roten Überriesen***

Zwei Kohlenstoffkerne verschmelzen zu Magnesium. Dabei entsteht Licht.

Kohlenstoff-12 + Kohlenstoff-12
⇒ Magnesium-24 + Gammaphoton

Zwei Kohlenstoffkerne verschmelzen zu Natrium. Dabei entsteht ein Wasserstoffkern.

Kohlenstoff-12 + Kohlenstoff-12
⇒ Natrium-23 + Wasserstoff-1

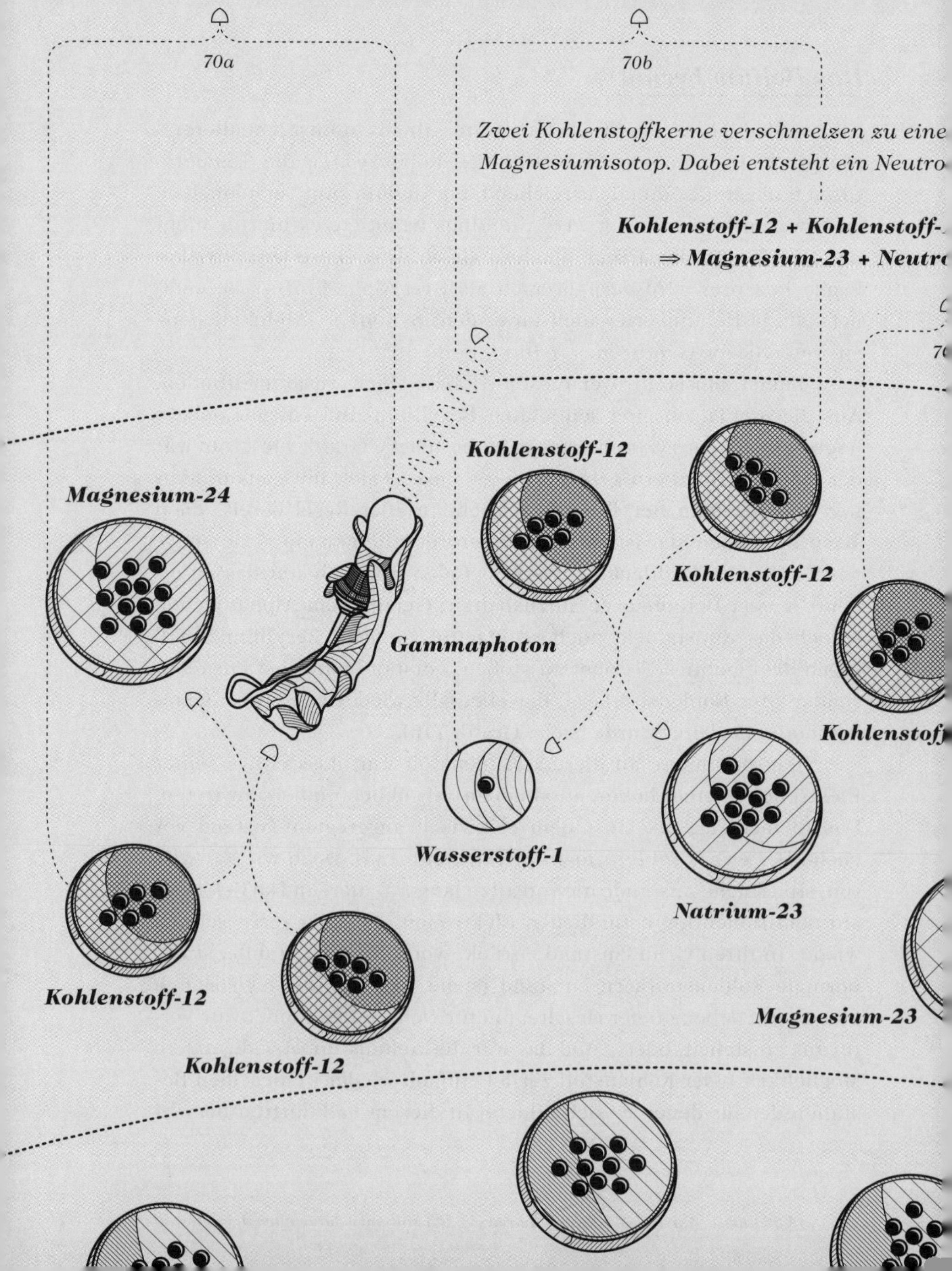

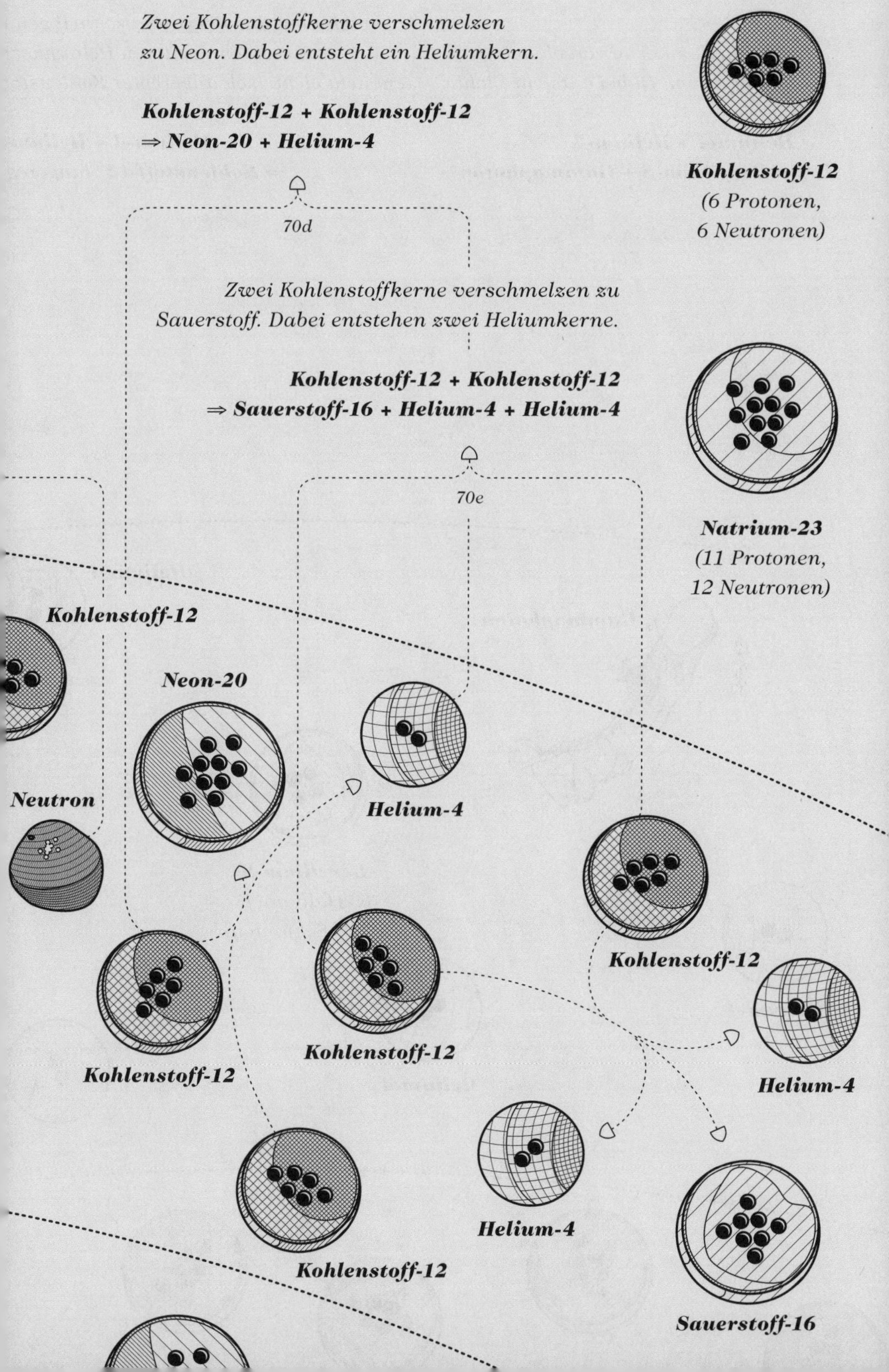
Zwei Kohlenstoffkerne verschmelzen zu Neon. Dabei entsteht ein Heliumkern.
Kohlenstoff-12 + Kohlenstoff-12 ⇒ Neon-20 + Helium-4
70d
Zwei Kohlenstoffkerne verschmelzen zu Sauerstoff. Dabei entstehen zwei Heliumkerne.
Kohlenstoff-12 + Kohlenstoff-12 ⇒ Sauerstoff-16 + Helium-4 + Helium-4
70e
Kohlenstoff-12 (6 Protonen, 6 Neutronen)
Natrium-23 (11 Protonen, 12 Neutronen)
Kohlenstoff-12
Neon-20
Neutron
Helium-4
Kohlenstoff-12
Kohlenstoff-12
Kohlenstoff-12
Helium-4
Helium-4
Kohlenstoff-12
Sauerstoff-16

[Grafik 71] **Die Heliumbrennschale eines Roten Überriesen oder Roten Riesen**

Zwei Heliumkerne verschmelzen zu Beryllium. Dabei entsteht Licht.

Helium-4 + Helium-4
⇒ Beryllium-8 + Gammaphoton

Verschmilzt das Beryllium schnell genu mit einem weiteren Heliumker entsteht elektrisch angeregter Kohlensto

Helium-4 + Helium-
⇒ Kohlenstoff-12* (angereg

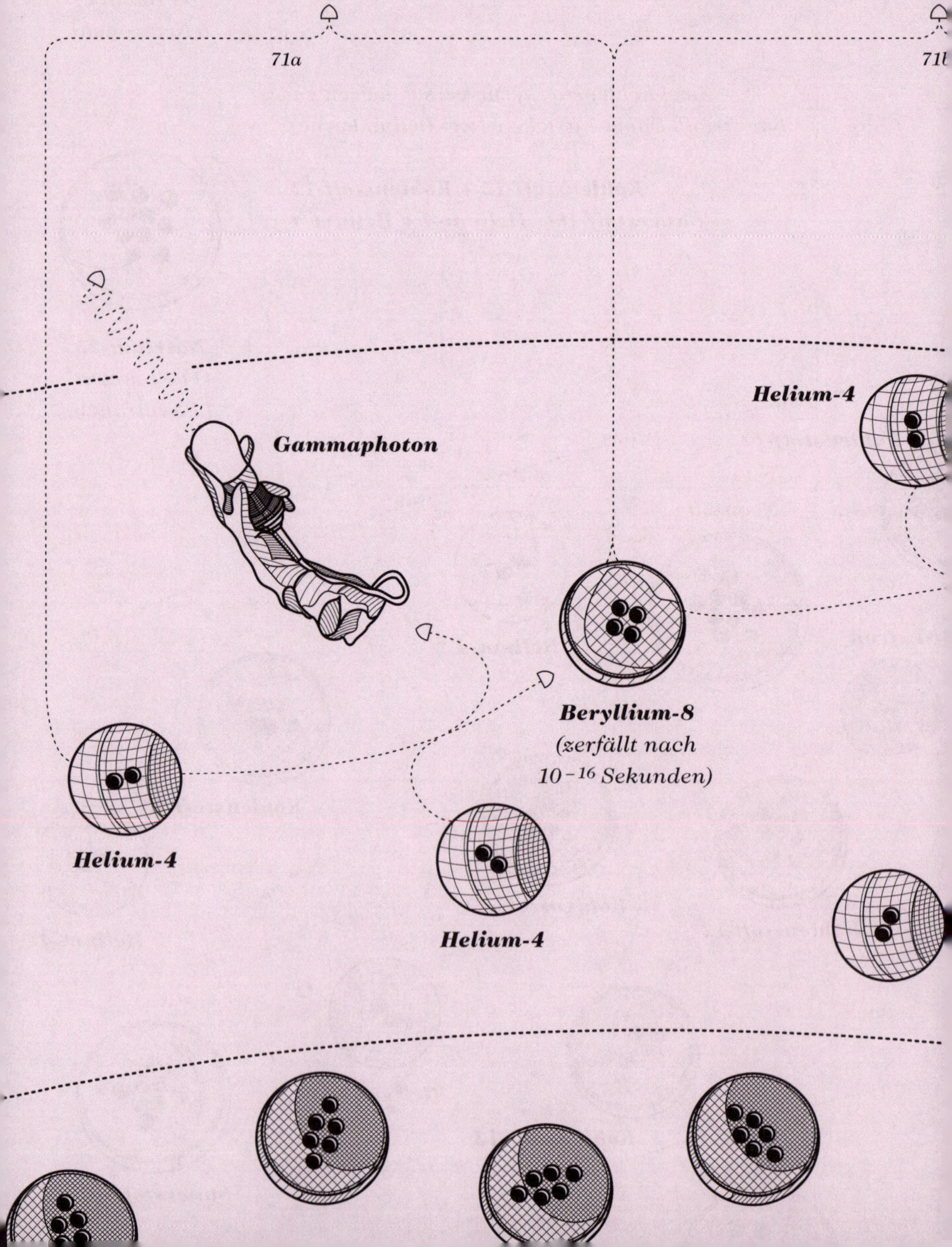

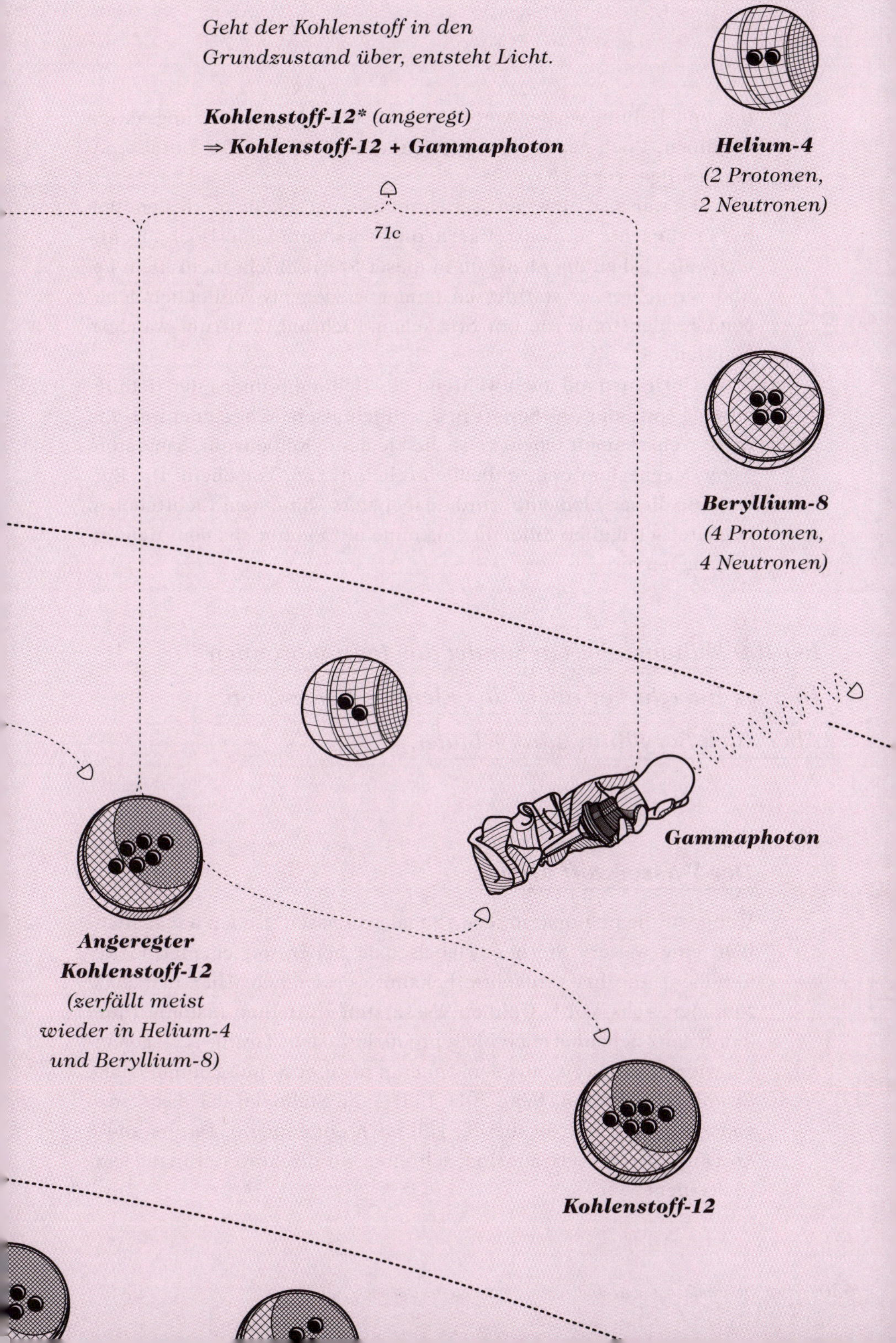
Geht der Kohlenstoff in den Grundzustand über, entsteht Licht.
Kohlenstoff-12* (angeregt) ⇒ Kohlenstoff-12 + Gammaphoton
71c
Helium-4 (2 Protonen, 2 Neutronen)
Beryllium-8 (4 Protonen, 4 Neutronen)
Gammaphoton
Angeregter Kohlenstoff-12 (zerfällt meist wieder in Helium-4 und Beryllium-8)
Kohlenstoff-12

um und Helium wieder von vorne mit ihrer Verschmelzungsaktion beginnen. Doch genau diese Option kam dummerweise eintausendmal häufiger vor …

Es war also eine ganz schön mühsame Geschichte, bis endlich der erwünschte Kohlenstoffkern zum Vorschein kam. Doch glücklicherweise gaben die Elemente in dieser Sternschicht nicht klein bei und versuchten es stattdessen immer wieder, bis schließlich genügend Kohlenstoffkerne ein Stückchen Richtung Zentrum wandern konnten.

Übrigens fand auch während des Heliumbrennens der Heliumeinfang statt, der uns bereits in der Siliciumschale begegnet war. Auf diese Weise kamen schrittweise die Elemente Kohlenstoff, Sauerstoff, Neon, Magnesium und schließlich Silicium zum Vorschein. Die Entstehung dieser Elemente wurde dabei stets von einem Lichtteilchen begleitet – lediglich Silicium ging ohne ein Photon aus dem Heliumeinfang hervor.

Bei 100 Millionen Kelvin zündet das Heliumbrennen. Hierbei entsteht vor allem das Element Kohlenstoff. Aber auch Beryllium wird gebildet.

Der Wasserstoff brennt!

Wenn wir die heliumbrennende Schale verlassen, treffen wir schließlich, eine weitere Sternenzwiebelschale höher, auf chemische Reaktionen, die uns verdächtig bekannt vorkommen: Hier in Schale Nummer sechs wurde fröhlich Wasserstoff zu Helium fusioniert und damit ganz nebenbei auch Licht produziert (siehe Grafik 72) – genauso, wie wir es bereits aus dem Inneren unserer Sonne kennen (siehe *Proton trifft Proton,* Seite 301). Einzig die Stelle, an der das Ganze vonstattenging, war in diesem Fall eben eine andere. Da uns diese Vorgänge bereits vertraut sind, schreiten wir direkt weiter in die letzte Sternenebene.

In der letzten Brennschale eines sterbenden Sterns findet weiterhin die klassische Fusion von Wasserstoff zu Helium statt.

Ausgebrannt…

Hier war das freudige Fusionieren schließlich zu Ende (siehe Grafik 73). Diese Schicht war damit die mit Abstand langweiligste, die unser sterbender Population-III-Stern zu bieten hatte. Hier hing sein Plasma völlig phlegmatisch in den Seilen. Einzig die vielen Photonen, die sich mühsam aus dem Sterneninneren emporkämpften, brachten ein wenig Abwechslung in diese ansonsten außerordentlich trostlose Gegend. Eine Konvektionszone, wie wir sie von unserer Sonne kennen, hatten die ersten Sterne, wie auch alle anderen enorm groß geratenen Kandidaten, nämlich nicht (siehe *Eine Fahrkarte Richtung Ausgang, bitte!*, Seite 268). Nicht einmal das Plasma brachte damit ein wenig Bewegung in diese äußerste Sternenschicht. Stattdessen musste sich das Licht ausschließlich im Zickzackkurs gen Ausgang hangeln, um schließlich als extrem schwaches, rotes Photon mit Lichtgeschwindigkeit frei davoneilen zu können (siehe *Auf Zickzackkurs*, Seite 280).

Vier Wasserstoffkerne verschmelzen zu Helium. Dabei entstehen Positronen, Neutrinos und Licht.

4 × Wasserstoff-1
⇒ Helium-4 + 2 × Gammaphoton + 2 × Positron + 2 × Neutrino

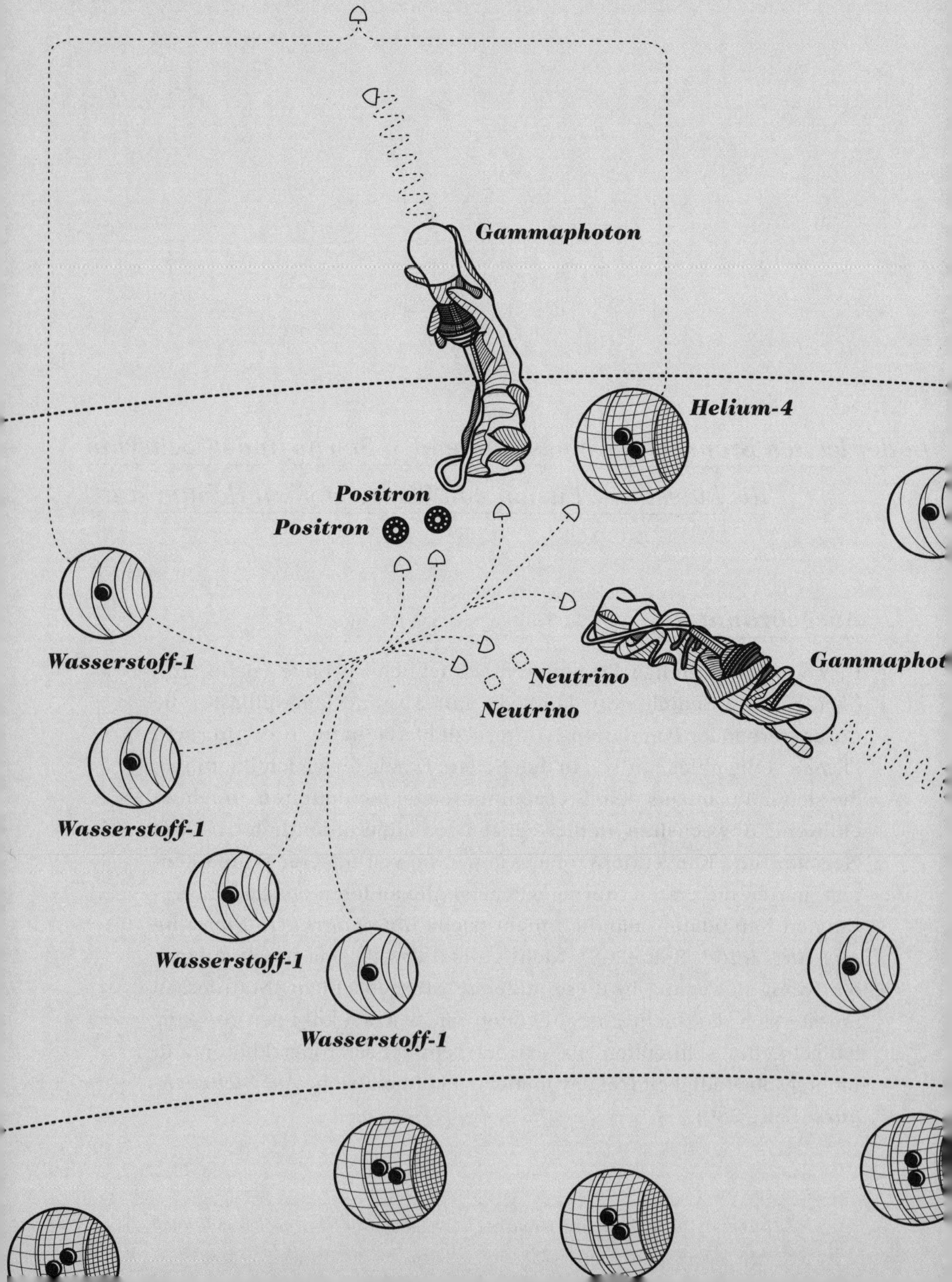

[*Grafik 72*] ***Die Wasserstoffbrennschale eines Roten Überriesen, Roten Riesen oder Roten Unterriesen***

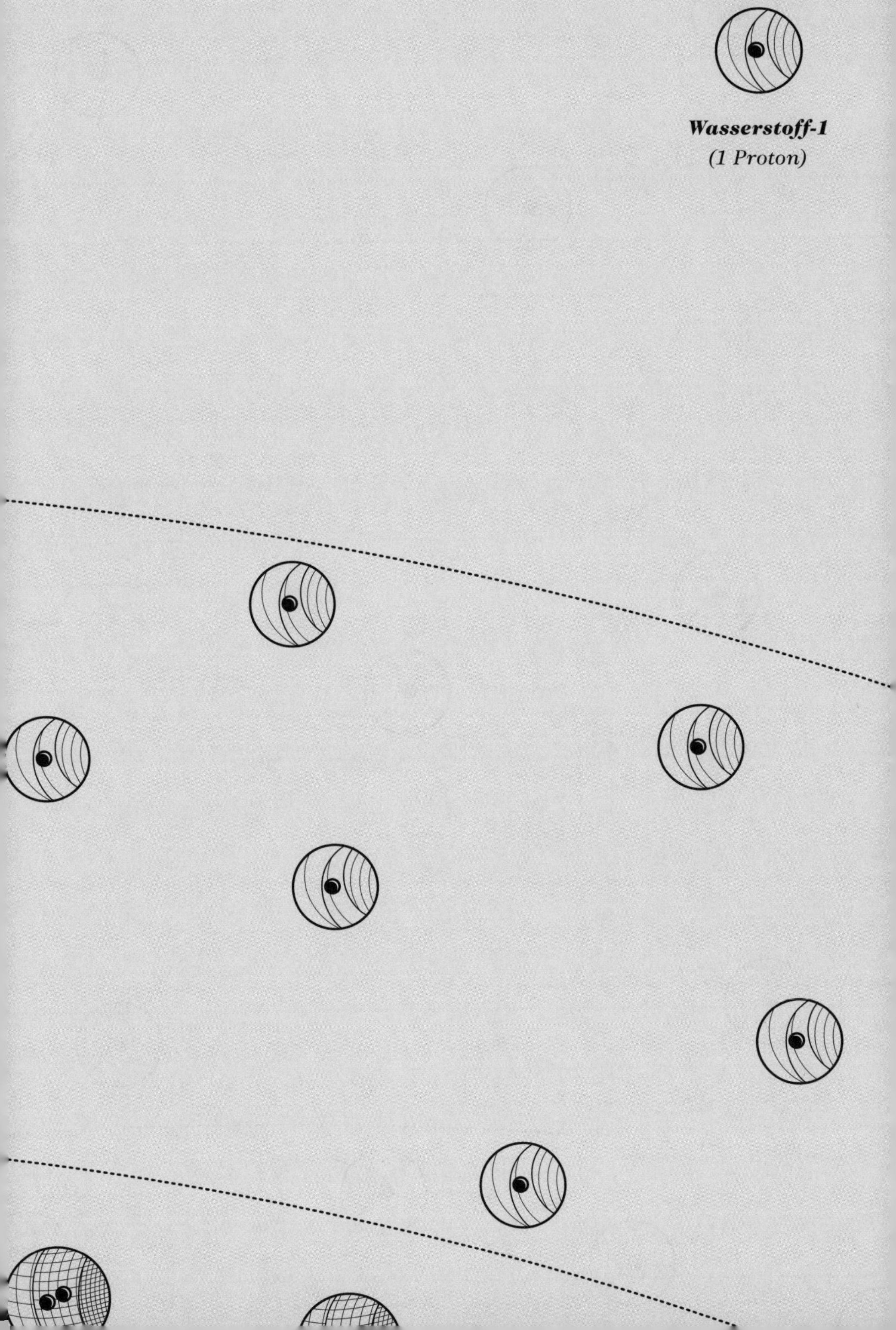

[Grafik 73] ***In der wasserstoffhaltigen Außenhülle eines Roten Überriesen, Roten Riesen oder Roten Unterriesen finden keine Kernreaktionen statt***

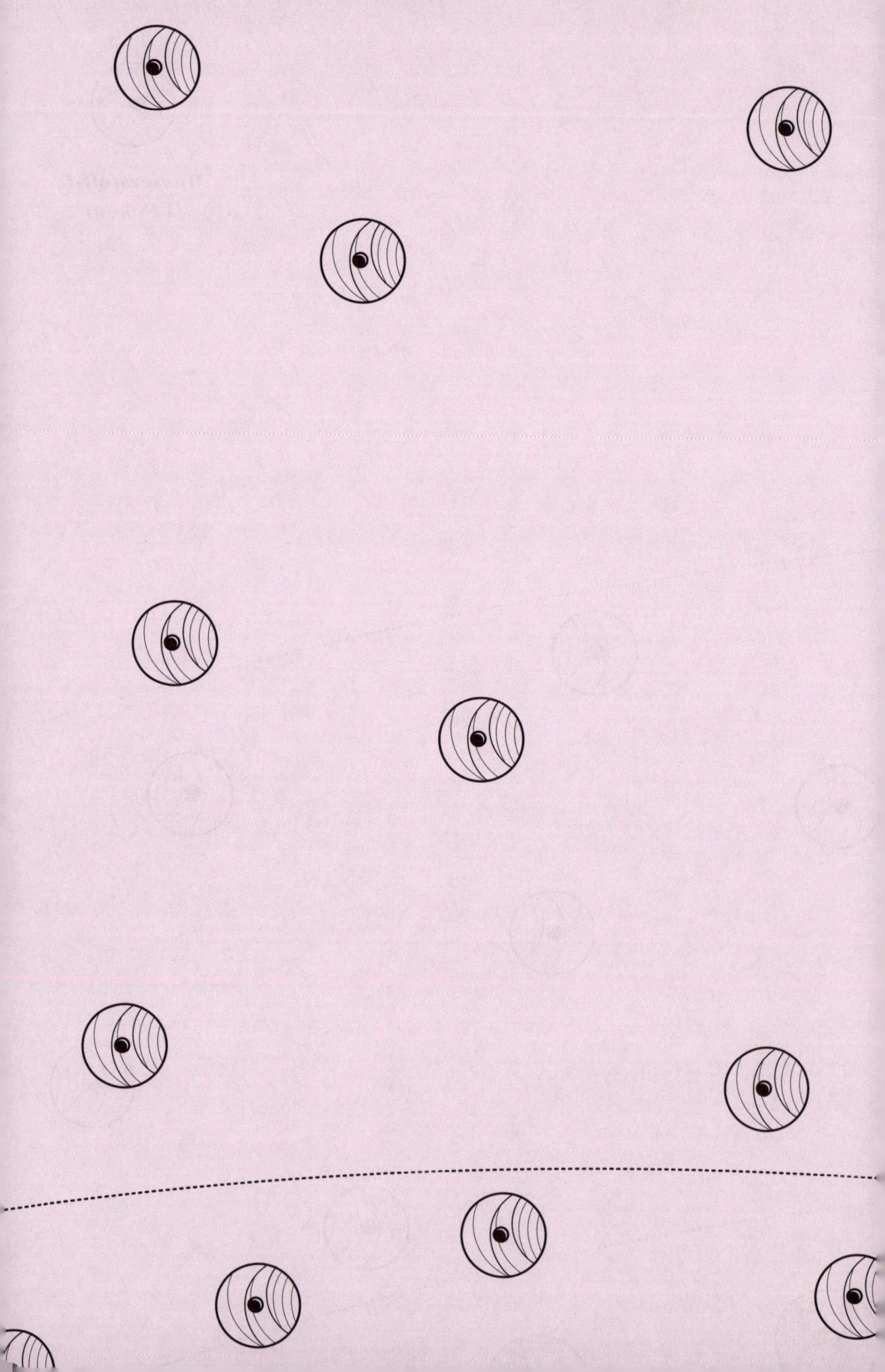

Nur durch die Fusion von Wasserstoff zu Helium kann ein Stern genug Energie freisetzen, um sich stabil im hydrostatischen Gleichgewicht zu halten.

Alle anderen Elemente können das nahende Ende durch ihr Verschmelzen lediglich hinauszögern und eignen sich daher nur als dürftiger Notbehelf.

5.5 Mutation zur Zwiebel

Schichtarbeit in einem sterbenden Stern

Nachdem wir nun geklärt haben, welchen Anblick der erste Stern kurz vor seinem Abgang lieferte, und wie es dabei zu den 92 chemischen Elementen des Periodensystems kommen konnte, wollen wir ihn nun schrittweise wieder ins Leben zurückholen. Die uns begegneten Sternenhüllen zierten nämlich nicht von Anfang an sein Inneres. Vielmehr kam im Laufe der Zeit nacheinander immer eine weitere Schicht dazu. Wie dies passieren konnte, dem werden wir jetzt nachgehen.

Eine Schicht jagt die nächste

Das besagte Siliciumbrennen brach bekanntlich über unseren Population-III-Stern herein, als es in seinem Zentrum 5000 Milliarden Kelvin heiß wurde. Nun waren die Bedingungen kuschelig genug, um die schweren Siliciumkerne zur Fusion zu bewegen. Doch warum wurde es überhaupt so heiß in unserem sterbenden Stern? Und warum war er am Ende so unglaublich groß und strahlte in feurigem Rot seinem Ende entgegen?

Wie gesagt befand sich der gigantische Überriese zu diesem Zeitpunkt schon längst nicht mehr in seinem hydrostatischen Gleichgewicht zwischen dem nach außen gerichteten thermischen Druck, der durch seine Kernfusion hervorgerufen wurde, und der nach innen drängenden Gravitation, die ihm sein eigenes Gewicht bescherte (siehe *Ganz schön raffiniert,* Seite 318). Grund für diese unschöne Schieflage der Kräfte war der für ein ausgeglichenes Sternenleben notwendige Wasserstoffvorrat im Kern (siehe *Drückend heiß,* Seite 281). Er war nämlich schlichtweg nicht mehr existent. Und genau das war das große Problem. Ein Stern kann sich schließlich nur dann erfolgreich gegen die Last seines eigenen Gewichts zur Wehr setzen, solange er in seinem Inneren genügend Wasserstoff zu Helium verschmelzen kann. Denn nur bei dieser Kernreaktion wird genügend Energie frei, um die gravitative Katastrophe abzuwenden (siehe *1 plus 1 ist weniger als 2,* Seite 312). Alle anderen Fusionsprozesse sind wesentlich weniger effektiv und taugen damit lediglich als dürftiger Notbehelf.

Unser Population-III-Stern leuchtete damals also quasi nur noch dank eines kernphysikalischen Provisoriums, das in seinem Zentrum und in den darüber liegenden Schalen sein nahendes Ende nur noch hinauszögern konnte. Lediglich in seiner vorletzten Außenschale fand die Fusion von Wasserstoff zu Helium noch statt (siehe *Der Wasserstoff brennt!,* Seite 520). Allerdings passierte dies in derart homöopathischen Dosen, dass er damit keinesfalls die Last der Schwerkraft hätte bezwingen können.

Die Gravitation hatte damals also definitiv die Nase vorn. Entsprechend wurde der Kern des Population-III-Sterns immer weiter zusammengestaucht. Seine Hüllen entschieden sich allerdings währenddessen für das genaue Gegenteil: Sie blähten sich durch die dort in Gang kommenden Kernreaktionen immer weiter auf. Dies taten sie, weil es durch den ständig größer werdenden Druck der Schwerkraft immer heißer wurde, und damit nun auch weiter außerhalb vom Sterneninneren genau jene schweren Elemente fusioniert werden konnten, die zuvor ausschließlich im Zentrum zu einem Zusammenstoß zu bewegen waren. Genau deshalb kamen überhaupt die sechs verschiedenen, fusionierenden Hüllen zustande, die durch ihre ausladenden, aufgeblähten Ausmaße für die rötlich schimmernde Erscheinung des gigantisch großen Sterns sorgten (siehe Grafik 74/*Sternenzwiebel,* Seite 494). Die Bezeichnung »Roter Überriese« kommt also nicht von ungefähr.

Am Ende dieser Phase weitete sich unser 200-Sonnenmassen-Koloss auf Ausmaße aus, die vom Zentrum unserer heutigen Sonne bis weit über die Jupiterbahn hinaus reichen würden (siehe *Der wuchtige Jupiter,* Seite 351)! Allerdings war die Materie unseres aufgeblasenen Riesen in den äußeren Hüllen nur sehr luftig-locker verteilt. Die Mehrheit seiner Teilchen saß im immer kompakter und damit heißer werdenden Sternenkern zusammen.

[Grafik 74] ***Die Entwicklung eines 200-Sonnenmassen-Sterns zum Roten Überriesen***
(die Größenverhältnisse sind nicht maßstabsgetreu)

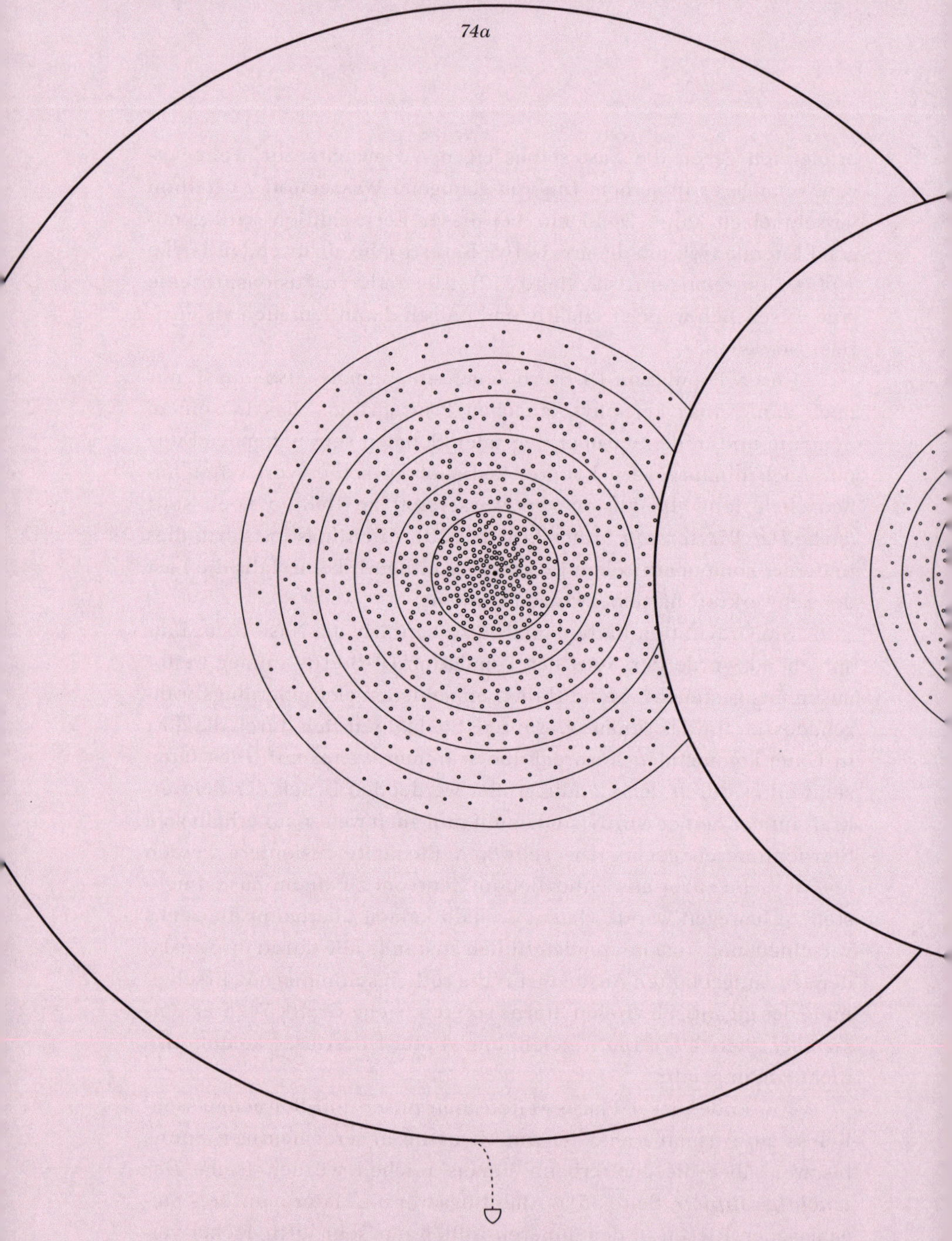

Roter Überriese mit sechs Brennschalen und inertem Eisenkern

Kerntemperatur: ***10 000 Millionen Kelvin***
Der Stern wird nun als Supernova explodieren.

Wasserstoffbrennender Hauptreihenstern

Kerntemperatur: **40 Millionen Kelvin**
Dauer, bis die Fusion im Kern erlischt: **weniger als 500 000 Jahre**

Roter Unterriese mit einer Brennschale und heliumbrennendem Kern

Kerntemperatur: **100 Millionen Kelvin**
Dauer, bis die Fusion im Kern erlischt: **weniger als 100 000 Jahre**

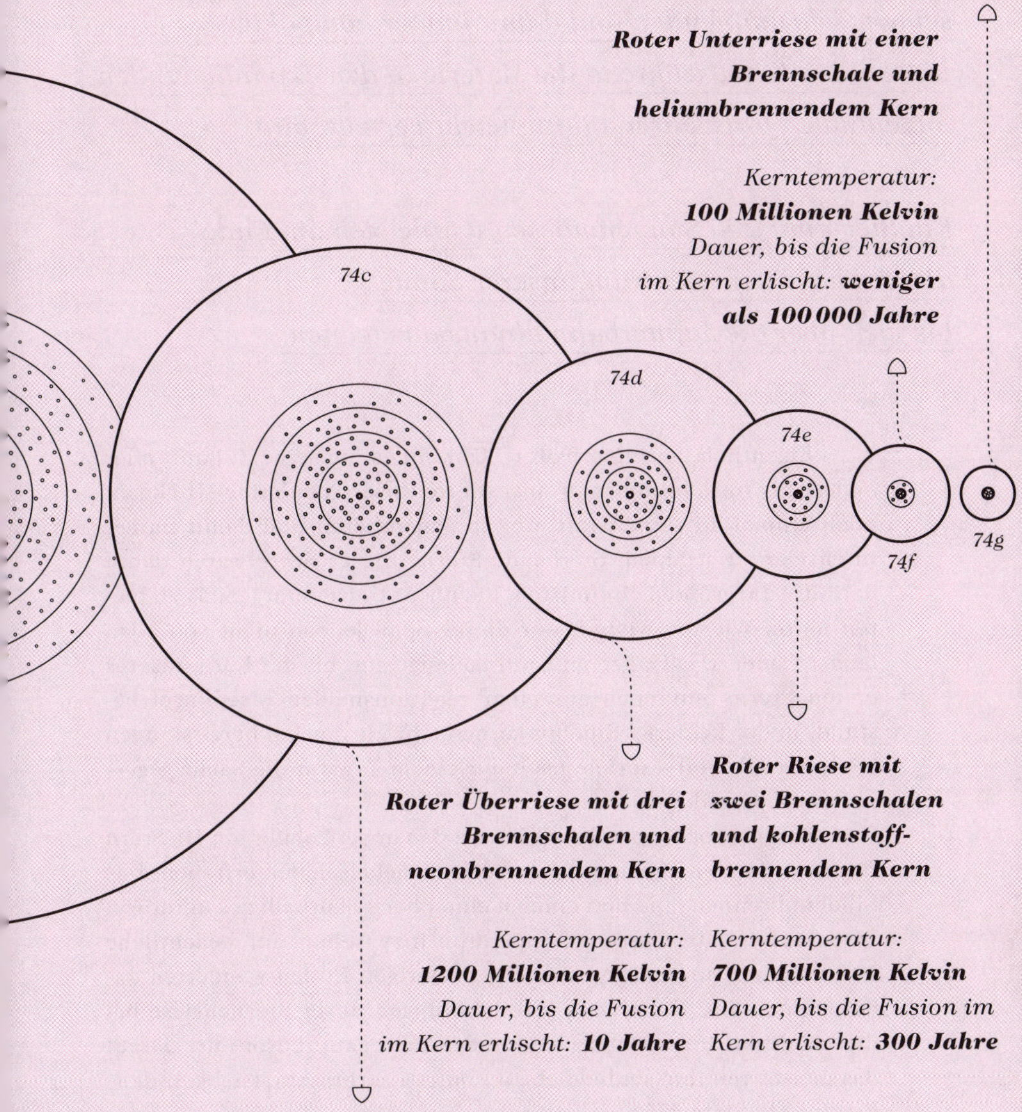

Roter Überriese mit drei Brennschalen und neonbrennendem Kern

Kerntemperatur: **1200 Millionen Kelvin**
Dauer, bis die Fusion im Kern erlischt: **10 Jahre**

Roter Riese mit zwei Brennschalen und kohlenstoffbrennendem Kern

Kerntemperatur: **700 Millionen Kelvin**
Dauer, bis die Fusion im Kern erlischt: **300 Jahre**

ter Überriese mit fünf ennschalen und iciumbrennendem Kern

rntemperatur: **00 Millionen Kelvin**
uer, bis die Fusion Kern erlischt: **1 Tag**

Roter Überriese mit vier Brennschalen und sauerstoffbrennendem Kern

Kerntemperatur: **1800 Millionen Kelvin**
Dauer, bis die Fusion im Kern erlischt: **0,5 Jahre**

Die meiste Masse eines sterbenden Sterns versammelt sich in seinem schrumpfenden und damit immer kompakter werdenden Kern, während die Materie in den expandierenden Außenhüllen fortwährend luftig-leicht verteilt wird.

Ein Stern mit 200 Sonnenmassen würde sich am Ende dieser Phase vom Zentrum unserer Sonne bis weit über die Jupiterbahn hinaus ausdehnen.

Eigentlich bewundernswert: Obwohl es um seine Zukunft alles andere als rosig bestellt war, investierte unser Population-III-Gigant noch einmal all seine Kraft, um zu expandieren und damit immer intensiver zu strahlen. Sterbende Sterne dieser Sorte waren damit definitiv die größten Optimisten, die unser Universum jemals zu bieten hatte. Wie wir wissen, war dieser Spaß jedoch nicht von allzu langer Dauer. Das Ganze ging nur so lange gut, bis der Kern unseres ersten Sterns nur noch aus einer reaktionsmüden Eisenkugel bestand, in der keinerlei Siliciumkerne mehr zur Fusion bereitstanden (siehe Grafik 74a) – sprich, nach nur einem Tag war die Sache gegessen (siehe Grafik 74b).

Doch bevor es so weit war, durfte sich unser Population-III-Stern für einen kurzen Moment seiner sechs Zwiebelschalen erfreuen. Das Siliciumbrennen fand nun einfach eine Ebene oberhalb des untätigen Eisenkerns statt, dessen Temperatur inzwischen auf beachtliche 10000 Kelvin angestiegen war. Die bisherigen Hüllen wanderten dabei einfach mit. Ein letztes Mal dehnte sich unser Sternenriese bei dieser Aktion äußerst ausladend in den Raum aus, bevor kurz darauf das meiste von ihm schließlich zu Konfetti zerbröselte (siehe *Andenken im All,* Seite 475).

Bereits nach nur einem Tag ist der Siliciumvorrat im Kern eines sterbenden, sehr massereichen Sterns verbraucht.

Da waren es nur noch vier …

Bevor das Verkochen der allerletzten Siliciumreste begann, bestand unser Sternenkoloss zusätzlich zu seinem fusionierenden Kern aus lediglich vier verschiedenen Schichten (beziehungsweise fünf, wenn man die nicht fusionierende Wasserstoffschale am äußersten Rand mitzählt). Statt Silicium wurde in seinem tiefsten Inneren der leichtere Sauerstoff zusammengeführt (siehe Grafik 74c). Alle weiteren, kühleren chemischen Reaktionen, mit denen wir bereits Bekanntschaft gemacht haben, fanden damit ebenfalls eine Ebene tiefer statt – eben genau dort, wo die jeweils benötigten Temperaturen in unserem Stern vorherrschten.

Der Population-III-Stern war damit sowohl kühler als auch kleiner. Sein Kern allerdings war zu jener Zeit weitaus weniger dicht zusammengequetscht, was auch die niedrigere Kerntemperatur von 1800 Millionen Kelvin erklärt. Allerdings blieb auch in dieser Phase unserer »Population-III-Zwiebel« nicht viel Zeit für kernphysikalische Experimente. Nur etwa ein halbes Jahr lang konnte sich der erste Stern seines Sauerstoffbrennens erfreuen, dann war der Vorrat aufgebraucht. Kurz nachdem die letzten frei verfügbaren Sauerstoffatomkerne sich vereinigten, war sein Zentrum damit erneut für ein Weilchen untätig – genau wie es wenig später auch der Fall sein sollte, als nur noch Eisen und Nickel sein Innerstes zierten (siehe *Untätiges Eisen*, Seite 499).

Etwa ein halbes Jahr lang kann ein sterbender, sehr massereicher Stern von seinem Sauerstoffvorrat im Kern zehren.

Der Sternenkern zog sich daraufhin wegen des fehlenden Gegengewichts der Kernfusion weiter und weiter zusammen. Mit ihm ging auch der gesamte Sternenradius ein wenig in die Knie. Durch die dabei frei gewordene potenzielle Energie begannen nun bereits die ersten neu gebildeten Atomkerne in den Außenhüllen fröhlich zu fusionieren. Das bis dahin ausschließlich im Kern stattfindende Sauerstoffbrennen wurde dadurch kurzerhand einfach eine Sternenebene weiter nach oben verlagert – hier war schließlich noch genügend Gebrauchsmaterial vorhanden, das von der zuvor an dieser Stelle wütenden Neonfusion übrig blieb. Auch die restlichen vier Brennschalen wurden währenddessen ebenfalls eine Ebene nach oben weitergereicht. Nun hatte unser Roter Überriese erstmals fünf »Zwiebelschalen« beisammen.

Sobald der Elementevorrat im Kern eines Sterns zur Neige geht, zieht dieser sich, gemeinsam mit dem gesamten Rest des Sterns, zusammen.

Druck und Temperatur steigen dadurch an. Um den erloschenen Kern bildet sich nun eine Schale, in der das verbrauchte Element weiterhin fusioniert werden kann.

Die Hüllen des Sterns dehnen sich in der Folge aus, während die neu entstehenden Elemente Richtung Sternenzentrum rieseln und damit Druck und Temperatur weiter ansteigen lassen.

Der erloschene Kern wird daraufhin wieder aktiv und beginnt damit, das nächstschwerere Element zu fusionieren.

Da es durch diese vorletzte Schalenaufstockungsaktion ziemlich ungemütlich heiß wurde, blähte sich der Population-III-Riese in der Folge so lange auf, bis zumindest kurzfristig wieder ein einigermaßen stabiles Gleichgewicht zwischen erzeugter und abgestrahlter Energiemenge hergestellt war. Nun kam auch endlich dank des weiterhin stark angestiegenen thermischen Drucks, der durch das Herabrieseln der Elemente aus den höher gelegenen Brennschalen noch weiter befeuert wurde, sein träger Mittelpunkt wieder in Wallung: Durch die nun einsetzende Siliciumfusion im Kern konnte unser Stern damit ein allerletztes Mal seinen Untergang hinauszögern.

Da waren es nur noch drei …

Als die Zeiten für unseren Population-III-Stern noch etwas besser waren, herrschten in seinem Inneren etwa 1200 Millionen Kelvin. Bei diesen Temperaturen legten sich die Reaktionsüberreste des damals nur aus drei »Zwiebelschalen« aufgebauten Sterns ins Zeug. Das Neonbrennen war damit in vollem Gange (siehe Grafik 74d).

Etwa zehn Jahre lang kann ein sterbender, sehr massereicher Stern von seinem Neonvorrat im Kern zehren.

Sobald auch der Neonvorrat im Zentrum schließlich nach rund zehn Jahren aufgebraucht war, wurde die Fusion in unserem Population-III-Stern wieder kurzzeitig unterbrochen. Es herrschte im Sternenkern also die altbekannte inerte Funkstille. Die Gravitation schlug daraufhin erneut knallhart zu und quetschte ihn in gewohnt rücksichtsloser Manier zusammen. Währenddessen begann sich die Neonfusion dank des damit einhergehenden leichten Zusammenziehens des gesamten Sterns und der dadurch ansteigenden Temperatur an einem anderen Ort im Stern breitzumachen – eine Ebene höher nämlich, dort, wo das Neon als Endprodukt der noch weiter oben tobenden Kohlenstofffusion herabgesegelt war. Der fusionierende Kohlenstoff verdankte seine Elemente wiederum der Heliumvereinigung, die sich eine weitere Etage höher abspielte. Und das Helium stammte zu guter Letzt aus der äußersten fusionierenden Sternschicht, in der noch die gute alte Wasserstofffusion möglich war.

Die Überbleibsel aus der einen Reaktion dienten folglich stets als Treibstoff für die nächste. Sie rieselten im Sterneninneren einfach eine Etage weiter nach unten, wo sie durch die dort stattfindenden Kernreaktionen, sobald die Temperatur weit genug angestiegen war, einfach weiterverwertet wurden. Und während sich jede neu entstandene Schale unseres Sterns mit dem Einsetzen der Kernfusion sogleich ausdehnte und ihn damit röter und größer werden ließ, wurden alle anderen Schalen bei dieser Aktion einfach sang- und klanglos eine Ebene emporgeschoben. Das Innere eines gerade in seinem Abgang begriffenen großen Sterns wurde auf diese Weise fein säuberlich anhand der Schwere seiner Elemente sortiert. Ganz oben befanden sich die sehr leichten Kandidaten, während man auf der Reise Richtung Sternenzentrum schließlich schichtweise auf immer schwerere Atomkerne traf.

Die chemischen Überreste der einen Reaktion dienen stets als Brennstoff für die tiefer im sterbenden Stern stattfindenden Kernfusionsprozesse.

Ebenso wie bei der Aufstockung zur sechsten und fünften Sternenschicht wurde auch in diesem Fall der Kern unseres sterbenden Sterns ein wenig zeitverzögert wieder aktiv, nachdem er seine vierte Schale ausbildete – schließlich konnte er durch das permanente Herabregnen neuer Elemente immer mehr Masse verbuchen und wurde damit durch die fortlaufend stärker werdende Anziehungskraft ständig weiter zusammengequetscht. Sobald es in ihm durch dieses Zusammenschrumpfen heiß genug wurde, um die Reaktionsüberreste aus der Neonfusion – nämlich den Sauerstoff – zu verwerten, legte er mit der nächsten Brennstufe seiner provisorischen Kernfusion los und konnte damit die Gravitation erneut kurzzeitig zähmen.

Da waren es nur noch zwei …

Es herrschte in unserem Stern damit ein sich bis zum finalen Siliciumbrennen ständig wiederholendes Prinzip: Sobald die Fusion eines bestimmten Elements im Kern zu Ende ging, sorgte die Macht der Gravitation für dessen Kleinerwerden. Die Temperatur wurde daraufhin gnadenlos nach oben geschraubt (siehe *Äquivalenzmasse und gravitative potenzielle Energie,* Seite 236). Eine neue Brennschale bildete sich aus, welche die Elemente, die zuvor ausschließlich im Sternenzentrum fusioniert werden konnten, stattdessen eine Etage höher zusammenbrachte. Und während sich die Schalen des Sterns durch die einsetzende Hitzewallung freudig weiter aufblähten, da die dort stattfindenden Kernreaktionen entsprechend intensiver ausfielen, wurde es derweil auch im Kern endlich wieder heiß genug, um die schweren Überreste der vorherigen Kernfusion zu verbinden.

Da allerdings mit jeder neu einsetzenden Fusion die Energieausbeute von Element zu Element merklich mickriger ausfiel, musste unser Stern, um die Gravitation wenigstens kurzfristig im Zaum zu halten, möglichst viele der entsprechenden schweren Elemente verschmelzen. Mit jeder neuen Brennstufe blieb ihm dazu folglich weniger Zeit. Zu allem Übel gingen die Elemente damit immer schneller zur Neige. Der Endspurt unseres Population-III-Sterns ging somit ganz schön hektisch vonstatten.

Doch bevor unser Sternenriese immer unruhiger wurde, sah sein Innenleben noch ein wenig überschaubarer und damit auch entspannter aus. In seinem Zentrum war bei 700 Millionen Kelvin gerade die Fusion von Kohlenstoff (siehe Grafik 74e) nach rund 300 Jahren Brennzeit zur Neige gegangen, und so bescherte die Gravitation dem Stern daraufhin gewohnt unschöne Quetschblessuren. Die Kohlenstofffusion wurde anschließend wie gehabt einfach eine Etage nach oben verlagert.

Etwa 300 Jahre lang kann ein sterbender, sehr massereicher Stern von seinem Kohlenstoffvorrat im Kern zehren.

Entsprechend seiner beiden weiteren Brennstufen befand sich unser erster Stern nun im sogenannten Dreischalenbrennen. Über der Kohlenstoffhülle verschmolzen Heliumkerne, während auf der nächsten Ebene die klassische Fusion von Wasserstoff zu Helium zu besichtigen war. Seine Hüllen dehnten sich aufgrund der Hitze aus, der Population-III-Stern strahlte röter, während sich sein Kern weiter zusammenzog – so lange, bis schließlich das Neonbrennen zünden konnte. Nun hatten wir es erstmals mit einem richtigen Roten Überriesen zu tun.

Als der Kohlenstoff noch nicht als Energielieferant im Inneren unseres Population-III-Sterns zur Verfügung stand, weder im Kern noch in einer weiter außen liegenden Hülle, vereinigten sich stattdessen das Element Helium und eine Ebene weiter oben der altbewährte Wasserstoff miteinander. Das sogenannte Zweischalenbrennen war damit in vollem Gange. Im Kern war wie gehabt zunächst nicht viel geboten – die Kohlenstofffusion setzte erst ein wenig später, zeitversetzt zum neu gebildeten Schalenbrennen, ein.

Da die Energieausbeute mit jedem neu entstandenen Element mickriger ausfällt, muss ein sterbender Stern immer schneller fusionieren, um nicht zusammenzufallen.

Beim Endspurt im Leben eines massereichen Sterns geht es daher äußerst hektisch zur Sache.

Und wieder bereitete das kurzzeitige Streiken des Kerns im Inneren unseres Population-III-Sterns der Gravitation viel Freude. Wieder drehte sie ihn durch die Mangel, machte ihn kleiner und massiver, während durch den damit verbundenen Temperaturanstieg im gesamten Stern – schließlich wurde er auch insgesamt ein wenig zusammengestaucht – die Fusion in den Hüllen intensiver wurde. Der Kern kollabierte also weiter, die Hüllen dehnten sich aus, und die Leuchtkraft stieg – so lange, bis das Kohlenstoffbrennen dem Zusammenschrumpfen endlich ein Ende setzte.

Im Anschluss an diese Phase des Zweischalenbrennens wandelte sich unser Population-III-Stern erstmals zu einem Riesen – genauer gesagt zu einem Roten Riesen. Ein Überriese war unser großer Plasmaball somit während der großen Expansion seiner beiden Hüllen noch nicht – rot war er aber immerhin bereits.

Während ihres Zweischalenbrennens wandeln sich massereiche Sterne zu einem Roten Riesen.

Rote Riesen auf Diät

Und während jeder andere, »normale« Stern, der im heutigen Universum gegen Ende seines Lebens die Entwicklung zum Roten Riesen durchmacht, in dieser Zeit einen rapiden Gewichtsverlust erleidet, war dies bei den allerersten Sternen nicht der Fall. Sie konnten ihre Masse wohl bis zum bitteren Ende beibehalten. Doch warum eigentlich?

Anders als heutige massive Sterne konnten die allerersten Population-III-Sterne ihr Gewicht wohl bis zum Ende beibehalten.

Heute werden Sterne in ihrem Stadium als Roter Riese von sogenannten thermischen Pulsen heimgesucht. In ihnen pocht es dabei gewaltig. Durch abwechselndes Zusammenziehen und Wiederaufblähen der Hüllen geht eine beachtliche Menge an Sternenmasse einfach verloren. Der sterbende Stern kann gerade die weiter außen liegenden Hüllen schlichtweg nicht mehr halten und muss deshalb tatenlos dabei zusehen, wie sie sich in die Weiten des Alls verabschieden.

Erschwerend kommt hinzu, dass gerade die neueren Sternmodelle von starken Sternwinden geplagt werden, die bereits zu Lebzeiten einen Teil ihrer Masse davontragen (siehe *Eine starke Brise*, Seite 249). Gerade gegen Ende ihrer Entwicklung, wenn sie schließlich die Gestalt eines Roten Riesen annehmen, verlieren sterbende Sterne durch diesen Wind einen Teil ihrer selbst. Zwar kann man in diesem Fall eigentlich gar nicht mehr von einem Wind sprechen – vielmehr handelt es sich um ein laues Lüftchen, das die Außenhüllen eines Roten Riesen leise davonpustet, doch letztendlich wird bei diesem klammheimlichen Abwerfen von Masse ein weitaus größerer Teil des Sterns in die Umgebung verteilt, als es der herkömmliche, wesentlich stürmischere Sternwind verursachen kann.

Schuld an diesem Debakel ist vor allem der von Sterngeneration zu Sterngeneration zunehmende Metallgehalt (siehe *I, II oder III?*, Seite 469). Er sorgt zum einen für heftiges Pulsieren der Außenhüllen und zum anderen für ausufernden Sternwind. Da wir jedoch bereits wissen, dass Metalle und damit alle schwereren Elemente als Helium durch das Ableben von Sternen erzeugt werden, müssen die allerersten von ihnen demnach völlig metallfrei gewesen sein. Und ohne Metalle gibt es auch keine exzessiven thermischen Pulse und somit auch keine nennenswerten Sternwinde während der Phase als Roter Riese. Unser allererster Stern dürfte also höchstwahrscheinlich bis zu seinem bitteren Ende seine Masse beibehalten haben.

Durch ihren Metallmangel hatten Population-III-Sterne weder thermische Pulse noch starke Sternwinde zu befürchten, die einen Großteil ihrer Masse hätten davonwehen können.

Wasserstoff ist aus

Jetzt müssen wir allerdings noch die alles entscheidende Entwicklungsphase klären, die unserem Population-III-Stern erstmals Blähungen bescherte und damit sein bald darauf folgendes Ende einläutete:

Wie wir inzwischen wissen, kann ein Stern nur so lange ein ausgeglichenes Leben führen, wie es sein Wasserstoffvorrat im Kern erlaubt (siehe *Die Sonne wächst und schrumpft zugleich,* Seite 320). Und während unsere mittelprächtig kleine Sonne von ihrem Treibstoff etwa zehn Milliarden Jahre lang zehren kann, war die Lebenserwartung der unsagbar großen Population-III-Sterne nicht gerade rosig. Denn je größer ein Stern ist, desto stärker drückt die Last seines Gewichts gegen sein Inneres, desto heißer ist es dort, desto höher ist damit seine Fusionsrate, desto intensiver strahlt er, und desto schneller ist der Brennstoff folglich auch wieder verbraucht. Mit seinen 200 Sonnenmassen gehörte unser exemplarischer Population-III-Stern damit definitiv zu den größten und deshalb automatisch auch kurzlebigsten Sternen überhaupt.

Nach etwa 450 000 Jahren war es also so weit: Der Wasserstoff im 40 Millionen Kelvin heißen Kern unseres allerersten Sterns war vollständig in Helium umgewandelt worden (siehe Grafik 74g). Erstmals schritt die Gravitation ans Werk und presste ihn zusammen. Die allererste Schale begann sich daraufhin auszubilden. Hier war schließlich noch jungfräulicher Wasserstoff vorhanden, der fusioniert werden konnte (siehe *Der Wasserstoff brennt!,* Seite 520). Nun dehnte sich die Hülle des sterbenden Sterns erstmals aus, das dort gebildete Helium rieselte nach unten und ließ den schrumpfenden Kern immer massiver und heißer werden – so lange, bis dort bei 100 Millionen Kelvin schließlich zum ersten Mal ein anderes Element als Wasserstoff fusioniert werden konnte – Helium eben (siehe *Das Helium brennt!,* Seite 515). Doch wohl nicht einmal 100 000 Jahre lang konnte unser 200-Sonnenmassen-Stern davon zehren (siehe Grafik 74f), schließlich war die Energieausbeute von nun an wesentlich mickriger, als es bei der Fusion der guten alten Wasserstoffkerne der Fall war, weshalb die Kernfusion, wie wir inzwischen wissen, bei jedem weiteren schwereren Element immer zügiger erfolgen musste.

Nicht einmal 100 000 Jahre lang kann ein sterbender, sehr massereicher Stern von seinem Heliumvorrat im Kern zehren.

Vom Unterriesen zum Roten Riesen

Als die weniger rentable Heliumfusion im Kern einsetzte, schoss die ohnehin schon recht hohe Temperatur sprunghaft nach oben. Die Wasserstoffkerne wurden daraufhin noch schneller in der weiter oben liegenden Brennschale zusammengeführt. Unser Population-III-Stern setzte damit schlagartig unglaubliche Energiemengen frei. Das Ergebnis dieses inflationären Lichtausstoßes war, dass sich der Plasmaball zum ersten Mal in seinem Leben aufblähte und sich dabei erst zum Roten Unterriesen und schließlich zum Roten Riesen wandelte. Seine Oberfläche strahlte von nun an bei abgekühlten 4000 Kelvin während seiner Zeit als Unterriese und bei noch kühleren 3000 Kelvin in seiner Phase als Roter Riese in einem – wie der Name schon sagt – entsprechenden Rotton. Nun sendete unser sterbender Stern zwar weniger energiegeladenes Licht aus, an seiner Leuchtkraft änderte dies jedoch nichts. Ganz im Gegenteil: sie nahm sogar durch das gewaltige Aufblähen immer weiter zu.

Sobald im erloschenen Kern eines Sterns erstmals die Fusion von Helium zündet, beginnt die Entwicklung zum Roten Unterriesen.

Die Ruhe vor dem Sturm

Wenn wir die Zeit ein weiteres Stückchen zurückspulen, sehen wir schließlich unseren Population-III-Stern in aller Seelenruhe seinen Wasserstoffvorrat im Kern fusionieren (siehe *Proton trifft Proton*, Seite 301). Noch war er also weder gebläht noch vor lauter Stress feurig errötet. Stattdessen strahlte der allererste Stern, dessen Durchmesser etwa dreißig- bis fünfzigmal größer als der unserer Sonne war, bläulich schimmernd (siehe Fotografie 39). Das meiste Licht, das seine mit rund 100 000 Kelvin außerordentlich heiße Oberfläche verließ, war jedoch unsichtbar – vor allem energiegeladene UV-Photonen sausten hier davon (siehe *Unterwegs auf kurzen Wellen*, Seite 109). Die Leuchtkraft unseres Population-III-Sterns war damit ebenfalls nicht von schlechten Eltern: Sie dürfte bis zu einhundert Millionen Mal stärker als die unserer Sonne gewesen sein! Da darf es auch nicht weiter verwundern, dass diese allerersten Sterne sämtliche Wasserstoffmoleküle in ihrer Umgebung gnadenlos niedergemetzelt hatten (siehe *Die Egozentriker unter den Sternen*, Seite 470).

[Fotografie 39] **Massereiche Sterne strahlen, bevor sie sich zum Roten Riesen** (links) **aufblähen, intensives, bläuliches Licht ab** (Mitte): **Die gelbe Sonne** (rechts) **ist im Vergleich dazu viel kleiner und lichtschwächer** (die Größenverhältnisse sind nicht maßstabsgetreu)

Ein Stern mit 200 Sonnenmassen strahlt mit seinem 30- bis 50-fachen Sonnendurchmesser auf seiner 100 000 Kelvin heißen, bläulichen Oberfläche vor allem UV-Licht ab. Damit besitzt er 100 Millionen Mal mehr Leuchtkraft als unsere gelblich schimmernde, kleine Sonne.

Doch genau diese strahlende Leuchtkraft wurde ihnen zum Verhängnis. Denn durch ihr enormes Gewicht, das bis zu eintausendmal höher war als das der Sonne, lief ihr Leben quasi wie im Zeitraffer ab. Kaum war der erste Stern geboren, war es auch schon wieder vorbei mit ihm. Nun begann die Gravitation, besonders seinen Kern immer weiter zusammenzuquetschen. In seiner Verzweiflung produzierte er daraufhin immer schwerere Elemente, um dem Druck seines eigenen Gewichts entgegenzuwirken (siehe *Eine Schicht jagt die nächste,* Seite 528). Als es ihn dann wenig später komplett zerfetzte, waren schließlich unzählige neue Elemente geboren, die viele Jahre später die ersten metallhaltigen Population-II-Sterne hervorbrachten (siehe *I, II oder III?,* Seite 469). Sterngeneration auf Sterngeneration wurde seitdem mit einem fortlaufend reichhaltigeren Metallhaushalt ausgestattet (siehe *Ein Stern geht, der nächste kommt,* Seite 462). Mindestens ein Stern sollte schließlich, 8,9 Milliarden Jahre, nachdem der allererste Population-III-Riese starb, genügend schweres Material enthalten, um einen Planeten hervorzubringen, auf dem sich wenig später sogar Leben entwickeln konnte (siehe *Der Glücksfall Erde,* Seite 343) …

Übrigens …

Der Vollständigkeit halber sei noch kurz erwähnt, dass über das mögliche Ende der allerersten Sterne noch sehr viel Spekulation betrieben wird. So wird beispielsweise vermutet, dass Population-III-Sterne, die mehr als 260 Sonnenmassen auf die Waage brachten, gar nicht erst mit dem Materiekreislauf in Berührung kamen, sondern stattdessen direkt in sich zusammengefallen waren und dabei all ihre mühsam erbrüteten Elemente mit ins Verderben gerissen hatten – oder besser gesagt: mit in das Schwarze Loch, in das sie sich sofort sang- und klanglos verwandelten (siehe *Schwarz, schwer, singulär,* Seite 555). Zur Wiederverwertung im All hätte ein solcher Stern deshalb nicht gerade viel beizutragen gehabt – genau genommen: gar nichts.

Ähnlich sollte es auch einigen Population-III-Sternen ergangen sein, die weniger als 140 Sonnenmassen in sich vereinten. Allerdings dürfte es ihnen wohl zumindest gelungen sein, zunächst als Supernova zu explodieren. Erst direkt im Anschluss wären auch sie, mitsamt ihrer rasenden Überreste ganz und gar zu einem Schwarzen Loch zusammengestaucht worden und hätten sich damit ebenfalls aus dem Materiekreislauf herausgehalten.

Auch für die goldene Mitte, jene Population-III-Sterne also, die zwischen 140 und 260 Sonnenmassen schwer waren, hat die Wissenschaft noch eine besondere Vermutung parat: Einige von ihnen sollen demnach, anders als unser relativ normal endendes 200-Sonnenmassen-Exemplar der Population III, nicht als herkömmliche Supernova vom Typ II verendet sein, sondern als sogenannte Paarinstabilitäts-Supernova ihren Abgang zelebriert haben.

Bei dieser Art der Explosion hätte es einen Stern, kurz nachdem das Heliumbrennen im Kern einsetzte, ganz und gar zerrissen (siehe *Das Helium brennt!,* Seite 515). Denn hierbei wäre es plötzlich so unerträglich heiß geworden, dass sich das entstandene Licht urplötzlich in Materie verwandelt hätte (denn wie wir ja dank Einstein wissen, sind Masse und Energie artverwandt). Aus Photonen wären spontan Elektronen und deren Antiteilchen, die Positronen, entstanden (siehe *Die Erkenntnisse der Quantenrevolution,* Seite 57). Dies dürfte allerdings außerordentlich unpraktische Konsequenzen gehabt haben, schließlich sorgte das Licht durch seinen Strahlungsdruck dafür, dass die Last der Gravitation den Population-III-Stern vor dem Zusammenbruch bewahrte. Es kam also wohl, was kommen musste: Der Stern schrumpelte in Windeseile zusammen. Damit wäre es jedoch nur noch heißer und noch enger geworden, als es ohnehin schon war. Die Temperatur wäre daraufhin so stark angestiegen, dass schlagartig das Sauerstoff- und Siliciumbrennen eingesetzt hätte (siehe *Der Sauerstoff brennt!,* Seite 508/*Das Silicium brennt!,* Seite 500). Dies hätte den endgültigen Todesstoß für den Stern bedeutet. Durch die ungefragt neu entfachte Kernfusion wäre nun so viel Licht geboren worden, dass der dadurch entstandene Druck ausgereicht hätte, um ihn komplett und ohne ein Andenken im All zu hinterlassen, zu zerfetzen – denn dafür wäre der Metallgehalt einfach zu gering und die Schwerkraft somit eindeutig unterlegen gewesen.

Diese Art der Supernova, die auch als Hypernova bezeichnet wird, dürfte sich deshalb erheblich von dem Zerwürfnis unterscheiden, das wir bei heutigen, sehr groß gewachsenen Sternen beobachten. Allerdings müsste auch in diesem Fall eine heftige Schockwelle durch den Raum gebraust sein und bei ihrem Rundflug alle Materie zum Leuchten angeregt haben, die sich ihr in den Weg stellte. Jedoch sollte die Energiemenge, die hierbei freigesetzt wurde, so gewaltig gewesen sein, dass kein Röntgen-, sondern sogar ein Gammablitz entbrannt wäre. Doch dieses spektakuläre Ereignis, das durch seinen gigantischen Energieausstoß etwa einhundertmal intensiver geleuchtet hätte, als es heutige Supernovae (dies ist die Mehrzahl von Supernova) tun, wäre nur von kurzer Dauer gewesen. Nach nur etwa zehn Sekunden wäre das Gammagewitter wohl schon wieder vorbei gewesen. Übrig wäre die allseits bekannte Plasmablase geblieben, welche die nagelneu entstandenen, schweren Elemente viele hundert Lichtjahre weit in den Raum hinausgetragen hätte (siehe *Eine rasende Blase,* Seite 456).

Wegen seiner unsagbar kurzen Dauer wurde ein solches Gammagewitter, das die Hypothese der Paarinstabilitäts-Supernova bestätigen könnte, bisher jedoch noch nicht gesichtet. Die beiden anderen Versionen des Sternensterbens, in denen die ablebenden Plasmabrocken direkt als Schwarzes Loch versumpften, sind allerdings noch viel schwieriger nachzuweisen. All diese drei ungewöhnlichen Überlegungen zum Ende der ersten Sterne sind deshalb nur vage Spekulationen.

Doch wie dem auch sei – zumindest einige Population-III-Sterne müssen auf die altbewährte Art von dannen gezogen sein – so, wie wir es bei unserem 200-Sonnenmassen-Erstlingsstern mitverfolgen konnten (siehe *Sternenzwiebel,* Seite 494). Der Metallgehalt, den eine Paarinstabilitäts-Supernova mit sich gebracht hätte, wäre nämlich nicht einmal ansatzweise mit der Elementevielfalt zu vergleichen gewesen, die durch eine Supernova vom Typ II erreicht wird (siehe *Heiße Protonenküche,* Seite 486/*Schnelle Neutronenküche,* Seite 488). Das Element Zink wäre bei einer solchen Sternenexplosion das höchste der Gefühle gewesen – schwerere Elemente wären schlichtweg nicht entstanden. Da sich jedoch bereits kurze Zeit nach der Epoche der Population-III-Sterne in unserem Universum viele schwere Elemente jenseits von Zink nachweisen lassen, müssen zumindest einige der ersten Sterne als Supernova vom Typ II explodiert sein – anders lässt sich der Elementegehalt im frühen Universum schlichtweg nicht erklären.

Eine Sache allerdings hatten wohl alle Population-III-Sterne gemeinsam – wenn man von der Komplettverwüstung einer Hypernova einmal absieht: Sie hinterließen ein stellares Schwarzes Loch. Diese Objekte wollen wir nun etwas intensiver »beleuchten« (wobei, wie wir gleich sehen werden, das Beleuchten eines Schwarzen Lochs schier unmöglich ist – siehe *Informationsverweigerer,* Seite 565).

5.6 Nichts als Schatten

Wenn selbst das Licht nicht mehr entkommen kann

Bevor wir der Frage auf den Grund gehen, wie der allererste Stern in unsere Welt kam, machen wir zuallererst noch einen kleinen Ausflug in eine besonders bizarre Welt. Wir haben es bereits angedeutet: Sehr große Sterne enden in aller Regel als Schwarzes Loch. Auch unser exemplarischer Population-III-Stern verwandelte sich mit seinem Ausgangsgewicht von 200 Sonnenmassen demnach in solch ein Gebilde. Doch was hat man sich darunter überhaupt vorzustellen?

Historische Überlegungen zu Schwarzen Löchern

Betreiben wir zunächst wieder ein wenig Geschichtsunterricht. Die auf den ersten Blick doch recht befremdliche Vorstellung von Schwarzen Löchern in unserem Universum tauchte schließlich nicht urplötzlich in den Köpfen einiger Wissenschaftler auf, sondern sie musste sich erst langsam entwickeln – viel zu unrealistisch war scheinbar die gesamte Idee, die sich dahinter verbirgt. Doch alles der Reihe nach …

Zum allerersten Mal spukte der Gedanke an Schwarze Löcher wohl Ende des 18. Jahrhunderts in den Köpfen des britischen Naturphilosophen und Geologen John Michell (1724–1793) und unseres alten Bekannten, Pierre-Simon Laplace, herum (siehe *Die Korpuskeltheorie,* Seite 41/*Die Nebulartheorie,* Seite 368). Wie man sieht, war Letzterer auffällig häufig mit von der Partie, wenn es um neue wissenschaftliche Hypothesen ging. Bei der Unterstützung von Newtons Idee der Lichtteilchen hatte Laplace jedoch nur teilweise den richtigen Riecher gehabt – Licht lässt sich ja bekanntlich nicht auf eine einzige Eigenschaft festlegen (siehe *Der Welle-Teilchen-Dualismus,* Seite 47). Auch beim Grübeln über Schwarze Löcher hatten er und John Michell nur sehr vage Vermutungen, mit denen sie teilweise arg weit danebenlagen. Aber immerhin trafen sie zumindest bei einem Punkt wortwörtlich ins »Schwarze«:

Bei ihren Überlegungen nahmen die beiden Bezug zu den altbewährten Newton'schen Gesetzen, die uns teilweise bereits im vierten Kapitel begegneten, als wir die Bewegungen der Planeten um die Sonne unter die Lupe nahmen (siehe *Ein strenges Regiment,* Seite 328). Bei seinen Untersuchungen zur Gravitation stellte Newton damals fest, dass jede Masse grundsätzlich eine Anziehung auf andere Massen ausübt. Dabei ist die Anziehungskraft umso stärker, je massiver ein Körper ist. Die einzige Möglichkeit, dieser zu entgehen, besteht darin, die entsprechende Fluchtgeschwindigkeit zu erreichen. Nur dann kann man die Gravitation überlisten. Um beispielsweise unsere Erde zu verlassen, müsste man sich mit mindestens 11,186 Kilometern pro Sekunde fortbewegen.

Die beiden Wissenschaftler begannen nun genau an dieser Stelle weiterzudenken: Könnte es Objekte geben, deren Fluchtgeschwindigkeit höher ist als die Geschwindigkeit des Lichts? Und wenn ja, was würde dann dort passieren? Man muss dazu sagen, dass zu dieser Zeit noch nicht bekannt war, dass sich Licht stets mit Lichtgeschwindigkeit fortbewegt (siehe *Das berühmteste misslungene Experiment aller Zeiten,* Seite 157). Deshalb ging der Lösungsvorschlag der beiden, wonach Licht, sobald es auf ein Schwarzes Loch träfe, zunächst immer langsamer würde, um schließlich wieder zurückzuprallen, in die falsche Richtung.

Allerdings war ihre äußerst interessante Ausgangsfrage mehr als berechtigt. Und so hatten die beiden daraus immerhin einen grundsätzlich richtigen Schluss gezogen: Es kann tatsächlich der Fall eintreten, dass ein Körper derart massiv wird, dass nicht einmal mehr die Geschwindigkeit des Lichts ausreicht, um seiner Anziehungskraft zu entrinnen.

Doch noch war dies alles reine Spekulation. Inzwischen sinnierten auch andere Wissenschaftler über die möglichen Auswirkungen der Gravitation in bestimmten Grenzfällen. Zwei dieser Grenzfälle sind uns bereits mehrfach über den Weg gelaufen. So wird unsere Sonne beispielsweise am Ende ihres Lebens zu einem Objekt werden, das nur noch durch die abstoßende Kraft der dort beheimateten Elektronen, die sich durch das quantenmechanische Phänomen des Fermi-Drucks aufbaut, vor einem weiteren Zusammenquetschen bewahrt wird (siehe *Halb oder ganz? Die Sache mit dem Spin,* Seite 85).

Die Rede ist von einem Weißen Zwerg, dem erloschenen Kern eines ehemaligen, mittelkleinen Sterns. Bei seinem finalen Zusammensturz reicht die Sternenmasse schlichtweg nicht aus, um ein rasantes Mehrfachschalenbrennen in Gang zu setzen, wie es uns bei unserem sterbenden Population-III-Riesen begegnet ist (siehe *Sternenzwiebel,* Seite 494). Stattdessen ist bereits nach dem Heliumbrennen Schicht im Schacht, und der Stern schubst, nachdem sein fusionierbarer Elementevorrat verbraucht ist, seine Hüllen als Planetarischen Nebel sanft ins All, während sein kohlenstoffhaltiger, immer kühler werdender Kern nun völlig verlassen auf weiter Flur zurückbleibt.

Kommen wir nun zum zweiten, wesentlich markanteren Grenzfall: Der amerikanische Astrophysiker Subrahmanyan Chandrasekhar (1910–1995), der seinen nicht gerade eingängigen Namen seiner indischen Herkunft verdankte, berechnete bereits 1931, im zarten Alter von 19 Jahren, dass ein Weißer Zwerg nicht beliebig viel Masse haben könne. Bei 1,4 Sonnenmassen, so die Überzeugung des Nachwuchsphysikers, müsse Schluss sein. Jeder Stern, der mehr Masse mit sich herumschleppe, könne folglich nicht als Weißer Zwerg enden. Stattdessen würde er durch seine Schwerkraft kollabieren. Das große Pech des jungen Physikers war, dass er mit seiner – wie sich Jahre später herausstellen sollte – völlig richtigen Idee auf äußerst taube Ohren stieß. Als er dem britischen Astrophysiker Sir Arthur Stanley Eddington von seinen Berechnungen erzählte, fand dieser das Ganze mehr als lächerlich. (Auch dieser Herr ist uns bereits über den Weg gelaufen: Er brachte die Idee der Kernfusion ins Gespräch – siehe *Warum scheint eigentlich die Sonne?,* Seite 224.) Er war übrigens bis zu seinem Tod felsenfest davon überzeugt, dass die Gravitation grundsätzlich auf irgendeine Art gestoppt werden könnte. Mit dieser Meinung sollte er allerdings am Ende ziemlich alleine bleiben …

Denn wie es so ist mit guten Ideen, meist kommen sie mehreren Menschen unabhängig voneinander in den Sinn. So war es auch bei den Weißen Zwergen. 1932 kam der sowjetische Physiker Lew Dawidowitsch Landau (1908–1968) zu demselben Ergebnis wie sein junger amerikanischer Kollege ein Jahr zuvor: Bei 1,4 Sonnenmassen müsse die Grenzmasse für Weiße Zwerge liegen. Kurz darauf wurden erstmals die bis dahin noch völlig unbekannten Neutronen experimentell nachgewiesen (siehe *Fermionen sind verfeindet,* Seite 82). Diese neue wichtige Erkenntnis konnte Landau nun direkt in seine Überlegungen mit einbeziehen. Er ließ in Gedanken einen Weißen Zwerg, den mehr als 1,4 Sonnenmassen zierten, weiter zusammenfallen.

Und nun kamen die frisch entdeckten Neutronen ins Spiel. Genau wie Elektronen üben nämlich auch die neutralen, schweren Teilchen einen Druck auf ihresgleichen aus, sobald man sie zu nahe zusammenschiebt (siehe *Untätiges Eisen,* Seite 499). Jedoch greift dieser Entartungsdruck der Neutronen wesentlich später als der Entartungsdruck der Elektronen. Landau kam zu dem Schluss: Ein Stern mit mehr als 1,4 Sonnenmassen müsse so lange weiter in sich zusammenfallen, müsse also in eine noch kompaktere, dichtere und damit massivere Form gepresst werden, bis schließlich der Entartungsdruck der Neutronen die Gravitation bremsen würde. Im Grunde war genau in diesem Moment die Idee des Neutronensterns geboren. Doch dafür war die Zeit einfach noch nicht reif, und so schüttelten die meisten Kollegen Landaus nur mit dem Kopf, als er ihnen von seiner Hypothese erzählte.

Und wieder trat der Fall des simultanen Geistesblitzes ein – diesmal in Europa. Ein Wissenschafts-Duo, bestehend aus dem Schweizer Astronomen und Physiker Fritz Zwicky (1898–1974) und dessen deutschem Kollegen, dem Astronomen und Astrophysiker Walter Baade (1893–1960), kam, ohne von Landaus Gedankengängen gehört zu haben, ebenfalls zu dem Ergebnis, dass es Neutronensterne geben müsse. Sie setzten sogar noch einen drauf und stellten im Jahr 1934 fest, dass die Entstehung eines solchen Neutronenhaufens stets mit einer gewaltigen Explosion, einer Supernova, einhergeht (siehe *Ein platzender Stern,* Seite 457).

Dass dies tatsächlich der Fall ist, wissen wir schon – schließlich wurden wir ja bereits Zeuge, als die Elektronen und Protonen bei dem Kollaps unseres großen Population-III-Sterns so dicht zusammengeschoben wurden, bis aus ihnen Neutronen hervorgingen. Die dabei herausschießenden Neutrinos werden nach dem heutigen Stand der Dinge als die Hauptverursacher schlechthin für die daraufhin einsetzende Supernova gehandelt (siehe *Andenken im All,* Seite 475).

Und wieder trat jemand auf den Plan, der das Ganze noch weiterspann. Im Jahr 1938 folgerte der amerikanische theoretische Physiker Robert Oppenheimer (1904–1967), dass auch Neutronensterne eine Grenzmasse besäßen, ab welcher selbst der Entartungsdruck der Neutronen bezwungen werden könne. Nach seinen Berechnungen trat dieser Grenzfall bei zwei bis drei Sonnenmassen ein. Oppenheimer schloss weiter, dass nun keine Kraft mehr die Gravitation an ihrem zermalmenden Werk hindern könne. Der Sternenrest würde widerstandslos in sich zusammenstürzen – die Idee des Schwarzen Lochs war geboren.

Bei all diesen kuriosen Gedankengängen schien das von Chandrasekhar vorgeschlagene Konzept zur Grenzmasse von Weißen Zwergen regelrecht harmlos. Seine Idee begann sich daraufhin auch allmählich allgemein durchzusetzen, schließlich deuteten Beobachtungen eindeutig darauf hin, dass es tatsächlich keine Weißen Zwerge mit mehr als 1,4 Sonnenmassen gab.

Die im Vergleich dazu deutlich bizarrer wirkenden Neutronensterne wurden schließlich ebenfalls salonfähig. 1967 kam es nämlich zu einer phänomenalen Entdeckung: Die junge britische Radioastronomin Jocelyn Bell (*1943) bemerkte sich unglaublich präzise wiederholende Radiosignale, die aus einer bestimmten Richtung des Universums kamen. Die eher scherzhafte Vermutung, es könnte sich hierbei um Außerirdische handeln, die auf sich aufmerksam machen wollten, bescherte ihrer Entdeckung den niedlichen Namen »little green men«. Doch was Bell bemerkte, waren keine kleinen grünen Männchen, sondern bei ihrem Fund handelte es sich, wie der amerikanische Astrophysiker Thomas Gold (1920–2004) kurze Zeit später folgerichtig schloss, tatsächlich um einen bis zu diesem Zeitpunkt nur in der Theorie existierenden Neutronenstern, der, mit zwei Lichtkeulen ausgestattet, wie wild um seine eigene Achse wirbelte und dabei jedes Mal, wenn einer seiner beiden Lichtjets unsere Erde traf, ein Radiosignal hinterließ.

Der erste Pulsar war damit entdeckt worden. Dieser phänomenale Fund sorgte für eine beachtliche Revolution in der Astronomie. Erstmals war es gelungen, einen bis dahin nur theoretisch beschriebenen Himmelskörper tatsächlich nachzuweisen. Allerdings ging der Nobelpreis für diese Pulsar-Entdeckung gemeinerweise nicht an Jocelyn Bell, sondern es durfte sich 1974 stattdessen ihr Doktorvater, der britische Radioastronom Antony Hewish (*1924), über die ehrwürdige Auszeichnung freuen.

Aller Unverschämtheit zum Trotz sorgte Bells Entdeckung dafür, dass die Vorstellung von Schwarzen Löchern sich langsam, aber sicher durchsetzte. Und so kam das bis zu diesem Zeitpunkt noch namenlose Phänomen auch endlich zu seinem Titel. Der amerikanische theoretische Physiker John Archibald Wheeler (1911–2008) taufte es 1967 auf den Namen »Schwarzes Loch«, schließlich kann einem solchen Objekt, das durch sein immenses Gewicht förmlich ein Loch in den Raum zu reißen scheint, nicht einmal Licht entfliehen, und somit muss es völlig schwarz sein (siehe *Informationsverweigerer*, Seite 565).

Schwarz, schwer, singulär

Nach dieser kurzen Rekonstruktion des langwierigen Ringens um die Akzeptanz von Schwarzen Löchern nehmen wir nun das streitbare Objekt höchstpersönlich ins Visier.

Schwarze Löcher sind also das denkbar düsterste Ende, das einen Stern ereilen kann. Sobald sein erloschener Kern nach dem ersten Totalzusammenbruch noch mehr als drei Sonnenmassen auf die Waage bringt, ist sein Schicksal besiegelt. Die Schwerkraft ist nun so stark, dass sie den Rest des zuvor noch weit aufgeblähten Sterns ungehindert endlos zusammenquetschen kann. Und dies tut sie dann auch – und zwar tatsächlich endlos! Ein Schwarzes Loch ist damit ein Ort, an dem die Gravitation so lange wüten konnte, bis ihr schließlich das Kunststück gelang, die gesamte Masse auf einen unendlich kleinen Punkt zusammenzuzwängen. Und damit Masse auf die Größe null zusammenschrumpfen kann, muss ihre Dichte entsprechend unendlich groß sein. Wir haben es bei einem Schwarzen Loch somit im Grunde mit einem unendlich kleinen Punkt zu tun – also eigentlich mit einem unendlich schweren Nichts.

Diese Information muss sich nun erst einmal setzen. Allzu lange sollte man sich an dieser Tatsache jedoch nicht gedanklich abarbeiten – wirklich begreifen kann man sie nämlich ohnehin nicht. Denn Schwarze Löcher entziehen sich, ähnlich wie auch die Quantenmechanik, dem menschlichen Vorstellungsvermögen (siehe *Die Erkenntnisse der Quantenrevolution,* Seite 57). Doch auch in diesem Fall wollen wir trotzdem einen kleinen Annäherungsversuch starten.

Da auch unser Population-III-Stern aufgrund seiner beachtlichen Größe am Ende seines Lebens mehr als drei Sonnenmassen vorzuweisen hatte, blühte ihm damit ebenfalls ein Ende als stellares Schwarzes Loch – ein Schwarzes Loch also, das aus einem ehemaligen Stern entsteht. Nun war es so weit: Die Gravitation hatte gewonnen und nichts konnte ihr mehr die Stirn bieten.

Ein Schwarzes Loch ist ein Objekt, dessen Masse auf einen unendlich kleinen Punkt unendlich dicht zusammengequetscht ist. Damit handelt es sich sozusagen um ein unendlich schweres Nichts.

Wir versuchen uns nochmals vorsichtig der seltsamen Vorstellung anzunähern, dass die gesamte Masse unseres einst 200 Sonnenmassen schweren ersten Sterns, die seit seinem Ableben auch heute noch irgendwo in den unglaublich leeren Weiten des Alls umhertreibt, nun auf einen unendlich kleinen Punkt zusammengequetscht ist, und die Dichte an diesem Ort deshalb unendlich groß sein muss. Damit dieser unvorstellbar kleine Punkt ein wenig sympathischer wirkt, verlieh ihm die Wissenschaft kurzerhand einen Namen. Sie taufte ihn »Singularität«. Wir wollen ihn deshalb ab jetzt auch so nennen.

Sturz ins Bodenlose

Um ein wenig besser zu verstehen, was eine solche Singularität nun wirklich ist, holen wir an dieser Stelle wieder unseren Freund Albert Einstein mit ins Boot (siehe *Einstein und das Licht,* Seite 163). Mit seiner Allgemeinen Relativitätstheorie sagte er nämlich die Existenz von Schwarzen Löchern bereits voraus, bevor man sie tatsächlich nachweisen konnte.

Gemäß der Allgemeinen Relativitätstheorie wirkt sich die Masse und damit die Gravitation eines Körpers grundsätzlich auf das Raumgebiet aus, in dem dieser sich befindet. Sie krümmt es nämlich – und dies umso stärker, je dichter und massiver das Objekt ist. Dieser »gekrümmte Raum« bereitet jedoch ziemliche Probleme, sollte man versuchen, ihn sich bildlich vorzustellen. Da wir nur die drei Dimensionen Länge, Breite und Höhe wahrnehmen können, wird der Versuch schwierig oder besser gesagt unmöglich, sich diese drei auch noch gekrümmt, also ausgedehnt in eine weitere, vierte Dimension, zu vergegenwärtigen.

Wir setzen aber noch einen drauf: Bei dem dreidimensionalen Raum handelt es sich nämlich, wie Einstein feststellte, um eine vierdimensionale Raum*zeit.* Raum und Zeit sind demnach untrennbar miteinander verwoben. Sobald sich Masse irgendwo im Raum breitmacht, wird deshalb nicht nur dieser, sondern eben auch die Zeit mitverformt.

Die Dimensionen Raum und Zeit sind zu einer vierdimensionalen Raumzeit untrennbar miteinander verwoben.

[Fotografie 40] **Flache Raumzeit**

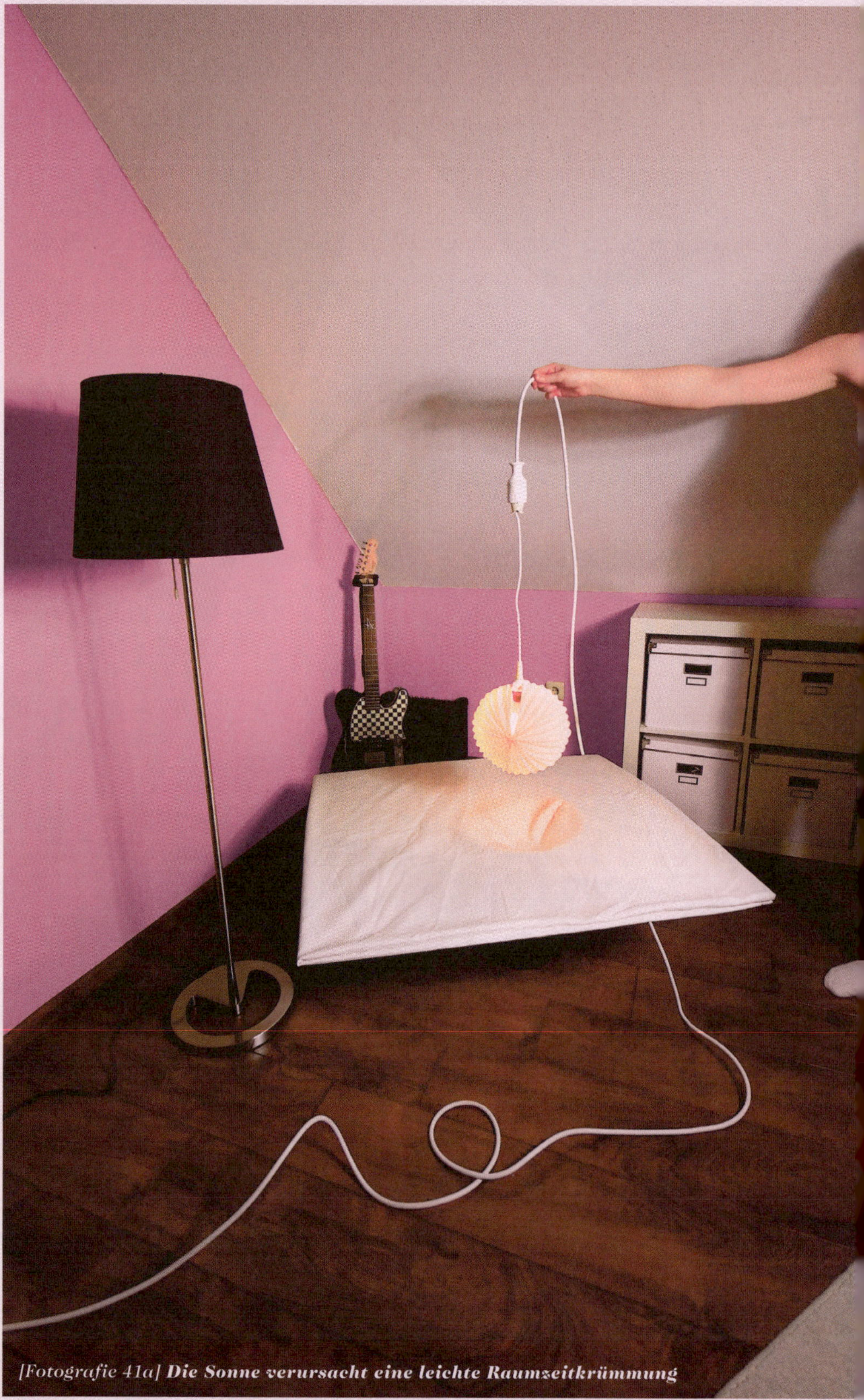

[Fotografie 41a] **Die Sonne verursacht eine leichte Raumzeitkrümmung**

[Fotografie 41b] **Ein Schwarzes Loch scheint die Raumzeit abzuschneiden**

Gemäß der Allgemeinen Relativitätstheorie wird die Raumzeit durch jede Form der Materie gekrümmt – und dies umso heftiger, je massiver ein Objekt ist.

Doch wie soll man diese merkwürdige Tatsache, dass Raum und Zeit durch Masse »verformt« werden, dann überhaupt nachvollziehen können? Dazu reduzieren wir die drei Raumdimensionen gnadenlos auf zwei – die Zeit werden wir an dieser Stelle unverschämterweise einfach ignorieren. Länge, Breite und Höhe werden nun von einer flachen, zweidimensionalen Ebene repräsentiert. Jetzt haben wir immerhin eine dritte Dimension zur Verfügung, in welche sich diese flache Ebene vor unserem geistigen Auge »hineinkrümmen« kann. Als Demonstrationsobjekt soll uns ein großes Stück Stoff dienen, das gleich die Auswirkungen der Gravitation hautnah miterleben wird.

Wir legen los: Zunächst darf das Tuch flach und ungekrümmt herumliegen. In diesem Fall wirkt keine Gravitation, es ist also keine Masse weit und breit in Sicht, die unsere »verstofflichte« Raumzeit in Mitleidenschaft ziehen könnte (siehe Fotografie 40). Wir steigern das Ganze ein wenig und lassen nun unsere Sonne im Zentrum der Raumzeit Platz nehmen. Mit einer Masse von $1{,}989 \times 10^{30}$ Kilogramm und einer Dichte, die zehnmal höher ist als die von Blei, kommt unser Stern noch vergleichsweise harmlos daher (siehe *Fakten, Fakten, Fakten,* Seite 239/*Auf Zickzackkurs,* Seite 280). Entsprechend wird das Raumzeit-Stofftuch nur leicht verformt (siehe Fotografie 41a).

Und nun lassen wir den absoluten Härtefall eintreten, genau wie es sich auch Einstein überlegte, als er sich fragte, was wohl mit der Raumzeit passieren würde, wenn sich ein Objekt mit unendlich viel Masse in ihr befände. Wir tauschen unsere Sonne deshalb gegen ein Schwarzes Loch aus. Was wird nun mit dem Tuch beziehungsweise mit der Raumzeit passieren?

Wenn wir uns das Debakel ansehen, wird klar, wie Schwarze Löcher zu ihrem Namen kamen – unser Stück Stoff wurde nämlich im wahrsten Sinne des Wortes »gelocht«. Da in unserem Foto der Holzboden der Krümmung unserer Raumzeit in die Quere kam, erweckt es den Anschein, als seien Raum und Zeit an dieser Stelle regelrecht abgeschnitten (siehe Fotografie 41b/Grafik 75). Tatsächlich ist es so, dass die Raumzeit durch ein Schwarzes Loch unendlich weit ins Bodenlose verzerrt wird und damit gerissen *scheint* (siehe Grafik 75c). Egal, wie intensiv man auch hineinblicken würde – gesetzt

[Grafik 75] **Ein Schwarzes Loch verzerrt die Raumzeit unendlich tief ins Bodenlose**

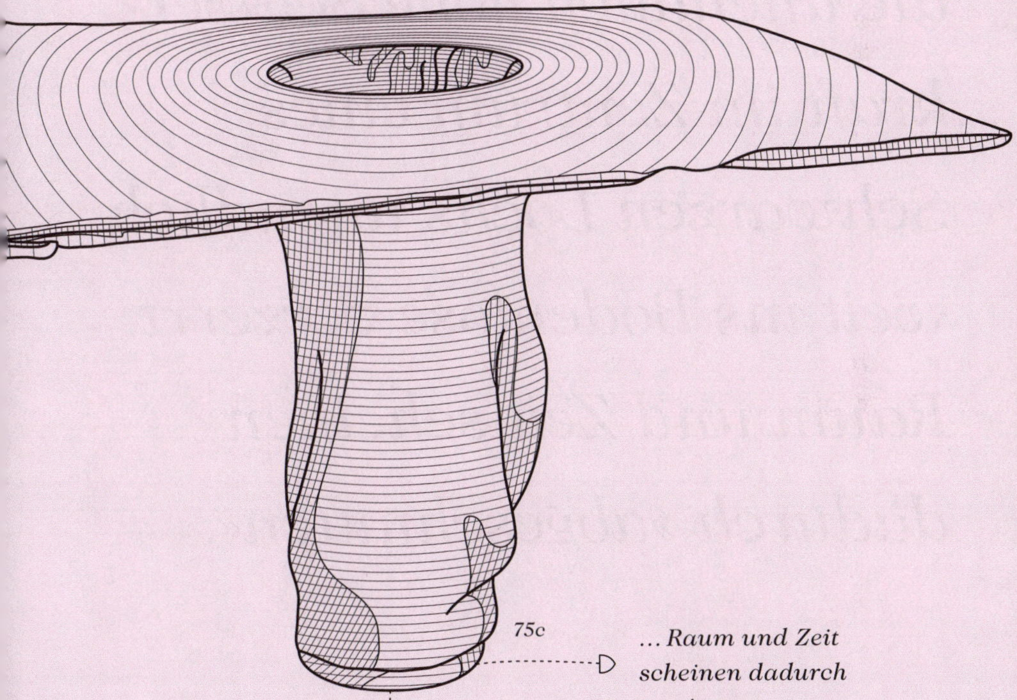

Die Raumzeit wird durch die unendlich hohe Schwerkraft im Zentrum eines Schwarzen Lochs unendlich weit ins Bodenlose verzerrt. Raum und Zeit scheinen dadurch »abgeschnitten«.

den Fall, man ignoriert kurzzeitig die störende Tatsache, dass sich Schwarze Löcher schlichtweg nicht beobachten lassen –, man würde niemals ein Ende erkennen können (siehe Grafik 75a). Raum und Zeit krümmen sich hier unablässlich immer weiter auf einen unendlich kleinen, unendlich weit entfernten, unendlich dichten Punkt zu (siehe Grafik 75b). Da ist sie also, unsere Singularität.

Informationsverweigerer

Dieses »Loch« in der Raumzeit, das korrekterweise eigentlich gar kein flaches Loch, sondern ein kugelrundes Gebilde ist (schließlich haben wir nur zu Demonstrationszwecken die vierdimensionale Raumzeit rücksichtslos auf zwei flache Dimensionen reduziert), hat jedoch, wie Einstein folgerte, ziemlich üble Konsequenzen. Zum einen bedeutet es selbst für unser Photon, sollte es sich jemals einem solch unheilvollen Ungetüm zu sehr nähern, dass es seiner Anziehung nicht mehr entkommen kann – selbst die Lichtgeschwindigkeit kann ihm in diesem Fall nicht mehr weiterhelfen (siehe *Dem Licht auf der Spur,* Seite 156). Die Fluchtgeschwindigkeit, die man aufbringen müsste, um ein unendlich schweres Objekt wieder zu verlassen, wäre nämlich ebenfalls unendlich. Und weil wir wissen, dass unendliche Geschwindigkeiten in unserem Universum schlichtweg der Naturgesetze wegen verboten sind, wird nichts – auch nicht das Licht – ein Schwarzes Loch jemals wieder verlassen können (siehe *Die Sturheit des Lichts,* Seite 177). Da wir jedoch auf die Informationen der fleißigen Photonen angewiesen sind, um überhaupt etwas optisch wahrnehmen zu können, verraten uns Schwarze Löcher absolut nichts darüber, was in ihnen vor sich geht, sondern hüllen sich stattdessen in völlige Dunkelheit und damit in Informationslosigkeit (siehe *Licht ist Information,* Seite 123).

Vorsicht, bissig: Relativitätstheorie trifft Quantenmechanik

Und nun kommen wir zum weitaus größeren Problem, das Schwarze Löcher der Wissenschaft bereiten. Schuld daran ist ihre harmlos klingende, winzig kleine Singularität (siehe *Sturz ins Bodenlose,* Seite 557). Denn diese hat es in sich. Tritt eine solche nämlich auf,

Durch die unendlich hohe Fluchtgeschwindigkeit, die nötig ist, um ein Schwarzes Loch wieder zu verlassen, kann nicht einmal das Licht einem solchen Objekt jemals wieder entkommen.

Schwarze Löcher hüllen sich damit in völlige Dunkelheit und geben keinerlei Informationen über sich preis.

Die scheinbare Singularität Schwarzer Löcher bereitet der Wissenschaft großes Kopfzerbrechen: Gemäß der Quantenmechanik darf es nämlich gar keine unendlich kleinen, dichten Punkte geben – schließlich schwingt die Welt in ihrem Innersten!

Relativitätstheorie und Quantenmechanik stehen bei Schwarzen Löchern deshalb bisher noch unvereinbar gegenüber.

werden die Naturgesetze einfach außer Kraft gesetzt. Das ist jedoch ziemlich unpraktisch, schließlich sollten Naturgesetze doch ausnahmslos immer und überall im Universum gelten (siehe *Die Gedanken sind frei – Raum und Zeit sind es nicht,* Seite 164). Im Grunde ist das Auftreten einer Singularität deshalb immer ein untrügliches Zeichen dafür, dass wir irgendetwas noch nicht ganz verstanden haben. Denn Einsteins Relativitätstheorie besagt zwar, dass unendlich viel Masse den Raum auf einen unendlich kleinen Punkt unendlich stark zusammenkrümmen muss, allerdings wissen wir auf der anderen Seite auch, dass im Bereich des ganz Kleinen – und die Größenordnung »unendlich klein« fällt damit zweifelsohne in diese Kategorie – andere Regeln gelten als in der Welt des ganz Großen, die Einsteins Gesetze beschreiben.

Da ist sie also wieder, die gute alte Quantenmechanik. Geht es nach ihr, so kann es gar keine unendlich kleinen, unendlich dichten, unendlich gekrümmten Gebilde geben – schließlich schwankt die gesamte Welt in ihren innersten Bestandteilen permanent zufällig umher (siehe *Bilderverbot,* Seite 73)!

Dumm gelaufen. Einsteins Relativitätstheorie und die Quantenmechanik – beides übrigens phänomenal auf Herz und Nieren erprobte und damit mit enorm hoher Wahrscheinlichkeit richtige Theorien – beginnen sich unschön zu beißen, wenn es um das Verständnis von Schwarzen Löchern und den dort herrschenden Singularitäten geht. An dieser Stelle müssen wir deshalb kapitulieren. Niemandem ist es bisher gelungen, diese beiden großen Theorien zu einer einzigen zu vereinigen. Eines ist jedoch sicher: Wer als Erster des Rätsels Lösung parat hat, kann sich schon mal einen würdevollen Platz für den Nobelpreis überlegen. Solange dies jedoch noch nicht geschehen ist, sollten wir uns damit abfinden, dass wir beim Auftauchen einer Singularität kapitulieren müssen.

Hinterm Horizont…

Doch bevor wir jetzt völlig resigniert die Flinte ins Korn werfen, verändern wir einfach unsere Herangehensweise. Schwarze Löcher sind nämlich kein komplett hoffnungsloser Fall. Zwar wissen wir nicht, was sich in ihrem Zentrum abspielt, doch immerhin können wir ihnen recht nahe auf die Pelle rücken und dabei ihr Verhalten studieren. Eigentlich ist es jedoch nicht das Schwarze Loch, das sich auf diese oder jene Weise verhält, sondern die Materie, die seinen Weg kreuzt. Schwarze Löcher sind damit die passivsten Zeitgenossen, die in unserem Universum herumhängen.

Nehmen wir beispielsweise das flinke Photon (siehe *Das Photon,* Seite 94). Es schwingt bekanntlich sehr zielstrebig und – sofern es sich nicht im Inneren eines Sterns verheddert hat – zumeist ohne Umwege mit seiner stets gleichbleibenden Geschwindigkeit von rund 300 000 Kilometern pro Sekunde durch den gähnend leeren Raum (siehe *Das berühmteste misslungene Experiment aller Zeiten,* Seite 157). Trifft nun das Photon bei seiner unglaublich monotonen Reise durch das unglaublich leere Universum nach langer Zeit endlich auf ein materielles Objekt, kommt kurzfristig ein wenig Abwechslung in sein Leben.

Wie wir wissen, macht das Licht durch seine Interaktion mit Materie die Welt für uns erst sichtbar (siehe *Die Pigmentierung der Materie,* Seite 145). Auch Schwarze Löcher bestehen aus Materie. Allerdings haben sie davon so viel vorzuweisen, dass sie den Photonen, sobald diese ihnen zu nahe kommen, keine Chance mehr lassen, weiterzureisen und die optischen Informationen über den unendlich schweren »Riss« in der Raumzeit weiterzutransportieren. Stattdessen wird das Licht vom Schwarzen Loch kurzerhand verschluckt. Einmal in einem Schwarzen Loch verschwunden, kann kein Photon mehr entkommen. Mit der schnellstmöglichen Geschwindigkeit in diesem Universum ist selbst das Licht einfach zu langsam, um die Fluchtgeschwindigkeit, die zum Mittelpunkt eines Schwarzen Lochs hin schließlich gegen unendlich strebt, zu erreichen.

Eine Chance besteht für die Photonen allerdings dennoch, den Vorbeiflug an einem Schwarzen Loch relativ unbeschadet zu überstehen. Die Geschwindigkeit, die nötig ist, um aus dem Umfeld eines solch massiven Objekts wieder zu entkommen, nimmt nämlich nur ganz allmählich zu (siehe Grafik 76). Je weiter man sich diesen düsteren Gesellen nähert, desto kritischer wird es. Erst ab einer gewissen Grenze ist das Schicksal des Lichts besiegelt. Sobald es sich zu nah an das Schwarze Loch heranwagt – nämlich genau an die Stelle, an der die Fluchtgeschwindigkeit genauso hoch ist wie die Lichtgeschwindigkeit, sind seine Chancen auf ein Entkommen vertan (siehe Grafik 76a).

[Grafik 76] **Der Ereignishorizont eines Schwarzen Lochs**

Die Fluchtgeschwindigkeit, die nötig ist, um der Gravitation eines Schwarzen Lochs zu entkommen, wird mit zunehmender Nähe immer größer.

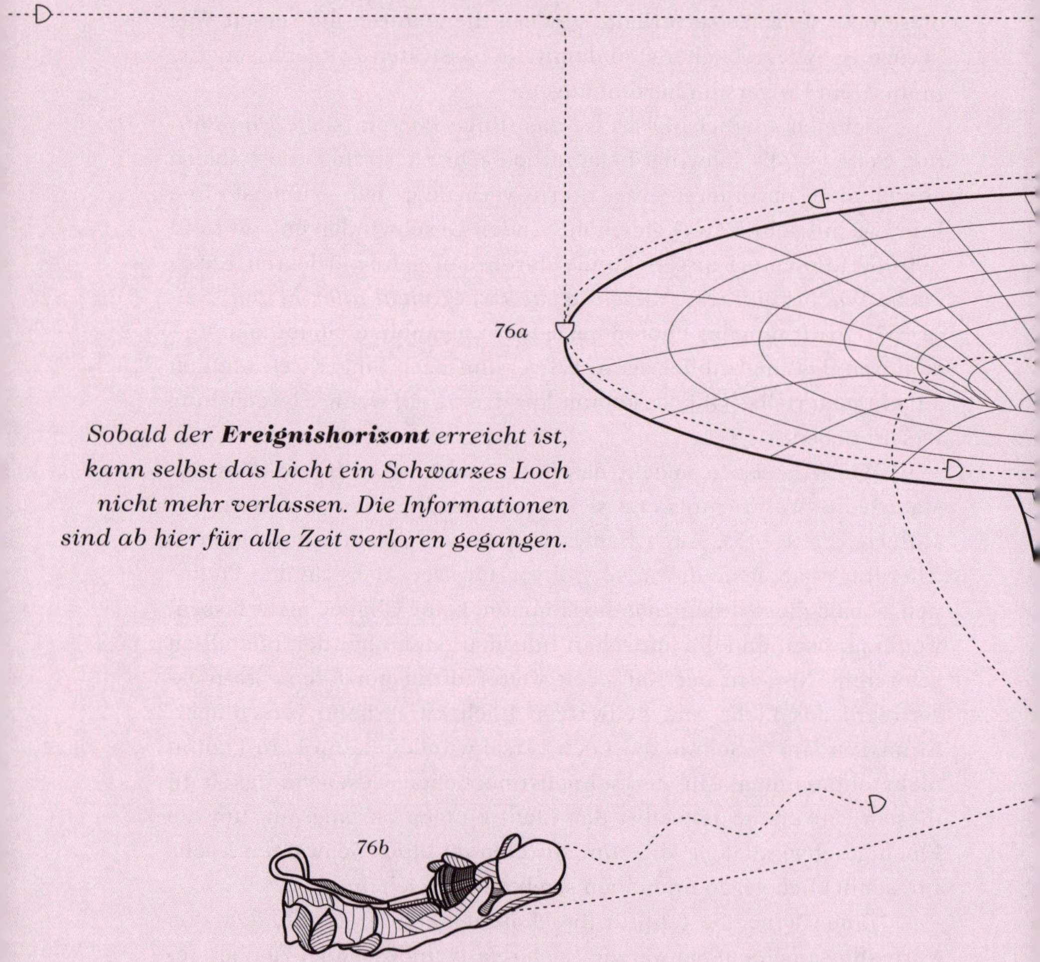

*Sobald der **Ereignishorizont** erreicht ist, kann selbst das Licht ein Schwarzes Loch nicht mehr verlassen. Die Informationen sind ab hier für alle Zeit verloren gegangen.*

Am Ereignishorizont ist die Fluchtgeschwindigkeit gleich der Lichtgeschwindigkeit. Licht, das den Ereignishorizont streift, strudelt deshalb fortan unendlich im Kreis.

Die Fluchtgeschwindigkeit, die nötig ist, um der Gravitation eines Schwarzen Lochs zu entkommen, wird mit zunehmender Nähe immer größer.

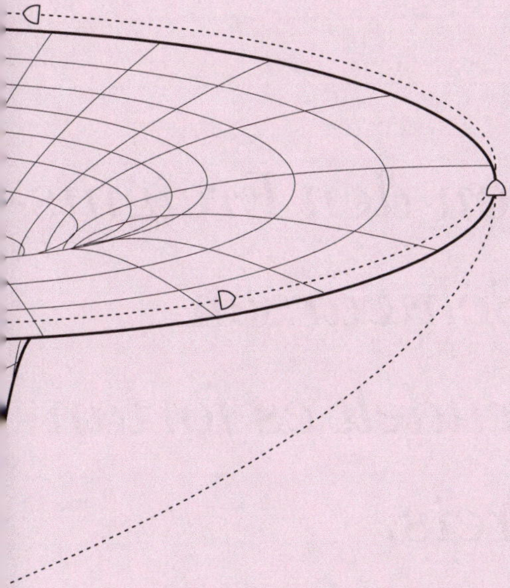

Sobald Licht den Ereignishorizont überquert, wird es, ebenso wie auch jede Form der Materie, in das Schwarze Loch hineingezogen und ist damit aus dem beobachtbaren Universum verschwunden.

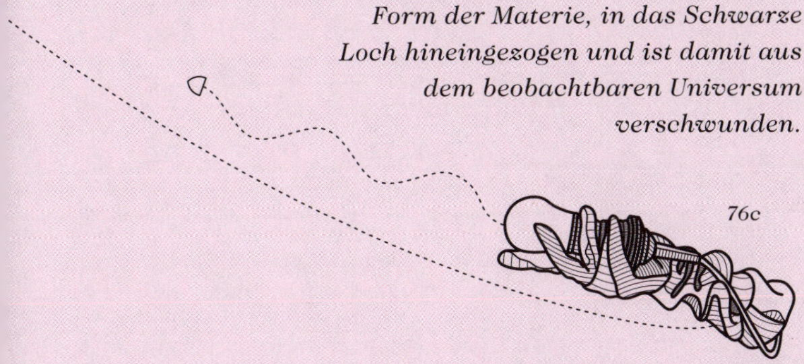

76c

Sobald ein Photon den Ereignishorizont eines Schwarzen Lochs streift, strudelt es fortan unendlich im Kreis.

Die Gravitation eines Schwarzen Lochs wird mit zunehmender Nähe allmählich stärker. Damit steigt auch die Fluchtgeschwindigkeit, die nötig ist, um seiner Anziehung zu entgehen, immer mehr an.

Die Stelle, an der die Fluchtgeschwindigkeit gleich der Lichtgeschwindigkeit ist, wird als Ereignishorizont bezeichnet. Ab hier kann nicht einmal mehr das Licht entkommen.

Das Licht hat nun den sogenannten Ereignishorizont erreicht. Er ist quasi die Eintrittsschranke in ein Schwarzes Loch. Von hier aus gibt es kein Zurück mehr. Nicht einmal die schnellsten »Wesen« in unserem Universum – die Photonen – können sich ab dieser Stelle mehr für eine Umkehr entscheiden. Hat das Licht den Ereignishorizont erst einmal erreicht, kann es sich nie wieder dem Rest des Universums mitteilen. All die Informationen, die es mit sich trug, sind damit verloren gegangen.

Dasselbe gilt natürlich auch für die wesentlich langsamere Materie. Auch sie ist, sobald sie sich einmal zu weit über den Tellerrand eines Schwarzen Lochs gewagt hat, Geschichte. Je nachdem, wie schnell sie kurz vor ihrem Sturz ins Bodenlose unterwegs war, wird sie aus mehr oder weniger weiter Entfernung vom Ereignishorizont aus verschluckt.

Bei unserem masselosen Photon passiert dies jedoch wie gesagt erst, sobald es den Ereignishorizont auf seinem Weg durch das All streift oder sogar übertritt. Im ersten Fall wird es von nun an endlos im Kreis um das Schwarze Loch herumstrudeln (siehe Grafik 76b) – schließlich ist an dieser Stelle die Fluchtgeschwindigkeit mit der Lichtgeschwindigkeit identisch und wir haben es deshalb mit einer klassischen Pattsituation zu tun –, ganz ähnlich dem bei Hauptreihensternen vorliegenden Gleichgewicht zwischen Gravitation und thermischem Druck (siehe *Ganz schön raffiniert,* Seite 318). Sobald das Licht allerdings auch nur einen winzigen Schritt über die kritische Schwelle des Ereignishorizonts wagen sollte, ist es verloren. Dann ist die Fluchtgeschwindigkeit höher als die Lichtgeschwindigkeit. Das Photon wird nun regelrecht in die Mitte des

Schwarzen Lochs hineingezogen und kann nie wieder entkommen (siehe Grafik 76c). Was nun genau mit dem Licht oder allen massebehafteten Teilchen in diesem Universum passiert, weiß man nicht. Da sich Schwarze Löcher außerhalb unseres beobachtbaren Universums befinden, werden wir das wohl auch niemals erfahren …

Licht in der Linse

Allerdings gibt es ja noch die Möglichkeit für das Licht, gar nicht erst gefährlich nahe am Ereignishorizont vorbeizufliegen. Und genau dann passiert das, was wir bereits angedeutet haben: Das Schwarze Loch teilt sich uns indirekt mit.

Wie Einstein feststellte, übt Masse mit ihrer Gravitation einen erheblichen Einfluss auf die Raumzeit aus, indem sie diese krümmt (siehe *Sturz ins Bodenlose,* Seite 557). Schwarze Löcher gehören mit ihrer unglaublich hohen Masse damit zu den heftigsten Verbiegern der Raumzeit überhaupt. Kommt nun ein Photon des Wegs, verläuft seine Reise unter normalen Umständen völlig geradlinig. Solange sich kein schweres Objekt in der Nähe befindet, das durch seine Schwerkraft die Raumzeit merklich in Mitleidenschaft zieht, passiert mit der Reiseroute des Lichts also herzlich wenig.

Ganz anders sieht die Sache allerdings aus, wenn Licht an einem Schwarzen Loch vorbeidüst. Durch den steilen Abhang, der ein solch massives Ungetüm in unserer reduzierten Stofftuch-Raumzeit umgibt, werden die Photonen, solange sie den Ereignishorizont respektvoll meiden, auf die schiefe Bahn gelenkt. Sie sausen am Schwarzen Loch entlang und werden, sobald sie in die Nähe seines tiefen Abgrunds gelangen, einfach umgeleitet. Das Licht ändert damit seine geradlinige Flugrichtung und vollführt eine mehr oder weniger ausgeprägte Kurve – je nachdem, wie nah es dem Ereignishorizont kam.

Wie wir wissen, kommen Photonen selten allein, sondern sind meist in Scharen anzutreffen (siehe *Bosonen lieben sich,* Seite 85). Deshalb folgen häufig viele Lichtteilchen der Raumzeitumleitung, sobald Schwarze Löcher ihren Weg kreuzen. Ein Teil der Photonen saust daraufhin an der einen Seite des Raumzeitrisses vorbei, während der andere Teil den gegenüberliegenden Weg einschlägt. Da sie jedoch beide in dieselbe Richtung gelenkt werden, entsteht hierbei nun der sogenannte Gravitationslinseneffekt. Das Licht wird von einem Schwarzen Loch umgelenkt und zusammengebündelt (siehe

Licht wird durch die Raumzeit-krümmung in der Nähe von Schwarzen Löchern besonders unsanft vom geraden Weg abgelenkt.

[Fotografie 42] ***Der Gravitationslinseneffekt***

*Schwarze Löcher
üben nur in ihrer unmittel-
baren Umgebung
Einfluss auf Materie aus.
Es ist deshalb sehr
unwahrscheinlich, jemals
mit einem von ihnen
Bekanntschaft zu machen.*

Fotografie 42). Dadurch erscheint es uns – sollte dieser geballte Strahl Richtung Erde gerichtet sein – viel intensiver. Sobald ein solcher Effekt auftritt, kann man dadurch indirekt auf die Existenz eines Schwarzen Lochs schließen, ohne dass es sich uns selbst persönlich mitteilen musste.

Wegen der Raumzeitkrümmung machen sich Schwarze Löcher durch den Gravitationslinseneffekt indirekt sichtbar, indem sie Photonen zusammenbündeln.

Übrigens geht dieses Phänomen nicht nur von Schwarzen Löchern, sondern von jeder Form der Materie aus – schließlich krümmt jede Masse den Raum und lenkt damit den Weg des Lichts um. Nur ist der Effekt bei Schwarzen Löchern wegen ihrer enorm dicht gepackten Masse am deutlichsten und eindrucksvollsten zu bestaunen.

Allerdings heißt das noch lange nicht, dass Schwarze Löcher weiträumig alles wie ein überdimensionaler Staubsauger an sich reißen, was nicht bei drei auf den Bäumen sitzt! Dies passiert tatsächlich erst, wenn man sich sehr nahe an ein solches Ungetüm heranwagt. Je schneller man unterwegs ist, desto näher kann man sich einem Schwarzen Loch nähern, ohne verschlungen zu werden. Licht kann sich daher am mutigsten heranwagen. Erst beim Ereignishorizont ist schließlich Schluss mit lustig. Alle anderen massebehafteten Teilchen in diesem Universum müssen ein Schwarzes Loch wesentlich weiträumiger umschiffen. Allerdings besteht auch für sie nur in der unmittelbaren Umgebung Gefahr. Und da das Universum vor allem aus leerem Raum besteht, ist die Wahrscheinlichkeit, ein Schwarzes Loch so nahe zu kreuzen, dass man von ihm verschluckt wird, wirklich außerordentlich gering (siehe *Vor allem leerer Raum,* Seite 335).

Knautschsonne

Nehmen wir beispielsweise unsere Sonne und verwandeln sie kurzerhand in ein Schwarzes Loch. Das ist natürlich nicht sonderlich nett, aber zu Demonstrationszwecken durchaus nützlich. Damit unser kleiner, feiner Stern so massiv würde, dass selbst das Licht nicht mehr entkommen könnte, müsste seine Dichte steigen. Dazu pressen wir unsere Sonne in Gedanken nun immer weiter zusammen. Bei einem Radius von drei Kilometern hätten wir schließlich das gewünschte Ergebnis erzielt. Nun wäre die Fluchtgeschwindigkeit unserer Knautschsonne größer als die Lichtgeschwindigkeit. Ab diesen drei Kilometern würde damit der besagte Ereignishorizont beginnen.

Ihre Masse wäre zwar weiterhin dieselbe, nur hätte sich die Größe von ehemals rund 1391400 Kilometern auf mickrige sechs Kilometer reduziert, und die Dichte den nicht gerade bescheidenen Wert »unendlich« angenommen (siehe *Schwarz, schwer, singulär,* Seite 555). Die Anziehungskraft unserer nunmehr schwarzen Sonne bliebe damit gleich. Alle Planeten würden sich also weiterhin in aller Seelenruhe um sie herumdrehen, nur gäbe es den kleinen, aber feinen Unterschied, dass es von nun an stockdunkel und kalt im Sonnensystem wäre. Erst bei einer Entfernung von etwa neun Kilometern zur dicht zusammengepressten Sonne würde man von ihr verspeist werden. Aber was sind schon neun Kilometer im Vergleich zu den unglaublichen Distanzen, die zwischen der Materie in unserem Universum liegen? Umso mehr dürfte nun klar werden, dass es eher unwahrscheinlich ist, jemals auf ein Schwarzes Loch zu stoßen.

Der erste Wissenschaftler, der ausrechnete, wie stark man ein Objekt zusammenquetschen muss, um ein Schwarzes Loch zu fabrizieren, war der deutsche Astronom und Physiker Karl Schwarzschild (1873–1916). Entsprechend wird der kritische Radius des Ereignishorizonts, der automatisch auch als die Größe eines Schwarzen Lochs definiert wird, als Schwarzschild-Radius bezeichnet. Je mehr Masse ein Körper auf die Waage bringt, desto größer fällt der entsprechende Schwarzschild-Radius aus. Kollabiert ein Stern seinem Ende entgegen, wird er in dem Moment zu einem Schwarzen Loch, in dem er mindestens auf die Größe seines Schwarzschild-Radius zusammenschrumpft.

Sobald ein Stern bei seinem Kollaps einen kritischen Wert – den sogenannten Schwarzschild-Radius – überschreitet, wird aus ihm ein Schwarzes Loch.

Bei unserer Sonne wären dies die besagten drei Kilometer. Diese wird sie jedoch wegen ihrer zu geringen Gravitationskraft niemals erreichen und stattdessen als Weißer Zwerg lediglich auf etwa die Größe unserer Erde zusammengestaucht werden. Bei unserem Population-III-Riesen allerdings war es der Schwerkraft gelungen, ihn bis zur Unsichtbarkeit auf seinen Schwarzschild-Radius von etwa 600 Kilometern zusammenzupressen (siehe *Andenken im All,* Seite 475).

Von nun an war er also unsichtbar und hatte sich damit aus dem beobachtbaren Universum verabschiedet. Kein Licht und schon gar keine Materie konnten ihm mehr entkommen. Der ehemals sichtbare Himmelskörper hatte durch seinen Zusammensturz ins Bodenlose damit all die Informationen über sich selbst vernichtet. Auch jene Informationen über die Materie und das Licht, welche im Laufe der Zeit noch auf ihn herabstürzen, löscht er weiterhin gnadenlos aus. Schwarze Löcher können auf diese Weise sehr gemächlich immer mehr Masse anhäufen und ihren Schwarzschild-Radius dadurch sukzessive vergrößern.

Zeitlos

Zu guter Letzt wollen wir noch die Zeit ein wenig durch die Mangel drehen – so wie wir es bereits im zweiten Kapitel schön ausgiebig praktiziert haben (siehe *Kistenkonstellation, die zweite, und die Dehnung der Zeit,* Seite 190/*Aus Jahren Tage machen,* Seite 202). Schwarze Löcher krümmen schließlich nicht nur den Raum, sondern die gesamte Raumzeit. Doch was heißt das nun genau?

Um dies zu beantworten, landen wir wieder bei Albert Einstein (siehe *Einstein und das Licht,* Seite 163). Gemäß seiner Allgemeinen Relativitätstheorie bedeutet die Krümmung der Raumzeit durch die Gravitation nicht nur, dass Licht und Materie vom geraden Kurs abgelenkt werden, sondern dass sich auch die Zeit verändert. Sie vergeht umso langsamer, je stärker die Raumzeit durch Masse verbogen wird. Das bedeutet, dass in der Nähe unserer Sonne die Zeit langsamer verstreicht als auf der Erde. Auf der Erde wiederum vergehen die Minuten langsamer als in absoluter Schwerelosigkeit. Und ob man es nun glaubt oder nicht – dem ist tatsächlich so! Die Unterschiede sind zwar recht gering, doch sie sind wirklich nachweislich vorhanden. Was aber bedeutet dies für den absoluten Härtefall, der eintritt, sobald ein Schwarzes Loch die Raumzeit nicht nur krümmt, sondern förmlich auseinanderreißt?

Um unsere Sonne in ein Schwarzes Loch zu verwandeln, müsste man ihre gesamte Masse auf eine sechs Kilometer kleine Kugel zusammenquetschen.

Ein Stern mit 200 Sonnenmassen wird am Ende seines Lebens zu einem Schwarzen Loch mit einem Schwarzschild-Radius von 600 Kilometern.

Sobald man dabei zusieht, wie sich jemand einem Schwarzen Loch nähert, wird man feststellen, dass die Zeit von Mal zu Mal langsamer vergeht. Übrigens wird dabei auch das Licht verändert: Es wird ins Rote verschoben (siehe Fotografie 43a). Diese sogenannte Gravitationsrotverschiebung hat jedoch, anders als der Doppler-Effekt, nichts mit Bewegung zu tun, sondern sie wird ausschließlich durch die Raumzeitkrümmung eines massebehafteten Körpers hervorgerufen. In der Nähe eines Schwarzen Lochs werden die Photonen also immer langwelliger und langwelliger (siehe *Ins Rote verschoben,* Seite 118). Irgendwann jedoch gibt es ein Problem: Kurz vor dem Ereignishorizont ist das Licht nämlich komplett verschwunden – es wurde seiner Wellenlänge beraubt und damit regelrecht ausgelöscht. Auch die Zeit wird unglaublich stark verlangsamt. Unmittelbar vor dem Ereignishorizont bleibt sie schließlich ganz und gar stehen (siehe Fotografie 43b).

Allerdings gibt es in Einsteins Relativitätstheorie bekanntlich immer mindestens zwei Sichtweisen, die allesamt gleichermaßen korrekt sind. Derjenige, der auf das Schwarze Loch zuwandert, sieht das Ganze deshalb aus einem ganz anderen Blickwinkel. Für ihn vergeht die Zeit völlig normal. Auch sein Aussehen verändert sich nicht und wird damit auch nicht rotverschoben. Stattdessen läuft für ihn die Welt außerhalb, je weiter er sich dem Zentrum des Schwarzen Lochs nähert, immer mehr im Zeitraffer ab. Das Licht wiederum wird von Mal zu Mal stärker ins Blaue verschoben (siehe Fotografie 44a). Und während die Person für unsere Augen kurz vor dem Erreichen des Ereignishorizonts nahezu wie festgefroren still steht und dabei schließlich unsichtbar wird – wir also niemals sehen werden, dass sie den Schwarzschild-Radius jemals überquert –, ist für den wagemutigen Raumzeittouristen alles in bester Ordnung. Auch hinter dem Ereignishorizont geht es für ihn weiter. Allerdings bekommt auch er nun keine Informationen mehr von außerhalb mit. Da aus seiner Sicht ab jetzt die Unendlichkeit auf einen Schlag abläuft, hat es auch für ihn den Anschein, als passiere da draußen gar nichts mehr. Denn ob nun die Zeit völlig stillsteht oder alles auf einmal simultan passiert, das Ergebnis ist dasselbe: Man nimmt keine Veränderung mehr wahr, und damit scheint alles gleich. Und wenn alles gleich bleibt, ist auch keine Zeitmessung mehr möglich (siehe *Der erste Symmetriebruch,* Seite 765). Nebenbei wurde das Licht inzwischen so weit ins Blaue verschoben, dass es mit seiner nun scheinbar unendlich kurzen Wellenlänge im Grunde ebenfalls wellenlängenlos daherkommt und somit nicht mehr zur Informationsübermittlung taugt. Auch in diesem Fall verblasst deshalb das Bild der Außenwelt bis zur Unsichtbarkeit (siehe Fotografie 44b).

Schwarze Löcher sind damit nicht nur informationslos, sondern auch zeitlos. Und schuld an alldem ist die unvorstellbare Raumzeitkrümmung, die dafür sorgt, dass sich die Vorgänge innerhalb eines Schwarzen Lochs völlig unserer Vorstellungskraft entziehen und sich nicht mit den heute bekannten Naturgesetzen beschreiben lassen (siehe *Vorsicht, bissig: Relativitätstheorie trifft Quantenmechanik,* Seite 565). Diese von Einstein erstmals prognostizierten Massebrocken sind damit zwar jenseits von Gut und Böse, was unseren gesunden Menschenverstand betrifft, allerdings wurden sie bereits vielfach durch ihre indirekte Wirkung in den Weiten des Alls ausfindig gemacht und scheinen damit, so seltsam sie auch sein mögen, tatsächlich zu existieren (siehe *Licht in der Linse,* Seite 576).

Und so fristet wohl auch unser einst riesengroßer, hell leuchtender allererster Stern heute ein Dasein als dunkle, unvorstellbar winzige Singularität, von der wir nicht einmal wissen, was sie überhaupt ist.

Für einen Beobachter vergeht die Zeit in der Nähe eines Schwarzen Lochs immer langsamer, während das Licht immer langwelliger wird.

Am Ereignishorizont bleibt die Zeit schließlich stehen, das Licht wird wellenlängenlos und damit unsichtbar.

[Fotografie 43a] ***Für einen Beobachter** (links) **vergeht die Zeit in der Nähe eines Schwarzen Lochs immer langsamer, und das Licht wird immer mehr ins Rote verschoben***

[Fotografie 43b] ***Ab dem Ereignishorizont bleibt die Zeit schließlich stehen, und das Licht wird wellenlängenlos – die Welt wird unsichtbar***

[Fotografie 44a] ***Für einen zum Schwarzen Loch Reisenden*** (links) ***vergeht die Zeit außerhalb immer schneller, und das Licht wird immer mehr ins Blaue verschoben***

[Fotografie 44b] ***Ab dem Ereignishorizont bleibt die Zeit außerhalb schließlich ebenfalls stehen, denn nun passiert die Unendlichkeit auf einmal, und das Licht erreicht eine unendlich kurze Wellenlänge – damit wird die Welt außerhalb ebenfalls unsichtbar***

Für einen zum Schwarzen Loch Reisenden vergeht die Zeit jedoch völlig normal, und er sieht sich auch nicht rotverschoben. Stattdessen vergeht für ihn die Zeit außerhalb immer schneller, und das Licht verschiebt sich ins Blaue.

Irgendwann sieht er schließlich die Unendlichkeit auf einmal geschehen, während sich das Licht zu unendlich kurzen Wellenlängen verschoben hat. Damit steht auch für ihn die Welt außerhalb plötzlich still und ist somit unsichtbar geworden.

5.7 Es werde Licht!

Der erste Stern wird geboren

Nachdem wir nun wissen, wie es mit unserem allerersten Population-III-Stern zu Ende ging, drehen wir das Rad der Zeit nun so lange weiter Richtung Vergangenheit, bis wir schließlich bei einem wesentlich erfreulicheren Ereignis angekommen sind: der Geburt unseres ersten Sterns.

Kurswechsel im Kosmos

Die allerersten Sterne, das wissen wir bereits, waren nicht gerade mit einem langen Leben gesegnet. Während die etwas kleineren unter ihnen im günstigsten Fall nur einige Millionen Jahre lang Wasserstoffkerne fusionieren konnten, war bei unserem 200-Sonnenmassen-Exemplar bereits nach 450 000 Jahren das Leben auf der Hauptreihe zu Ende (siehe *Wasserstoff ist aus,* Seite 541). Es ging also recht schnell den Bach runter mit ihnen. Doch immerhin hatte das Ganze auch etwas Gutes. Schließlich versprühten die ersten Sterne ihre Überreste großzügig mit einer gewaltigen Supernova in den Raum, spendeten dabei viele neue Elemente und brachten dadurch den Kreislauf der Materie ins Rollen (siehe *Ein Stern geht, der nächste kommt,* Seite 462).

Doch bevor es so weit war, durften auch die dicksten Population-III-Giganten das Universum zunächst mit ihrer Anwesenheit erfreuen. Durch ihre unglaubliche Größe strahlten sie jedoch, wie wir wissen, extrem harte UV-Strahlung ab, die ihre Oberfläche auf etwa 100 000 Kelvin aufheizte und die es damit bereits zu Lebzeiten nicht erlaubte, dass sich ein anderer Stern bildete (siehe *Die Egozentriker unter den Sternen,* Seite 470).

Und nun passierte etwas sehr Bedeutendes. Als die allerersten Sterne damit begannen, ihre UV-Photonen auf die Reise zu schicken, läuteten sie in unserem Universum nämlich eine grundlegende Veränderung ein:

Da das All zu diesem Zeitpunkt gerade einmal 200 Millionen Jahre alt war, wir uns also 13,5 Milliarden Jahre weit in der Vergangenheit befinden, gab es außer Wasserstoff und Helium noch keine weiteren Elemente zu besichtigen – diese mussten schließlich erst allmählich durch das Ableben der ersten Sternengeneration zusammengebaut werden (siehe *Heiße Protonenküche,* Seite 486/ *Schnelle Neutronenküche,* Seite 488/*Gemütliche Neutronenküche,* Seite 494/*Sternenzwiebel,* Seite 494).

Wie wir feststellen konnten, ist Helium, da es sich um ein Edelgas handelt, grundsätzlich nicht bindungswillig (siehe *Vom Molekül zum Stern,* Seite 423). Wasserstoff steht einer Verbindung mit seinesgleichen prinzipiell zwar etwas aufgeschlossener gegenüber, allerdings gestaltet sich das Ganze dennoch als recht schwierig, weshalb das Wasserstoffmolekül H_2 meist das höchste der Gefühle darstellt. Wirklich molekülreich war das Universum zu dieser Zeit deshalb nicht. Stattdessen lagen die meisten Elemente völlig schutzlos als blanke Atome vor.

Kamen nun die unzähligen UV-Photonen des Wegs, die sich nach einer langen und beschwerlichen Reise im Zickzackkurs endlich aus dem Inneren eines Population-III-Sterns befreien konnten, hatte das letzte Stündchen für den empfindlichen Wasserstoff geschlagen. Die starken Photonen entzweiten nicht nur die vereinzelt vorhandenen Wasserstoffmoleküle, sie knöpften sich außerdem auch die neutralen Atome vor und schossen deren Elektronen in weitem Bogen aus ihren Hüllen hinaus (siehe *Die Anarchie der geladenen Teilchen,* Seite 237).

Die Population-III-Sterne ionisierten auf diese Weise, was das Zeug hielt, die gesamte Materie in ihrer Umgebung (siehe Grafik 77). Um jeden Stern bildete sich dadurch eine immer größer anwachsende Blase aus geladenen Teilchen. Irgendwann waren diese Plasmahüllen derartig groß geworden, dass sie sich mit denen anderer Population-III-Sterne vermischten. Dieser Vorgang, der auch als Reionisierung bezeichnet wird, dauerte etwa eine Milliarde Jahre an. (Warum es ausgerechnet *Re*ionisierung heißt, wird sich im sechsten Kapitel noch zeigen – siehe *Die Unabhängigkeitserklärung der Materie,* Seite 666.)

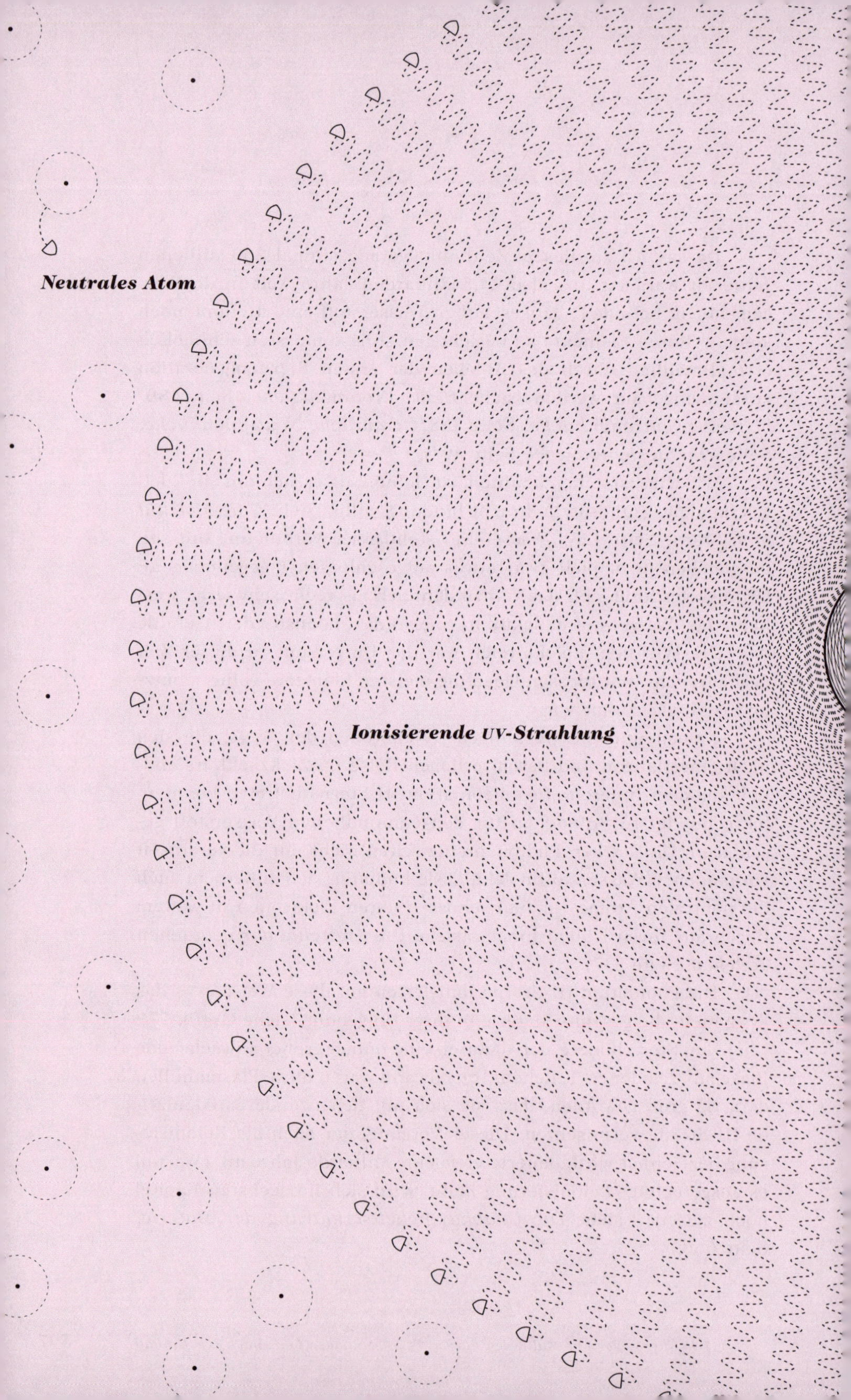

Neutrales Atom
Ionisierende UV-Strahlung

[Grafik 77] ***Population-III-Sterne ionisierten durch ihre harte UV-Strahlung großflächig die gesamte Materie in ihrer Umgebung***

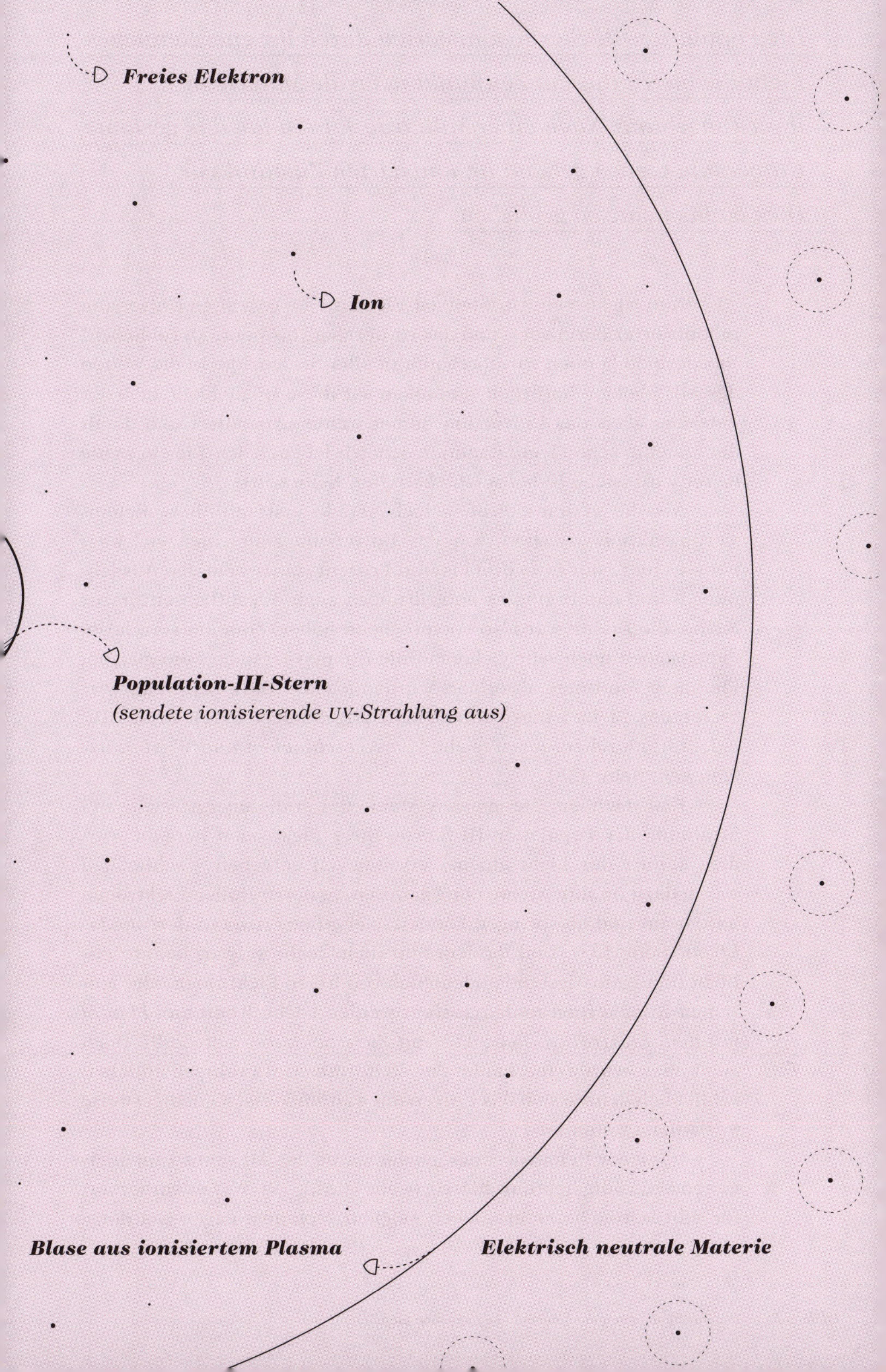

Die Population-III-Sterne ionisierten durch ihr energiereiches Licht die bis zu diesem Zeitpunkt neutrale Materie in ihrer Umgebung. Nach einer Milliarde Jahren lag das gesamte Universum weitestgehend im ionisierten Zustand vor. Dies ist bis heute so geblieben.

Nun lag also ein Großteil der Elemente im gesamten Universum in ionisierter Form vor – und das ist übrigens bis heute so geblieben! Nur deshalb können wir überhaupt in aller Seelenruhe in die Weiten des Alls blicken. Natürlich verdanken wir diese Möglichkeit auch der Tatsache, dass das Universum immer weiter expandiert und damit der ohnehin schon leere Raum, in dem wir leben, jeden Tag ein wenig leerer wird (siehe *Hubbles Glückstreffer,* Seite 650).

Als die ersten Sterne jedoch gerade erst mit ihrer Reionisierungsaktion loslegten, war das Universum zum einen viel kleiner – es hatte nur etwa drei bis fünf Prozent seiner heutigen Ausdehnung – und damit ging es notgedrungen auch wesentlich enger zur Sache, die Dichte war also entsprechend höher. Zum anderen lagen damals eben noch sehr viele neutrale Atome vor, sodass die meisten Photonen von ihnen absorbiert wurden (siehe Grafik 78). Damit war es für das Licht nahezu unmöglich, ungehindert durch dieses Dickicht hindurchzusausen (siehe *Vom Verschlucken und Wiederausspucken,* Seite 138).

Erst nachdem die meisten Atome durch die energiereiche UV-Strahlung der Population-III-Sterne ihrer Elektronen beraubt wurden, konnte das Licht einem Verschlucken entgehen – schließlich wären dazu intakte Atome nötig gewesen, in deren Hüllen Elektronen hätten auf und ab springen können (siehe *Der etwas andere Jo-Jo-Effekt,* Seite 133). Und da dem nun nicht mehr so war, konnte das Licht im ungünstigsten Fall lediglich von freien Elektronen oder einsamen Atomkernen umhergestreut werden (siehe *Wenn das Photon mit dem Elektron…,* Seite 143/*Auf Zickzackkurs,* Seite 280). Doch auch dies wurde im Laufe der Zeit immer unwahrscheinlicher, schließlich dehnte sich das Universum währenddessen gnädigerweise fortlaufend weiter aus.

Dank der Reionisierungsepoche wurde das All somit zum allerersten Mal völlig lichtdurchlässig (siehe Grafik 79). War es vorher nur für sehr schwache Lichtteilchen möglich, sich dem engen Gedränge

Die ersten Sterne machten durch ihre energiereiche, ionisierende Strahlung das Universum zum allerersten Mal lichtdurchlässig.

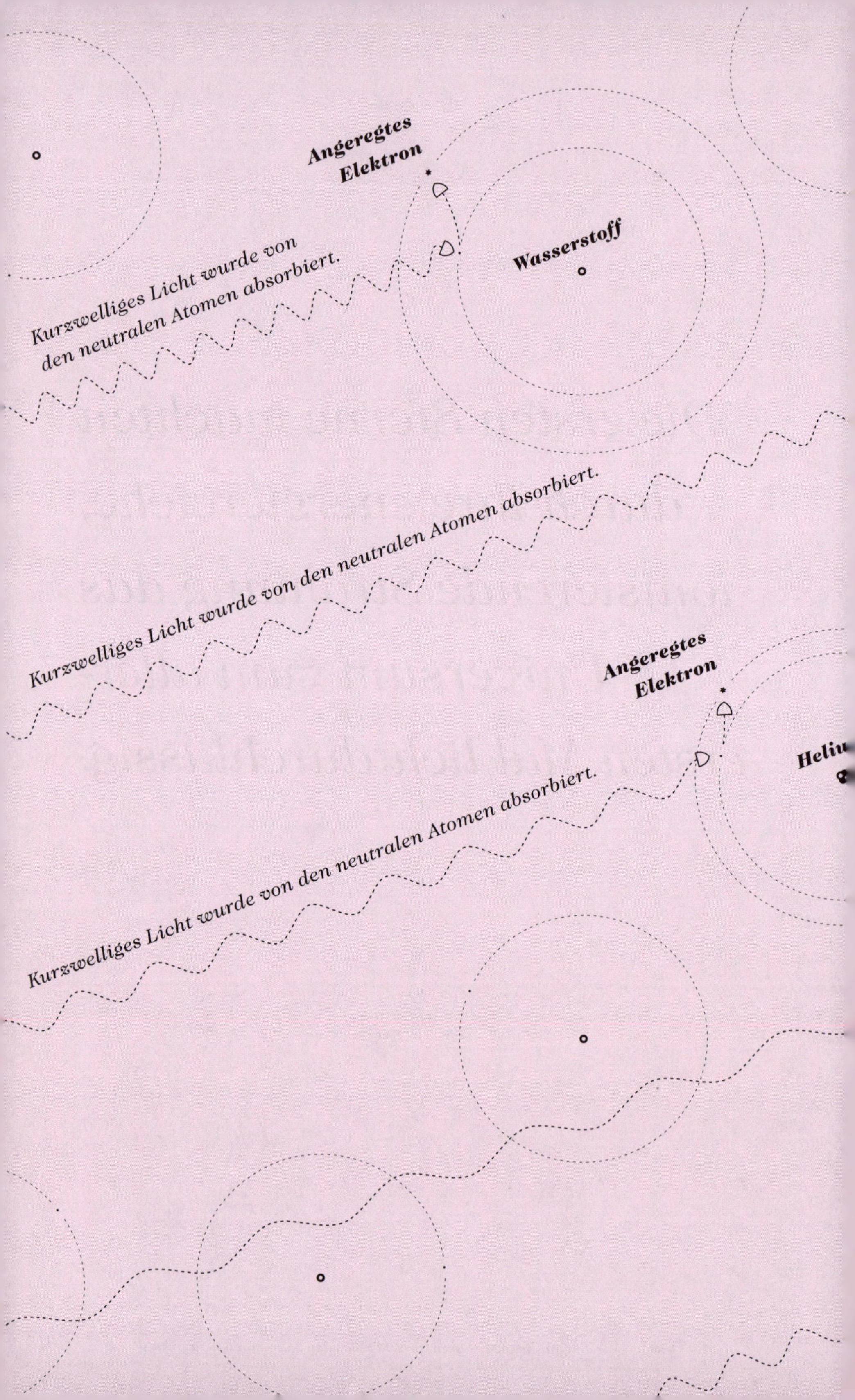

Angeregtes Elektron
Wasserstoff
Kurzwelliges Licht wurde von den neutralen Atomen absorbiert.
Kurzwelliges Licht wurde von den neutralen Atomen absorbiert.
Angeregtes Elektron
Heliu
Kurzwelliges Licht wurde von den neutralen Atomen absorbiert.

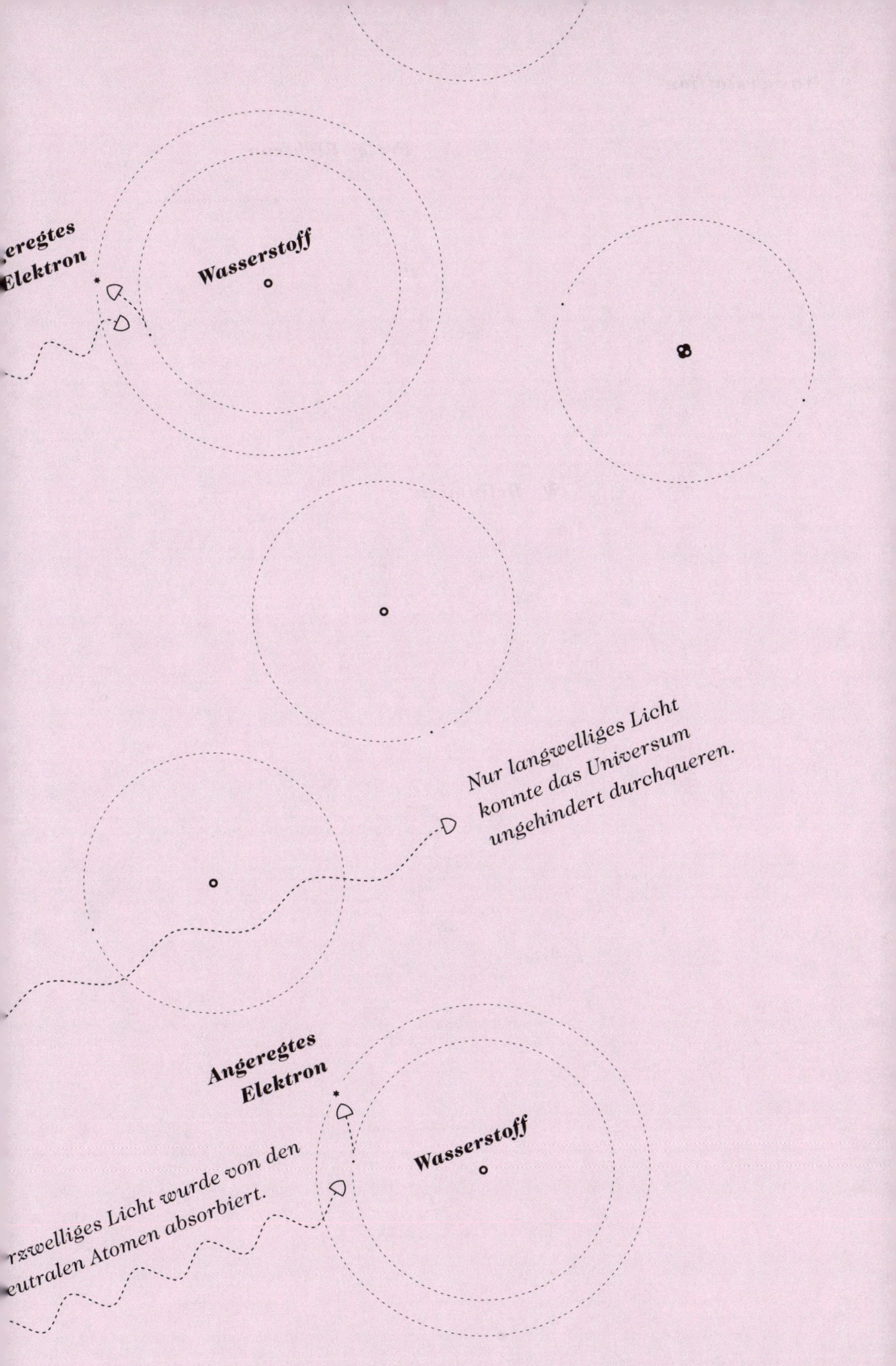

[Grafik 78] ***Die Materie lag vor der Reionisierungsepoche elektrisch neutral vor – das Universum war damit weitestgehend lichtundurchlässig***

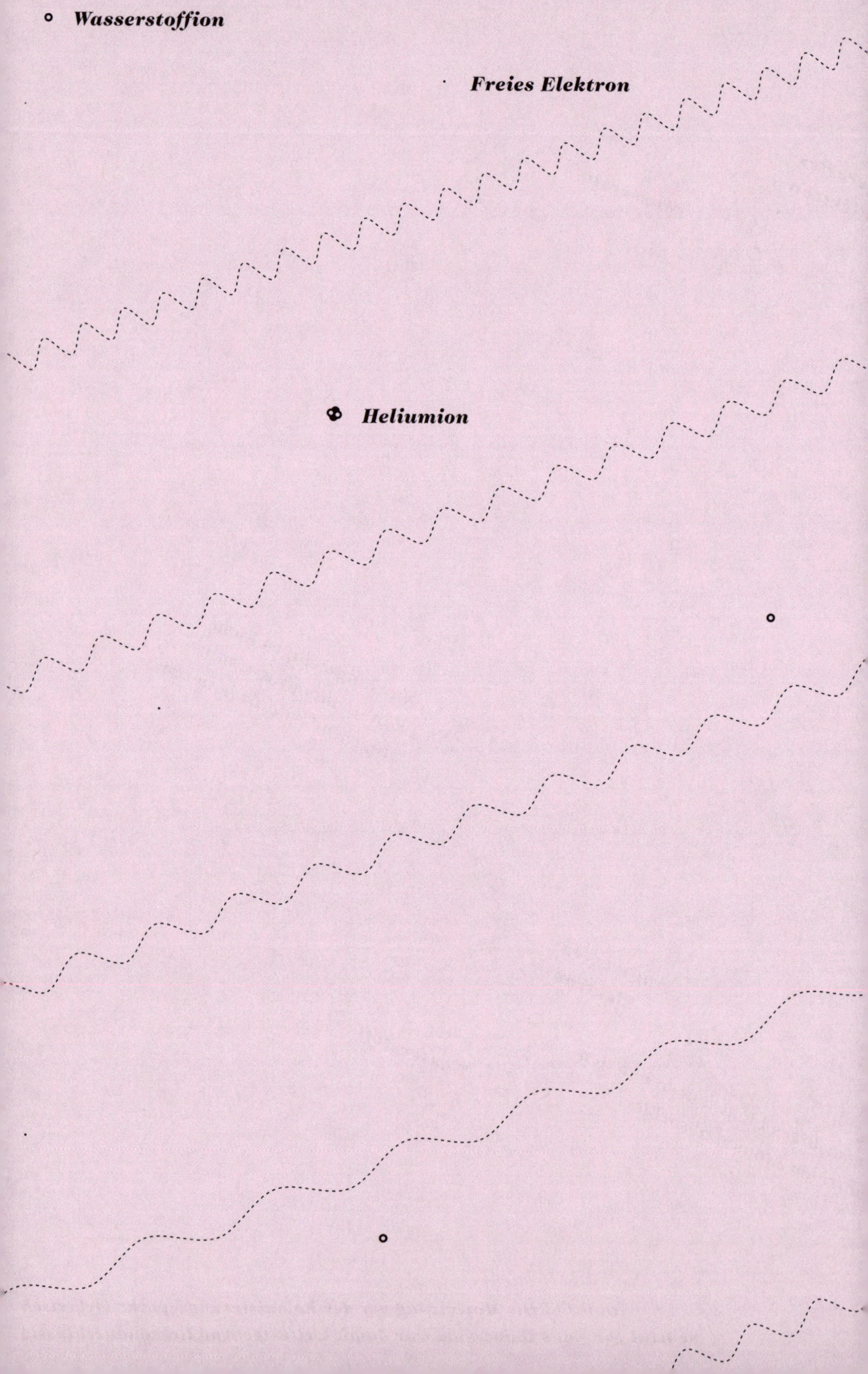
Wasserstoffion
Freies Elektron
Heliumion

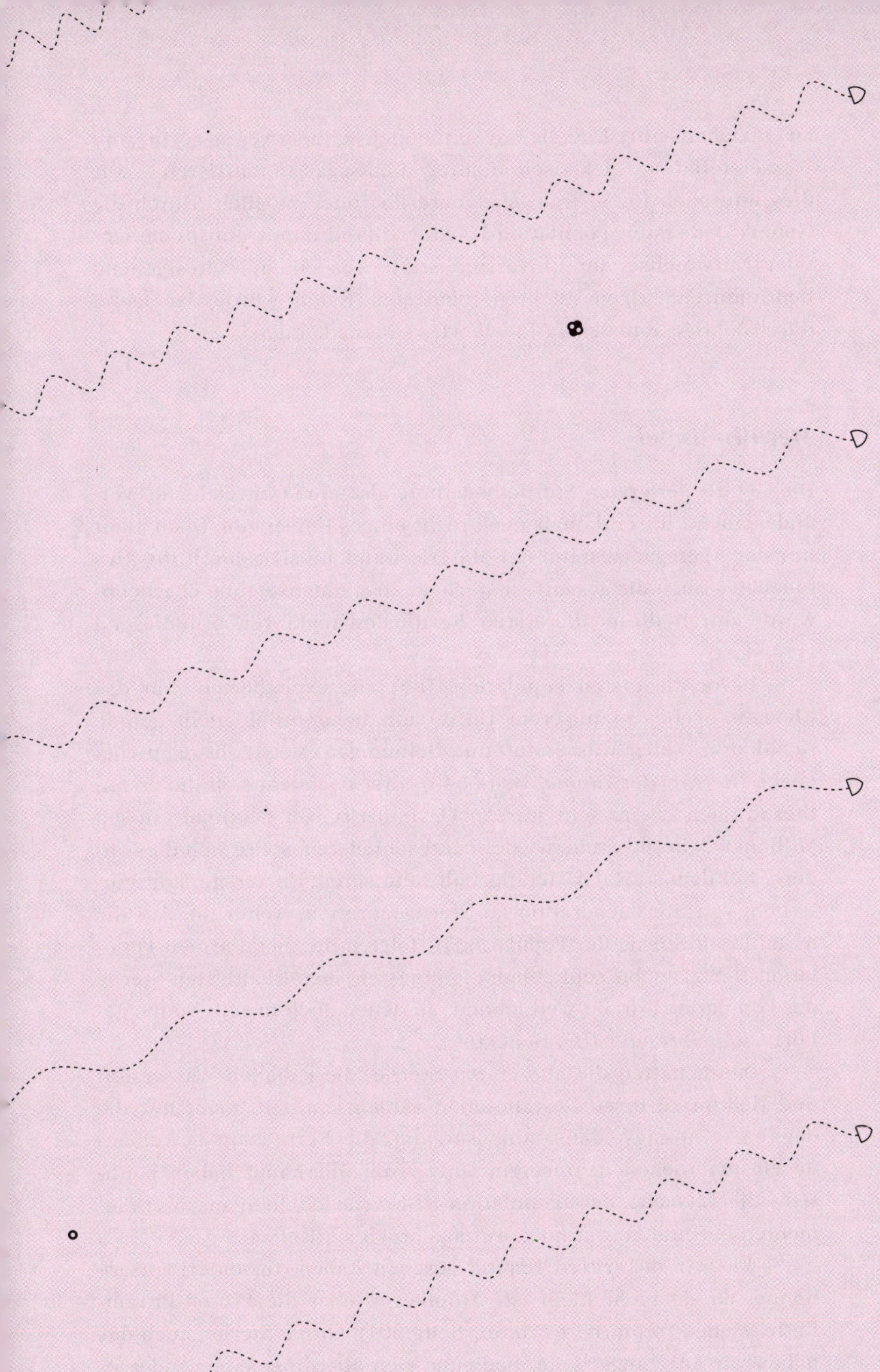

[Grafik 79] ***Die Materie lag nach der Reionisierungsepoche ionisiert vor – das Universum ist seitdem erstmals komplett lichtdurchlässig***

zu entziehen – ihre Energie war schließlich schlichtweg zu gering, um Wasserstoffatome elektrisch anzuregen oder gar zu ionisieren –, war dies nun auch für energiegeladenere Photonen möglich. Durch die Geburt der ersten Population-III-Sterne fand damit ein fundamentaler Kurswechsel im Universum statt. Aus einem weitestgehend lichtundurchlässigen, dichten, neutralen Raum wurde das leere, durchsichtige, ionisierte All, wie wir es heute kennen.

Metallmangel

Die Geburt der ersten Sterne bedeutete also eine weitreichende Veränderung für unser damals noch recht junges Universum. Doch nicht nur der Aggregatszustand der Materie wandelte sich durch ihr Auftauchen – auch die gesamte materielle Zusammensetzung überhaupt wurde durch diese allerersten Kernfusionsreaktoren grundlegend verändert.

Bevor die ersten Population-III-Sterne explodierten, war das Elementangebot in unserem Universum bekanntlich nicht gerade reichhaltig. Außer Wasserstoff und Helium gab es schlichtweg nichts (siehe *Die Ära der Atome,* Seite 643). Erst nachdem sich die ersten Sterne nach einem sehr kurzen Gastauftritt von maximal einigen Millionen Jahren bereits wieder verabschiedeten, sollte sich dies ändern. Seitdem stieg der Metallgehalt in unserem Universum kontinuierlich, von Sterngeneration zu Sterngeneration, weiter an. Auf die metalllosen Sterne der Population III folgten die metallarmen Population-II-Sterne, bis schließlich die jüngsten, metallhaltigsten Sterne der Population I in die Welt kamen, zu denen auch unsere Sonne gehört (siehe *I, II oder III?,* Seite 469).

Damit hatten die allerersten Sterne, die lediglich Wasserstoff und Helium zu ihren Bestandteilen zählen konnten, nicht nur die denkbar eintönigste Zusammensetzung, die Kernfusion betreibende Plasmabrocken in unserem Universum überhaupt haben konnten – die Tatsache, dass Population-III-Sterne lediglich aus zwei Elementen bestanden, war noch weitaus problematischer.

Wie wir im dritten Kapitel gesehen haben, fusioniert unsere Sonne, da sie recht klein ist, Atomkerne über die Proton-Proton-Kette (siehe *Proton trifft Proton,* Seite 301). Große Sterne, auch das haben wir kurz angerissen, bedienen sich allerdings einer anderen, wesentlich effektiveren Methode der Kernfusion. Sie fusionieren über den CNO-Zyklus, bei dem Kohlenstoff, Stickstoff und Sauerstoff der

Verschmelzung von Wasserstoff zu Helium unterstützend unter die Arme greifen. Diese Art der Kernfusion ist damit wesentlich ergiebiger und schneller als die Variante, auf welche unsere Sonne zurückgreift. Allerdings funktioniert sie nur bei entsprechend hohen Temperaturen und kommt damit ausschließlich für die großen Sternenexemplare infrage.

Die allerersten Sterne konnten wegen ihres nicht vorhandenen Metallgehalts nur über die wesentlich umständlichere und bei großen Sternen nicht besonders effiziente Proton-Proton-Kette Wasserstoff zu Helium fusionieren.

Und groß waren unsere Population-III-Giganten definitiv. Doch der CNO-Zyklus blieb ihnen dennoch verwehrt – schließlich gab es zu dieser Zeit ja weder Kohlenstoff, Stickstoff, Sauerstoff noch sonst irgendein schweres Element in unserem Universum! Um die Last ihrer gewaltigen Masse im Zaum zu halten, mussten sich die ersten Sterne deshalb mit der umständlicheren Proton-Proton-Reaktion begnügen. Da diese jedoch bei Kerntemperaturen jenseits von 17 Millionen Kelvin zu allem Übel nicht gerade mit einem berauschenden Energieausstoß glänzt, mussten sich die Population-III-Sterne ordentlich ins Zeug legen und Wasserstoff im Akkord fusionieren, um überhaupt stabil im hydrostatischen Gleichgewicht zu bleiben (siehe *Ganz schön raffiniert,* Seite 318).

Erschwerte Startbedingungen

Zu ihrem Kräftegleichgewicht zwischen dem nach innen und außen gerichteten Druck fanden die ersten Sterne in unserem Universum vor 13,5 Milliarden Jahren auf ganz ähnliche Weise, wie es auch viele Sternengenerationen später unsere Sonne tat: Aus einer einst weitläufig ausgedehnten Wolkenregion wurde durch stetiges Zusammenschrumpfen schließlich ein hell leuchtender Plasmabrocken (siehe *Lichte Dichte,* Seite 419).

Allerdings brachte auch in diesem Fall der leidige Elementemangel viele Probleme mit sich. Wir haben es bereits kurz angesprochen: Es fehlte zum einen der schützende Staub, der die gerade frisch gebildeten, zarten Moleküle vor den energiegeladenen Photonen, und damit vor dem sicheren Ende ihrer Verbindung, bewahrte (siehe *Staub als praktisches Helferlein,* Seite 424). Zum anderen war die Molekülbildung überhaupt nur unter äußerst erschwerten Bedingungen möglich, schließlich konnten die allerersten, zum Herunterkühlen gewillten Wolken nur auf die Mithilfe von Wasserstoff zählen, und der war nun einmal alles andere als pflegeleicht. Bereits geringe Mengen harter Strahlung genügten, und schon war die Bindung zweier Wasserstoffatome in den ersten Gaswolken wieder entzwei.

Doch ohne Moleküle keine Kühlung. Wie wir im vierten Kapitel mitverfolgen konnten, muss eine Gaswolke, um zu einem Stern kollabieren zu können, schrittweise Energie loswerden, damit ihre Bestandteile möglichst wenig umherschwingen und die Gravitation dadurch in Ruhe ihr Werk verrichten kann (siehe *Die Wolke schwitzt,* Seite 428). Sobald die Schwerkraft schließlich mit ihrer Zusammenquetsch-Aktion loslegt, muss automatisch auch immer mehr Wärme nach außen abgeleitet werden, da bei diesem Zusammenziehen eine Menge potenzielle Energie freigesetzt wird (siehe *Äquivalenzmasse und gravitative potenzielle Energie,* Seite 236). In heutigen Sternentstehungswolken passiert dies, wie wir sehen konnten, zunächst durch Synchrotronstrahlung und den inversen Compton-Effekt, anschließend durch Stoß- und Rekombinationsprozesse und schließlich, um auf die nötigen zehn Kelvin herunterzukühlen, mittels Schwingung und Rotation der inzwischen entstandenen Moleküle (siehe *Zwei Phänomene mit seltsamen Namen,* Seite 441/*Elektronen-Pingong,* Seite 435/*Zappeln und Rotieren,* Seite 429).

Dieser letzte, entscheidende Schritt des Abkühlens blieb den ersten Sternen bei ihrer Geburt allerdings größtenteils verwehrt, schließlich bestanden sie vor allem aus einzelnen Wasserstoffatomen, durchmischt mit ein wenig Helium, und damit waren die Chancen auf eine Molekülbildung nicht gerade vielversprechend. Vor allem der ungemein bindungsfreudige Kohlenstoff wurde zu dieser Zeit schmerzlich vermisst – schließlich ist dieser besonders rege, was die Molekülbildung betrifft und lässt durch das Schwingen seiner Bindungen und durch das Rotieren seiner selbst in heutigen Gaswolken eine ordentliche Menge an Infrarotphotonen in die Weiten des Alls sausen. Doch wie gesagt – Kohlenstoff gab es vor 13,5 Milliarden Jahren eben noch keinen. Ohne ihn und ohne schwere Elemente im Allgemeinen konnten die ersten Sternentstehungsgebiete zunächst nur durch das Zusammenstoßen von Atomen und die Zusammenkunft von Ionen und Elektronen Energie abstrahlen. Bei einer Temperatur von etwa eintausend Kelvin war deshalb für die Gaswolken, die eine Sternwerdung ins Auge gefasst hatten, meist Schicht im Schacht.

Um dennoch einen Stern hervorzubringen, mussten sich die allerersten wolkigen Materieansammlungen deshalb notgedrungen etwas anderes einfallen lassen. Zunächst musste es ihnen, allen Widrigkeiten zum Trotz irgendwie gelingen, mittels Schwingung und Rotation, wenigstens auf etwa 150 bis 200 Kelvin abzukühlen. Bis zu dieser Temperatur ist es nämlich zumindest noch vereinzelt möglich, Wasserstoffmoleküle hervorzubringen und diese für Kühlzwecke zu gebrauchen.

Meist gelingt das seltene Kunststück, Wasserstoff mit Wasserstoff zu vereinigen, über einen Umweg (siehe Grafik 80): Ein einsames Wasserstoffatom muss dabei zuerst auf ein ebenfalls einsames Elektron stoßen und sich mit ihm zu einem negativ geladenen Wasserstoffion verbinden (siehe Grafik 80a). Nun fällt es dem Wasserstoff leichter, sich mit einem neutralen Atomkollegen zusammenzuschließen. Nachdem auf diese Weise endlich dank der Vermittlerrolle des Elektrons ein Wasserstoffmolekül zustande gekommen ist, geht das negativ geladene Teilchen wieder des Wegs, um vielleicht schon bald den nächsten beiden Wasserstoffatomen bei ihrer Vereinigung unter die Arme zu greifen (siehe Grafik 80b).

Auf diese Weise konnte auch die Gaswolke, aus der später unser erster Population-III-Stern hervorgehen sollte, immerhin dank der helfenden Elektronen zu einem gewissen Teil auch aus Molekülen bestehen und damit durch Schwingung und Rotation von eintausend auf einige hundert Kelvin herunterkühlen. Die Temperatur war nun allerdings immer noch nicht optimal, um einen Stern entstehen zu lassen.

Um trotz ihres Metallmangels auf zumindest einige hundert Kelvin herunterzukühlen, mussten die Wolken, aus denen die ersten Sterne entstanden, Wasserstoffmoleküle über den Umweg des Elektroneneinfangs ausbilden.

Die einzige Chance, die den ersten Wolken nun blieb, ungeachtet der hohen Temperatur in sich zusammenzustürzen, schlummerte in ihrer Masse. War diese nämlich groß genug, konnte die Gravitation trotz erschwerter Bedingungen mit dem Zusammenziehen der Materie beginnen. Bei unserem ersten Stern war dies glücklicherweise der Fall, und so konnte er sich freudig in seine strahlende Existenz stürzen – ähnlich, wie es auch unsere Sonne 8,9 Milliarden Jahre nach ihm tun sollte (siehe *Freier Fall,* Seite 414).

Bei der Geburt der ersten Population-III-Sterne kam es zu keiner Fragmentierung der Molekülwolke. Stattdessen fiel das gesamte Gebiet zu einem einzigen, enorm großen Stern zusammen.

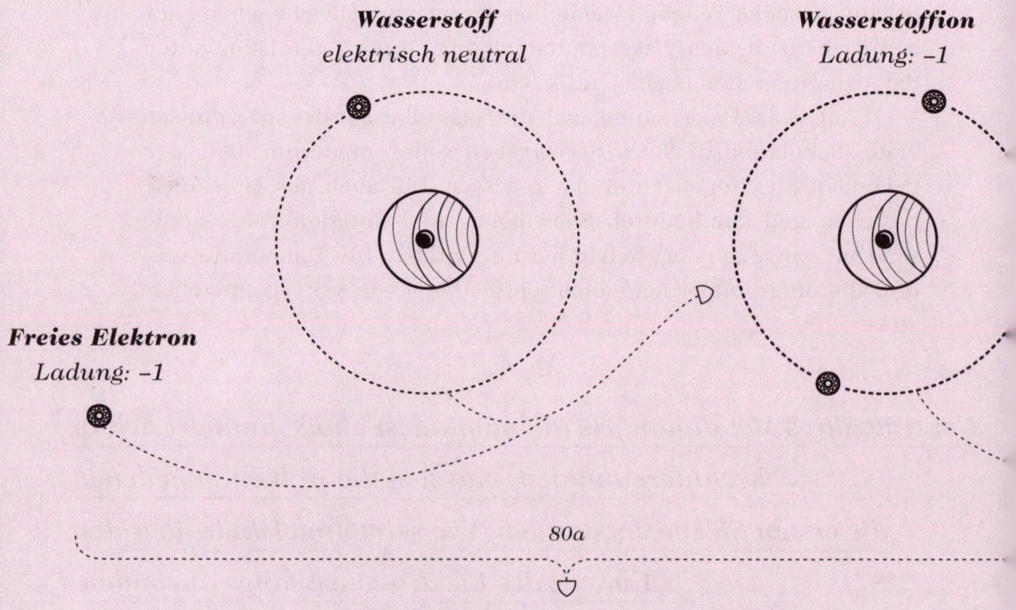

Ein freies Elektron verbindet sich mit einem Wasserstoffatom zu einem Wasserstoffion.

[Grafik 80] **Wasserstoffmolekülbildung**

Übrigens kam es bei den allerersten Sterngeburten, anders als es bei den später geborenen Sternen der Population II oder I der Fall war, nicht zur häppchenweisen Aufteilung einer einzigen Wolke in viele kleine (siehe *Grüppchenbildung,* Seite 440). Für eine Fragmentierung blieb nämlich durch die unglaublich schnell zusammenstürzende Masse schlichtweg keine Zeit mehr. Stattdessen entstand vor 13,5 Milliarden Jahren aus einer einzigen großen Wolke ebenfalls ein einziger, entsprechend groß gewachsener Stern. Nach nur 10 000 Jahren war die Sternengeburt bereits beendet, und der erste Stern sendete erstmals, etwa 200 Millionen Jahre nach dem Urknall, Licht in eine bis dahin lange Zeit stockdunkle Welt aus (siehe *Die Ära der Atome,* Seite 643).

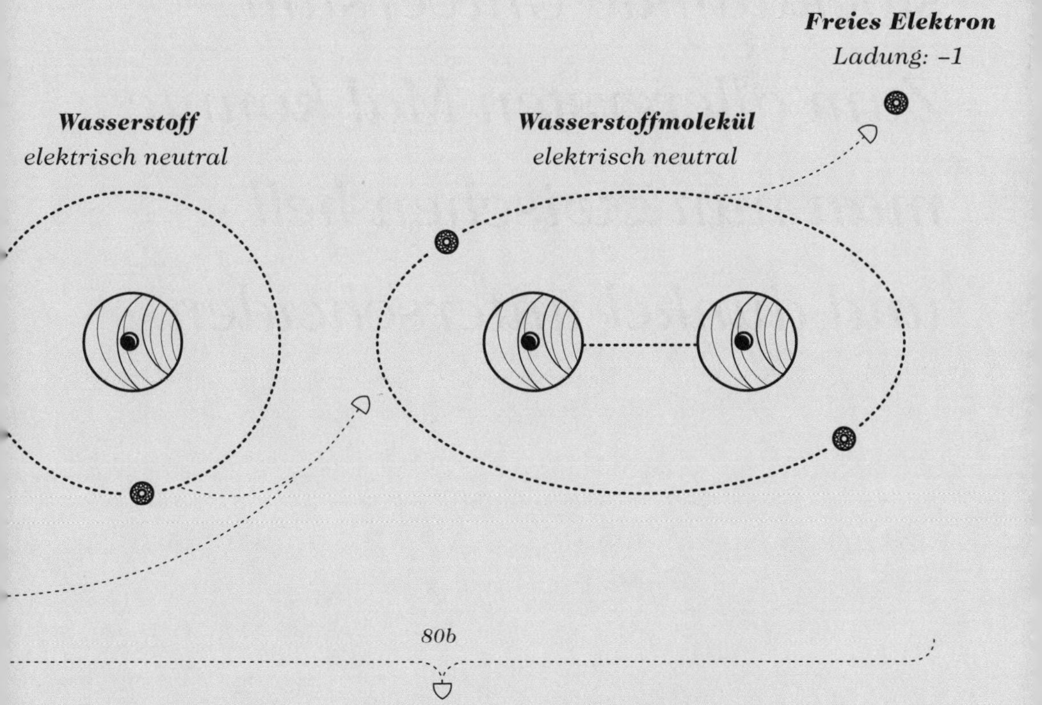

80b

Das Wasserstoffion verbindet sich mit einem Wasserstoffatom zu einem Wasserstoffmolekül. Dabei wird das überschüssige Elektron wieder freigelassen.

Durch die Geburt des allerersten Sterns kam endlich Licht und Kontrast in das zuvor lange Zeit völlig stockdunkle Universum. Zum allerersten Mal konnte man nun zwischen hell und dunkel unterscheiden.

Das Licht geht an

Zum allerersten Mal war es nun möglich, in unserem Universum zwischen Licht und Schatten zu unterscheiden. Wie wir noch sehen werden, war es nämlich nach dem Urknall zunächst ausschließlich hell (siehe Fotografie 45a) und später ausschließlich dunkel (siehe Fotografie 45b/*Erst hell, dann dunkel,* Seite 658). Erst die Geburt der ersten Sterne brachte Kontrast in eine bis zu diesem Zeitpunkt völlig eintönige Welt (siehe Fotografie 46). Da sie neben ihrer harten UV-Strahlung, die, wie wir bereits gesehen haben, wegen des damals noch fehlenden Staubs keinen anderen Stern in der Nähe entstehen ließ, auch ein wenig sichtbares Licht aussendeten, hätte man die Population-III-Sterne, sofern man als Beobachter damals vor Ort gewesen wäre, tatsächlich mit bloßem Auge sehen können. Damit war das Ende des sogenannten Dunklen Zeitalters, das wir gleich im nächsten Kapitel noch genauer unter die Lupe nehmen werden, eingeläutet (siehe *Die Ära der Atome,* Seite 643).

Da die ersten Sterne wegen ihrer unglaublich hohen Masse nur sehr kurzlebig waren, sollten schon bald, nachdem sie in einer respekteinflößenden Supernova viele neue Elemente in den Raum gesät hatten, die ersten metallhaltigen und damit wesentlich kleineren und langlebigeren Population-II-Sterne entstehen (siehe *I, II oder III,* Seite 469). Nun konnten erstmals viele Sterne in friedlicher Eintracht nebeneinander existieren. Als diese neuen, von nun an bevorzugt in Gruppen lebenden Gesellen schließlich ebenfalls starben, brachten auch sie am Ende ihres Lebens weitere Metalle hervor. Von Sterngeneration zu Sterngeneration nimmt damit der Anteil der schweren Elemente in unserem Universum stetig zu (siehe *Ein Stern geht, der nächste kommt,* Seite 462). Eine recht romantisch anmutende Tatsache muss deshalb an dieser Stelle noch ein weiteres Mal hervorgehoben werden: Auch wir bestehen damit hauptsächlich aus Sternenstaub (siehe *92 Prozent Sternenstaub,* Seite 466).

Und während durch die damals gigantischen Sternmassen der Metallgehalt im Universum recht sprunghaft anstieg, nimmt die Anzahl an schweren Elementen heute nur noch sehr gemächlich zu – schließlich sind junge Sterne vom Typ I in aller Regel recht klein und damit wesentlich langlebiger. Zudem verabschieden sie sich viel unspektakulärer aus dem Universum, sobald ihr Wasserstoffvorrat im Kern verbraucht ist. Derartig pompöse Abgänge, wie sie die Population-III-Sterne pflegten, gab es, nachdem der Letzte seiner Art das Zeitliche gesegnet hatte, immer seltener (siehe *Ein platzender Stern,* Seite 457).

[Fotografie 45a] ***Kurz nach dem Urknall war das Universum gleißend hell – es gab keinen Schatten***

[Fotografie 45b] ***Vor der Geburt des ersten Sterns, während des Dunklen Zeitalters, war das Universum in völlige Dunkelheit gehüllt***

[Fotografie 46] ***Erst seit der Geburt des ersten Sterns lässt sich im Universum zwischen hell und dunkel unterscheiden***

Die Population-III-Sterne lassen noch auf sich warten

Die Sterne der allerersten Generation waren damit wirklich etwas Besonderes. Da man jedoch bis heute keinen von ihnen aufspüren konnte, ist die Vorstellung von ihrem Leben und Sterben bislang nur eine Vermutung. Allerdings lässt sich vieles, was danach in unserem Universum vonstattenging, beispielsweise der gesamte Materiekreislauf, der durch den ersten Stern ins Rollen kam, oder die groß angelegte Ionisierungsaktion des gesamten Kosmos, nur durch die Existenz von Population-III-Sternen erklären, weshalb es wohl nur eine Frage der Zeit ist, bis diese wuchtigen Sternenbrocken tatsächlich nachgewiesen werden können.

Da sie wohl nur sehr kurzlebig waren, wurde bisher noch kein einziger Population-III-Stern in unserem Universum entdeckt. Ihre Existenz ist daher nur eine Vermutung. Allerdings spricht vieles dafür, dass es sie gegeben haben muss.

Fakt ist außerdem, dass, kurz nachdem diese ersten Sterne wieder von der Bildfläche verschwanden, in unserem Universum eine großflächige, komplexe Strukturbildung in Gang gesetzt wurde (siehe *Die Ära der Galaxien,* Seite 626). Sterne versammelten sich in Sternhaufen, aus Sternhaufen formten sich erste kleine Galaxien, die wiederum zu mittelgroßen Spiralgalaxien oder gar zu gigantischen elliptischen Galaxien heranwuchsen. Auch die Galaxien formierten sich ihrerseits wieder in Gruppen. Aus Galaxienhaufen bildeten sich Superhaufen, und schließlich – wenn man unser heutiges Universum aus der größtmöglichen Perspektive betrachtet – ergibt sich ein einziger großer Teppich aus vielen feinen, eng miteinander verwobenen Materiefäden, sogenannten Filamenten, die an manchen Stellen mal mehr, mal weniger stark zusammengeknüllt erscheinen (siehe Fotografie 47). An diesen Verdichtungen befinden sich Galaxien, Sterne, Planeten, und damit sind auch wir selbst ein Teil dieser intergalaktischen Verflechtungen.

Nachdem die ersten Sterne in unserem Universum vergingen, setzte sich eine großflächige Strukturbildung in Gang: Sterne versammelten sich erstmals in Gruppen, es entstanden Galaxien und Galaxienhaufen, welche sich wiederum zu Filamenten ausbildeten, die seitdem das gesamte Universum durchziehen.

In dieser Größenordnung zeigt die schwächste aller Kräfte – die Gravitation –, was in ihr steckt (siehe *Das Kräftemessen der Bosonen,* Seite 90). Erst die Geburt der allerersten Sterne ermöglichte es ihr somit, sich richtig auszutoben und unser Universum von Grund auf umzustrukturieren.

[Fotografie 47] ***Filamente***

Die allerersten Sterne lösten in unserem Universum eine gehörige Umbruchstimmung aus: Sie erweiterten durch ihr Auftauchen und baldiges Ableben die bis dahin recht eintönige Elementelandschaft um ein Vielfaches, sorgten dafür, dass Licht jeder Wellenlänge den Kosmos völlig frei und losgelöst durchschreiten konnte, brachten erstmals Kontrast in unsere bis dahin von Monotonie gezeichnete Welt und krempelten die bis zu diesem Zeitpunkt ebenfalls alles andere als abwechslungsreiche materielle Struktur in unserem Universum komplett um. Unsere Welt wandelte sich von einem chaotischen Einheitsbrei zu einem von der Gravitation gezeichneten Geflecht, in dem von nun an die Materie das Sagen hatte.

Wir wollen nun die Zeit weiter zurückspulen und genau jener Monotonie einen Besuch abstatten, die bis zum großen Durchbruch der Materie das Universum beherrschte. Hier wird sich zeigen, dass zu jener Zeit, etwa 380 000 Jahre nach dem Urknall, bereits die Weichen für das knapp eine Million Jahre später einsetzende Rundumerneuerungsprogramm der Population-III-Sterne gestellt waren. Wir werden außerdem feststellen, dass es jene 380 000 Jahre besonders in sich hatten, was unsere Betrachtung der Vergangenheit betrifft: Hier türmt sich nämlich eine schier unbezwingbare Barriere auf, die einen neugierigen Blick hinter diese »kosmische Gardine« sehr erfolgreich unterbindet. Diese mächtige Mauer bedeutete vor allem für unser Photon eine fundamentale Veränderung: Ab hier konnte das Licht mit seinen ersten richtigen Gehversuchen starten – es lernte laufen …

6

Vorhang auf

Das Licht lernt laufen

6.1 Lückenhaft

Das Zeitalter des Kontrasts

Bevor wir uns in das Reich der totalen Monotonie stürzen, müssen wir zuallererst noch klären, wie es überhaupt zu der besagten Wende zugunsten der Materie kommen konnte. Schließlich waren auch die allerersten Sterne, welche die Ära der Galaxien einläuteten, bei ihrer Geburt auf einen äußeren Anstoß angewiesen. Das sollte später auch für jede weitere Sterngeneration nach ihnen gelten. Welcher Anstoß das gewesen sein könnte, werden wir jetzt sehen.

Die Ära der Galaxien

Die Ära der Galaxien – diese von der Materie dominierte Epoche wurde durch die Geburt der ersten Sterne in Gang gesetzt und dauert bis heute an. Sie ist geprägt von den vielen feinen, fadenförmigen Verbindungen, die unser Universum im größtmöglichen Betrachtungswinkel durchziehen und ihm deshalb – soweit wir es erfassen können – ein außerordentlich einheitliches Aussehen verleihen (siehe *Die Population-III-Sterne lassen noch auf sich warten,* Seite 618). Dort, wo sich die einzelnen Materiefäden befinden, sitzen Galaxienhaufen, Galaxien, Sternsysteme und alles, was sonst noch aus Materie besteht. Zwischen diesen von der Gravitation gebündelten Ansammlungen befindet sich nichts – hier herrscht absolute Leere. Diese trostlosen Lücken werden deshalb auch als Voids bezeichnet, was so viel wie »Leerräume« bedeutet. Doch wie kam es überhaupt zu dieser seltsamen Optik?

Ebenso wie es auch damals mit unserer solaren Urwolke passierte, aus der sich wenige Zeit später unser Sonnensystem ausbildete, müssen auch bei der Geburt der ersten Sterne Gaswolken vorhanden gewesen sein, deren Dichte höher war als die der restlichen

Umgebung (siehe *Lichte Dichte,* Seite 419). Damit war das Universum zu jener Zeit zwar ziemlich eintönig – dennoch muss es Bereiche gegeben haben, die sich zumindest minimal vom allgemeinen Einheitsbrei abhoben. Genau dort, wo etwas mehr Materie beisammensaß, entstanden 200 Millionen Jahre nach dem Urknall die ersten Population-III-Sterne, nach einer Milliarde Jahren die ersten Vorläufer von Galaxien, etwa 2,7 Milliarden Jahre später trat schließlich unsere Heimatgalaxie, die Milchstraße, auf den Plan, und nach weiteren 5,4 Milliarden Jahren stürzte sich unsere Sonne in ihre Existenz und brachte durch ihr wärmendes, nicht zu energiegeladenes Licht rund 1,7 Milliarden Jahre später das erste Leben auf ihrem dritten Planeten hervor. Es mussten letztendlich noch weitere rund 2,9 Milliarden Jahre vergehen, bis schließlich auf diesem mit reichlich Wasser gesegneten Planeten Lebewesen auftauchten, die sich die Frage zu stellen begannen, warum das Universum heute so aussieht, wie es aussieht – nämlich überall recht gleichförmig, durchzogen von fadenartigen Materieverbindungen, die sich um große Leerräume herumgruppieren.

Anfangs minimale Dichteunterschiede waren der Auslöser dafür, dass eine großflächige Strukturbildung im All einsetzen konnte, aus der Sterne, Galaxien und Filamente hervorgingen.

Ausgelöst durch zu Beginn minimale, kaum wahrnehmbare Dichteschwankungen, begann sich also immer mehr Materie zusammenzufinden, sodass am Ende dieser Aktion schließlich die großen Lücken übrig blieben, deren Teilchen durch die von Mal zu Mal stärker werdende Gravitation in den umliegenden Gebieten allmählich nahezu vollständig abhandenkamen. Die Ära der Galaxien hatte damit begonnen.

6.2 *Nicht viel mehr als einfach nur schwer*

Von Dunkler Materie und düsteren Zeiten

Es gibt allerdings ein kleines Problem, wenn man die Entwicklung des Universums zur Ära der Galaxien untersucht: Es geht um die Materie – besser gesagt um die uns vertraute, herkömmliche, baryonische Materie, die aus Neutronen, Protonen und Elektronen zusammengesetzt ist. Ihr Anteil in diesem Universum ist nämlich viel zu gering, als dass sich eine derart groß angelegte Strukturbildung, wie wir sie heute beobachten, erklären ließe. Nicht ein einziger Population-III-Stern hätte sich damals bilden können, wäre er ausschließlich auf jene für uns sichtbare Materie angewiesen gewesen. Doch da sich die ersten Sterne, und nach ihnen die ersten Galaxien, dennoch im großen Stil ausbildeten, muss die Gravitation anderweitig zu ihrer Durchsetzungskraft gekommen sein. Als heißer Kandidat wird hierfür die sogenannte Dunkle Materie gehandelt – die jedoch, wie wir gleich sehen werden, alles andere als »heiß« ist.

Schwer unsichtbar

Dunkle Materie – was hat man sich darunter überhaupt vorzustellen? Bevor wir uns überlegen, wie sie der sichtbaren Materie bei ihrer Zusammenkunft unter die Arme gegriffen haben könnte, machen wir zunächst eine kleine Bestandsaufnahme, welche Form von Materie die Wissenschaft zu diesem Überbegriff zählt.

Dunkle Materie ist etwas völlig anderes, als die für uns sichtbare oder zumindest dank moderner Instrumente sichtbar werdende Materie (siehe *Fermionen sind verfeindet,* Seite 82). Diese uns bekannte, aus Atomen zusammengesetzte und deshalb wegen ihres Anteils an Protonen und Neutronen auch als schwer oder baryonisch bezeichnete Materieform macht sich uns bemerkbar, indem sie mit Licht interagiert (siehe Fotografie 48a). Dies tut sie, da sie aus geladenen Teilchen besteht – vornehmlich die leichten Elektronen sind dafür verantwortlich, dass wir die sogenannte leuchtende Materie wahrnehmen können (siehe *Wenn das Photon mit dem Elektron ...*, Seite 143).

Bei der Dunklen Materie ist dies jedoch anders. Sie teilt sich uns nicht direkt mit, da sie in keinster Weise mit Licht in Verbindung tritt. Sämtliche Photonen, ob lang- oder kurzwellig, werden von ihr komplett ignoriert (siehe *Beinahe blind,* Seite 108/*Unterwegs auf kurzen Wellen,* Seite 109/*Unterwegs auf langen Wellen,* Seite 117). Sie sausen einfach durch sie hindurch, und damit bleibt dieses sonderbare Etwas für uns unsichtbar. Das macht es uns nicht gerade leicht, Dunkle Materie dennoch aufzuspüren – schließlich sind wir vor allem auf das Licht angewiesen, um Informationen über die Vorgänge in unserem Universum zu erhalten (siehe *Licht ist Information,* Seite 123). Erschwerend kommt hinzu, dass das meiste, was wir unter dem Begriff »Dunkle Materie« verstehen, nicht einmal mit herkömmlicher Materie wechselwirkt, sondern auch diese gekonnt ignoriert (siehe Fotografie 48b). Die Existenz von Dunkler Materie ist daher bisher nur eine Vermutung.

Doch ähnlich wie Schwarze Löcher, die ebenfalls kein Licht zu uns senden und entsprechend dunkel daherkommen, kann sich diese mysteriöse Materieform den Gesetzen der Gravitation nicht entziehen. Masse übt eine Anziehung auf andere Massen aus – und genau dies ist auch bei der Dunklen Materie der Fall. Sie ist zwar unsichtbar und gibt damit im Grunde nichts von sich preis, eine Sache hat sie allerdings dennoch, und das ist eben Masse. Und damit verhält sie sich zumindest in einem Punkt exakt so, wie es auch herkömmliche Materie zu tun gedenkt: Sie übt eine Anziehungskraft auf Teilchen in ihrer Umgebung aus beziehungsweise sorgt für eine entsprechende Krümmung in der Raumzeit (siehe *Sturz ins Bodenlose,* Seite 557). Zumindest indirekt müsste Dunkle Materie deshalb früher oder später aufzuspüren sein – sollte sie denn wirklich existieren.

Vieles deutet darauf hin, dass es diese unsichtbare Materieart tatsächlich geben muss. Wenn wir nämlich ausschließlich die sichtbare Materie in unserem Universum betrachten, stellen wir mit Erschrecken fest: Gerade einmal vier Prozent der gesamten in unserem Universum vorherrschenden Dichte scheint die sichtbare Materie

[Fotografie 48a] **Leuchtende Materie** (Tasse) **wechselwirkt mit herkömmlicher Materie** (Zucker) **sowie Licht und ist deshalb sichtbar**

[Fotografie 48b] **Dunkle Materie wechselwirkt weder mit herkömmlicher Materie noch mit Licht und ist deshalb unsichtbar**

[*Grafik 81*] **Leuchtende Materie, Dunkle Materie und Dunkle Energie**

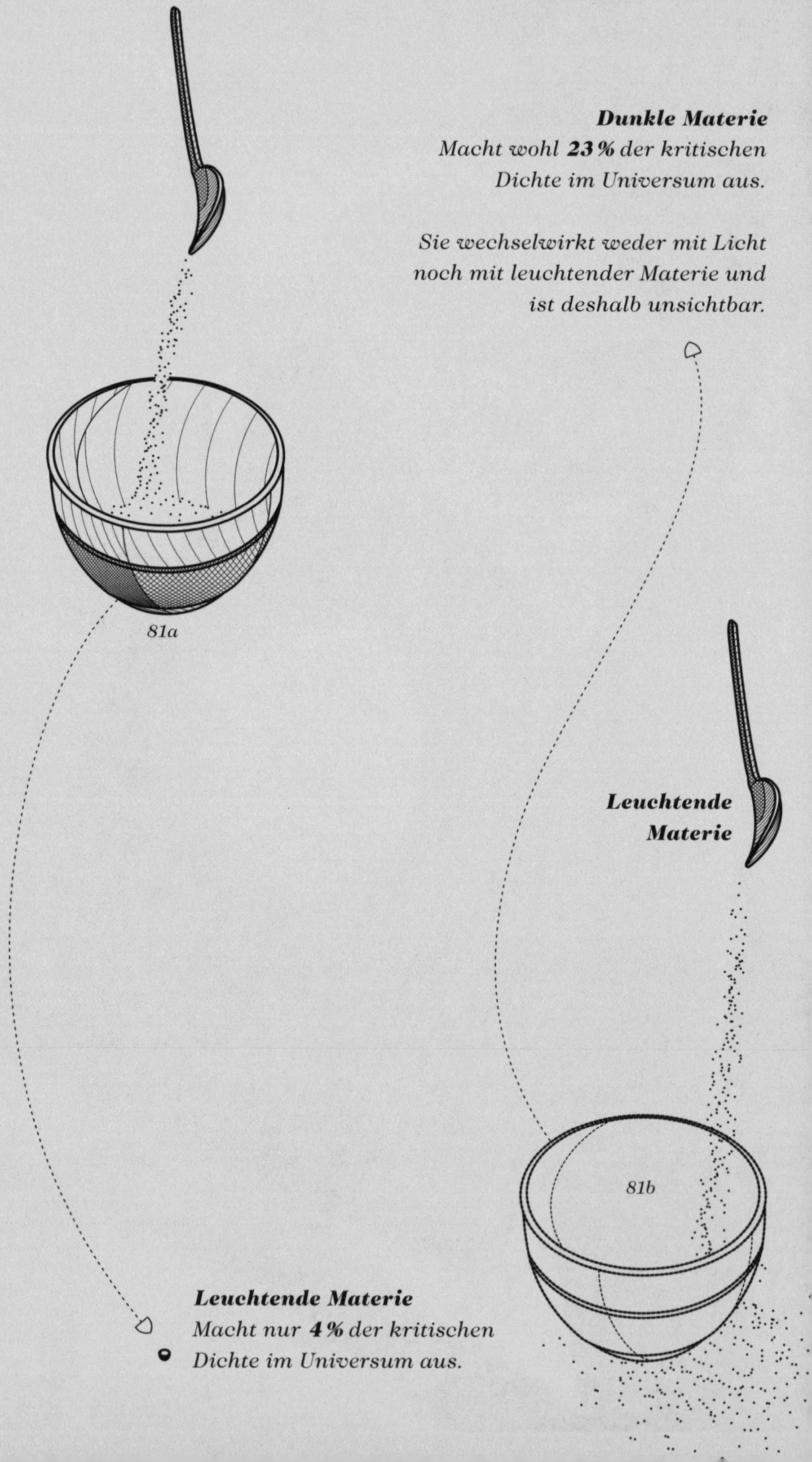

Dunkle Energie
Macht wohl ***73 %*** *der kritischen Dichte im Universum aus.*

Sie wechselwirkt weder mit Licht noch mit leuchtender Materie und ist deshalb unsichtbar. Von ihr weiß man bisher so gut wie gar nichts.

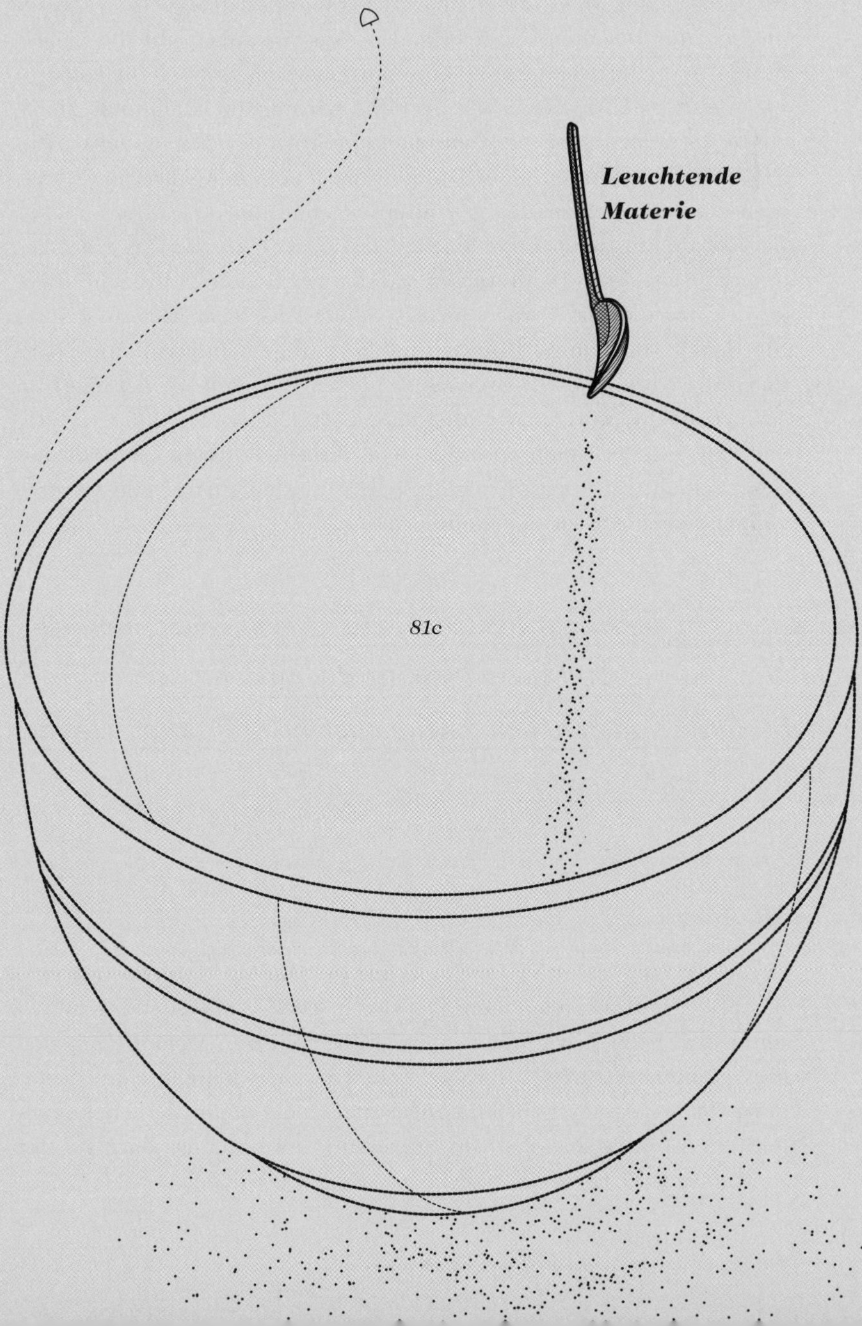

auszumachen (siehe Grafik 81/81a). Der Großteil dessen, woraus unsere Welt besteht, blieb uns also bisher völlig verborgen! Nur lausige vier Prozent des Universums bestehen aus einer Form von Materie, die mit Licht interagiert. Der ganze Rest scheint sich komplett anders zu verhalten und damit wohl auch aus einer völlig anderen Teilchenform zu bestehen als der, die wir bisher nachweisen können.

Dass es diesen nicht gerade vernachlässigbaren Rest aber tatsächlich geben muss, zeigt uns die Gravitation (siehe *Das Kräftemessen der Bosonen,* Seite 90). Ihre Auswirkungen auf die Umgebung – und zumindest diese können wir nachmessen – ließen sich in vielerlei Hinsicht nicht erklären, wenn wir nur die leuchtende Materie in Betracht ziehen würden (siehe *Licht in der Linse,* Seite 576). Es wird angenommen, dass Dunkle und leuchtende Materie zusammen etwa 27 Prozent der gesamten sogenannten kritischen Dichte im Universum ausmachen (siehe Grafik 81b/*Inflationär platt gedrückt,* Seite 743). Doch was ist mit den restlichen 73 Prozent? Dies ist ein noch weitaus wackeligeres Kapitel. Es wird vermutet, dass hierfür die sogenannte Dunkle Energie infrage kommen könnte (siehe Grafik 81c). Da die Wissenschaft hierbei jedoch noch viel mehr im Trüben fischt, werden wir uns ausschließlich der Dunklen Materie widmen. Sie lässt sich zumindest in einigen Punkten ziemlich gut beschreiben, wohingegen wir von der Dunklen Energie im Grunde genommen so gut wie gar nichts wissen.

Nur 4 Prozent der kritischen Dichte in diesem Universum ist sichtbare Materie. 23 Prozent könnte die unsichtbare Dunkle Materie ausmachen. Die restlichen 73 Prozent bestehen wohl aus Dunkler Energie.

Machos

Legen wir also los und versuchen, uns die Dunkle Materie ein wenig besser begreiflich zu machen. Sie wird in zwei verschiedene Gruppen unterteilt. Fangen wir mit der etwas harmloseren Variante an, den sogenannten MACHOS. Hierbei handelt es sich lediglich um stinknormale, aus Atomen zusammengesetzte, leuchtende Materie, die allerdings so unfassbar cool im Universum herumhängt, dass sie nur

Gerade einmal vier Prozent der gesamten Materie in diesem Universum besteht aus Teilchen, die wir wahrnehmen können. Wir haben deshalb im Grunde überhaupt keine Ahnung, wie die Welt wirklich aussieht.

sehr schwaches Licht abstrahlt und damit so gut wie unsichtbar ist (siehe *Unterwegs auf langen Wellen,* Seite 117). Unter diese Kategorie der kühlen, kaum wahrnehmbaren und daher *dunklen* Materie fallen beispielsweise Objekte, deren Masse für eine Sternwerdung nicht gereicht hatte – sogenannte Braune Zwerge – oder sehr kleine, schwach rötlich leuchtende Hauptreihensterne sowie Planeten.

Wer hätte das gedacht? Wir sitzen direkt auf einem Objekt, das zur Dunklen Materie gehört (siehe *Der Glücksfall Erde,* Seite 343)! Die Erde zählt zur Dunklen Materie – mit dieser Behauptung könnte man sicher auf so mancher Stehparty für verwirrte, verständnislose Blicke sorgen …

Da es sich bei den meisten dieser kaum sichtbaren Objekte jedoch nicht um Planeten in unserem Sonnensystem, sondern um teilweise oder ganz und gar misslungene Sternversuche beziehungsweise ausgekühlte Sternenreste handelt, die orientierungslos in den Außenbereichen von Galaxien, den sogenannten Halos, herumtreiben, wurden sie auf den Namen *massive compact halo objects* (»massereiche, kompakte Halo-Objekte«), kurz MACHOS, getauft. Auch in unserer Milchstraße tummeln sich höchstwahrscheinlich Billionen dieser relativ kühlen Exemplare in der großen, sie umgebenden, kugelförmigen Halo-Region, die ein wenig der Oort'schen Wolke unseres Sonnensystems ähnelt (siehe *Die chaotische Oort'sche Wolke,* Seite 364).

MACHOS sind eine Form von Dunkler Materie, zu der normale, aus Atomen zusammengesetzte Objekte zählen, die jedoch viel zu lichtschwach sind, um von unseren Teleskopen wahrgenommen zu werden.

Weicheier

Die zweite Variante, die als Dunkle Materie bezeichnet wird – und dies ist die absolute Mehrheit – fällt allerdings etwas extravaganter aus. Sie besteht wohl aus Teilchen, von denen wir bisher noch keine Ahnung haben, und zählt damit zur nichtbaryonischen Materie.

Diese bisher nicht nachgewiesenen Objekte werden als sogenannte WIMPS deklariert, was für *weakly interacting massive particles* (»schwach wechselwirkende, massereiche Teilchen«) steht.

WIMPS sind eine Form von Dunkler Materie, zu der keine normalen, aus Atomen zusammengesetzten Objekte zählen. Sie tritt mit herkömmlicher, schwerer Materie kaum bis gar nicht in Verbindung. Auch Licht lässt sie links liegen, und damit scheint sie keine Ladung zu besitzen.

Eine Form von schwächlichen Teilchen, die kaum mit herkömmlicher Materie interagieren, ist uns übrigens bereits mehrfach über den Weg gelaufen: Die Rede ist von den Neutrinos (siehe *Fermionen sind verfeindet,* Seite 82/*Proton trifft Proton,* Seite 301/*Andenken im All,* Seite 475). Auch diese leichtgewichtigen Krümel zählen aufgrund ihrer Ladungslosigkeit zur nichtbaryonischen Materie, schließlich sind auch sie in aller Regel nicht gewillt, mit Photonen in Kontakt zu treten, scheinen uns deshalb unsichtbar und bleiben damit dunkel. Diese Eigenschaft haben sie zwar mit den ebenfalls elektrisch neutralen Neutronen gemeinsam – auch ein Neutron ist an sich unsichtbar – allerdings treten diese normalerweise in Begleitung von Protonen in Erscheinung und machen sich somit dennoch bemerkbar. Allein kann ein einsames Neutron ohnehin nicht überleben: Es zerfällt bereits nach einer Viertelstunde in ein Proton, ein Elektron und ein Antineutrino (siehe *Das Schicksal der Neutronen,* Seite 703). Neutronen zählen deshalb nicht zur Dunklen Materie.

Die Neutrinos jedoch sind nicht an geladene Teilchen gebunden und durchdringen dadurch nahezu ungehindert jede Form von normaler, schwerer Materie. In jeder Sekunde rasen Billionen dieser schwach wechselwirkenden Teilchen durch uns hindurch, ohne dass wir davon etwas mitbekommen. Viele von ihnen stammen von unserer Sonne, manche haben jedoch auch einen weitaus längeren Weg hinter sich gebracht, um zu uns zu gelangen und uns letztendlich mit Missachtung zu strafen.

Bei Neutrinos handelt es sich daher ebenfalls um eine Form der Dunklen Materie. Da sich diese jedoch vor allem durch ihre starke Gravitation auszeichnet, und Neutrinos nun einmal kaum Masse besitzen, ihre Anziehung sich somit deutlich in Grenzen hält, fallen diese leichten, beinahe mit Lichtgeschwindigkeit von dannen ziehenden Materieteilchen unter die Kategorie *hot dark matter,* was für »heiße Dunkle Materie« steht.

Zur Kategorie hot dark matter *zählen sehr leichte, elektrisch neutrale Teilchen, wie die Neutrinos.*

Die wesentlich interessantere Form der Dunklen Materie muss jedoch aus richtig schweren Brocken bestehen, die durch ihre Gravitation entsprechende Auswirkungen erzielen können. Hier spricht man von *cold dark matter,* also »kalter Dunkler Materie«. Sie müsste sich im Grunde genau wie die Neutrinos verhalten, nur käme sie eben nicht leicht, sondern sehr schwer daher und wäre damit auch mit wesentlich gemächlicherem Tempo unterwegs.

Zur Kategorie cold dark matter *zählen sehr schwere, elektrisch neutrale Teilchen, die sich durch ihre starke Gravitation auszeichnen. Neutronen fallen allerdings nicht in diese Kategorie, da sie alleine nicht lange existieren können. Bereits nach einer Viertelstunde zerfallen sie in ein Proton, ein Elektron und ein Antineutrino.*

Und genau jene kalte Dunkle Materie ist es wohl, die stark bei der Strukturbildung in unserem Universum mitgemischt haben dürfte. Durch sie ließe sich erklären, warum sich die ersten Sterne bilden konnten, denen später ganze Galaxien und Galaxienhaufen folgten, und schließlich, auf ganz großen Skalen, Filamente entstanden (siehe *Die Population-III-Sterne lassen noch auf sich warten,* Seite 618). Wenn wir von Dunkler Materie sprechen, geht es also vor allem um die schwächlichen WIMPS, denen das Prädikat »kalt« anhaftet.

Tiefe Töpfe

Doch wie hat es die Dunkle Materie denn nun angestellt, dass sich der verschwindend geringe Anteil an sichtbarer Materie zu den ersten Population-III-Sternen und schließlich zu den großräumigen Filamenten zusammenfinden konnte?

Um dies zu klären, kehren wir zu Einsteins Raumzeit zurück, die durch mehr oder weniger Masse mehr oder weniger stark verformt wird (siehe *Sturz ins Bodenlose,* Seite 557). Um einen Population-III-Stern oder später eine komplette Galaxie hervorzubringen, musste an einer gewissen Stelle in der Raumzeit genug Materie beisammensitzen, um einen einigermaßen »tiefen Topf« in diese hineinzudrücken. Nur so konnten weitere Teilchen in die Raumzeit-Kuhle hineinkullern, die Masse dort vergrößern und den Topf dadurch noch tiefer werden lassen. Am Ende war schließlich so viel Materie zusammengekommen, dass die ersten Sterne der Population III beziehungsweise, aus einem größeren Blickwinkel betrachtet, die ersten Galaxien entstehen konnten.

Doch da die leuchtende Materie mit ihren lausigen vier Prozent bei Weitem nicht ausreichte, um derartige Raumzeitverbiegungen zu fabrizieren, wird angenommen, dass die Dunkle Materie genau diese Arbeit erledigt haben könnte. An manchen Stellen müssten die kalten, schwach wechselwirkenden, schwergewichtigen Teilchen enger zusammengehockt und dadurch die Raumzeit in die Knie gezwungen haben (siehe Grafik 82). Weitere Materie wäre daraufhin herbeigeeilt, darunter auch die für uns sichtbare Materie, bis diese schließlich einen der ersten Sterne ausgebildet hätte (siehe *Die Egozentriker unter den Sternen,* Seite 470). Ähnlich dürfte es wohl auch bei der Galaxien- und Filamententstehung abgelaufen sein und auch heute noch ablaufen – nur wäre der Maßstab eben ein anderer.

Die Dunkle Materie könnte damit also der große Helfer sein, der dafür sorgt, dass sich die in der Minderheit befindliche sichtbare Materie zu komplexeren Verbindungen zusammenfinden und zusammenhalten kann. Die Wissenschaft ist jedenfalls felsenfest davon überzeugt, dass es diese Form der Materie geben muss. Bisher ist es zumindest keiner anderen Theorie gelungen, das heutige Aussehen des Universums einfacher, logischer und damit besser zu erklären. Damit unser Universum sein heutiges Erscheinungsbild erlangen konnte, sind nun einmal gewisse Dichteschwankungen nötig gewesen (siehe *Fast zu perfekt, um wahr zu sein,* Seite 685). Und da sich

[Grafik 82] ***Dunkle Materie ermöglichte die Strukturbildung im All***

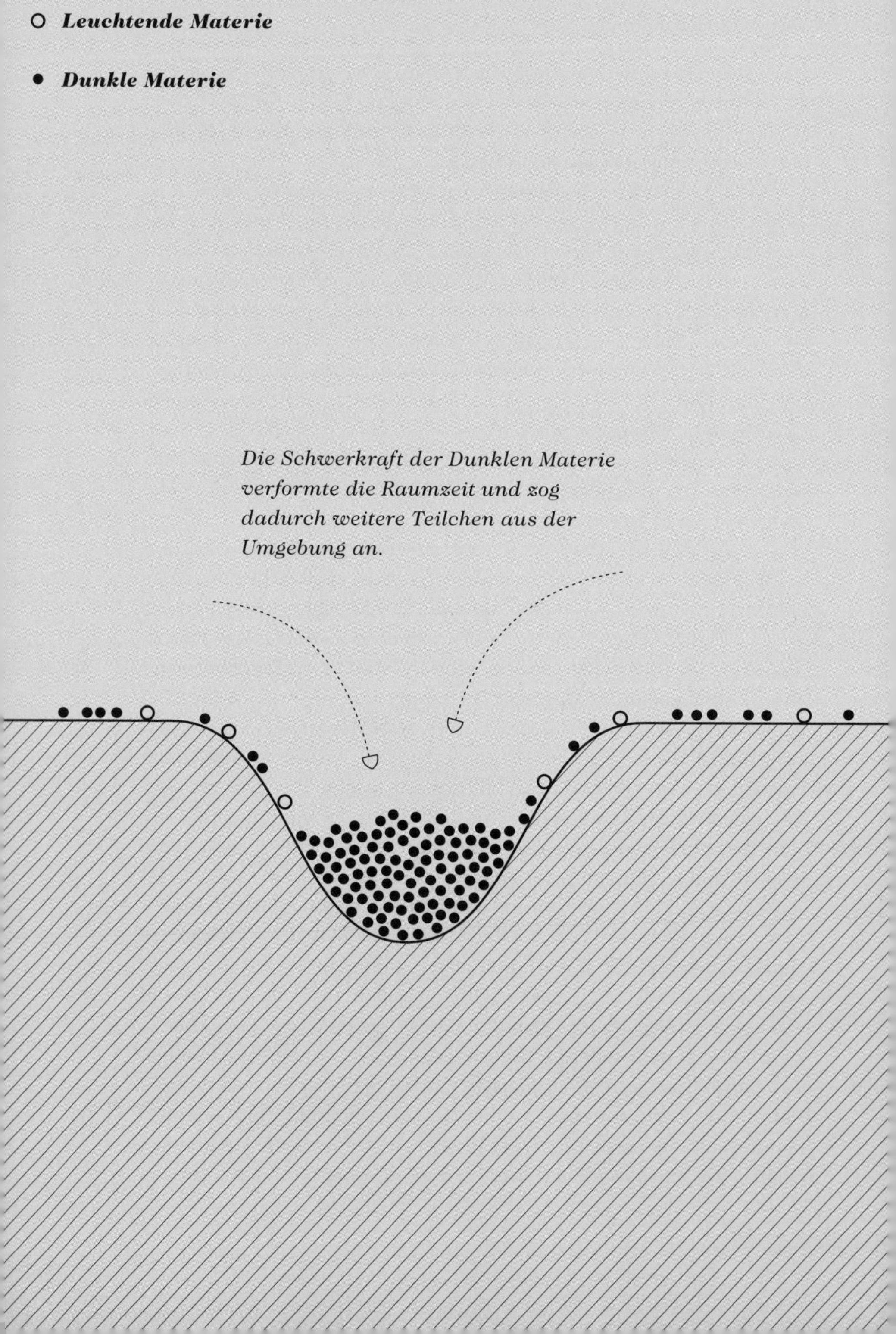

Die Gräben in der Raumzeit wurden dabei immer tiefer. Irgendwann konnte auf diese Weise genug leuchtende Materie zusammenfinden, um beispielsweise einen Stern oder ganze Galaxien zu bilden.

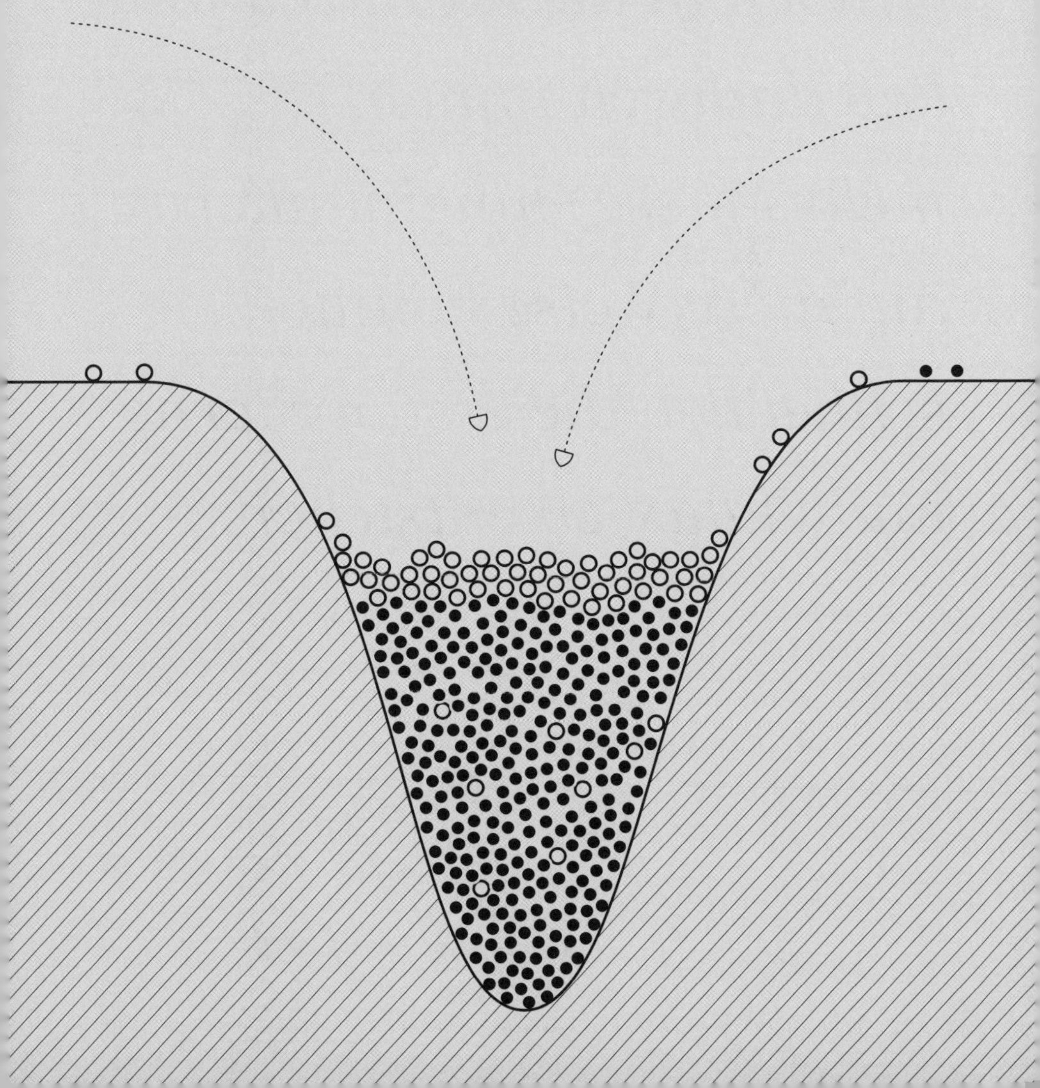

Die Dunkle Materie drückte durch ihr Gewicht tiefe Gräben in die Raumzeit und ließ dadurch immer mehr Masse »hineinkullern«. Auf diese Weise konnten schließlich die ersten Sterne und Galaxien entstehen.

diese nicht mit den verschwindend geringen vier Prozent leuchtender Materie erklären lassen, muss die Gravitation anderweitig Zuwachs bekommen haben. Die Dunkle Materie dürfte hierfür die Hauptverantwortung tragen. Ihre damalige Verteilung zu Zeiten, als es noch keine Sterne, Galaxien, Galaxienhaufen und Filamente in diesem Universum gab, muss wohl der Ausgangspunkt für die später einsetzende Ära der Galaxien gewesen sein (siehe *Inflationäre Klümpchenbildung,* Seite 733/*Die Ära der Galaxien,* Seite 626).

Die Ära der Atome

Doch bevor es zu alldem kam – bevor sich bei einer Temperatur von etwa 50 bis 80 Kelvin die ersten Galaxien formierten (siehe Fotografie 49), war das Universum wie gesagt außerordentlich trostlos und monoton. Von Sternen war weit und breit noch nichts zu sehen, stattdessen war es zappenduster im Kosmos – und zwar überall. Es herrschte das nach diesem Zustand benannte »Dunkle Zeitalter« (siehe *Das Licht geht an,* Seite 613).

Als nach 200 Millionen Jahren die ersten Sterne entstanden, herrschte im Universum eine Temperatur von 50 bis 80 Kelvin. Hier endete das Dunkle Zeitalter.

Wir befinden uns nun in einer Zeit, als das Universum etwas weniger als 200 Millionen Jahre alt war. Die Geburt des ersten Sterns stand noch aus, entsprechend trübe waren die Aussichten, die sich einem Beobachter geboten hätten. Neben der bereits unterschiedlich dicht beieinandersitzenden Dunklen Materie waren lediglich Wasserstoff- und Heliumatome vorhanden, auch einige vereinzelte Ionen und Elektronen waren mit von der Partie. Die überwiegende Mehrheit machte allerdings eine andere Gruppe aus: die Photonen. So war es damals zwar beachtlich finster im All, dennoch gab es eine Menge Licht – es war lediglich zu schwach, um im sichtbaren Bereich zu strahlen (siehe *Beinahe blind,* Seite 108). Stattdessen sausten bei einigen hundert Kelvin Umgebungstemperatur unzählige Infrarotphotonen umher (siehe Fotografie 50/*Unterwegs auf langen Wellen,* Seite 117).

[Fotografie 49] ***Die Ära der Galaxien – leuchtende Materie*** *(weiß)* ***konnte dank der Mithilfe von Dunkler Materie*** *(schwarz)* ***Strukturen bilden***

[Fotografie 50] ***Während des Dunklen Zeitalters strahlte das All nur im Infrarotbereich – die Grundlagen für die Strukturbildung waren hier bereits gelegt***

Bevor nach 200 Millionen Jahren die ersten Sterne entstanden, herrschte im Universum eine Temperatur von einigen hundert Kelvin – es leuchtete nur noch im Infrarotbereich. Das Dunkle Zeitalter war angebrochen.

Die Ära der Atome, die entsprechend ihrem Mangel an sichtbarem Licht auch als das besagte Dunkle Zeitalter bezeichnet wird, war damit auf ihrem Höhepunkt. Allerdings ging es während dieser Epoche alles andere als aufregend zu. Es passierte nämlich im Grunde gar nichts – *fast* nichts …

200 Millionen Jahre lang herrschte in unserem Universum gähnende Langeweile. Es passierte so gut wie gar nichts. Das All dehnte sich lediglich immer weiter aus, es wurde fortlaufend kälter und dunkler. Das Dunkle Zeitalter war damit in vollem Gange.

6.3 Unglaublich, unerhört und unverschämt

Das Universum hatte einen Anfang

Eine Sache passierte mit unserem trägen Universum während der Ära der Atome dennoch: Es kühlte ständig weiter ab. Dies lässt sich allerdings nur durch eine Tatsache erklären, welcher sich die Wissenschaft lange Zeit verweigerte – nämlich der, dass das All expandiert. Die Vorstellung von einem immer größer, kälter und leerer werdenden Kosmos führte nämlich zu einer damals schier unvorstellbaren, regelrecht unerhörten Schlussfolgerung: Das Universum muss einen Anfang gehabt haben. Doch bevor wir uns gleich im Laufe dieses und des nächsten Kapitels schrittweise diesem Anfang von allem annähern, sehen wir uns an, wie es überhaupt zu der Entdeckung der Expansion kam.

Hubbles Glückstreffer

1929 tauchte eine mehr als mutige wissenschaftliche Veröffentlichung auf: Der amerikanische Astronom Edwin Hubble (1889–1953), der in früheren Jahren der für einen Wissenschaftler eher ungewöhnlichen Tätigkeit als Preisboxer nachging, behauptete, das Universum expandiere. Doch wie kam er dazu?

Eigentlich wollte Hubble etwas ganz anderes untersuchen, die Expansion des Universums ist ihm vielmehr zufällig über den Weg gelaufen. Da die Wissenschaft zur damaligen Zeit davon ausging, die Milchstraße sei die einzige Galaxie überhaupt – neben ihr sollte es nichts weiter in diesem Universum geben –, begann Hubble damit, die Entfernung zum Andromedanebel zu bestimmen, der als Teil der

Milchstraße angenommen wurde. Allerdings stellte der Astronom fest: Andromeda war viel weiter von uns entfernt als gedacht. Es musste sich um eine eigenständige Galaxie handeln und keineswegs um ein Anhängsel der unseren.

Der Astronom Edwin Hubble stellte fest:
Die Milchstraße ist nicht allein in diesem Universum.
Neben ihr gibt es noch unzählige weitere Galaxien.

Hubble bemerkte außerdem anhand der Rotverschiebung:
Fast alle Galaxien entfernen sich von uns.

Von dieser Entdeckung angestachelt, suchte Hubble nach weiteren, potenziell eigenständigen Galaxien und berechnete deren Entfernung zur Erde. Dabei stieß er auf einen Effekt, den wir bereits kennengelernt haben: die Rotverschiebung (siehe *Ins Rote verschoben,* Seite 118). Sie tritt bekanntlich immer dann auf, wenn sich eine Lichtquelle vom Beobachter entfernt. Und genau jenen Effekt stellte Hubble bei fast allen Galaxien fest, die er durch sein Teleskop erblickte. Dabei war die Rotverschiebung umso stärker, je weiter entfernt sich die Galaxie befand.

Diese Verschiebung des Galaxienlichts zugunsten der längeren Wellenlängen war jedoch nichts Neues. Der Wissenschaft war der Effekt bereits seit den Anfängen des 20. Jahrhunderts bekannt, allerdings wusste man lange Zeit nichts damit anzufangen, schließlich sollte es ja neben der Milchstraße keine weiteren Galaxien weit und breit geben. Doch nachdem Hubble genau diese äußerst narzisstische Vorstellung durch seine Entfernungsmessung erfolgreich widerlegen konnte, kam der Astronom schließlich zu dem Schluss: Fast alle Galaxien bewegen sich von uns weg, und dies umso schneller, je weiter sie von uns entfernt sind – das Universum muss sich folglich immer mehr ausdehnen (siehe Grafik 83).

Dabei waren die Umstände, die Hubble zu dieser bahnbrechenden Behauptung brachten, mehr als glücklich. Zum einen bezog er sich bei seinen Entfernungsmessungen auf Lichtquellen, deren

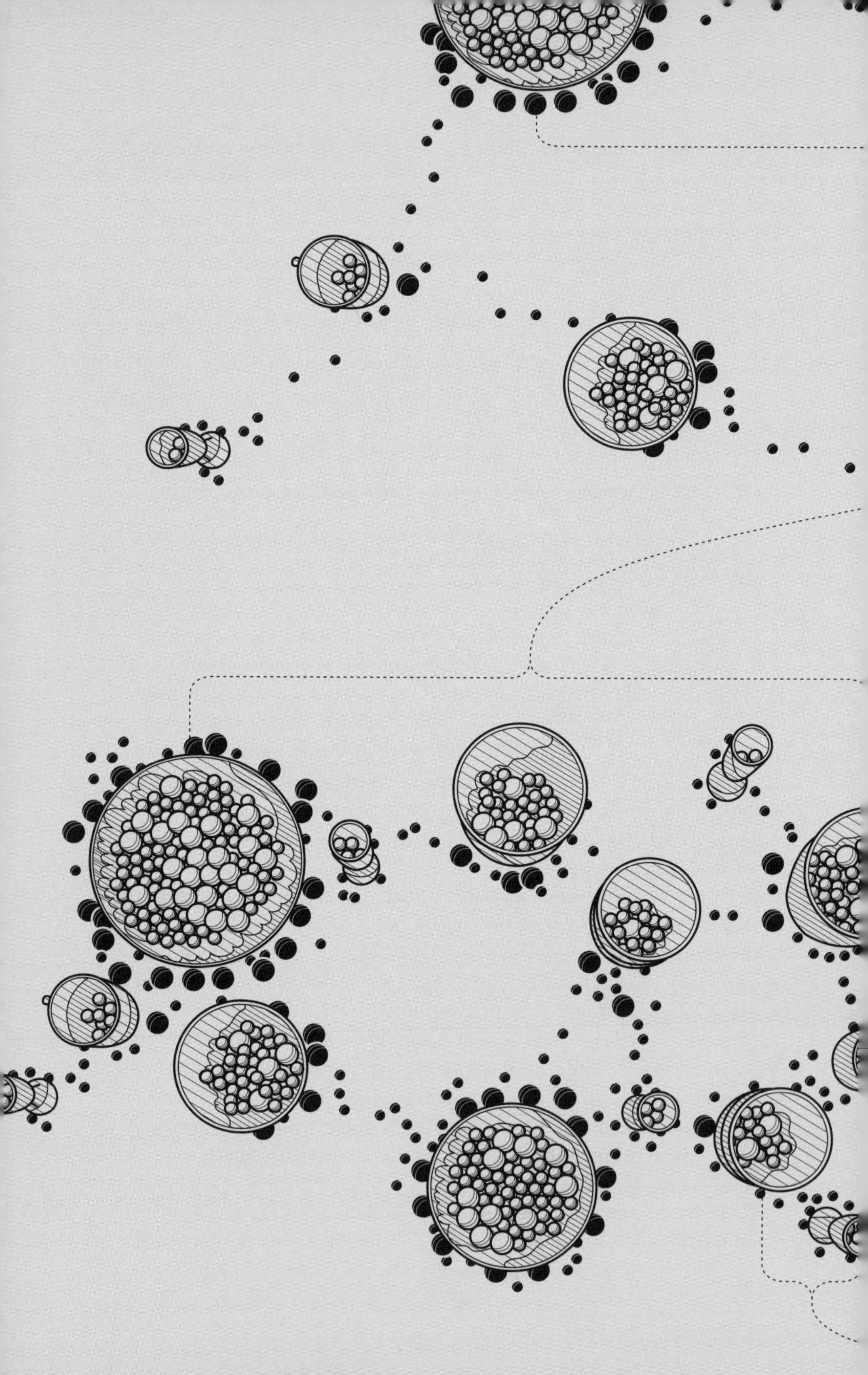

[Grafik 83] ***Das Universum expandiert***

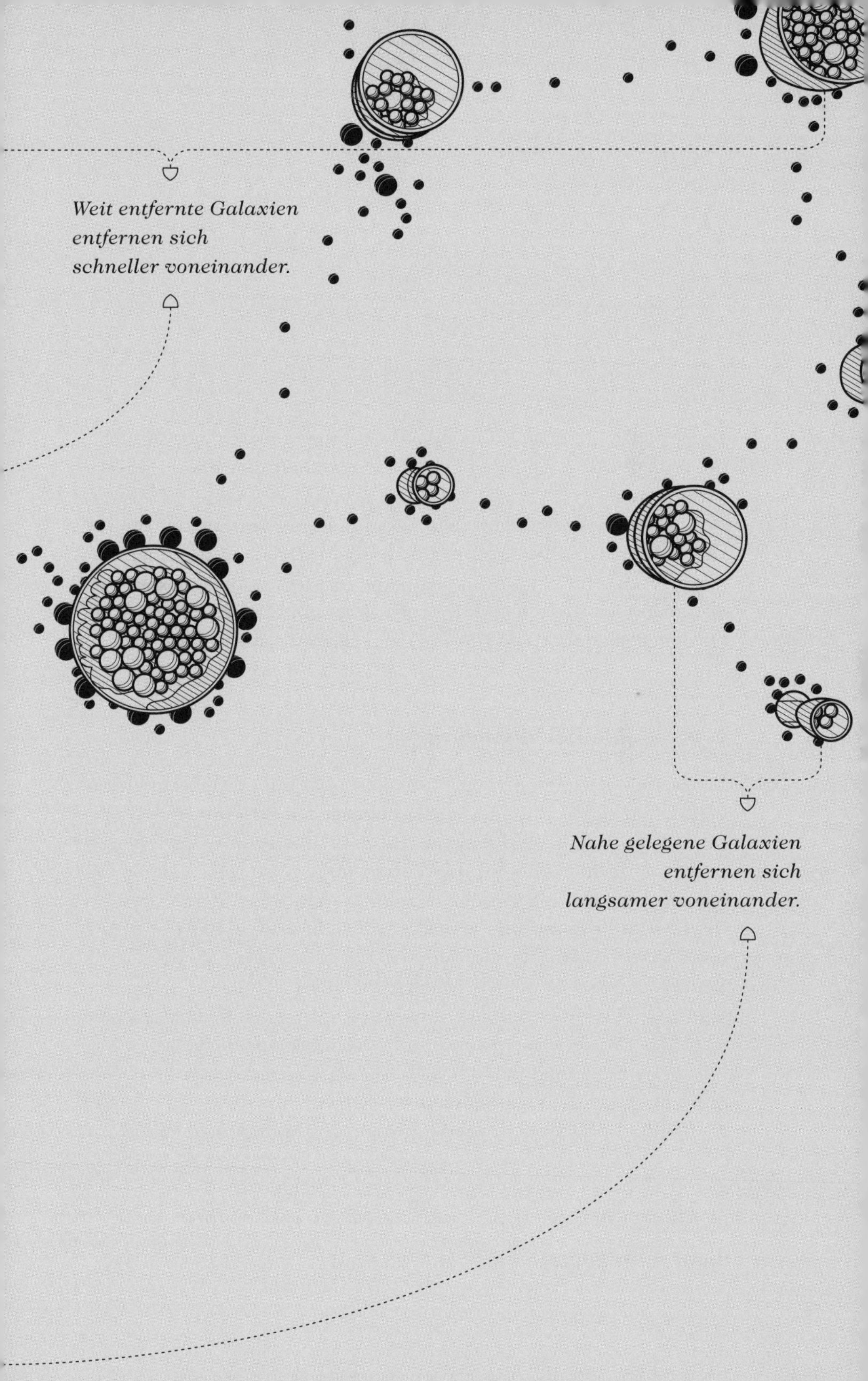
Weit entfernte Galaxien entfernen sich schneller voneinander.
Nahe gelegene Galaxien entfernen sich langsamer voneinander.

Leuchtkraft er gnadenlos unterschätzte, zum anderen pickte Hubble bei seinen Untersuchungen nur stichprobenhaft einige wenige Galaxien heraus.

Allerdings kamen spätere, wesentlich präzisere Messungen tatsächlich zu demselben Ergebnis: Nahezu alle Galaxien entfernen sich von uns und dies umso schneller, je weiter sie von uns weg sind – jedoch befinden sie sich in noch viel weiterer Distanz zu uns, als Hubble damals annahm. Das Universum expandiert daher tatsächlich.

Gestern kleiner als heute

Das Zeitalter der modernen Kosmologie war damit eingeläutet. Sie beschäftigt sich seither mit der grundlegenden Struktur und der gesamten Entwicklungsgeschichte unseres Universums und beruht nahezu ausschließlich auf den Entfernungsmessungen anderer Galaxien. Dabei geht sie vor allem von einer wichtigen Tatsache aus, die Hubbles Entdeckung der Expansion mit sich brachte: Das Universum hatte einen Anfang (siehe *Der erste Symmetriebruch,* Seite 765). Denn wenn das All immer weiter expandiert, dann war es gestern folglich kleiner als heute und muss vorgestern noch kleiner gewesen sein. Das Ganze immer weiter und weiter gesponnen führt schließlich zu dem Schluss, dass alles aus einem winzig kleinen Punkt heraus entstanden sein muss. Heute wissen wir, dass dies wohl vor etwa 13,7 Milliarden Jahren der Fall war (siehe *Die Planck-Ära,* Seite 757).

Unser Universum entstand wohl vor etwa 13,7 Milliarden Jahren aus einem winzig kleinen Punkt heraus.

Dank einer großen Portion Glück entdeckte Edwin Hubble die Expansion des Weltalls. Das Universum ist daher heute stets größer, als es gestern war – es muss also einen Anfang gehabt haben.

[Fotografie 51] ***Kurz bevor das Dunkle Zeitalter begann, leuchtete das Universum noch leicht rötlich – die Materie saß hier noch viel dichter beisammen***

[Fotografie 52] ***380 000 Jahre nach dem Urknall leuchtete das Universum knallrot – ab hier verhüllt ein Vorhang aus Licht den Blick in die Vergangenheit***

6.4 *Hinter kosmischen Gardinen*

Das Zeitalter der Helligkeit

Bevor wir uns mit den gedanklichen Schwierigkeiten herumärgern, die mit der Entstehung unseres Universums einhergehen, kehren wir zunächst zurück zum Dunklen Zeitalter und drehen ab hier die Zeit bis zu jenem Moment zurück, als das Licht langsam laufen lernte.

Erst hell, dann dunkel

Am Ende des Dunklen Zeitalters, kurz bevor die ersten Population-III-Sterne mit freundlicher Unterstützung der kalten Dunklen Materie in ihr Dasein stürzten, war es also beachtlich düster. Kalt war es mit der bereits erwähnten Temperatur von nur einigen hundert Kelvin außerdem (siehe *Die Ära der Atome,* Seite 643). Da wir nun wissen, dass unser Universum expandiert, muss es früher kleiner und damit wesentlich wärmer gewesen sein. So war das All, als es drei Millionen Jahre auf dem Buckel hatte, mit immerhin etwa 700 Kelvin deutlich kuscheliger temperiert. Da jedoch auch bei dieser Temperatur vornehmlich Infrarotphotonen umherschwirrten, war damals bereits das Dunkle Zeitalter angebrochen.

Als das Universum drei Millionen Jahre alt war, sorgten zahlreiche Infrarotphotonen für eine Temperatur von etwa 700 Kelvin. Das Dunkle Zeitalter begann.

Als das Universum zwei Millionen Jahre alt war, flackerte es bei einer Temperatur von 1000 Kelvin in einem schwachen rötlichen Licht. Das Zeitalter der Helligkeit endete hier.

Als das Universum 380 000 Jahre alt war, strahlte es bei einer Temperatur von 3000 Kelvin leuchtend rot.

Kurz zuvor, zwei Millionen Jahre nach dem Startschuss des Universums, saßen Licht und Materie noch wesentlich enger beieinander. Bei 1000 Kelvin flackerte schwache rötliche Strahlung durch das All. Allerdings gab es damals wie gesagt keine großartig zusammenhängenden Materieansammlungen zu besichtigen, sondern es trieben stattdessen ausschließlich ungebundene Wasserstoff- und Heliumatome umher, die von Dunkler Materie umzingelt waren (siehe Fotografie 51/*Schwer unsichtbar,* Seite 628). Somit herrschte trotz des Vorhandenseins von sichtbarem Licht eine traurige Trostlosigkeit im Kosmos.

Schließlich, bei 380 000 Jahren nach dem Urknall, strahlt uns mit rund 3000 Kelvin ein leuchtend rotes All entgegen (siehe Fotografie 52). Genau zu jener Zeit sollte in unserem Universum eine radikale Veränderung stattfinden (siehe *Die Unabhängigkeitserklärung der Materie,* Seite 666). Doch bevor wir uns dieser widmen, kommen wir zu einer der wohl bedeutendsten Entdeckungen in der Geschichte der Astronomie, die mit einer solch gehörigen Portion Zufall einherging, dass es vielen Wissenschaftlern vor Fassungslosigkeit die Tränen in die Augen trieb …

Taubenkot und andere merkwürdige Vorfälle

Lange Zeit war Hubbles Schlussfolgerung, das Universum müsse einen Anfang gehabt haben, äußerst umstritten. Der wohl größte Gegner der sich daraus entwickelnden Urknalltheorie, wonach der Kosmos aus einem winzigen Punkt heraus entstanden ist und seither immer weiter expandiert, war der britische Astronom und Mathematiker Fred Hoyle (1915–2001). Er versuchte die Vorstellung eines explosiven Anfangs des Universums, deren Begründer im Übrigen der belgische Astrophysiker, Theologe und Priester Georges Lemaître (1894–1966) war, ins Lächerliche zu ziehen, indem er sie lapidar als »Big Bang« titulierte. Dieses Lächerlichmachen ging allerdings gehörig nach hinten los – bis heute trägt die Urknalltheorie jenen Namen, den ihr Fred Hoyle damals mehr oder weniger unfreiwillig verlieh.

Allerdings fehlte es eben lange Zeit an Beweisen für jenen explosiven Big Bang. Anhand von Berechnungen, die auf der Urknalltheorie aufbauten, kamen Wissenschaftler der im US-Bundesstaat New Jersey gelegenen Princeton University zu dem Ergebnis, dass jene anfängliche Explosion des gesamten Universums, die mit einer gehörigen Portion hochenergetischer Strahlung einhergegangen sein muss, auch heute noch ihre Spuren im All hinterlassen würde. Durch die fortlaufende Ausdehnung des Raums müsste sich jene anfangs enorm energiegeladene Strahlung inzwischen deutlich abgekühlt haben, aber eben dennoch im gesamten Kosmos anzutreffen sein. Ihren Berechnungen zufolge sollte sich diese Restwärme des Urknalls heute im Bereich der Mikrowellen befinden (siehe *Unterwegs auf langen Wellen,* Seite 117). Unabhängig davon war auch der in den USA lebende, russische Physiker George Gamow (1904–1968) zusammen mit seinen Mitarbeitern bereits in den 40er-Jahren zu diesem Schluss gekommen. Allerdings war dies den Wissenschaftlern aus Princeton nicht bekannt.

Ebenfalls völlig ahnungslos, was die Spekulationen zur Urknalltheorie betraf, waren indessen zwei ganz andere Personen, die zudem überhaupt nichts mit der Urknallforschung zu tun hatten: die beiden amerikanischen Physiker Arno Penzias (*1933) und Robert Woodrow Wilson (*1936). Sie hatten allerdings ganz andere Sorgen. Bei den beiden Herren handelte es sich um Mitarbeiter des ebenfalls im US-Staat New Jersey ansässigen Telekommunikationsunternehmens Bell. Im Jahr 1965 war es ihre Aufgabe, eine besonders empfindliche Mikrowellenantenne zu installieren, die zur Satellitenkommunikation eingesetzt werden sollte. Diese bereitete ihnen jedoch großen Ärger. Sie empfing permanent ein äußerst nervtötendes Rauschen. Egal, was die beiden immer verzweifelter werdenden Physiker auch anstellten, die lästigen Störungen wollten einfach nicht verschwinden. Nachdem sie zur allerletzten Verzweiflungstat geschritten waren und die gesamte Antenne penibelst sauber geschrubbt hatten, um sämtliche darauf klebende Ausscheidungen böswillig gesinnter Tauben zu beseitigen, gaben die beiden schließlich resigniert auf. Die heimtückischen Mikrowellenstörungen waren einfach nicht totzukriegen. Egal, in welche Richtung die Antenne auch ausgerichtet wurde, das fiese Rauschen war stets mit von der Partie und schien überraschenderweise immer exakt gleich zu bleiben. Ein weit entferntes Objekt konnte damit als Ursache ausgeschlossen werden, ebenso wie eine irdische Quelle. Um ihrem Ärger Luft zu machen, verfassten Penzias und Wilson einen abschließenden Artikel, in dem sie ihre frustrierenden Ergebnisse festhielten. Damit war die Sache für die beiden erledigt.

Doch das Thema sollte sie schon bald wieder einholen, denn nun schlug unser Freund, der Zufall, wieder gnadenlos zu: Als sich Arno Penzias gerade auf dem Rückflug von einem Vortrag über Astronomie befand, saß neben ihm ausgerechnet einer der Wissenschaftler, die an der Princeton University die Mikrowellenhintergrundstrahlung als Überbleibsel des Urknalls prophezeit hatten. Aus einer Laune heraus erzählte Penzias seinem Sitznachbarn von der nicht zu eliminierenden Mikrowellenstrahlung, die ihn und seinen Kollegen einst so furchtbar ärgerte. Und nun nahm das Schicksal seinen Lauf. Der Astronom war völlig von den Socken, als er Penzias' Geschichte lauschte. Es kam zu einem Treffen, bei dem Berechnungen und Beobachtungen abgeglichen wurden. Und siehe da: Bei dem ursprünglich als hundsgemeinen Fehler vermuteten Mikrowellenrauschen handelte es sich tatsächlich um die gesuchte Restwärme des Urknalls! Der erste richtige Beleg für die Urknalltheorie war damit bereits 1965 erbracht worden. Und so erhielten Penzias und Wilson für ihren phänomenalen Zufallsfund dann 1978 den Nobelpreis – zum Entsetzen zahlreicher Wissenschaftler, die jahrelang auf genau diese Bestätigung des Urknalls hingearbeitet hatten und es kaum fassen konnten, dass ausgerechnet zwei völlig Fachfremden dieser ersehnte, mit viel Ruhm und Ehre einhergehende Durchbruch gelungen war.

Hintergrundrauschen

Eine aus allen Richtungen des Alls kommende Strahlung langwelliger Mikrowellenphotonen ist also einer der eindrucksvollsten Hinweise darauf, dass die Urknalltheorie tatsächlich stimmen könnte. Der heutige Mikrowellenhintergrund, der mit einer damit einhergehenden frostigen Temperatur von winzigen 2,73 Kelvin, rund –270 Grad Celsius, kaum über dem absoluten Nullpunkt liegt, spiegelt somit die Entstehungsgeschichte unseres Kosmos wider, der sich einst aus einem winzig kleinen Punkt heraus entwickelte und seither immer größer, kälter und leerer wird (siehe *Die Planck-Ära,* Seite 757). Die Mikrowellenhintergrundstrahlung ist überall: Jeder Kubikzentimeter unseres Universums ist mit etwa 400 Exemplaren dieser weit gereisten Photonensorte ausgefüllt (siehe Fotografie 53).

Die beiden Physiker Arno Penzias und Robert Woodrow Wilson stießen bei der Installation einer Mikrowellenantenne auf ein aus allen Richtungen kommendes, äußerst lästiges Hintergrundrauschen, das einfach nicht zu beseitigen war.

Was die beiden noch nicht wussten: Sie hatten die kosmische Hintergrundstrahlung, den lang ersehnten ersten Hinweis auf den Urknall, entdeckt. Für ihre glückliche Zufallsentdeckung erhielten die beiden schließlich den Nobelpreis.

[Fotografie 53] ***Die Hintergrundphotonen sind überall***

Licht in Formation
Rudolf Steiner

Wir machen nun wieder einen gewaltigen Zeitsprung zurück in jene Ära, aus der die besagten Hintergrundphotonen stammen, um zu ergründen, wie sich unser heutiges Universum daraus entwickeln konnte (siehe Grafik 84). Damals, 380 000 Jahre nach dem Urknall, handelte es sich bei ihnen um energiereichere, sichtbare Photonen der Farbe Rot, die eine Temperatur von 3000 Kelvin mit sich brachten (siehe Grafik 84a/*Erst hell, dann dunkel,* Seite 658). Ihre Energie verloren die Photonen im Laufe der nächsten Milliarden Jahre auf ihrem Weg zu uns, da sich das gesamte Universum seither etwa um das Tausendfache ausgedehnt hat und sich somit Raum, Licht und Materie immer weiter von uns entfernen – genau wie es Hubble damals feststellte (siehe Grafik 84b/84d). Entsprechend wird das meiste Licht, das zu uns reist, mehr oder weniger stark ins Rote verschoben – je nachdem, aus welchen Bereichen des Alls es stammt (siehe Grafik 84c). Die Photonen der Hintergrundstrahlung haben jedoch die mit Abstand weiteste Reise hinter sich, die Licht auf geradem Weg in diesem Universum überhaupt zurücklegen kann. Sie kommen nämlich aus dem ältesten Teil des Alls, den wir mit Teleskopen aufspüren können. Doch wie kann das sein? Warum können wir nicht noch tiefer in die Vergangenheit blicken?

Durch die Expansion des Universums wird Licht, je länger sein Weg zu uns zurückreicht, immer mehr ins Rote verschoben.

Die Unabhängigkeitserklärung der Materie

Wie wir wissen, waren die Elemente Wasserstoff und Helium bereits vor dem Aufkommen der ersten Sterne im All anwesend (siehe *Metallmangel,* Seite 606). Alle anderen, schwereren chemischen Kandidaten wurden erst später durch den Stern-Gas-Stern-Zyklus ins Spiel gebracht (siehe *Ein Stern geht, der nächste kommt,* Seite 462). Zu jener Zeit, als die Hintergrundphotonen ihre lange Reise zu uns antraten, war also noch nicht gerade viel geboten, was die Elementevielfalt im All betraf. Stattdessen gab es eben nur Wasserstoff und Helium – und zwar nicht als neutrale Atome, sondern als geladene Ionen zu besichtigen. Neben ihnen flogen außerdem zahlreiche Elektronen umher. Doch genau das war das große Problem, das sich den Photonen damals, 380 000 Jahre nach dem Urknall, in den Weg stell-

Die Hintergrundstrahlung ist überall. In jedem Kubikzentimeter des Universums tummeln sich rund 400 Exemplare dieser Mikrowellenphotonen. Sie verleihen dem All seine heutige Temperatur von frostigen 2,73 Kelvin.

[Grafik 84] ***Die kosmische Rotverschiebung der Hintergrundstrahlung***

Das Universum
dehnte sich
seitdem immer
weiter aus …

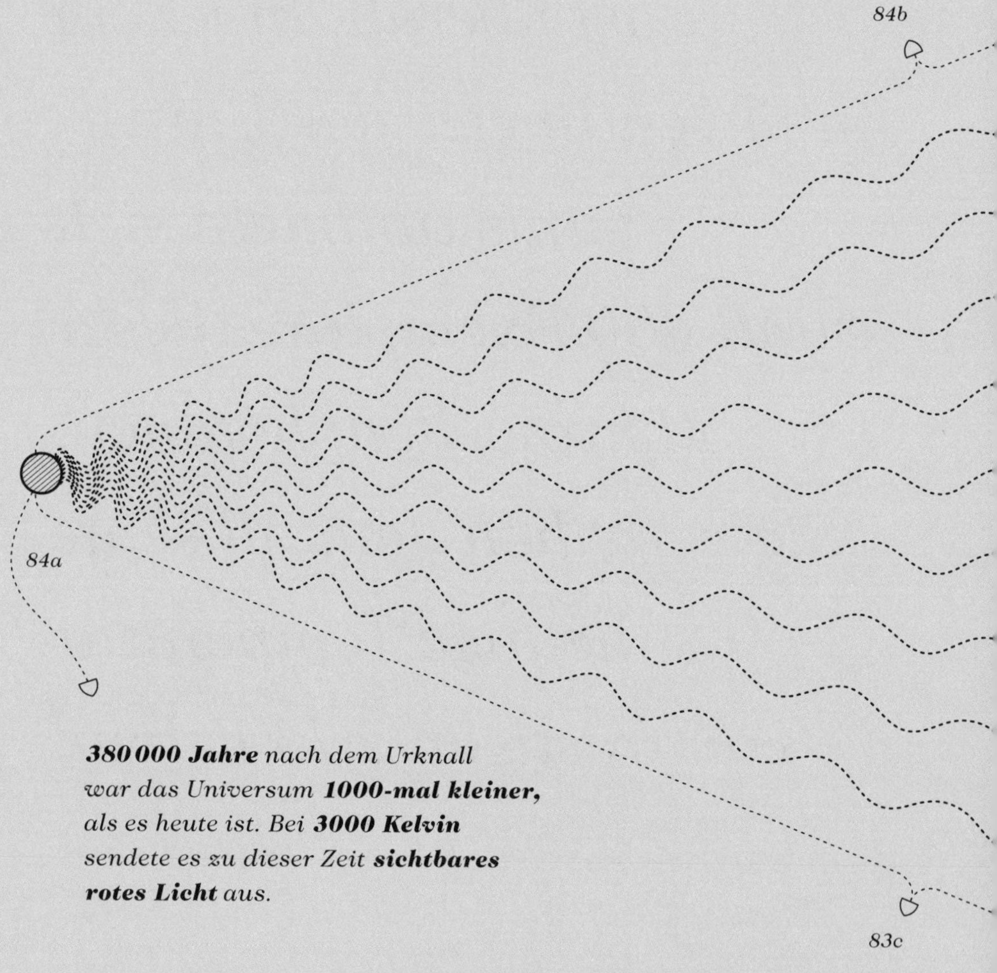

380 000 Jahre *nach dem Urknall war das Universum* ***1000-mal kleiner,*** *als es heute ist. Bei* ***3000 Kelvin*** *sendete es zu dieser Zeit* ***sichtbares rotes Licht*** *aus.*

… Das Licht wurde
deshalb immer
stärker ins Rote
verschoben.

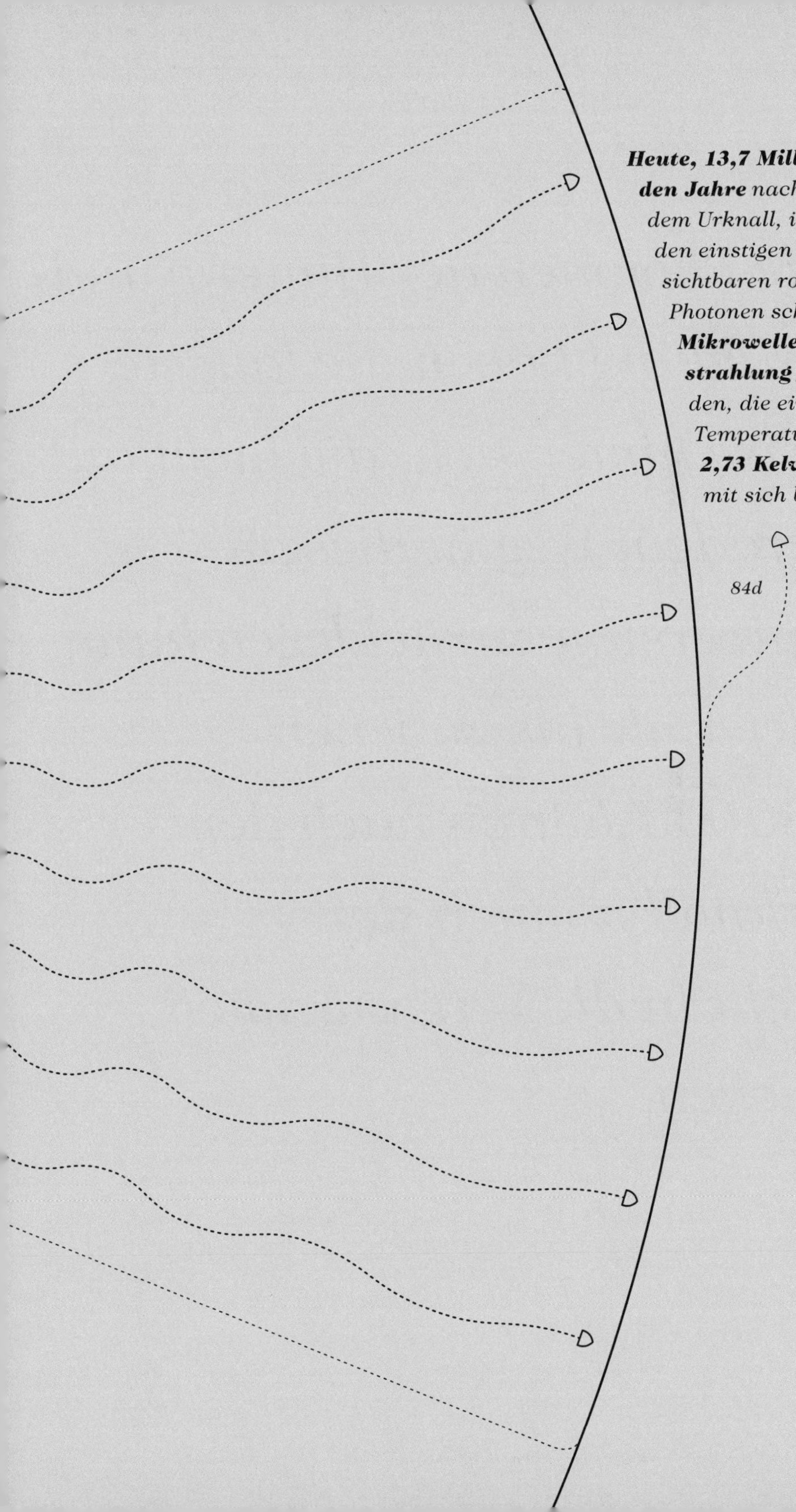

Heute, 13,7 Milliarden Jahre *nach dem Urknall, ist aus den einstigen sichtbaren roten Photonen schwache* ***Mikrowellenstrahlung*** *geworden, die eine Temperatur von* ***2,73 Kelvin*** *mit sich bringt.*

Die Photonen der Hintergrundstrahlung haben die längste Reise hinter sich, die Licht auf geradem Weg in diesem Universum zurücklegen kann. Tiefer als bis zu jenen 380 000 Jahren nach dem Urknall können wir nicht in die Vergangenheit blicken.

te. Denn anders, als es im heute dank der Reionisierungsaktion der Population-III-Sterne ebenfalls von geladenen Teilchen durchzogenen Universum der Fall ist, konnten bis vor rund 13,6 Milliarden Jahren die Photonen nicht ungehindert des Weges ziehen (siehe *Kurswechsel im Kosmos,* Seite 596). Dazu war der gesamte Weltraum nämlich noch viel zu wenig ausgedehnt, und es herrschte folglich chronischer Platzmangel. Statt geradewegs davoneilen zu können, wurde das Licht permanent von den geladenen Teilchen umhergestreut – ähnlich, wie es heute im Inneren unserer Sonne der Fall ist (siehe Grafik 85/*Auf Zickzackkurs,* Seite 280). An ein geradliniges Vorankommen war deshalb in keinster Weise zu denken. Das Universum war demnach trotz nicht vorhandener Atome, die Licht hätten absorbieren können, komplett undurchsichtig. Selbst wenn es vereinzelten Elektronen gelungen war, sich mit einem Atomkern zu einem vollständigen Atom zu verbinden, wurden die beiden binnen kürzester Zeit wieder getrennt. Schon bald kam nämlich eines der unzähligen Photonen des Wegs und ionisierte die Materie kurzerhand (siehe *Die Anarchie der geladenen Teilchen,* Seite 237).

Bis zu einer Zeit von 380 000 Jahren nach dem Urknall wurde das Licht permanent von geladenen Teilchen umhergestreut. Der Kosmos war deshalb komplett undurchsichtig. Der Weg des Lichts aus früheren Zeiten wird auf diese Weise verwischt und bleibt uns daher verborgen.

Genau aus diesem Grund endet exakt an jener Stelle das für uns beobachtbare Universum (siehe *Inflationärer Einheitsbrei,* Seite 736). Wegen des durch die Streuung verursachten unruhigen Umherstreunens der Photonen im Plasmadickicht baut sich vor uns an dieser Stelle ein riesiger Photonenvorhang auf, hinter den wir nicht blicken können (siehe Fotografie 54). Der Weg des Lichts, das aus früheren Zeiten stammt, wird an dieser Stelle völlig verwischt. Was sich hinter dieser kosmischen Gardine befindet, können wir deshalb – zumindest was das Auslesen der Informationen im elektromagnetischen Spektrum betrifft – nicht erfahren (siehe *Licht ist Information,* Seite 123).

• ***Freies Elektron***

Wasserstoffkern

Heliumkern

Umhergestreutes Photon

Bis zur Zeit von 380 000 Jahren nach dem Urknall wurde das Licht im damals noch sehr dichten Kosmos permanent von freien Elektronen und Ionen umhergestreut …

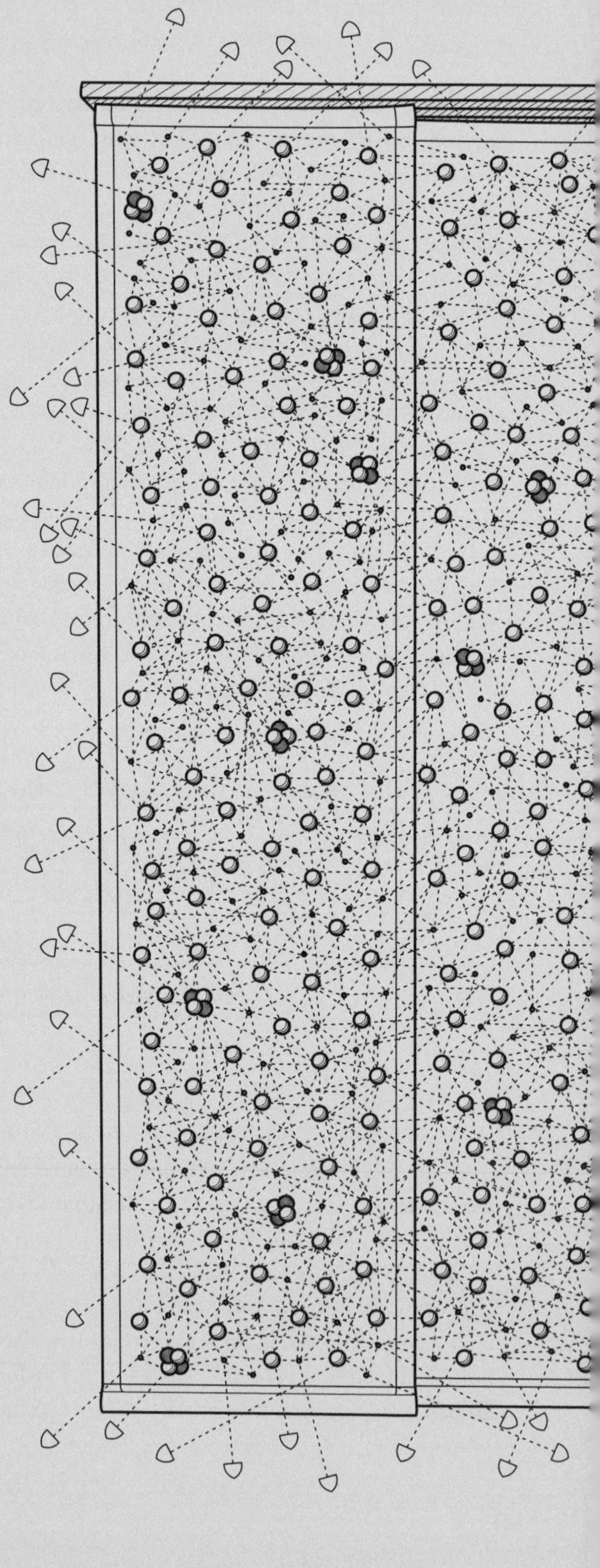

[*Grafik 85*] **Der Lichtvorhang**

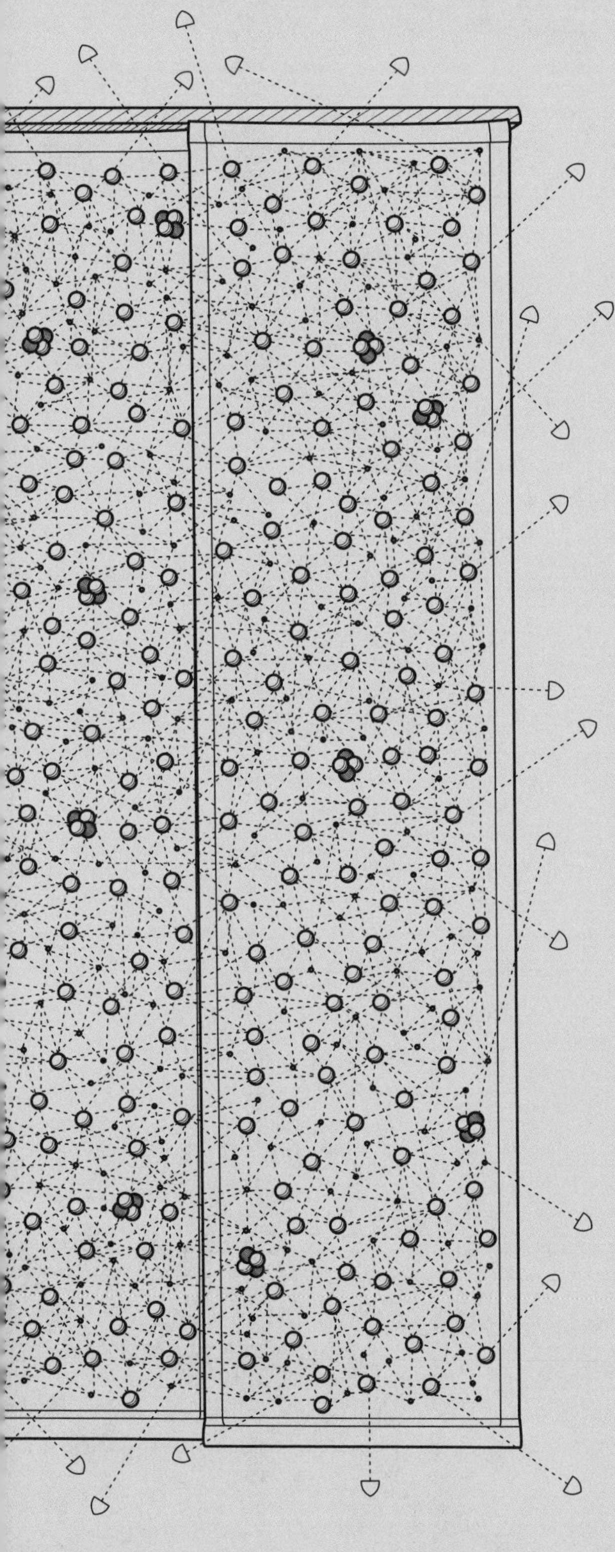

… Der Weg der Photonen lässt sich deshalb ab hier nicht mehr weiter zurückverfolgen. Somit endet an dieser Stelle der Blick in die Vergangenheit mithilfe des Lichts.

[Fotografie 54] *Durch den Strahlungsvorhang, der sich 380 000 Jahre hinter dem Urknall befindet, kann man nicht blicken*

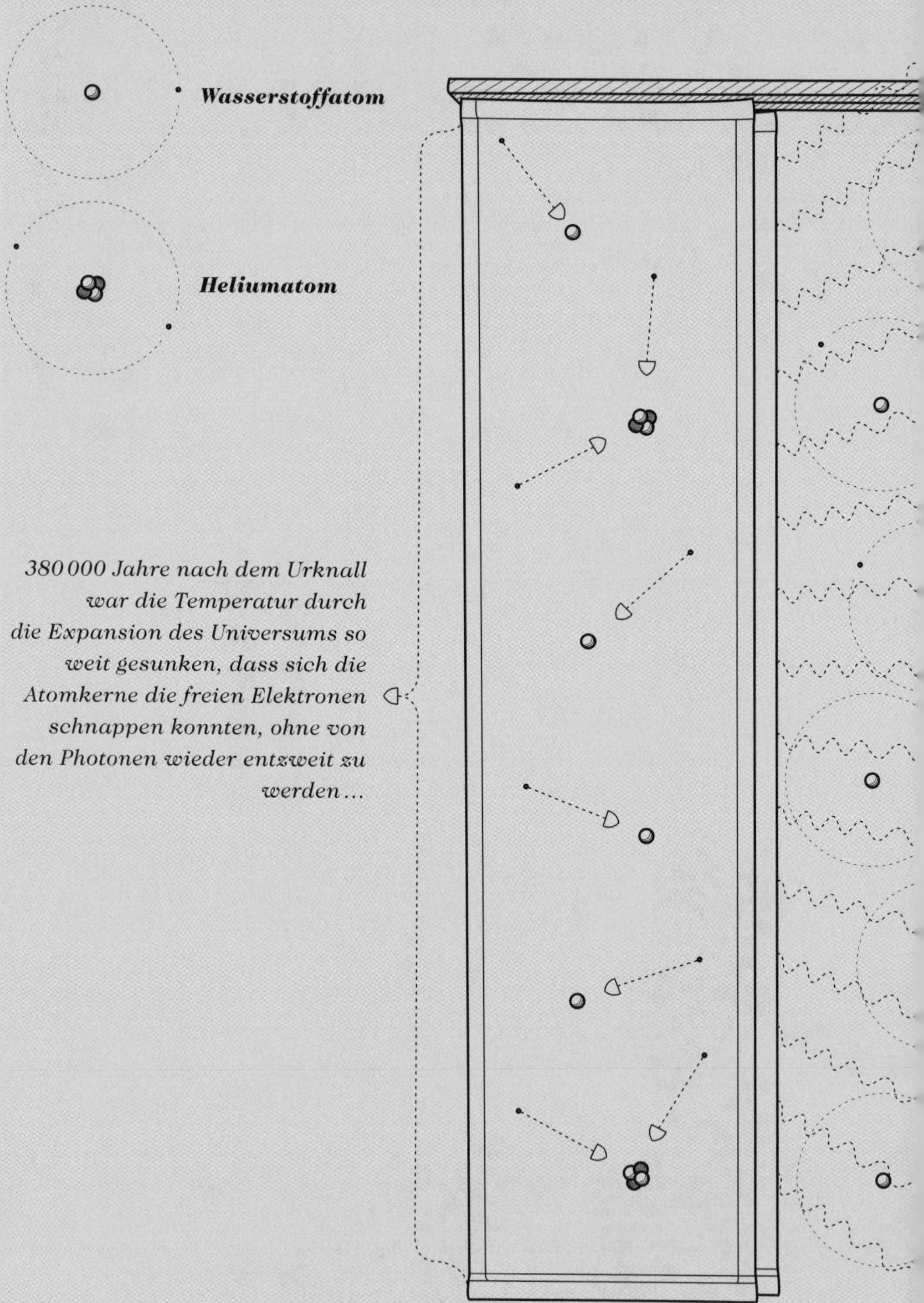

[Grafik 86] **Der Lichtvorhang öffnet sich – das Licht lernt laufen**

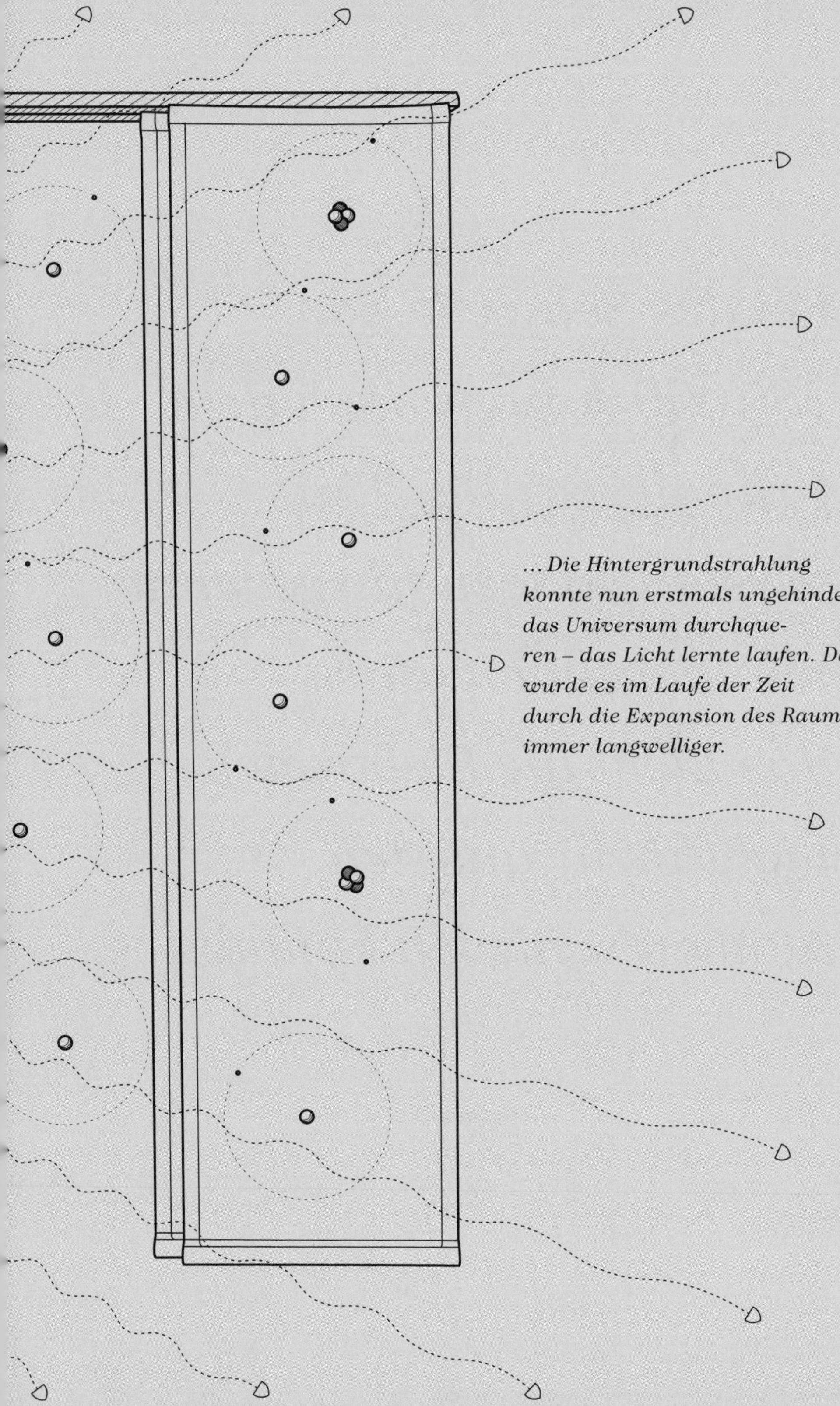

... Die Hintergrundstrahlung konnte nun erstmals ungehindert das Universum durchqueren – das Licht lernte laufen. Dabei wurde es im Laufe der Zeit durch die Expansion des Raums immer langwelliger.

Bei der Schwelle von 380 000 Jahren nach dem Urknall war das Universum so weit ausgedehnt und abgekühlt, dass das Licht die Elektronen nicht mehr aus den Atomen schießen konnte.

Ab hier entkoppelte sich die Materie von der Strahlung, und das Licht lernte laufen.

Doch diese Phase des chaotischen Hin-und-her-Flitzens hatte bald ein Ende. Nachdem sich das Universum nämlich genau bei jenen 380 000 Jahren nach dem Urknall durch seinen permanenten Expansionsdrang von 4000 auf 3000 Kelvin weit genug heruntergekühlt hatte, setzte eine wichtige Wende in der Geschichte des Weltalls ein: Der Lichtvorhang öffnete sich – das Licht lernte laufen (siehe Grafik 87). Während vor der Zeit der kosmischen Gardine Elektronen und Ionen durch die vielen energiegeladenen Photonen nicht zusammenfinden konnten, da es zum einen viel zu heiß und zum anderen viel zu eng war, sollte sich dies nun ändern. Zum ersten Mal konnten sich richtige, stabile Atome bilden, die nicht gleich wieder durch ein herbeirasendes Photon entzweit wurden – die Ära der Atome hatte damit begonnen (siehe *Die Ära der Atome,* Seite 643).

Nachdem sich die ersten stabilen Atome bildeten, hatte nicht mehr länger das Licht, sondern die Materie das Sagen. Diese materiedominierte Ära dauert bis heute an.

Die Materie hatte sich auf diese Weise erstmals von der Dominanz der Strahlung befreit, die bis zu diesem Zeitpunkt das Universum prägte. Von nun an sollten die massebehafteten Teilchen das Sagen haben (siehe *Fermionen sind verfeindet,* Seite 82). Allerdings mussten sie bis zu ihrem großen Durchbruch ein »Weilchen« warten: Es sollte im Laufe des nun einsetzenden Dunklen Zeitalters gähnend lange 200 Millionen Jahre zunächst nichts weiter Aufregendes passieren. Das All dehnte sich immer mehr aus, es wurde kälter und damit dunkler. Mehr tat sich erst einmal nicht. Irgendwann passierte dann allerdings doch etwas: Nachdem sich allmählich immer mehr Materie – Dunkle wie leuchtende – zusammenfand, setzte schließlich nach der besagten Wartezeit von 200 Millionen Jahren die bis heute anhaltende Strukturbildung ein (siehe *Die Population-III-Sterne lassen noch auf sich warten,* Seite 618). Auf das Zeitalter der absoluten Helligkeit folgte somit zunächst das Zeitalter der absoluten Dunkelheit, bis schließlich das heutige, von der Materie dominierte Zeitalter des Kontrasts eingeläutet wurde (siehe *Die Ära der Galaxien,* Seite 626/*Das Licht geht an,* Seite 613).

Dank der Mithilfe der Dunklen Materie setzte nach 200 Millionen Jahren die Strukturbildung im All ein. Nach dem Zeitalter der Helligkeit folgte somit auf das Zeitalter der Dunkelheit schließlich das Zeitalter des Kontrasts.

Doch auch für das Licht hatte das Ganze sein Gutes: Es war zwar nicht mehr federführend, was das Aussehen des Universums betraf, doch dafür konnte es erstmals relativ frei und losgelöst seine Reise durch den Raum antreten, ohne durch ein geladenes Teilchen abgelenkt zu werden (siehe *Wenn das Photon mit dem Elektron…,* Seite 143). (Zumindest für langwelliges Licht war ein ungehindertes Durchqueren des Alls bereits vor der großen, wenig später einsetzenden Reionisierungsepoche möglich.) Es waren zwar noch vereinzelt freie Elektronen vorhanden, allerdings störten sie das Licht nur noch unwesentlich bei seinem Vorbeiflug. Der Großteil der Materie zog das Zusammenbündeln vor, und damit wurde der Raum immer leerer (siehe *Vor allem leerer Raum,* Seite 335). Im Grunde war dies also nicht nur der Beginn des Feldzugs der Materie, es war außerdem die Geburtsstunde des Lichts, wie wir es heute kennen: als wichtigen Informationsträger, der uns dank der unglaublichen Leere des Weltraums einen Blick in die Vergangenheit ermöglicht (siehe *Licht ist Information,* Seite 123/*Die Geschichte des Universums von hinten aufrollen,* Seite 213).

Als sich der Lichtvorhang öffnete, konnte vor allem langwellige Strahlung erstmals auf geradem Weg das All durchqueren.

Photonen, die aus jener Zeit zu uns gelangen, sind damit die ältesten Vertreter ihrer Art, deren Geschichte wir zurückverfolgen können.

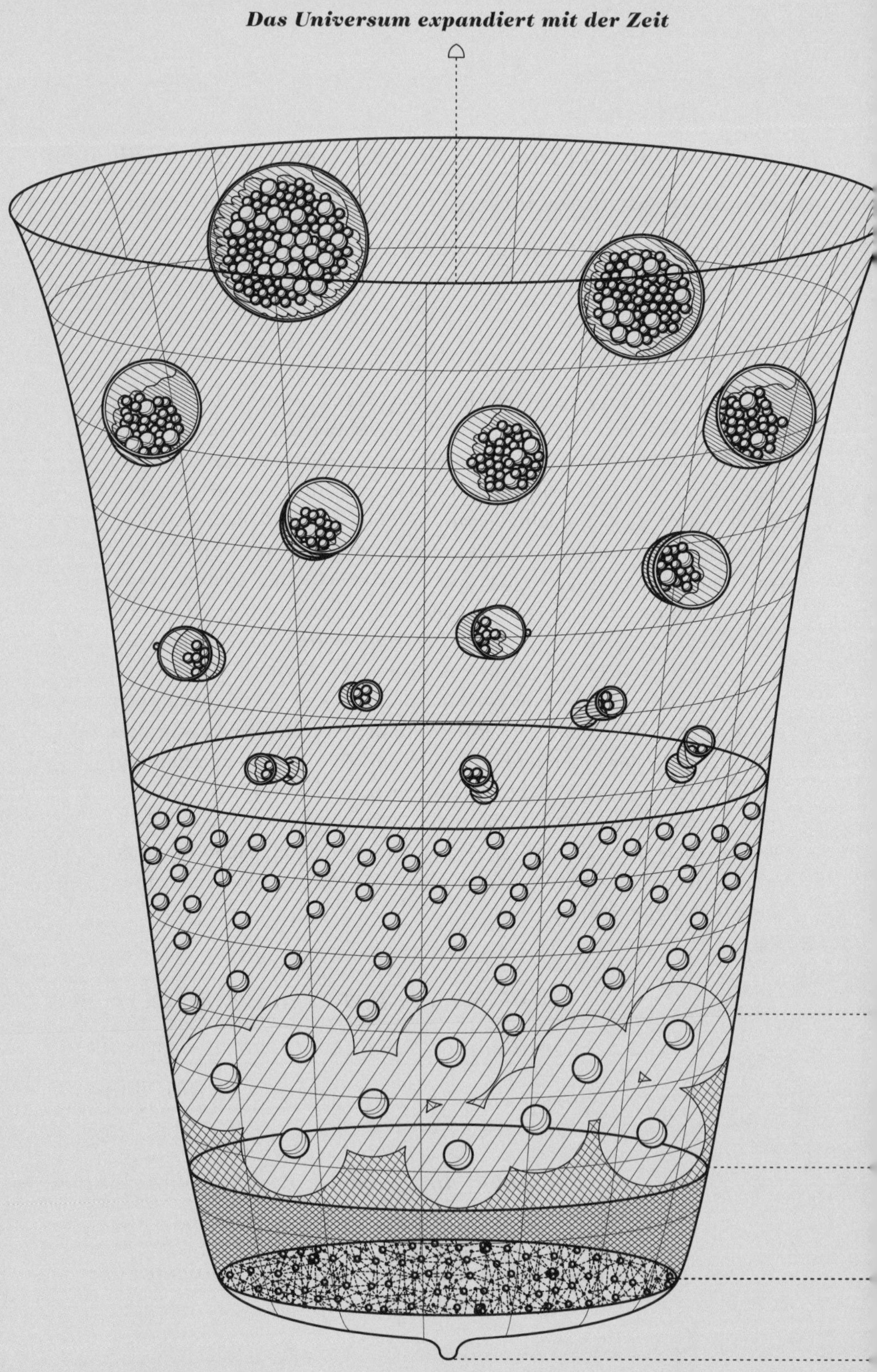
Das Universum expandiert mit der Zeit

[Grafik 87] ***Der Blick in die Geschichte des Universums mithilfe des Lichts ist nur bis zu dem Zeitpunkt von 380 000 Jahren nach dem Urknall möglich***

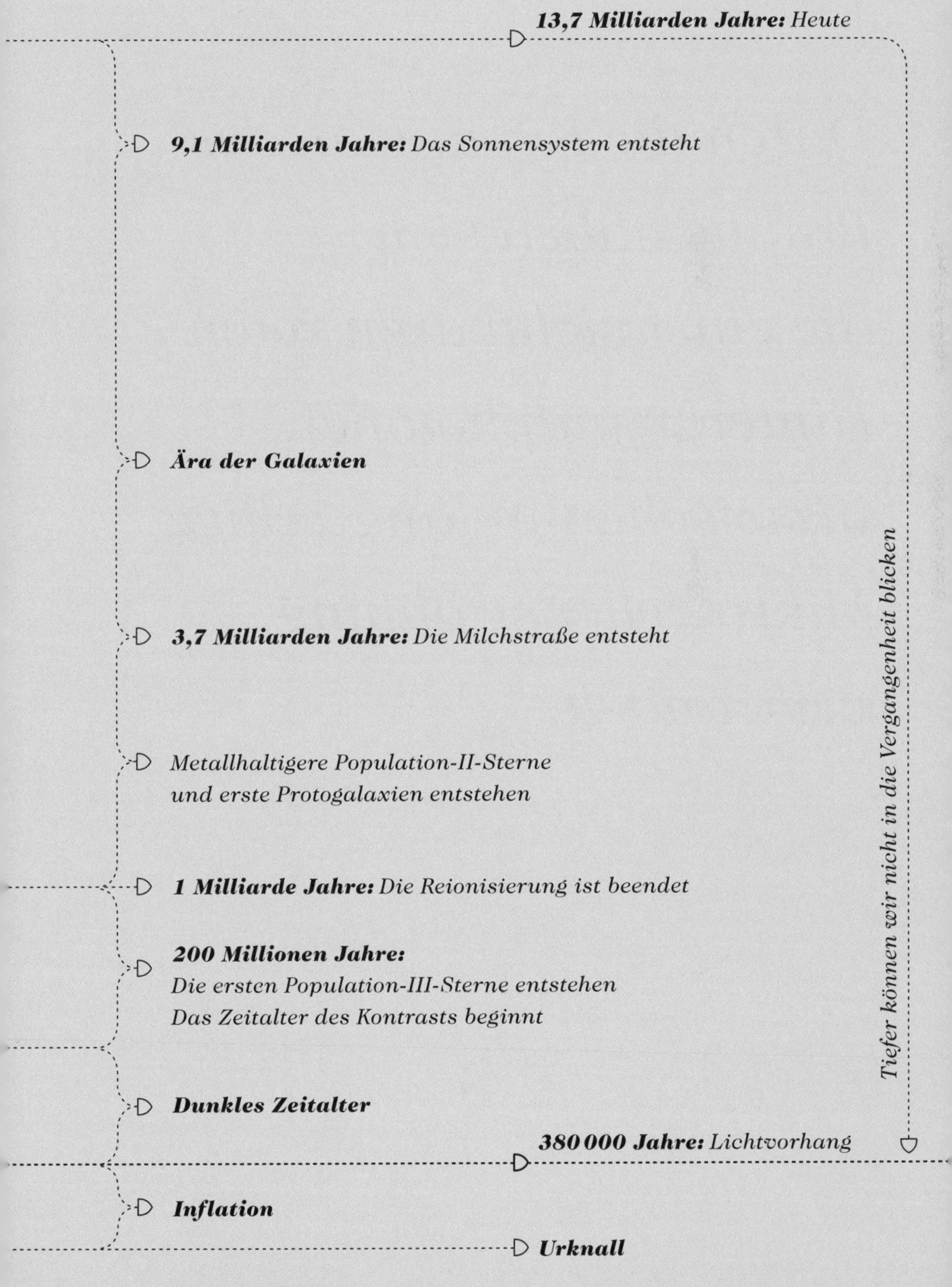

Durch die Expansion des Raums haben sich die einst sichtbaren roten Hintergrundphotonen inzwischen in langwellige Mikrowellenstrahlung verwandelt.

Seit unser Universum 380 000 Jahre auf dem Buckel hat, ist dieser Blick in vergangene Zeiten möglich (siehe Grafik 86). Photonen, die aus jener Zeit zu uns kommen, als sich die Ära der Atomkerne gerade zur Ära der Atome wandelte, sind damit die ältesten Vertreter ihrer Art, mit deren Informationen wir etwas anfangen können. Die einst sichtbaren roten Photonen haben sich in der Zwischenzeit, durch die Expansion des Raums und die damit einhergehende kosmische Rotverschiebung, in langwellige Mikrowellenstrahlung verwandelt (siehe *Hintergrundrauschen,* Seite 661).

Fast zu perfekt, um wahr zu sein

Wenn wir uns das Bild der heutigen Hintergrundstrahlung genauer ansehen, fällt vor allem eine Sache auf: Sie zeigt uns ein nahezu perfektes, gleichförmiges Bild (siehe *Inflationärer Einheitsbrei,* Seite 736). Ihre Temperatur ist fast überall dieselbe. Dies war auch der Grund, warum die beiden Angestellten der Firma Bell, Penzias und Wilson, ein immer gleichbleibendes Rauschen aus allen Richtungen empfingen, das sie fast an den Rand des Nervenzusammenbruchs trieb (siehe *Taubenkot und andere merkwürdige Vorfälle,* Seite 659). Allerdings ist die Temperatur der Hintergrundstrahlung eben nur *fast* überall gleich. Wenn man ganz genau hinsieht, erkennt man nämlich aller Eintönigkeit zum Trotz winzige Unterschiede im Bereich von nur wenigen Tausendstel Prozent (siehe Fotografie 55/*Inflationäre Klümpchenbildung,* Seite 733). Doch was hat das zu bedeuten?

Die Temperatur des Mikrowellenhintergrunds ist fast überall gleich. Sie schwankt nur um wenige Tausendstel.

Da uns das Bild des Mikrowellenhintergrunds verrät, wie unser Universum vor 13,6 Milliarden Jahren, am Ende der Ära der Atomkerne, aussah, können wir darauf aufbauend die Entwicklung des Alls von damals bis heute zurückverfolgen. Heute wissen wir: Das Universum ist aktuell 2,73 Kelvin kalt und von Filamenten durchzogen, in denen sich die Materie zu mehr oder weniger großen Gruppen zusammengefunden hat. Kommen wir nun wieder zur Dunklen Mate-

[Fotografie 55] ***Der kosmische Mikrowellenhintergrund weist leichte Dichteschwankungen auf*** *(gelbe und rote Flecken):*
(Die weißen und blauen Schattierungen im Zentrum stammen von Mikrowellenphotonen aus der Milchstraße)

(c) ESA, HFI and LFI consortia, July 2010

rie: Sie soll bekanntlich der Auslöser für den mit den Population-III-Sternen einsetzenden Feldzug der Fermionen gewesen sein (siehe *Fermionen sind verfeindet,* Seite 82/*Das Licht geht an,* Seite 613). Doch um mittels der Gravitation Masse zu noch mehr Masse zusammenzubündeln, sind stets Dichteunterschiede notwendig. Wenn damals während des Dunklen Zeitalters alles völlig gleichmäßig verteilt gewesen wäre, hätten sich niemals Moleküle, Sterne, Galaxien oder gar Filamente bilden können. Selbst die Dunkle Materie hätte da nicht geholfen, denn auch sie wäre in diesem Fall perfekt gleichmäßig verteilt gewesen und hätte somit keine Töpfe in die Raumzeit biegen können (siehe *Tiefe Töpfe,* Seite 639).

Da dem jedoch nicht so war, das Universum also bereits während der Ära der Atomkerne offensichtlich kein komplett monotoner Einheitsbrei, sondern eben nur ein *relativ* monotoner Einheitsbrei war, dessen Materie an manchen Stellen mal mehr, mal weniger dicht zusammensaß, waren schon damals die Weichen für die später einsetzende Strukturbildung des Kosmos gestellt. Trotz der anhaltenden Ausdehnung des Alls konnte sich somit dank der anfangs unglaublich winzigen Dichteunterschiede die Materie gegen diesen allgemeinen Expansionstrend durchsetzen und Inseln des materiellen Zusammenschlusses bilden (siehe *Die Ära der Galaxien,* Seite 626).

Die Schwankungen der Hintergrundstrahlung sind der Beweis dafür, dass das Universum bereits in jungen Jahren minimalen Dichteschwankungen unterlag.

An den Stellen, an denen etwas mehr Materie beisammensaß, entwickelten sich später entgegen dem allgemeinen Expansionstrend des Alls Sterne, Galaxien, Galaxienhaufen und Filamente.

Die minimalen Abweichungen im kosmischen Mikrowellenhintergrund erklären aber auch, warum unser Universum heute trotz der Strukturierungsaktion der Materie, vom größtmöglichen Blickwinkel aus betrachtet, dennoch so unglaublich gleichförmig aussieht. Denn die Dichteunterschiede während der Ära der Atomkerne waren eben trotz allem nur minimal. Im Großen und Ganzen sah das Universum bereits in jungen Jahren überall gleich aus. Und so schmückt es sich auch heute noch mit einer gleichförmigen, von Filamenten gezierten Einheitserscheinung (siehe *Die Population-III-Sterne lassen noch auf sich warten,* Seite 618). Denn die Filamente von heute sind die winzigen Dichteunterschiede von damals.

Dadurch, dass die Dichteabweichungen vor 13,6 Milliarden Jahren nur sehr minimal waren, lässt sich auch erklären, warum unser heutiges Universum, vom größtmöglichen Blickwinkel aus betrachtet, im Grunde überall gleich aussieht.

Unser All war offensichtlich bereits vor der großen Verklumpungsaktion, die dank der tatkräftigen Unterstützung der Dunklen Materie schließlich den Siegeszug der herkömmlichen, sichtbaren Materie ermöglichte, überall ein wenig von Unregelmäßigkeiten, was die Dichte betraf, durchzogen. Doch warum waren diese kleinen Schwankungen, die uns die Hintergrundstrahlung heute zeigt, überhaupt vorhanden?

Um das herauszufinden, treten wir nun die allerletzte Etappe auf unserer Reise Richtung Vergangenheit an. Wir nähern uns damit dem Anfang von allem – dem Urknall. Durch ihn wurden die Weichen für die komplette, seit nunmehr 13,7 Milliarden Jahren andauernde Geschichte des Alls gestellt. Alles, was in unserem Universum seitdem passierte und auch in Zukunft noch passieren wird, ist auf jenen alles entscheidenden Moment zurückzuführen, der sich damals ereignete. Die gesamte Materie, die Naturgesetze, der Raum, die Zeit und auch das Licht haben ihre Existenz jenem äußerst sonderbaren Ereignis zu verdanken.

In diesem letzten Kapitel werden wir schrittweise eine immer seltsamer werdende Umgebung vorfinden. Doch es gibt jemanden, der uns auf diesem merkwürdigen Weg Richtung Urknall die ganze Zeit über begleiten wird: das Licht. Als unsere Welt entstand, war nämlich zuallererst ausschließlich Energie mit von der Partie. Die gesamte Materie und auch die uns heute bekannten Kräfte entwickelten sich erst allmählich im Laufe der Zeit aus jener, einst unglaublich heißen und dicht gebündelten Energieschwade. Unsere ältesten Vorfahren sind damit die Photonen – wir entstanden aus Licht. Wie es dazu kommen konnte, werden wir nun versuchen zu ergründen.

7

Der Tag ohne Gestern

Eine logische Katastrophe und ihre Folgen

7.1 Dunkel, dünn, kalt und alt

Vom heutigen Universum zur Urknalltheorie

Bevor wir den finalen Endspurt zum Anfang von allem antreten, müssen wir kurz noch klären, was man sich unter der Urknalltheorie überhaupt vorzustellen hat beziehungsweise warum sie sich allmählich in den Köpfen der Wissenschaftler festsetzte. Dazu springen wir für einen kurzen Moment ganz dreist zurück in die Gegenwart.

Das Echo des Urknalls

Unser heutiges Universum präsentiert sich uns wie folgt: Es ist wahnsinnig dunkel, wahnsinnig dünn, wahnsinnig kalt und wahnsinnig alt. Das klingt nicht gerade positiv, ist jedoch, wie wir später noch sehen werden, die Voraussetzung schlechthin dafür, dass Leben überhaupt entstehen kann (siehe *Danke, Licht!*, Seite 792).

Das heutige Universum ist wahnsinnig dunkel, dünn, kalt und alt.

Dunkel ist das All deshalb, weil die Hintergrundphotonen, die den Raum bevölkern, nicht mehr im sichtbaren Bereich strahlen (siehe *Hintergrundrauschen*, Seite 661). Schuld daran ist wiederum die Expansion, die unser Universum immer weiter aufbläht, was zur Folge hat, dass auch die Dichte kontinuierlich in den Keller geht (siehe *Gestern kleiner als heute*, Seite 654). Da dieses Prozedere des Ausdehnens bereits seit 13,7 Milliarden Jahren andauert, ist unser heutiges All, das im Durchschnitt gerade einmal ein einsames Teilchen pro Kubikmeter vorzuweisen hat, mit 2,73 Kelvin entsprechend kalt und alt. (Nur zum Vergleich: In einer Galaxie tummelt sich immerhin ein Teilchen pro Kubikzentimeter, in unserer Luft auf der Erde sind bereits stolze 10^{20} Teilchen pro Kubikzentimeter zu finden, und unser Körper stellt mit 10^{27} bis 10^{28} Teilchen pro Kubikzentimeter eine regelrechte Teilchenschwemme dar.) So weit, so gut.

Nun springen wir wieder zurück zum Lichtvorhang, der das Universum schmückte, als es 380 000 Jahre jung war (siehe *Die Unabhängigkeitserklärung der Materie,* Seite 666). Hier sah die Sache bekanntlich etwas anders aus: Das Universum war viel kleiner (etwa eintausendmal winziger als heute), die Dichte entsprechend höher, mit 3000 Kelvin war es wesentlich wärmer, und damit kam das All damals auch weitaus weniger düster daher und leuchtete stattdessen in einem knalligen Rotton.

Diese Erkenntnis, die durch den Nachweis des heutigen Mikrowellenhintergrunds erstaunlich präzise bestätigt wurde, führte schließlich zusammen mit Hubbles Entdeckung der Expansion des Raums dazu, dass die Wissenschaft eine Theorie vom Anfang des Universums immer mehr befürwortete – die Urknalltheorie wurde damit salonfähig. Doch was besagt sie genau?

Die Urknalltheorie besagt, dass das Universum aus einem winzig kleinen, unglaublich energiegeladenen Punkt heraus entstanden ist.

Die Hauptaussage, die in jener Theorie steckt, lautet: Das Universum ist einst aus einem winzig kleinen, unglaublich energiegeladenen Punkt heraus entstanden (siehe *Die Planck-Ära,* Seite 757). Seine seitdem andauernde Entwicklung lässt sich dabei in mehrere Epochen einteilen, in denen durch die Expansion und die damit verbundene Abkühlung des Raums die verschiedensten Dinge passierten. Gerade die allerersten Momente des jungen Universums hatten es dabei gewaltig in sich. Hier wechselten die physikalischen Bedingungen derartig rasant, dass sich die Urknalltheorie besonders mit der Entwicklung bis zu den ersten drei Minuten beschäftigt. Innerhalb dieser kurzen Zeit hatte unser Kosmos bereits fünf verschiedene Entwicklungsstufen hinter sich gebracht. Ab jetzt war die meiste Arbeit erledigt. Alles, was danach passierte – die ersten Gehversuche des Lichts, das daraufhin einsetzende Dunkle Zeitalter, das Aufkommen der ersten Sterne, was wiederum die gesamte Strukturierung des Weltalls zur Folge hatte, diente lediglich der Feinjustierung unseres Kosmos.

Besonders innerhalb der ersten drei Minuten ging es in unserem frisch geschlüpften Universum rund. Während dieser Zeit hatte der Kosmos bereits fünf grundverschiedene Entwicklungsphasen hinter sich gebracht.

7.2 *Energie liegt in der Luft*

Kernreaktionen unter freiem Himmel

Auf was es also wirklich ankam, waren die allerersten drei Minuten in unserem Universum. Hier formte sich aus einem unglaublich kleinen, dichten, heißen Etwas die gesamte Materie, aus der unser heutiges Universum besteht. Genau jener Zeit wollen wir uns nun nähern. Dazu fangen wir zunächst ganz harmlos an, indem wir uns langsam vom Lichtvorhang aus, rückwärts in der Zeit, bis zu jenen drei Minuten bewegen.

Die Ära der Atomkerne

Als zu jener Zeit, 380 000 Jahre nach dem Urknall, das Universum auf 3000 Kelvin abgekühlt und die Energie der Hintergrundphotonen damit entsprechend gesunken war, konnten erstmals neutrale Atome entstehen, die von nun an dem Licht ein weitestgehend ungehindertes Vorankommen ermöglichten (siehe *Die Unabhängigkeitserklärung der Materie,* Seite 666). Die Ära der Atome, die wegen ihres chronischen Mangels an sichtbarem Licht auch als das Dunkle Zeitalter bezeichnet wird, hatte damit begonnen (siehe *Die Ära der Atome,* Seite 643).

Bevor es jedoch so weit war, lag die Materie unseres Universums ausschließlich im geladenen Zustand vor. Es waberte ein einziges Plasma umher, in dem Wasserstoff- und Heliumionen getrennt voneinander ihr Dasein fristeten und durch ihr enges Beieinandersitzen den Photonen ordentlich auf die Nerven gingen, indem sie das Licht permanent umherschubsten (siehe *Wenn das Photon mit dem Elektron…,* Seite 143/*Auf Zickzackkurs,* Seite 280). Wir befinden uns nun in der Ära der Atomkerne. Sie dauerte an, bis das Universum das besagte Alter von 380 000 Jahren erreichte. Ähnlich wie während des Dunklen Zeitalters passierte in jener Epoche herzlich wenig. Einzig die Expansion des Raums schritt weiter voran und kühlte den Kosmos immer mehr herunter – so lange, bis sich schließlich bei 3000 Kelvin der Lichtvorhang öffnete und das Licht laufen lernte.

Während der Ära der Atomkerne passierte in unserem Universum fast 380 000 Jahre lang nahezu gar nichts. Einzig der Raum dehnte sich fortlaufend weiter aus und kühlte dadurch immer mehr ab.

Die Nukleosynthese-Ära

Doch bis es dazu kam, musste ganz schön viel Zeit ins Land gehen. Zwar befand sich das Universum nicht wie während des Dunklen Zeitalters gähnend lange 200 Millionen Jahre lang im Dämmerzustand, 380 000 Jahre dauerte es dann aber immerhin doch, bis die eintönige Ära der Atomkerne schließlich endete.

Doch wie konnte das sein? Das Universum war ja erst 380 000 Jahre alt, als sich der Lichtvorhang hob und die Ära der Atome begann! Herrschte vorher ausschließlich die trostlose Ära der Atomkerne in unserem Universum? Nicht ganz. Tatsächlich ging es besonders vor der Zeit, in der das Licht von den Elektronen, Wasserstoff- und Heliumkernen herumgeschubst wurde, in unserem Universum ordentlich rund. Jedoch dauerten diese ganz frühen Entwicklungsphasen eben nur furchtbar kurz an. Die Ära der Atomkerne bescherte unserem Universum nämlich nicht exakt 380 000 Jahre lang reinste Langeweile, sondern es passierte genauer gesagt nur 380 000 Jahre *minus drei Minuten* neben der Expansion des Raums so gut wie gar nichts. Und während dieser ersten drei Minuten war es um unser Universum völlig anders bestellt.

Es herrschte die sogenannte Epoche der Primordialen Nukleosynthese. Während dieser Zeit entstand ein Element, das 200 Millionen Jahre später das Innere der Sterne zieren sollte. Die Rede ist von unserem reaktionsverweigernden Freund, dem Edelgas Helium (siehe *Vom Molekül zum Stern,* Seite 423). Anders als all die schwereren Elemente wurde die überwiegende Mehrheit des gesamten Helium-

[Fotografie 56a] ***Beginn der Nukleosynthese-Ära – Helium entstand, wurde aber von den hochenergetischen Photonen gleich wieder zerstört***

[Fotografie 56b] **Ende der Nukleosynthese-Ära – Das Licht wurde schwächer, die entstandenen Heliumkerne blieben stabil**

vorrats in unserem Universum nämlich nicht in den Sternen erzeugt, sondern schon während der ersten drei Minuten gebildet, die unser frischgebackenes All jung war.

Das meiste Helium, das in unserem Universum zu finden ist, wurde nicht in den Sternen erzeugt, sondern bereits während der ersten drei Minuten nach dem Urknall gebildet.

Hallo, Helium!

Wir wissen bereits, was passieren muss, damit Helium entsteht: Vier Protonen müssen sich mittels Kernfusion zusammentun (siehe *Proton trifft Proton,* Seite 301). Da dies jedoch nur funktioniert, wenn der Druck und die Temperatur die störrischen Wasserstoffkerne zu ihrem Glück zwingen, gelingt die Kernfusion heute nur noch in den heißen und dichten Kernen der Sterne (siehe *Drückend heiß,* Seite 281).

Sterne gab es während der ersten drei Minuten in unserem Universum allerdings noch keine – heiß und dicht war es dafür aber umso mehr, schließlich war der gesamte Raum damals noch um ein Vielfaches kleiner (siehe *Gestern kleiner als heute,* Seite 654). Und so herrschten zu Beginn der Nukleosynthese-Ära knackige 10^{11} Kelvin – und damit war es deutlich heißer als im Inneren unserer heutigen Sonne! Ganz von selbst begannen sich bei dieser Umgebungstemperatur einige der bereits vorhandenen Wasserstoffkerne zu Helium zu verwandeln. Dieses Spektakel dauerte so lange an, bis durch die Ausdehnung des gesamten Raums die Temperatur schließlich auf 10^9 Kelvin und die Dichte auf 10^{13} Gramm pro Kubikzentimeter abfiel. Nun war Schluss mit lustig, und die Kernfusion unter freiem Himmel kam zum Erliegen.

Die chemische Zusammensetzung unseres Universums war damit im Großen und Ganzen besiegelt. Auch heute noch besteht das All weitestgehend aus jenen Elementen, die bereits am Ende der Nukleosynthese-Ära vorlagen. Nämlich zu rund 75 Prozent aus Wasserstoff und zu 25 Prozent aus Helium (siehe *Wie der Ball ins Rollen kam,* Seite 447). Ein verschwindend geringer Anteil dieser Elemente ist inzwischen durch den Stern-Gas-Stern-Zyklus in schwere Elemente umgewandelt worden, an der Hauptzusammensetzung unseres Universums hat dies jedoch kaum etwas geändert. (Der Vollständigkeit halber sei noch erwähnt, dass neben Helium auch noch ein minimaler Anteil der Elemente Deuterium, Tritium und Lithium entstand. Doch dies geschah wirklich nur in äußerst homöopathischen Dosen, weshalb im heutigen Kosmos nur kärglichste Spuren dieser beiden Elemente vorzufinden sind – siehe *Das Schicksal der Neutronen,* Seite 703.)

Allerdings gab es da noch ein kleines Problem. Bevor es nämlich zu dem besagten Masseanteil von Wasserstoff zu Helium im Verhältnis eins zu drei kam, war es zu Beginn der Nukleosynthese-Ära in unserem Universum mit 10^{11} Kelvin viel zu heiß, als dass die frisch gebildeten Elemente in Ruhe ihr Dasein hätten genießen können. Stattdessen wurden sie von den damals noch ordentlich energiegeladenen Gammaphotonen (aus ihnen wurde später das rote Licht des Lichtvorhangs und noch viel später die heutige, mit 2,73 Kelvin frostig kalte Mikrowellenhintergrundstrahlung) schnurstracks wieder in ihre Einzelteile zerlegt (siehe Fotografie 56a). Diese gemeine Aktion war erst zu Ende, als die erste Minute in unserem Weltall angebrochen war. Nun war die Strahlung energieärmer geworden, und das Helium durfte unversehrt bleiben (siehe Fotografie 56b).

Das Schicksal der Neutronen

Doch noch eine weitere Besonderheit ereignete sich, als es mit 10^{11} Kelvin ungemütlich heiß war. Neben den positiv geladenen Protonen, also den Wasserstoffkernen, wuselte nämlich noch eine andere Teilchenart umher: die Neutronen (siehe Grafik 88). Auch sie waren somit schon da, als das All nur wenige Minuten alt war.

Durch die unglaubliche Hitze, die während der allerersten Minute unser Universum in Wallung versetzte, tobte zwischen den Neutronen und den Protonen, die damals noch zu gleichen Teilen vorhanden waren, ein ziemlich reges Spiel. Die beiden Teilchen wandelten sich dank der schwachen Kernkraft fröhlich gegenseitig ineinander um (siehe Grafik 88a/*Das Kräftemessen der Bosonen,* Seite 90). Allerdings zogen die Neutronen dabei eindeutig den Kürzeren. Schuld daran war ihre Masse. Neutronen sind nämlich einen Tick schwerer als ihre positiv geladenen Teilchenkollegen. Solange die Temperatur noch bei 10^{11} Kelvin lag, stellte dies allerdings kein Problem dar. Die Energie war hier schließlich hoch genug, um sowohl Neutronen in

[Grafik 88] ***Die Entwicklung der Neutronen bis zum Ende der Nukleosynthese-Ära***

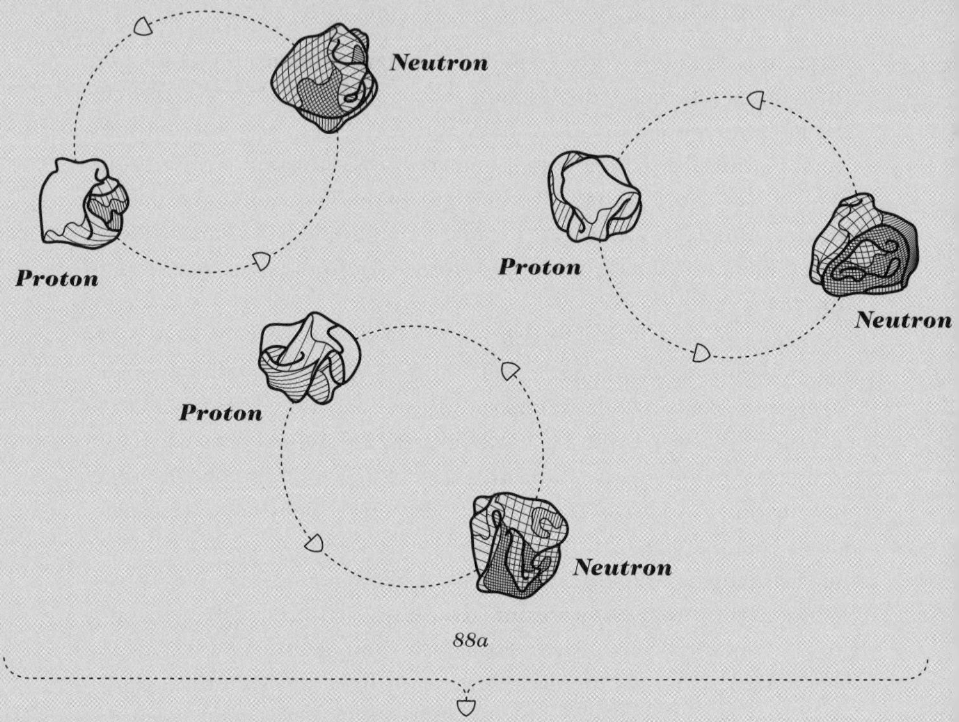

Zu Beginn der Nukleosynthese-Ära, bei 10^{11} Kelvin, wandelten sich Protonen und Neutronen noch gegenseitig über den Betazerfall ineinander um.

Der Anteil an Protonen und Neutronen war deshalb im Gleichgewicht.

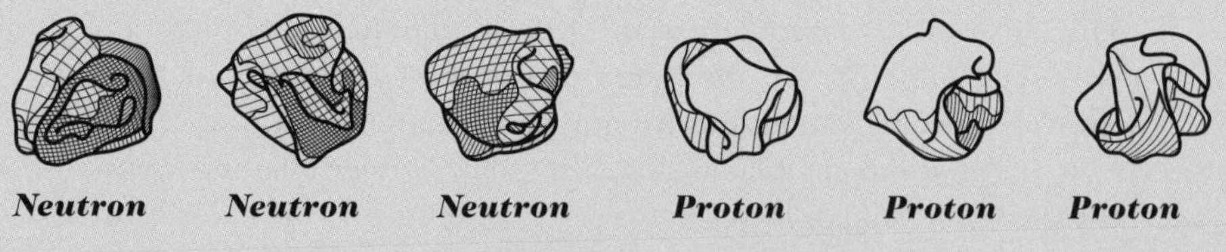

Da freie Neutronen innerhalb einer Viertelstunde in Protonen zerfallen, mussten sie, um bestehen zu bleiben, in einen Atomkern eingebaut werden.

Meist landeten sie dabei in einem Heliumkern, ganz selten bildeten sich auch die Wasserstoffisotope Tritium (ein Proton, zwei Neutronen) oder Deuterium (ein Proton, ein Neutron).

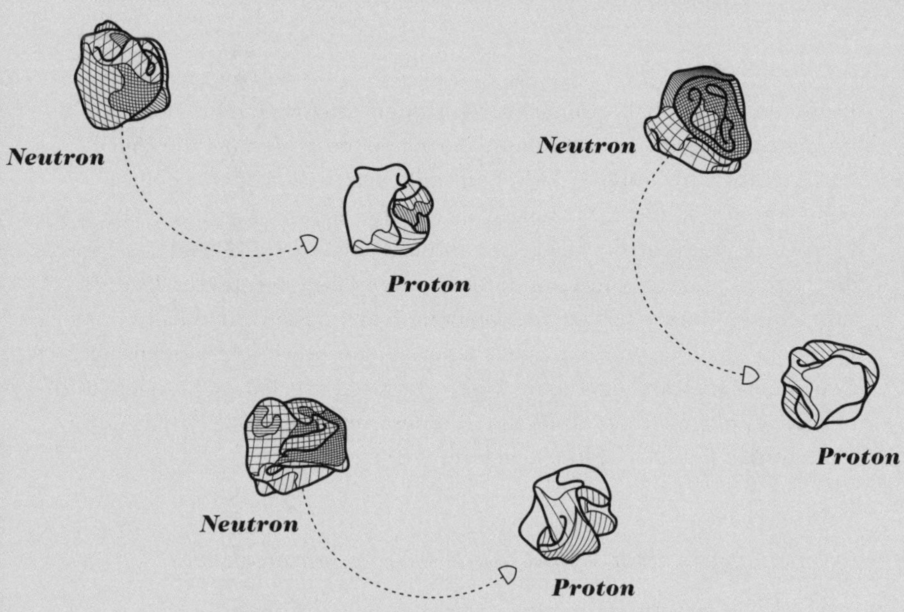

88b

Am Ende der Nukleosynthese-Ära, bei 10^{10} Kelvin, konnten nur noch die schwereren Neutronen in die leichteren Protonen umgewandelt werden, da hierbei Energie frei wurde.

Die Protonen waren deshalb nun klar in der Überzahl.

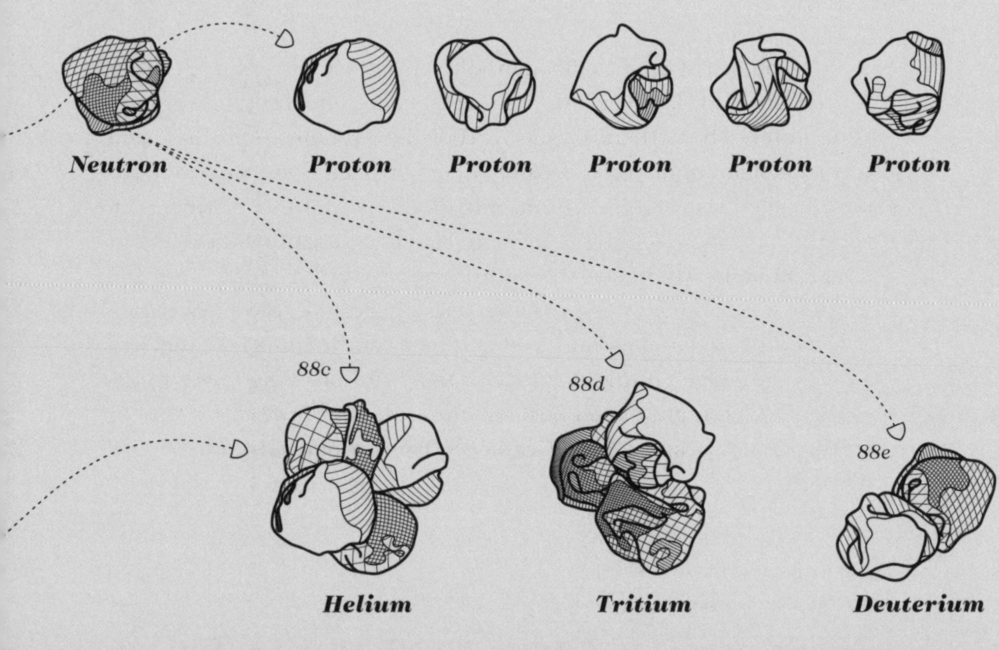

Protonen als auch Protonen in Neutronen umzuwandeln. Doch als im Laufe der Zeit – also im Laufe der nächsten Minuten – die Umgebungstemperatur unter 10^{11} Kelvin sank, waren die leichteren Protonen plötzlich klar im Vorteil. Während für die Verwandlung eines Protons in ein Neutron wegen der größeren Masse Energie aufgewendet werden musste, wurde im umgekehrten Fall Energie frei. Und so führte die Abkühlung dazu, dass plötzlich keine Neutronen mehr aus Protonen gebildet wurden, umgekehrt aber weiterhin Protonen aus Neutronen entstanden. Damit waren die positiv geladenen Teilchen binnen weniger Minuten, als die Temperatur unter 10^{10} Kelvin fiel, eindeutig in der Überzahl (siehe Grafik 88b).

Bis das Universum drei Minuten alt war, wandelten sich Protonen und Neutronen gegenseitig ineinander um.

Als nach drei Minuten die Temperatur allerdings zu tief gesunken war, um weiterhin Energie für den Teilchenwandel aufzubringen, konnten nur noch Neutronen in Protonen umgewandelt werden. Das einstige Gleichgewicht zwischen den beiden Teilchen kippte dadurch zugunsten der Protonen.

Doch selbst jene Neutronen, die das Glück hatten, nach dieser Aktion übrig zu bleiben, mussten sich recht schnell einer Veränderung unterziehen. Denn da das Verfallsdatum eines einsamen Neutrons nach gut einer Viertelstunde überschritten ist und es nach Ablauf dieser Frist in ein Proton, ein Elektron und ein Antineutrino zerfällt, mussten sich die neutralen Teilchen schleunigst etwas einfallen lassen, wenn sie ihrer drohenden Zerbröselung entgehen wollten. Unter Zugzwang entschieden sich deshalb die meisten von ihnen dafür, zusammen mit Protonen in einen Heliumkern eingebaut zu werden (siehe Grafik 88c/*Proton trifft Proton,* Seite 301). Einige wenige bildeten aber auch zusammen mit einem Proton die Wasserstoffisotope Tritium (siehe Grafik 88d) und Deuterium (siehe Grafik 88e).

Um dem nach knapp einer Viertelstunde einsetzenden Betazerfall, der aus Neutronen Protonen werden lässt, zu entgehen, nisteten sich die meisten Neutronen am Ende der Nukleosynthese-Ära in Atomkerne ein. Auf diese Weise sind neben Helium auch Spuren von Deuterium und Tritium entstanden.

7.3 *Eins gegen eine Milliarde*

Vom Schicksal des letzten Antiteilchens

Als die Nukleosynthese-Ära zu Ende ging, waren in unserem Universum etwa zu 75 Prozent Wasserstoff- und zu 25 Prozent Heliumkerne anzutreffen, die von nun an, im darauffolgenden Zeitalter der Atomkerne, dem Licht das Leben schwer machen sollten. Wie es zum Helium und den Isotopen des Wasserstoffs kam, wissen wir jetzt. Doch woher stammten überhaupt die ganzen Protonen, Neutronen und Elektronen, die bereits existierten, als die Kernreaktionen im gesamten Kosmos zündeten? Dazu müssen wir die ohnehin recht kurze Zeit erneut ein ungemein kleines Stückchen weiter zurückdrehen.

Die Hadronen-Ära

Nun befinden wir uns weniger als 0,001 Sekunden, sprich eine Millisekunde, nach dem Urknall. Zu dieser Zeit ging es im wesentlich kleineren Universum noch weitaus heißer und dichter zur Sache als während der Primordialen Nukleosynthese. Es lag nun sogar derartig viel Energie auf engstem Raum in der Luft, dass etwas außerordentlich Merkwürdiges zwischen Licht und Materie passierte. Die beiden wandelten sich nämlich, ähnlich, wie es wenig später zwischen Neutronen und Protonen der Fall war, gegenseitig ineinander um. Aus Energie entstanden Teilchen, und Teilchen verwandelten sich wieder in Energie.

Dieses Phänomen ist uns bereits über den Weg gelaufen, als wir uns mit der Quantenrevolution beschäftigten (siehe *Die Erkenntnisse der Quantenrevolution,* Seite 57). Auch bei der Kernfusion in der Sonne wurden wir schon Zeuge, wie aus einem Teilchen-Antiteilchen-Paar Licht entstand (siehe *Proton trifft Proton,* Seite 301). Dieser Vorgang, der auch als sogenannte Annihilation bezeichnet wird, passiert immer genau dann, wenn ein Teilchen auf sein passendes Gegenstück, das Antiteilchen, trifft. Entsprechend ihrer Masse entstehen aus den beiden nach ihrem Zusammentreffen wegen der Energie- und Impulserhaltung zwei Photonen, die sogleich davonsausen.

Da bei dieser Aktion Energie freigesetzt wird, funktioniert sie im Grunde immer, auch im heutigen kalten und alten All. Sobald ein Antiteilchen irgendwo auftaucht, ist es deshalb, ehe es sichs versieht, bereits wieder von der Bildfläche verschwunden. Die eindeutige Überzahl an Teilchen in diesem Universum macht mit der Randerscheinung Antiteilchen schlichtweg kurzen Prozess. Warum ausgerechnet die Teilchen das Regiment in diesem Universum innehaben und es nicht die Antiteilchen sind, aus denen wir bestehen, wird sich gleich zeigen …

Doch nun zurück zu jener Zeit, als das Universum gerade einmal so flüchtig existierte wie die Dauer eines Wimpernschlags. Hier sah das Gleichgewicht zwischen Teilchen und Antiteilchen nämlich noch recht harmonisch aus. Und während für die Annihilation die Umgebungstemperatur keine Rolle spielt, sieht die Sache im umgekehrten Fall ein wenig anders aus. Damit aus Energie ein Teilchen-Antiteilchen-Paar hervorgehen kann, muss es ordentlich heiß sein. Nur dann kann ein Teil der Energiemenge abgeknapst werden, um gemäß Einsteins Formel $E = mc^2$ Masse entstehen zu lassen. Innerhalb der ersten 0,001 Sekunden war dies definitiv möglich. Als der Raum auf 10^{12} Kelvin abgekühlt war, endete das Spektakel allerdings. Und dies war genau in dem Moment der Fall, als die besagten 0,001 Sekunden zu Ende gingen. Zuvor kam es also zu einem fröhlichen Wandel von Teilchen zu Licht und von Licht zu Teilchen. Doch von welchen Teilchen reden wir hier eigentlich?

Es waren vor allem die Protonen (und somit Wasserstoffkerne), die zusammen mit ihrem Gegenpart, den Antiprotonen, im frühen Universum umherwuselten (siehe Grafik 89). Diese Epoche wird deshalb auch als die Ära der Hadronen bezeichnet, denn hier entstanden Teilchen, die aus Quarks bestehen und zu denen eben auch Protonen gehören, zusammen mit ihren Antiteilchen (siehe Grafik 89a), um sich sogleich wieder in Licht zu verwandeln (siehe Grafik 89b). Das Ganze blieb allerdings wie gesagt nur sehr kurz im Gleichgewicht. Nach einer Millisekunde war es schließlich zu kalt geworden, um aus Energie Protonen und Antiprotonen entstehen zu lassen. Nun kippte das Gleichgewicht zwischen Licht und Teilchen zugunsten der Photo-

[Grafik 89] ***Paarerzeugung und Annihilation während der Hadronen-Ära***

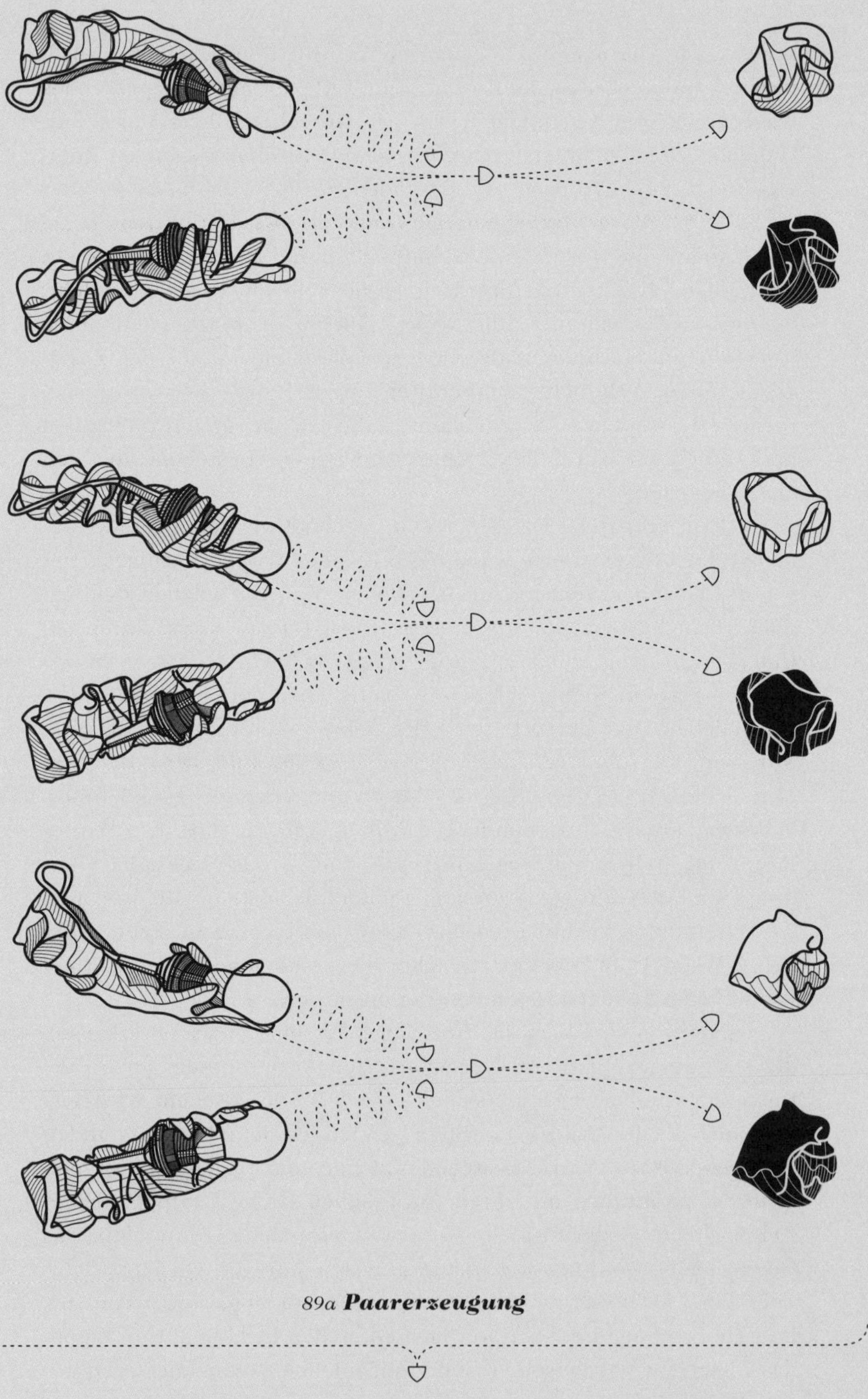

89a ***Paarerzeugung***

Aus zwei Photonen entstanden entsprechend ihrer Energie ein Proton und ein Antiproton.

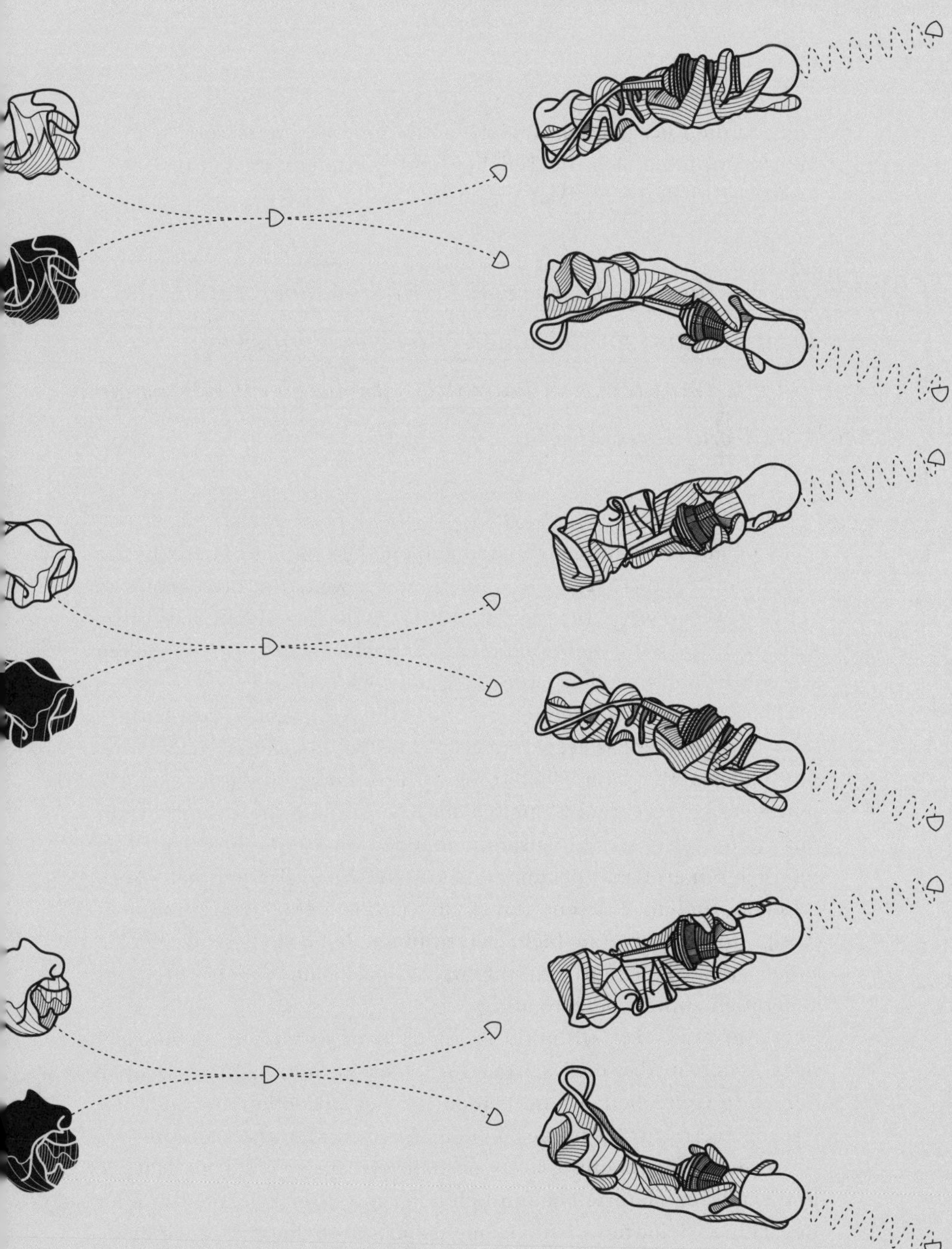

89b ***Annihilation***

Proton und Antiproton vernichteten sich gegenseitig und wurden entsprechend ihrer Masse zu zwei Photonen.

nen. Da die Energie nicht mehr hoch genug war, um Materie hervorzubringen, taten sich die Teilchen und Antiteilchen nach 0,001 Sekunden ein allerletztes Mal zusammen, um zu Energie zu werden.

Während der Hadronen-Ära war die Energie hoch genug, um aus Licht Protonen und Antiprotonen entstehen zu lassen. Diese Teilchen-Antiteilchen-Paare verschmolzen allerdings gleich wieder und wurden zu Licht.

Eigentlich könnte man jetzt meinen, dass nun nur noch Energie den Raum erfüllt hätte und keine Materie weit und breit mehr zu sehen gewesen wäre. Dies war allerdings nicht so – glücklicherweise, sonst würde es uns heute nämlich gar nicht geben! Woraus sollten wir schließlich bestehen, wenn es gar keine Teilchen mehr gegeben hätte, sondern ausschließlich Licht das Universum bevölkert hätte?

Stattdessen passierte nun etwas, das bereits mehrfach zuvor im blutjungen Universum vonstattenging. Es kam zu einem Bruch – genauer gesagt zu einem Symmetriebruch. Als sich die letzten Protonen und Antiprotonen zusammenfanden, hatten einige Teilchen nämlich ein großes Problem: Sie konnten keinen Partner, kein Antiteilchen, finden! Während um sie herum viele glückliche Protonen-Antiprotonen-Paare zu Licht zerstrahlten, blieben diese Unglücksraben ganz allein auf weiter Flur, völlig einsam und höchstwahrscheinlich zutiefst betrübt übrig.

Auf etwa eine Milliarde Protonen kam jeweils ein unglückseliges Teilchen, das dieses traurige Schicksal ereilte. Diese Gruppe der übrig Gebliebenen fand keinen Partner und blieb am Ende der Hadronen-Ära zurück, ohne zu Licht zu zerstrahlen (siehe Grafik 90). In unserem Universum gibt es deshalb viel mehr Licht als Materie und somit, da Materie bekanntlich aufgrund ihrer Festigkeit in aller Regel einen Schatten wirft, viel mehr Licht als Schatten – auch heute noch (siehe Fotografie 57). Auf ein Materieteilchen kommen sage und schreibe eine Milliarde Photonen! Das mag man bei der heute herrschenden Dunkelheit kaum für möglich halten, ist aber tatsächlich der Fall (siehe *Der erste Symmetriebruch,* Seite 765).

Die Hadronen-Ära war nun also Geschichte. Mit ihr endete auch das emsige Wechselspiel, das aus Licht Materie werden ließ und umgekehrt. Übrigens waren es nicht nur die Protonen, die, nachdem das Universum seine ersten 0,001 Sekunden auf dem Buckel hatte, einsam und verlassen zurückblieben – ebenso erging es auch den Neutronen, bei denen es sich ja ebenfalls um Hadronen handelt.

Doch nicht nur Protonen und Neutronen wuselten umher. Die leichten Elektronen und Neutrinos und vielleicht auch die bisher nicht nachgewiesenen WIMPS waren wenig später, als die allererste Sekunde anbrach, ebenfalls mit von der Partie (siehe *Weicheier,* Seite 636). Auch sie fanden sich am Ende des Teilchen-Antiteilchen-Wandels als Überbleibsel wieder, als das Thermometer auf 10^{10} Kelvin purzelte.

Außerdem hatten auch die Bestandteile der Hadronen, die Quarks, mit der Asymmetrie zugunsten der Teilchen zu kämpfen und spürten ebenfalls nicht vollzählig ihr passendes Antiteilchen auf. Dies passierte allerdings wesentlich früher, noch bevor das Universum 10^{-33} Sekunden jung und mit 10^{25} Kelvin außerordentlich heiß war (siehe *Die Große Vereinheitlichte Theorie,* Seite 727). Schließlich sind Quarks wesentlich schwerer als Protonen und Neutronen – von den leichten Leptonen, zu denen auch das Elektron gehört, gar nicht erst zu sprechen – und entsprechend höher ist somit die Energiemenge, die nötig ist, um sie zu bilden (siehe *Fermionen sind verfeindet,* Seite 82).

Bevor Protonen und Neutronen aus Energie entstanden und sich mit ihren Antiteilchen wieder in Licht verwandelten, passierte dasselbe auch mit deren Bestandteilen, den Quarks, sowie den Leptonen. Auch sie bildeten sich aus Energie, um sich sogleich wieder gegenseitig zu vernichten und zu Licht zu werden.

Nach kurzer Zeit, bei einer Temperatur von 10^{13} Kelvin, schlossen sie sich kurzerhand mit anderen Quarks, die dasselbe Schicksal des Übriggebliebenseins ereilt hatte, zusammen und wandelten sich in Protonen und Neutronen um. Das ist übrigens auch der Grund dafür, warum wir heute Quarks grundsätzlich niemals alleine antreffen.

[Grafik 90] ***Symmetriebruch am Ende der Hadronen-Ära***

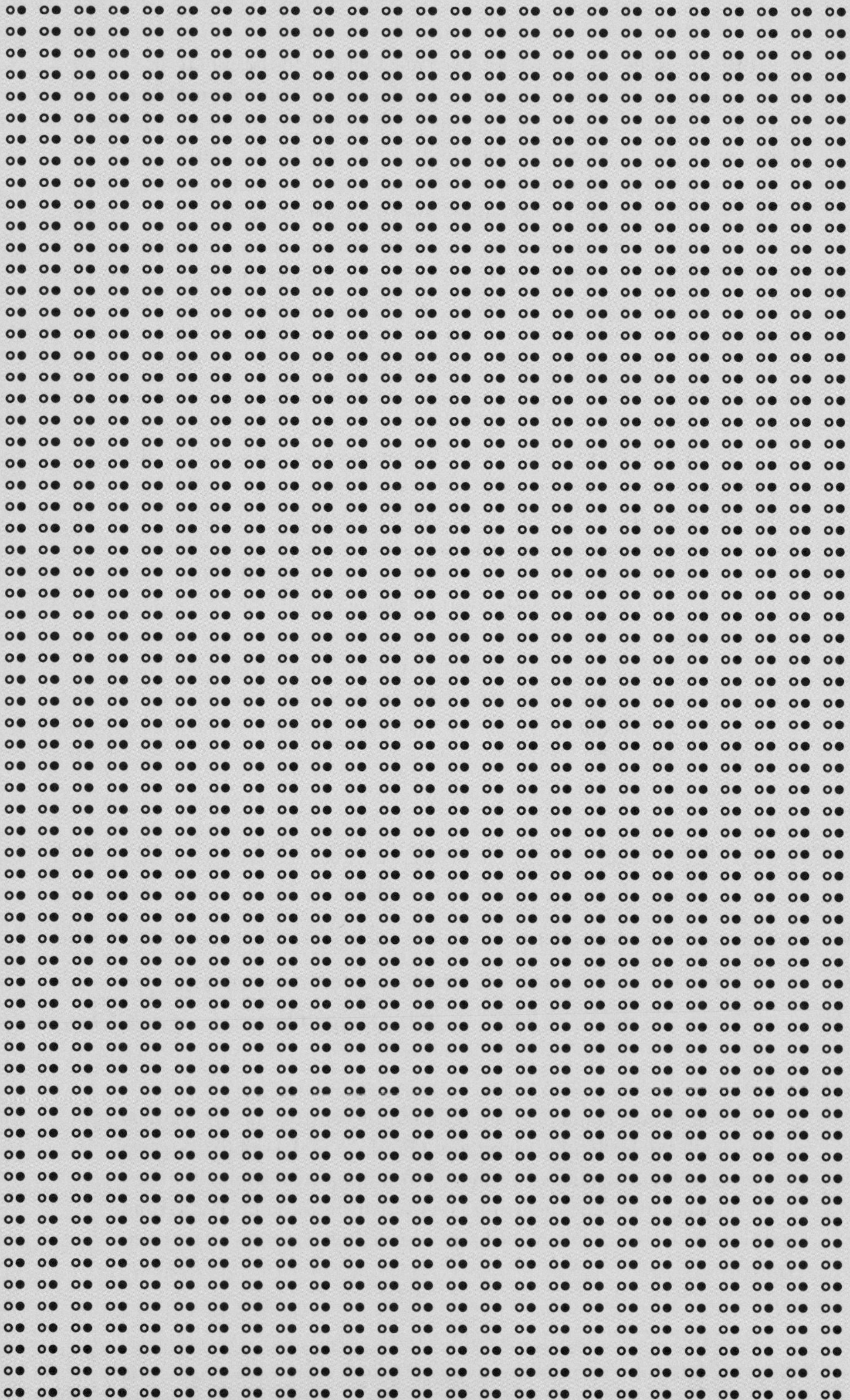

Auf ein Teilchen …

… kamen eine Milliarde Teilchen-Antiteilchen-Paare.

(Zu sehen sind nur 1600 Teilchen-Antiteilchen-Paare – damit das Größenverhältnis der Asymmetrie stimmt, müsste man die linke Buchseite deshalb 6250-mal kopieren!)

Als die ersten 0,001 Sekunden in unserem Universum angebrochen waren, fand nicht jedes Teilchen sein passendes Gegenstück. Auf jeweils eine Milliarde glückliche Teilchen-Antiteilchen-Paare kam stets ein unglückseliges Überbleibsel, das keinen Partner fand.

Einem Materieteilchen stehen somit eine Milliarde Photonen gegenüber – auch heute noch. Es gibt deshalb viel mehr Licht als Schatten in diesem Universum!

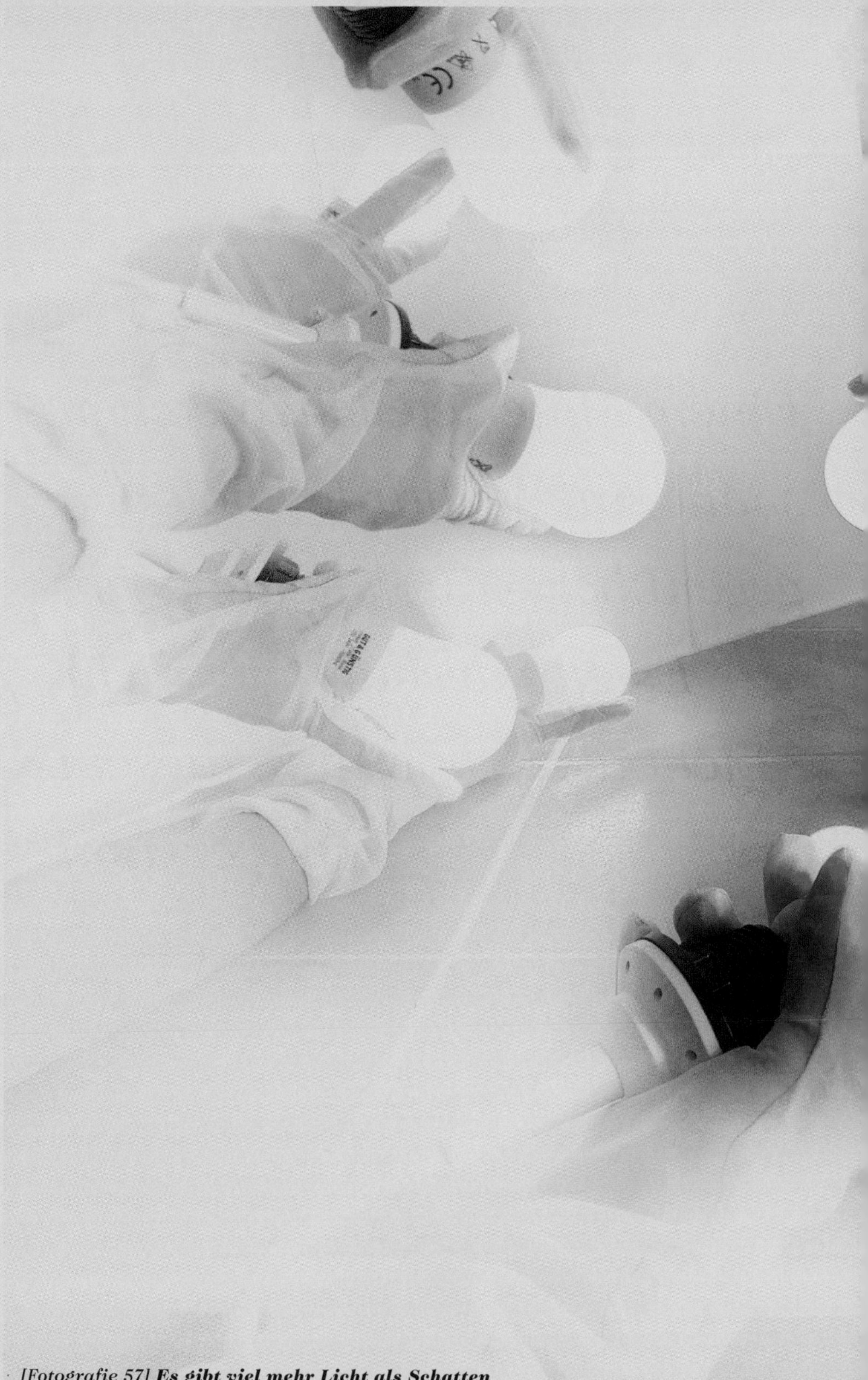

[Fotografie 57] ***Es gibt viel mehr Licht als Schatten***

Einige Antiquarks, denen es gelungen war, der Zerstrahlung zu Licht zu entgehen, schafften es sogar, Antineutronen und Antiprotonen zu bilden. Doch davon hatten sie am Ende dann doch nichts, denn die Asymmetrie zugunsten der Teilchen führte schließlich dazu, dass sich im Laufe der nächsten 13,7 Milliarden Jahre aus Protonen, Neutronen und Elektronen die gesamte sichtbare Materie zu bilden begann, die in unserem heutigen Universum heimisch ist (siehe *Schwer unsichtbar,* Seite 628). Auch wir bestehen somit aus jenen »Restbestandteilchen«, die am Ende der Hadronen-Ära kein passendes Gegenstück mehr finden konnten.

Aus den am Ende der Hadronen-Ära übrig gebliebenen Restbestandteilchen hat sich im Laufe von 13,7 Milliarden Jahren die gesamte Materie in diesem Universum entwickelt. Somit sind auch wir selbst das Resultat jener winzigen Asymmetrie.

7.4 Das letzte Zerwürfnis

Vom Ausflocken der Kräfte

Nachdem die Ära der Hadronen zu Ende ging, waren in unserem Universum alle Teilchen beisammen, die auch heute vorzufinden sind. Eine wichtige Gruppe haben wir bisher allerdings unterschlagen: die Kräfte. Nicht nur die Fermionen, sprich die Materieteilchen, betraten Schritt für Schritt, mit jedem weiteren Temperatursturz die Bühne des Weltalls, ebenso traf dies auf die Bosonen, die Wechselwirkungsteilchen, zu. Allerdings geschah das »Ausflocken« der letzten Kraftteilchen wesentlich früher, als es bei den Protonen und Neutronen der Fall war. Wann und wie sie zustande kamen, wollen wir nun klären.

Die elektroschwache Ära

Wir drehen den Zeiger der Zeit erneut Richtung Vergangenheit. Bei 10^{-10} Sekunden machen wir halt. An dieser Schwelle vollzog sich in unserem Universum nämlich ein markanter Wandel (siehe Grafik 91). Nachdem die Temperatur auf 10^{15} Kelvin gefallen war, waren erstmals alle vier Grundkräfte getrennt voneinander beisammen und unterschieden sich erheblich von ihren Bosonenkollegen (siehe Grafik 91a). Sie verhielten sich zu dieser Zeit bereits genauso, wie wir es heute von ihnen gewohnt sind (siehe *Das Kräftemessen der Bosonen*, Seite 90). Die starke Kernkraft mit ihrem Wechselwirkungsteilchen, dem Gluon, war bereits damals die stärkste der vier Kräfte, gefolgt vom Elektromagnetismus, der durch die Photonen vermittelt wird. Etwas abgeschlagen trat schließlich die schwache Kraft mit ihren Vermittlern, den W- und Z-Bosonen auf den Plan, und ganz zum

Schluss hinkte schließlich die schwächliche Gravitation hinterher, die wohl vom Graviton vertreten wird. So weit war also alles bereits so, wie wir es heute kennen.

Allerdings war dies eben erst 10^{-10} Sekunden nach dem Urknall der Fall. Vorher herrschte die sogenannte elektroschwache Ära. In dieser Epoche gab es nicht vier, sondern lediglich drei Grundkräfte im Universum zu bewundern. Während die starke Kraft und die Gravitation bereits getrennt voneinander existierten, war es mit der Individualität des Elektromagnetismus und der schwachen Kraft nicht allzu weit her. Diese beiden Kräfte waren damals nämlich miteinander verschmolzen. Photonen und W- und Z-Bosonen waren eins. Es gab überhaupt keinen Unterschied zwischen ihnen.

Während der elektroschwachen Ära waren Elektromagnetismus und schwache Kernkraft vereint. Es gab keinen Unterschied zwischen den masselosen Photonen und den schwergewichtigen W- und Z-Bosonen.

Wenn wir uns das heutige, masselose Photon ansehen und es den unglaublich massiven Bosonenkollegen der Kategorie »W« und »Z« gegenüberstellen, sind die Unterschiede frappierend: Das Licht kann unendlich weit mit Lichtgeschwindigkeit reisen, die W- und Z-Bosonen hingegen haben aufgrund ihres Schwergewichts lediglich eine Reichweite, die über einen herkömmlichen Atomkern nicht hinausragt. Einzig die Tatsache, dass sowohl das Licht als auch die W-Bosonen mit geladenen Teilchen interagieren, haben die beiden Kräfte heute noch gemein.

Als das All jünger als 10^{-10} Sekunden war, sah die Sache jedoch völlig anders aus. Der Elektromagnetismus und die schwache Kraft waren hier noch nicht existent. Stattdessen waren die beiden vereinigt in der sogenannten elektroschwachen Kraft, die jener Ära auch ihren Namen verlieh. Hier waren die Energie und die Dichte so hoch – auf einem Kubikzentimeter versammelten sich damals etwa 10^{19} Tonnen –, dass die Masse der heute so unterschiedlichen Bosonen überhaupt keine Rolle mehr spielte.

[Grafik 91] ***Das letzte Aufspalten der Kräfte am Ende der elektroschwachen Ära***

Das heutige Universum besteht aus vier Grundkräften.

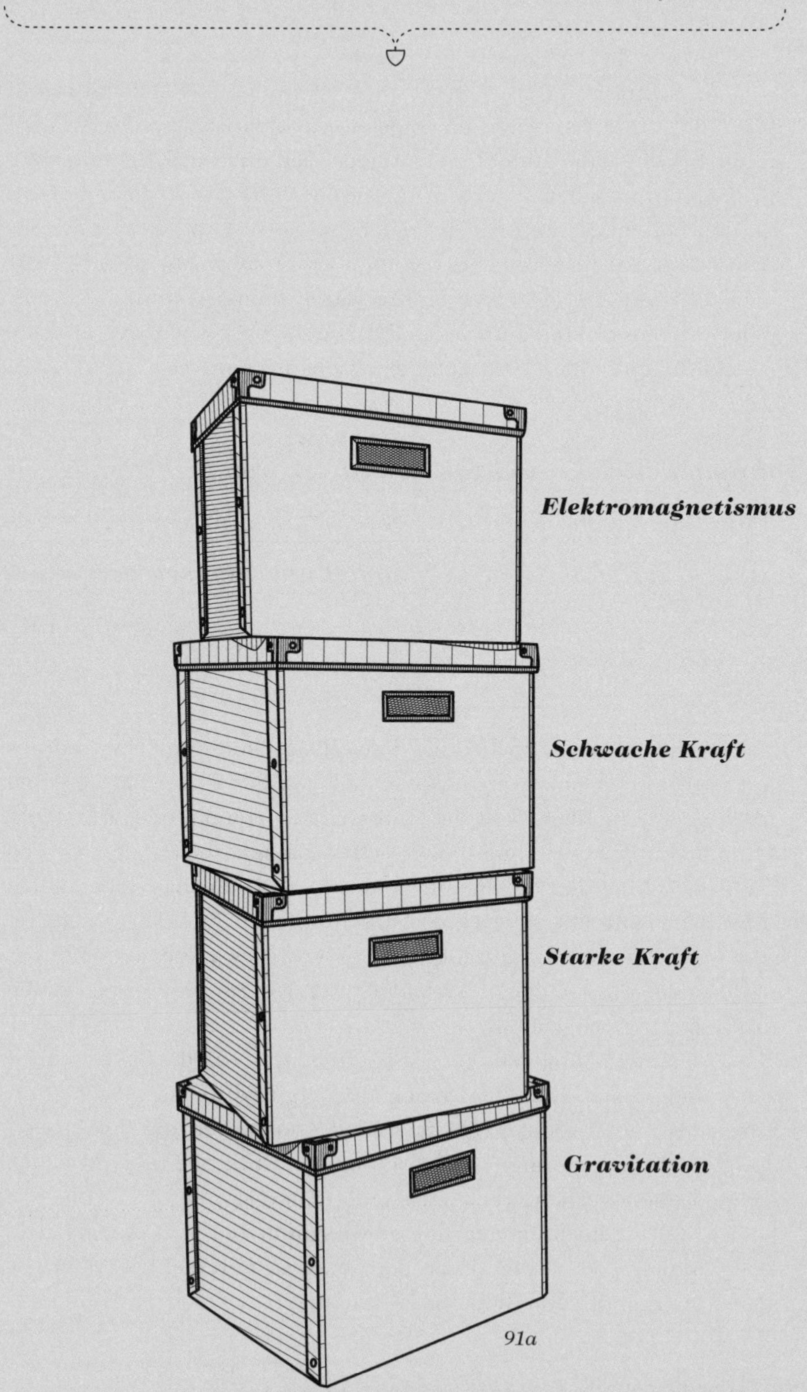

Am Ende der elektroschwachen Ära, 10^{-10} Sekunden nach dem Urknall, spaltete sich bei 10^{15} Kelvin die elektroschwache Kraft in den Elektromagnetismus und die schwache Kernkraft auf.

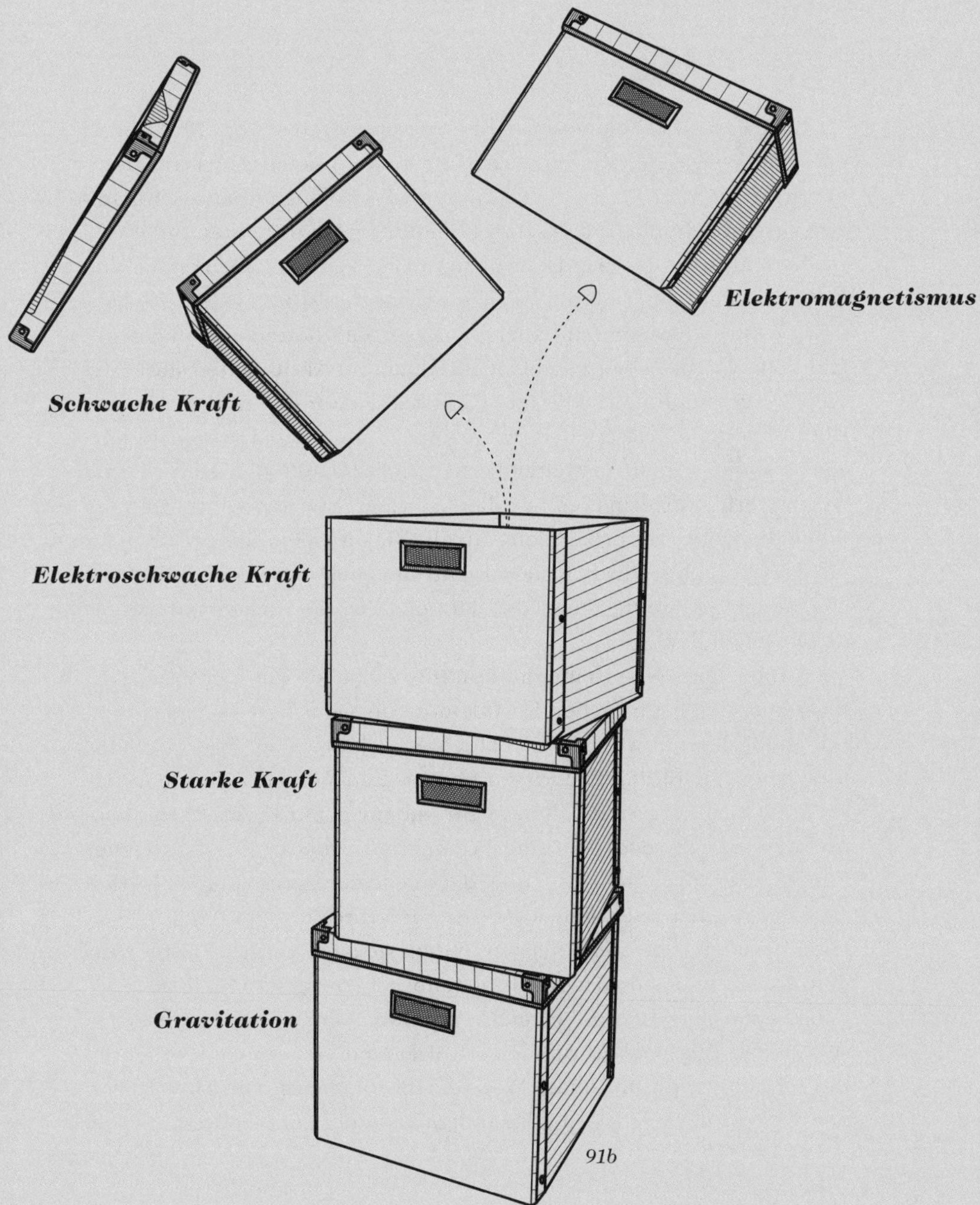

Erst als die Temperatur die kritische Grenze von 10^{15} Kelvin erreichte, sollte sich dies ändern. Nun spaltete sich die elektroschwache Kraft in zwei Parteien auf: In den Elektromagnetismus, mit seinen rasend schnellen, masselosen Photonen auf der einen Seite und in die starke Kraft, mit ihren brummigen, reichweitearmen W- und Z-Bosonen auf der anderen Seite (siehe Grafik 91b).

Währenddessen fand auch zu dieser Zeit bereits das ungetrübt fröhliche Wechselspiel zwischen Teilchen und Antiteilchen statt (siehe *Die Hadronen-Ära,* Seite 708). Allerdings war das zahlreiche Ausflocken von Materieteilchen, wie es während der Hadronen-Ära passierte, damals noch in weiter Ferne. Noch befand sich Materie und Antimaterie einigermaßen im Gleichgewicht. Stattdessen sorgten vor allem die Kräfte für ordentlich Aufruhr. Das Auseinanderbrechen der elektroschwachen Kraft in den Elektromagnetismus und die schwache Kernkraft stellte dabei den letzten Akt des Auskristallisierens der Bosonen dar.

Das ehemals vorhandene Bündnis zwischen der elektromagnetischen und der schwachen Kraft konnte übrigens bereits experimentell nachgewiesen werden. Im Jahr 1983 gelang es der Wissenschaft, die bisher nur in der Theorie vorhergesagten W- und Z-Bosonen tatsächlich ausfindig zu machen. Während zuvor nur theoretisch angenommen wurde, dass bei einer Temperatur von 10^{15} Kelvin (jener Temperatur also, die am Ende der elektroschwachen Ära, sprich 10^{-10} Sekunden nach dem Urknall, herrschte) die besagten schwachen Bosonen auftreten müssten, indem sie aus Energie erzeugt würden, wurde im europäischen Teilchenbeschleuniger CERN 1983 erstmals genau jene Energie erreicht, die damals am Ende der elektroschwachen Ära das Universum erfüllte. Und siehe da: Es tauchten tatsächlich die prophezeiten W- und Z-Bosonen auf! Die Theorie von der elektroschwachen Ära gilt seitdem als recht gut bestätigt.

7.5 Inflationär!

Alles wird GUT

Bis hierher befanden wir uns noch auf recht gesichertem Terrain, was die Entwicklung unseres Universums betrifft. Während bis zur elektroschwachen Ära dank des Prinzips von Theorie, Experiment und Beobachtung die physikalischen Zusammenhänge in unserer Welt zumindest so lange als relativ gesichert gelten, bis sie eines Tages vielleicht doch durch eine neue Entdeckung komplett über den Haufen geworfen werden müssen, begeben wir uns ab jetzt auf einen wesentlich wackeligeren Boden. Wir betreten nun eine Zeit, in der das Universum gerade einmal 10^{-38} Sekunden jung war. Hier passierte etwas, das das gesamte Erscheinungsbild unseres Kosmos fundamental prägen sollte. Allerdings waren die Energien, die hierbei mitgemischt hatten, so außerordentlich stark, dass wir jene Bedingungen bisher in keinster Weise experimentell nachahmen konnten. Das Folgende ist deshalb bisher vor allem Spekulation. Es spricht jedoch vieles dafür, dass diese theoretischen Überlegungen tatsächlich stimmen könnten…

Die Große Vereinheitlichte Theorie

Doch wovon reden wir hier eigentlich? Es geht um eine Zeit, in der sich das Universum nicht mehr so recht durch die Teilchenphysik beschreiben lassen will. Während dies bis zum Ende der elektroschwachen Ära noch einwandfrei möglich ist, wird es bei höheren Temperaturen – sprich Temperaturen jenseits von 10^{15} Kelvin – schon deutlich haariger. Bis zu der Zeit, als das All 10^{-10} Sekun-

[*Grafik 92*] ***Das Aufspalten der Kräfte nach der Großen Vereinheitlichten Theorie***

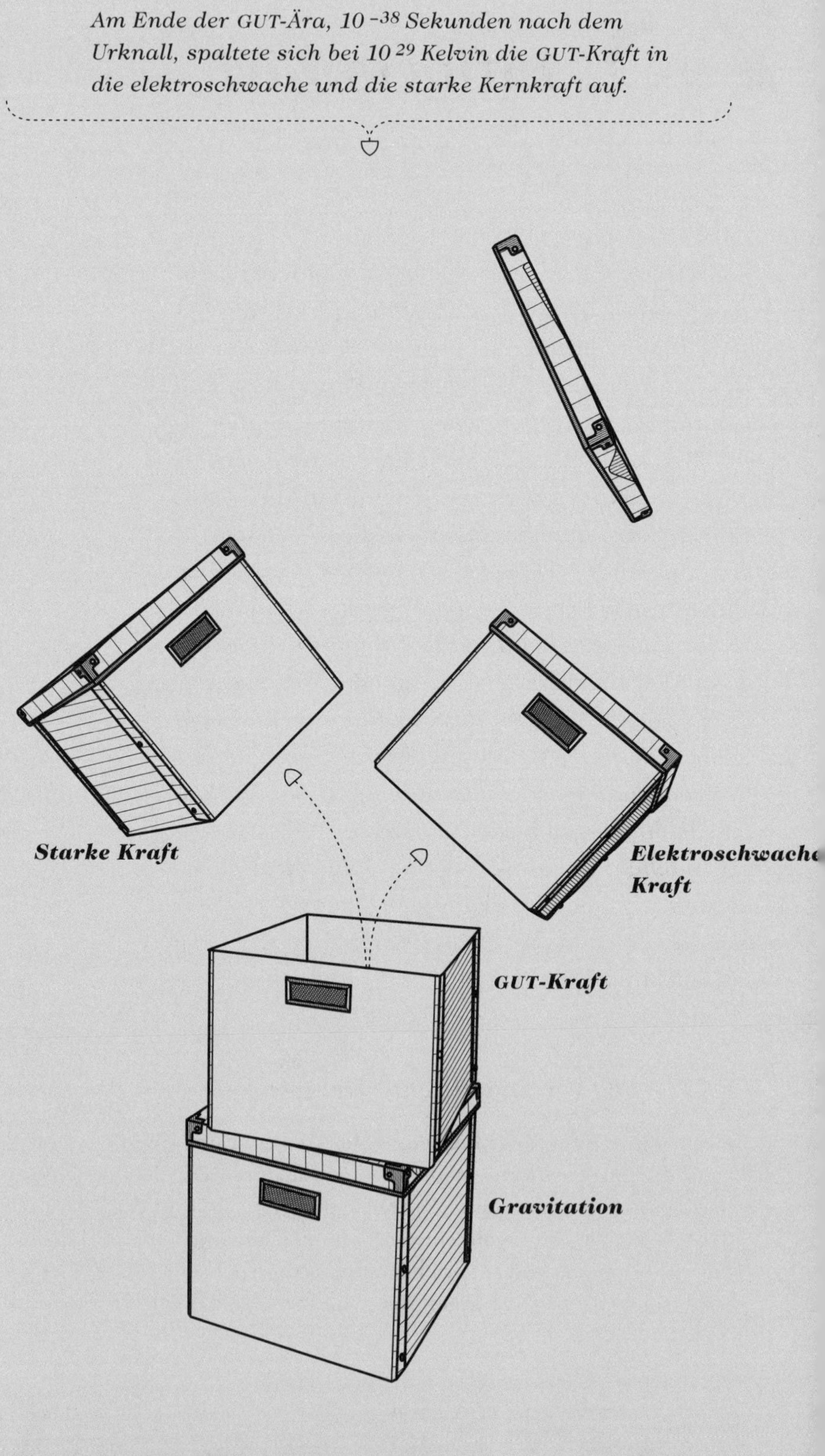

den alt war, ist also alles in bester Ordnung. Bis hierher lässt sich das Wechselspiel zwischen Energie und Materie noch sehr gut rekonstruieren. Alles, was noch früher vonstattenging, ist hingegen ziemlich schwierig nachzuvollziehen. Hier stoßen wir bisher an unsere Grenzen.

Eine Vorstellung, was damals passiert sein könnte, haben wir allerdings dennoch. Und diese lautet wie folgt: Kurz nachdem sich unser damaliges Mini-Universum seiner drei Kräfte Gravitation, starke Kraft und elektroschwache Kraft erfreute, war es, knapp 10^{-38} Sekunden nach dem Urknall, bereits relativ weit ausgedehnt. Licht und Materie saßen zwar im Vergleich zu seiner heutigen Spannweite enorm viel enger beisammen, doch das war noch rein gar nichts in Anbetracht dessen, was sich kurz zuvor ereignete! Hier passierte die wohl gravierendste Veränderung, die der gesamte Kosmos jemals erlebte: Es kam zur Inflation. Doch was bedeutet das?

In gewisser Weise verlor hier sämtliche Energie schlagartig an Wert. Schuld an diesem Debakel war der Raum. Er entschloss sich nämlich dazu, sich innerhalb kürzester Zeit inflationär aufzublähen. Durch diese gewaltige Ausdehnung wurde natürlich auch das Licht in immer langwelligere Bereiche gebracht – und verlor damit an »Wert«, sprich an Energie (siehe *Ins Rote verschoben,* Seite 118/*Hintergrundrauschen,* Seite 661).

Der Raum tat dies jedoch nicht aus völlig freien Stücken. Zu dieser Aufblähaktion kam es, weil ähnlich wie damals am Ende der elektroschwachen Ära ein Wechsel in der Riege der Kräfte stattfand. Aus zwei Grundkräften wurden drei (siehe Grafik 92). Kurze Zeit tummelten sich demnach lediglich zwei verschiedene Bosonenarten in unserem Universum. Neben der Gravitation, die schon damals ihr eigenes Ding machte, gab es noch die sogenannte GUT-Kraft. In dieser war die elektroschwache Kraft mit der heutigen starken Kraft vereint. Man spricht deshalb im Zusammenhang mit jener durch das Zweikräftesystem regierten Ära von der Großen Vereinheitlichten Theorie (»Grand Unified Theory«, kurz GUT). Wir befinden uns damit in der gleichnamigen GUT-Ära. Hier ging es also noch wesentlich kommunistischer zur Sache, als es während der elektroschwachen Ära der Fall war. Bei den gewaltigen Energien, die damals herrschten (gegen Ende der GUT-Ära war es brodelnde 10^{29} Kelvin heiß, und entsprechend hochenergetisch war damit auch die Strahlung, die das Universum zu jener Zeit ausfüllte), gab es überhaupt keinen Unterschied mehr zwischen Gluonen und den ohnehin verschmolzenen Photonen und W- und Z-Bosonen. All diese heute so unterschiedlichen Kraftteilchen waren damals gleich.

Als sich am Ende der GUT-Ära die starke Kraft von der GUT-Kraft abspaltete, lagen in unserem Universum erstmals drei verschiedene Kräfte vor: die Gravitation, die elektroschwache sowie die starke Kraft. Zuvor gab es zwischen den ohnehin vereinigten elektroschwachen Bosonen und den Gluonen ebenfalls keinerlei Unterschied.

Doch zurück zur Inflation. Zu ihr kam es also, nachdem sich die GUT-Kraft in die elektroschwache und die starke Kraft aufzuspalten begann. Doch warum hatte dieses Zerwürfnis überhaupt eine derartig gewaltige Ausdehnung des gesamten Raums zur Folge? Und wir sprechen hier von einer wirklich außerordentlichen Explosion, bei der sich das gesamte Universum innerhalb einer aberwitzigen Zeitspanne von weniger als 10^{-36} Sekunden um den Faktor 10^{30} ausdehnte! Mit anderen Worten: Von einem Moment auf den anderen wuchs unser Universum von der Größe eines Atomkerns auf die Größe unseres heutigen Sonnensystems an! Und wir wissen, Atomkerne sind wirklich sehr, sehr, sehr, sehr klein, und unser Sonnensystem ist, wenn man die Unmengen an leerem Raum mit in Betracht zieht, welche die Materie bis zur Oort'schen Wolke großflächig umhüllen, im Vergleich zu einem Atomkern wirklich sehr, sehr, sehr, sehr groß (siehe *Das Photon,* Seite 94/*Die chaotische Oort'sche Wolke,* Seite 364).

Gemäß der Großen Vereinheitlichten Theorie kam dieses Fiasko aus folgendem Grund zustande: Nachdem die Temperatur, flüchtige 10^{-38} Sekunden nach dem Urknall, unter die kritische Marke von 10^{29} Kelvin purzelte – das Universum dehnte sich ja bereits vor der besagten Inflation permanent aus und kühlte dadurch stetig ab – begann sich die GUT-Kraft zu entzweien. Und genau in diesem Moment, als starke und elektroschwache Kraft fortan getrennte Wege gingen, müssen ungeheure Energiemengen freigesetzt worden sein. Denn während vorher die elektroschwachen Bosonen zusammen mit

Am Ende der GUT-Ära wurde durch die Abspaltung der starken Kraft von der GUT-Kraft so unglaublich viel Energie frei, dass sich das Universum schlagartig von der Größe eines Atomkerns auf die Größe des heutigen Sonnensystems aufblähte.

der starken Kraft vereint waren, spalteten sich nun die masselosen Gluonen ab. Nun wurde plötzlich sämtliche Energie frei, die bis dahin den beiden Kräften ihre einheitliche Erscheinung verliehen hatte. Doch wohin nun mit all diesem nunmehr völlig losgelösten Energienachschub? Da der Raum für derartige Energiemengen eindeutig zu knapp bemessen war, wurde nicht lange gefackelt. Um sich den nötigen Platz zu verschaffen, dehnte die frei gewordene Energie den gesamten Raum kurzerhand inflationär aus. Fertig war die Inflation.

Fragen über Fragen

Soweit die Idee, die in der Großen Vereinheitlichten Theorie steckt. Und obwohl sie wie gesagt bisher noch nicht hinreichend überprüft werden konnte, lässt sich mit ihrer Hilfe einiges erklären, was durch die Urknalltheorie allein nicht logisch erscheint. Es sind vor allem drei große Fragen, welche die Wissenschaft im Hinblick auf die Urknalltheorie umtreiben:

Frage Nummer eins: Wenn wir uns die heutige Struktur des Universums ansehen, muss es bereits von Anfang an mit leichten Dichteschwankungen versehen gewesen sein. Ansonsten hätte sich niemals Materie zusammenfinden können (siehe *Die Ära der Galaxien,* Seite 626). Doch wie konnte es überhaupt dazu kommen?

Frage Nummer zwei: Nichtsdestotrotz ist das Universum, auf großen Skalen betrachtet, außerordentlich gleichmäßig. Der Mikrowellenhintergrund zeigt uns, dass es zwar bereits 380 000 Jahre nach dem Urknall Dichteunterschiede gab, diese aber mit 0,001 Prozent wirklich unglaublich minimal waren (siehe *Fast zu perfekt, um wahr zu sein,* Seite 685). Unterm Strich ist das gesamte heutige Universum mitsamt seiner fadenförmigen Filamente ein ziemlicher Einheitsbrei (siehe *Die Population-III-Sterne lassen noch auf sich warten,* Seite 618). Doch warum ist das so?

Frage Nummer drei: Wenn wir die gesamte Materie in diesem Universum aufsummieren, leuchtende ebenso wie Dunkle, und auch die mysteriöse Dunkle Energie mit ins Boot nehmen, fällt auf, dass sich unser Universum haarscharf an der kritischen Dichte entlanghangelt (siehe *Schwer unsichtbar,* Seite 628). Dies tut es mit einer derartigen Präzision, dass von Zufall eigentlich nicht die Rede sein kann. Die Raumzeit ist daher, wenn man von den vielen kleinflächigen Krümmungen, wie sie beispielsweise durch Planeten, Sterne oder Schwarze Löcher hervorgerufen werden, einmal absieht, als Ganzes betrachtet flach wie ein Brett. Wie kann das sein?

Diese drei fundamentalen Fragen, die sich mit der Urknalltheorie allein nicht erklären lassen, werden quasi auf einen Schlag gelöst, wenn man die Inflation zurate zieht. Durch sie lassen sich, so stellte der theoretische Physiker Alan Guth (*1947) im Jahr 1981 fest, alle in diesen drei Fragen steckenden Unklarheiten ziemlich einfach beheben. Legen wir also los:

Inflationäre Klümpchenbildung

Beginnen wir mit der ersten Frage. Warum ist eine inflationäre Aufblähung schuld daran, dass unser Universum zu seiner heutigen, komplexen materiellen Struktur kam?

Wie wir im sechsten Kapitel sehen konnten, waren die ersten minimalen Dichteabweichungen unseres Universums bereits vorhanden, als das Licht 380 000 Jahre nach dem Urknall laufen lernte. Während sich der Raum im Laufe der Zeit immer weiter ausdehnte, kam allmählich einiges an Materie zusammen, bis schließlich Sterne, Galaxien und daraus letztendlich Filamente entstanden.

Wenn wir das ganze Treiben rückwärtsspulen, müssten die Dichteunterschiede irgendwann noch weitaus geringfügiger ausgefallen sein, als sie es am Ende der Ära der Atomkerne waren – jener Zeit also, bis zu der sich unser Kosmos in seinen Lichtvorhang hüllt (siehe *Die Unabhängigkeitserklärung der Materie,* Seite 666). Und genau dies war wohl bereits schon damals der Fall, als die Inflation noch auf sich warten ließ (siehe *Die Planck-Ära,* Seite 757). Und zwar reden wir hier von Dichteunterschieden, die sich im Bereich des Allerkleinsten bewegen. Wir befinden uns damit wieder im guten alten Reich der Quanten. Auch unser Universum war demnach einmal so winzig klein, dass sein damaliges Innenleben durch die Gesetze der Quantenmechanik beschrieben werden kann. Und wir wissen bereits, was jene Quantenwelt in erster Linie auszeichnet: Sie ist völlig unbestimmt und schwankt umher (siehe *Bilderverbot,* Seite 73). Ebenso tat dies wohl auch unser blutjunges Weltall. Auch seine Energie und Dichte unterlag gewissen Unregelmäßigkeiten.

Dies ging so lange seinen gewohnt quantenmechanischen Gang, bis plötzlich, nach 10^{-38} Sekunden, die Inflation dazwischenfunkte. Sobald sich die starke Kraft von der elektroschwachen verabschiede-

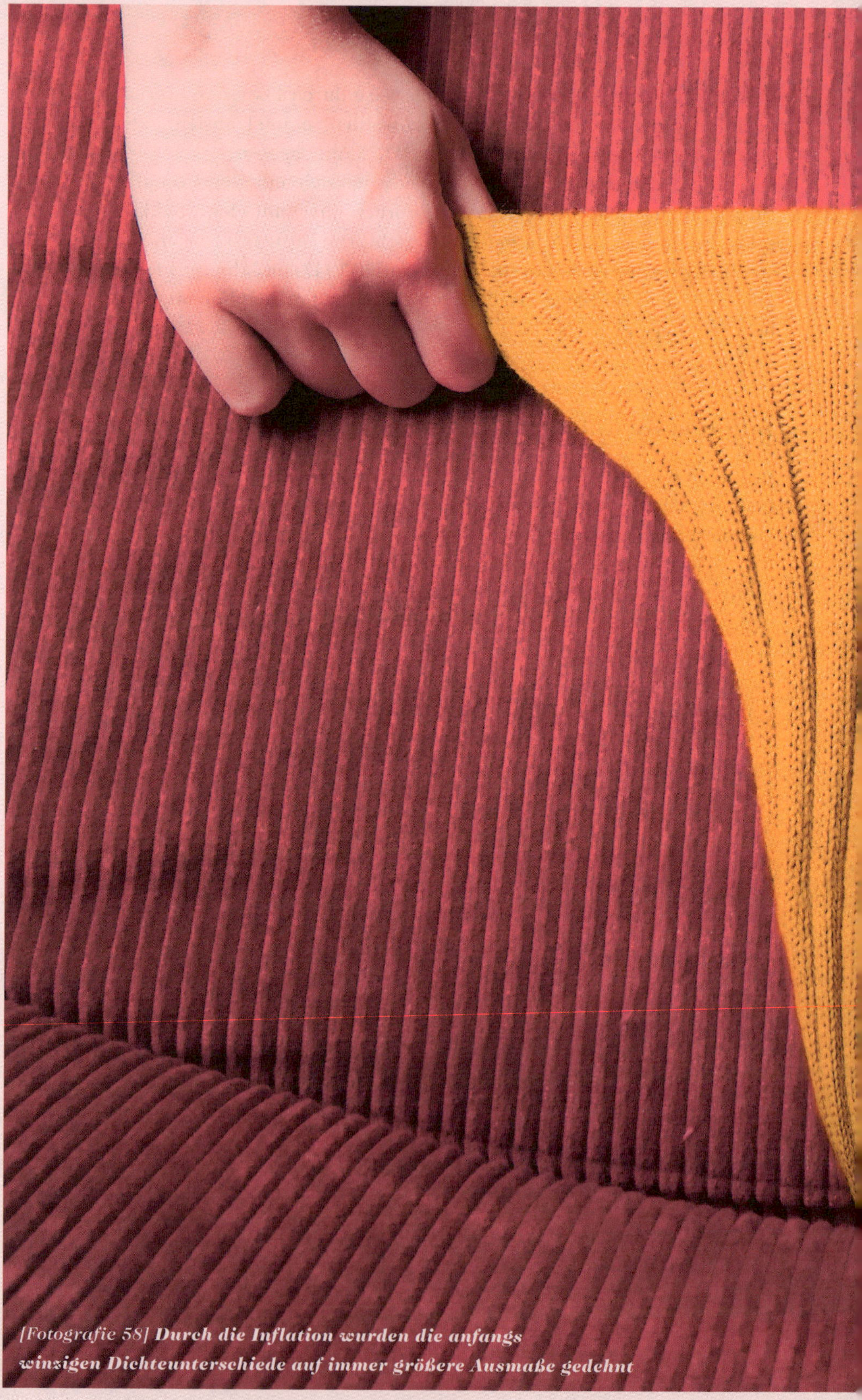

[Fotografie 58] ***Durch die Inflation wurden die anfangs winzigen Dichteunterschiede auf immer größere Ausmaße gedehnt***

te, wurde der gesamte Raum völlig rücksichtslos auseinandergedehnt. Wie bei einem grob gestrickten Stück Stoff wurden dabei die einzelnen Maschen, die für die kleinen Dichteungereimtheiten stehen sollen, immer weiter aufgebläht (siehe Fotografie 58). Aus den einst minimalen Quantenfluktuationen wurden auf diese Weise die ausgewachsenen Dichteunterschiede ausgebildet, die sich im Laufe der nächsten 13,7 Milliarden Jahre zu Planeten, Sternen, Galaxien und Filamenten mauserten. Damit begannen auch wir, zusammen mit unserem heutigen Sonnensystem, einmal als unbestimmte, quantenmechanische Schwankung – oder um es mit der Strickanalogie auszudrücken: als ehemals winzige, grob gestrickte Wollmasche.

Durch die inflationäre Ausdehnung des Raums wuchsen einst quantenmechanisch kleine Energiefluktuationen zu jenen Dichteunterschieden heran, aus denen sich später Planeten, Sterne, Galaxien und Filamente bildeten.

Inflationärer Einheitsbrei

Kommen wir zum optischen Einerlei, das unser beobachtbares Universum schmückt. Auch hierfür können wir wieder unseren Mikrowellenhintergrund zurate ziehen. Dichteschwankungen hin oder her – im Grunde strahlt unser Universum, egal, in welche Richtung wir auch blicken, stets die gleiche Energiemenge ab (siehe *Hintergrundrauschen,* Seite 661). Waren es 380 000 Jahre nach dem Urknall noch knackige Photonen der Farbe Rot, die dem All seine Temperatur von 3000 Kelvin bescherten, so sind es heute die frostigen Mikrowellenphotonen, die mit einer Temperatur von 2,73 Kelvin schon ziemlich nahe an den absoluten Nullpunkt heranreichen (siehe *Thermische Energie und Temperatur,* Seite 229 / *Unterwegs auf langen Wellen,* Seite 117).

Bei unserem Universum handelt es sich also trotz der sehr geringen Abweichungen um ein extrem gleichförmig strahlendes Etwas – eine Tatsache, die einst Penzias und Wilson beinahe in den Wahnsinn trieb (siehe *Taubenkot und andere merkwürdige Vorfälle,* Seite 659). Im Mittel ist seine Temperatur und Dichte völlig ausgeglichen.

Um zu verstehen, warum das für viele Wissenschaftler ein Problem darstellte, müssen wir ein wenig ausholen und uns mit dem Raum als Ganzes beschäftigen. Wir haben bereits vom »beobachtbaren« Universum gesprochen. Es ist nämlich so, dass wir gar nicht wissen können, wie groß unsere Welt tatsächlich ist, da wir ja auf das Licht als Informationsbote angewiesen sind (siehe *Licht ist Information,* Seite 123). Und da Photonen nun einmal mit einer endlichen Geschwindigkeit, nämlich der Lichtgeschwindigkeit, reisen, dauert es stets eine Weile, bis sie uns das Bild von einer Zeit präsentieren, das in dem Moment, in dem wir es wahrnehmen, bereits Vergangenheit ist (siehe *Die Geschichte des Universums von hinten aufrollen,* Seite 213). Je weiter die Photonen reisen, desto älter ist damit das Bild, das sie zu uns schicken.

Und nun kommen wir zu einem sehr wichtigen Punkt: Aufgrund der Tatsache, dass unser Universum einen Anfang hatte, können wir nicht beliebig weit ins All blicken. Wir können nur jene Photonen empfangen, die maximal 13,7 Milliarden Lichtjahre unterwegs waren – genauso lange also, wie das Universum alt ist. Der für uns beobachtbare Raum wird damit mit jedem Tag größer. Alles, was jenseits dieses sogenannten kosmologischen Horizonts liegt, bleibt uns verborgen. Die Photonen, die, um uns zu erreichen, länger unterwegs sein müssten, können wir deshalb nicht sehen. So lange gibt es unser Universum schließlich noch gar nicht, und somit hätte dieses Licht, um sich uns mitzuteilen, bereits mit seiner Reise starten müssen, noch bevor es selbst existierte! An dieser Stelle machen wir eine kurze Verschnaufpause, um die höchstwahrscheinlich eingetretene allgemeine Verwirrung ein wenig sacken zu lassen.

Wir kehren nun zurück zur Gleichförmigkeit, die unser beobachtbares Universum durchzieht. Wenn wir unseren Blick in zwei völlig entgegengesetzte Richtungen des Alls lenken, sehen wir: Es gibt keinen Unterschied. Beide Regionen sehen gleich aus (siehe Grafik 93). Wenn wir davon ausgehen, dass es keine Inflation in den Frühzeiten des Universums gab, stoßen wir jetzt allerdings auf ein gewaltiges Problem: Die beiden Regionen des Alls liegen nämlich deutlich weiter auseinander, als das Universum alt ist – das heißt, sie konnten sich bisher noch gar nicht gegenseitig Photonen schicken, die ihnen einen Temperatur- und Dichteausgleich hätten bescheren können (siehe Grafik 93a)!

Allein durch die Tatsache, dass das Universum einen Anfang hatte und seither expandiert, lässt sich die Gleichförmigkeit von Temperatur und Dichte daher nicht erklären. Die besagten weit aus-

[Grafik 93] ***Die Gleichförmigkeit des Universums und die Inflationstheorie***

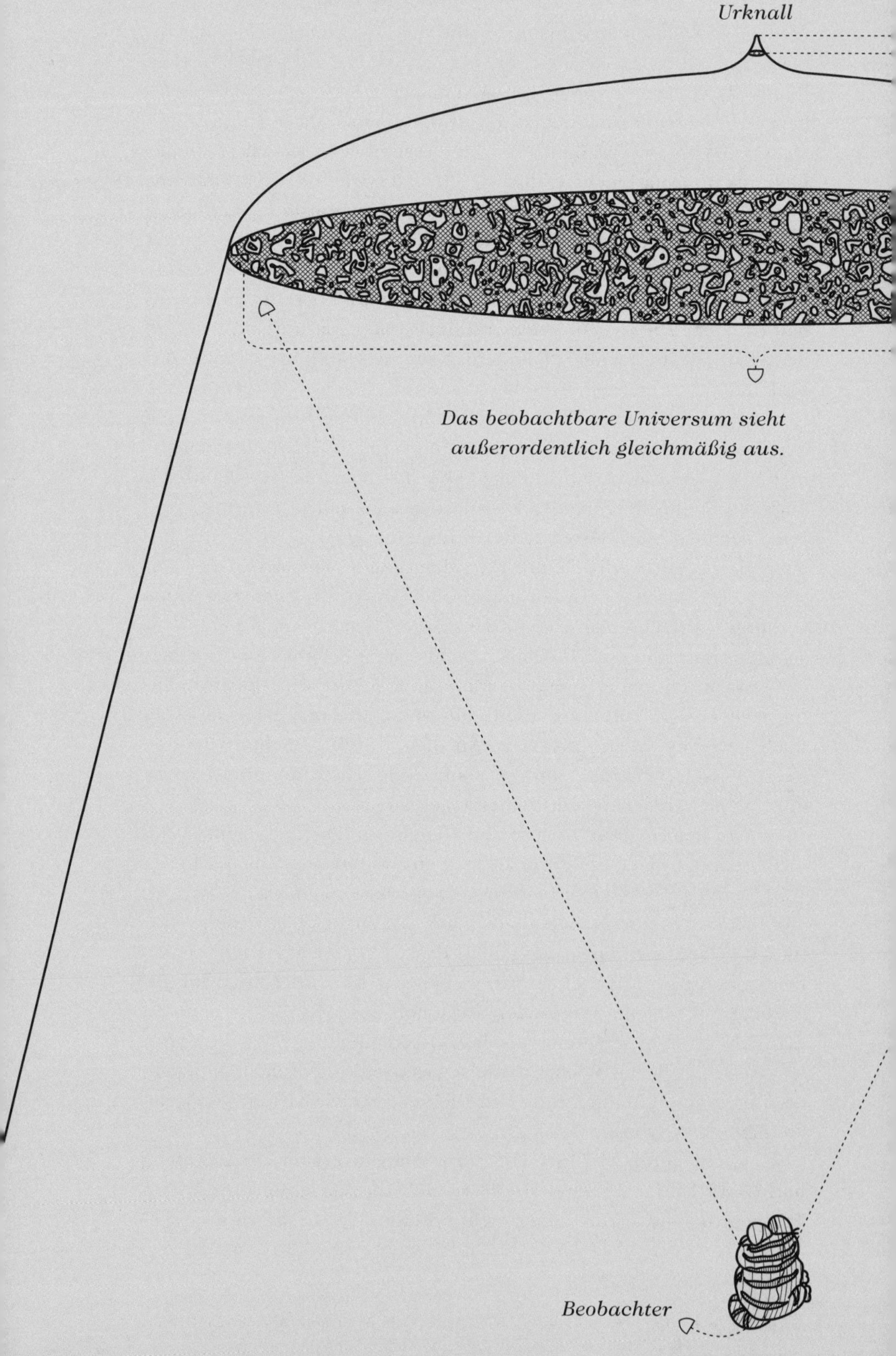

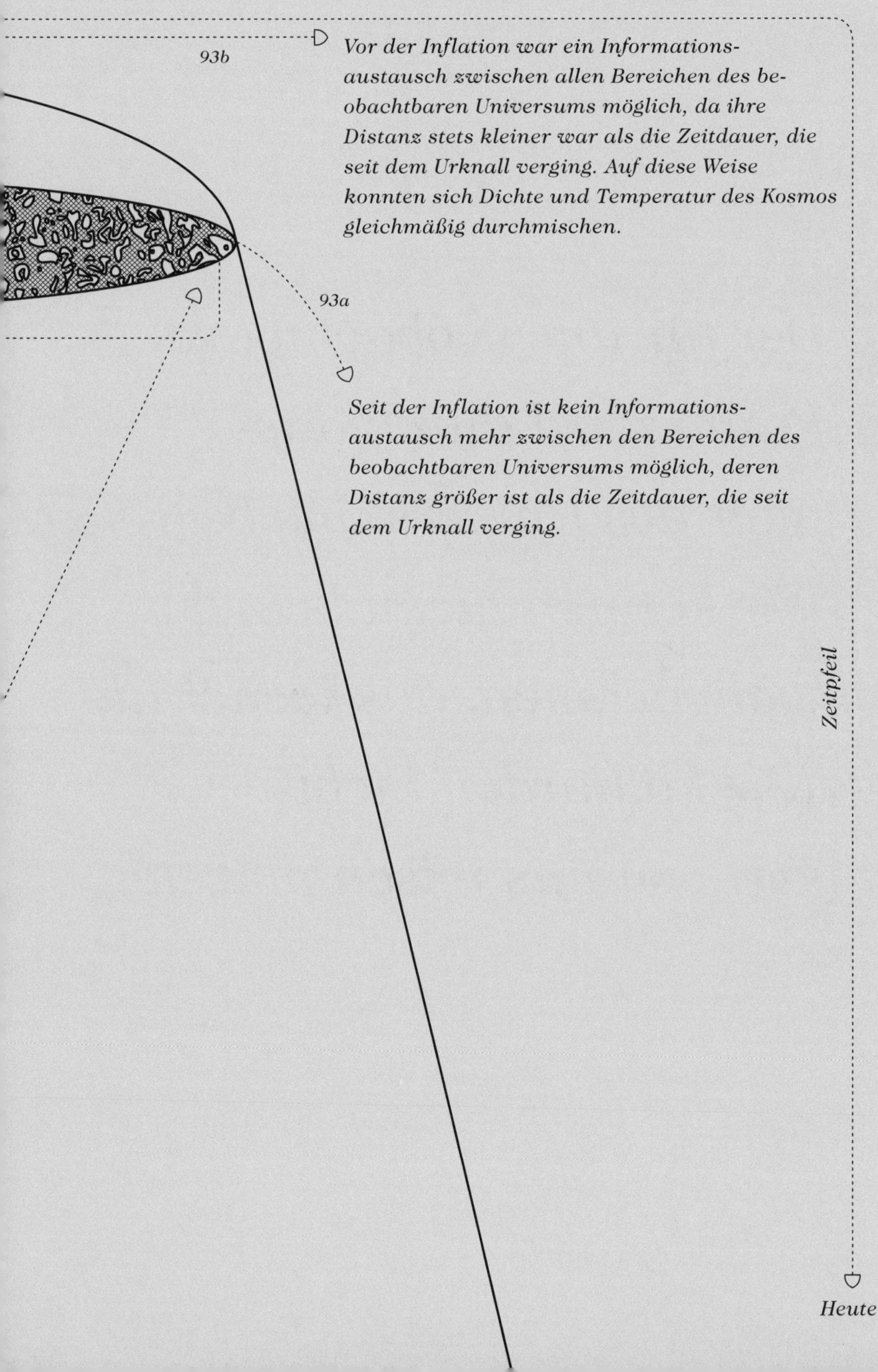
93b
Vor der Inflation war ein Informationsaustausch zwischen allen Bereichen des beobachtbaren Universums möglich, da ihre Distanz stets kleiner war als die Zeitdauer, die seit dem Urknall verging. Auf diese Weise konnten sich Dichte und Temperatur des Kosmos gleichmäßig durchmischen.
93a
Seit der Inflation ist kein Informationsaustausch mehr zwischen den Bereichen des beobachtbaren Universums möglich, deren Distanz größer ist als die Zeitdauer, die seit dem Urknall verging.
Zeitpfeil
Heute

Der für uns beobachtbare Raum wird durch das Alter des Universums begrenzt. Wir können niemals Licht wahrnehmen, das weiter als 13,7 Milliarden Lichtjahre zu uns reisen müsste.

Denn um hinter diesen kosmologischen Horizont blicken zu können, müssten wir Photonen empfangen, die ihre Reise zu uns bereits angetreten hätten, als das Universum selbst noch gar nicht existierte!

einanderliegenden Regionen hätten sich nämlich niemals austauschen können, schließlich expandiert der Raum immer weiter und weiter im Laufe der Zeit, und somit kommt diese stetige Ausdehnung einer groß angelegten Temperatur- und Dichtevermischung stets zuvor (siehe *Gestern kleiner als heute,* Seite 654).

Und nun holen wir wieder die Inflation ins Spiel. Nachdem sie stattfand, war tatsächlich kein Austausch mehr zwischen den Regionen des Alls möglich, die weiter auseinanderlagen, als unser Universum alt ist. Doch davor war dies sehr wohl der Fall! Als die Inflation kurz bevorstand, etwas weniger als 10^{-38} Sekunden nach dem Urknall, konnten diese Bereiche freudig miteinander in Kontakt treten. Sie lagen nämlich noch weitaus weniger als 10^{-38} Lichtsekunden voneinander entfernt. Vor der explosiven Ausdehnung seiner selbst konnte sich unser beobachtbares Universum somit sehr wohl ordentlich durchmischen und dadurch für ein ausgeglichenes Temperatur- und Dichteniveau sorgen (siehe Grafik 93b). Diesem fröhlichen Beisammensein wurde schließlich durch die nun einsetzende Inflation knallhart ein Ende gesetzt. Eine Kontaktaufnahme zwischen den einst eng benachbarten Regionen unseres Alls war damit ab jetzt nicht mehr möglich.

Eine Sache blieb jedoch – und das war die Gleichförmigkeit, die der einstige Austausch bewirkte. Folglich sieht unser Universum heute deshalb so einheitlich aus, weil vor der Inflation alles viel enger beisammensaß und damit ein ordentliches Durchmischen von Energie und Dichte möglich war.

Seit der Inflation ist zwischen den Bereichen des Raums, die weiter auseinanderliegen, als das Universum alt ist, kein Informationsaustausch mehr möglich.

Vor der Inflation saßen Energie und Materie allerdings noch nahe genug beisammen, um für einen Temperatur- und Dichteausgleich zu sorgen. Unser Universum ist deshalb auch heute noch im Großen und Ganzen sehr gleichförmig.

Inflationär platt gedrückt

Was hat es nun mit der letzten Frage, in der es um die kritische Dichte geht, auf sich? Diese ist uns bereits kurz über den Weg gelaufen, als wir uns mit der Dunklen Materie auseinandergesetzt haben (siehe *Schwer unsichtbar,* Seite 628). Allerdings müssen wir noch erklären, was man sich unter diesem Begriff überhaupt vorzustellen hat.

Auch hierzu müssen wir ein wenig ausholen und uns wieder den Raum beziehungsweise, wenn wir auch die Dimension der Zeit mit in Betracht ziehen, die gesamte Raumzeit vorknöpfen, in welcher sich das ganze Treiben unseres Universums abspielt. Gemäß Einsteins Allgemeiner Relativitätstheorie krümmt jede Form der Materie ihre Umgebung und zieht damit die Raumzeit in Mitleidenschaft (siehe *Sturz ins Bodenlose,* Seite 557). Das gesamte Universum wiederum, in dem sich diese Raumzeitverbiegungen ereignen, muss durch eine bestimmte Geometrie gekennzeichnet sein. Damit ist die allgemeine Form gemeint, welche die Raumzeit als Ganzes besitzt. Diese können wir uns aber nicht bildlich vorstellen, da wir auch in diesem Fall wieder auf eine weitere Dimension zurückgreifen müssten, in die sich der dreidimensionale Raum (beziehungsweise die vierdimensionale Raumzeit) krümmen könnte. Doch wie bereits bei der Demonstration von Einsteins Allgemeiner Relativitätstheorie geschehen, können wir natürlich auch in diesem Fall die Raumzeit unverschämterweise auf zwei Dimensionen reduzieren, um uns die allgemeine Geometrie unseres Universums zu veranschaulichen. Im Grunde ist jede erdenkliche Form möglich. Doch in aller Regel lässt sich jede davon in drei verschiedene Grundgeometrien einteilen. Folgende Möglichkeiten stehen hierfür zur Auswahl:

Die Raumzeit kann als Ganzes in sich geschlossen sein. In diesem Fall müsste man sich unser Universum als ständig wachsende Kugel vorstellen, auf deren Oberfläche Licht und Materie ihr Wechselspiel treiben. Ganz wichtig bei dieser Analogie ist allerdings, dass sich außerhalb und innerhalb der Kugeloberfläche das absolute Nichts befindet, und dass ein solches Universum, ähnlich, wie es auch bei unserer Erdoberfläche der Fall ist, weder Zentrum noch Rand besitzt! Man spricht in diesem Fall von einer sogenannten sphärischen Geometrie (siehe Grafik 94). Da sie geschlossen ist, würden in solch einer Welt Raum und Zeit irgendwann enden – genau dann nämlich, wenn Raum und Zeit, die einst am »Südpol« begannen, den »Nordpol« erreicht hätten (siehe Grafik 94a).

[Grafik 94] **Sphärische Geometrie**

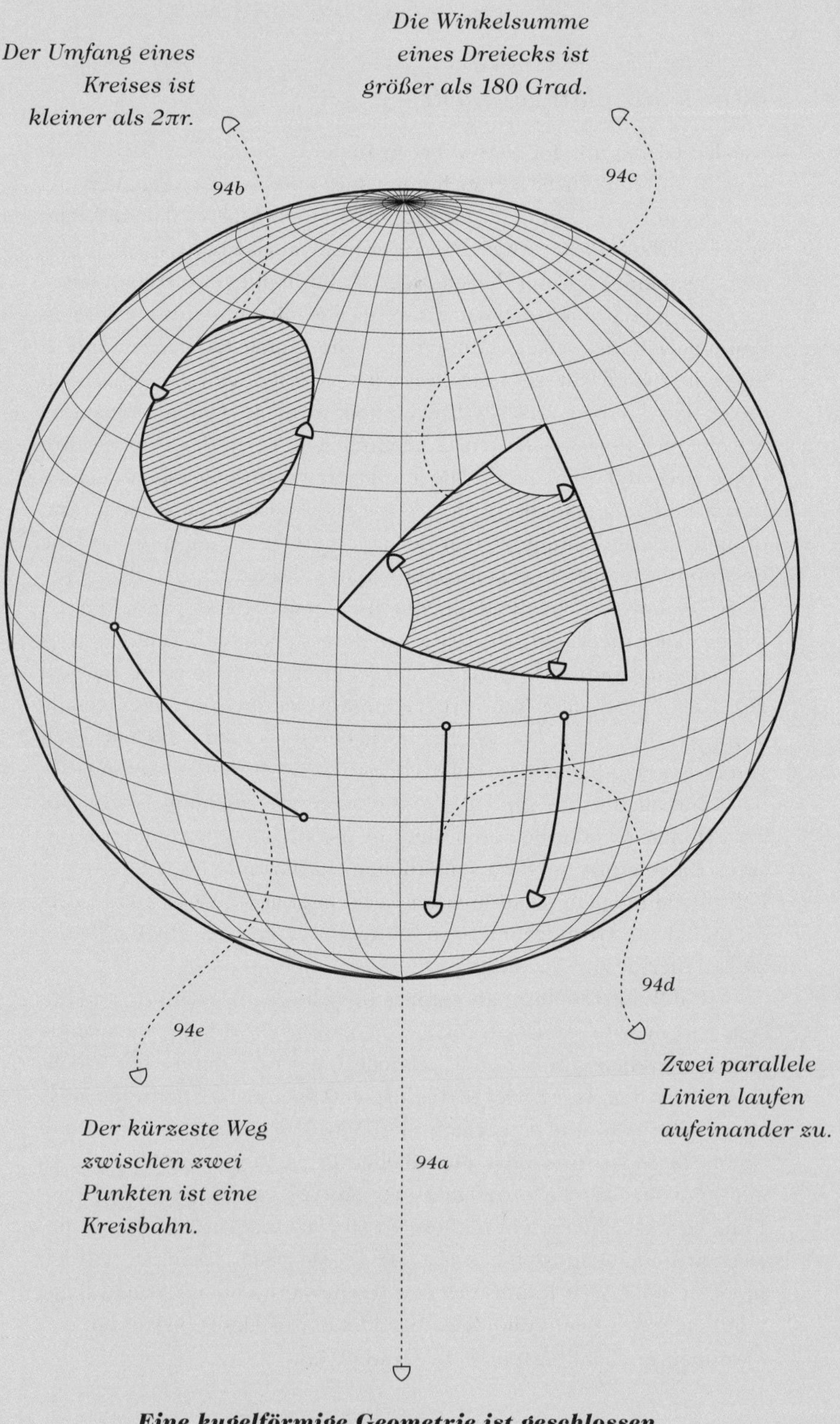

Eine kugelförmige Geometrie ist geschlossen. Raum und Zeit wären damit endlich.

[Grafik 95] **Hyperbolische Geometrie**

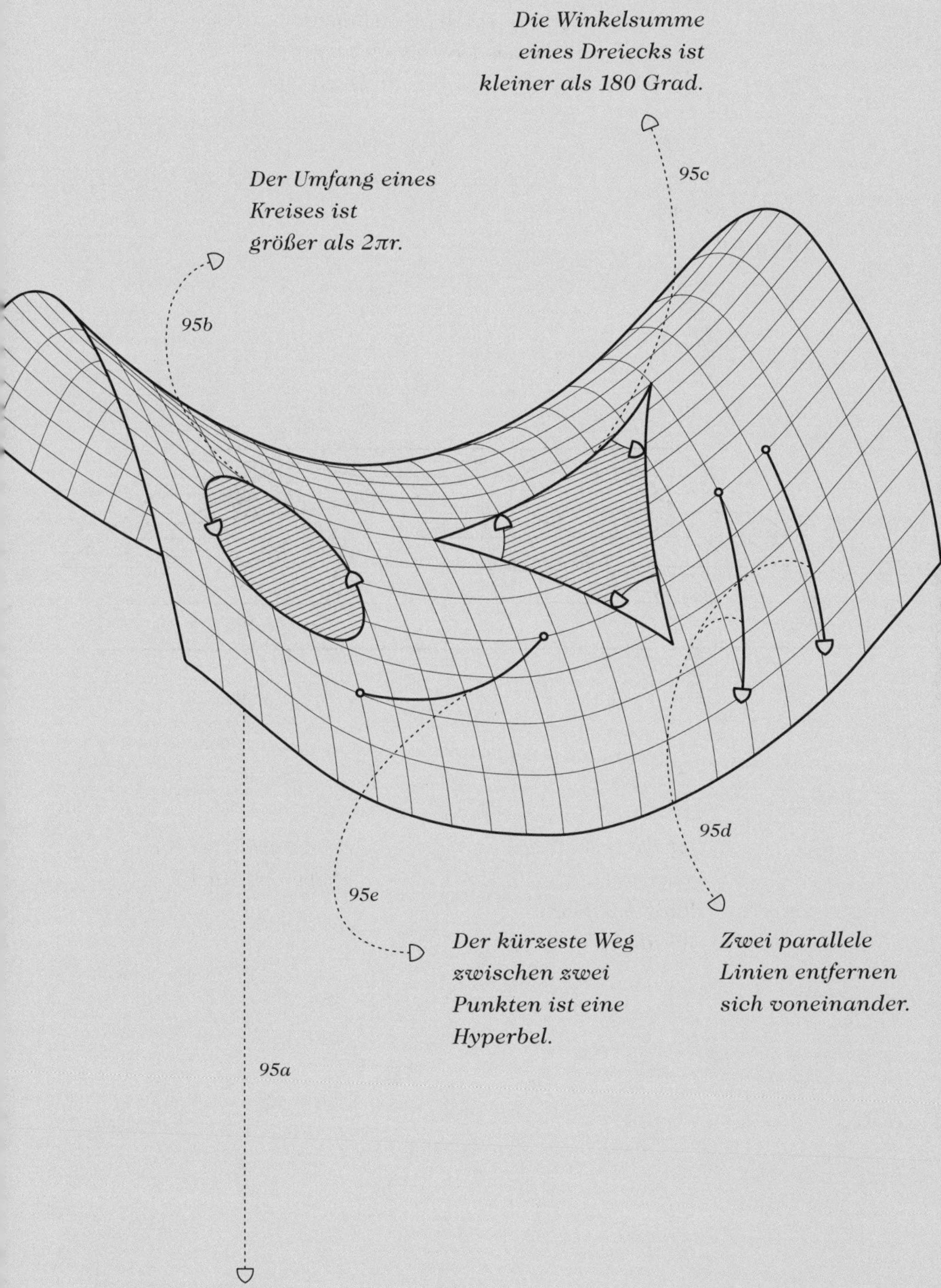

Eine sattelförmige Geometrie ist offen. Raum und Zeit wären damit unendlich.

[Grafik 96] **Kritische Geometrie**

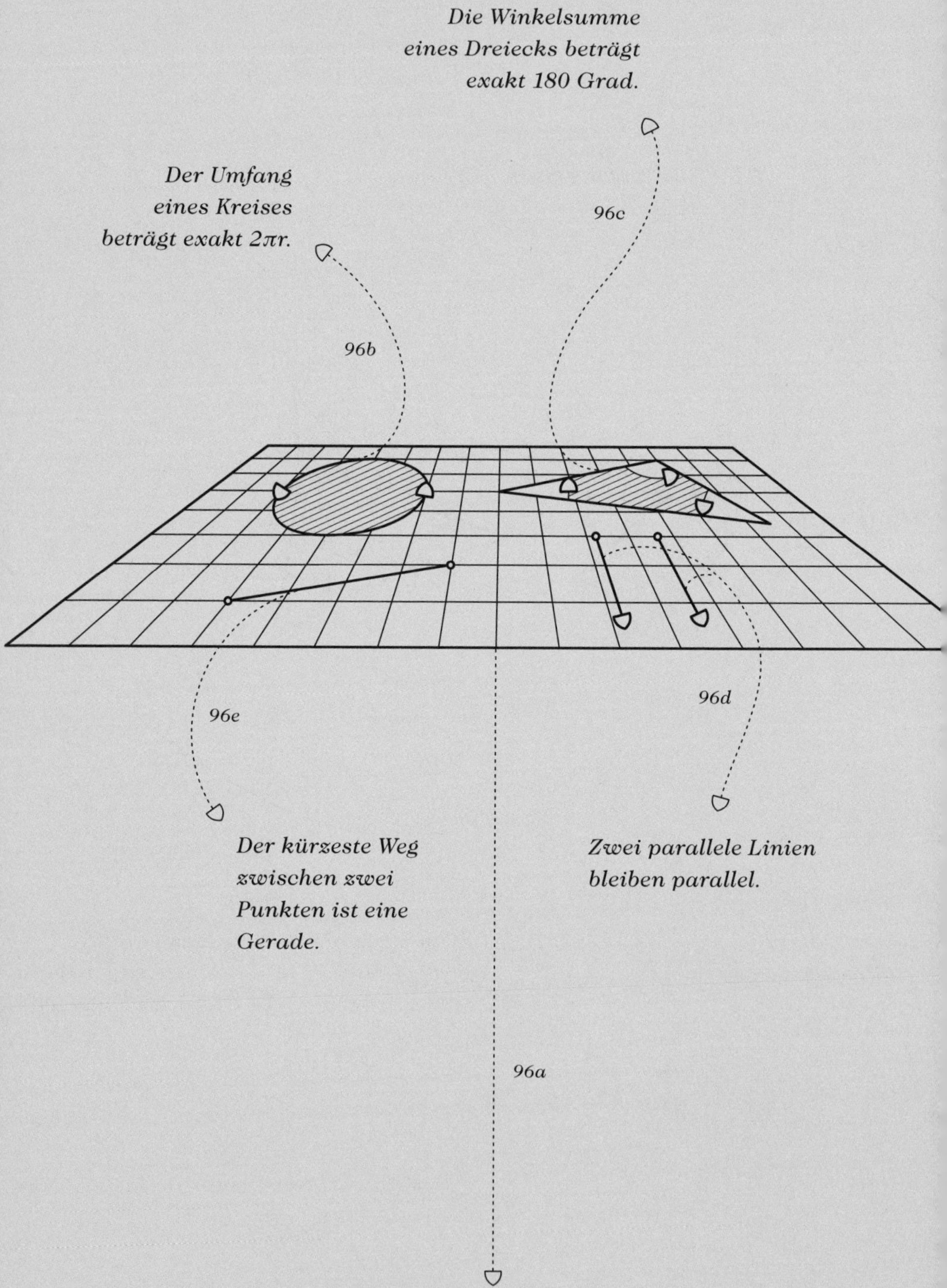

Eine flache Geometrie ist offen.
Raum und Zeit wären damit unendlich.

Wäre die allgemeine Geometrie des Universums sphärisch und damit kugelförmig, wäre die Raumzeit geschlossen. Das Universum hätte weder Zentrum noch Rand, Raum und Zeit würden irgendwann enden.

Würden wir in einer sphärischen Geometrie leben, würde der Umfang eines imaginär auf der Kugeloberfläche gezogenen Kreises weniger als $2\pi r$ betragen (siehe Grafik 94b), die Winkelsumme eines Dreiecks wäre größer als 180 Grad (siehe Grafik 94c), und zwei Linien, die sich parallel nebeneinander befänden, würden durch die Krümmung der gesamten Raumzeit früher oder später aufeinander zulaufen (siehe Grafik 94d). Um den kürzestmöglichen Weg in einer solchen Umgebung zwischen zwei Punkten einzuschlagen, müsste man sich auf einer Kreisbahn bewegen (siehe Grafik 94e).

Das Gegenteil der Kugelgeometrie stellt die sogenannte sattelförmige oder auch als hyperbolisch bezeichnete Geometrie dar (siehe Grafik 95). Hier wäre das Universum nicht geschlossen, sondern offen. Auf einen Außenrand würden wir hier ebenso wenig stoßen wie auf einen Mittelpunkt. Doch anders als bei dem zuvor beschriebenen Geometriemodell ist bei einem sattelförmigen Universum an kein Ende zu denken. Raum und Zeit würden sich hier unendlich lange ausdehnen (siehe Grafik 95a). Dabei ist zu beachten, dass sich das Universum selbst niemals *in* etwas ausdehnt. Der gesamte Raum mitsamt der dazugehörigen Zeit existiert außerhalb schließlich nicht! Hier herrscht also das Nichts (siehe *Der erste Symmetriebruch*, Seite 765).

Wäre die allgemeine Geometrie des Universums hyperbolisch und damit sattelförmig, wäre die Raumzeit offen. Das Universum hätte weder Zentrum noch Rand, Raum und Zeit würden niemals enden.

Welche geometrischen Regeln gelten nun in einer solchen Welt? Der Kreisumfang wäre stets größer als 2πr (siehe Grafik 95b), die Winkelsumme eines Dreiecks wäre kleiner als 180 Grad (siehe Grafik 95c), und zwei Linien, die artig nebeneinander herliefen, würden sich immer weiter voneinander entfernen (siehe Grafik 95d). Um in solch einer Welt den kürzestmöglichen Weg einzuschlagen, müsste man sich auf einer Hyperbel entlanghangeln (siehe Grafik 95e).

Kommen wir zur dritten Geometrieform – der flachen Geometrie, die auch als euklidische oder eben als *kritische* Geometrie bezeichnet wird (siehe Grafik 96). Genau wie bei der sattelförmigen und sphärischen Geometrie gibt es auch hier keinen Rand und auch kein Zentrum. Die Raumzeit ist außerdem, ebenso wie bei der hyperbolischen Geometrie, eine offene (siehe Grafik 96a). Man kann sich diese »kritische Welt« im Grunde wie ein flaches Blatt Papier vorstellen, das sich in alle Richtungen unendlich lange ausdehnt.

Wäre die allgemeine Geometrie des Universums kritisch und damit flach, wäre die Raumzeit offen. Das Universum hätte weder Zentrum noch Rand, Raum und Zeit würden niemals enden.

Und entsprechend ihrer Form gelten hier auch dieselben Gesetze, wie sie für ein flaches Blatt Papier gültig sind: Der Umfang eines Kreises beträgt stets exakt 2πr (siehe Grafik 96b), die Winkelsumme eines Dreiecks ergibt 180 Grad (siehe Grafik 96c), zwei parallele Linien bleiben schön harmonisch parallel (siehe Grafik 96d), und um den kürzesten Weg zwischen zwei Punkten zu finden, muss man ganz simpel eine Gerade zwischen ihnen ziehen (siehe Grafik 96e).

Dass unser Universum weder Zentrum noch Rand besitzt, scheint also festzustehen. Man spricht in diesem Zusammenhang auch von dem sogenannten kosmologischen Prinzip. Es lässt sich zwar nicht wirklich einwandfrei beweisen, da wir schließlich niemals außerhalb des beobachtbaren Universums blicken können (siehe *Inflationärer Einheitsbrei,* Seite 736), doch viele Beobachtungen deuten darauf hin, dass das kosmologische Prinzip tatsächlich stimmen könnte.

Die allgemeine Form der Raumzeit entscheidet darüber, in welchem Verhältnis die Materie zur kritischen Dichte steht: Ist die gesamte Dichte der Materie geringer als die kritische Dichte, ist das Universum hyperbolisch, ist sie höher als die kritische Dichte, ist das Universum sphärisch, entspricht sie hingegen exakt der kritischen Dichte, dann muss das Universum flach sein.

Die Materie ist beispielsweise ein solch stichhaltiger Beleg dafür. Sie verrät uns nämlich unter anderem, in welcher Geometrie wir denn nun eigentlich leben. Dies lässt sich herausfinden, indem man die gesamte Dichteverteilung in unserem Universum begutachtet. Ist ihr Wert geringer als die kritische Dichte, haben wir es mit einem sattelförmigen Weltall zu tun, ist der Wert wiederum größer, leben wir in einer sphärischen Geometrie. Entspricht die gesamte Dichte der Materie (und dazu gehört die sichtbare und Dunkle Materie sowie die Dunkle Energie gleichermaßen) hingegen exakt der kritischen Dichte, dann muss es sich bei unserem Universum um ein flaches Gebilde handeln.

Und genau dies wurde festgestellt. Wir leben in einem flachen Universum – zumindest der für uns beobachtbare Teil scheint keinerlei Krümmung aufzuweisen und damit unendlich weit, ohne Zentrum und ohne Rand vor sich hin zu expandieren. Wäre dem nicht so – wäre unser Raum nicht bereits 380 000 Jahre nach dem Urknall ein platt gebügeltes Gebilde gewesen, sähe es heute zappenduster aus.

Wäre die Dichte beispielsweise wenige Prozentpunkte höher gewesen, wäre inzwischen das gesamte Raumzeitgebilde in sich zusammengebrochen. Wir hätten es also mit einer sphärischen, geschlossenen Geometrie zu tun gehabt, deren beste Jahre bereits zu Ende wären. An Entwicklung von komplexen Strukturen oder gar Leben wäre in diesem Fall natürlich nicht zu denken gewesen.

Wäre die Materiedichte 380 000 Jahre nach dem Urknall um nur wenige Prozentpunkte dichter gewesen, wäre das Universum sphärisch und inzwischen schon längst wieder kollabiert.

Da sich die gesamte Materie exakt an der kritischen Dichte entlanghangelt, scheint unser beobachtbares Universum brettflach zu sein.

Wäre die Dichte zur Zeit des Lichtvorhangs hingegen minimalst geringer ausgefallen, wäre die Expansion des Raums viel zu schnell vorangeschritten, als dass sich dank der Dunklen Materie Sterne oder Galaxien hätten zusammenraufen können (siehe *Tiefe Töpfe,* Seite 639). In diesem Fall würde das All zwar heute noch existieren und unendlich vor sich hin expandieren, allerdings wäre es außerordentlich trostlos und leer. Auch in solch einer sattelförmigen Geometrie hätte es somit Leben nie gegeben.

Wäre die Materiedichte 380 000 Jahre nach dem Urknall um nur wenige Prozentpunkte dünner gewesen, wäre das Universum sattelförmig. Allerdings hätte sich die sichtbare Materie in diesem Fall niemals zu Planeten, Sternen oder Galaxien zusammenfinden können.

Doch kommen wir endlich zum Punkt: Was hat all dies denn nun mit der Inflation zu tun? Dafür, dass unser Universum heute so schön flach daherkommt, muss es bereits in jungen Jahren mit einem perfekt auf der kritischen Dichte befindlichen Gleichgewicht begonnen haben. Doch unter normalen Umständen, wenn man also annimmt, dass unser Kosmos mit dem Urknall entstand und seitdem – ohne eine einschneidende Phase der Inflation – gleichförmig das Weite sucht, wird dies schwierig. Denn unter diesen Bedingungen wäre der heutige beobachtbare Raum keineswegs flach, sondern definitiv gekrümmt, entweder sattelförmig oder sphärisch.

Wenn wir aber davon ausgehen, dass der Raum, kurz nachdem er aus dem Nichts entstand, von einer halsbrecherischen Inflation heimgesucht wurde, könnte dies tatsächlich zu einer – scheinbar – völlig brettflachen Geometrie geführt haben. Das Universum könnte daher gekrümmt begonnen haben, dann jedoch funkte die Inflation dazwischen, und die einst merklich verbogene Raumzeit wäre so weit aufgebläht und damit platt gebügelt worden, dass von einer ehemals eventuell gekrümmten Geometrie im heutigen beobachtbaren Universum, jenem 13,7 Milliarden Lichtjahre ausgedehnten Bereich also, gar nichts mehr zu spüren wäre (siehe Fotografie 59).

[Fotografie 59] ***Durch die Inflation wurde das beobachtbare Universum so stark platt gebügelt, dass eine eventuelle Raumzeitkrümmung nicht mehr erkennbar ist***

Durch die Inflation lässt sich die heutige, völlig flach wirkende Raumzeit erklären: Das beobachtbare Universum wurde dabei so weit aufgebläht, dass ehemals möglicherweise vorhandene Krümmungen komplett platt gebügelt wurden.

Unser Weltall könnte daher dennoch, auch wenn wir davon nichts bemerken, eine sphärische oder hyperbolische Geometrie aufweisen. Es könnte somit theoretisch möglich sein, dass die Raumzeit eines Tages ihrem Ende entgegenstrebt – sollten wir in einer ballonartig aufgeblasenen Welt leben. Doch dies werden wir wohl nie erfahren. Wie dem auch sei – der für uns beobachtbare Bereich ist jedenfalls komplett krümmungslos, und damit befindet sich, dank der Inflation, die gesamte Dichte unserer Welt messerscharf an der kritischen Dichte.

Beweise, bitte!

Mithilfe der Inflationstheorie lässt sich also einiges erklären, was ohne sie nicht schlüssig erscheint. Doch obwohl wir die schicksalhafte Phase der Inflation wegen des widerspenstigen Lichtvorhangs, der uns jeden Blick in frühere Zeiten jenseits von 380 000 Jahren nach dem Urknall verwehrt, niemals direkt begutachten können, gibt es dennoch Möglichkeiten, herauszufinden, ob jene Inflation tatsächlich stattgefunden haben könnte. Man muss hierfür das heutige Universum sehr genau unter die Lupe nehmen und überprüfen, ob sein Aussehen mit der Inflationstheorie in Einklang zu bringen ist. Genau damit verbringen derzeit viele Wissenschaftler ihre Arbeitstage. Es zeichnet sich allerdings bereits ab, dass es tatsächlich die Inflation gewesen sein könnte, die unsere heutige Welt flach und gleichförmig machte und sie dennoch mit winzigen Dichteunterschieden versah, denen wir letztendlich unsere Existenz verdanken.

Da eine ausführliche Abhandlung über sämtliche für die Inflationstheorie sprechende Indizien den Rahmen dieses Buches eindeutig sprengen würde, wollen wir nur grob einige der wichtigsten Punkte herauspicken:

Am meisten lässt sich aus dem Mikrowellenhintergrund herausholen (siehe *Hintergrundrauschen,* Seite 661). Seine Temperatur zeigt Schwankungen, die sich aus den einst winzigen Unregelmäßigkeiten herausgebildet haben könnten, die unser Universum heimsuchten, als es noch im winzigen Bereich der Quanten herumdümpelte (siehe *Fast zu perfekt, um wahr zu sein,* Seite 685/*Inflationäre Klümpchenbildung,* Seite 733/*Die Planck-Ära,* Seite 757). Wenn man das heutige Muster der Hintergrundstrahlung mit den Vorhersagen der Inflationstheorie abgleicht, treffen diese unglaublich präzise ins Schwarze. Sowohl die heutige Strukturbildung, die trotz allem herrschende Gleichförmigkeit sowie die flache Geometrie lassen sich auf diese Weise wunderbar erklären.

Der Mikrowellenhintergrund spiegelt mit seinen Eigenschaften erstaunlich gut die Vorhersagen der Inflationstheorie wider. Unser Universum hat demnach sehr wahrscheinlich tatsächlich mit dem Urknall, gepaart mit einer gehörigen Portion anfänglicher Inflation, begonnen.

Ganz nebenbei lässt sich mit der Inflationstheorie auf diese Weise auch der Urknall selbst belegen. Denn all diese gerade genannten Eigenschaften kann unser Universum nur dann besitzen, wenn es einen Anfang hatte. Dass dieser wohl bereits 13,7 Milliarden Jahre zurückliegt, gilt inzwischen als ziemlich sicher, auch wenn er sich niemals – wie alle Erkenntnisse der Wissenschaft – einhundertprozentig beweisen lassen wird. Bisher ließen sich jedoch nicht auf ähnlich einfache Weise derartig viele Fragen auf einen Schlag lösen wie durch die Urknalltheorie, gepaart mit einer gehörigen Portion anfänglicher Inflation.

7.6 Katastrophale Kausalität

Der Anfang ohne Anstoß

Wir sind nun tatsächlich am Ende unserer langen Reise angekommen! Der Urknall ist in greifbare Nähe gerückt. Nachdem wir die strapaziöse Phase der Inflation hinter uns gelassen haben, widmen wir uns nun diesem unglaublich bedeutsamen Ereignis. Wir werden miterleben, wie das allererste Lichtteilchen das Licht der Welt erblickte und wie sich mit ihm zusammen eine komplette und inzwischen äußerst komplexe Welt in ihre Existenz stürzte, die wir heute unser Zuhause nennen…

Die Planck-Ära

10^{-43} Sekunden. Bis hierher und nicht weiter. Bis zu diesem Punkt lassen sich die Bedingungen in unserem frisch geschlüpften Universum noch einigermaßen in Worte fassen beziehungsweise physikalisch zumindest ansatzweise beschreiben (siehe Grafik 97). Um diese Grenze zu überwinden, wäre eine bisher noch nicht existierende Theorie nötig, die es schafft, die unglaublich energiegeladenen Zustände, die damals herrschten, mit der Tatsache zu verbinden, dass wir hier von einem unglaublich winzigen Punkt sprechen, auf dem sich die gesamte Energie einst tummelte, die auch heute noch unser Universum durchzieht und seitdem nicht mehr und auch nicht weniger geworden ist (siehe *Ohne Energie geht gar nichts,* Seite 228).

Denn hierbei stoßen wir auf ein ziemlich großes Problem, das uns schon einmal begegnet ist: Auch heute noch finden sich in unserem Universum Objekte, bei denen sich unglaublich viel Energie, also im Umkehrschluss unglaublich viel Masse, auf einem unglaublich winzigen Punkt versammelt. Die Rede ist von Schwarzen Löchern (siehe *Schwarz, schwer, singulär,* Seite 555). Um sie zu erklären, müsste man Einsteins Allgemeine Relativitätstheorie, die sich

[Grafik 97] ***Übersicht der ersten Entwicklungsstufen des jungen Universums***

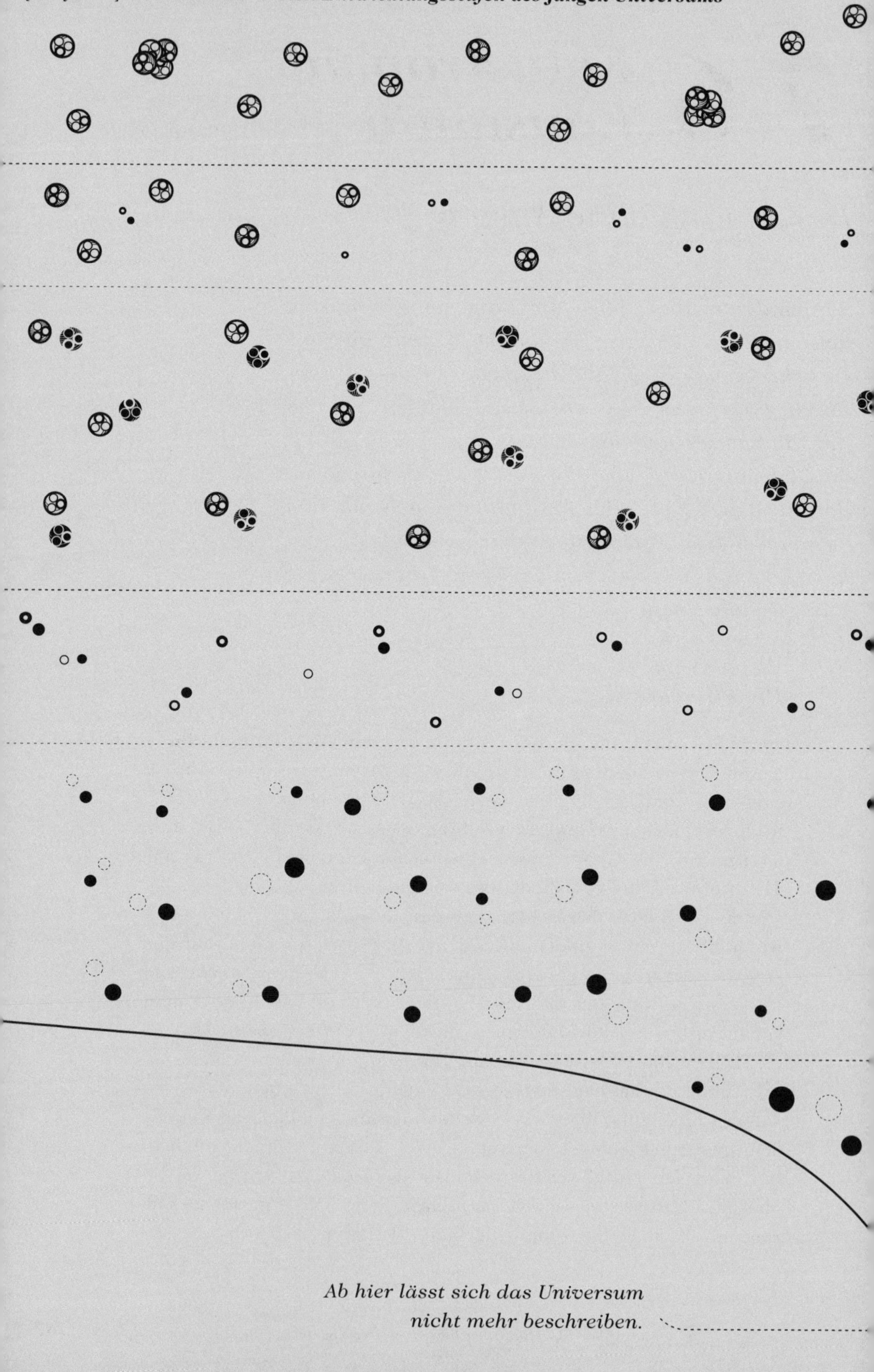

Helium entstand.

Nukleosynthese-Ära
3 Minuten nach dem Urknall
Temperatur: 10^{11} Kelvin

Elektronen entstanden.

Nicht jedes Elektron fand sein Antiteilchen.

Protonen entstanden.

Hadronen-Ära
0,001 Sekunden nach dem Urknall
Temperatur: 10^{12} Kelvin

Neutronen entstanden.

Nicht jedes Proton und Neutron fand sein Antiteilchen.

Es gibt vier Kräfte im Universum.

Quarks entstanden.

Nicht jedes Quark fand sein Antiteilchen.

Teilchen und Antiteilchen entstanden und vergingen.

Elektroschwache Ära
10^{-10} Sekunden nach dem Urknall
Temperatur: 10^{15} Kelvin

Inflation
Das Universum dehnte sich um den Faktor 10^{30} aus.

Es gab drei Kräfte im Universum.

Teilchen und Antiteilchen entstanden und vergingen.

GUT-Ära
10^{-38} Sekunden nach dem Urknall
Temperatur: 10^{29} Kelvin

Es gab zwei Kräfte im Universum.

Planck-Ära
10^{-43} Sekunden nach dem Urknall
Temperatur: 10^{32} Kelvin

Es gab eine Kraft im Universum.

mit der Raumzeitkrümmung durch die Gravitation beschäftigt, mit der Quantenmechanik irgendwie in Einklang bringen, die sich mit der schwankenden Welt des Allerkleinsten auseinandersetzt – ein hartes Unterfangen, an dem sich momentan die Wissenschaftler reihenweise die Zähne ausbeißen (siehe *Vorsicht bissig: Relativitätstheorie trifft Quantenmechanik,* Seite 565)…

Der Anfang unseres Universums stellt uns vor exakt dasselbe Dilemma. Um ihn zu beschreiben, wäre ebenfalls genau jene vereinigte Theorie nötig, welche die Welt des ganz Kleinen mit der Welt des ganz Großen zusammenbringt. Da dies bisher jedoch noch niemandem gelungen ist, müssen wir deshalb bei 10^{-43} Sekunden kapitulieren und uns damit zufriedengeben, dass wir uns nur ganz knapp bis an den Urknall heranwagen können, ohne komplett vor Verständnislosigkeit in die Knie zu gehen.

Wir können das Universum nur bis zu dem Zeitpunkt von 10^{-43} Sekunden nach dem Urknall zurückverfolgen. Hier befindet sich die Grenze zur Planck-Ära. Alles, was noch früher zurückliegt, lässt sich nicht mehr mit den heutigen bekannten physikalischen Gesetzen beschreiben.

Genau dies wollen wir jetzt auch tun. Wagen wir uns also bis zu den besagten 10^{-43} Sekunden heran. Wir befinden uns nun genau an der Grenze zur sogenannten Planck-Ära. Sie ist nach ihrem Urheber, dem Meister der Quantenmechanik, Max Planck, benannt, der uns bereits begegnete, als wir uns mit den Gemeinheiten der Heisenberg'schen Unschärferelation herumärgerten. Sein Planck'sches Wirkungsquantum, eine ziemlich winzige Zahl, ist schuld daran, dass wir niemals den Ort und den Impuls eines Elementarteilchens gleichzeitig messen können (siehe *Die Heisenberg'sche Unschärferelation,* Seite 60).

Und auch die Planck-Ära konfrontiert uns mit vielen unglaublich winzigen – aber auch unglaublich großen – Zahlen, die uns unsere Grenzen sehr rigoros aufzeigen. Eine dieser Zahlen kennen wir bereits: 10^{-43} Sekunden. Dies ist die sogenannte Planck-Zeit. Alles, was sich hinter ihr befindet, sprich die gesamte Planck-Ära, können wir bisher kaum bis gar nicht erklären.

An der Schwelle von der Planck-Ära zur GUT-Ära passierte etwas, das uns ebenfalls verdächtig bekannt vorkommt: Aus einer einst harmonischen Vereinigung mehrerer Kräfte spaltete sich eine einzelne Bosonenart beleidigt ab (siehe Grafik 98). Aus diesem allerersten Kräftezerwürfnis im Universum ging die Gravitation hervor. Ihr gegenüber stand nun die übrig gebliebene Kräftevereinigung der GUT-Kraft (siehe *Die Große Vereinheitlichte Theorie,* Seite 727).

Kurz nach dem Urknall waren wohl noch alle heutigen vier Kräfte zu einer einzigen Grundkraft vereint. Am Ende der Planck-Ära spaltete sich schließlich die Gravitation von der GUT-Kraft ab.

Die Schwerkraft machte also bereits, nachdem unser Kosmos 10^{-43} Sekunden auf dem Buckel hatte, ihr eigenes Ding. Dies tat sie, sobald die Temperatur auf 10^{32} Kelvin gesunken war. Nun waren zum allerersten Mal nicht mehr alle vier Bosonenarten, die zwischen der Materie in unserem heutigen Universum vermitteln, zu einer einzigen »Superkraft« vereinigt, welche die recht spekulativen Theorien der Supersymmetrie (kurz: SUSY), Superstringtheorie oder Supergravitation zu beschreiben versuchen. Jene 10^{32} Kelvin werden daher als Planck-Temperatur bezeichnet, was einer ungeheuerlichen Energiemenge entspricht. Das Licht, das unser Universum kurz nach dem Urknall bevölkerte, muss daher äußerst energiegeladen dahergekommen sein. Es herrschte damit – sofern man das hochenergetische Licht hätte wahrnehmen können – neben der wahnsinnigen Hitze eine wahnsinnige Helligkeit (siehe *Das Licht geht an,* Seite 613).

Da wir es hierbei mit einer Welt zu tun haben, bei der die gesamte Energie auf einem sehr winzigen Radius beisammensaß, gibt es außerdem noch die Planck-Länge. Sie beschreibt, wie groß das Weltall am Ende der Planck-Ära war: winzige 10^{-33} Zentimeter nämlich. In diesem kuscheligen Raumvolumen tummelten sich die Photonen auf einer Dichte, die 10^{94}-mal höher als die von Wasser war.

Die Planck-Welt beschreibt unser Universum, als alle Energie noch auf einen winzigen Punkt gebündelt beisammensaß, in den kleinsten, kausal noch sinnvollen Einheiten.

Das Universum war demnach 10^{-43} Sekunden nach dem Urknall 10^{32} Kelvin heiß, 10^{-33} Zentimeter klein, besaß eine Dichte von 10^{94} Gramm pro Kubikzentimeter und eine Masse von 10^{-8} Gramm.

[Grafik 98] ***Das erste Aufspalten der Kräfte am Ende der Planck-Ära***

Am Ende der Planck-Ära, 10^{-43} Sekunden nach dem Urknall, spaltete sich bei 10^{32} Kelvin eine einzige Grundkraft in die Gravitation und die GUT-Kraft auf.

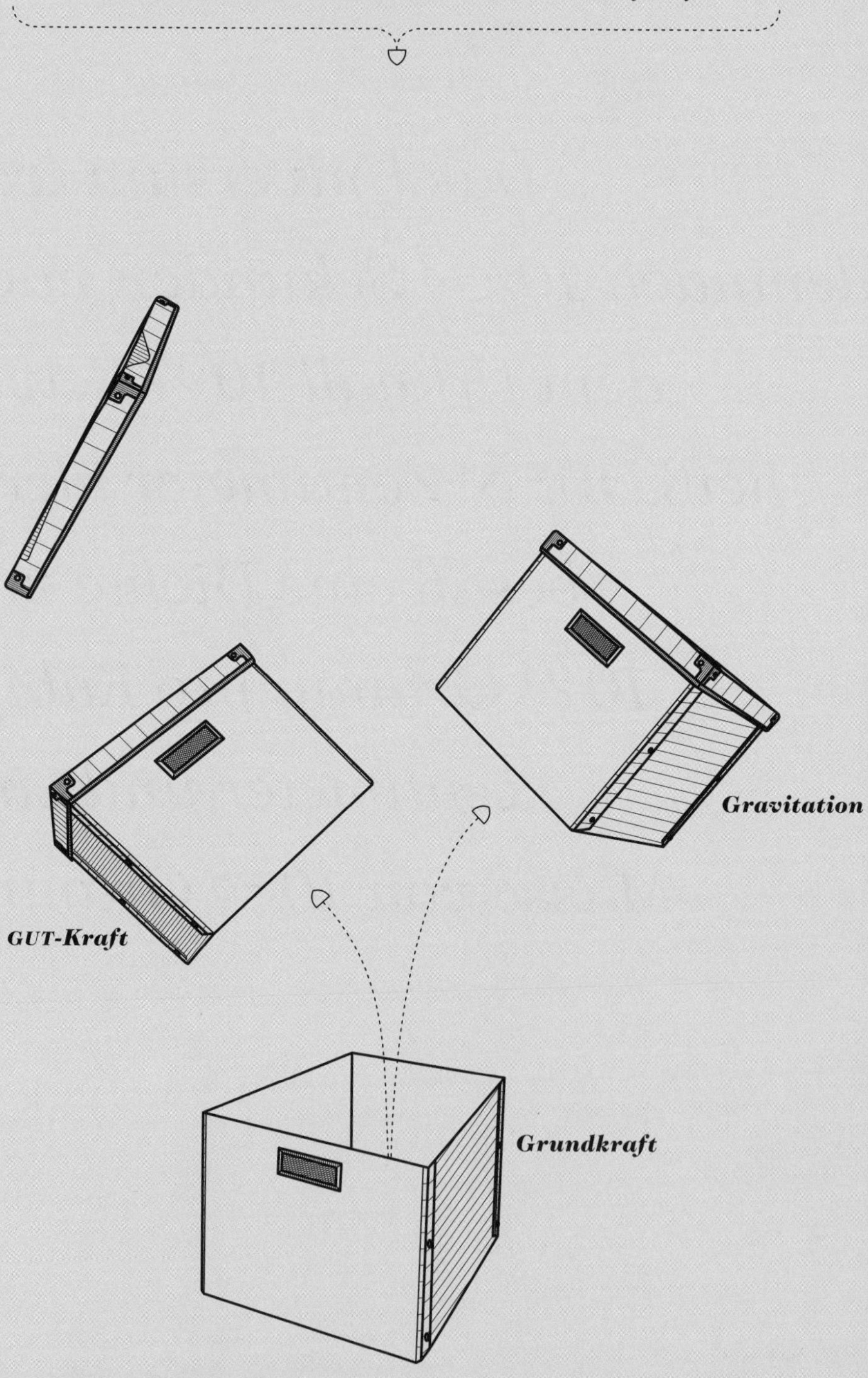

Jene 10^{94} Gramm pro Kubikzentimeter werden deshalb als Planck-Dichte bezeichnet. Eine Planck-Masse gibt es natürlich auch noch: Sie beträgt winzige 10^{-8} Gramm.

Das gesamte Universum war also, kurz nachdem die Planck-Ära endete, gerade einmal 10^{-33} Zentimeter »groß«, mit einer Dichte von 10^{94} Gramm pro Kubikzentimeter allerdings außerordentlich anziehend, und muss daher lediglich eine Masse von 10^{-8} Gramm besessen haben, um ein Schwarzes Loch zu ergeben (siehe *Knautschsonne,* Seite 581). Ein Lichtstrahl musste zu jener Zeit nur 10^{-43} Sekunden reisen, um von der einen Seite des Planck-Universums zur anderen Seite zu gelangen. (Nur zum Vergleich: Um ein Atom zu durchqueren, braucht ein Photon 10^{-23} Sekunden – siehe *Das Photon,* Seite 94.)

Kleiner beziehungsweise größer als die Planck-Einheiten geht es übrigens nicht! Keine Masse in diesem Universum kann kleiner sein als die Planck-Masse, keine Länge kürzer als die Planck-Länge, keine Dichte höher als die Planck-Dichte, keine Temperatur heißer als die Planck-Temperatur und kein Zeitraum kürzer als die Planck-Zeit. Den Zeitpunkt null gibt es deshalb gar nicht! Was das bedeutet, sehen wir gleich …

Der erste Symmetriebruch

Über die Planck-Ära selbst weiß man nahezu nichts. Eine Vorstellung davon, was damals vor sich ging, gibt es aber dennoch: Da damals alle Kräfte in friedlicher Eintracht zu einer einzigen vereinigt waren, muss das Universum ganz zu Beginn eine ziemlich einfache Welt gewesen sein. Und während sich erst nach 10^{-43} Sekunden ein logischer Zusammenhang zwischen Ursache und Wirkung herstellen ließ, war dies während der Planck-Ära undenkbar (siehe *Die Sturheit des Lichts,* Seite 177). Hier schwankten Raum, Zeit und Energie so gewaltig, dass keine anständigen Messungen möglich waren (siehe *Bilderverbot,* Seite 73). Die Planck-Einheiten sind damit die letzten kausal sinnvollen Angaben, die wir in unserem Universum messen können. Kleiner beziehungsweise größer geht es wie gesagt demnach nicht.

Wir versuchen uns dennoch an dieser Stelle ganz dreist in diese ominöse Planck-Welt hineinzuwagen – irgendetwas Bedeutsames muss dort schließlich vorgefallen sein, denn sonst wären wir heute nicht hier. Betreiben wir nun also ein wenig Spekulation:

In der Welt der totalen Einfachheit, die unser Universum ausmachte, bevor seine ersten 10^{-43} Sekunden angezählt wurden, muss es ziemlich symmetrisch zur Sache gegangen sein. Ähnlich wie während der Hadronen-Ära formten sich ständig aus Energie Teilchen und deren passende Antiteilchen, um sich sogleich wieder zu zwei entsprechend energiegeladenen Photonen zu zerstrahlen (siehe *Die Hadronen-Ära,* Seite 708). Da zum damaligen »Zeitpunkt« die Energie außerordentlich hoch war, stürzten sich hier die seltsamsten Teilchen in ihre Existenz, um bald darauf wieder zu verschwinden. Das Werden und Vergehen von Masse war damit wunderbar im Gleichgewicht – die Welt war symmetrisch.

Um sich einen solch symmetrischen Zustand besser begreiflich zu machen, kann man sich eine Umgebung vorstellen, die nichts anderes auszeichnet als die Tatsache, dass sie rot ist (siehe Fotografie 60). Alles in dieser Welt besteht exakt aus demselben Rotton. Man kann also weder erkennen, was in ihr vor sich geht, noch kann man sich überhaupt sicher sein, dass sie eine bestimmte Farbe – in unserem Beispiel wäre dies das leuchtende Rot – besitzt. Dazu müsste man nämlich einen Vergleich mit einem anderen Farbton herstellen können und den gibt es in einer völlig gleichförmigen Welt nun einmal nicht.

Während der Planck-Ära herrschte die totale Symmetrie. Aus Energie formten sich die verschiedensten Teilchen und Antiteilchen, um sogleich wieder gegenseitig zu Licht zu zerstrahlen.

Wir befinden uns damit – bitte Vorsicht bei der bildlichen Vorstellung, es könnte zu einem nicht mehr enden wollenden Grübeln führen – im Nichts. Das Nichts ist folglich ein Zustand, in dem alles symmetrisch ist und es somit keinerlei Materie gibt – das absolute Vakuum also. Doch da in einem solchen die Gesetze der Quantenmechanik gelten, führt die Unschärfe der Energiemenge dazu, dass ab und an plötzlich aus Energie Teilchen hervorgehen, die aber bereits vor Ablauf der Zeitunschärfe wieder verschwinden müssen (siehe *Die Heisenberg'sche Unschärferelation,* Seite 60/*Ominöses Durchtunneln,* Seite 287). Solche Teilchen werden deshalb auch als virtuelle

Das Nichts ist keineswegs ein trostloser Zustand! Stattdessen herrscht hier ein reges Werden und Vergehen von virtuellen Teilchen.

[Fotografie 60] ***Symmetrische Welt***

Teilchen bezeichnet, da man sie nicht direkt nachweisen kann. Und da die Energiemenge damals außerordentlich eng gebündelt beieinandersaß, müssen ziemlich wuchtige Brocken dabei herausgesprungen sein – Teilchen, die es im heutigen Universum wohl gar nicht mehr gibt. Aber auch all die uns heute bekannten Materieteilchen traten auf den Plan und verschwanden ebenso schnell wieder, wie sie entstanden.

Das Nichts ist somit keineswegs ein trostloser »Ort«. Tatsächlich geht es ganz schön rund. Nur geschieht dies eben sehr symmetrisch, sodass unterm Strich schlichtweg nichts passiert. Und wenn nichts passiert, da alles im Gleichgewicht und damit gleich ist, dann fehlt vor allem eine fundamentale Größe: die Zeit. Einen Raum, in dem sich etwas abspielen kann, gibt es allerdings ebenso wenig. Stattdessen befinden wir uns hier in einem Zustand der maximalen Unordnung und der minimalen Information (siehe Fotografie 61). Alles wabert chaotisch hin und her. Feste Größen gibt es nicht. Eine Orientierung in solch einer Welt ist daher schlichtweg unmöglich. Wir befinden uns also an einem unglaublich heißen, orientierungslosen, zeitlosen Ort, der eigentlich gar kein Ort ist und an dem chaotisch die skurrilsten Teilchensorten aus einem einzigen »Energie-Schaumbad« wie Seifenblasen entstehen und sogleich wieder vergehen. Jedes Teilchen findet hier sein passendes Antiteilchen, und damit ist alles in bester symmetrischer Unordnung. Willkommen im Nichts! Gemäß Einsteins Formel $E = mc^2$ wird hier aus Energie Masse und aus Masse wieder Energie.

Dieses Spielchen hätte damals theoretisch unendlich lange so weitergehen können – was allerdings nicht ganz richtig ist, da ja noch gar keine Zeit lief – das Nichts ist nun einmal eben nichts und nicht etwas. Doch wie dem auch sei – »irgendwann« hatte dieses symmetrische, hochenergetische Hin und Her ein Ende. Ein Teilchen fand sich plötzlich ohne sein passendes Antiteilchen in einer urplötzlich real existierenden Welt wieder (siehe Fotografie 62).

Wir stehen nun genau an jener Schwelle zur Planck-Ära, bei der sich, nach 10^{-43} Sekunden, unser Universum erstmals einigermaßen beschreiben lässt. Der allererste Symmetriebruch hatte damit stattgefunden, und die Gravitation betrat das Geschehen (siehe *Die Planck-Ära,* Seite 757). In diesem Moment – also nicht etwa bei dem Zeitpunkt von null Sekunden, sondern erst 10^{-43} Sekunden später – kehrte schlagartig Ordnung in das zuvor völlig gleichmäßige Chaos ein. Die Dimensionen Raum und Zeit konnten nun erstmals existieren, denn nun konnte endlich etwas passieren.

Da sich im Nichts alles im symmetrischen Gleichgewicht befindet, herrscht hier ein Zustand der minimalen Information und der maximalen Unordnung. Alles schwingt und wabert umher, feste Größen, wie Materie, Raum und Zeit, gibt es nicht.

[Fotografie 61] **Das Nichts ist ein Zustand der minimalen Information und der maximalen Unordnung**

»Irgendwann« war dieses symmetrische Wechselspiel jedoch zu Ende. Ein Teilchen fand plötzlich kein passendes Antiteilchen mehr. Ausgelöst durch diesen allerersten Symmetriebruch, begann sich unser Universum in seine Existenz zu stürzen.

Der Urknall hatte somit begonnen. Licht und Materie wurden Realität.

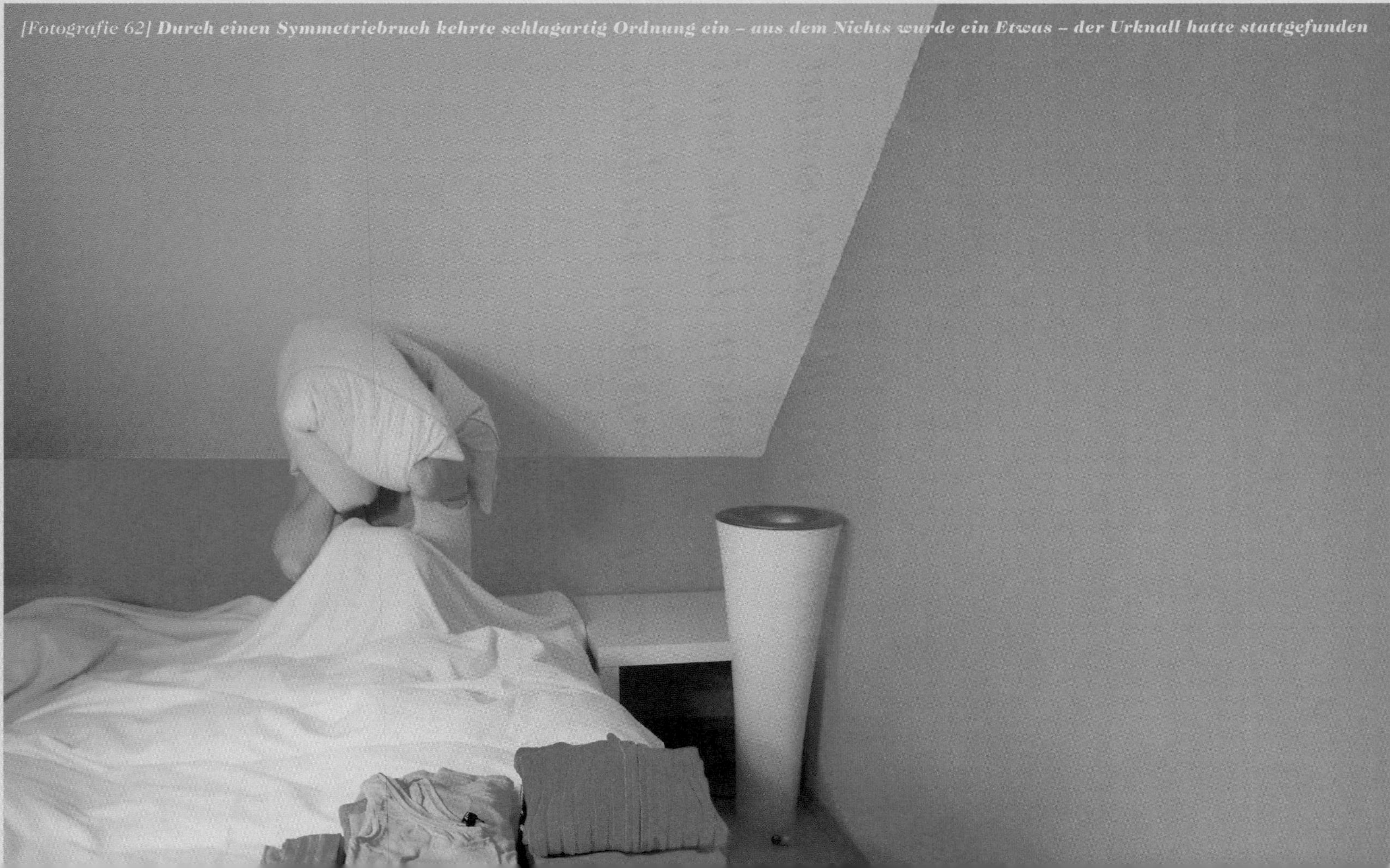

[Fotografie 62] ***Durch einen Symmetriebruch kehrte schlagartig Ordnung ein – aus dem Nichts wurde ein Etwas – der Urknall hatte stattgefunden***

Seitdem macht sich in unserer plötzlich ordentlich gewordenen Welt durch den Lauf der Zeit, und damit durch den Fluss der Energie, allmählich immer mehr Unordnung breit. Denn alles strebt danach, sich schön symmetrisch gleichmäßig zu verteilen und damit den Zustand der maximalen Unordnung und der minimalen Information wiederherzustellen. Dieses permanente Streben nach der maximalen Unordnung bezeichnet man auch als Entropie. Sobald in unserem Universum die höchstmögliche Entropie erreicht sein wird (was allerdings noch ein »Weilchen« dauert …), wird die Zeit erneut stillstehen.

Dabei setzte dieser gesamte Vorgang des Wandels von Ordnung zu Unordnung nur deshalb ein, weil das allererste, nunmehr nicht mehr länger virtuelle Teilchen aus Licht entstand, nachdem es vergeblich auf sein passendes Gegenstück warten musste. In genau diesem Moment stürzte sich unser Universum in seine Existenz – der Urknall hatte begonnen. Und damit wurde auch aus dem allerersten Photon Realität.

In der Folge setzte die Expansion ein, das All kühlte weiter und weiter ab, das Licht wurde immer langwelliger und energieärmer, sodass immer weitere Teilchen dazukamen, die verzweifelt, einsam und allein ohne ihr Antiteilchen zurückblieben. Am Ende dieser Reihe von Symmetriebrüchen standen schließlich alle unsere heutigen Materieteilchen bereit. Quarks und Leptonen und somit auch der beste Freund des Lichts, das Elektron, waren damit als Endergebnis einer regelrechten Symmetriebruchserie zu bestaunen (siehe *Fermionen sind verfeindet,* Seite 82).

Nun waren die Tage der Antimaterie in diesem Universum gezählt. Heute gibt es so gut wie keine Antiteilchen mehr. Und sollte es dennoch einem solchen mit Seltenheitswert versehenen Wesen tatsächlich gelingen, zu entstehen (beispielsweise als Restprodukt von Kernreaktionen), so wird es schnurstracks von einem herkömmlichen Teilchen einkassiert und in Licht umgewandelt.

Der Urknall setzte somit ein, nachdem aus dem Nichts, dank einer winzigen, allerersten Asymmetrie, ein allererstes, reales Teilchen hervorging. Raum und Zeit waren damit schlagartig geboren (anfangs waren vielleicht mehrere Dimensionen beteiligt, allerdings »rollten« sich diese wohl recht schnell zusammen, sodass am Ende eine vierdimensionale Raumzeit übrig blieb – siehe *Sturz ins Bodenlose,* Seite 557), eine unglaubliche Energiemenge erfüllte das Geschehen, es kam sogleich zu einer schrittweisen Abkühlung des Raums und mit ihr zu einer immer weiter fortschreitenden Strukturbildung. Auf die allererste Asymmetrie folgten zahlreiche weitere

Unregelmäßigkeiten, bis schließlich, 13,7 Milliarden Jahre später, der Kosmos zu seiner heutigen Erscheinung fand (siehe *Die Ära der Galaxien,* Seite 626).

Und all dies nur, weil einst ein einsames Teilchen unter unzähligen glücklichen Teilchen-Antiteilchen-Paaren übrig blieb! Auch heute noch kommt demnach, wie wir bereits erwähnt haben, auf eine Milliarde Photonen ein winziges Materieteilchen (siehe *Die Hadronen-Ära,* Seite 708). Damals, als das All nahezu unendlich klein war, muss es deshalb außerordentlich hell gewesen sein (siehe *Das Licht geht an,* Seite 613).

Die Energiemenge ist seit dem Urknall wie gesagt dieselbe geblieben, der Raum hat sich allerdings inzwischen ordentlich geweitet – entsprechend bekommen wir von dem eindeutigen Lichtüberschuss in unserem Universum heute nichts mehr mit – die Photonen haben sich schließlich wegen der kosmischen Rotverschiebung inzwischen in den Mikrowellenbereich verabschiedet und sind deshalb nur noch sehr schwach am Strahlen (siehe *Hintergrundrauschen,* Seite 661).

Die gesamte Energiemenge in unserem Universum ist durch den Urknall Realität geworden und seitdem immer dieselbe geblieben.

Während die Photonen anfangs noch dicht gebündelt beisammensaßen, haben sie sich inzwischen durch die Expansion des Raums von hochenergetischer Gammastrahlung in langwellige Mikrowellenstrahlung verwandelt.

Und was war davor?

Der Urknall war also der Tag, an dem es erstmals so etwas wie Tage gab. In einer zuvor unsagbar hohen Energiemenge begannen sich Unregelmäßigkeiten breitzumachen und setzten dadurch jenen »Big Bang« in Gang, der jedoch eigentlich gar nicht groß, sondern vielmehr winzig klein war – schließlich befinden wir uns im Bereich der

Quantenwelt, und damit war das Universum während des Urknalls nicht viel größer als ein winziger Punkt (siehe *Die Planck-Ära,* Seite 757). Dieser winzige Punkt, der wiederum aufgrund der Schwankungen, denen er ausgesetzt war, gar kein richtiger Punkt war, sondern vielmehr ein verwischtes, unscharfes »Beinahe-Etwas«, im Grunde aber vielmehr ein »Beinahe-Nichts«, begann sich daraufhin immer weiter aufzublähen. Sobald dies geschah, sprich, sobald aus dem Nichts ein Etwas wurde, gab es erstmals Raum, Zeit, Naturgesetze und Materie.

Doch was war davor? Dies ist eine ganz böse Frage, denn sie ist eigentlich nicht erlaubt. Da die Zeit erst mit dem Urknall begann, gibt es schlichtweg kein Davor. Auch der Raum wurde erst durch den Urknall gebildet. Das Universum expandiert daher nicht in *etwas* hinein, sondern im Grunde in das Nichts.

Wir stoßen somit wieder ordentlich an die Grenzen unseres Vorstellungsvermögens. Was für die heutige Quantenwelt gilt, gilt nämlich auch für den damaligen Urknall: Das Kausalitätsprinzip, wonach auf jede Ursache eine Wirkung folgt, gilt hier nicht (siehe *Bilderverbot,* Seite 73). Es war folglich auch keine Ursache für den Urknall nötig! Er passierte einfach so. Aufgrund einer Energieschwankung entstand überraschenderweise aus einer Horde nicht wirklich existierender, virtueller Teilchen richtige Materie, und damit nahm das Drama seinen Lauf. Unser Universum hatte damit einen Anfang, davor jedoch gab es nichts.

Die Wahrscheinlichkeit für ein derartiges »Herausflocken« eines Universums aus einem zuvor wunderbar symmetrischen Nichts ist übrigens mehr als gering (siehe *Der erste Symmetriebruch,* Seite 765). Was damals passierte, lässt sich mit einem anfangs völlig unordentlichen Zimmer vergleichen, wie es in Fotografie 61 dargestellt ist, das sich schlagartig und völlig grundlos von selbst in Ordnung bringt und damit das aufgeräumte Zimmer in Fotografie 62 zum Vorschein kommen lässt. Jeder, der schon einmal verzweifelt darauf wartete, dass sich seine Wohnung gemäß dieses Prinzips von selbst in Ordnung bringen möge, weiß: Die Wahrscheinlichkeit, dass solch eine wundersame Selbstaufräumaktion tatsächlich eintritt, geht schlichtweg gegen null. Dennoch ereignete sich beim Urknall genau dies! Das Universum räumte sich quasi von selbst auf und wurde damit real.

Was damals vor 13,7 Milliarden Jahren passierte, könnte somit eine Abwandlung des Tunneleffekts gewesen sein (siehe *Ominöses Durchtunneln,* Seite 287). Unser Universum durchtunnelte quasi, aller Unwahrscheinlichkeit zum Trotz, aus dem Nichts in das Etwas hinein. In eine anfangs unordentliche Welt, in der alles gleich war und damit weder Raum noch Zeit existierten, kehrte schlagartig Ordnung ein, und die Zeit begann fortan fröhlich zu fließen.

Eine Zeit vor dem Urknall gibt es nicht, da sie erst mit dem Big Bang zu fließen begann. Die Antwort auf die Frage »Was war vor dem Urknall?« muss daher lauten:

Nichts!

Da das Kausalitätsprinzip erst seit Ende der Planck-Ära gilt, war für den Urknall selbst keinerlei Ursache nötig. Unser Universum durchtunnelte damit quasi völlig grundlos aus dem Nichts in das Etwas hinein.

Allerdings ist die Wahrscheinlichkeit für ein solches »Durchtunneln« aus dem Nichts in das Etwas außerordentlich gering. Wir verdanken unsere Existenz daher wohl einem mehr als glücklichen Zufall. Oder war es Absicht? Man weiß es nicht…

7.7 Licht im Dunkel

Von zufälligen Absichten

Doch woher wollen wir denn nun wirklich wissen, dass unser Universum tatsächlich aus einem verschwindend kleinen, schwankenden Nichts heraus entstand, das sich von einst quantenmechanischen Ausmaßen zuerst inflationär und schließlich etwas gemäßigter immer weiter ausdehnte und heute vor allem aus leerem Raum besteht und damit ebenfalls sehr viel »Nichts« enthält? Wirklich einhundertprozentig beweisen lässt sich der Urknall – wie jede wissenschaftliche Theorie – nicht. Es gibt allerdings noch ein paar bedeutsame Hinweise, die sehr gut zu der Vorstellung von einem »Universum mit Anfang« passen …

Im Sternenwald

Einige Indizien, die eindeutig für die Urknalltheorie und ihre inflationäre Frühphase sprechen, haben wir bereits kennengelernt (siehe *Beweise, bitte!*, Seite 755). All diese Dinge sind jedoch für den normalen, nicht in der Wissenschaftszunft beheimateten Beobachter im Alltag nicht direkt erlebbar und besitzen deshalb recht wenig Charme. Eine unglaublich simple Sache gibt es allerdings, die uns jeden Tag beweist, dass unsere Welt einen Anfang gehabt haben muss. Wir empfinden sie nur als so selbstverständlich, dass sich die meisten von uns bisher wohl noch keine großartigen Gedanken darüber gemacht haben. Es geht um die triviale Tatsache, dass es nachts stets dunkel ist (siehe Fotografie 63a).

Doch warum ist dies ein Hinweis auf den Urknall? Gehen wir einmal genau vom umgekehrten Fall aus: Was wäre, wenn es keinen Urknall gegeben hätte, sondern unser Universum stattdessen seit Ewigkeiten existieren würde und unendlich groß wäre?

In einem unendlich großen Universum gäbe es folglich auch einen unbegrenzten Vorrat an Sternen, deren Licht – da das Universum ja unendlich existieren würde, uns jederzeit erreichen könnte. Entsprechend würden diese Sterne eindeutig ihre Spuren auf unserem Nachthimmel hinterlassen. Statt vereinzelt funkelnder, winziger Lichtpunkte würde uns ein gleißend leuchtender Himmel entgegenstrahlen (siehe Fotografie 63b). Eine Nacht gäbe es folglich gar nicht. Der Himmel würde homogen hell leuchten, da sich in jede Lücke zwischen den Sternen neue Sterne drängen würden, um diese zu füllen. Wir würden den Himmel sozusagen vor lauter Sternen nicht mehr sehen – ganz ähnlich der Situation mitten in einem dichten Wald. Auch hier sieht man vor lauter Bäumen nicht mehr allzu viel – außer eben lauter Bäume …

Genau mit dieser Sternenfrage, die auch als das sogenannte Olbers'sche Paradoxon bezeichnet wird, das nach ihrem Begründer, dem deutschen Arzt und Astronomen Heinrich Olbers (1758–1840) benannt ist, beschäftigte sich auch Johannes Kepler, der Mann der Ellipsen (siehe *Ein strenges Regiment,* Seite 328). Er fand nämlich nicht nur heraus, dass die Planetenbahnen elliptisch sind – Kepler kam außerdem zu dem Schluss, dass unser Nachthimmel, ähnlich wie ein dichter Wald, von Sternen übersät und damit auch entsprechend heiß sein müsste, wenn das Universum denn unendlich groß und seit Ewigkeiten unveränderlich wäre.

Doch dem ist nun einmal offensichtlich nicht so. Stattdessen gibt es fast nur Dunkelheit zu bestaunen und ab und an ein paar winzig kleine Sterne (von unserem hauseigenen, angenehm wärmenden Exemplar einmal abgesehen). Um sich die Dunkelheit unseres allnächtlichen Himmels zu erklären, gab es für Kepler deshalb nur zwei Möglichkeiten: Entweder unser Universum würde zwar tatsächlich ewig existieren, dann aber sollte zumindest bei der Sternenzahl Schluss mit der Unendlichkeit sein. Ihre Anzahl müsste begrenzt sein. Die zweite Möglichkeit wäre, dass sich unser Universum sehr wohl mit der Zeit verändern und sich damit keineswegs seit Ewigkeiten im schnöden Einheitsgewand präsentieren würde.

Lange Zeit tendierte die astronomische Zunft, und mit ihr auch der Fragesteller selbst, zur Variante Nummer 1. Die Anzahl der Sterne sollte also begrenzt sein, das Universum selbst durfte aber seine Unendlichkeit vorerst beibehalten. Die bevorzugte, ziemlich egozentrische Vorstellung war, dass sich unsere Milchstraße als einzige Galaxie inmitten eines unendlichen Nichts befindet. Als dann allerdings Edwin Hubble mit seiner unverschämten Entdeckung zahlreicher

Der dunkle Nachthimmel ist ein eindeutiger Hinweis auf den Urknall.

Würde das Universum nämlich schon unendlich lange existieren und würde sich nie verändern, müsste unser Himmel auch nachts von unendlich vielen Sternen hell erleuchtet sein. Man würde somit den Himmel vor lauter Sternen nicht mehr sehen.

[Fotografie 63a] ***Der dunkle Nachthimmel ist ein Hinweis auf den Urknall***

[Fotografie 63b] ***Wäre das Universum unendlich groß und würde es schon unendlich lange unverändert existieren, würde der Himmel auch nachts durch das Licht unendlich vieler Sterne gleißend hell leuchten***

Galaxien daherkam, die zu allem Überfluss auch noch die Expansion des gesamten Raums belegte, wurde dieser Vorstellung recht schnell ein grober Dämpfer verpasst (siehe *Hubbles Glückstreffer,* Seite 650).

Also wurde Variante Nummer 2 in Erwägung gezogen. Unser Universum müsse der permanenten Veränderung unterworfen sein. Und nun kommt wieder die Urknalltheorie ins Spiel. Sie löst das Olbers'sche Paradoxon nämlich ziemlich einfach, und das, völlig ohne mit der Wimper zu zucken. Der Grund, warum wir nachts nicht in einen hell erleuchteten Himmel blicken, der von unendlich vielen Sternen seiner Dunkelheit beraubt würde, ist schlicht und ergreifend der, dass unser Universum einen Anfang hatte. Wir können deshalb nur jene Sterne sehen, deren Licht höchstens so lange zu uns reisen musste, wie das Universum alt ist (siehe *Inflationärer Einheitsbrei,* Seite 736). Selbst wenn es tatsächlich unendlich viele Sterne geben sollte, bekommen wir davon herzlich wenig mit, da wir lediglich das beobachtbare Universum wahrnehmen können. Wir sind schließlich auf die Lichtgeschwindigkeit – und die ist nun einmal definitiv nicht unendlich – als Informationsüberbringer angewiesen (siehe *Licht ist Information,* Seite 123). Hinter den kosmologischen Horizont können wir deshalb niemals blicken.

Natürlich lässt sich der dunkle Nachthimmel auch auf andere Weise erklären, ohne den Urknall zu Hilfe zu nehmen. Ein handfester Beweis für den Big Bang ist die Lösung des Olbers'schen Paradoxons deshalb nicht. Allerdings ist es eben nicht nur die nächtliche Dunkelheit, die mit dem Urknall wunderbar harmoniert. Die Vorstellung vom Big Bang erklärt eben auch viele andere Dinge in unserem heutigen Universum sehr gut – so gut, wie es bisher noch keiner anderen Theorie gelungen ist. Die Urknalltheorie befindet sich deshalb auf ziemlich sicherem Boden.

Danke, Licht!

Übrigens ist es kein Wunder, dass wir in einer Welt leben, deren Nachthimmel sich in romantische Dunkelheit hüllt. Leben ist nämlich grundsätzlich nur in einem kalten, alten, dünn besiedelten und daher entsprechend dunklen All möglich! Denn um Lebewesen hervorzubringen, braucht es neben Licht vor allem eines – und das ist Zeit. Lassen wir an dieser Stelle deshalb noch einmal unsere sieben Kapitel füllende Reise Richtung Vergangenheit, auf den Spuren des Lichts, Revue passieren:

Leben ist nur in einem dünnen, dunklen, kalten, alten All möglich.

Ohne Licht gäbe es uns nicht. Letztendlich sind wir das Resultat eines allerersten Symmetriebruchs, der sich in unser anfangs völlig raum- und zeitloses Universum einschlich und damit überhaupt erst die Dimensionen Raum und Zeit in unsere Welt setzte (siehe *Der erste Symmetriebruch,* Seite 765). Dass dabei genau drei Raumdimensionen heraussprangen, die zusammen mit der vierten Dimension der Zeit unser Universum ausmachen, ist dabei ebenfalls mehr als glücklich für die spätere Entwicklung gewesen. Nur in einem dreidimensionalen Raum sind schließlich jene Kraftgesetze möglich, die wir heute beobachten, und damit sind beispielsweise die Planetenbahnen schön stabil, was wiederum für spätere Lebewesen einen eindeutigen Standortvorteil bedeutet (siehe *Ein strenges Regiment,* Seite 328).

Leben ist nur in einem dreidimensionalen Raum möglich. In einem Universum, das nicht exakt drei Raumdimensionen besitzt, würden die Kraftgesetze nicht gelten – die Planetenbahnen wären nicht stabil, Leben hätte sich nie entwickeln können.

Nachdem der Zahn der Zeit nun erstmals dank des außerordentlich unwahrscheinlichen Vorfalls eines Durchtunnelns des Universums aus dem Nichts, nicht etwa ab dem Zeitpunkt null, sondern erst ab dem recht unsymmetrischen Wert von 10^{-23} Sekunden zu nagen begann, wurde plötzlich aus einem Nichts ein Etwas, was zur Folge hatte, dass sich aus einer einst unglaublich geballten Energiemenge allmählich Materie herauskristallisierte. Und diese Energie musste daraufhin fleißig fließen. Denn nur dann, wenn Energie fließt, kann etwas passieren und Zeit vergehen. Sobald aus Licht also die ersten echten Materieteilchen ausflockten, begann sich erstmals ein Zeitpfeil in unser Universum einzuschleichen. Der Urknall hatte begonnen.

Mit zunehmender Abkühlung und Ausdehnung verwandelte sich in unserem frisch geschlüpften Universum auf diese Weise immer mehr Licht in Materie. Und während sich parallel dazu von Mal zu Mal immer mehr egoistische Einzelkämpfer unter den Kraftteilchen hervortaten, die durch ihr eigenbrötlerisches Verhalten schließlich eine gewaltige Inflation hervorriefen, traten am Ende dieser Zerwürfnisserie schließlich jene Fermionen und Bosonen auf den Plan, die wir auch heute noch kennen (siehe *Fermionen sind verfeindet,* Seite 82/*Das Kräftemessen der Bosonen,* Seite 90).

Und da es unser Universum mit seiner Expansion gut mit der Materie meinte, konnten sich die Fermionen zusammenraufen und Grüppchen bilden. Dies war jedoch nur möglich, weil bereits seit Anbeginn der Zeit unserem Universum geringe Dichteunterschiede mit auf den Weg gegeben wurden (siehe *Inflationäre Klümpchenbildung,* Seite 733). Die ersten richtigen chemischen Elemente wurden daraufhin geboren. Erst betrat Wasserstoff das Geschehen, etwas später folgte ihm sein eigenwilliger Freund, das Edelgas Helium (siehe *Die Hadronen-Ära,* Seite 708/*Die Nukleosynthese-Ära,* Seite 699).

Wäre das Universum zu schnell expandiert und damit zu schnell heruntergekühlt, hätten sich niemals Atomkerne bilden können.

Außerdem gäbe es in einem solchen Universum keinerlei Neutronen mehr, da diese in ungebundener Form bereits nach einer Viertelstunde zerfallen.

Auch kein einziges schweres chemisches Element hätte somit jemals entstehen können.

Wäre unser Universum allerdings zu schnell expandiert und damit zu schnell heruntergekühlt, hätten sich niemals Atomkerne zusammentun und Helium bilden können. Der Raum war jedoch lange genug genau richtig temperiert, damit sich etwa 25 Prozent des Wasserstoffs zu Helium verwandeln konnten (siehe *Hallo, Helium!,* Seite 702).

Überhaupt hätten sich auf diese Weise auch gar keine Wasserstoffkerne bilden können – schließlich wären innerhalb von nur 15 Minuten alle Neutronen aus unserem Universum verschwunden. Da sie ein recht kurzes Verfallsdatum besitzen und nach einer Frist von knapp einer Viertelstunde in Protonen zerfallen, hätten sich die Neutronen in einem zu schnell expandierenden Universum nämlich niemals an ihre stabilen Kollegen, die Protonen, klammern können. Sie wären alle auseinandergebröselt, und kein einziges von ihnen würde sich heute in unserem Universum mehr aufspüren lassen. Wasserstoff, geschweige denn eines der anderen chemischen Kandidaten des Periodensystems der Elemente, hätte es in solch einer Welt deshalb ebenso wenig geben können – und damit auch uns nicht! Doch glücklicherweise war dem ja nicht so. Unser Universum expandierte genau richtig.

380 000 Jahre später kam es schließlich zu einer weiteren wichtigen Veränderung. Aus Atomkernen wurden richtige Atome – das Licht lernte daraufhin zu laufen (siehe *Die Unabhängigkeitserklärung der Materie,* Seite 666).

Wäre auch an dieser wichtigen Schwelle die Expansion zu schnell vorangeschritten, sähe die Welt heute völlig anders aus. Materie, wie wir sie kennen, gäbe es nicht (siehe *Die Ära der Galaxien,* Seite 626). Stattdessen würden überall lose verteilte Ionen und Elektronen umhersegeln. Eine Strukturbildung hätte so niemals in Gang kommen können. Unser Universum wäre tatsächlich völlig gleichförmig, und nichts würde passieren (siehe *Der erste Symmetriebruch,* Seite 765).

Wäre das Universum zu schnell expandiert, hätten sich niemals komplexe materielle Strukturen bilden können.

Wäre die Expansion stattdessen schleppender verlaufen, hätte sich die Materie hingegen haufenweise zusammenschließen können. Die kritische Dichte wäre zugunsten eines geschlossenen Universums gekippt, und der gesamte Raum wäre wieder auf quantenmechanische Ausmaße zusammengefallen (siehe *Die Planck-Ära,* Seite 757). Auch keine schöne Vorstellung.

Wäre das Universum zu langsam expandiert, hätte die Materie die kritische Dichte bei Weitem übertroffen. Der gesamte Kosmos wäre schon längst wieder kollabiert.

Doch unser Universum expandiert bekanntlich seit jeher tapfer an der kritischen Dichte entlang und ist daher, zumindest was den für uns beobachtbaren Bereich betrifft, schön flach (siehe *Inflationär platt gedrückt,* Seite 743).

Diese Tatsache haben wir wohl Dunkler Materie und Dunkler Energie zu verdanken (siehe *Schwer unsichtbar,* Seite 628). Bestünde unsere Welt nur aus den lächerlichen vier Prozent, welche die leuchtende Materie ausmacht, hätten sich niemals größere Masseansammlungen zusammenschließen können.

Damit es dazu kommen konnte, war also dringend ein Helferlein nötig – und dies war wohl die Dunkle Materie (siehe *Weicheier,* Seite 636). Nachdem das Licht erstmals frei den Raum durchschreiten konnte und die Materie ihre Unabhängigkeit feierte, passierte nun zunächst lange Zeit nichts – *fast* nichts. Da unsere Welt jedoch mit geringen Dichteunterschieden in ihre Existenz stürzte, die durch die Inflation schließlich weit genug aufgebläht wurden, sammelte sich trotz der unermüdlich weiter voranschreitenden Expansion heimlich, still und leise immer mehr Materie an (siehe *Tiefe Töpfe,* Seite 639). Nach einer beachtlich langen Phase der gähnend langweiligen Dunkelheit erblickten schließlich die allerersten Sterne das Licht der Welt (siehe *Erschwerte Startbedingungen,* Seite 607).

Erstmals konnte man nun zwischen hell und dunkel unterscheiden – der Kontrast war geboren (siehe *Das Licht geht an,* Seite 613). Zum allerersten Mal gab es eine richtige Lichtquelle in unserem Universum. Viele anfangs sehr große und eigenbrötlerische Kernfusionsreaktoren feuerten fortan fröhlich Photonen in die Welt (siehe *Die Egozentriker unter den Sternen,* Seite 470). Die Reionisierungsepoche setzte daraufhin ein (siehe *Kurswechsel im Kosmos,* Seite 596). Ihr verdanken wir es, dass unser Universum seitdem komplett lichtdurchlässig geworden ist.

Doch noch eine weitere Sache kam durch die Geburt des allerersten Population-III-Sterns ins Rollen: der Materiekreislauf (siehe *Ein Stern geht, der nächste kommt,* Seite 462). Durch das ständige Werden und Vergehen begann die Elementeküche so richtig zu brodeln, und die Sterne erbrüteten immer schwerere chemische Elemente, bis schließlich alle Kandidaten des Periodensystems beisammen waren. 92 Prozent dieser Elemente schmücken heute unseren Körper. Wir sind damit vor allem eines: Sternenstaub (siehe *92 Prozent Sternenstaub,* Seite 466).

Inzwischen, einige Milliarden Jahre nach dem Urknall, war das All ordentlich heruntergekühlt. Kalt, dünn, dunkel und alt war es also nun. Doch noch war einiges an Wartezeit vonnöten, bis endlich Leben entstehen konnte. Es musste schließlich noch der passende Platz im All gefunden werden. Zum einen musste es ein Sternsystem sein, das mit einem egoistischen Einzelstern bestückt war – nur so konnten sich problemlos einige Planeten bilden, ohne von der Anziehungskraft der sich umkreisenden Sternenzwillinge aufgesaugt zu werden – zum anderen durfte der Stern nicht zu groß sein. Ein gutes unteres Mittelmaß ist Voraussetzung dafür, dass sich überhaupt auf einem Planeten organische Moleküle aus Kohlenstoff – die chemische Voraussetzung für Leben schlechthin – bilden können, ohne gleich wieder von harter Strahlung zerlegt zu werden. Außerdem können nur die kleineren Sternenexemplare über einen ausreichend langen Zeitraum hinweg zuverlässig und konstant vor sich hin leuchten (siehe *1 plus 1 ist weniger als 2,* Seite 312).

Doch selbst wenn der Stern nun die passende Größe vorzuweisen hatte, bedeutete das noch lange keinen Garant für Leben. Es musste zudem noch ein Planet her, der sich weder zu nah noch zu weit von seinem Zentralgestirn entfernt befand. Nur so würde es den zukünftigen Bewohnern weder zu heiß noch zu kalt werden.

Doch auch hiermit war noch nicht Schluss. Für Leben braucht es außerdem Wasser – und zwar in flüssiger Form. Dieses konnte jedoch unmöglich aus der habitablen Zone stammen, in welcher der lebensfreundliche Planet entstand, denn dafür war es dann doch zu warm. Es musste also – wieder über einen langen Zeitraum hinweg – Wasser von außerhalb herbeigeschafft werden, beispielsweise durch Kometeneinschläge (siehe *Die Sturm-und-Drang-Phase des Sonnensystems und wie die Erde zum Wasser kam,* Seite 392). Diese Phase des Bombardements durfte allerdings nicht allzu hart ausfallen, der Planet selbst sollte schließlich heil bleiben!

Und auch wenn dieses Kunststück geglückt war, bedeutete das noch keine freie Bahn für die Entwicklung von Leben. Auch jetzt hieß es wieder warten. Eine Atmosphäre musste sich bilden, die das Wasser fest- und Sauerstoff bereithielt. Erst dann konnte sich langsam auf zumindest einem Planeten erstes Leben bilden und über Jahrmillionen hinweg so weit entwickeln, dass am Ende schließlich ein denkendes Wesen, wie der Mensch, die Bühne betreten konnte (siehe *Der Glücksfall Erde,* Seite 343).

Allerdings durfte sich der Planet nicht allzu rasant drehen. Ein zu schnell rotierendes Exemplar ist ebenso lebensfeindlich wie ein Geselle, der sich gar nicht dreht. Im ersten Fall wären die Wetterbedingungen extrem stürmisch, im zweiten Fall würde auf der einen Seite permanent klirrend kalte Nacht herrschen, während die andere Seite einer ungemütlich heißen Dauerbestrahlung ausgesetzt ist. Der Planet musste also genau richtig kreiseln. Bei unserer Erde war dies allerdings erst der Fall, nachdem ihr Mond zu ihr fand. Erst er bremste sie weit genug ab, dass sie sich schließlich auf ihren angenehmen 24-Stunden-Rhythmus einpendeln konnte (siehe *Mond, wo kommst du denn her?,* Seite 394).

Doch nachdem der Einschlag eines Asteroiden, der doppelt so groß wie der Mars war, unserer Erde ihren erstaunlich großen Begleiter, den Mond, spendierte, durfte nicht mehr viel im gesamten Sternsystem passieren. Ein persönlicher Leibwächter ist damit grundsätzlich ebenfalls sehr empfehlenswert – eine Rolle, die unser dicker Freund Jupiter übernahm (siehe *Der wuchtige Jupiter,* Seite 351).

Nichtsdestotrotz muss ein Planet, um Leben hervorzubringen, ziemlich ruhig gelegen sein. Auch andere Sterne sollten sich möglichst in sicherer Entfernung befinden. Vor allem die großen Exemplare, die als Supernova ihren Abgang zelebrieren könnten, wären fatal für einen Planeten, der Leben beheimatet (siehe *Ein platzender Stern,* Seite 457). Unser Sonnensystem ist in der glücklichen Lage, dass seit seiner Entstehung vor 4,6 Milliarden Jahren keine einzige Supernovaexplosion ihre benachbarte Umgebung erschüttert hat. (Wir reden hier von einem nicht gerade kleinen Bereich von fünfzig Lichtjahren!) Und auch in Zukunft wird es bei uns glücklicherweise gewohnt ruhig zugehen. Alle Sterne, die einmal gewaltig explodieren könnten, sind weit genug von uns entfernt.

In der Nähe unseres Sonnensystems hat es seit seiner Entstehung vor 4,6 Milliarden Jahren keine einzige Supernovaexplosion gegeben. Seiner ruhigen Lage ist es zu verdanken, dass sich überhaupt Leben entwickeln konnte.

Unser eigener Stern ist hingegen der absolute Glücksgriff gewesen. Die Sonne ist weder zu klein noch zu groß (siehe *Fakten, Fakten, Fakten,* Seite 239). Ihr sichtbares Licht, das zusammen mit wärmender Infrarotstrahlung unsere Erde mit Energie versorgt, kommt allerdings nur deshalb zustande, weil in der Welt des ganz Kleinen selbst das Unmögliche möglich werden kann. Nur weil es den Tunneleffekt gibt, kann unsere Sonne überhaupt geringe Mengen Wasserstoff zu Helium fusionieren (siehe *Eigentlich zu kalt und klein, um ein echter Stern zu sein,* Seite 286/*Ominöses Durchtunneln,* Seite 287). Sie verbrennt daher äußerst ineffizient. Doch auch dies ist sehr gut so, denn nur deshalb konnte unser Stern bereits lange genug strahlen, um die Entwicklung von Leben zu ermöglichen.

Auch der Sonnenwind ist sehr hilfreich für uns, nämlich um uns die kosmische Strahlung vom Leib zu halten (siehe *Eine starke Brise,* Seite 249). Dank ihres Magnetfelds macht unserer Erde dieses Spektakel hingegen selbst nicht allzu viel aus. Wir bekommen stattdessen in erster Linie das wärmende Sonnenlicht zu spüren, das nach etwa achteinhalb Minuten unseren Planeten erreicht (siehe *Unsere Reise in die Vergangenheit beginnt,* Seite 218).

Womit wir auch schon bei einem weiteren wichtigen Punkt angekommen wären: der Lichtgeschwindigkeit. Nur weil das Licht vehement auf seiner festen Geschwindigkeit von rund 300 000 Kilometern pro Sekunde beharrt, ist unsere Welt stabil (siehe *Die Sturheit des Lichts,* Seite 177). Während sich Raum und Zeit wankelmütig verhalten, bleibt das Licht eine zuverlässige Größe in diesem Universum (siehe *Die Gedanken sind frei – Raum und Zeit sind es nicht,* Seite 164). Dank ihm funktioniert das Kausalitätsprinzip von Ursache und Wirkung stets einwandfrei – wenn man von der Sonderstellung der Quantenwelt einmal absieht. Dank der Lichtgeschwindigkeit können wir in die Vergangenheit blicken und die Informationen über die Welt da draußen entschlüsseln, die uns die Photonen frei Haus liefern (siehe *Licht ist Information,* Seite 123).

Das Licht ist damit unser wichtigster Verbündeter. Ohne Licht wäre unsere Welt stockdunkel. Ohne Licht könnten wir die materielle Welt, die uns umgibt, gar nicht wahrnehmen. Sein bester Freund, das Elektron, darf dabei natürlich ebenso wenig fehlen. Denn durch ihr Spiel vom Verschlucken und Wiederausspucken, Ignorieren und Abprallenlassen tauchen Elektron und Photon unsere Welt in ihre vielen Strukturen und Farben (siehe *Die Pigmentierung der Materie,* Seite 145).

Dies ist jedoch nur möglich, weil unsere Materie aus geladenen Teilchen besteht. Gäbe es beispielsweise keine Elektronen, gäbe es auch uns nicht! Niemals hätten sich Moleküle bilden können, die dank ihres fröhlichen Elektronenaustauschs zu ihrer Verbindung gekommen wären.

Gäbe es keine Elektronen, gäbe es auch uns nicht. Denn ohne die negativ geladenen Teilchen hätten sich niemals Moleküle bilden können.

Überhaupt ist der gesamte Elektromagnetismus an sich genau richtig, wie er ist (siehe *Das Photon,* Seite 94). Wäre seine Kraft stärker, würden Atome viel enger zusammengepackt daherkommen. Eine Molekülbildung wäre auch in diesem Fall, wenn überhaupt, nur äußerst schwierig zu realisieren, denn kein Atom würde freiwillig seine Elektronen zum Austausch freigeben.

Wäre der Elektromagnetismus stärker, wäre die Materie viel enger zusammengepackt. Kein Atom würde sein Elektron für einen Austausch mit anderen Atomen freigeben. Eine Molekülbildung wäre deshalb mehr als schwierig.

Wäre der Elektromagnetismus schwächer, hätten Protonen und Elektronen niemals Atome bilden können. Auch in diesem Fall hätte es niemals Moleküle und damit niemals Leben geben können.

Wäre der Elektromagnetismus hingegen schwächer, hätten sich überhaupt keine Protonen mit Elektronen zusammenfinden können. Auch in diesem Fall sähe es für eine Molekülbildung düster aus. An die Entwicklung komplexer Strukturen, die Leben benötigt, wäre in solch einer Welt natürlich ebenfalls nicht zu denken.

Auch das Photon ist in seiner Rolle als Kraftteilchen ziemlich gut getroffen. Dank seiner nicht vorhandenen Ruhemasse kann es unendlich weit reisen und uns deshalb früher oder später, sollte es nicht von einem geladenen Materieteilchen aufgehalten werden, jede noch so abgelegene Information liefern. Wäre dem nicht so, sondern hätte das Photon eine Masse mit sich herumzuschleppen, würde es zum einen nicht mit Lichtgeschwindigkeit davoneilen können, zum anderen wäre die Chance auf eine unendliche Reise vertan. Die Reichweite des Photons wäre beschränkt, und damit könnten wir niemals bis in die tiefe Vergangenheit des Universums blicken und unser Himmel würde zudem nicht von funkelnden Sternen übersät sein (siehe *Im Sternenwald,* Seite 786). Wäre die Reichweite des Elektromagnetismus sogar geringer als der Abstand zwischen Erde und Sonne, dann würde unser Planet niemals in wärmendes Licht getaucht werden. Auch in diesem Fall würde das bedeuten: Leben – Fehlanzeige.

Besäßen Photonen keine Ruhemasse, wäre ihre Reichweite endlich. Wir könnten niemals in die Vergangenheit des Universums blicken und in unserem Nachthimmel würden keinerlei Sterne funkeln.

Wäre die Reichweite des Elektromagnetismus sogar geringer als der Abstand zwischen Erde und Sonne, könnte uns das Sonnenlicht nicht erreichen und Leben auf der Erde wäre niemals entstanden.

Ebenso sind die gesamten anderen Elementarteilchen, Bosonen wie Fermionen gleichermaßen, genau richtig, so wie sie sind (siehe *Fermionen sind verfeindet,* Seite 82/*Das Kräftemessen der Bosonen,* Seite 90).

Wäre die Gravitation beispielsweise noch schwächer, als sie es ohnehin schon ist, müssten Sterne noch viel größer heranwachsen, um ihre Kernfusion überhaupt in Betrieb setzen zu können. Dann jedoch wären ihre Tage viel zu früh gezählt, und sie würden außerdem zu allem Übel ausschließlich hochenergetische Strahlung abfeuern (siehe *Unterwegs auf kurzen Wellen,* Seite 109). Leben hätte sich somit nicht entwickeln können.

Wäre die Gravitation noch schwächer, müssten die Sterne viel größer heranwachsen, um mit ihrer Kernfusion zu zünden. Dadurch wäre ihre Strahlung viel zu energiereich und ihre Brenndauer viel zu kurz, um Leben zu ermöglichen.

Wäre die Gravitation noch viel schwächer, hätten sich gar nicht erst Sterne, Planeten, Galaxien und Filamente bilden können.

Wäre die Gravitation stärker, wären die Sterne viel kleiner und kurzlebiger, da ihre Kernfusion durch den stärkeren Druck der Gravitation viel schneller voranschreiten würde. Die Planeten würden dadurch außerdem viel näher um die Sterne herumkreisen.

Wäre die Gravitation viel stärker, wäre das Universum derartig vollgepackt mit Materie gewesen, dass es schon längst wieder kollabiert wäre.

Wenn die Gravitation noch schwächer wäre, hätte die Materie ihren einstigen Feldzug direkt in den Wind schlagen können. Eine großangelegte Strukturbildung, wie sie unser heutiges Universum auszeichnet, hätte es so natürlich niemals gegeben (siehe *Die Ära der Galaxien,* Seite 626).

Wäre die Gravitation hingegen etwas kräftiger unterwegs, wären die Sterne wiederum deutlich kleiner, allerdings würden sie dennoch viel kürzer leben, da ihre Kernfusion durch den stärkeren Druck der Schwerkraft viel schneller voranschreiten würde. Außerdem würden die Planeten dadurch viel näher an diesen Kompaktsternen vorbeikreisen (siehe *Ein strenges Regiment,* Seite 328). Auch in solch einem Szenario wäre es deshalb schlecht um Leben bestellt – eine habitable Zone wäre in diesem Fall nämlich gar nicht mehr vorhanden.

Wenn die Gravitation wiederum noch ein weiteres Stückchen kräftiger zupacken könnte, wäre schließlich dasselbe passiert, was eine zu langsame Expansion ausgelöst hätte: Unser Universum wäre derartig vollgepackt mit Materie gewesen, dass es bereits längst wieder in sich zusammengefallen wäre.

Auch die gesamten Gesetze der Quantenmechanik, denen ja die komplette elementare Welt unterliegt, sind sehr wichtig (siehe *Die Erkenntnisse der Quantenrevolution,* Seite 57). Ohne die Unschärferelation gäbe es beispielsweise keinen Tunneleffekt (siehe *Die Heisenberg'sche Unschärferelation,* Seite 60/*Ominöses Durchtunneln,* Seite 287). Und ohne den Tunneleffekt hätte der Urknall womöglich nie stattgefunden (siehe *Und was war davor?,* Seite 779) …

Ohne die Gesetze der Quantenmechanik, von der Unschärferelation bis zum Tunneleffekt, gäbe es uns – und womöglich das gesamte Universum – nicht.

Die Liste der Dinge, die genau so und nicht anders passieren durften, damit am Ende schließlich wir dabei herauskommen konnten, ließe sich beliebig lang erweitern. War es also Zufall oder Absicht, dass sich unser Universum so entwickelte, wie es sich entwickelte?

Da bereits sämtliche Naturgesetze, zusammen mit Raum und Zeit ins Rennen geschickt wurden, als sich unser Universum aus dem Nichts ins Etwas stürzte, war vieles bereits von vornherein festgelegt (siehe *Der erste Symmetriebruch,* Seite 765). Alle Naturkonstanten, wie beispielsweise die Stärke der vier Grundkräfte, die gesamten Eigenschaften aller Elementarteilchen oder die Lichtgeschwindigkeit, hatten schließlich von Anfang an ihren festen Wert. Wäre auch nur eine dieser vielen Konstanten nur um ein winziges Fünkchen anders, gäbe es uns, wie wir gerade mehrfach gezeigt haben, heute nicht!

Doch warum sind die Naturgesetze so, wie sie sind und nicht anders? Man weiß es nicht. Fest steht allerdings, dass es gut ist, dass alles genau so passierte, wie es passierte; sonst säßen wir schließlich heute nicht hier und könnten uns überlegen, ob es denn nun Zufall oder Absicht war, dass unsere Welt, die nach einer langen, nunmehr seit 13,7 Milliarden Jahren andauernden Reise aus Licht Leben werden ließ und uns deshalb allabendlich einen wunderschön dunklen, funkelnden Sternenhimmel präsentiert, so ist, wie sie ist. Bleibt deshalb nur zu sagen: Danke, Licht!

Anhang

Danke!

Geschafft! Wer bei diesem Nachwort angekommen ist, hat eine lange Reise hinter sich gebracht. Die Geschichte des Lichts von heute bis zum Urknall rückwärts zu verfolgen, ist nun einmal nicht zwischen Tür und Angel im Schnelldurchlauf zu erledigen.

Ich hoffe, es hat Spaß gemacht, und ich konnte mit meinen wirklich mit sehr viel Liebe geschriebenen und gestalteten sieben Kapiteln zumindest ein kleines Fünkchen der Begeisterung vermitteln, die mich, seitdem ich mir die Frage »Was ist Licht?« zu stellen begann, erfasst hat. Mich persönlich hat diese Zusammenkunft mit der Physik jedenfalls komplett verändert. Ich bin mir sicher, dass keiner meiner damaligen Physiklehrer auch nur ansatzweise geglaubt hätte, dass ausgerechnet ich einmal ein Physikbuch schreiben würde und dass der Inhalt zudem nicht einmal völlig danebenliegt!

Ein bisschen Genugtuung kann ich mir an dieser Stelle deshalb einfach nicht verkneifen … Diese Arbeit hier ist somit auch ein wunderschöner Beweis dafür, dass man nicht in der Schule geglänzt haben muss, um sich mit Naturwissenschaften ernsthaft (und auf anspruchsvollem Niveau) zu beschäftigen. Jeder kann (und meiner Meinung nach: sollte!) verstehen, was die Wissenschaft über Jahrhunderte hinweg herausgefunden hat und auch heute noch erforscht. Schließlich geht das Wissen, das dabei zustande kommt, jeden von uns etwas an. Außerdem ist es, wie ich finde, eine wundervolle Sache, wenn man das Gefühl hat, ein wenig mehr über die Welt zu verstehen, in der wir leben …

Natürlich wäre es für mich niemals möglich gewesen, völlig allein auf weiter Flur, einfach mal so, ein populärwissenschaftliches Buch zu verfassen. Eine wirklich gegen unendlich reichende Menge an Dank geht deshalb vor allem an eine Person: Harald Lesch. Ohne seine Mithilfe wäre dieses Buch definitiv niemals entstanden! Ohne ihn wäre ich zum einen nie und nimmer auf die Idee gekommen, überhaupt »etwas mit Physik« zu machen – schließlich habe ich mein gesamtes Vorwissen aus meiner Recherchephase Nummer 1 vor allem seiner Fernsehsendung »alpha-Centauri« zu verdanken – zum anderen, und dies ist der weitaus größte »Dankes-Brocken«, hat er mich mit der nötigen Fachliteratur eingedeckt, mir bei jeder noch so verzweifelten Frage Rede und Antwort gestanden und sich tatsächlich auch die Zeit genommen, die gesamten von mir verfassten Texte Wort für Wort Korrektur zu lesen! Und all dies, obwohl ich gar keine Studentin an seiner Universität war und mein eigenes Studium zu allem Übel auch noch rein gar nichts mit Physik zu tun hatte. Deshalb muss ich es auch an dieser Stelle noch einmal wirklich dringend loswerden: Danke, Harald!

Dann möchte ich natürlich auch noch den Diplomarbeitsbetreuern meiner eigenen Hochschule danken – Sven Voelker und Urs Lehni. Vielen Dank für eure Unterstützung, was das komplette Layout, die grafische und fotografische Gestaltung, die Typografie sowie das Konzept meiner Arbeit betraf! Danke auch an Tania Prill, die mein Projekt bereits unterstützt hatte, lange bevor ich selbst wusste, wohin mich die Reise überhaupt führen würde.

Dann gibt es noch eine Person, die mich während der gesamten Schaffensphase meiner Diplomarbeit Tag für Tag ertragen musste und deshalb ebenfalls mit viel Dank überschüttet werden muss: meinen Freund Dominic. Da auch er rein gar nichts mit Physik am Hut hatte, musste er grundsätzlich immer als allererster Testhörer herhalten und sich mit viel Geduld meine von mir stets am Stück vorgetragenen und daher über Stunden auf ihn herabprasselnden Kapitel anhören.

Erst nachdem dieser erste Verständnistest erfolgreich bestanden war, wurden die Kapitel nach München in die Universitätssternwarte weitergereicht. Da natürlich niemals alles reibungslos verlief, war meine Anwesenheit sicherlich nicht immer mit Leichtigkeit zu ertragen. Deshalb auch an dieser Stelle: Danke, Dominic! Für deine Hilfe und dein verständnisvolles Hinwegsehen über meine regelmäßig eintretenden Verzweiflungsanfälle!

Außerdem vielen Dank an all die Personen, deren E-Mail-Postfächer ich mit Layout- und Textauszügen füllen durfte! Danke für eure ehrliche Kritik und die vielen konstruktiven Hinweise! Ganz besonders viel Dank geht dabei an meinen Vater und die Mutter meines Freundes, die sich die Mühe gemacht haben, alle Texte akribisch und dennoch in rekordverdächtiger Zeit nach Flüchtigkeitsfehlern und formellen Ungereimtheiten zu durchforsten. Danke, »Vaddi«, und danke, Helga! An dieser Stelle auch ganz lieben Dank an meine Mutter, die mich in den Phasen, in denen ich mit meinem Auto quer durch die Republik gedüst bin, in der Rolle als Pförtner und Dosenöffner für meine Katze Mia würdevoll vertreten hat. Danke, »Muddi«!

Natürlich geht ein ebenfalls großes Dankeschön an all diejenigen, denen ich mit meiner beinahe manisch wirkenden Begeisterung für die Physik mit Sicherheit des Öfteren ordentlich auf den Zeiger ging. Danke, dass ihr meine oft monologartigen Abhandlungen trotzdem eisenhart ertragen habt!

Und zum Schluss noch ein ganz, ganz großes Dankeschön an Johannes Jacob und das gesamte Verlagsteam von C. Bertelsmann. Danke, dass Sie an mein Projekt geglaubt haben und mir die Möglichkeit gegeben haben, es tatsächlich zu verlegen! Etwas Großartigeres konnte meiner Diplomarbeit gar nicht passieren. Vielen Dank für Ihr Vertrauen und die tolle Zusammenarbeit! Besonders dem Hersteller bei der Verlagsgruppe Random House, Max Widmaier, dem Team von buxdesign und meiner Lektorin Christina Riemann möchte ich an dieser Stelle noch einmal ganz herzlich Danke sagen. Das Arbeiten mit Ihnen hat mir wirklich sehr viel Freude bereitet!

Am Ende ist schließlich dieses umfangreiche Buch herausgekommen, bei dem mir der lange und mühsame Weg dorthin trotz mancher Beschwerlichkeiten extrem viel Spaß gemacht hat! Ich hoffe, ich konnte zumindest einen Teil meiner seitdem nicht mehr abebbenden Begeisterung für die Physik mit dieser Arbeit auch ein wenig auf andere übertragen – das war zumindest mein Ziel :-) …

Herzlichst
Daniela Leitner

Fett gedruckte Seitenzahlen
verweisen auf thematische Schwerpunkte.

Gerade gesetzte Seitenzahlen
verweisen auf Grafiken und Fotografien.

A

B

C

D

E

F

G

H

I

J

K

L

M

N

O

P

R

S

U

V

W

Y

Z

Bücher

BENNETT, Jeffrey/DONAHUE, Megan/SCHNEIDER, Nicholas/VOIT, Mark
Astronomie
Die kosmische Perspektive
Herausgegeben von Harald Lesch
Pearson Studium, München 2010

BROCKHAUS
Mensch · Natur · Technik
Vom Urknall zum Menschen
Herausgegeben von der Brockhaus-Redaktion
Brockhaus, Leipzig/Mannheim 1999

COMINS, Neil
What if the moon didn't exist?
Voyages to earths that might have been
HarperCollins, New York 1993

FEYNMAN, Richard/LEIGHTON, Robert/SANDS, Matthew
Feynman-Vorlesungen über Physik, Band 3
Quantenmechanik
Oldenbourg Wissenschaftsverlag, München 2009

HAWKING, Stephen
Das Universum in der Nussschale
Deutscher Taschenbuch Verlag, München 2007

LESCH, Harald
Der Außerirdische ist auch nur ein Mensch
Unerhört wissenschaftliche Erklärungen
Albrecht Knaus Verlag, München 2010

LESCH, Harald/MÜLLER, Jörn
Weißt du, wie viel Sterne stehen?
Wie das Licht in die Welt kommt
C. Bertelsmann Verlag, München 2008

LESCH, Harald/ZAUN, Harald
Die kürzeste Geschichte allen Lebens
Eine Reportage über 13,7 Milliarden Jahre Werden und Vergehen
Piper, München 2010

SIMONYI, Károly
Kulturgeschichte der Physik
Von den Anfängen bis heute
Verlag Harri Deutsch, Frankfurt am Main, 2004

ZEIT WISSEN EDITION
Faszination Kosmos
Planeten, Sterne, schwarze Löcher
Herausgegeben von Andreas Sentker/Frank Wigger
Spektrum Akademischer Verlag, Heidelberg 2008

Zeitschriften/Zeitungen

ZEIT WISSEN, NR. 2,
Februar/März 2010
Dossier: Kosmos
Zeitverlag, Hamburg 2010

DIE ZEIT, NR. 40, September 2011
WISSEN: Das LSD der Teilchenphysik
Zeitverlag, Hamburg 2011

DIE ZEIT, NR. 40, September 2011
Wenn Einstein irrt
Zeitverlag, Hamburg 2011

DIE ZEIT, NR. 21, Mai 2011
WISSEN: Der Kern der Dinge
Zeitverlag, Hamburg 2011

DIE ZEIT, NR. 31, Juli 2010
GRAFIK: Extreme Orte
Zeitverlag, Hamburg 2010

DIE ZEIT, NR. 28, Juli 2010
WISSEN: Baustein mit Schwindsucht
Zeitverlag, Hamburg 2010

DIE ZEIT, NR. 28, Juli 2010
GRAFIK: Bausteine des Menschen
Zeitverlag, Hamburg 2010

DIE ZEIT, NR. 27, Juli 2010
GRAFIK: Licht in Formation
Zeitverlag, Hamburg 2010

DIE ZEIT, NR. 22, Mai 2010
GRAFIK: Unsere Spuren im All
Zeitverlag, Hamburg 2010

DIE ZEIT, NR. 26, Juni 2010
WISSEN: Gehen Uhren auf dem Berg schneller als im Tal?
Zeitverlag, Hamburg 2010

DIE ZEIT, NR. 21, Mai 2010
GESCHICHTE: Das hat er nicht gewollt
Zeitverlag, Hamburg 2010

DIE ZEIT, NR. 15, April 2010
WISSEN: Im Trommelfeuer der Urknälle
Zeitverlag, Hamburg 2010

DIE ZEIT, NR. 1, Dezember 2010
WISSEN: Physik aus der Gottesperspektive
Zeitverlag, Hamburg 2010

DIE ZEIT, NR. 44, Oktober 2009
WISSEN: Ist Gott Mathematiker?
Zeitverlag, Hamburg 2009

Videos

ZDF
Wie das Licht in die Welt kam
Die lange Nacht mit Harald Lesch
Sendung vom 29.12.2008

BR ALPHA
alpha-Centauri:
Was ist Dekohärenz?
Sendung vom 22.11.2006

BR ALPHA
alpha-Centauri:
Was sind W- und Z-Bosonen?
Sendung vom 02.08.2006

BR ALPHA
alpha-Centauri:
Was ist Zeit in der SRT?
Sendung vom 05.07.2006

BR ALPHA
alpha-Centauri:
Wann gilt $E = mc^2$?
Sendung vom 21.06.2006

BR ALPHA
alpha-Centauri:
Warum ist nicht Nichts?
Sendung vom 07.06.2006

BR ALPHA
alpha-Centauri:
Wie kann man auf Licht segeln?
Sendung vom 15.02.2006

BR ALPHA
alpha-Centauri: Wo entsteht die kosmische Strahlung?
Sendung vom 12.10.2005

BR ALPHA
alpha-Centauri:
Wie entstehen Magnetfelder?
Sendung vom 28.09.2005

BR ALPHA
alpha-Centauri:
Was ist ein Higgs-Teilchen?
Sendung vom 25.05.2005

BR ALPHA
alpha-Centauri: Was passiert, wenn eine Supernova explodiert?
Sendung vom 27.04.2005

BR ALPHA
alpha-Centauri:
Woraus besteht das Universum?
Sendung vom 02.03.2005

BR ALPHA
alpha-Centauri: Kann man mit Lichtgeschwindigkeit reisen?
Sendung vom 05.01.2005

BR ALPHA
alpha-Centauri: Wieso ist das Universum so dunkel?
Sendung vom 22.12.2004

BR ALPHA
alpha-Centauri:
Was ist ein Symmetriebruch?
Sendung vom 08.12.2004

BR ALPHA
alpha-Centauri:
Was sind Naturgesetze?
Sendung vom 10.11.2004

BR ALPHA
alpha-Centauri: Ist die Sonne etwas Besonderes?
Sendung vom 29.09.2004

BR ALPHA
alpha-Centauri: Ist Schrödingers Katze tot?
Sendung vom 15.09.2004

BR ALPHA
alpha-Centauri: Was sind Quarks?
Sendung vom 18.08.2004

BR ALPHA
alpha-Centauri: Was ist die Planck-Welt?
Sendung vom 21.07.2004

BR ALPHA
alpha-Centauri: Gibt es Überlichtgeschwindigkeit?
Sendung vom 07.07.2004

BR ALPHA
alpha-Centauri: Was ist Bindungsenergie?
Sendung vom 12.05.2004

BR ALPHA
alpha-Centauri: Was war der Äther?
Sendung vom 04.02.2004

BR ALPHA
alpha-Centauri: Steuert die Sonne unser Wetter?
Sendung vom 12.11.2003

BR ALPHA
alpha-Centauri: Was sind Population-III-Sterne?
Sendung vom 15.10.2003

BR ALPHA
alpha-Centauri: Was sind Bosonen?
Sendung vom 01.10.2003

BR ALPHA
alpha-Centauri: Was ist ein Schwarzer Körper?
Sendung vom 03.09.2003

BR ALPHA
alpha-Centauri: Krümmt die Sonne den Raum?
Sendung vom 09.07.2003

BR ALPHA
alpha-Centauri: Was ist der Tunneleffekt?
Sendung vom 13.04.2003

BR ALPHA
alpha-Centauri: Was sind virtuelle Teilchen?
Sendung vom 02.03.2003

BR ALPHA
alpha-Centauri: Brauchen wir die Kernfusion?
Sendung vom 02.02.2003

BR ALPHA
alpha-Centauri: Was ist Licht?
Sendung vom 08.12.2002

BR ALPHA
alpha-Centauri:
Was ist Radioaktivität?
Sendung vom 24.11.2002

BR ALPHA
alpha-Centauri:
Was ist Energie?
Sendung vom 10.11.2002

BR ALPHA
alpha-Centauri:
Was sind Neutrinos?
Sendung vom 13.10.2002

BR ALPHA
alpha-Centauri:
Ist das Universum symmetrisch?
Sendung vom 01.09.2002

BR ALPHA
alpha-Centauri:
Was ist ein Roter Riese?
Sendung vom 07.07.2002

BR ALPHA
alpha-Centauri: Welche Bedeutung hat die Unschärferelation?
Sendung vom 09.06.2002

BR ALPHA
alpha-Centauri:
Was ist Unendlichkeit?
Sendung vom 26.05.2002

BR ALPHA
alpha-Centauri:
Was ist die Unschärferelation?
Sendung vom 28.04.2002

BR ALPHA
alpha-Centauri:
Wird Licht müde?
Sendung vom 17.03.2002

BR ALPHA
alpha-Centauri:
Was ist Dunkle Energie?
Sendung vom 17.02.2002

BR ALPHA
alpha-Centauri:
Sind die Naturgesetze zufällig?
Sendung vom 09.12.2001

BR ALPHA
alpha-Centauri:
Wo war der Big Bang?
Sendung vom 28.10.2001

BR ALPHA
alpha-Centauri:
Was war vor dem Big Bang?
Sendung vom 14.10.2001

BR ALPHA
alpha-Centauri:
Was ist der Sonnenwind?
Sendung vom 05.08.2001

BR ALPHA
alpha-Centauri: Was ist Hintergrundstrahlung?
Sendung vom 13.05.2001

BR ALPHA
alpha-Centauri:
Was ist ein Atomkern?
Sendung vom 18.03.2001

BR ALPHA
alpha-Centauri:
Was ist Zeit?
Sendung vom 04.03.2001

BR ALPHA
alpha-Centauri:
Wie viele Dimensionen
hat das Universum?
Sendung vom 19.11.2000

BR ALPHA
alpha-Centauri:
Wie dünn war die Ursuppe?
Sendung vom 08.10.2000

BR ALPHA
alpha-Centauri:
Was sind Gravitationswellen?
Sendung vom 24.09.2000

BR ALPHA
alpha-Centauri: Wie ist das
Sonnensystem entstanden?
Sendung vom 10.09.2000

BR ALPHA
alpha-Centauri: Was geschah
in den ersten drei Minuten?
Sendung vom 13.08.2000

BR ALPHA
alpha-Centauri:
Was ist ein Quasar?
Sendung vom 12.03.2000

BR ALPHA
alpha-Centauri:
Was ist der Urknall?
Sendung vom 27.02.2000

BR ALPHA
alpha-Centauri:
Wie entstehen Galaxienhaufen?
Sendung vom 13.02.2000

BR ALPHA
alpha-Centauri: Woher kommt
die Röntgenstrahlung im All?
Sendung vom 05.12.1999

BR ALPHA
alpha-Centauri:
Was ist eine Supernova?
Sendung vom 24.10.1999

BR ALPHA
alpha-Centauri:
Was ist ein Pulsar?
Sendung vom 12.09.1999

BR ALPHA
alpha-Centauri: Was sind
Sonnenflecken und Sonnen-
stürme?
Sendung vom 18.07.1999

BR ALPHA
alpha-Centauri: Woher hat die
Sonne ihre Energie?
Sendung vom 04.07.1999

BR ALPHA
alpha-Centauri:
Wie entstehen Galaxien?
Sendung vom 06.06.1999

BR ALPHA
alpha-Centauri:
Was ist ein Nordlicht?
Sendung vom 25.04.1999

BR ALPHA
alpha-Centauri:
Was ist Dunkle Materie?
Sendung vom 28.02.1999

BR ALPHA
alpha-Centauri: Wie ist unsere Milchstraße aufgebaut?
Sendung vom 14.02.1999

BR ALPHA
alpha-Centauri:
Was ist ein Schwarzes Loch?
Sendung vom 03.01.1999

BR ALPHA
alpha-Centauri:
Wie entstehen Sterne?
Sendung vom 22.11.1998

Internet

RUND UM DIE PHYSIK
www.weltderphysik.de
Deutsche Physikalische Gesellschaft (DPG)

DER TEILCHENBESCHLEUNIGER CERN
www.cern.ch
CERN – Europäische Organisation für Kernforschung

DER MIKROWELLENHINTERGRUND
www.esa.int/esa-mmg/mmg.pl?b=b&type=I&mission=Planck&start=1
esa (European Space Agency)

DAS ELEKTROMAGNETISCHE SPEKTRUM
de.wikipedia.org/wiki/Elektromagnetisches_Spektrum
Wikipedia, die freie Enzyklopädie

DIE SONNE
de.wikipedia.org/wiki/Sonne
Wikipedia, die freie Enzyklopädie

DER MERKUR
de.wikipedia.org/wiki/Merkur_(Planet)
Wikipedia, die freie Enzyklopädie

DIE ERDE
de.wikipedia.org/wiki/Erde
Wikipedia, die freie Enzyklopädie

DIE VENUS
de.wikipedia.org/wiki/
Venus_(Planet)
Wikipedia, die freie Enzyklopädie

DER MARS
de.wikipedia.org/wiki/
Mars_(Planet)
Wikipedia, die freie Enzyklopädie

DER ASTEROIDENGÜRTEL
de.wikipedia.org/wiki/
Asteroidengürtel
Wikipedia, die freie Enzyklopädie

DER JUPITER
de.wikipedia.org/wiki/
Jupiter_(Planet)
Wikipedia, die freie Enzyklopädie

DER SATURN
de.wikipedia.org/wiki/
Saturn_(Planet)
Wikipedia, die freie Enzyklopädie

DER URANUS
de.wikipedia.org/wiki/
Uranus_(Planet)
Wikipedia, die freie Enzyklopädie

DER NEPTUN
de.wikipedia.org/wiki/
Neptun_(Planet)
Wikipedia, die freie Enzyklopädie

DER PLUTO
de.wikipedia.org/wiki/Pluto
Wikipedia, die freie Enzyklopädie

DER KUIPERGÜRTEL
de.wikipedia.org/wiki/Kuipergürtel
Wikipedia, die freie Enzyklopädie

DIE OORT'SCHE WOLKE
de.wikipedia.org/wiki/
Oortsche_Wolke
Wikipedia, die freie Enzyklopädie